高等院校石油天然气类规划教材

测井原理及工程应用

（第三版·富媒体）

刘向君 刘堂晏 熊 健 等编著

石油工业出版社

内 容 提 要

本书共十章，包括测井方法及原理，测井技术在储层评价、工程地质评价、石油工程技术建立、大洋钻探实施、CCUS、地热资源评价、固体矿产资源的勘探开发等领域的应用方面的内容。全书简明扼要、理论联系实际，具有启发性和实用性。书中以二维码为纽带，加入了富媒体教学资源，可为读者提供更丰富的学习资源。

本书可供石油工程、资源勘查工程、勘查技术与工程等专业的本科生和研究生使用，也可作为相关领域的本科生、研究生、工程技术人员和研究人员的参考用书。

图书在版编目（CIP）数据

测井原理及工程应用：富媒体／刘向君等编著． 3版．--北京：石油工业出版社，2024.7．--（高等院校石油天然气类规划教材）．-- ISBN 978-7-5183-6908-9

Ⅰ.TE151

中国国家版本馆 CIP 数据核字第 2024XX0924 号

出版发行：石油工业出版社
（北京市朝阳区安华里二区 1 号楼　100011）
网　　　址：www.petropub.com
编 辑 部：（010）64523697
图书营销中心：（010）64523633
经　　销：全国新华书店
排　　版：三河市聚拓图文制作有限公司
印　　刷：北京中石油彩色印刷有限责任公司

2024 年 7 月第 3 版　2024 年 7 月第 1 次印刷
787 毫米×1092 毫米　开本：1/16　印张：24.75
字数：635 千字

定价：59.80 元
（如出现印装质量问题，我社图书营销中心负责调换）
版权所有，翻印必究

第三版前言

测井被誉为油气工业的"眼睛"。从1927年世界上第一条测井曲线——电阻率测井曲线获得至今，作为油气工业认识地下岩层不可替代的关键技术，测井得到快速发展，其应用场景从钻井以后的裸眼井测井，逐渐发展到随钻测井、套后测井和生产测井，测井为油气藏全生命周期静态认识和动态跟踪提供了关键技术保障，也为安全高效钻完井和油气井全生命周期安全生产提供了关键技术支撑。此外，测井技术作为地下岩层原位信息获取技术，在煤炭、金属等固体矿产资源的勘探开发，以及水文、地热、CCUS（碳捕集、利用与封存）等领域都发挥着不可替代的重要作用，在人类对深地、深海的科学探索中也获得了广泛应用。因此，站在应用测井技术的视角，为石油工程、资源勘查工程等相关专业的本科生和工程技术人员编写一本系统简明同时又理论联系实际介绍测井技术的教材十分必要。

本书以油气工业中的测井技术体系为主要脉络，同时对测井在大洋钻探、固体矿产勘探，以及CCUS、地热等领域的应用进行了概要介绍。全书共十章：第一章至第五章对各种测井方法的测量原理、典型仪器的结构及其测井资料的特点和应用进行了简要介绍。第六章至第十章则更强调多个测井参数或多种测井方法的综合应用，其中，第六章详细讨论了储层地质参数的测井评价方法；第七章重点介绍了测井在沉积相分析、地层构造分析和三维地质建模中的重要支撑作用；第八章简明系统地介绍了油气工程测井相关内容，即对地质力学参数的测井预测，以及测井技术在钻完井、采油气工程和井筒完整性监测等方面的应用进行了简要阐述；第九章简要介绍了测井技术在大洋钻探计划实施中的重要应用；第十章就测井技术在CCUS、地热资源评价、富锂钾卤水矿物资源评价，以及煤炭、深部固体矿产的勘探开发、水文及工程地质勘查中的应用进行了简要介绍。继续前两版的特点，第一章至第五章，以"归大类、抓共性，选取代表性测井仪器解剖"的方式，简明扼要、深入浅出地阐述了目前在国内外油气田常见测井方法的测量原理及输出资料特点，希望对读者起到触类旁通、启发思考的学习效果。为便于查阅，书中特别对各种测井技术及其资料的英文表达、常用表示方式进行了介绍。同时，远探测声波测井、扫描成像测井、随钻测井、光纤测井等一些快速发展的测井新技术，也都整理、编写进了本书。与前两版不同，本书完成过程中企业专家主笔完成了大量关于新技术及应用方面的内容，理论与实践结合启发读者思考的特点、测井多学科交叉融合发展的特点更加凸显。

我国油气勘探开发正转向深层、超深层、复杂、非常规油气资源，能否准确获得地层的地质力学参数及衍生力学参数对油气资源的地质工程一体化安全有效开发至关重要。本书第八章对测井技术在钻完井等工程中的应用进行了"抛砖引玉"的简要概述，第九章、第十章分别对测井技术在大洋钻探、CCUS和地热等领域的应用进行了简要介绍，这也是其他同类书籍所未涵盖的重要内容。与快速发展的测井技术相比，本书介绍的内容还只是整个测井技术中很小的一部分。但我们由衷地希望，通过这本书能够让更多的工程技术人员认识测井、了解测井，并用好测井解决地质及工程技术问题。

本书由西南石油大学刘向君教授组稿、统稿、定稿，熊健、李玮、杨国锋协助完成全书统稿、定稿。本书绪论、第一章、第二章、第三章主要由刘向君编写，其中三维感应测井主要由李玮、宋青山编写，超声换能器主要由李玮编写，远探测声波测井主要由张树东、李玮编写，噪声测井主要由李玮编写，元素测井主要由王树声、李玮编写，侯学理、张树东、李玮参加了核磁共振测井一节内容的修改。第四章主要由李玮、刘向君、张树东、骆庆锋编写，中国石油集团测井有限公司教授级高级工程师陈鹏、朱军、肖战山3位专家对内容进行了审读修改和完善。第五章主要由杨国锋、刘向君编写，其中，刘国权参加编写第二节、第八节，张树东参加编写第六节，方璐参加编写第七节。第六章主要由刘向君、张树东、程道解、刘诗琼编写完成，其中第一节至第五节主要由刘向君、刘诗琼完成，谭玉涵、荣伟负责编写第三节二（四）、三，王慧、程道解负责编写第四节三；第六节主要由熊健编写；第七节主要由张树东、闫建平、李玮编写；第八节主要由刘向君、刘诗琼、庞士林、单沙沙编写；第九节主要由刘向君、张树东、熊健编写。第七章第一节主要由程道解、朱涵斌、闫建平、李玮编写；第二节主要由刘向君、刘诗琼、程道解编写；第三节主要由黎健君、刘向君、赵晓明编写。第八章主要由刘向君、熊健、丁乙、梁利喜编写。第九章主要由刘堂晏、熊健编写。第十章第一节、第二节、第三节主要由牟瑜、缑艳红、李娜、程道解、姚亚彬编写；第四节主要由张光大、叶恒、古志文、刘向君、李玮编写。全书课后习题由李玮、熊健、杨国锋、刘堂晏、丁乙提供。本书在完成过程中中国石油集团测井有限公司石玉江副总经理、陈文辉院长、李传伟处长等领导给予大力支持并提供了编写所需的大量资料和本书所用相关仪器的视频资料。西南石油大学地球科学与技术学院李玮、杨国锋、闫建平、吴丰、刘红岐、桑琴、巫振观等7位老师，以及博士生万有维、林海宇、刘林、余小龙，硕士生张运明、张宇翔、倪梓杨、钱昌、杨鹏程、罗江等对本书进行了多次阅读并提出修改建议，同时万有维、钱昌、罗江等研究生还协助对书中图件、公式、表格等进行了梳理排版完善。同济大学赵文君博士对本书进行了阅读并提出修改建议。编写过程中得到了西南石油大学油气藏地质及开发工程全国重点实验室、中国石油集团测井有限公司、四川省自然资源投资集团物探勘查院有限公司的大力支持。除西南石油大学编者之外，另有同济大学刘堂晏教授，中国石油集团测井有限公司程道解高级工程师、方璐高级工程师、缑艳红高级工程师、侯学理高级工程师、牟瑜高级工程师、李娜工程师、刘国权高级工程师、骆庆锋高级工程师、黎健君高级工程师、庞士林工程师、荣伟高级工程师、单沙沙高级工程师、施俊成高级工程师、宋青山高级工程师、谭玉涵工程师、王慧高级工程师、王树声高级工程师、姚亚彬高级工程师、张树东教授级高级工程师、朱涵斌高级工程师，四川省自然资源投资集团物探勘查院有限公司古志文高级工程师、叶恒高级工程师、张光大高级工程师等参与了该书的编写工作。在此向所有为本书完成给予支持和帮助的单位和各界人士致以衷心的感谢！

本书在编写过程中引用了国内外相关专业的大量文献资料，向有关文献资料的所有作者表示衷心的感谢！

本书所用的部分视频资料取自网络开放视频资源，在此向视频资源的制作者表示衷心的感谢！

由于水平有限，书中难免存在疏漏及不足，诚恳地希望各位读者批评指正，以便重印或再版时得以修正和完善。

刘向君

2024 年 4 月

第二版前言

测井技术产生于油气工业，自诞生以来，作为地下岩石物理信息获取不可替代的重要途径，为地质家和工程技术人员提供了大量认识和分析地层的信息。但坦白说，受国际测井技术的制约和影响，在很长一段时期，测井技术的重心主要在为找油找气和储集层评价服务，这无疑造成了测井信息的极大浪费，也严重影响了测井技术自身在油气工业界的地位和作用。实际的情况是，不论是石油天然气工业上游领域的哪个环节，最终都是为了找到更多的油气资源，更加高效安全地开发油气资源，而这些目标的实现都是建立在对地下地层充分认识基础上的。在目前的石油天然气开发开采过程中，测井资料是最重要、最直接、分辨率最高的一种地层信息来源。测井作为不可替代的信息技术载体，无疑对石油天然气工业发展将具有十分重要的意义和推动作用。在未来的石油天然气上游领域，测井对地层的了解程度必将成为油气开发开采水平的核心竞争力。

随着测井技术的日益进步，以及大洋、地热、深部矿产等勘探开发的需要，测井技术在非石油领域的应用也正在不断扩展，其应用的深度和广度也必将随着我国深地、深海计划的实施，以及地下工程活动的绿色化要求等而得到快速发展。因此，考虑到石油工程专业学生的学习及相关领域科研人员的需要，编写一本系统、简明同时又理论联系实际的测井技术教材十分必要。本书正是基于这样的思考，在系统总结国内外测井技术最新研究成果的基础上，对2006年第一版进一步系统化、修订编写而成的，是基于这些考虑的探索与进一步实践。

全书共十章。第一至四章结合石油工程等非地球物理测井专业学生的专业结构、特点，以"归大类、抓共性，选取代表性测井仪器"的方式，简明扼要、深入浅出地阐述了目前在国内外油气田常见测井方法的测量原理及输出资料特点，希望对阅读者起到触类旁通、启发思考的学习效果。为便于查阅，书中特别将各种测井技术及其资料的英文表达、常用表示方式进行了介绍。同时，套管井电阻率测井、随钻测井、油套管完整性评价测井等一些快速发展的测井新技术，也都整理、编写进入了本书。第五至十章就测井技术在钻井与完井工程、油气藏工程和采油气工程中的应用进行了较系统的介绍。第六章详细地讨论了测井在油气藏储量评价、油气藏开发方案编制和调整中的重要支撑作用。第七章重点阐述了测井在支撑钻头选型、井壁稳定、钻井液侵入和钻井液抑制性评价等技术建立中的作用；第八、九章就应用测井技术开展固井质量和油套管完整性评价、出砂预测、完井评价、压裂和射孔优化等进行了阐述。第十章简要介绍了测井技术在大洋钻探计划实施中的重要应用。各部分内容理论联系实际，具有启发性。其中，第一至四章在简要介绍各种代表性测井方法、原理的同时，会涉及单个测井参数或单条测井曲线的应用；第五至十章则更强调多个测井参数或多条测井曲线的综合应用。

我国油气资源开发正在转向深部地层、复杂地层和页岩油气、致密砂岩油气、天然气水合物等非常规能源，油气开发的难度越来越大，安全风险越来越高，对油气井钻井完井、储集层压裂改造等工程技术的要求越来越高，工程技术的安全高效已成为这类资源能否有效开发的决定因素。因此，在准确评价油气储集层的同时，能否准确认识地层的各种工程地质特性（地层岩石的各种力学性质、强度特性、地应力状态等）以利于油气工程技术更好地发挥作用，以地质及工程地质评价为先导，实施地质工程一体化，对安全有效开发这类油气资源至关重要。测井技术的特点决定了其在勘探开发、地质工程一体化进程中的责任和不可替代的核心地位与桥梁作用。油气工业对测井技术的定位和测井自身的发展需求，也决定了必须充分挖掘、利用测井资料所蕴含的工程地质信息，为安全、高效开发油气资源服务。鉴于此，本书第五至九章在系统总结国内外储集层测井评价技术最新研究成果的基础上，对工程测井技术最新研究成果进行了"抛砖引玉"的简要概述，这也是其他同类书籍所未涵盖的重要内容。

与飞速发展的测井技术相比，本书介绍的内容还只是整个测井技术中很小的一部分，但我们由衷地希望，通过这本书能够让更多的工程技术人员认识测井、了解测井并主动地应用测井技术解决地质及工程技术问题。

本书第三章第三节由西南石油大学油气藏地质及开发工程国家重点实验室刘向君教授、同济大学刘堂晏教授共同编写，第六章由西南石油大学刘诗琼副教授、刘向君教授共同编写；第十章由同济大学刘堂晏教授完成；其余章节由刘向君教授完成。全书由刘向君教授统稿、定稿，西南石油大学油气藏地质及开发工程国家重点实验室罗平亚院士、王兴志教授、谈得辉教授，同济大学钟广法博士，以及中石油川庆钻探重庆测井公司罗利高级工程师对本书进行了审阅，并提出了许多宝贵建议；四川石油管理局赵忠明高级工程师、华北油田勘探开发研究院左银卿高级工程师、中国石油集团测井公司钟晓琴工程师为本书的完成提供了大量的帮助；青年教师梁利喜、熊健等为本书的完成做了大量的资料准备、图形编辑及文字校对工作。

感谢国家自然科学基金石化联合基金重点课题"页岩气低成本高效钻完井技术基础研究"（U1262209）、四川省青年基金项目04ZQ026—051"工程测井在提高油田开发效率中的应用研究"，以及霍英东青年教师基金项目（优选资助课题）101051"泥页岩环境力学行为特征及电声学变化规律研究"等项目的支持与资助。感谢IODP-中国专家办公室主任拓守庭博士的大力支持。

在此向所有为本书付出辛勤劳动的各界人士致以衷心的感谢，没有他们的辛勤劳动就不会有本书的出版。

本书编写过程中引用了国内外相关专业的大量文献资料，向文献资料的所有作者表示衷心的感谢！

本书所用的视频资料取自网络开放视频资源，在此向视频资源的制作者表示衷心的感谢！

由于笔者水平有限，书中定会存在错误及不足，恳请广大读者予以指正，不胜感激。

刘向君
2018年1月

第一版前言

测井技术自诞生以来，不仅为认识地下流体性质、储集层岩性及物性提供了有效途径，而且极大地提高了油气田的开发效益，已成为石油工程技术人员解决工程技术问题重要而必需的资料来源。随着测井技术的日益进步，测井技术在非石油领域的应用也在不断扩展，其中包括一个很重要的领域就是正在实施的综合大洋钻探。因此，考虑到石油工程专业学生的学习及相关领域科研人员的需要，编写一本系统的、简明的同时又理论联系实际的测井技术教材十分必要。本书就是基于这些考虑的一种探索。

全书共十章，包括测井方法及原理（第一至第四章）、测井资料在石油工程及大洋钻探中的应用（第五至第十章）两方面内容。在"测井方法及原理"部分结合石油工程专业学生的专业结构、特点，简明扼要、深入浅出地阐述了目前在国内外油气田常见的测井方法的测量原理及输出资料特点。为便于查阅，书中特别将各种测井资料的常用表示方式进行了介绍。同时，一些正在发展的新技术，如套管井电阻率测井、随钻测井也写入了本书。"测井资料的工程应用"部分就测井资料在钻井工程、油气田开发工程和完井及采油工程中的应用进行了较系统的介绍。"测井资料在钻井工程中的应用"重点阐述了测井资料在钻头选型、井壁稳定、钻井液侵入和钻井液抑制性评价等方面的作用；"测井资料在油气田开发工程中的应用"则详细地讨论了测井资料在储量评价、油气藏开发方案编制和调整中的主要作用；"测井资料在完井和采油工程中的应用"就应用测井资料开展出砂预测、完井评价、压裂和射孔优化进行了阐述。各部分内容理论联系实际，具有启发性。第十章简单介绍了测井技术在大洋钻探中的应用。

与飞速发展的测井技术相比，本书介绍的内容还只是整个测井技术中很小的一部分，但编者由衷地希望，通过这本书能够让更多的工程技术人员认识测井、了解测井并主动地应用测井技术解决工程技术问题。

本书第三章第三节由西南石油大学油气藏地质及开发工程国家重点实验室刘向君教授、同济大学刘堂晏副教授共同编写，第六章第一至六节由西南石油大学刘诗琼副教授、刘向君教授共同编写，第七节由研究生周改英完成；第十章由同济大学刘堂晏副教授完成；其余章节由刘向君教授完成。全书由刘向君教授统稿、定稿，西南石油大学油气藏地质及开发工程国家重点实验室罗平亚院士、陈福煊教授、孙良田教授、同济大学钟广法博士及四川石油管理局罗利高级工程师对本书进行了审阅，并提出了许多宝贵建议；四川石油管理局赵忠明高级工程师、华北油田勘探开发研究院左银卿高级工程师、中国石油集团测井公司钟晓琴助工为本书的完成提供了大量的帮助；研究生陈杰、周改英、戴岑璞为本书的完成做了大量的资料准备、图形编辑及文字校对工作。

感谢四川省青年基金项目04ZQ026—051"工程测井在提高油田开发效率中的应用研

究",以及霍英东青年教师基金项目(优选资助课题)101051"泥页岩环境力学行为特征及电声学变化规律研究"的支持与资助。

  在此向所有为本书付出辛勤劳动的各界人士致以衷心的感谢,没有他们的辛勤劳动就不会有本书的出版。

  向本书所有引用资料的作者表示衷心的感谢。

编 者

2006 年 7 月

目 录

绪论 ·· 1
    第一节 测井技术概述 ·· 1
    第二节 测井技术的发展 ·· 4
    课后习题 ··· 6

第一章 电法测井 ·· 7
    第一节 自然电位测井 ·· 7
    第二节 电阻率测井 ·· 10
    第三节 电磁波传播测井 ·· 37
    课后习题 ·· 41

第二章 声波测井 ·· 43
    第一节 声波测井的理论基础 ··· 43
    第二节 声速类测井 ·· 48
    第三节 声幅类测井 ·· 57
    第四节 噪声测井 ··· 70
    课后习题 ·· 72

第三章 核测井 ·· 74
    第一节 伽马射线类测井 ·· 74
    第二节 中子类测井 ·· 84
    第三节 核磁共振测井 ··· 98
    课后习题 ··· 103

第四章 随钻测井和地质导向钻井技术 ··· 105
    第一节 随钻电法测井 ··· 105
    第二节 随钻声波测井 ··· 113
    第三节 随钻核测井 ·· 116
    第四节 随钻测井与地质导向钻井技术介绍 ·· 121
    课后习题 ··· 124

第五章 生产测井和电缆地层测试器 ··· 126
    第一节 流量测井 ·· 126
    第二节 流体识别测井 ··· 135
    第三节 温度测井 ·· 139
    第四节 压力测井 ·· 141
    第五节 产出剖面测井解释 ··· 143
    第六节 分布式光纤井下监测技术 ··· 148
    第七节 电缆地层测试器测井 ··· 151

· 1 ·

第八节　水平井生产测井 156
　　课后习题 160

第六章　储层测井评价 161
　　第一节　储层划分 161
　　第二节　油、气、水层的快速识别方法 165
　　第三节　地层岩性测井评价 176
　　第四节　储层物性测井评价 187
　　第五节　含油气性测井定量评价 197
　　第六节　可压裂性测井评价 202
　　第七节　非常规油气储层测井评价 207
　　第八节　水淹层及剩余油评价 215
　　第九节　储层裂缝识别 223
　　课后习题 230

第七章　测井沉积相和三维地质建模 232
　　第一节　利用测井资料开展沉积相分析 232
　　第二节　利用测井资料开展构造分析 239
　　第三节　测井多井分析和三维地质建模 245
　　课后习题 251

第八章　油气工程测井 253
　　第一节　地质力学参数的地球物理测井预测 253
　　第二节　测井技术在钻井工程中的应用 279
　　第三节　测井技术在完井及采油气工程中的应用 301
　　第四节　测井技术在窜槽及套管完整性监测与评价中的应用 317
　　课后习题 321

第九章　测井技术在海洋科学及工程中的应用 323
　　第一节　测井在大洋钻探计划中的应用 323
　　第二节　测井在海洋天然气水合物研究中的应用 335
　　第三节　海底观测系统中的测井技术 339
　　第四节　海洋工程建设中的测井技术 341
　　课后习题 343

第十章　测井技术在新能源新领域中的应用 345
　　第一节　测井资料在碳捕集、利用与封存中的应用 345
　　第二节　测井资料在地热资源评价的应用 348
　　第三节　测井资料在卤水矿物资源评价的应用 351
　　第四节　测井技术在其他领域中的应用 356
　　课后习题 373

参考文献 374

富媒体资源目录

序号	名称	页码	序号	名称	页码
1	视频1	1	29	彩图3-30	103
2	彩图1-16	21	30	彩图3-31	104
3	视频2	23	31	彩图4-10	112
4	彩图1-20	25	32	彩图4-11	112
5	彩图1-21	26	33	彩图4-13	115
6	彩图1-22	27	34	彩图4-14	115
7	视频3	28	35	彩图4-16	117
8	彩图1-25	30	36	彩图4-18	119
9	彩图1-39	40	37	视频7	121
10	彩图1-40	41	38	彩图4-21	122
11	视频4	51	39	视频8	127
12	彩图2-10	55	40	彩图5-4	129
13	彩图2-11	56	41	彩图5-7	131
14	彩图2-12	56	42	彩图5-8	132
15	彩图2-21	61	43	彩图5-10	133
16	彩图2-24	64	44	彩图5-11	134
17	彩图2-30	67	45	彩图5-19	140
18	彩图2-31	68	46	彩图5-22	148
19	彩图2-32	69	47	彩图5-25	150
20	彩图2-33	69	48	彩图5-36	159
21	彩图2-35	71	49	彩图5-37	160
22	彩图2-36	73	50	彩图6-10	176
23	彩图3-16	88	51	彩图6-19	189
24	视频5	94	52	彩图6-23	196
25	彩图3-22	97	53	彩图6-28	206
26	视频6	98	54	彩图6-30	211
27	彩图3-25	100	55	彩图6-32	213
28	彩图3-29	102	56	彩图6-34	215

续表

序号	名称	页码	序号	名称	页码
57	彩图6-38	219	89	彩图8-3	255
58	彩图6-41	224	90	彩图8-4	256
59	彩图6-42	225	91	彩图8-5	257
60	彩图6-43	225	92	彩图8-6	257
61	彩图6-44	225	93	彩图8-7	258
62	彩图6-47	227	94	彩图8-8	258
63	彩图6-48	227	95	彩图8-14	266
64	彩图6-49	228	96	彩图8-16	274
65	彩图6-50	228	97	彩图8-18	278
66	彩图6-51	228	98	彩图8-19	278
67	彩图6-52	229	99	彩图8-20	279
68	彩图6-54	230	100	彩图8-21	282
69	彩图6-55	231	101	彩图8-22	283
70	彩图7-3	235	102	彩图8-24	286
71	彩图7-4	235	103	彩图8-37	308
72	彩图7-5	236	104	彩图8-38	310
73	彩图7-6	236	105	彩图8-42	314
74	彩图7-7	237	106	视频10	318
75	彩图7-8	238	107	彩图8-49	320
76	彩图7-9	239	108	彩图8-51	321
77	彩图7-20	243	109	彩图9-3	331
78	彩图7-21	243	110	彩图9-4	332
79	彩图7-23	244	111	彩图9-5	332
80	彩图7-25	245	112	彩图9-6	333
81	彩图7-27	248	113	彩图9-7	334
82	彩图7-28	248	114	彩图9-8	334
83	彩图7-29	249	115	彩图9-12	337
84	视频9	249	116	彩图10-7	350
85	彩图7-30	250	117	彩图10-8	354
86	彩图7-31	250	118	彩图10-14	362
87	彩图7-32	251	119	彩图10-18	366
88	彩图7-33	252	120	彩图10-20	372

绪　　论

测井，全称地球物理测井。在油气工业，测井是指利用各种仪器测量井剖面地层或井状态信息，通过对测量得到的信息进行处理和分析，进而开展地质、工程和油气井/藏生产动态研究的专门技术，被列为油气工业十大学科之一。长期以来测井学科在保障国家能源安全中发挥了关键的技术支撑作用，被誉为油气工业的"眼睛"。

第一节　测井技术概述

世界上第一条测井曲线是电测井曲线，于1927年在法国东北部一个小油田的一口井中通过"点测"方式由人工绘制曲线得到。这条电测曲线的获得，标志着一门新兴技术——地球物理测井技术的诞生。1929年，电阻率测井技术便在委内瑞拉、美国、苏联等国家获得了商业应用。20世纪30年代以后，测井技术得到了迅速发展，自然电位、自然伽马等测井方法相继问世。1939年我国著名地球物理学家翁文波老先生在四川巴县石油沟巴1井开展了我国首次测井工作，共获取了一条电阻率和一条自然电位测井曲线，并划分出气层井段，后在该层位试出高压气流，开创了地球物理测井技术在中国应用的先河，也标志着中国电测井的诞生。

发展至今，测井已经成为在地质学、物理学、岩石物理学、岩石力学、流体力学以及电子信息、计算机等多学科支撑下，研究岩石及其孔隙流体性质、力学性质、渗流特性，开展资源评价、油气井/藏动态评价、指导工程作业的一门重要分支学科。测井技术可分为测井仪器技术、测井数据处理技术、测井资料的综合解释与应用三大部分。测井仪器一般包括井下测量部分（井下仪器）和地面控制部分（地面仪器）。井下仪器用于井下各种信息的采集和传输，是测井技术的基础；地面仪器用于控制井下仪器并实时接收和处理测量信息。除随钻测井外，目前井下仪器和地面仪器一般通过电缆连接并实现测量信息的传输和地面控制信息的反馈。图1和视频1为裸眼井电缆测井信息采集过程示意。

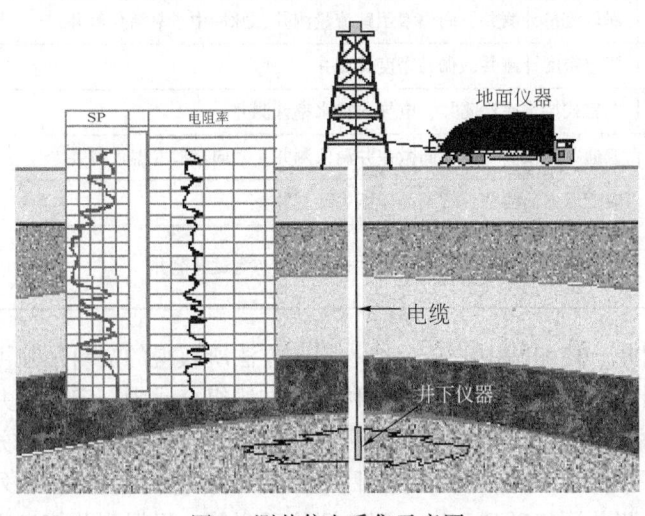

图1　测井信息采集示意图　　　　视频1　电缆测井

一、测井方法与仪器

根据测量原理，可将现有的主要测井方法归纳为电法测井、声波测井、核测井、生产测井和电缆地层测试器测井等五大类。按照测井与钻井的关系又可将裸眼井测井评价系列分为常规钻后测井、随钻测井。其中随钻测井由于具有获取地层信息的实时性、准确性，以及对复杂井况适应性等特点，在钻井地质环境预测、随钻导向等方面具突出优势，近年来得到快速发展，应用日益广泛。

电法测井、声波测井、核测井分别以研究岩石及地层流体的电学、声学和核物理性质为基础，代表性的测井方法见表1。根据所研究的岩石电学性质，可将电法测井分为电化学特性测井、导电特性测井和介电特性测井三类；根据所研究的岩石声学性质，可将声波测井分为声波速度测井、声波幅度测井和频谱特性测井三类；根据使用的放射性源或测量的放射性类型及所研究的岩石的核物理性质，可将核测井分为伽马测井、中子测井和核磁共振特性测井三类。电法测井、声波测井、核测井是在井眼形成后、裸眼井地层评价的基础上发展起来的，目前都已被广泛地应用到了随钻地层评价、地质导向以及套管井地层评价中。

表1 测井方法概况

测井方法大类	测井方法小类	代表性测井方法
电法测井	电化学特性测井	自然电位测井、极化电位测井
	导电特性测井	微电极测井、微球形聚焦电阻率测井、双侧向测井、感应测井、地层微电阻率扫描成像测井、方位电阻率成像测井、阵列感应成像测井
	介电特性测井	电磁波传播测井
声波测井	声波速度测井	声波时差测井、偶极横波测井、远探测声波测井
	声波幅度测井	水泥胶结测井、声波变密度测井、超声波成像测井
	频谱特性测井	噪声测井、噪声频谱测井
核测井	伽马测井	自然伽马测井、自然伽马能谱测井、地层密度测井
	中子测井	超热中子测井、热中子测井、中子寿命测井、碳氧比能谱测井、元素测井
	核磁共振特性测井	核磁共振测井
生产测井	流量测井	涡轮流量计测井、同位素示踪流量测井、脉冲中子氧活化测井
	流体密度测井	压差密度计测井、伽马密度计测井
	持水率测井	电容式持水率计测井、电导式持水率计测井
	井温测井	普通井温仪测井、纵向微差井温仪测井、径向微差井温仪测井
	压力测井	应变压力计测井、石英晶体压力计测井
电缆地层测试器测井		重复式地层测试器测井、组件式地层动态测试器测井

表1中电法测井、声波测井、核测井中的某个单一测井方法所获得的资料往往可能给测井解释及应用带来多解性，因此，实际应用中常将多种测井方法组合成为一定的测井评价系列。根据划分标准和使用目的的不同，可形成不同的测井评价系列：按井眼状况可分为裸眼井测井评价系列、套管井测井评价系列等；按测井的目的不同，裸眼井测井评价系列可分为饱和度测井评价系列、孔隙度测井评价系列和岩性测井评价系列等；根据测井信息应用的主

要目的不同，又可将测井分为储层测井评价、测井地质研究、工程测井和生产测井等。随钻地质导向钻井技术的应用正在使储层评价测井和工程测井逐渐融为一体。

表1中的流量计、流体密度计、持水率计、井温仪和压力计等各种生产测井仪是监测油气井生产动态的重要技术手段，可为油气田储层评价、开发方案的编制和调整、井下技术状况的检测、工程作业措施的实施和效果评价提供依据。

电缆地层测试器测井可在裸眼井和套管井中获取地层压力数据、采集地层流体样品，进而对地层的压力、有效渗透率、产能、连通情况、衰竭情况等作出评价，为建立最佳的完井和开发方案提供依据。

国外测井技术服务公司主要有斯伦贝谢（Schlumberger）、哈里伯顿（Halliburton）、贝克休斯（Baker Hughes）等，国内测井技术服务公司主要以中国石油集团测井有限公司（简称中油测井）、中石化经纬有限公司、中海油田服务股份有限公司（简称中海油服）等为代表。国内外测井技术服务公司都形成了系统的测井方法、仪器和解释技术。各家生产的具体仪器名称不同、仪器结构不同，但同类仪器的测量基本原理相同。

二、测井信息处理与解释

测井信息处理与解释，是指通过一定的方式对测井资料进行整理和解释，并将解释结果以图形或数据表的形式表示出来。表征岩石及其流体物理性质的参数很多，有些是可以直接测量的，例如岩石的导电特性、电化学特性、介电特性、放射性及弹性等；但有些却不能直接测量，例如孔隙度、饱和度、渗透率、岩性、岩石强度和原地应力等，这些不能直接测量的参数必须通过一定的数据处理与解释过程才能得到。根据测井目的，通过岩石声电等物理实验或数值模拟，认识地层或流体的测井响应，建立相适应的测井预测模型与处理方法，是测井信息处理技术的关键与基础。如图2所示的渗透率、含水饱和度、可动油分析和岩性分析，都为解释结果，自然伽马、自然电位、声波时差、补偿中子、密度、深感应、中感应以及八侧向则为测井得到的地层的物理响应，井径指实测的井眼直径。

测井信息受仪器、井眼条件等多因素的干扰，测井数据处理的主要任务有二：
（1）实现测井信息的还原，使其能体现地下真实的物理信息；
（2）直观、形象地显示出处理成果。

目前测井数据处理与解释可用于获取地层的以下信息：
（1）确定岩性和划分储层；
（2）识别和评价油气层，判别流体性质；
（3）计算地层的孔隙度、渗透率、泥质含量、有效厚度等地质特征参数；
（4）计算原地应力、地层孔隙压力、岩石强度等各种地质力学参数；
（5）分析沉积相和构造特征；
（6）油气井生产动态监测；
（7）水淹层及剩余油评价。

测井资料的综合解释和应用是测井技术发展的根本点和出发点，更侧重于测井信息和非测井信息的综合对比与决策分析，这通常是一个多学科交叉的领域。而井下信息处理技术进步是推动测井发展、拓展测井技术应用领域的关键。比如，近年来随着井周复杂地层精细化评价、储层改造等对井周数十米范围内地层中缝洞等复杂结构高分辨表征的迫切需求，推动了远探测声波测井技术的发展，而井下反射波成像处理技术的发展，则进一步促进了测井技

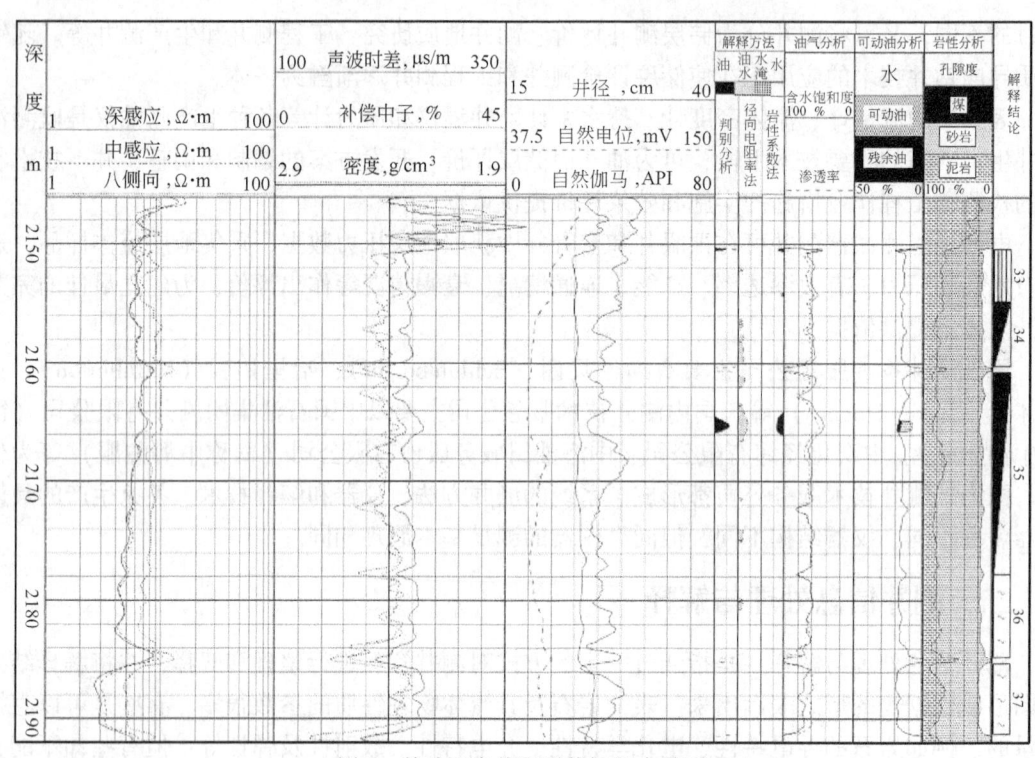

图2 某砂泥岩井段测井解释成果图

术的地质评价和工程服务能力。长期以来，在油气工业领域，测井资料的综合解释和应用主要聚焦于油气储层的识别与评价，即以测井数据处理成果为依据，开展储层的孔隙性、渗透性、含油气性、地层对比、测井沉积相等研究。随着深层、超深层、复杂、非常规油气资源的勘探开发成为常态，地质工程一体化开发油气成为技术发展的必然趋势，地应力、地层孔隙压力、岩石强度等各种地质力学参数成为地质工程一体化开发油气的必需参数，地质力学参数的测井预测，以及测井如何为油气工程技术安全高效实施提供支撑，越来越受到关注并得到发展。随着油气勘探开发从粗放式转向效益化、低成本，生产测井技术也快速发展。此外，测井技术在煤炭、金属、钾盐等固体矿产领域也有着广泛应用。同时随着深地深海战略、"双碳"战略的实施，测井技术在大洋钻探计划、钾盐，以及地热资源的勘探开发、二氧化碳封存等方面也正发挥着重要作用。

第二节 测井技术的发展

自1927年测井技术诞生，迄今已经历了四次主要的更新换代，此过程中伴随着测井技术从定性到定量、从单井到多井、从单学科到多学科融合的过程。我国测井技术的发展可以概括为四个阶段，20世纪50年代初期的模拟测井阶段，70年代初期的数字测井阶段，80年代初期的数控测井阶段，90年代初期进入成像测井阶段。

在模拟测井阶段，数据记录方式主要为模拟记录，测井曲线的主要功能为定性解释。随着数字技术的发展，测井仪器随之进入数字测井阶段，此阶段采用数字化方式记录数据，让测井从定性解释迈向了定量分析，实现了储层岩性、孔隙度、渗透率、饱和度等关键地质参数的定量计算。随着计算机技术的快速发展，测井进入了数控测井阶段，此时以计算机为中心配置测井仪器，实现了实时数据采集并可提供快速解释结果，提高了测井获取地质信息、评价油气层的能力。至成像测井阶段，测井仪器开始逐渐阵列化，通过测井仪器中源距、方位、源尺寸等的改变，使得测井仪器能够获取更丰富的地质信息，拓展了测井应用的领域，能够解决更深层次的地质问题和工程需要。

一、测井技术发展趋势

纵观测井技术发展历程，发展至今，测井技术的发展趋势可归纳为以下六方面：

（1）测量数据及成果展示由点、线到面、体成像，提供的地层信息更加丰富，对地层的评价越来越精细化。例如，从普通感应测井、常规声波测井发展到阵列感应测井、阵列声波测井，再到三维阵列感应、三维阵列声波测井，仪器的纵向分辨率、径向分辨率和探测深度不断提高，测量结果也从井周二维成像逐步向井周三维高分辨率体成像迈进。

（2）仪器发射、接收单元的结构由单极、多极到阵列，仪器的径向分辨率、纵向分辨率不断提高的同时，测量的参数越来越多，测量的信息也越来越完善。例如，电法测井由电位、梯度电极系发展为双侧向测井，实现了聚焦测量，并在此基础上进一步发展出方位电阻率测井，实现了径向多探测深度的电阻率测量；声波测井由单发单收、单发双收声系，发展为补偿声波测井、长源距声波测井声系，再到阵列声波测井的过程中，测量的信息也实现了井下单个声学参数——波速向井下声波全波列测量的跨越。

（3）仪器探测范围由井壁地层、井周地层，发展到井周数十米范围地层，在实现探测范围跨越的同时，也实现了从井壁或近井壁范围内地层中小尺度缝洞识别与表征，向远井地层中缝洞体、断层等构造界面的识别与表征的跨越，使测井摆脱了"一孔之见"的束缚，提升了测井服务地质评价和支撑工程高效安全实施的能力。例如，微电阻率扫描成像测井、超声反射成像测井只是井壁或近井壁地层的成像，远探测声波测井技术则可以实现井周数十米范围内裂缝、洞穴、断层等结构的成像。

（4）对地层组成矿物的识别也从可能的岩石矿物预测发展到元素组成识别，为准确获取地下岩石及流体性质提供了更加直接的信息。例如，自然伽马测井、自然伽马能谱测井通过测量地层中放射性强弱、来源来反映地层中黏土矿物组成及含量，声波、密度、中子等测井方法通过孔隙度、密度、含氢指数变化来反映地层中可能的矿物或矿物组合，而元素测井则通过对地层中主要元素的测量来揭示地层中存在的各种矿物及其含量，信息更丰富，精度更高。

（5）地层评价测井也由钻后裸眼井测井主导，向随钻测井、套后测井发展，测井技术的适应性更强。随钻测井技术的发展使测井时效性、对复杂地层的适应能力都不断增强，同时地质评价与工程实施在复杂地层逐渐融合，测井在地质工程一体化高效安全开发油气中的不可替代作用更加凸显。

（6）存储式技术的快速发展使生产测井由停产测量，逐渐走向井下长期动态实时监测，可以为油气开发提供更加准确、高效、连续的数据支持。随着智能化、自动化技术的不断发展，井下存储式测井技术也将向着井下采集、存储、处理、决策等智能化、自动化的方向发展。

总之，在油气工业领域，测井技术伴随着油气勘探开发对象的复杂化而快速发展，其重要性日益凸显，测井多学科融合发展的特点也越来越突出。在电子信息、通信、计算机、人工智能，以及数学、物理、化学、材料等相关领域的支撑下，测井技术正向着成像化、高分辨率、高精度、大探测范围、高时效的方向不断发展。

二、测井技术发展中面临的问题

随着油气工业转向深层、超深层、复杂、非常规领域，测井技术还面临很多问题。比如超深井裸眼井段长，可能存在裸露地层多且复杂、安全密度窗口窄等问题，进而使得钻后裸眼井电缆测井作业由于复杂井况与事故高发而无法实施。在这种情况下，随钻测井相对更具技术优势。但随钻测井在抗干扰、前向探测深度、径向探测分辨率、数据传输的时效性和可靠性等方面，还存在诸多问题亟待攻克。同时，深井、超深井、高温高压、复杂井筒条件下，测井仪器还可能因为高压力、高温度、腐蚀环境等，面临电子元器件失效、密封性变差、工作性能不稳定等问题和挑战。此外，测井的声波、电学等性质对岩石结构、岩石赋存环境温度、压力、流体性质等变化敏感，但目前，对深层、超深层、高温高压、超高温超高压环境下复杂结构、复杂岩石的测井岩石物理响应基础研究开展不足，还不能很好支撑这些条件下测井资料的处理与解释评价方法的建立。

课后习题

1. 结合你对B超、核磁共振等人体医学检查仪器的了解，谈一谈你对测井技术在能源、矿产勘查中的可能应用及发展趋势的理解。

2. 在数字化转型和智能化技术快速发展的大科技背景下，如何利用先进的人工智能和机器学习技术提升测井数据的利用效率和准确性？

第一章　电法测井

电法测井起源于 20 世纪 20 年代，早期被广泛应用于判断地层岩性、划分油气水层、计算含油气饱和度等，目前已被广泛应用于岩石、地层尺度的孔洞、微裂缝、层理等岩石结构评价。电法测井是指以研究地层电学性质为基础的一大类测井方法，包括以测量地层电化学特性、导电特性和介电特性为基础的三亚类测井方法。其中，电化学测井是指通过测量在自然条件或人工激发电场作用下岩石中离子移动引起的电位变化来研究地层的电测井方法。电化学测井包括天然电化学测井和人工电化学测井。天然电化学测井包括自然电位测井和电极电位测井；人工电化学测井方法包括激发极化测井。自然电位测井在油气工业应用广泛，是电化学测井的典型代表。以测量地层导电特性来研究地层及其孔隙流体性质的测井方法统称为电阻率测井，按照测量原理可细分为侧向类和感应类，分别适用于导电和不导电井眼流体环境。介电测井是通过探测岩石介电常数来研究地层的一类测井方法，电磁波传播测井是该类测井方法的代表。

随着油气勘探开发所面向的地层越来越深、越来越复杂，高分辨率、井周分区测量、径向探测深度大、纵向分层能力强、成像化、随钻测量成为电法测井的发展趋势。

第一节　自然电位测井

自然电位（spontaneous potential）测井简称 SP 测井，是以钻井液与钻穿岩层孔隙流体间存在的扩散—吸附现象为基础的测井方法。它利用地层的电化学特性，通过测量井中扩散—吸附电动势在钻井液中产生的电位差来研究钻井地质剖面岩性特征，是砂泥岩剖面划分渗透性地层、指示地层岩性的基本方法之一。

如图 1-1 所示，在自然电位测井过程中，只需沿着井眼轨迹从井底提升测量电极 M，地面仪器同步记录，便可得到随井深变化的自然电位曲线。

一、自然电位的成因

井内自然电位由扩散电动势 E_d、扩散吸附电动势 E_{da} 和过滤电动势 E_f 三部分构成。扩散电动势和扩散吸附电动势合称为自然电位的电化学分量，过滤电动势称为自然电位的动电学分量。

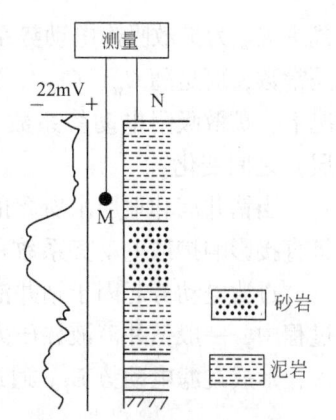

图 1-1　自然电位测井原理

扩散电动势起因于井中钻井液和地层水的浓度差引起的离子扩散作用以及正、负离子的扩散速度的差异。以 NaCl 溶液为例，不同浓度 NaCl 溶液接触时，由于溶液中阳离子（Na^+）的移动速度低于阴离子（Cl^-）的移动速度，因此，溶液间浓度差扩散的结果将使得低浓度溶液中氯离子相对富集，而高浓度溶液中钠离子相对富集，从而在两种不同浓度的溶液间产生扩散电动势 E_d。在渗透性纯砂岩地层中，钻井液与地层流体之间发生的离子移动即为这种简单的浓度差扩散过程。令钻井液滤液的矿化度、电阻率分别为 C_{mf}、R_{mf}，地层孔隙内流体的矿化度、电阻率分别为 C_w、R_w，则由 Nernest 方程可以得到井下对应于纯砂岩地层的扩散电动势 E_d：

$$E_d = K_d \lg \frac{C_w}{C_{mf}} = K_d \lg \frac{R_{mf}}{R_w} \tag{1-1}$$

式中 K_d 为扩散电动势系数。当温度为 25℃ 时，NaCl 溶液的扩散电动势系数为 -11.6mV。

由式(1-1) 可见，当地层孔隙流体性质一定时，钻井液与地层流体之间的性质差异越大，扩散电动势必然越强。随着钻井液与地层流体一致性增加，扩散电动势逐渐趋于零。在 $C_w > C_{mf}$ 的淡水钻井液条件下，离子扩散的结果是在地层流体内富集正电荷，井筒钻井液中富集负电荷，因此，在淡水钻井液钻井条件下，在渗透性砂岩地层产生的扩散电动势为负值。

扩散吸附电动势的起因是井中钻井液和地层水的浓度差引起的离子扩散作用，以及泥页岩选择性半透膜对溶液中正负离子的选择性透过作用。泥页岩对溶液中正负离子的选择性作用源于泥页岩中黏土矿物的结构缺陷。在泥页岩地层中发育的黏土矿物由于结构上的缺陷，在干燥状态下常常呈电负性，当其与地层孔隙内流体接触时，将从周围水溶液中吸附一定数量的阳离子而达到电中性状态。当两种不同浓度的溶液被泥页岩隔开时，高浓度溶液中的正负离子都将同时向低浓度溶液一方扩散，但高浓度溶液中的阴离子通过泥页岩时，将受到黏土矿物表面已吸附的高浓度阳离子的吸引而滞留；而阳离子则因受到黏土矿物表面已吸附的高浓度阳离子的排斥作用而加速扩散进入到低浓度溶液中。因此，离子扩散和泥页岩选择性通过的结果是在高浓度溶液一方富集负电荷，低浓度溶液一方富集正电荷，从而在两种不同浓度的溶液间产生电动势。由此产生的电动势称为扩散吸附电动势 E_{da}，也称为薄膜电位。扩散吸附电动势可以表示为

$$E_{da} = K_{da} \lg \frac{C_w}{C_{mf}} = K_{da} \lg \frac{R_{mf}}{R_w} \tag{1-2}$$

式中 K_{da} 为扩散吸附电动势系数。与扩散电动势系数 K_d 不同，扩散吸附电动势系数 K_{da} 不是常数，而是随 C_w、C_{mf} 以及泥页岩隔膜的性质改变而改变。当温度为 25℃ 时，在一般情况下，扩散吸附电动势系数 K_{da} 的数值在 -11.6mV（纯砂岩地层）到 59.1mV（纯泥岩地层）之间变化。

当钻井液和地层水所含的盐类不是 NaCl 时，不同离子具有的不同离子价位和迁移率，将直接影响扩散电动势系数和扩散吸附电动势系数，进而导致产生的自然电位不同。

过滤电动势起因于钻井液液柱压力和地层压力的不同。在常规钻井（即非欠平衡钻井）过程中，一般钻井液液柱压力略大于地层压力。在正压差作用下，钻井液滤液将向地层中渗入，形成过滤电动势 E_f。通过 Helmholz 理论可以得到 E_f 的表达式：

$$E_f = A_f \frac{R_{mf}}{\mu_{mf}} \Delta p \tag{1-3}$$

式中 A_f——过滤电动势系数；

μ_{mf}——钻井液滤液黏度；

Δp——钻井液液柱压力与地层压力之间的压力差。

通常，由于钻井过程中压力差 Δp 很小，且非渗透的滤饼一旦形成也将阻止压力渗透的继续进行，因此在井筒内，E_f 对自然电位测量值的贡献常常可以忽略不计。

二、自然电位测量值及曲线特征

扩散电动势、扩散吸附电动势一旦形成，在井眼及其周围介质中就将出现自然电流 I_{SP}。在砂泥岩剖面中，淡水钻井液（$C_{mf}<C_w$）条件下，井内砂岩和泥岩接触面附近自然电流形成的等效电路如图 1-2 所示。自然电流 I_{SP} 形成后，将在井眼、侵入带地层、原状地层和泥岩中流动。电流在流经每一种介质时，都将产生电位降，电位降与介质的电阻成正比。令 r_m、r_i、r_t、r_{sh} 分别为井筒内钻井液、侵入带地层、原状地层、泥岩地层的电阻，则在砂岩和泥岩接触面处，总的自然电动势 E_s 可以等效表示为

$$E_s = E_d + E_f - E_{da} = (r_{sh}+r_m+r_i+r_t)I_{SP} \tag{1-4a}$$

忽略 E_f 的影响，可以得到

$$E_s = E_d - E_{da} = (K_d - K_{da})\lg\frac{R_{mf}}{R_w} = -K_{SP}\lg\frac{R_{mf}}{R_w} = (r_{sh}+r_m+r_i+r_t)I_{SP} \tag{1-4b}$$

式中，K_{SP} 为自然电位系数。对应于纯砂岩和纯泥岩地层交界面，当地层水和钻井液滤液所含盐类均为 NaCl 且温度为 25℃时，$K_{SP}=70.7$ mV。

E_s 称为静自然电位，常用 SSP 表示。$I_{SP}r_m$ 为自然电流在井筒钻井液中产生的电压降，为自然电位测井的测量值，记为 ΔU_{SP}。比较 ΔU_{SP} 和 SSP，得

$$\frac{\Delta U_{SP}}{SSP} = \frac{r_m}{r_{sh}+r_i+r_m+r_t} \tag{1-5}$$

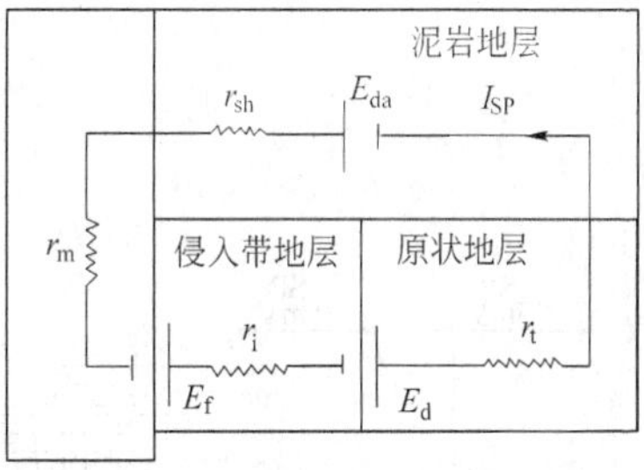

图 1-2 自然电流流动等效电路（$C_{mf}<C_w$）

在厚层中，砂岩和泥岩的截面积比井的截面积大得多，所以，$r_m \gg r_i$，$r_m \gg r_{sh}$，$r_m \gg r_t$。因此，在实测自然电位曲线上，以泥岩为基线，则厚层砂岩的 $\Delta U_{SP} \approx SSP$，巨厚纯砂岩对应的自然电位幅度将等于静自然电位 SSP。而在薄层中，ΔU_{SP} 将比 SSP 小得多。

在砂泥岩剖面中，渗透性砂岩地层的自然电位测量值具有以下特点：

（1）以非渗透泥岩对应的自然电位测量曲线为基线，相对于泥岩基线，当 $C_w>C_{mf}$ 时，砂岩层段的自然电位将出现负异常；当 $C_w<C_{mf}$ 时，砂岩层段的自然电位将出现正异常；当 $C_w=C_{mf}$ 时，没有造成自然电场的电动势产生，则没有自然电位异常出现。

（2）随着地层厚度增大，自然电位幅度 ΔU_{SP} 会增大并趋近于静自然电位；随着地层厚度变小，ΔU_{SP} 也随之变小，且曲线顶部变尖而根部变宽。

（3）随着地层中含油气饱和度增加，地层电阻率增高，自然电位曲线幅度逐渐下降。

（4）当砂岩储层上、下围岩很厚且岩性相同时，自然电位曲线将对称于地层中部，并在地层中点取得自然电位最大值。

（5）随着井径扩大和侵入程度增加，自然电位幅度逐渐下降。

此外，理论和应用研究也表明，当地层厚度与井眼直径之比大于 4 时，自然电位异常的半幅点处对应地层界面如图 1-3 所示。

三、自然电位测井曲线的应用

单条自然电位曲线可用于砂泥岩剖面判断岩性、划分渗透性地层、估算储层泥质含量和地层水电阻率；与其他测井资料结合则可开展地层对比，用于沉积相研究。自然电位测井提

供的这些信息在油气田勘探评价、油气藏描述中已经获得了重要应用。

在应用自然电位测井曲线开展上述研究时，首先必须确定出自然电位曲线的泥岩基线和砂岩线。泥岩基线是指非渗透性泥岩地层对应的自然电位测量曲线；砂岩线则是指纯砂岩地层对应的自然电位曲线。在一口井中，泥岩基线位置可能会随着钻井剖面上地层水性质和砂质含量的变化而变化。

图1-4为一淡水钻井液钻井条件下测得的自然电位曲线和不同探测深度的电阻率测井曲线（深感应、中感应、八侧向）。图中标出了泥岩基线。由图可见：井段1和井段2的SP曲线相对于泥岩基线向左偏移，这是淡水钻井液钻井条件下渗透性砂岩地层SP曲线的典型显示特征。

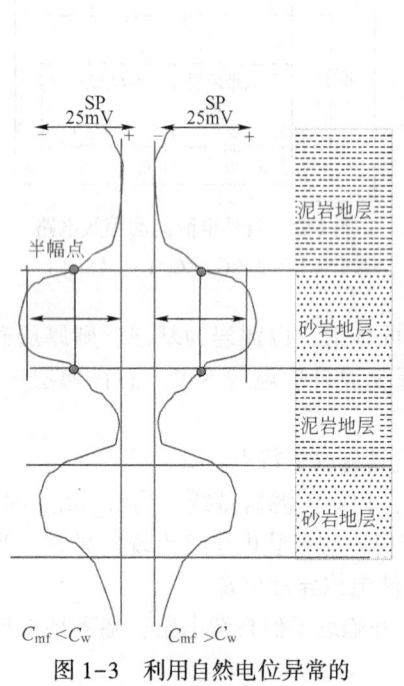

图1-3 利用自然电位异常的半幅点确定地层界面

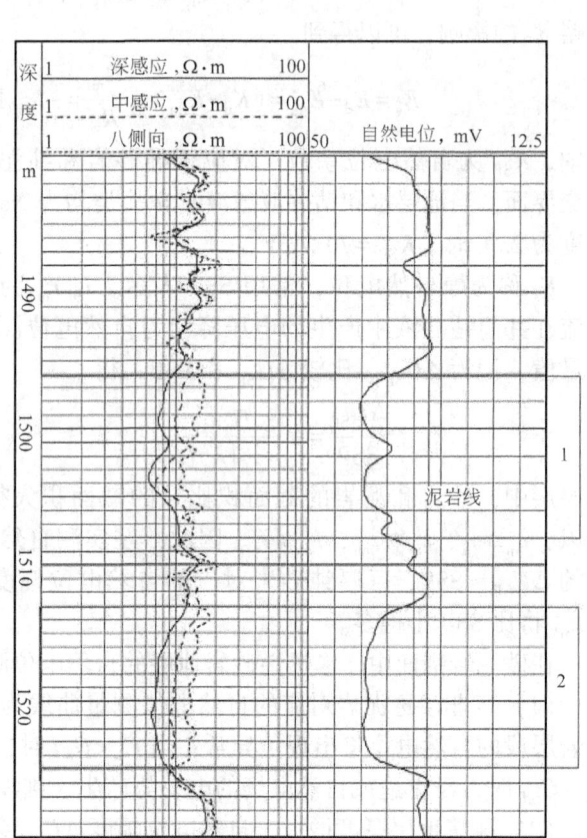

图1-4 淡水钻井液钻井条件下测得的自然电位和电阻率测井曲线

第二节 电阻率测井

自然界中不同性质的岩石、不同性质的流体导电能力不同。电阻率或电导率是表示岩石导电能力的基本参数。电阻率测井是指利用岩石及其孔隙流体的导电能力差异来揭示地层特性的一类测井方法。电阻率测井的发展可归纳为四个主要阶段。1927年至20世纪60年代，电法测井发展初期主要方法为非聚焦测井，主要包括普通电阻率、梯度电阻率、微电极测井。20世纪60年代至80年代，针对高矿化度盐水钻井液井、高阻薄层等导致电流倾向往低阻围岩和井中流动而使得电阻率测试结果不准确的问题，逐渐发展出了电阻率聚焦测井方法，也称为侧向测井方法，主要有双侧向测井、微电阻率聚焦测井等。20世纪80年代至21世纪初，仪器开始逐步阵列化，使得仪器能够更清晰地反映出不同径向探测深度、不同探测位置的电阻率特征，例如能够更准确地体现滤饼、冲洗带、过渡带、原状地层电性特征的阵列感应测井，能够体现地层结构特征的微电阻率扫描成像测井。21世纪初至今，随着油气勘探开发转向深层、超深层、非常规领域，深井、超深井、复杂井日益增加，随钻电阻率测井、过套管电阻率测井等新技术蓬勃发展。本节将对电阻率测井进行简要介绍，同时结合几种代表性仪器，对不同类型电阻率测井仪器的测量原理、资料特征和主要应用做概要阐述。

一、电阻率测井基础

（一）电阻率测井的地质基础

钻井过程中，钻遇的岩石主要有沉积岩、岩浆岩和变质岩三大类。这些岩石的形成原因及成岩环境的差异，导致其组成、孔隙结构、饱和流体性质都有明显差异，反映在岩石的电阻率测量值上也明显不同，见表1-1。电阻率测井正是利用不同岩石及其孔隙流体的电阻率差异来研究岩石的孔隙结构、孔隙流体性质和岩性组成的。

表1-1 常见岩石、矿物及流体的电阻率

名称	电阻率，$\Omega \cdot m$	名称	电阻率，$\Omega \cdot m$
黏土	1~200	硬石膏	$10^4 \sim 10^6$
泥岩	5~60	石英	$10^{12} \sim 10^{14}$
页岩	10~100	白云母	4×10^{11}
疏松砂岩	2~50	长石	4×10^{11}
致密砂岩	20~1000	石油	$10^9 \sim 10^{16}$
含油气砂岩	2~1000	方解石	$5 \times 10^3 \sim 5 \times 10^{12}$
贝壳石灰岩	20~2000	石墨	$10^{-6} \sim 3 \times 10^{-4}$
石灰岩	50~10^4	磁铁矿	$10^{-4} \sim 6 \times 10^{-3}$
白云岩	50~10^4	黄铁矿	10^{-4}
玄武岩	600~10^5	黄铜矿	10^{-3}
花岗岩	600~10^5		

（二）岩石电阻率与孔隙度及饱和流体性质间的关系

阿尔奇（G. E. Archie）是最早提出岩石电阻率与孔隙度及饱和流体性质间关系的先驱者。阿尔奇通过大量实验得出了纯岩石含水饱和度、孔隙度、电阻率及地层水电阻率之间的两个基本关系式，即著名的"阿尔奇公式"，见式(1-6)和式(1-7)。

阿尔奇的实验研究表明，骨架不导电（地层不含黏土矿物或导电金属矿物）的孔隙性纯砂岩、碳酸盐岩等100%被水饱和后的电阻率R_o与其中地层水的电阻率R_w成正比，R_o、R_w与岩石的孔隙度ϕ之间存在如下关系：

$$F=\frac{R_{\mathrm{o}}}{R_{\mathrm{w}}}=\frac{a}{\phi^m} \tag{1-6}$$

式中　F——地层因数；

　　　m——地层胶结指数；

　　　a——岩性系数。

地层胶结指数 m 取决于岩石颗粒的胶结类型和胶结程度。对孔隙性砂岩地层，m 的变化范围通常为 1.5~3，a 值的变化范围通常为 0.6~1.5。

式(1-6) 表明：对含水纯砂岩，岩石孔隙度越大，所含地层水电阻率越低，胶结程度越弱，则岩石的电阻率就越低；反之，岩石的孔隙度越小，地层水电阻率越高，岩石的胶结程度越好，则岩石的电阻率越高。

阿尔奇通过实验还得出：含油气纯岩石的电阻率 R_t 决定于其含油饱和度 S_o（或含气饱和度 S_g）、所含地层水的电阻率 R_w 和孔隙度 ϕ。对纯地层，地层水电阻率和孔隙度都一定时，含油（气）饱和度越高，电阻率越高；反之，含油（气）饱和度越低，电阻率越低。在大量实验数据的基础上，阿尔奇建立了含油（气）纯岩石电阻率 R_t 与该岩石 100% 含水时电阻率 R_o 及地层含水饱和度 S_w 之间的关系式：

$$I=\frac{R_\mathrm{t}}{R_\mathrm{o}}=\frac{b}{S_\mathrm{w}^n}=\frac{b}{(1-S_\mathrm{o})^n} \tag{1-7}$$

式中　I——地层电阻率增大系数；

　　　b——与岩性有关的系数；

　　　n——饱和度指数，与油（气）、水在孔隙中的分布状况有关。

不同岩石的 a、b、m、n 值是不同的，一般需通过岩电实验得到。对于常规孔隙性地层，通常取 $a=b=1$，$m=n=2$。对孔隙性砂岩地层，n 的变化范围为 1.0~4.3，以 1.5~2.2 居多；b 值一般接近于 1。

将式(1-6) 和式(1-7) 合并，可以得到以含水饱和度表示的阿尔奇公式：

$$S_\mathrm{w}=\sqrt[n]{abR_\mathrm{w}/(\phi^m R_\mathrm{t})} \tag{1-8}$$

阿尔奇公式是电阻率测井解释饱和度的基础公式，指明了测井技术发展的方向。它将电阻率测井和孔隙度测井有机地连接起来，实现了储层饱和度的定量评价，并由此在测井领域中逐渐形成了以电阻率测井和岩性—孔隙度测井为主体的基本测井仪器系列，发展了在各种地质条件下以准确测量孔隙度和电阻率为主的相应测井技术以及准确计算孔隙度 ϕ、含油（气）饱和度等参数的定量解释方法。

由于阿尔奇公式是基于骨架不导电的孔隙性纯岩石得到的，因此，对于黏土发育、骨架导电、孔隙结构复杂的岩石，它必然存在较大的局限性。所以，后来的学者以阿尔奇公式为基础，围绕岩石电阻率和饱和流体性质间的关系开展了大量的研究，导出了一系列的饱和度计算模型，如 Waxman-Smith 模型、双水模型等，进一步丰富和发展了岩石电阻率和饱和流体性质间的研究成果，为各种地层条件下利用电阻率计算地层的含油气饱和度奠定了基础。阿尔奇公式及其改进形式在当今油气储层饱和度评价中得到了广泛的应用。

（三）电阻率测井环境及视电阻率

现有的钻井过程通常采用正压差钻进，即井内钻井液液柱压力大于地层孔隙压力。在孔隙性、渗透性地层中，在正压差作用下，钻井液中的一部分固相颗粒和钻井液滤液将进入地层。由于钻井液滤液电阻率与地层水电阻率不同，钻井液侵入将改变渗透性地层电阻率的径向分布特性，从井壁向原状地层依次形成冲洗带、过渡带和原状地层。图1-5为孔隙性地层理想侵入剖面。

冲洗带就是指井壁附近受钻井液滤液强烈冲刷且大致与井轴同心的环带，其孔隙流体主要是钻井液滤液，如果是水层就可能残余少量地层水，如果是油气层则可能还含有残余油气。冲洗带之外，原状地层流体逐渐增多、钻井液滤液逐渐减少直到没有的地层即是过渡带，介于冲洗带和原状地层之间。冲洗带和过渡带统称为侵入带。冲洗带、过渡带地层中流体的性质不同于原状地层中流体的性质，因此，即使对不含黏土矿物的纯砂岩、纯碳酸盐岩等地层，由于孔隙流体性质的改变，冲洗带、过渡带、原状地层的导电特性也会发生变化，其电阻率测量值也将会不同。在实际钻井过程中，地层的孔隙性、渗透性越高，钻井压差越大，井壁地层受冲洗程度越强，则冲洗带、过渡带、原状地层的电阻率差异将越明显。

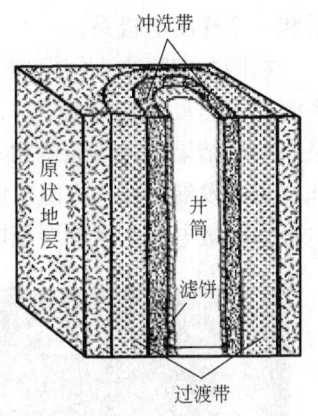

图1-5 孔隙性地层理想侵入剖面

钻井液滤液侵入可分为高侵和低侵两种类型。当地层孔隙中原来含有的流体电阻率较低时，电阻率较高的钻井液滤液侵入后，侵入带岩石电阻率升高，这种钻井液滤液侵入称为高侵，多出现在水层。当地层孔隙中原来含有的流体电阻率比侵入地层的钻井液滤液电阻率高时，钻井液滤液侵入后，侵入带岩石电阻率降低，这种钻井液滤液侵入称为低侵，一般多出现在地层水矿化度不高的油气层。分析钻井液侵入储层对不同径向探测深度电阻率测井曲线的影响，可以获得钻井液在井周地层的侵入深度及井周地层水的矿化度变化，进而开展井周储层损害评价。

由于水岩相互作用，泥页岩地层中的黏土矿物在水基钻井液影响下发生水化，将在井周形成强水化带、水化过渡带和未受水化作用影响的原状地层，水化对泥页岩地层的这种影响也会反映在不同径向探测深度的电阻率测井响应上。分析钻井过程中泥页岩水化对不同径向探测深度电阻率测井曲线、时间推移电阻率测井曲线所产生的影响，可以帮助钻井工程师了解钻井液对所钻地层井壁稳定性等的影响，进而为新井钻井液设计优化提供指导。

地层的视电阻率是指由电阻率测井仪器测得的地层电阻率。该测量值受井眼、围岩、钻井液侵入的影响，通常与地层真实电阻率之间存在一定的差异，一般需对电阻率测井曲线进行环境校正后才能得到被测量地层的真实电阻率。

二、电阻率测井仪器分类

根据测量方式、资料呈现形式、测量环境和测量目的，以测量岩石电阻率或电导率为基础的测井方法归纳起来主要有七大类：普通电阻率测井、侧向电阻率测井、感应测井、电阻率成像测井、随钻电阻率测井、套管井电阻率测井和地层倾角测井。

普通电阻率测井是最简单的一类电阻率测井方法，其井下仪器由测量电极系和供电电极构成。普通电阻率测井仪的种类较多，包括不同探测深度的梯度电极系、电位电极系及微电极测量仪，其中微电极测量仪ML（microlog）应用广泛。微电极测井仪包含一个电位电极系和一个梯度电极系。

在测井实践中人们发现，在高矿化度钻井液和高阻薄储层井中，如果仍然采用普通电阻率测井仪测量地层的电阻率，那么测量电流将因低阻围岩和钻井液的影响而不能大量流入测量地层，结果导致普通电阻率测井曲线失真，不能用于分层和确定地层的真实电阻率。因此，后来发展了侧向电阻率测井。与普通电阻率测井相比，侧向电阻率测井仪器增加了屏蔽电极。屏蔽电极产生的屏蔽电流与供电电极流出的测量电流极性相同，可以确保供电电极发出的测量电流线垂直于电极系，呈水平方向的层状电流射入地层，从而大大降低了井筒内钻井液和围岩对视电阻率的影响，如图1-6所示。

侧向电阻率测井的种类较多，不仅包括三电极侧向测井 LL3（laterolog 3）、七电极侧向测井 LL7（laterolog 7）及双侧向测井 DLL（dual-laterolog）等电极系尺寸比较大、在井中心测量、有较大的探测深度并能够得到侵入带地层电阻率 R_i 和原状地层电阻率 R_t 的一类仪器，还包括电极系尺寸相对较小、探测深度浅的八侧向 LL8（laterolog 8）测井仪器，以及微侧向测井 MLL（micro-laterolog）、邻近侧向测井 PL（proximity log）和微球形聚焦电阻率测井 MSFL（micro-spherical focused log）等电极系尺寸较小、安装在绝缘极板上贴井壁测量、探测深度浅、主要用来测量井壁附近冲洗带电阻率 R_{xo} 的一类仪器。其中，双侧向测井和微球形聚焦电阻率测井组合在油气工业测井中得到了广泛应用。

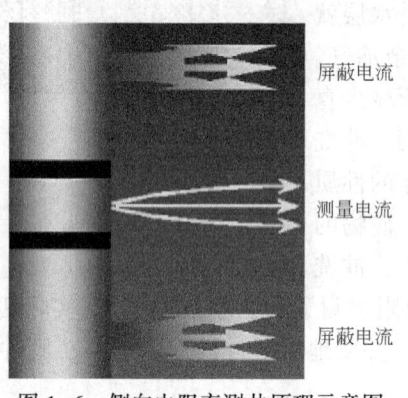

图1-6 侧向电阻率测井原理示意图

为了解决油基钻井液钻井的地层评价问题，感应测井应运而生。感应测井仪也适用于空气等非导电性流体的钻井条件，其中双感应测井仪应用最多。

电阻率成像测井主要有地层微电阻率成像等测井方法。该类仪器最大的特点就是通过增加测量电极的数量，尽可能地覆盖测量区域，所提供的资料数量极大增加，以图像的方式直观显示探测区域内地层的性质，可用于储层非均质性研究。

随着水平井、大位移井和复杂条件下钻井数量的不断增加，传统的电缆测井日渐显露出其局限性，随钻测井由于具有实时性好、节省测井成本等优点而被开发出来。常规的电阻率测井工具由于技术和测量环境的限制而无法应用于随钻测量，因此，一些新的电阻率测井工具被开发应用于随钻电阻率测井过程。其中，电磁波传播电阻率测井构成了随钻电阻率测井的主要方法。随钻电阻率测井将在第四章进行进一步介绍。

套管井电阻率测井是为了跟踪老油田油藏流体饱和度变化以及油藏流体界面移动情况而研制和开发的。电阻率测井在评价裸眼井油气藏流体饱和度、区分含烃层和含水层方面是应用最广泛的测井方法。但跟踪老油藏中流体饱和度变化需要在套管中测井，早期的电阻率测井仪器无法实现这一点，因此，长期以来套管井烃类饱和度评价只能用放射性测井。经过多年努力，精确可靠地测量套管井地层电阻率终于成为现实，它不但可以提供更好的饱和度评价依据，而且能够监测油藏和确定死油层，还可以测量高风险井地层电阻率。

为了获得井周地层的倾角和倾斜方位等产状参数，发展了地层倾角测井。地层倾角测井通过井周不同方位地层的电阻率差异来揭示地层的产状。

三、微电极测井

（一）微电极测井原理

微电极测井是普通电阻率测井的重要代表。如图 1-7 所示，在微电极测井仪器的主体上有三个弹簧片，其中一个弹簧片上装有硬橡胶绝缘板。三个纽扣电极（供电电极 A 和测量电极 M_1、M_2）按直线排列并嵌在绝缘极板上。电极间距离相等，大约都为 0.025m。由于绝缘极板被弹簧压向井壁，因此，测量时井中钻井液对测量结果的影响可以不予考虑。

如图 1-8 所示，按等距离直线排列并嵌在极板上的三个电极组成了两种不同类型的电极系。其中以 A 电极作为供电电极，通过测量电极 M_1 和 M_2 之间的电位差导出电阻率曲线的电极排列方式构成微梯度电极系，其电极系表示为 $A0.025M_10.025M_2$，电极距为 0.0375m；电极 $A0.05M_2$ 则组成微电位电极系，其电极距为 0.05m。微梯度电极系的探测深度大约为 40mm，微电位电极系的探测深度约为 100mm。因此，微梯度电极系的测量结果在渗透层处受滤饼影响较大，而微电位电极系主要反映井壁附近冲洗带的电阻率。

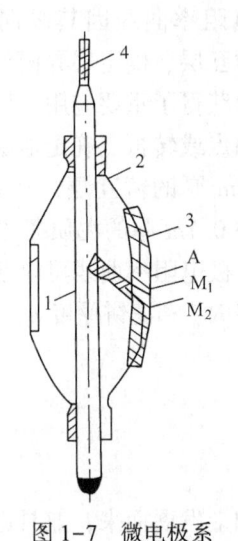

图 1-7 微电极系
1—仪器主体；2—弹簧片；3—绝缘极板；4—电缆

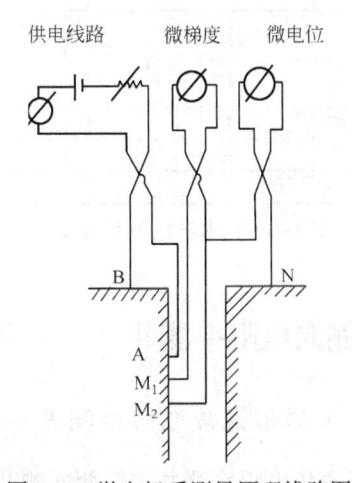

图 1-8 微电极系测量原理线路图

与普通梯度电极系、电位电极系相比，微梯度电极系、微电位电极系的电极距小，且采用贴井壁方式测量，纵向分辨率高。

微电极测井输出的井眼周围地层的电阻率测量值受滤饼、侵入带、原状地层及极板形状和大小的影响，不等于被测量地层的真实电阻率，因此称为视电阻率。

从电极构成及仪器工作方式可知，当地层的电阻较高时，由于没有屏蔽约束，可能会导致供电电极发出的测量电流很难进入地层内部，使微电极测井的径向测量深度降低。

（二）微电极电阻率曲线

微电极测井仪一次下井同时得到的微梯度和微电位两条视电阻率测井曲线常以相同纵横向比例重叠绘制在一起，如图 1-9 所示。由于微梯度探测深度仅 40mm 左右，测量值受滤饼电阻率影响大，电阻率值一般较低，因此在渗透层段，微电位曲线幅度一般大于微梯度曲线幅度，显示"正差异"（图 1-9 中的 1、2、3 层段），渗透性层段幅度差的大小决定于滤饼电阻率和冲洗带电阻率的比值 R_{mc}/R_{xo} 以及滤饼的厚度 h_{mc}；非渗透层段一般无差异。当微梯度曲线幅度大于微电位曲线幅度时，称为"负差异"。下列情况可能会出现"负差异"：

（1）滤饼电阻率大于冲洗带电阻率，即 $R_{mc}>R_{xo}$；

（2）渗透层侵入非常浅，且 $R_{xo}>R_t$；

（3）钻井液中泥质颗粒进入高孔隙含水层，在井壁造成 2~3cm 宽的固体污染带，使该部分地层电阻率大于冲洗带电阻率。

微电极电阻率曲线因其纵向分辨能力强，在划分薄互层、确定层界面位置及划分渗透层等方面获得了重要应用。以微电极电阻率曲线半幅点或转折点确定地层界面，一般可划分 0.2m 厚的薄互层，在条件好时，可划出砂岩中 0.1m 厚的泥质条带和钙质条带。利用微电极电阻率曲线可以获得冲洗带地层的电阻率 R_{xo} 和滤饼厚度 h_{mc}。

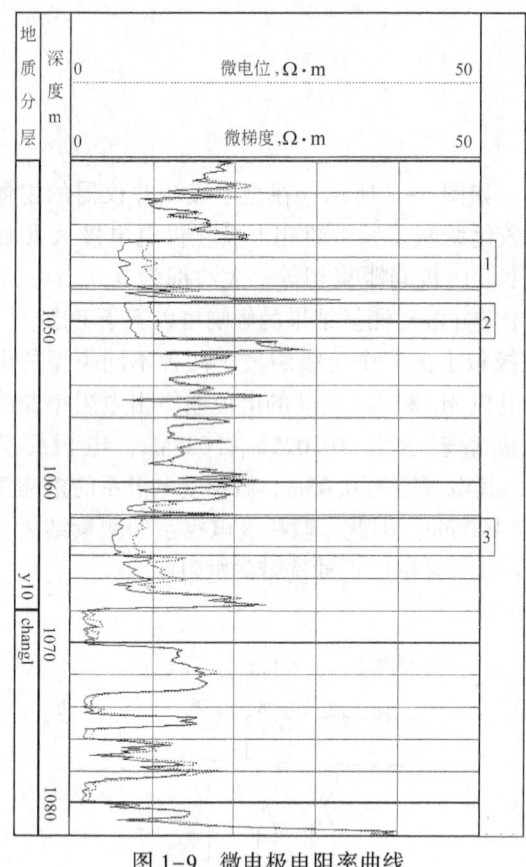

图 1-9 微电极电阻率曲线

四、侧向电阻率测井

（一）微球形聚焦电阻率测井

微球形聚焦电阻率测井在微侧向测井和邻近侧向测井基础上发展而来，兼具微侧向测井和邻近侧向测井的优点，能更准确地获得冲洗带电阻率 R_{xo}，并能与双侧向测井组合判断地层含油（气）水性质。

1. 微球形聚焦电阻率测井仪测量原理

微侧向测井 MLL、邻近侧向测井 PL、球形聚焦电阻率测井 SFL 和微球形聚焦电阻率测井 MSFL 都是测量冲洗带电阻率 R_{xo} 的测井方法。其中，球形聚焦电阻率测井和微球形聚焦电阻率测井的原理基本相同，只是前者在井中居中测量，后者贴井壁测量，因此与球形聚焦电阻率测井相比，微球形聚焦电阻率测井能更好地反映冲洗带电阻率。

微侧向测井是在微电极测井的基础上加上聚焦装置而得到的，这样能大大改善电极系探测深度，降低井眼和围岩的影响。图 1-10 是微侧向测井的电极系和电流分布图。微侧向测井由于探测深度较浅，容易受到滤饼厚度和滤饼电阻率的影响，因此，一般在滤饼厚度小于 10mm 和钻井液电阻率较低的条件下使用效果较好。

邻近侧向测井在测量方法上与微侧向测井类似，只是邻近侧向测井的电极系装在稍宽的极板上，如图 1-11 所示。由于相应电极的横截面积都比微侧向测井要大，所以，邻近侧向测井的探测深度要比微侧向稍深些，能探测到径向深度150～250mm范围内的地层电阻率。由于受滤饼影响较小，所以，它可以用于钻井液电阻率较高、滤饼较厚的井中。当滤饼厚度大约超过10mm时，用邻近侧向测井比微侧向测井要好。邻近侧向测井虽然比微侧向测井探测深度大，但是随着探测范围的增大，又容易受到原状地层电阻率R_t的影响。试验表明：在侵入较深（侵入带直径大于1m）时，邻近侧向测井的视电阻率R_{PL}就等于R_{xo}；如果侵入直径小于1m，则邻近侧向测井受R_t的影响显著。

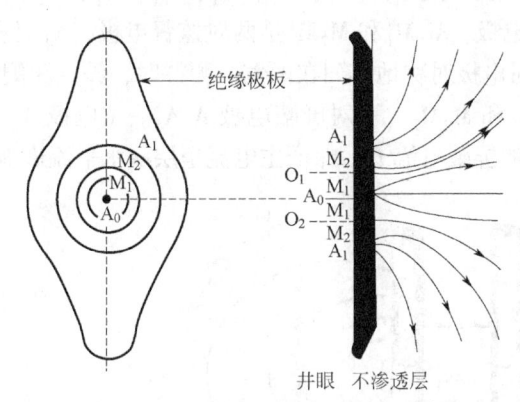

图1-10　微侧向电极系和电流分布

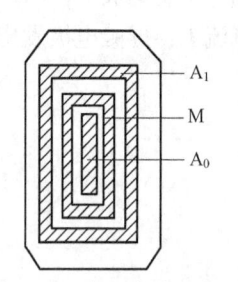

图1-11　邻近侧向电极系

微球形聚焦电阻率测井电极系排列如图1-12所示，主电极A_0、环状参考电极M_0、屏蔽电流回路电极A_1、监督电极M_1及M_2嵌在贴井壁的绝缘极板上。测量时，主电极A_0发出两股电流：屏蔽电流I_a从A_0流出来后主要沿滤饼流入电极A_1；测量电流I_0从A_0流出后流向冲洗带，最后回到回路电极B（极板后板或仪器主体）。仪器通过总电流回路调节，可以使通过M_0电极的内层等位面和通过M_1M_2中点的外层等位面近似于球形，使屏蔽电流I_a主要取决于滤饼厚度h_{mc}和滤饼电阻率R_{mc}。

2. 微球形聚焦电阻率测井曲线

微球形聚焦电阻率测井仪一次下井输出一条视电阻率曲线，记为R_{MSFL}或MSFL。微球形聚焦电阻率测井输出值主要反映冲洗带电阻率R_{xo}。当滤饼厚度$h_{mc}<1.9$cm且侵入中等时，微球形聚焦电阻率测井视电阻率就等于冲洗带电阻率：

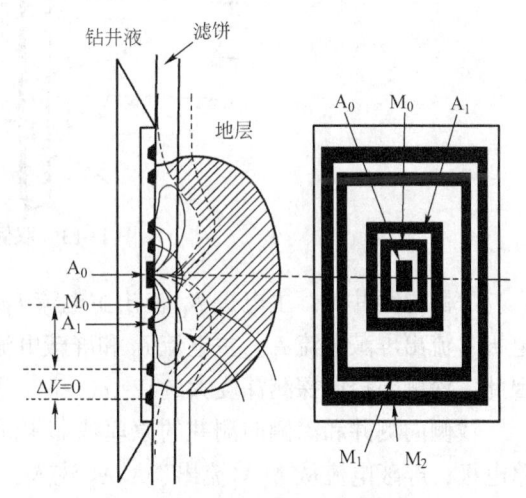

$$R_{MSFL}=R_{xo} \tag{1-9}$$

图1-12　微球形聚焦电阻率测井电极系及电流分布

当滤饼厚度$h_{mc}>1.9$cm时，需用校正图版进行校正：

$$R_{MSFL}=\delta_c \cdot R_{xo} \tag{1-10}$$

式中δ_c为校正系数，通过校正图版获得，不同的仪器供应商有其对应的校正图版。

（二）双侧向测井

1. 双侧向测井仪测量原理

双侧向测井仪 DLL 是在三侧向、七侧向基础上发展起来的。双侧向测井由探测深度不同的深侧向 LLD（deep laterolog）和浅侧向 LLS（shallow laterolog）构成。双侧向测井仪的结构及原理见图 1-13，仪器包括七个体积较小的环状电极（A_1、A_1'、M_1、M_1'、M_2、M_2'、A_0）和两个柱状电极（A_2、A_2'）。其中，A_0 是主电极，M_1M_1' 和 M_2M_2' 是两对监督电极，A_1A_1' 和 A_2A_2' 是两对屏蔽电极。以主电极为中心，这四对电极对称地排列在两侧。测井时，深、浅侧向测井仪共用一个主电极 A_0、两对监督电极 M_1M_1' 和 M_2M_2'、一对屏蔽电极 A_1A_1'。主电极 A_0 发出恒定的电流 I_0，屏蔽电极发出与 I_0 极性相同的屏蔽电流 I_a，保证主电流呈层状水平流进地层。

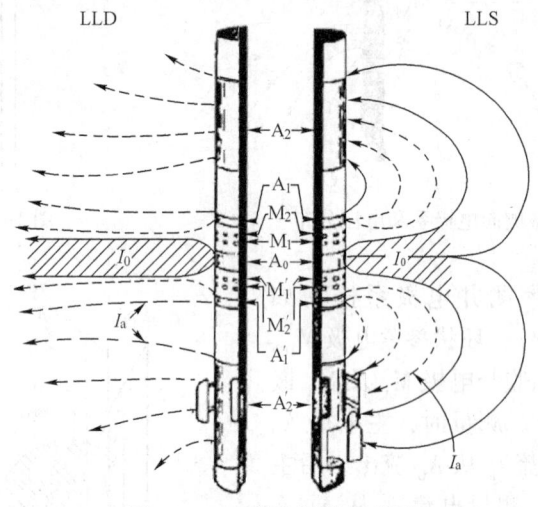

图 1-13 双侧向测井原理图

深侧向测井时，主电极 A_0 流出主电流 I_0；屏蔽电极 A_2A_2' 与 A_1A_1' 连在一起作为双屏蔽电极，流出屏蔽电流 I_a。主电流 I_0 和屏蔽电流 I_a 都流回到地面电极。屏蔽电流屏蔽能力强，因此，深侧向径向探测深度大约在 1m。

浅侧向测井和深侧向测井的原理基本相同，不同的是浅侧向把 A_2A_2' 作为屏蔽电流的回路电极，屏蔽电流从 A_1A_1' 流出、A_2A_2' 流入，屏蔽作用较弱。I_0 流进地层不远就散开，探测深度较浅，约 0.75m。

深、浅侧向电阻率测量值都受到井眼、侵入带和围岩的影响，是这几部分介质电阻率的综合反映。因此，要得到被测量地层的真实电阻率，必须将井眼、侵入带和围岩的影响消除掉。不同厂家对其生产的仪器都提供了相应的井眼校正图版、围岩校正图版和侵入带校正图版。

2. 双侧向测井曲线

理想情况下，当上下围岩相同时，双侧向视电阻率曲线对称于目的地层中部。对应于高阻层，曲线上有高的视电阻率值；相应地，在低阻层电阻率值低。双侧向测井能够划分厚度大于 0.6m 的地层。双侧向测井仪一次下井可以提供深、浅两条视电阻率曲线。其中，深电阻率曲线（R_{LLD}、LLD 或 RLLD）主要反映原状地层电阻率；浅电阻率曲线（R_{LLS}、LLS 或

RLLS）主要反映侵入带地层电阻率。两条曲线一般以相同纵横向比例重叠绘制，见图1-14。通过双侧向电阻率测井曲线能够定性和定量地确定渗透性地层、划分油气水层、识别裂缝、开展侵入评价以及确定储层的含油气饱和度等。

微球形聚焦电阻率测井与双侧向测井组合应用可以求得侵入带直径d_i和地层电阻率R_t，与双侧向测井曲线重叠应用则可以定性划分油气水层。

图1-14为某井段的测井曲线图，GR、SP、CAL、MSFL、LLS、LLD分别指示自然伽马、自然电位、井径、微球形聚焦电阻率、浅侧向电阻率、深侧向电阻率测井曲线。图中表示出了两个明显的渗透性地层，GR曲线显示低值，SP相对于泥页岩地层向左偏移，三条电阻率测井曲线显示低侵特征（MSFL<LLS<LLD），这些特征为油气层显示特征。

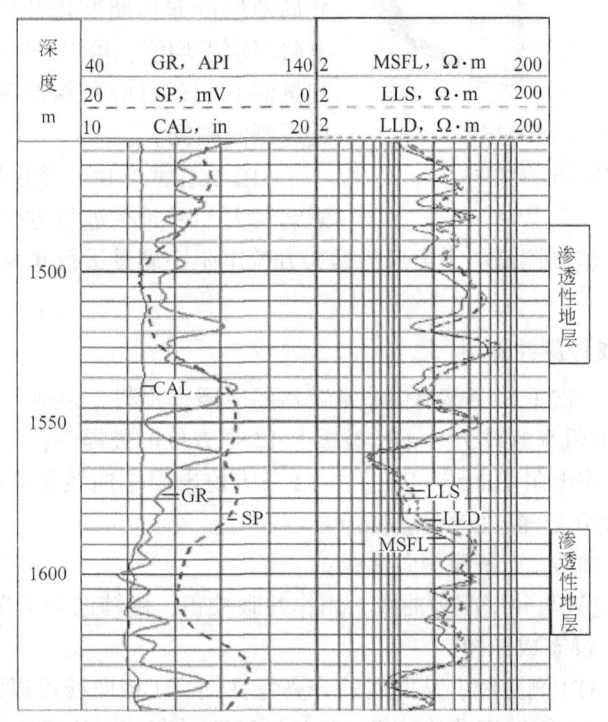

图1-14 双侧向—微球形聚焦电阻率测井曲线组合

（三）方位电阻率成像测井

侧向测井技术从20世纪50年代发展至今，经过三侧向、七侧向、双侧向的改进和发展，技术不断完善，性能不断提高，成为电阻率测井系列的重要构成。随着油气田勘探开发程度的提高，薄储层、裂缝性储层越来越受到重视，普通的双侧向测井仪已不能满足非均质地层评价的需要，具有方位测量特点的方位电阻率成像测井仪应运而生。

1. 方位电阻率成像测井仪测量原理

以斯伦贝谢方位电阻率成像测井仪ARI（azimuthal resistivity imager）为例对该类仪器工作原理进行介绍。ARI是在双侧向测井基础上发展起来的，在仪器设计时仍然保留了双侧向测井原有的测量功能，把ARI测井的方位电极系和常规的双侧向电极系有机地结合起来，并安装在同一仪器上。

如图1-15所示，ARI的方位电极系装在双侧向测井仪屏蔽电极A_2的中部，在仪器圆周上均匀安装了12个相同的柱状电极，每个电极向外的张开角为30°，12个电极覆盖了井周360°方位内的地层。电极为长方形，垂直分辨率20cm，方位分辨率30°，探测深度与深侧向相近。在每个深度处，ARI可同时输出12个方位电阻率值，相当于每个电极发射电流穿过路径上的介质的电阻率，穿过路径包括电极30°张开角所控制的范围。因此，当井周介质不均匀或有裂缝存在时，12个方位电阻率将不同，由此可对井周地层的非均质变化开展研究。对12个方位电阻率求平均值，可以得到一个高分辨率电阻率测量值LLhr。LLhr的探测深度显著大于浅侧向，比深侧向稍低。

ARI成像测井由于受仪器偏心和井壁不规则影响较大，因此在进行方位电阻率测井的同时，还需进行辅助测量。辅助测量的主要目的是为方位电阻率测量进行井眼不规则校正和仪器偏心校正提供资料。

图1-15 方位电阻率成像测井仪结构及电流分布

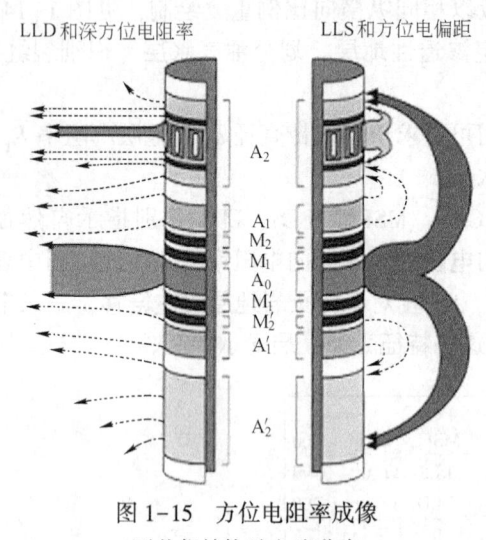

2. 方位电阻率成像测井资料

ARI成像测井仪一次下井能够提供非常丰富的电阻率资料，包括：

（1）12条方位电阻率曲线，由ARI极板上12个方位电极提供；

（2）1条高分辨率电阻率曲线LLhr，由12条方位电阻率曲线平均产生，其垂直分辨率20cm，径向探测深度介于深、浅双侧向之间；

（3）1条深侧向曲线、1条浅侧向曲线；

（4）12条方位电极与井壁间隙曲线，用作井眼校正，由辅助测量模式提供；

（5）井壁的动、静态成像图。

图1-16为某井ARI测井图，从曲线的分离特征结合GR曲线可以看到，该井段有多个渗透性层段。比较LLhr和LLD曲线可知，LLhr、LLD具有相同的变化规律，但LLD曲线比LLhr更光滑，这是由LLhr纵向分辨率高、对薄地层敏感造成的，因此，LLhr对划分薄层十分有用。ARI已在划分薄层、分析地层非均质性及评价裂缝等方面得到了广泛应用。此外，基于ARI提供的方位电阻率测量结果，可实现井周地层饱和度成像。

五、感应测井

为了解决在油基等不导电钻井液条件下的地层电阻率测量问题，20世纪40年代，人们研究出了感应测井IL（induction logging）。感应测井利用电磁感应原理测量地层电阻率。与侧向电阻率测井类似，随着需求的不断变化，感应测井仪器也在向着高分辨率、井周分区测量不断发展。

（一）感应测井原理

下面以如图1-17所示的双线圈系感应测井仪为例讲述感应测井原理。在感应测井仪器的绝缘芯棒上，相隔一定距离绕有发射线圈T和接收线圈R，发射线圈通以20kHz的等幅交

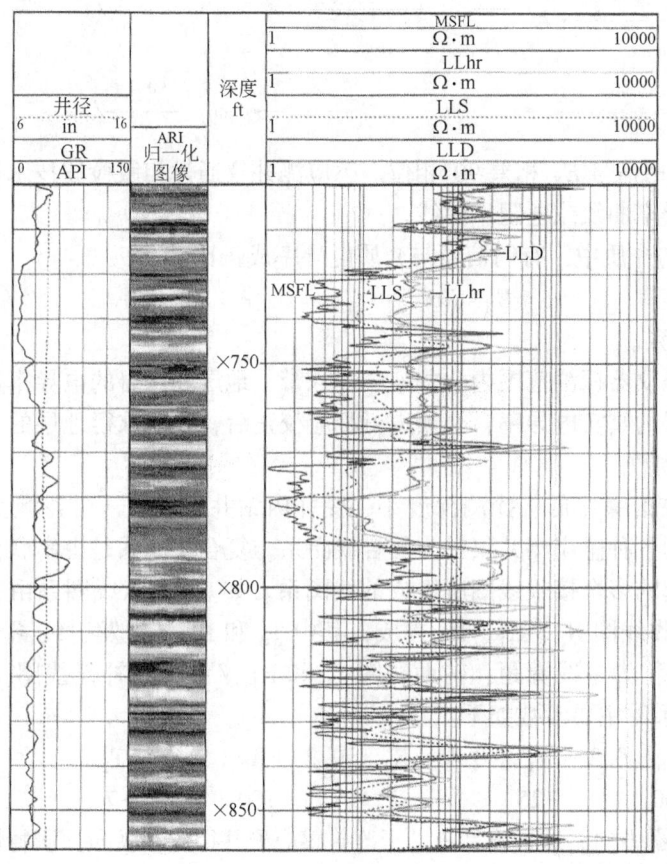

图 1-16 某井 ARI 测井资料　　　　　彩图 1-16

变电流 I（$I=I_0\sin\omega t$）。根据电磁感应理论，发射电流将在仪器周围的介质中激发一次交变电磁场 Φ。把导电介质看成围绕仪器的一个导电环，那么在一次交变电磁场 Φ 所穿过的这个环里将产生交变的感应电动势 e。按闭合电路欧姆定律，在该电动势 e 的推动下，导电环中将产生交变的电流 I'。I' 称为涡流，与地层电导率 σ 成正比，是以仪器轴为中心的环流。涡流 I' 又将在介质中激起二次交变电磁场 Φ'。在二次交变电磁场 Φ' 作用下，接收线圈 R 中产生感应电动势，称为二次感应电动势。

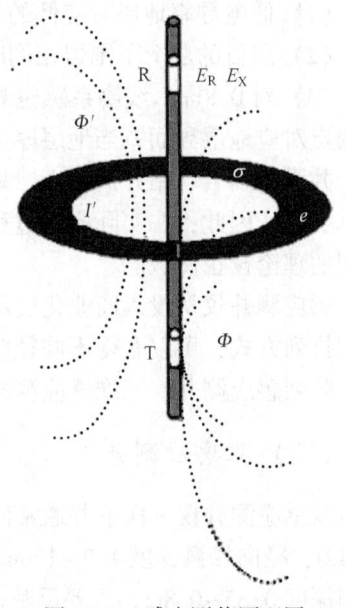

一次交变电磁场 Φ 和二次交变电磁场 Φ' 的一部分都将穿过接收线圈 R，并在接收线圈中感应出相应的电动势 E_X 和 E_R。一次交变电磁场 Φ 直接在接收线圈里产生的感应电动势 E_X，由测井时通入的交变电流在接收线圈中直接耦合产生，与介质的电导率无关，为无用信号；二次交变电磁场 Φ' 产生的电动势 E_R 与介质电导率有关，通过它可以获得地层的导电特性，因此为有用信号。接收线圈中感应电动势 E_R 的形成过程为

图 1-17 感应测井原理图

$$I \longrightarrow \Phi \begin{cases} \xrightarrow{90°} E_X \\ \xrightarrow{90°} e \longrightarrow I' \longrightarrow \Phi' \xrightarrow{90°} E_R \end{cases}$$

可见，有用信号 E_R 与无用信号 E_X 相差 90° 相位。感应测井仪通过相敏检波技术把有用信号检测出来，转换得到电导率曲线或电阻率曲线。

在电导率为 σ 的无限均匀介质中，有用信号与介质电导率成正比：

$$E_R = K\sigma \tag{1-11}$$

式中　K——感应测井线圈系数。

感应测井输出的电导率是仪器探测范围内钻井液、侵入带、地层和围岩的电导率及几何分布的综合反映，不等于地层的真实电导率，必须进行相应校正后，才能求得地层的真电导率 σ_t。电导率和电阻率互为倒数。

双线圈系感应测井仪存在信噪比低、探测深度小、受井内钻井液和侵入带影响大等问题。因此，国内外实际使用的各种感应测井仪都为复合线圈系。复合线圈系是由串联在一起的多个发射线圈和串联在一起的多个接收线圈所组成的线圈系。如 0.8m 六线圈系由三个发射线圈 T_0、T_1、T_2 和三个接收线圈 R_0、R_1、R_2 构成，其中 T_0 和 R_0 是主发射线圈和主接收线圈，T_0 和 R_0 之间的距离称为主线圈距；辅助线圈 T_1 和 R_1 又称井眼补偿线圈，T_2 和 R_2 称围岩补偿线圈。六线圈系的主要参数如下：

线圈排列：　R_2　0.6　T_0　0.2　T_1　0.4　R_1　0.2　R_0　0.6　T_2
线圈匝数：　−7　　　100　　　−25　　　−25　　　100　　　−7

其中，线圈匝数的负号表示线圈方向。这种设计有助于改善感应测井径向和纵向探测特性，减小围岩及井眼的影响，提高信噪比。感应测井仪器的纵向分层能力和径向探测深度随着线圈距的变化而变化。0.8m 六线圈系感应测井仪器的纵向分层能力为 2m，径向探测深度 1.3m 左右。

感应测井曲线具有以下特点：

（1）低电导率地层对应低的视电导率，高电导率地层对应高的视电导率。

（2）当目的层上下围岩相同时，测得的电阻率曲线关于目的地层中部对称。

（3）对 0.8m 六线圈系感应测井仪得到的感应测井曲线，当地层厚度大于 2m 时，曲线半幅点对应地层界面；当地层厚层小于 2m 时，界面位置向曲线峰值方向移动。

井眼、围岩、钻井液侵入、地层倾斜及"趋肤效应"等都可能影响感应测井输出结果的真实性，因此，在实际应用过程中，应对测井值进行相应的校正，不同厂家提供的仪器有不同的理论校正图版。

感应测井仪从投入商业化应用至今，得到了迅速发展。通过改变线圈数量、线圈间距和线圈排列方式，可以获得不同径向探测深度、不同分辨率的感应测井仪器。下面以双感应测井、阵列感应测井、三维感应测井为例进行简要介绍。

（二）双感应测井

双感应测井仪一次下井通常同时测量两条径向探测深度不同的电导率测井曲线，一条记为 ILD，径向探测深度 1.2~1.6m，主要用于求取原状地层电阻率；另一条记为 ILM，径向探测深度 0.65~0.8m，主要反映侵入带地层电阻率。深、中感应测井曲线一般也以相同纵横向比例重叠绘制。深、中感应重叠使用可以确定渗透性地层、划分油气水层。深感应测井曲线的垂向分辨率约为 2.5m，中感应测井曲线的垂向分辨率约为 1.8m。

为了求准侵入较深地层的电阻率、侵入带电阻率和侵入带直径，目前常使用双感应—聚焦电阻率组合测井仪，可以同时测量深感应曲线、中感应曲线、聚焦曲线和自然电位曲线。实践证明，只要地层电阻率 $R_t<100\Omega \cdot m$，$R_{mf}<R_w$，就可得到可靠的结果；当 $R_{mf}>R_w$ 时，只要井径小于 8in（20.3cm），侵入中等或比较浅，地层电阻率中等，也可测得比较可靠的地层电阻率。

图 1-18 以重叠的方式给出了某井段的深感应测井曲线 ILD、中感应测井曲线 ILM 和球形聚焦电阻率曲线 SFL。其中，球形聚焦电阻率曲线主要反映冲洗带地层电阻率。图中表示出了一个典型的渗透性地层，在该渗透性地层，钻井液侵入的结果使冲洗带地层的电阻率、侵入带地层的电阻率都高于原状地层的电阻率，即电阻率呈现出明显的高侵（SFL>ILM>ILD）特征。

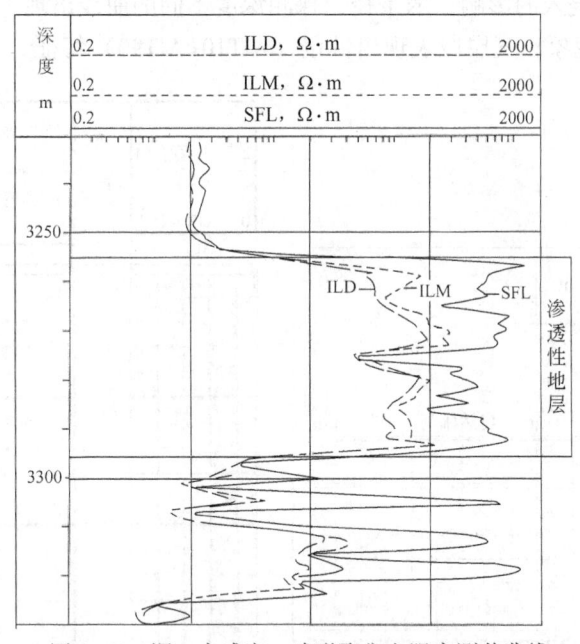

图 1-18　深、中感应—球形聚焦电阻率测井曲线

在中、低电阻率和增阻侵入地层条件下，选择双感应测井和浅探测侧向测井组合是最适宜的。因为对感应测井起作用的涡流是分别在侵入带和原状地层内部以井轴为轴的环电流，这相当于侵入带电阻与原状地层电阻并联，因此，测井读数受高电导区（低电阻区）影响大；而侧向测井电流是垂直穿过侵入带界面进入原状地层的，侵入带电阻和原状地层电阻是串联关系，因此，测井读数受高电阻影响大。在增阻侵入情况下，深感应探测深度可以很深，基本上反映地层真电阻率 R_t；而浅侧向测井探测深度可以相当浅，反映冲洗带电阻率 R_{xo}；中感应测井正好反映侵入带直径的变化。

（三）阵列感应测井

阵列感应测井仪的测量原理与普通感应测井仪相似，但线圈的数量显著增加。商用仪器主要有中油测井 MIT（视频 2）、中石化经纬 SL6515、中海油服 EAIL、斯伦贝谢 AIT、贝克休斯 HDIL、哈里伯顿 ACRT，这些仪器的结构虽有所差异，但测量原理基本相同。以 AIT 为例，该仪器采用阵列线圈系，通过几种不同工作频率来控制仪器的径向探测深度，可以输出几组具有相

视频 2　阵列感应测井

同纵向分辨率但径向探测深度不同的电阻率曲线。

AIT 的主线圈距从几英寸到几十英寸，主要有 6in、9in、12in、16in、21in、27in、39in、72in，同时采用 25kHz、50kHz、100kHz 三种工作频率，能够得到 1ft、2ft、4ft 三种不同纵向分辨率和 10in、20in、30in、60in、90in 五条不同径向探测深度的三组地层电阻率曲线。

AIT 在相同纵向分辨率情况下得到的五条电阻率曲线，反映了地层的径向电阻率变化特征。90in 探测深度的曲线受井眼影响和侵入影响最小，最接近于原状地层的电阻率。如图 1-19(a) 所示，在渗透性层段 1、2 测得的不同探测深度的五条电阻率曲线出现了明显的分离现象，且表现出高侵显示特征，指示层段 1、2 为水层。图 1-19(b) 给出了某井段 10in 和 90in 两条径向探测深度的阵列感应测井曲线，图上还同时表示出了解释结果。在水层和气层段，由于钻井液侵入的影响，两条径向探测深度不同的曲线出现了分离：水层段呈现高侵（AIT10>AIT90）现象；气层段表现出低侵（AIT10<AIT90）特征。

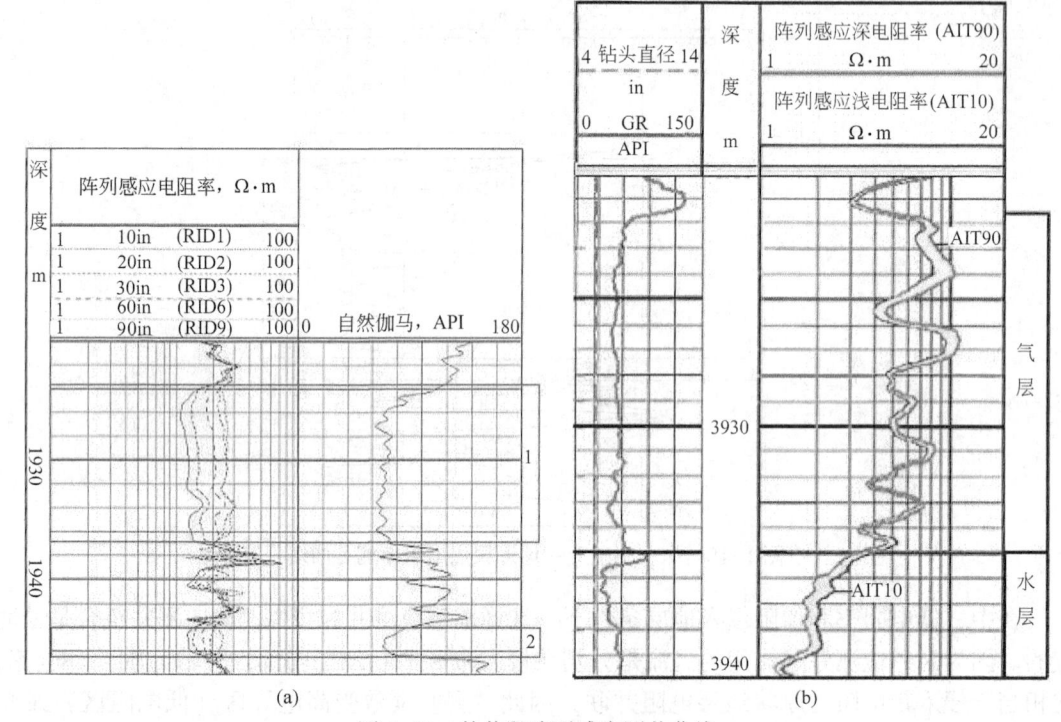

图 1-19 某井段阵列感应测井曲线

当存在钻井液滤液侵入时，一般情况下，单条电阻率测井曲线不能反映地层的电阻率，但可以通过多条电阻率曲线的径向反演来求出地层的冲洗带电阻率 R_{xo} 和原状地层电阻率 R_t。因此，利用每一种分辨率下的五条测井曲线组成的曲线组，不仅可以准确地估算出地层径向电阻率，给出二维电阻率图像，而且可以直观地显示出径向侵入剖面流体的变化特征。

AIT 测井提供的三种垂直分辨率下的电阻率曲线组，对薄层探测能力明显提高，对径向侵入定量描述得更加准确，因而商业化后很快就在油气储层评价中得到了广泛应用。同时，AIT 测井可通过不同探测深度电阻率测井曲线组合，实现径向上地层饱和度成像。

（四）三维感应测井

相比于阵列感应测井，三维感应测井通过添加三轴发射—接收线圈，实现不同方向上电阻率测量，可同时提供垂直与水平方向上地层电阻率。商用仪器有中油测井 3DIT、中海油服 TR-Prober、斯伦贝谢 RT Scanner、贝克休斯 3DEX、哈里伯顿 MCI。下面以 3DIT 为例，对三维感应测井进行简要介绍。

1. 三维感应测井原理

3DIT 三维感应测井仪器是由 1 组三轴发射器、3 组三轴接收器和 4 组单轴接收阵列组成的三维探测器，每一对三轴发射器和三轴接收器可产生 9 个分量，除具有阵列感应测井仪的功能外，还能够提供地层水平电阻率（R_h）、垂直电阻率（R_v）、电阻率各向异性（λ）、倾角（dip）和方位角（azi），见图 1-20（汤天知等，2020）。

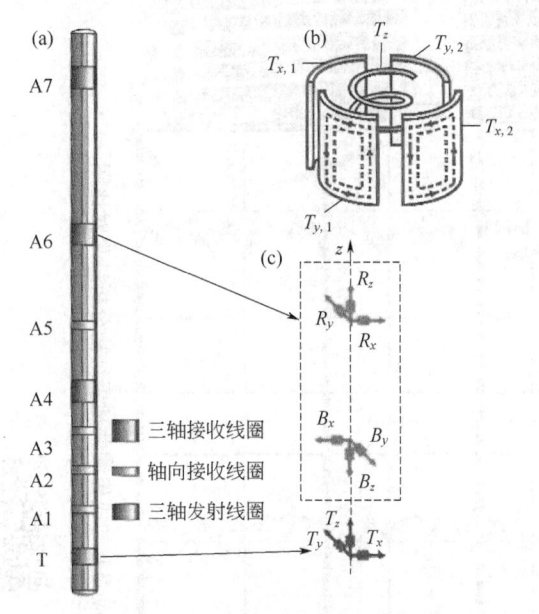

图 1-20　三维感应测井示意图（据汤天知等，2020）
（a）仪器探测器；（b）三轴发射线圈；（c）三轴线圈系

彩图 1-20

2. 三维感应测井输出成果及应用

3DIT 三维感应测井输出 6 条径向不同探测深度的电阻率曲线，同时经过处理可获得水平电阻率（R_h）、垂直电阻率（R_v）、电阻率各向异性（λ）、地层倾角处理成果。通过水平电阻率与垂直电阻率差异可以反映地层的各向异性，进行地层沉积环境及复杂流体性质识别，以及地层倾角计算和井周构造变化分析；利用垂直电阻率变化能够更加真实地反映薄互层储层、页岩油含油性等。

图 1-21 是某井三维感应测井的测量结果图，图中 AT10~AT120 为六条不同探测深度的电阻率曲线，1783~1802m 井段成像测井解释为层状地层，六条电阻率曲线没有差异，但水平电阻率（R_h）和垂向电阻率（R_v）有较大差异，指示地层具有较强的电性各向异性。下段 1815~1827m 块状地层六条电阻率曲线、水平与垂直电阻率曲线均显示差异较小，指示地层各向异性弱。可见，三维感应测井能够较好地反映地层结构。

图 1-22 为三维感应测井地层倾角处理成果图，可见三维感应测井提取地层倾角与电成像测井结果有较好的对应性，三维感应测井能够较好地反映地层的倾角。

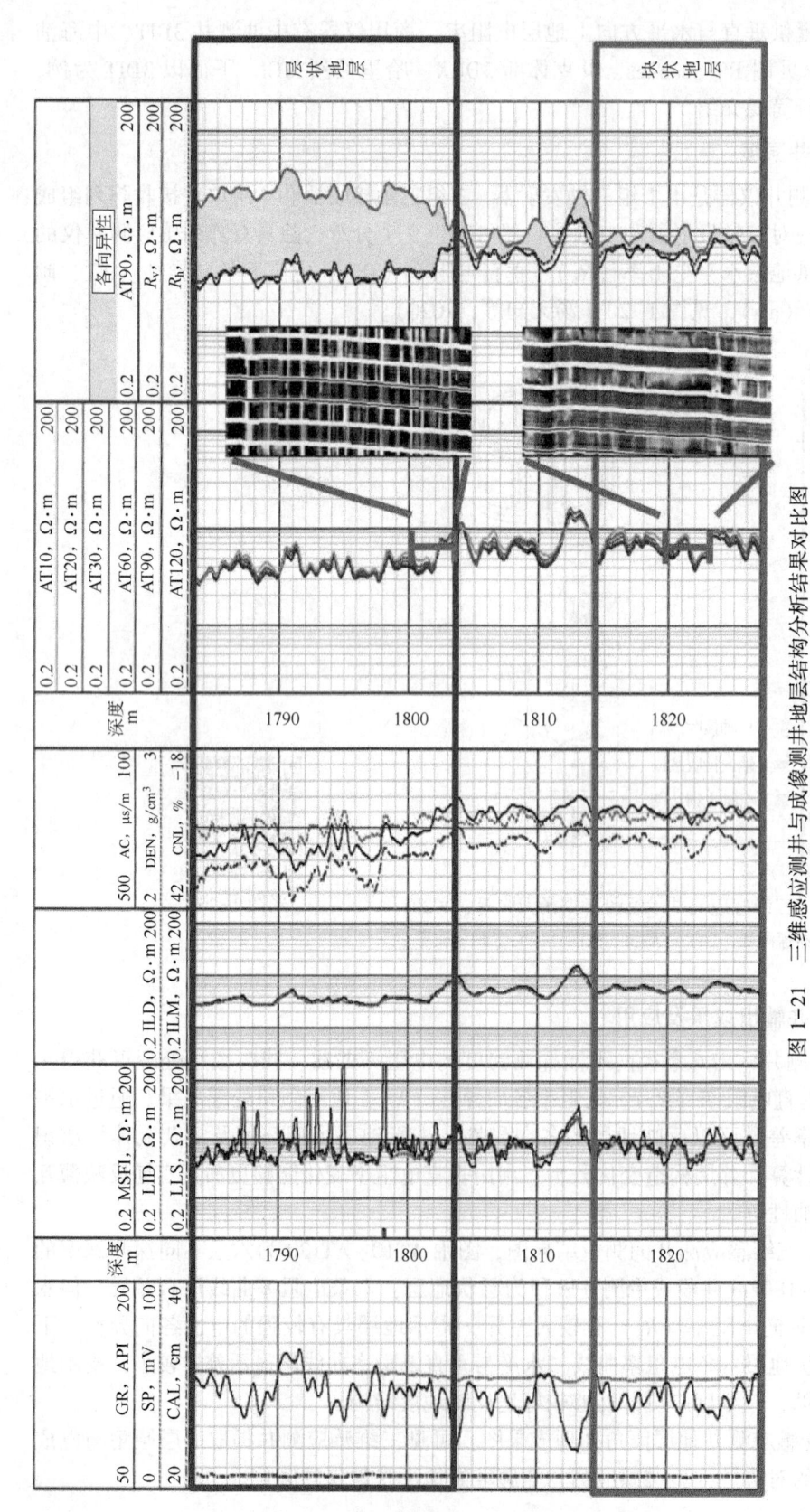

图 1-21 三维感应测井与成像测井地层结构分析结果对比图

彩图 1-21

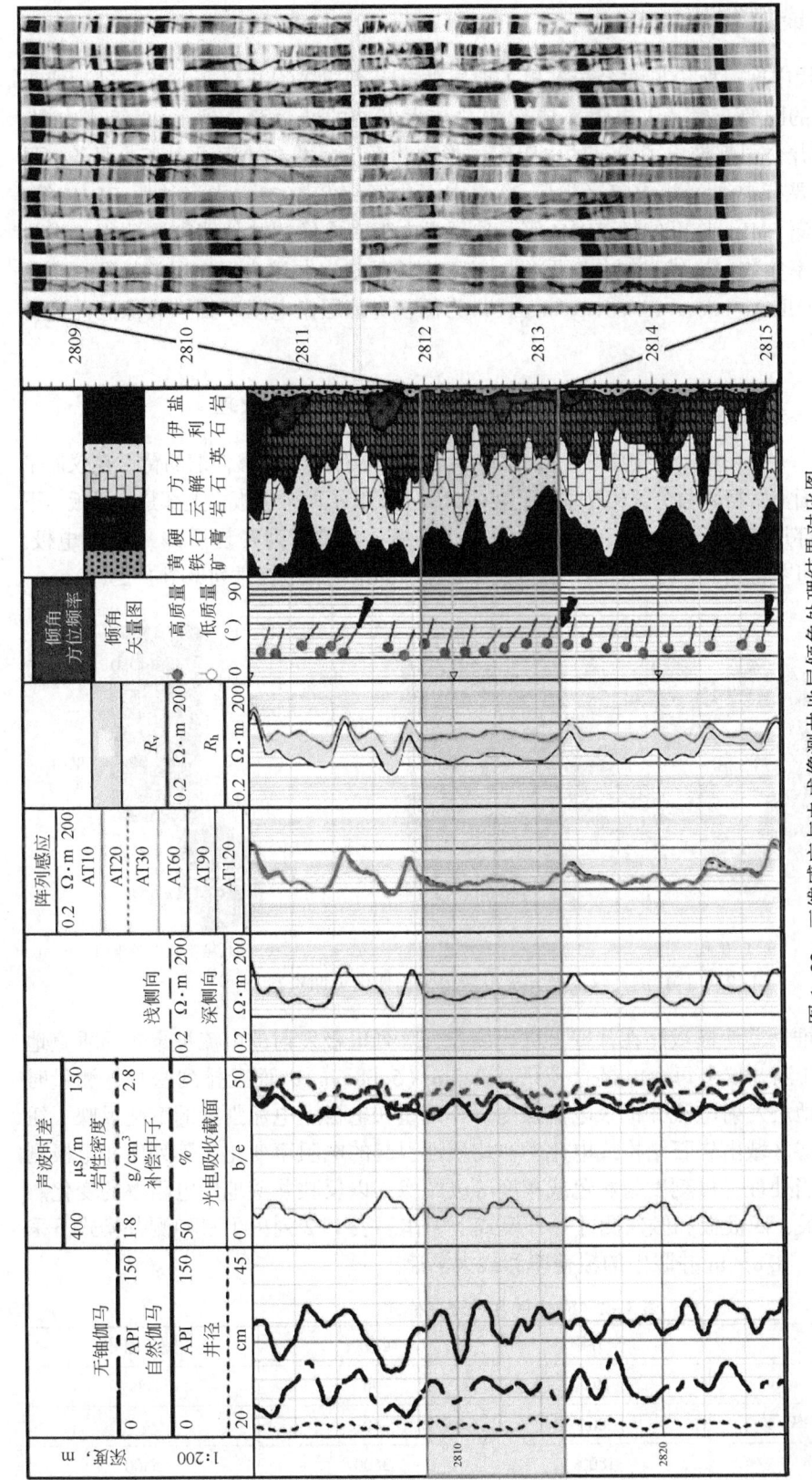

图 1-22 三维感应与电成像测井地层倾角处理结果对比图

六、电阻率成像测井

20世纪80年代中期，斯伦贝谢公司推出了地层微电阻率扫描测井仪器FMS，处理成果是和岩心照片类似的图像，揭开了电阻率成像测井技术发展的新篇章。到了90年代中期，世界上几家大的测井公司都推出了自己的电阻率成像测井系统，并在油田投入商业服务。目前商用仪器国内主要有中油测井MCI（视频3）、中石化经纬SL6022、中海油服ERMI等，国外主要有斯伦贝谢FMI、哈里伯顿XRMI等。地层微电阻率成像测井仪能利用测得的大量高分辨率地层电阻率参数，构成一幅井壁图像，较真实地反映出井壁表面地层的特征。下面以斯伦贝谢FMI（fullbore micro-resistivity imager）为例，对地层微电阻率扫描成像测井进行简要介绍。

视频3 MCI微电阻率成像测井

（一）地层微电阻率扫描成像测井的测量原理

FMI仪器结构如图1-23(a)所示，仪器有四个能够伸缩的臂。在仪器平面上，相邻两个臂相互垂直。在每个臂上安装了两个极板，上部是主极板，下部是副极板，副极板可以活动。每个极板上都按阵列安装了24个纽扣电极，可获得0.2in（5.08mm）的分辨率。极板的结构和电极排列见图1-23(b)。

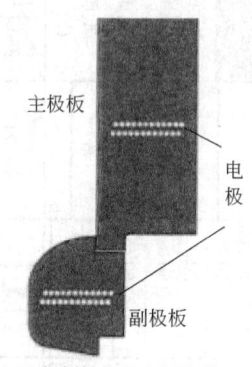

(a) FMI测井仪器　　(b) 极板结构及电极排列

图1-23　FMI测井仪器及其极板结构（据斯伦贝谢资料）

测井时，依靠推靠器使极板贴在井壁上进行测量，阵列电极发射的电流被聚焦后垂直地进入井壁地层。FMI测井仪上每个电极直径只有0.2in（5.08mm），而且排列密集，测量时所有电极都向井壁地层发射电流并记录电流强度。阵列纽扣电极上电流强度的变化反映了纽扣电极正对着的地层区域由岩石结构或电化学非均质性引起的电阻率变化。阵列纽扣电极测量得到的电流经适当处理，可刻度为彩色或灰度等级图像，以反映井壁地层电阻率的变化。

FMI能在全井眼、四极板和倾角测井三种模式下工作。表1-2列出了三种测井模式下采用的纽扣电极数目、在8½in井眼中的覆盖率和最大测速。

表1-2　FMI的几种测井模式

操作模式	全井眼	四极板	倾角测井
电极数量，个	192	96	8
8½in井眼中的覆盖率，%	80	40	—
最大测速，ft/h	1800	3600	5400

（1）全井眼模式。FMI 在全井眼模式下测井时，采用八个极板测量（主、副极板全用），可以获得最大的井壁覆盖率。在 6½in 井眼中，井壁覆盖率可达 95%；在 8½in 井眼中，仪器可提供 80% 的覆盖率。

（2）四极板模式。FMI 在四极板模式下，测井时只使用测井仪上的四个主极板（不含副极板）上的纽扣电极采集井下地层的数据。这种测井模式获得的井壁覆盖面积仅为全井眼模式的一半，适用于对地层比较熟悉的地区，可以节省测井费用并提高测井速度。

（3）倾角测井模式。FMI 采用倾角测井模式时，只用每个主极板上的两个电极测井，效果与地层倾角测井仪相同。

（二）FMI 测井资料

仪器在井眼内自下向上提升测井的过程中，可以获得井壁内表面也就是全尺寸取心外表面的图像，将该图像沿着一定的方位剖开并展开，得到地层微电阻率扫描成像图的展开图，也就是常见的电成像测井图。通常将电成像图沿着正北方向展开，展开原理见图 1-24，图中的 N、E、S、W 分别表示正北、正东、正南、正西方向。电成像测井图以颜色的变化来反映地层电阻率的高低：随着地层电阻率逐渐增高，电成像测井图像逐渐变亮；随着地层电阻率逐渐降低，电成像测井图像逐渐变暗。

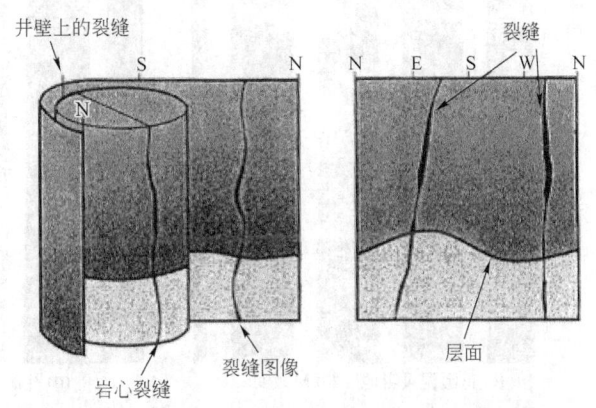

图 1-24 成像测井展开原理图（据斯伦贝谢资料）

FMI 图像具有很高的精度，分辨率为 0.2in（5.08mm），形成的彩色图像与岩心照片相似，给人们以直观的视觉图像，可以用来识别井壁地层岩石中的裂缝、溶孔，还可以用于解释地层孔隙特性、沉积相、地质构造，进行岩性对比。

图 1-25(a) 为一碳酸盐岩地层的 FMI 测井资料。由于裂缝与井眼连通，因此，钻井过程中钻井液将侵入其中，使裂缝的导电性明显增强，电阻率降低，因而裂缝在图上显示为黑色。从图上可以看出，该井段裂缝发育。

图 1-25(b) 也是一裂缝发育地层的 FMI 测井资料，图上暗色部分也显示出了裂缝特征。

图 1-25(c) 中的黑色部分指示低阻的泥页岩地层。

图 1-25(d) 中的黑色部分指示井壁表面发育的孔洞。孔洞因其与井眼相连而被钻井液充填，出现低电阻率特征。

由图 1-24、图 1-25 可见，井壁各种地层结构特征都能够在 FMI 成像图上得到反映。

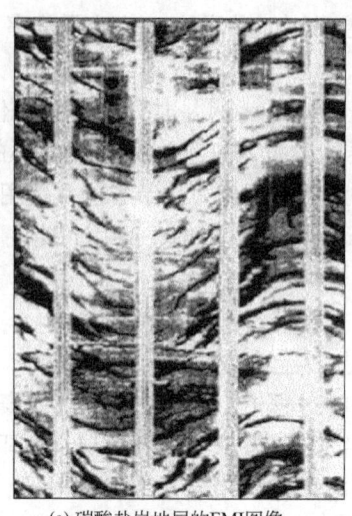

(a) 碳酸盐岩地层的FMI图像　　　(b) 裂缝发育地层的FMI图像

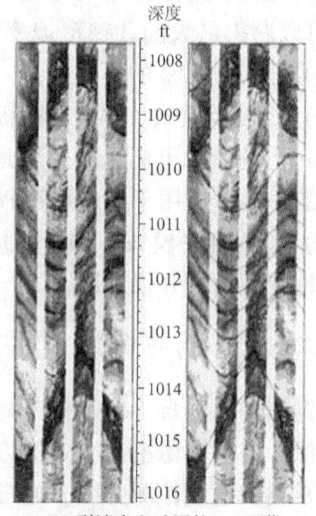

(c) 低阻泥页岩地层的FMI图像　　(d) 孔洞的FMI图像

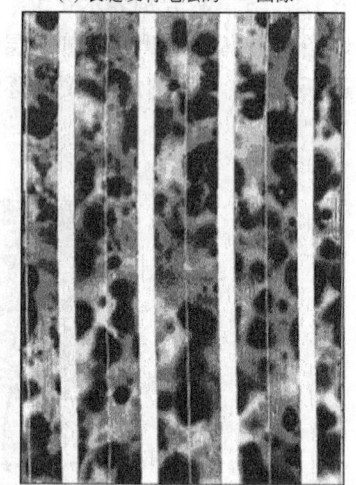

彩图 1-25　　　图 1-25　典型地层及缝洞的 FMI 测井资料显示特征 （据斯伦贝谢资料）

FMI、ARI、AIT 都可以实现成像功能，但三者对地层成像的角度不同。FMI 是基于纽扣电极的井壁地层高分辨率成像，ARI 是基于多方位电阻率测量的井周地层成像，AIT 是基于不同探测深度电阻率测量的井周地层径向成像。FMI 的探测深度小，主要揭示井壁地层岩石的结构特征。利用 ARI、AIT 所获得的电阻率资料，可以分析获得对井眼周向、径向的流体饱和度分布特征的认识。

七、套管井电阻率测井

（一）套管井电阻率测井原理

套管井电阻率测井 CHFR（cased hole formation resistivity）的测量原理类似于裸眼井测井中的侧向测井，即当外加电流流入井眼、进入附近岩层中时，利用电极测量由此产生的电压差 V。根据发射电流 I，利用式(1-12) 可以求出地层电阻率：

$$R_a = K \frac{V}{I} \tag{1-12}$$

式中 K——由测井仪器的几何形状决定的系数。

套管井测井和裸眼井测井的显著区别是套管本身即为一个巨大的导电电极,它把电流传导到地层中。在套管井中,大部分高频交流电流在套管中流动,只有一小部分低频交变电流泄漏到地层中,因此测量套管外地层的关键是如何测量这部分微小电流。其测量分两个阶段:

第一阶段是测量阶段,测量电极间由套管和地层共同引起的电压降。如图 1-26(a) 所示,由测井仪顶部电极发射频率为 0.25~10Hz 的低频交变电流,一部分沿套管向上传播,一部分沿套管向下传播。向下传播的电流一部分泄漏到地层中,通过地层,与地表电极形成回路。利用测井仪四个电极中的三个就可以测量由套管和地层引起的电压降 V_1 和 V_2,每次测量只用其中三个电极,另一个作为备用电极。此时测量的电阻率为套管和地层的电阻率之和。

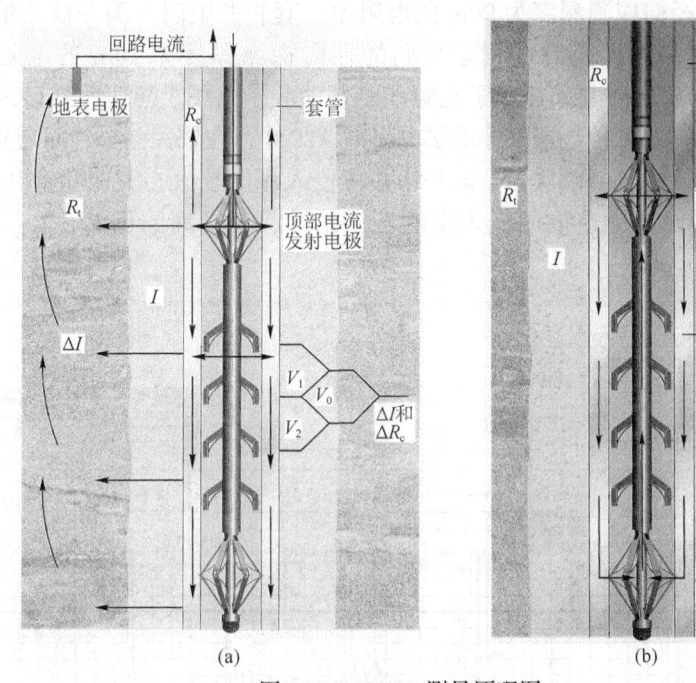

图 1-26 CHFR 测量原理图

第二阶段称为校准阶段,测量由套管电阻率引起的电压降。如图 1-26(b) 所示,由测井仪顶部电极发射交变电流,沿套管向下流动到底部电极。由于电流不需要通过地层形成回路,因此,泄漏到地层中的电流可以忽略。根据两次测量结果的差值就可以求出地层电阻率。

同裸眼井测井一样,CHFR 仪器的探测深度也定义为在无限厚地层中内介质对整个测量信号的贡献为 50% 的某一点,通过数值模拟确定 CHFR 的探测深度在 2~11m 间变化,具体数值受地层参数的影响,地层厚度越大,探测深度越深。总体而言,CHFR 的探测深度较深,它不仅能够探测到未侵入层,而且在某些条件下可以给出早期驱替前沿的逼近情况。

理论上 CHFR 仪器的分辨率取决于测量电极的间距,但由于受围岩的影响,其分辨率一般低于测量电极的间距。

CHFR 测井仪测量信号幅度变化非常小,并且电极在套管中运动产生的噪声信号远大于测量信号，因此，CHFR 测井必须静止测井。静止时间包括井下校准 2~5min。CHFR 测井仪的测井速度约为 15~37m/h。

CHFR 测量值受到套管和地层之间水泥环的影响。通过实验室模拟发现，非导电水泥或厚水泥层使 CHFR 电阻率值在低电阻率地层中明显偏高，在高电阻率地层 CHFR 测量值偏低。这一特点决定了 CHFR 仪器测量的下限为 $1\Omega \cdot m$，上限为 $100\Omega \cdot m$。

（二）套管井电阻率测井输出曲线

CHFR 测井是一种有效的侧向测井方法。其测井资料可用于识别死油气层、评价油层水淹情况、定量计算剩余油饱和度。CHFR 测井与裸眼井电阻率测井类似，因此，利用 CHFR 测井资料进行剩余油研究，可以借用常规裸眼井电阻率测井对储层的评价方法。

图 1-27 中，第一道 MD 指测井深度；第二道 SP、ECGR、BS、HCAL 分别指裸眼井自然电位、自然伽马、钻头尺寸和井径；第三道 AIT90、RTCH、AIT10 分别为阵列感应测井在裸眼井中测量得到的径向探测深度为 90in 的电阻率、套管井电阻率测井仪测量得到的地层电阻率和阵列感应测井在裸眼井中测量得到的径向探测深度为 10in 的电阻率；第四道 RHOB、TNPH 分别为密度测井和热中子孔隙度测井曲线。从图上可见，在砂岩地层，下套管后测得的地层电阻率 RTCH 与裸眼井地层电阻率 AIT90 存在较大差异，而与裸眼井地层电阻率 AIT10 更为接近。由此可以认为，该井钻井液侵入深度较大，实施套管电阻率测井时，钻井压差在井眼周围地层中造成的侵入影响还未消除，套管周围仍然存在大量的钻井液滤液。

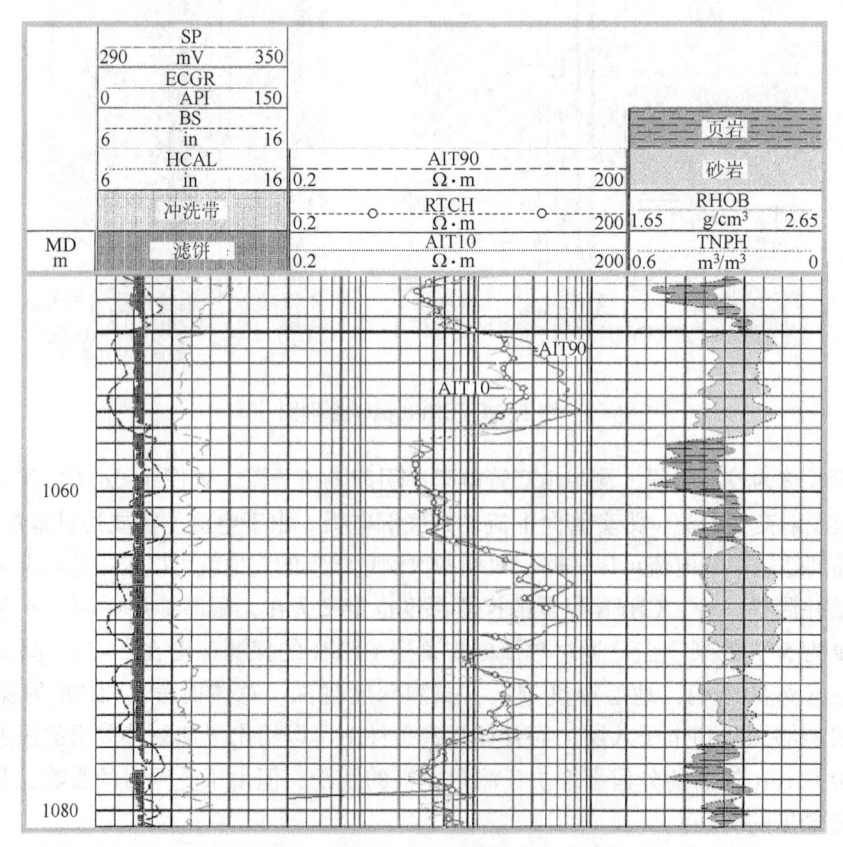

图 1-27　套管井电阻率测井图示例

八、地层倾角测井

地层倾角测井也是以电阻率测量为基础的一类测井方法。与前述各类测井仪器通过测量井眼周围不同区域的电阻率来判断储层和确定含油气性不同,地层倾角测井仪测量地层电阻率变化的主要目的在于研究地层的倾角和倾斜方位,进而研究各种地质现象,指导油气田的勘探开发。1930年,地层倾角测井仪首次使用。1942年,在美国海湾油田使用自然电位式地层倾角仪,取得了良好的地层倾角测井资料。1945年,在自然电位不明显的地区,开始使用电阻率式的地层倾角测井仪。随后地层倾角测井仪逐渐在方位上精细化,从三臂地层倾角测井仪,逐渐发展为四臂(中石化经纬SL6016、斯伦贝谢HDT和SHDT等、贝克阿特拉斯1016)、六臂(中油测井SSDT、中石化经纬SL1017、中石化中原石油工程SDIP、贝克阿特拉斯ECLIPS-5700、哈里伯顿SED等)、八臂(中海油服等)地层倾角测井仪。这些仪器在结构上相近,下面以四臂地层倾角测井仪为例进行介绍。

(一)地层倾角测井原理

地层倾角测井仪包括极板系统和测斜系统两个主要组成部分。如图1-28所示,四臂地层倾角测井仪可以通过贴靠井壁的四个极板获得地层侧面四个点的信息,进而利用空间三点或四点确定一个平面的原理确定地层的层面方程,从而获得地层的倾角和倾斜方位角。

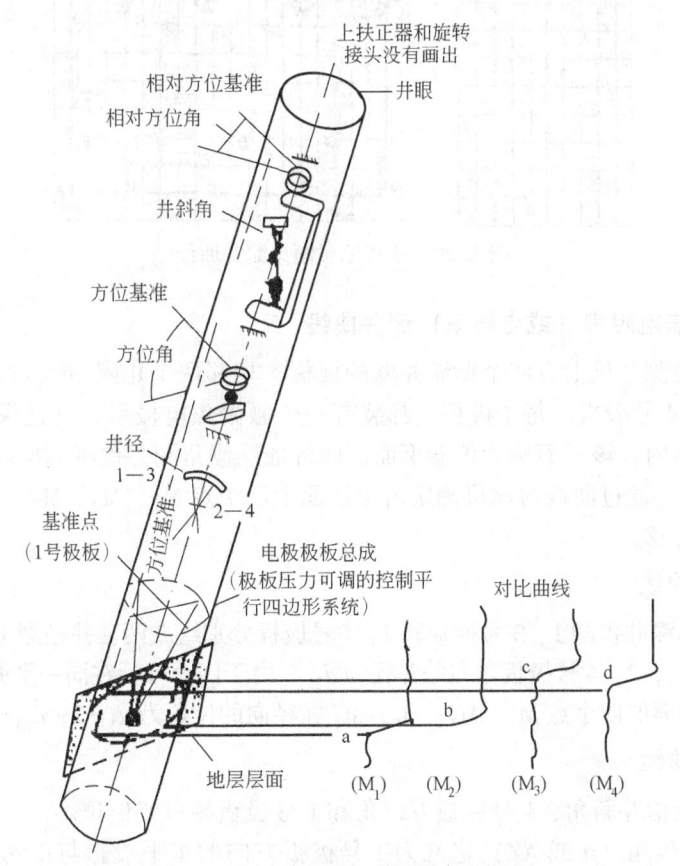

图1-28 四臂地层倾角测井仪原理图

四臂地层倾角测井仪正常的测井速度为 7~9m/min，一次下井同时记录四条微聚焦电阻率（或电导率）测井曲线、两条井径曲线、三条角度曲线，见图 1-29。

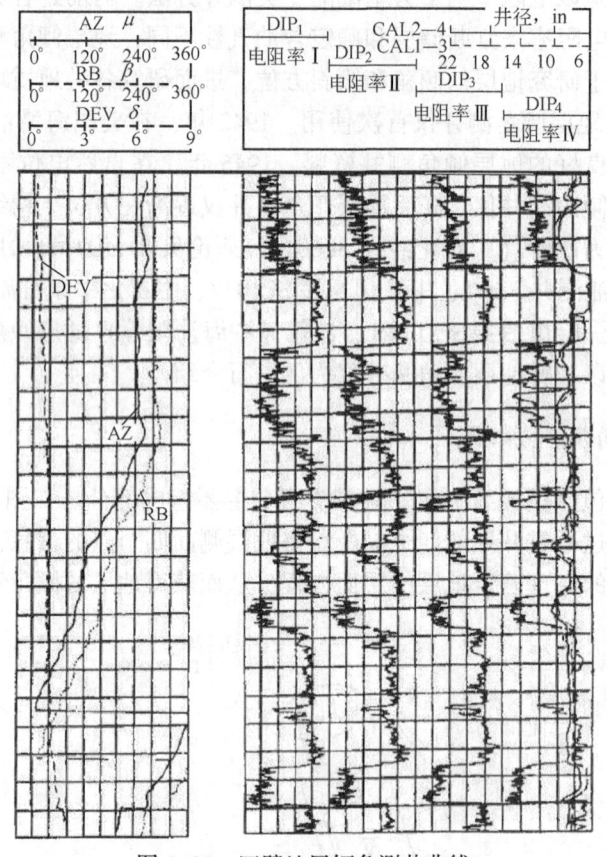

图 1-29　四臂地层倾角测井曲线

1. 四条微聚焦电阻率（或电导率）测井曲线

四臂地层倾角测井仪上有四个贴靠井壁的极板，相邻两个相隔 90°，按顺时针方向依次编号为 1、2、3、4 号极板。每个极板上都装有一个微聚焦电极系，其记录点始终在垂直于仪器轴的同一平面内，该平面称为仪器平面。四臂地层倾角测井仪可测出四条微聚焦电阻率（或电导率）曲线，通过曲线对比可确定岩层层面上四个点 M_1、M_2、M_3、M_4 沿井轴方向的高度 Z_1、Z_2、Z_3、Z_4。

2. 两条井径曲线

四臂地层倾角测井仪的 1、3 号极板和 2、4 号极板分别组成两套井径测量装置。1、3 号极板方向的井径为 d_{13}，2、4 号极板方向的井径为 d_{24}。由于四个极板在同一平面上，仪器轴与井轴重合，故地层层面的四个点 M_1、M_2、M_3、M_4 在径向的位置为 $d_{13}/2$、$d_{24}/2$、$d_{13}/2$、$d_{24}/2$。

3. 三条角度曲线

三条角度曲线指井斜角、1 号极板方位角和 1 号极板相对方位角。

1 号极板的方位角（μ 或 AZ）定义为 1 号极板方向的水平投影与正北方向的夹角（顺时针），变化范围为 0°~360°。方位角 μ 从正北方向开始顺时针方向计量，四个极板顺时针方向排列，并且以 90°等间隔分布，因此，地层面上四个点 M_1、M_2、M_3、M_4 在柱坐标系圆周方向的角度分别为 μ、$\mu+\pi/2$、$\mu+\pi$、$\mu+3\pi/2$。

当井是直井时，由四臂地层倾角测井仪的四条微电阻率曲线、双井径曲线和 1 号极板方位角曲线就可以确定出层面上四个点的坐标：M_1 ($d_{13}/2$, μ, Z_1)、M_2 ($d_{24}/2$, $\mu+\pi/2$, Z_2)、M_3 ($d_{13}/2$, $\mu+\pi$, Z_3)、M_4 ($d_{24}/2$, $\mu+3\pi/2$, Z_4)。根据层面上四个点的坐标就可以确定层面方程 $Z=AX+BY+C$，由此可计算出地层的倾角和倾斜方位角。

当井是斜井时，必须进行井斜校正，因此，还必须同时测量井斜角（井轴与铅垂线间的夹角）和井斜方位角。为了仪器制造方便，地层倾角测井仪通过测量 1 号极板相对方位角代替直接测量井斜方位角。1 号极板相对方位角就是指仪器平面上 1 号极板方向与井斜方向的夹角，顺时针为正，变化范围为 0°~360°，用 β 表示。

（二）地层倾角测井处理成果输出

图 1-29 的四臂地层倾角测井曲线图中，第一道 AZ 和 μ 都指 1 号极板方位角，RB 和 β 都指 1 号极板相对方位角，DEV 和 δ 都指井斜角；第二道中，DIP_1、DIP_2、DIP_3、DIP_4 分别指 1、2、3、4 号极板测得的电阻率曲线，CAL1—3、CAL2—4 分别是 1—3 号极板和 2—4 号极板测得的井径曲线。地层倾角测井资料经过计算机处理后的成果有两种显示方法：一是打印成数据表；二是进行图形显示。其中，以图形输出的地层倾角测井成果更常用。

1. 数据表

地层倾角测井数据表分为原始数据表和解释成果表。原始数据表包括深度、井斜角 δ、井斜相对方位角 β、1 号极板方位角 μ、井径 d_{13}、井径 d_{24} 及四个高程 Z_1、Z_2、Z_3、Z_4。解释成果表包括深度参数（顶界和底界）、地层参数（倾角、方位角、方向）和井眼参数（井斜角、方位角和方向），如表 1-3 所示，其中"等级"表示结果的可靠程度。

表 1-3　倾角测井解释成果表

深度，m		地层参数			井眼参数			等级
顶界	底界	倾角	方位角	方向	井斜角	方位角	方向	100
4711	4719	2.0°	151°	S29°E	0.8°	58°	S58°E	100
4713	4721	2.0°	148°	S32°E	0.4°	62°	S62°E	100
4716	4723	3.0°	147°	S33°E	0.4°	59°	S59°E	100
4717	4725	1.9°	121°	S59°E	0.4°	50°	S50°E	100

2. 主要成果图

常用的地层倾角测井成果图有矢量图、杆状图、施密特图和方位频率图。

1）矢量图

矢量图又称为蝌蚪图或箭头图，是地层倾角测井数据处理成果的最基本和最常用的图件，它形象直观地显示处理井段内各个地层面或层理面的倾角和倾向随深度的变化。如图 1-30 所示，矢量图的横坐标为地层倾角（0°~90°），纵坐标为深度。每个倾角矢量的起点用小圆、小正方形或小三角形的中心表示，该中心在图上的位置表示计算点的深度和倾角，与起点相连的箭头或线段指向该计算点的倾斜方位（规定上北、下南、左西、右东，倾向范围 0°~360°）。

为了应用方便，矢量图用如图 1-31 所示的颜色模式进行分类：

（1）绿色模式：随着地层深度增加，地层倾角和倾斜方位角相对稳定的一组矢量。绿色模式一般反映构造倾角。

（2）红色模式：方位角大体一致，但倾角随地层深度增加而增加的一组矢量。红色模式矢量图配合其他测井曲线可以指示断层、褶皱、沙坝、河床沉积等。

（3）蓝色模式：方位角大体一致，但倾角随地层深度增加而减小的一组矢量。蓝色模式与沉积构造有关，它可指示古水流方向等。

（4）杂乱模式：杂乱的倾角和倾斜方位角，难以用上述颜色模式勾画出来的矢量图显示，如断层破碎带。

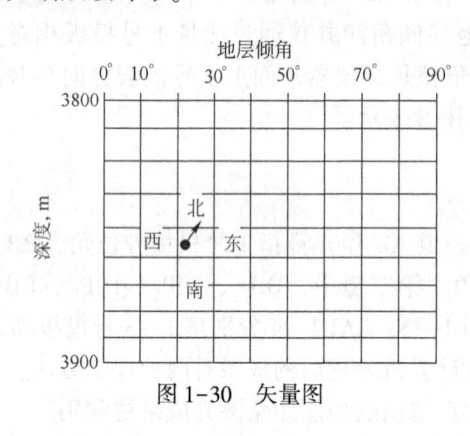

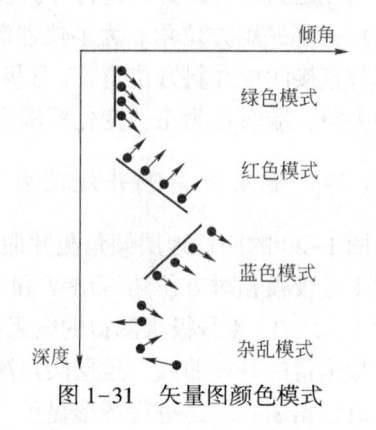

图 1-30 矢量图

图 1-31 矢量图颜色模式

2）杆状图

将地层真倾角与深度的关系曲线沿地层对比剖面线的方位换算成视倾角与深度的关系曲线，并且用与水平线的夹角为视倾角的倾斜杆来形象地表示，称为杆状图（又叫棒状图），见图 1-32。杆状图一般采用纵向与横向相同的比例尺绘制，杆与水平线的夹角即为地层的视倾角。因此，杆状图能清楚地反映地层视倾角随深度变化的情况，对于井间地层对比和绘制地层横剖面特别有用。

3）施密特图和改进的施密特图

施密特图和改进的施密特图是在所研究的井段中用统计方法来确定地层倾角和倾斜方位角的一种统计图件。如图 1-33 所示，施密特图的径向方向表示地层倾角，最外圆的倾角为 0°，从外向内，每隔 10° 画一个同心圆，圆心为测得的倾角最大值；圆周方向表示方位角，规定上北、下南、左西、右东，共 360°，从北开始，顺时针每隔 10° 画一条径向线。对于给定井段，将测得的地层倾角和倾斜方位角点在图上，用点数最多的倾角和倾斜方位角来表示该层段的构造倾角和倾斜方位。

图 1-32 杆状图

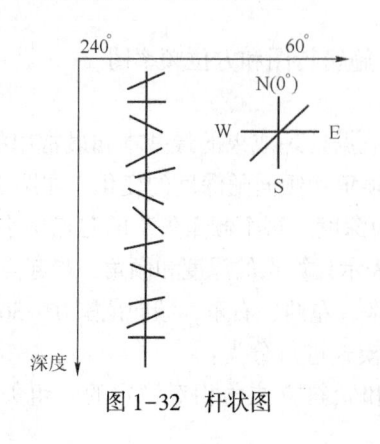

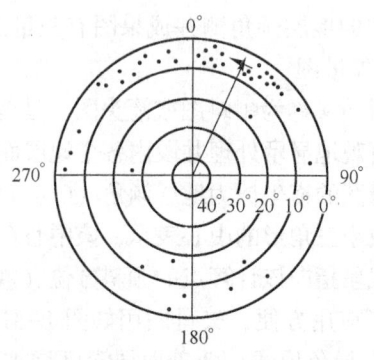

图 1-33 施密特图
图中构造倾角 5°，方位角北东 30°

图 1-34 是改进的施密特图。与施密特图不同的是，改进的施密特图不仅需要把资料点点在图上，还要统计出各扇形网格中的点数，画出等值线。

4) 方位频率图

图 1-35 是方位频率图，是采用统计方法来确定地层倾角和倾斜方位角的一种统计图件。将研究井段内计算得到的全部地层倾角和倾斜方位角点在图上，统计圆周方向每 10°间隔的圆弧面积内点的数目。与施密特图不同，方位频率图采用径向线段长短来代表点的数目，圈闭弧形面积并将它涂黑。径向线段最长的区域指示的方位角就是要求的构造倾角和沉积倾角的倾斜方位角。方位频率图及施密特图在测井解释中都得到了广泛应用。

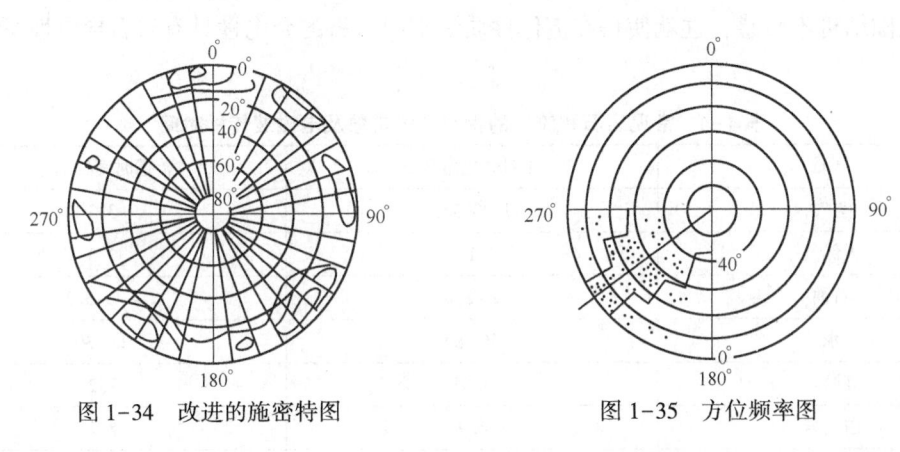

图 1-34　改进的施密特图　　　　图 1-35　方位频率图

地层倾角测井资料在地质上有着广泛的应用，可为研究地质构造、沉积环境及判断裂缝发育带、断层、不整合等提供可靠的依据和参数。同时，它提供的井径曲线、方位角曲线、井斜角曲线在地应力、井壁稳定性研究中也得到了广泛应用。

第三节　电磁波传播测井

在测井技术诞生后很长一段时间里，电阻率（或电导率）一直都是区分油、气、水层的唯一电学参数，钻井液侵入在不同探测深度的电阻率（或电导率）曲线上造成的分离程度及侵入剖面特征，一直是划分渗透性储层和区分油、气、水层的重要依据。但随着低电阻率油气层、高电阻率水层的出现，依据岩石电导率所建立的电阻率测井方法在区分油、气、水层方面的局限性日益突出，寻找一种可用于解决低电阻率油气层和高电阻率水层识别问题的新测井方法十分必要，电磁波传播测井就是在这样的背景下产生的。电磁波传播测井利用地层的介电特性差异来揭示地层及其流体性质。电磁波在介质中的传播受岩石导电性和介电性的共同影响，频率越高介电性影响越大、探测深度越小。根据使用的电磁波频率的不同，电磁波传播测井分为不同的类型。以斯伦贝谢的电磁波传播测井仪为例，频率为 1.1GHz 的电磁波传播测井仪称为 EPT（electromagnetic propagation tool），测量频率为 25MHz 的称为 DPT（deep propagation tool）。前者探测深度浅，后者探测深度大。近年来测量频率较低的电磁波测井技术被应用于随钻远探测中，以实现地质导向、钻探风险监测和地层构造评价。

一、电磁波传播测井基础

（一）常见岩石和流体的介电特性

电磁波传播测井是通过测量电磁波传播时间和衰减率等与地层介电特性密切相关的参数来区分油气水层，确定地层中水含量的一种测井方法。表1-4为常见岩石和流体的相对介电常数及电磁波传播时间。从表中可见，不同岩石和流体的相对介电常数和传播时间不同，水的介电常数、传播时间都比测井中常碰到的其他介质的介电常数大得多。因此，孔隙性岩石的介电常数、传播时间等都主要取决于岩石孔隙中水含量的变化，且对地层水的含盐量和地层的孔隙结构不敏感，这就使得在流体性质识别中岩石的介电性具有岩石导电性所不具备的优势。

表1-4　常见岩石和流体的相对介电常数及电磁波传播时间

物质	相对介电常数 ε	传播时间，ns/m
空气	1.000585	3.3
天然气	1	3.3
石油	2~2.4	4.7~5.2
水	56~80	25~30
砂岩	4.65	7.2
白云岩	6.9	8.7
石灰岩	7.5~9.2	9.1~10.2
泥岩	5~25	7.46~16.6
石英	3.8	6.5
石膏	4.16	6.18
盐岩	5.6~6.35	7.6~8.4

（二）不同电法测井的电磁波频率

从物理上说，电阻率测井、感应测井都是基于电磁波建立的，但所使用电磁波的频率不同（图1-36）。普通电阻率测井、侧向测井、感应测井方法所使用的电磁波频率相对较低，此时影响电磁波传播的主要是岩石的导电性。频率范围0.5~10MHz的电磁波传播测井可测

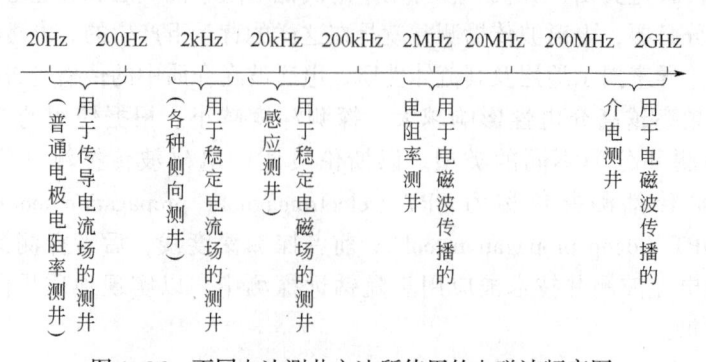

图1-36　不同电法测井方法所使用的电磁波频率图

量电阻率和介电常数两种参数，此频率范围的电磁波常被应用于随钻电磁波测井中，可在随钻条件下获取地层的电阻率值。当频率范围在 300MHz~2GHz 时，岩石的介电效应显著增加，此时可直接测量介电常数。频率过高时（超过 2GHz），电磁波的探测深度会变得很小，无法提供有用的地层电学信息。

二、电磁波传播测井的测量原理

下面以电磁波传播测井仪 EPT 为例进行介绍。EPT 又称为超高频介电测井。EPT 的井下探测部分如图 1-37 所示，为双发双收仪器。仪器的发射器 T 和接收器 R 为背腔式裂隙天线。测井时，仪器的探测部分（黄铜极板）被压靠在井壁上，电磁波从 T_1、T_2 槽发射出去，被 R_1、R_2 接收并进入仪器测量部分被记录下来。

在介电常数不同的两种介质的交界面上，电磁波的传播遵循反射定律和折射定律，以 T_1 发射电磁波为例作简要说明。如图 1-38 所示，当仪器极板被推靠在井壁上时，从发射天线 T_1 发射的电磁波（箭头表示电磁波传播方向），经滤饼进入地层，在滤饼与地层的交界面上将发生折射。入射和折射满足：

$$\frac{\sin\theta_{mc}}{\sin\theta_{xo}}=\frac{\sqrt{\mu_{xo}\varepsilon_{xo}}}{\sqrt{\mu_{mc}\varepsilon_{mc}}} \tag{1-13}$$

式中　θ_{mc}、θ_{xo}——滤饼中电磁波的入射角和冲洗带中波的折射角；

μ_{mc}、μ_{xo}——滤饼和冲洗带地层的磁导率；

ε_{mc}、ε_{xo}——滤饼和冲洗带地层的介电常数。

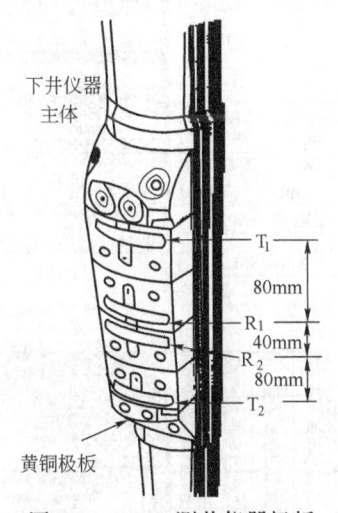

图 1-37　EPT 测井仪器极板 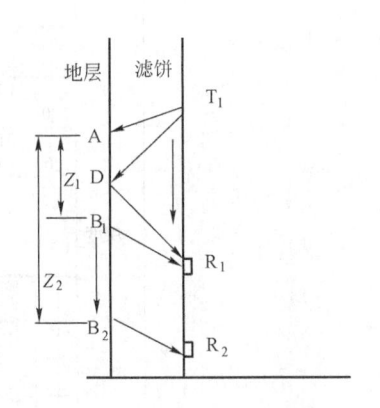　　　　图 1-38　井眼中电磁波传播示意图

通过选取恰当的电磁波入射角，可以使仪器得到图 1-38 中沿 $T_1 \to A \to B_1 \to R_1$ 和 $T_1 \to A \to B_2 \to R_2$ 路径传播的滑行电磁波；通过选择恰当的源距（T_1 到 R_1 的距离），可使界面反射波（$T_1 \to D \to R_1$）和直达波（$T_1 \to R_1$）被衰减掉，使接收天线 R_1、R_2 接收到的主要为在冲洗带地层内的滑行电磁波。

三、电磁波传播测井的输出曲线

电磁波传播测井仪下井一次一般可以提供随井深变化的电磁波衰减率 EATT 和电磁波传

播时间 t_{pl} 两条测井曲线，采用不同的测量模式，也可输出介质无损耗时差曲线 t_{po}。电磁波衰减率是指电磁波在地层中传播单位距离引起的波幅度的衰减量，常用单位为 dB/m（分贝/米）。电磁波传播时间，即时差 t_{pl}，指电磁波在地层中传播单位距离所用的时间，单位为 ns/m。电磁波无损耗时差 t_{po} 是消除了介质导电和极化损耗对电磁波传播时间影响后的时差，与时差 t_{pl} 的关系为

$$t_{po}=\sqrt{t_{pl}^2-\frac{A_e^2}{3604}} \tag{1-14}$$

式中，$A_e=A-A_s$，A 为总的电磁波衰减率，A 值从衰减率测井曲线 EATT 上读得。A_s 满足

$$A_s=45+1.3t_{pl}+0.18t_{pl}^2 \tag{1-15}$$

图 1-39 是某井的测井曲线图。其中，第二道中 EPT—EATT、EPT—TPL 分别为电磁波衰减率曲线和传播时间曲线；第三道中 RFT—渗透率、CMR—渗透率分别指根据 RFT 测试资料、斯伦贝谢组合式核磁共振测井资料计算得到的地层的渗透率，电阻率—90in 指阵列感应测井输出的径向探测深度为 90in 的电阻率测井曲线，MicroSFL 指微球形聚焦电阻率测井曲线。对比第二道、第四道可知，随着地层中水含量的增加，EATT 和 TPL 都增加。

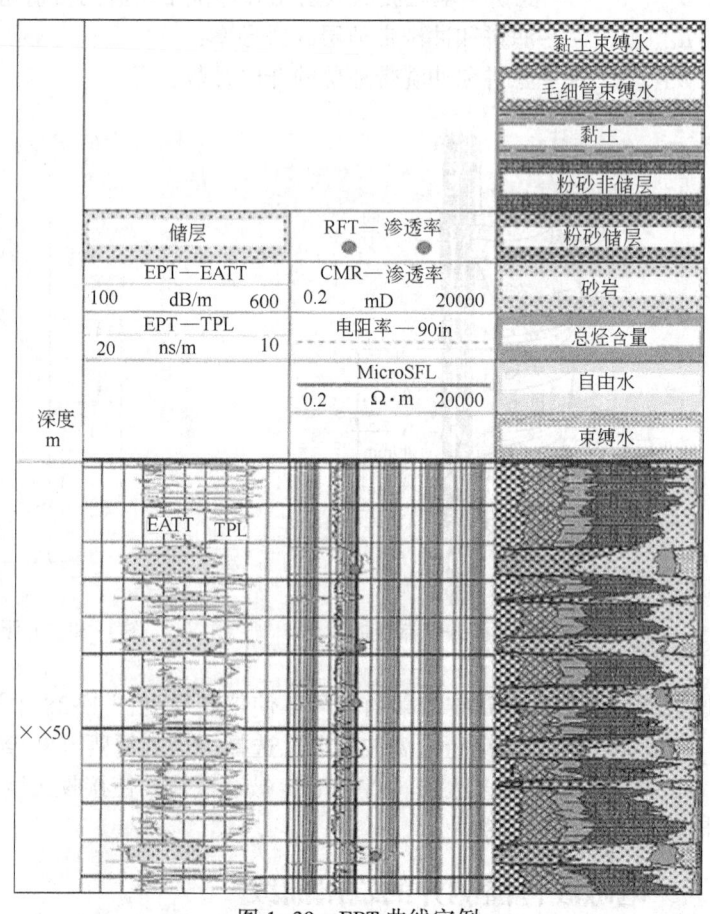

彩图 1-39　　　　　　　图 1-39　EPT 曲线实例

电磁波传播测井探测深度很浅（为 2.5~10cm），响应值与冲洗带地层的电磁波传播特性密切相关。因此，电磁波传播测井广泛应用于求取冲洗带地层的含水饱和度 S_{xo}，同时也是淡水油田和低矿化度地层水地区划分和评价油、气、水层的有效方法。

EPT 测井的垂直分辨率很高（约为 2in），在碳酸盐岩地层中可用来探测低角度裂缝。钻井以后，这类裂缝由于被钻井液滤液充满，含水量将比周围致密岩石高，因此在 EPT 曲线上常常显示出较高的传播时间和较高的衰减率。目前对地层介电特性的测量及应用还相对较弱，关于介电岩石物理的基础研究还亟待加强和突破。

课后习题

1. 请简述影响岩石导电能力的因素有哪些。
2. 请简述感应测井所测量的物理量是什么。反映岩石的什么物理性质？相比于普通电阻率测井、侧向电阻率测井，什么情况下应该采用感应测井方法获取地层岩石电阻率？
3. 请简述微电阻率扫描成像测井是如何实现井壁成像的。微电阻率扫描成像测井有哪些应用？
4. 流体性质判别是电法测井最重要的应用之一。请回答基于电法测井资料识别孔隙流体性质的方法有哪些，并简要分析各方法的优缺点。
5. 随着油气勘探开发所面临的地层越发复杂、深度越深，电法测井技术所面临的挑战越来越大。请回答你认为电法测井应该如何发展才能满足油气工业不断向复杂储层、深层进军的需求？
6. 如何将电法测井与其他地质探测技术进行综合应用，以提供更全面的地层信息？请提出一种多技术融合的方法，并讨论其在实际勘探中的优势和挑战。
7. 图 1-40 为 Q32 井 H 组 1 段、2 段双侧向测井、阵列感应测井、微电阻率扫描成像测井结果图。

（1）请回答：依据电法测井资料可获取哪些地层信息？请在图中标注出这些地层信息的测井解释结果。

（2）请比较双侧向测井、阵列感应测井、电成像测井这几种不同的电阻率测井方法，并结合图 1-40 分析、说明各种测井方法的优缺点。你认为三种电法测井方法之间是否可以相互替代？

彩图 1-40

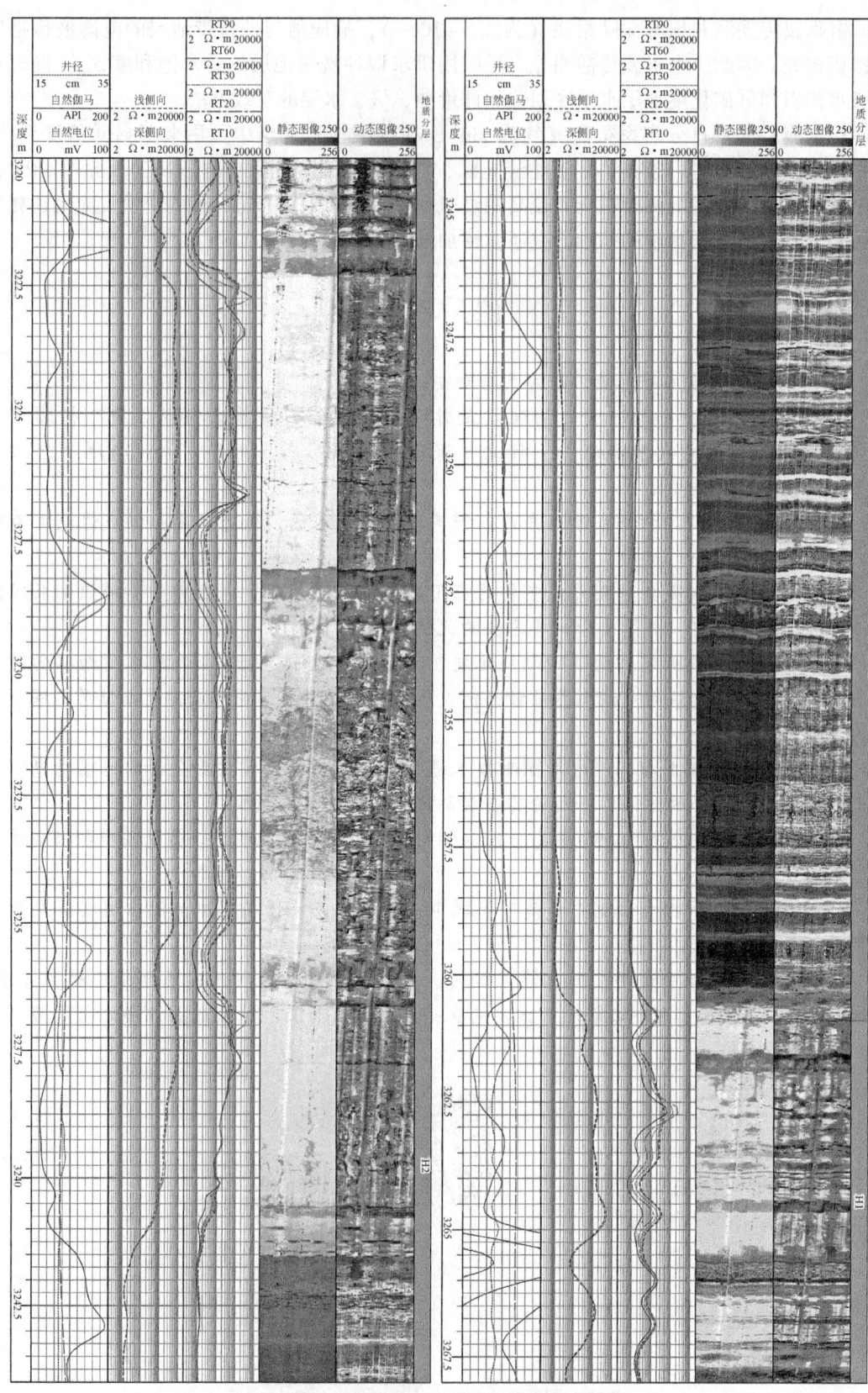

图 1-40 Q32 井 H 组 1 段和 2 段测井曲线图

第二章 声波测井

声波测井通过研究声波在井周岩层和介质中的传播特性，来了解岩层的地质特性和井的技术状况。声波测井产生于 20 世纪 50 年代，发展至今，已形成了较为系统的方法体系。根据所利用的声波主要属性特征，可以将声波测井方法分为声速、声幅和声频率三亚类。声波测井既可应用于裸眼井测井，也可应用于套管井测井。本章首先介绍声波测井的理论基础，然后对声波测井进行分类介绍。

第一节 声波测井的理论基础

声波是一种机械波，按照频率分为声波、次声波和超声波。质点振动频率在 20Hz~20kHz 的波称为声波，它能引起人们的听觉；质点振动频率低于 20Hz 的波称为次声波；质点振动频率高于 20kHz 的波称为超声波。目前，油气工业中声波测井所采用的波源频率为 20Hz~2MHz，覆盖了声波和超声波。

一、声波及其在单一介质中的传播特性

按质点振动的方式不同，在介质体内传播的声波分为纵波和横波。纵波也称为压缩波（P 波），质点的振动方向和波的传播方向一致。在纵波的传播过程中，质点分布呈疏密状，弹性体内的体积元只发生体积改变，不发生边角关系变化。横波也称为剪切波（S 波），质点的振动方向与波的传播方向垂直。在横波的传播过程中，弹性体内体积元的边角关系将发生变化。

声波在介质中的传播特性主要指纵波、横波的速度特性、幅度特性和频率特性。

（一）声波的速度特性

根据声波波动理论的研究成果，介质传播纵波、横波的速度与介质的弹性参数、密度大小有关，其关系式为

$$v_P = \sqrt{\frac{E(1-\nu)}{\rho_b(1+\nu)(1-2\nu)}} \\ v_S = \sqrt{\frac{E}{2\rho_b(1+\nu)}} \tag{2-1}$$

式中 v_P——纵波速度，km/s；
v_S——横波速度，km/s；
E——杨氏模量，MPa；
ν——泊松比；
ρ_b——介质体积密度，kg/m³。

同一介质中，纵波和横波的速度比为

$$\frac{v_P}{v_S} = \sqrt{\frac{2(1-\nu)}{1-2\nu}} \tag{2-2}$$

大多数岩石的泊松比近似等于0.25，因此，岩石的纵横波速度比大约为1.73。由此可见，岩石中纵波传播速度比横波传播速度快，也正因为如此，在普通的声速测井中，纵波总是先于横波到达接收探头，成为首波。

表2-1列出了一些常见岩石和物质纵波的传播速度。由表可见，不同岩石、不同性质流体的纵波速度是不同的，因此，通过测量声波在地层中的传播速度，可以研究地层及其孔隙流体的性质。声波的速度特性是声波时差测井等声速类测井方法的基础。

表2-1 常见岩石和物质中纵波的传播速度和传播时差

介质	纵波速度 v_P，m/s	传播时差 Δt，μs/m
空气（0℃）	330	3030
甲烷（1atm）	442	2262
石油	1070～1320	934～757
普通钻井液	1530～1620	653～617
铁	5340	187
无水石膏	6100～6250	164～160
泥岩	1830～3962	546～252
致密砂岩	5500	182
致密灰岩	6400～7000	156～143
白云岩	7900	127
盐岩	4600～5200	217～192
泥灰岩	3050～6400	329～156

（二）声波的幅度和频率特性

声波的能量与其幅度的平方成正比。声幅的高低反映声能的大小。声波在介质中传播 l 距离时，由于内摩擦，介质要吸收声能，使声幅衰减，其衰减规律为

$$J = J_0 e^{-2\alpha l} \tag{2-3}$$

式中 J_0——初始声强（单位面积上的声功率）；

J——声波经 l 距离后的声强；

α——介质的吸收系数。

介质的吸收系数 α 随介质的密度和声速减小而增大，随声波频率增高而增大。因此，介质的密度越小，对声能吸收越强，单位距离的声幅衰减越大；声波频率越高，声幅衰减也越大。声波的幅度特性是井下超声电视测井、水泥胶结测井等声幅类测井方法的基础。声波的频率特性是噪声测井的基础。

二、声波在介质交界面上的传播规律

（一）声波在界面上的反射和折射

声波在不同介质分界面上传播时，将产生反射和折射。如图2-1所示，有两种弹性介

质Ⅰ和Ⅱ，它们的纵波速度和横波速度分别为 v_{P1}、v_{S1} 和 v_{P2}、v_{S2}，界面为平面。以纵波入射为例，入射角为 θ 的一束纵波，经界面反射和折射后，会在这两种介质中产生四种波：

(1) 反射纵波 P_1——反射角为 β_1，$\beta_1=\theta$；
(2) 反射横波 S_1——反射角为 β_2；
(3) 折射纵波 P_2——折射角为 θ_1；
(4) 折射横波 S_2——折射角为 θ_2。

在上述四种声波中，反射纵波和反射横波没有进入介质Ⅱ内部，因此，这两种波的速度特性与介质Ⅱ无关，但其幅度特性能够反映出介质Ⅱ的表面特性。液相和气相介质中不能传播声波横波，因此测井时，当介质Ⅰ为井筒内流体、介质Ⅱ为地层时，井眼中传播的声波只有纵波。反射纵波的传播特性是评价井壁状况、监测套管表面特征的各种测井方法的基础。

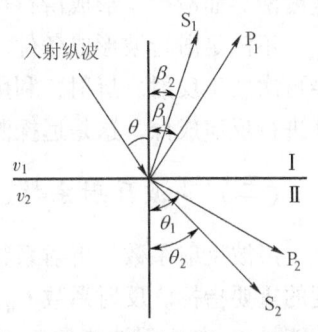

图 2-1 声波在界面上的反射和折射

对折射纵波，根据斯奈尔定律有

$$\frac{\sin\theta}{\sin\theta_1}=\frac{v_{P1}}{v_{P2}} \tag{2-4}$$

当纵波在入射介质中的传播速度 v_{P1} 低于在折射介质中的传播速度 v_{P2} 时，折射角 θ_1 大于入射角 θ。随着入射角 θ 增大，折射角 θ_1 也将增大，当 θ 增大到某个临界值 θ_1^* 时，$\theta_1=90°$，即由式(2-4) 可得到

$$\sin\theta_1^* = \frac{v_{P1}}{v_{P2}} \tag{2-5}$$

进而可得

$$\theta_1^* = \arcsin\frac{v_{P1}}{v_{P2}} \tag{2-6}$$

θ_1^* 称为第一临界角。当入射纵波的入射角 $\theta=\theta_1^*$ 时，折射进入介质Ⅱ的纵波，将以速度 v_{P2} 沿界面滑行，形成滑行纵波。$v_{P1}<v_{P2}$ 是产生滑行纵波的先决条件。当 $\theta>\theta_1^*$ 时，入射纵波将在界面产生全反射，在介质Ⅱ中不出现折射纵波。

对折射横波，同样根据斯奈尔定律有

$$\frac{\sin\theta}{v_{P1}}=\frac{\sin\theta_2}{v_{S2}} \tag{2-7}$$

当入射纵波在入射介质中的传播速度 v_{P1} 低于折射横波在折射介质中的传播速度 v_{S2} 时，随着入射角 θ 增大，折射角 θ_2 也将增大，当 θ 增大到某个临界值 θ_2^* 时，$\theta_2=90°$，此时由式(2-7) 可得到

$$\sin\theta_2^* = \frac{v_{P1}}{v_{S2}} \tag{2-8}$$

进而可得

$$\theta_2^* = \arcsin\frac{v_{P1}}{v_{S2}} \tag{2-9}$$

θ_2^* 称为第二临界角。当纵波的入射角增大到临界值 θ_2^* 后，折射横波将在介质Ⅱ中以 v_{S2} 的

速度沿界面滑行，形成滑行横波。$v_{P1}<v_{S2}$是产生滑行横波的先决条件。

不满足滑行波形成条件、折射进入地层中的声波，遇到孔洞、裂缝、断层等复杂结构时会再次发生反射、折射，利用仪器所接收到的反射波可以对井周数十米范围内的地层结构特性进行反演成像，这是远探测声波测井的基础。

（二）声波反射系数、折射系数和声耦合率

声波反射系数、折射系数和声耦合率都是描述声波在穿过不同介质表面时反射与折射强度的重要指标。反射系数 C_R 指反射波能量 E_R 与入射波能量 E_I 之比；折射系数 C_T 指折射波能量 E_T 与入射波能量 E_I 之比。以垂直入射（入射角 $\theta=0°$）为例，纵波反射系数和折射系数与介质密度和纵波速度间存在如下关系：

$$C_R = \frac{E_R}{E_I} = \frac{\rho_{b2}v_{P2}-\rho_{b1}v_{P1}}{\rho_{b2}v_{P2}+\rho_{b1}v_{P1}} \tag{2-10}$$

$$C_T = \frac{E_T}{E_I} = \frac{2\rho_{b1}v_{P1}}{\rho_{b1}v_{P1}+\rho_{b2}v_{P2}} \tag{2-11}$$

式中 ρ_{b1}、ρ_{b2}——介质Ⅰ、Ⅱ的密度；

v_{P1}、v_{P2}——介质Ⅰ、Ⅱ的纵波速度。

由式(2-10)和式(2-11)可见，两种介质性质越一致，折射波能量越强；两种介质性质差异越大，反射波能量越强。

声耦合率指两种介质的声阻抗之比 Z_1/Z_2。其中，Z_1、Z_2 分别为入射介质、折射介质的声阻抗。声阻抗 Z 定义为介质密度 ρ_b 与声波纵波在其中传播速度的乘积：

$$Z = \rho_b v_P \tag{2-12}$$

当声耦合率趋于1时，声耦合好，反射系数小（反射能量小），折射系数大（折射能量大）。各种固井质量评价测井正是利用声波在不同介质中传播时能量的耦合状况来研究和评价固井状况的。

（三）在固液界面形成的两种波

1. 瑞利波

在弹性介质的自由表面上，可以形成类似于水波的面波，这种波叫瑞利波（Rayleigh waves），如图2-2所示。瑞利波具有以下特点：

（1）产生在弹性介质的自由表面；

（2）质点运动轨迹为椭圆；

（3）质点运动方向相对于波的传播方向是倒卷的，波速约为横波波速的80%~90%。

图2-2 瑞利波示意图

在声波全波列测井接收器接收到的全波波形图上，瑞利波和横波一般混在一起，不易区分。

2. 斯通利波

斯通利波（Stoneley waves）是在钻井液中传播的纵波与在井壁地层中传播的横波相干产生的相干波，在井下各类声波中传播速度最低，对井壁介质的刚性较敏感。斯通利波具有以下特点：

（1）由井壁地层横波和钻井液中纵波相干产生；
（2）对地层渗透性变化敏感；
（3）低速，速度小于在钻井液中传播的直达波。

三、超声换能器

换能器是实现不同形式能量转换的专用设备，声波换能器可实现电能与机械能之间的转换。作为声源的声波换能器将电输出转换为机械振动输出，作接收器的声波换能器将机械振动输出转换为电输出。声波测井采用超声换能器，主要作用是在井下激发和接收人工声场，通常在声功率、发射频率、耐温压性、机械强度、体积、性能稳定性等方面都有较高的要求。

（一）磁致伸缩效应和压电效应

磁致伸缩效应和压电效应是两种常用的产生声波的物理效应。磁致伸缩效应是指磁性物质在磁化过程中因外磁场条件的改变而发生几何尺寸可逆变化的效应。由于常用铁磁材料，如镍片等，在高温条件下磁致伸缩效应较弱，以致不能正常发射声波，声波测井中铁磁伸缩效应用得较少，更多采用压电效应产生声波。

压电效应是指外力作用下压电体发生电极化，使其两端表面内出现符号相反的束缚电荷的现象。压电效应产生的电荷密度与外力成正比，是声波测井仪器中接收器的物理原理。逆压电效应是指外电场作用下压电体发生形变的现象。逆压电效应的形变量与外电场强度成正比，是声波测井仪器中声源的物理原理。具有压电效应的固体，也必定具有逆压电效应，反之亦然。具有压电效应的材料称为**压电材料**。压电材料可分为天然材料和人工材料两类。天然压电材料有石英、酒石酸钾钠、硫酸锂、铌酸锂等。人工压电材料主要为按陶瓷制作工艺烧制的压电陶瓷片（压电多晶体）。

（二）单极子、偶极子、四极子声源

按照振动的类型可将声源分为单极子、偶极子、四极子三类（图2-3）。在声源的形态

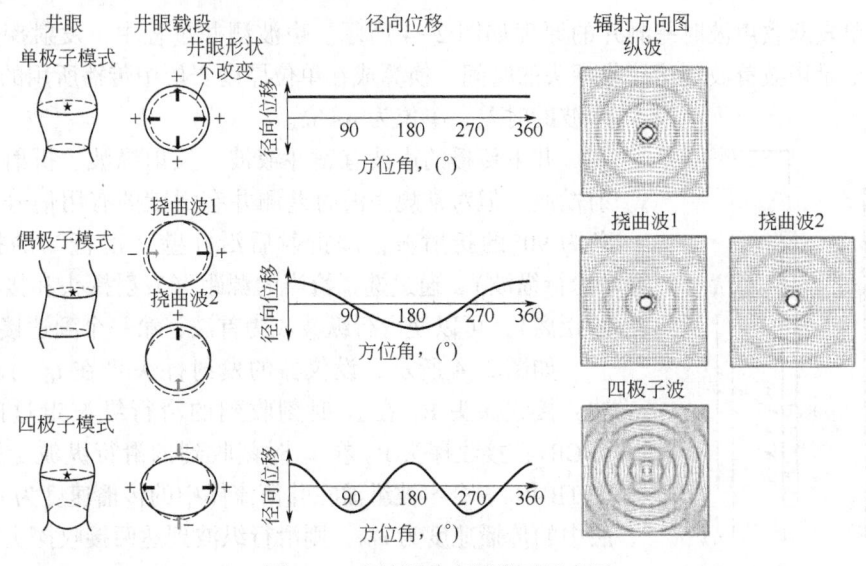

图2-3 声波测井声源类型示意图

上，单极子声源是一个圆柱状压力脉冲源，声源辐射轴对称分布，在模拟时常用"胀缩小球"表征。偶极子声源由振动片构成，工作时片状结构向两侧来回振动，相当于一个活塞，引发井内流体一侧增压、另一侧减压，对井壁形成冲击，引发井壁弯曲振动以激发声场。最初使用的偶极子声源是将圆管状压电陶瓷分为完全相同的两半，分别加上幅度相同、相位相反的激发电压以激发挠曲波。在模拟时偶极子可表征为两个相距很近的单极子组合，且这两个单极子的振动幅度相等但相位相反。四极子声源是将圆管状压电陶瓷片等分为四瓣，并对相邻的两瓣施加幅度相同、相位相反的激发电压，使压电陶瓷管在相互垂直的方向上发生相位相反的运动，并在井壁上产生扭转振动，形成扭转波，此时井内钻井液体积变化的总量仍是零。在模拟时常用四个单极子声源表征，且相邻单极子间相位相反。

第二节 声速类测井

声速类测井通过测量声波在单位厚度岩层中传播所需的时间（声波时差）来识别地层的岩性，判断地层孔隙流体性质，计算地层孔隙度、渗透率和岩石力学参数等。声速类测井自 20 世纪 50 年代开始商业应用，发展至今，其测量参数经历了早期只测量井周地层的滑行纵波时差，到滑行横波、瑞利波、斯通利波等井下声波全波列采集，再到地层内部一定范围内反射波测量的跨越。在这个过程中，仪器的结构和信号处理技术都越来越复杂、测量精度越来越高，对复杂环境的适应性也越来越强。

一、声波时差测井

声波时差测井一般指通过测量声波纵波在单位厚度岩层中传播所需的时间（即时差）来识别岩性、判断孔隙流体性质、计算储层孔隙度的测井方法。由于时差 Δt 的倒数就是声速，因此，声波时差测井通常又叫声波纵波速度测井。目前广泛使用的声波时差测井仪器有双发双收的井眼补偿声波测井仪和长源距声波时差测井仪。

（一）声波时差测井原理

常规单发双收声波时差测井的原理如图 2-4 所示。声波测井过程中，发射探头发射声波，然后记录声波首波到达接收探头的时间，换算成在单位厚度岩层中传播所用的时间作为声波的时差，单位为 μs/m。

井下传播的声波有钻井液波、反射纵波、折射纵波、折射横波，但对常规声波时差测井有贡献的有用信号只是折射角为 90°的折射波，即折射后沿井壁"滑行"的折射纵波（滑行纵波）。通过选择恰当的源距（发射探头和接收探头间的距离），可以使滑行纵波成为首波，第一个到达接收探头。

如图 2-4 所示，设仪器的发射探头 T 在 t_0 时刻发射声波，接收探头 R_1 在 t_1 时刻收到的滑行纵波走过的路径为 $TBCR_1$；接收探头 R_2 在 t_2 时刻收到的滑行纵波走过的路径为 $TBDR_2$。令声波纵波在井筒流体中的传播速度为 v_{P1}，在地层中的传播速度为 v_{P2}，则滑行纵波到达两接收探头的时差可以表示为

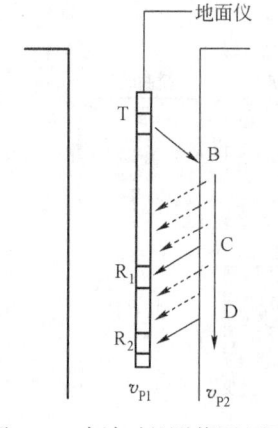

图 2-4 声波时差测井原理图

$$\Delta t = t_2 - t_1 = \left(\frac{TB}{v_{P1}} + \frac{BD}{v_{P2}} + \frac{DR_2}{v_{P1}}\right) - \left(\frac{TB}{v_{P1}} + \frac{BC}{v_{P2}} + \frac{CR_1}{v_{P1}}\right) \tag{2-13}$$

假设井径不变，仪器始终居中，则 $TB = CR_1 = DR_2$，此时，式 (2-13) 变为

$$\Delta t = \frac{BD - BC}{v_{P2}} = \frac{CD}{v_{P2}} \tag{2-14}$$

显然，CD 正好是仪器的间距，是不变的，因此，声波时差 Δt 与地层声速 v_{P2} 成反比。但实际的井眼可能并不规则，因此，为了消除井径不规则对声波时差测井值的影响，改进产生了具有双发双收声系的井眼补偿声波测井仪。如图 2-5(a) 所示，双发双收声系中有两个发射探头 T_1、T_2 和两个接收探头 R_1、R_2。测井时，发射探头 T_1 和 T_2 交替发射声脉冲。T_1 发射声波时，接收探头 R_1、R_2 记录得到一时差值 Δt_1；T_2 发射声波时，接收探头 R_1、R_2 记录得到另一时差值 Δt_2。取两次测量结果 Δt_1、Δt_2 的平均值作为记录值 Δt：

$$\Delta t = \frac{\Delta t_1 + \Delta t_2}{2} \tag{2-15}$$

(a) 双发双收声系　　(b) 长源距声波测井仪声系

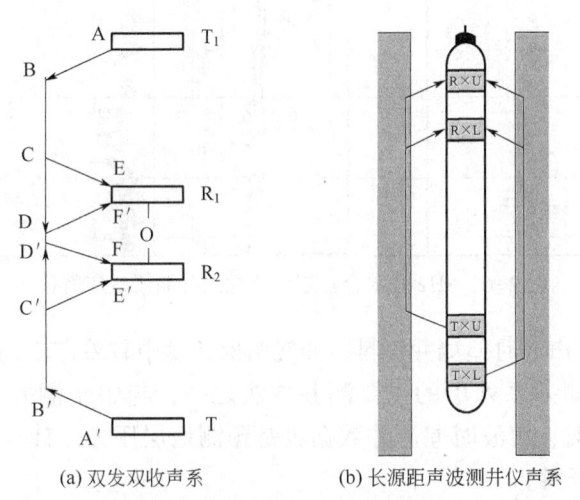

图 2-5　井眼补偿声波测井仪和长源距声波测井仪声系示意图

对低速地层，声波传播速度低，为避免经钻井液直接传播的声波（流体直达波）成为首波被仪器接收，需要增大声波测井仪的源距。同时，常规声波时差测井仪的径向探测深度小，一般在离井壁的 25~100cm 之间变化，受井影响大，不利于对井周未受钻井影响的原状地层信息的获取，也需要增大源距。由此产生了长源距声波测井仪，其声系见图 2-5(b)。

图 2-6 为 SH2 井常规测井资料，其中标示层段为水合物层段。该井测井深度范围为海底以下 38~45m。SH2 井位于中国南海北部陆坡神狐海域，属于南海的深水区，水深在 500~3500m，具备天然气水合物形成的温压条件。由图可见，天然气水合物层呈现高电阻率、低纵波时差和高密度异常特征。

与井眼补偿声波测井仪相比，长源距声波测井仪径向探测深度大得多，可以测量得到不受钻井液侵入、松弛破坏和井径扩大等影响的原状地层状态。

(二) 声波时差测井曲线

声波时差测井一次下井可以提供一条时差曲线，除直接注明为"声波时差"外，还常

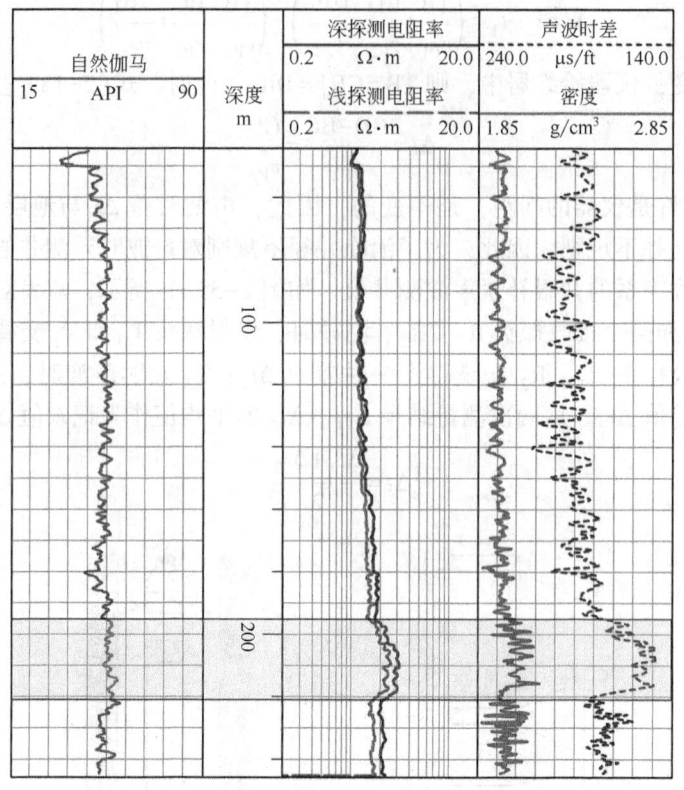

图 2-6 SH2 井水合物层段常规测井曲线响应特征

记为 Δt 或 AC 或 DT。声波时差测井资料在油气勘探开发中有着广泛的应用。声波时差测井是目前岩性—孔隙度测井系列中的主要测井方法之一，与中子测井、密度测井一起称为"三孔隙度测井"。同时，声波时差测井数据也是预测地层压力、计算岩石力学参数、开展地质力学研究的重要资料。

最早根据声波测井资料计算储层孔隙度的公式是 1956 年由 R. Wyllie 提出的，即时间平均公式(或威利时间公式)。对纯岩石，令 Δt、Δt_{ma}、Δt_f 分别为地层、岩石骨架及孔隙中流体的声波时差，ϕ 为地层孔隙度，则由岩石体积物理模型❶可以将声波时差测井响应表示为

$$\Delta t = \phi \Delta t_f + (1-\phi) \Delta t_{ma} \quad (2-16)$$

式(2-16)表明，声波在孔隙度为 ϕ 的单位厚度岩层内传播所用的时间 Δt，可以等效为声波以流体声速通过全部孔隙所用时间 $\phi \Delta t_f$ 与声波以岩石骨架声速经过全部骨架所需时间 $(1-\phi) \Delta t_{ma}$ 的和。

由式(2-16)可以得到声波测井计算孔隙度的公式:

$$\phi_s = \frac{\Delta t - \Delta t_{ma}}{\Delta t_f - \Delta t_{ma}} \quad (2-17)$$

---

❶ 岩石体积物理模型是指根据测井方法的探测特性和岩石中各种物质在物理性质上的差异，按体积把实际岩石简化为性质均匀的几个部分，研究每一部分对岩石宏观物理量的贡献，并把岩石的宏观物理量看成是各部分参数体积的加权平均值。

由式(2-17)计算得到的孔隙度称为声波孔隙度,常记为 ϕ_s。该公式在孔隙分布均匀、孔隙大小比较一致、含油或含水、胶结好的储层段能得到较好的计算结果,此时可以认为 $\phi=\phi_s$。但对于未固结和未压实的疏松砂岩,计算的孔隙度与实际孔隙度相比,往往偏高,必须作压实校正:

$$\phi=\frac{\phi_s}{C_p}=\frac{\Delta t-\Delta t_{ma}}{\Delta t_f-\Delta t_{ma}}\cdot\frac{1}{C_p} \qquad (2-18)$$

式中 C_p 为压实校正系数。对压实固结的地层,$C_p=1$,否则 $C_p>1$。

某井 1335～1342m 井段为砂岩储层,其声波时差测井值约为 245μs/m。取砂岩骨架声波时差为 182μs/m,孔隙中流体声波时差为 620μs/m,则由式(2-18)可以近似计算得到该储层段的孔隙度为 14%。

声波在破碎带、含气疏松砂岩,以及严重扩径等地层中传播时能量会发生严重衰减,可能导致初至波能量只能触发近探头,不能触发远探头,从而使得声波时差值异常增大,出现"周波跳跃"现象。周波跳跃可指示裂缝性地层和含气层。

二、阵列声波测井与井下声波全波测量

常规的声波时差测井不能测量泥页岩等软地层的横波,因而极大地降低了声波测井资料的应用价值,阵列声波测井就是在这样的背景下产生的。

(一) 阵列声波测井原理

阵列声波测井仪一般由发射电路、发射换能器阵列、隔声体、接收换能器阵列、接收控制采集电路五部分组成,见图2-7(a)。发射换能器阵列中常把单极子和偶极子结合使用。尤其在软地层中,用偶极子声源(两个相距很近、强度相同、振动相位相反的声源)激发挠曲波,并通过测量挠曲波来获得地层的横波速度,能有效地解决软地层难以测量横波的问题。挠曲波的质点振动方向与传播方向垂直,这点与横波类似。但挠曲波是一种界面波,挠曲波速度随频率变化而变化,在低频时,挠曲波的速度接近横波速度。实际测量挠曲波的速度与横波速度相差约10%,可根据频率进行校正。

不同厂家的阵列声波测井仪在结构上具有相似性,都是由图2-7(a)中的五部分组成,测量原理也基本相同,但各家仪器中发射器和接收器的数量、布置方式有所不同。这里选取几种典型的阵列声波测井仪进行说明,见图2-7(b)。斯伦贝谢 DSI 和哈里伯顿 WSTT 有8个阵列接收器、1个单极发射器和2个偶极发射器,能精确地测量各种地层(包括慢速地层)的横波。同时,两个偶极发射器相互垂直布置,能够实现地层声波各向异性测量。中油测井 MPAL 接收阵列与 DSI 相似,但在发射阵列中添加了一个四极子源(视频4)。为了加大仪器纵向探测深度、提升周向分辨率,斯伦贝谢 Sonic Scanner 采用 13列×8个接收器。

阵列声波测井的探测深度受地层类型、横波和纵波时差、发射器到接收器的间距等多种因素的影响。

视频4 MPAL 多极子阵列声波测井

下面以偶极横波成像测井仪 DSI(dipole shear sonic imager)为例对阵列声波测井进行介绍。根据 DSI 3个发射器和8个阵列接收器之间的不同组合,可获得5种不同的工作模式。不同模式可以获得不同的地层声学信息。具体为:

(a) 阵列声波测井仪连接

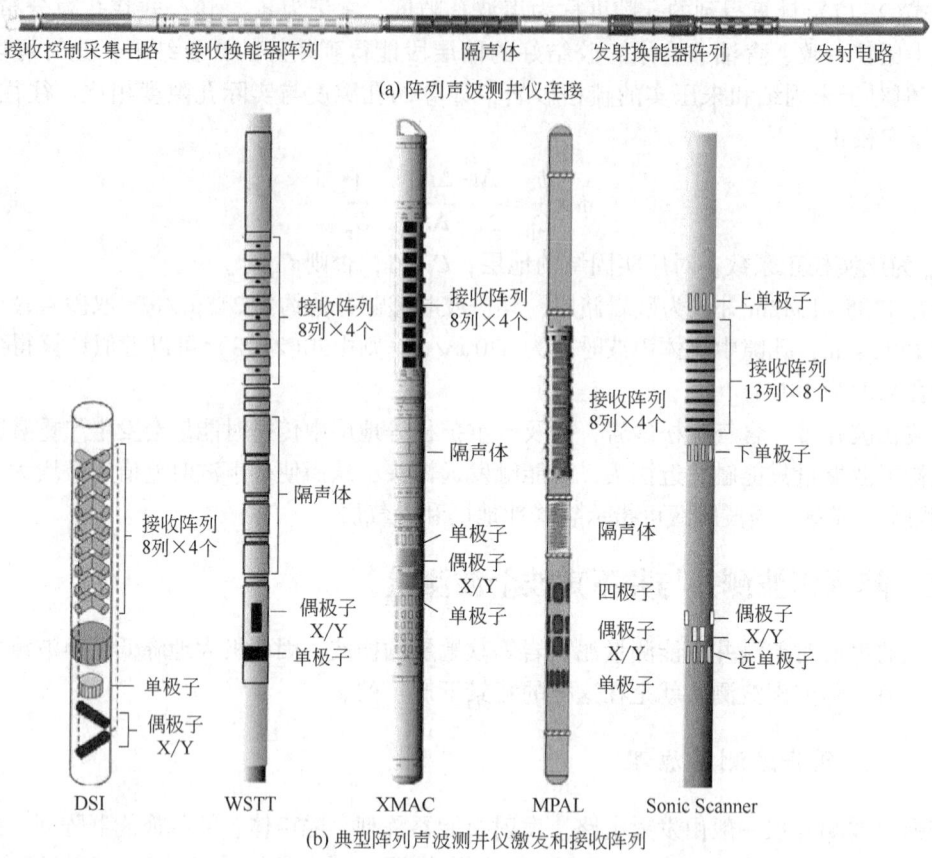

图 2-7　不同厂家的阵列声波测井仪结构示意图

(b) 典型阵列声波测井仪激发和接收阵列

（1）上偶极和下偶极模式：采集来自任一个偶极发射器的8道偶极波形，从发射时刻起开始采样，每个采样时间为40μs，每条波形共采512个样。

（2）交叉偶极模式：对两个交叉偶极发射器，总共采集32条标准的波形。

（3）斯通利波模式：共采集8条波形，每条波形都是从低频脉冲激发单极换能器的时刻开始采集，每个采样时间为40μs，每条波形采512个样。斯通利波频率相对于纵波、横波和伪瑞利波低，采用低频脉冲激发能够增强波列中斯通利波的能量占比。

（4）P和S模式：共采集8条波形，每条波形都是从高频脉冲激发单极换能器的时刻开始采集，每个采样时间为10μs，每条波形采512个样。

（5）首波检测模式：采集由高频脉冲驱动单极子发射器所获得的与阈值交叉的数据，共有8组数据，主要用于提取单极子纵波时差值。

（二）阵列声波测井输出资料

阵列声波测井仪一次下井输出的资料主要有地层纵波速度、横波速度、斯通利波速度、动态泊松比以及声波全波列记录。阵列声波测井仪不仅具有普通声波时差测井仪的功能，而且其输出的资料大大拓展了普通声波纵波时差测井资料的应用领域，如纵波与横波资料相结合鉴别岩性、判断流体性质、计算地层动态泊松比、利用斯通利波识别裂缝和估计地层渗透率、将纵波与横波资料与密度测井资料结合起来计算沿井深变化的岩石强度剖面。利用声波测井资料获取岩石强度的相关内容见第八章。

图 2-8 为某井段测井资料，对比阵列声波测井在单极子、偶极子工作模式获得的横波时差可见在下部砂岩（低自然伽马）等硬地层，单极子和偶极子横波测量效果一致；但在上部泥页岩地层（高自然伽马）等软地层，偶极子横波时差测量效果较好，单极子对软地层中横波的响应相对不明显。

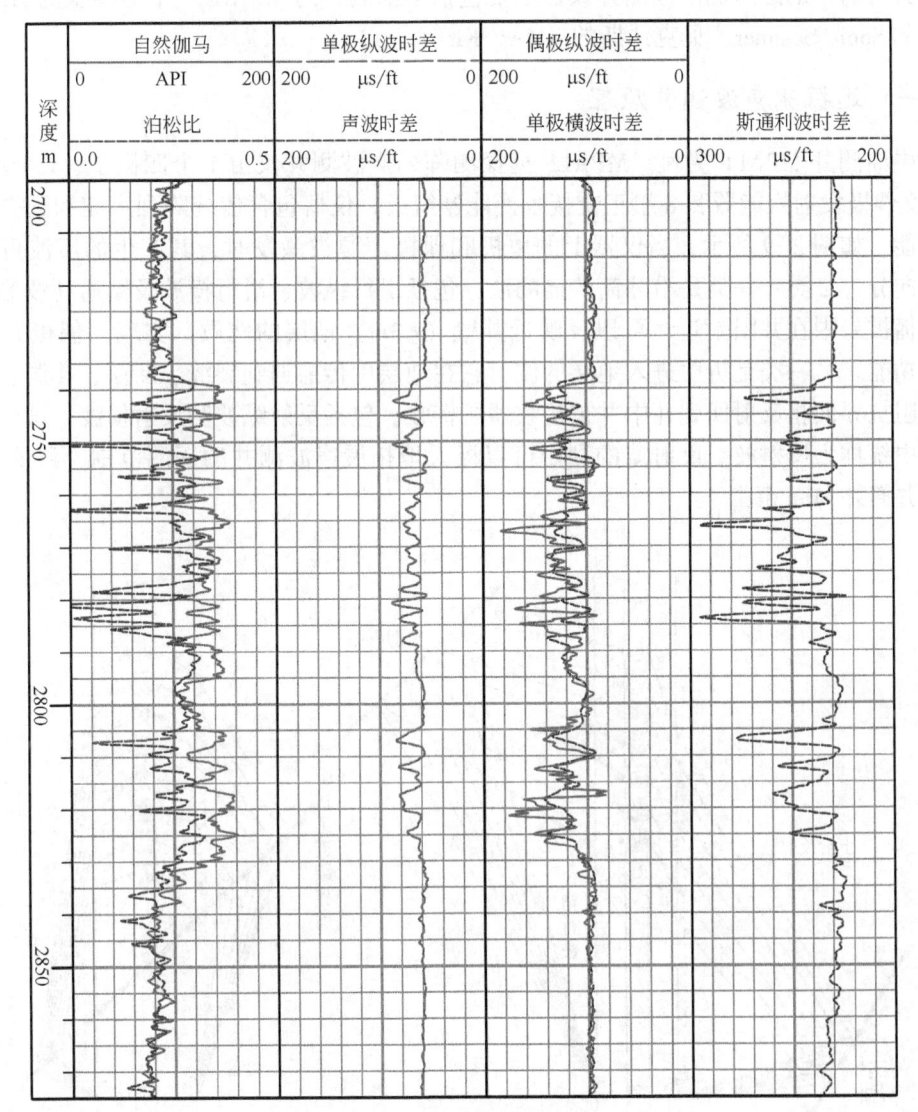

图 2-8 某井段测井资料

综上，由于阵列声波测井技术使用了偶极声源和接收阵列组合技术，使得仪器在声波测量方面具有许多明显的优点，克服了常规声波时差仪器的缺陷和不足，同时还提供了井眼补偿声波测井仪、长源距声波测井仪等普通声波测井仪不能提供的声波信息，为油气勘探开发提供了先进的技术手段。

三、远探测声波测井

远探测声波测井是在阵列声波测井基础上发展起来的可测量地层反射波的一种方法。该技术能够探测井旁的地层界面和地质构造（如断层、裂缝、溶洞及尖灭等），目前其有效径向探测能力可达 80m。与前述声波测井技术不同，远探测声波不仅测量滑行波、面波，记录井下声波全波列，还能测量从地层中反射回来的反射波，并通过处理反射波获得井周数十米范围内地层中裂缝、孔洞、断层等复杂结构以及地层界面的成像，对缝洞性储层的勘探开发意义重大。商用的远探测声波测井仪器主要包括中油测井的 MPALF、中海油服的 AFST、斯伦贝谢的 Sonic Scanner、贝克休斯的 XMAC F1 等。

（一）远探测声波测井原理

以中油测井 MPALF 为例。MPALF 远探测阵列声波测井仪由 1 个四极子、1 个单极子、2 个正交偶极发射换能器和 8 组正交接收换能器组成。仪器包含传统阵列声波和远探测声波两种功能。如图 2-9 所示，当仪器上的单极和偶极声源被激发时，其产生的声波可以按照传播方向分为 2 类：一类是沿井筒传播的波，包括滑行纵波、滑行横波及斯通利波等，这些波的传播被局限在井眼附近，可以反映近井壁（<3m）地层的性质，实现（偶极）阵列声波测井功能。另一类是折射进入地层的波，它在地层中传播遇到裂缝、断层、孔洞、地层界面等声阻抗界面将反射回到井中并被接收器所接收，包括反射纵波和反射横波，这些波在声波测井中统称为反射波。反射波的利用可以极大地拓展声波测井的探测范围，目前 MPALF 约可达井筒外 80m 范围。

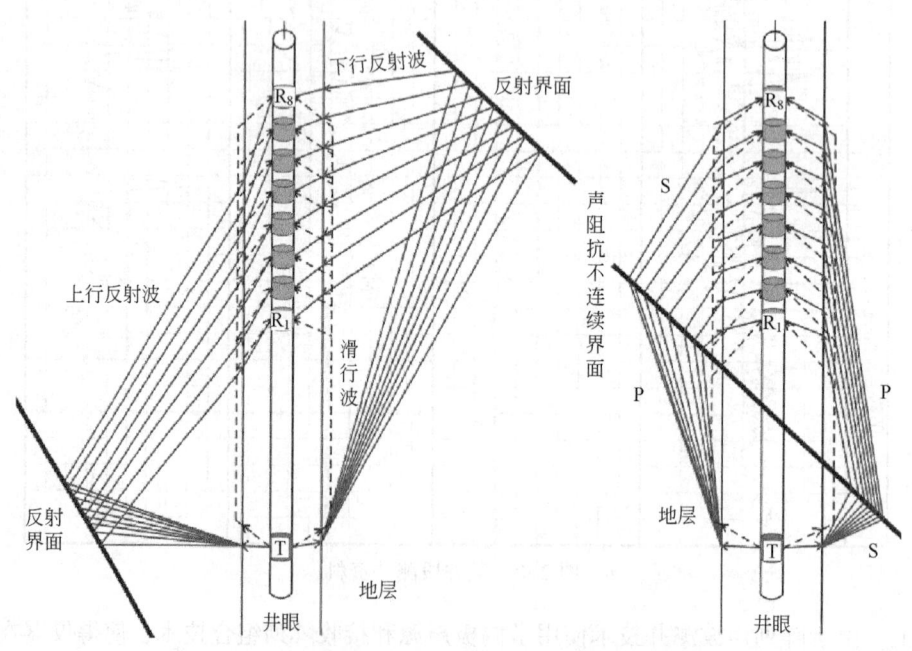

图 2-9 远探测声波测井原理示意图（据王雷等，2018）

从图 2-10 所示的阵列声波接收信号图可以看到，反射波到达接收器的时间相对较长，能量较弱。通过信号处理将反射波信息提取出来，再进行偏移成像处理，可以得到井壁之外 80m 范围内地层中裂缝、断层、孔洞、地层界面等声阻抗界面的图像。

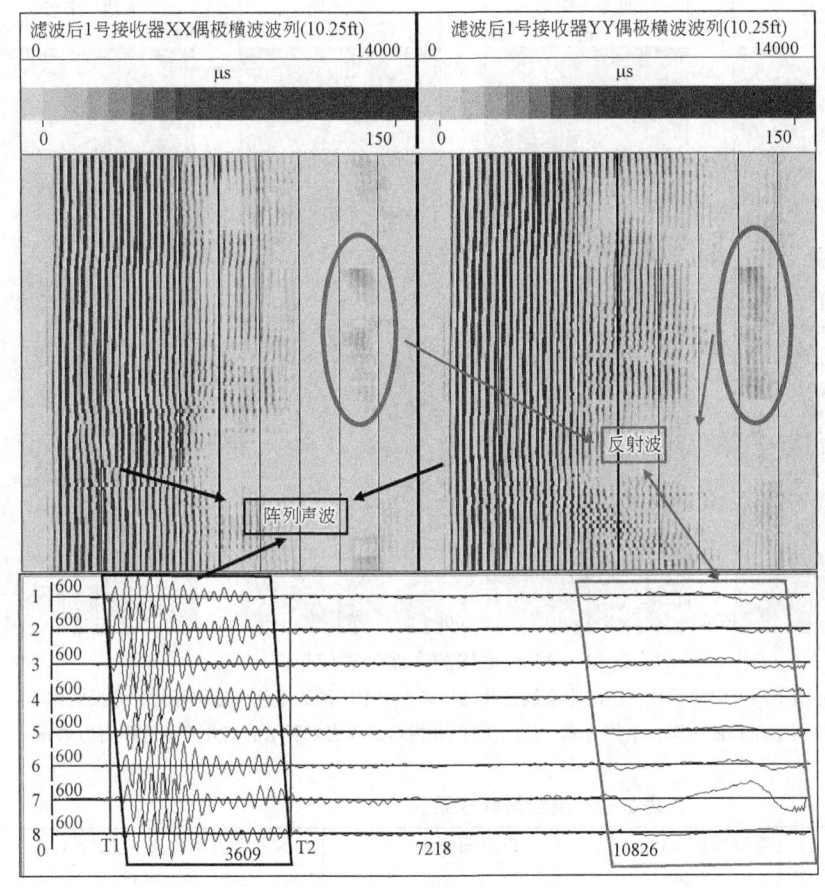

图 2-10 阵列声波测井波列图

(二) 远探测声波输出成果及应用

远探测声波测井的成果通常以图形和表格形式呈现。输出成果图是沿井剖面反射特征的成像图。远探测声波探测的是井筒 360°方向的地质体，因此可以沿任意方向切片，了解反射体发育特征和方位。图 2-11 中各图分别是地理方位南北、北东—南西、东西和北西—南东 4 个方向切片，中心线为井轴，左右为上、下行反射波成像图，根据反射能量的形状、强弱变化等特征，可对地质体（裂缝、断层、溶蚀孔洞）进行识别。地质体识别应满足以下四点特征：在成像剖面和上、下行波剖面上表现为强反射能量；在不同方位上的反射能量有强弱变化；反射能量形状具有地质体特征；反射体与井的夹角约在 0°～60°范围内能成像。粗糙井眼或仪器等造成的噪声，一般会在所有方位呈现出反射能量强度基本不变、反射能量形状奇特或规则的特征。例如图 2-11 的东西向切片中，6232～6245m 的两条蓝色线标示出了反射能量较强的段，该段在其他切片上反射能量较弱，故判断为裂缝；而 6245～6255m 的两条蓝线所标示出的段在各切片上都有较强的反射能量，故判断为噪声，而非裂缝。图 2-12 为远探测声波测井输出成像图上井旁裂缝参数拾取方法说明图。输出成果表 2-2 是图 2-11 中 6232～6245m 处裂缝对应的延伸长度和距井轴的距离、方位与倾角。

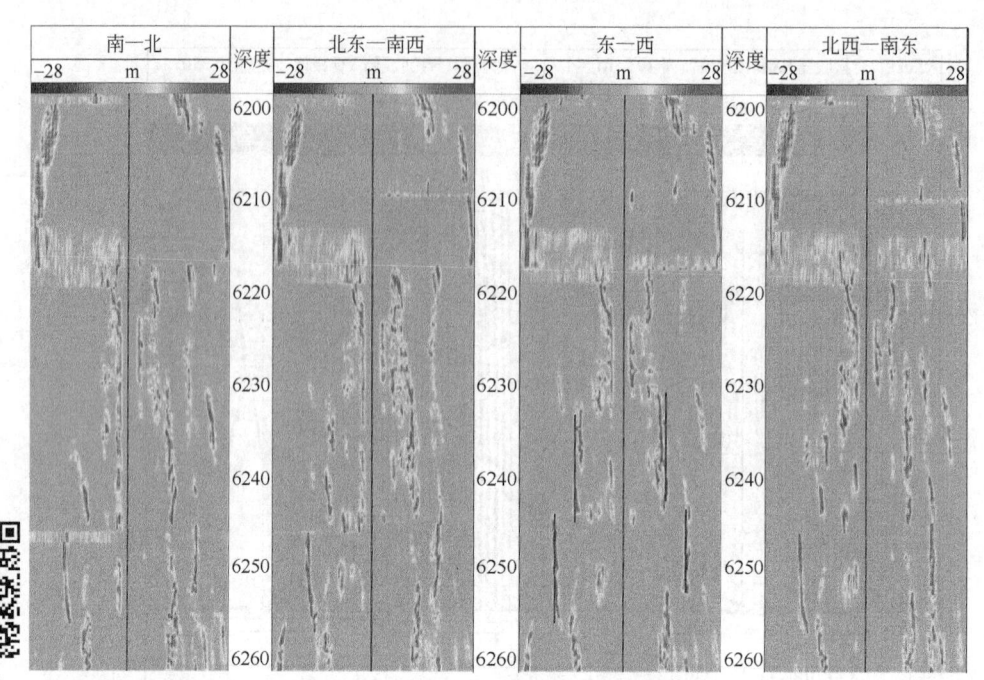

图 2-11 A1井远探测声波处理成果图

四个图是沿不同方向的切片，图的中心线是井轴，第3图中添加的蓝色线是解释的井旁反射体。径向深度指示离井轴距离，单位为m，径向深度28指示处理成果展示的离井筒最远距离为28m

表 2-2 裂缝解释成果表

裂缝延伸长度，m	裂缝发育方位，(°)	裂缝面倾角，(°)	裂缝距井轴距离（上/下），m
6232~6245	90	86	15/14

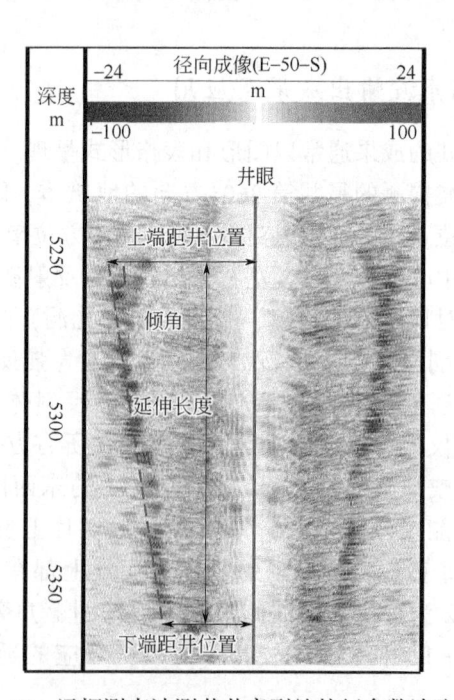

图 2-12 远探测声波测井井旁裂缝特征参数读取示例

远探测声波拓宽了测井在井筒附近的探测范围，对了解井旁地质体（地层）构造变化、缝洞体发育度和分布位置具有重要价值，同时可以用于探测压裂缝网发育分布状况、评价压裂效果等。

第三节　声幅类测井

声幅类测井的主要应用有三方面，包括固井质量、套管井内表面和裸眼井井壁地层评价。声幅类测井仪器较多，从功能上可细分为固井质量评价测井、井壁地层及套管技术状况评价测井两类。下面简要介绍这些测井方法的原理及应用。

一、固井质量评价测井

固井质量评价测井的主要目的是评价套管井中套管与水泥环（Ⅰ界面）、水泥环和地层（Ⅱ界面）的胶结质量，如图 2-13 所示。最早的固井质量评价测井方法出现在 20 世纪 30 年代，主要方法是井温测井和放射性示踪测井。60 年代初期才开始采用声波测井技术开展固井质量评价，通过测量套管中滑行波首波幅度，分析固井质量。20 世纪 70 年代开始将全波列分析技术引入固井质量分析中，同时测量套管中滑行波首波幅度，以及套管、水泥环、地层、流体等中传播的声波全波列，形成了声波变密度测井，使得固井质量评价从Ⅰ界面发展为Ⅰ、Ⅱ界面都可评价。20 世纪 80 年代后期，针对固井质量评价中窜槽方位难以确定的问题，通过引入方位声波测量技术，形成了井周分区水泥胶结测井技术。

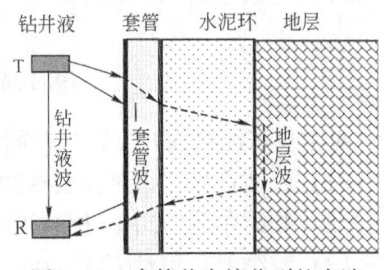

图 2-13　套管井中接收到的声波

（一）固井质量评价测井原理

下套管后，套管与地层之间需要用水泥浆填充，水泥浆固结后就将套管与地层"粘"在了一起。与裸眼井地层相比，套管井地层多了套管、水泥环两部分，井中声波传播路径更多、声场更复杂。以图 2-13 所示的单发单收声系为例，在套管井中，声波从发射探头到接收探头有三条传播路径：沿套管传播（套管波）、通过地层（地层波）、通过井内钻井液直接从发射探头到接收探头（钻井液波）。研究表明，只要源距选择恰当，套管波、地层波和钻井液波将依次到达接收探头，反射波经过多次反射后对直达波的干扰较小。套管波的强弱与套管外水泥环和套管间界面的胶结状况相关；地层波的强弱则同时受到套管—水泥环—地层间界面胶结状况的影响。

因此，通过检测套管波和地层波的强弱变化可以反映水泥环与套管、水泥环与地层间界面胶结的程度。

（二）固井质量评价测井方法

随着井况越来越复杂，对固井质量、固井质量评价精准性的要求越来越高，固井质量评价测井方法逐渐从井周整体评价发展为井周分区评价，且分区的精细程度越来越高，从 6 扇区逐步发展为 8 扇区，甚至更高的 12、16 扇区等。实现固井质量评价测井的方法有多种，本节以水泥胶结测井、声波变密度测井、分区水泥胶结测井三种测井方法为代表,对固井质量评价测井方法原理作概要介绍。

1. 水泥胶结测井

水泥胶结测井仪的仪器结构见图 2-14,采用单发单收声系,源距(发射器和接收器之间的距离)为 1m。

由于声波纵波在钻井液中传播的速度低于在套管中的传播速度,即 $v_{钻井液} < v_{套管}$,满足产生滑行波的条件,因此,发射探头发射的以一定角度入射到套管上的声波,将折射进入套管,并沿着套管传播,形成滑行波,被接收探头 R 接收。套管和水泥环胶结好,声耦合高,进入水泥环的声波能量就大,因此,接收器 R 接收到的信号就低;随着套管和水泥环胶结变差,声耦合逐渐降低,进入水泥环的声波能量减小,R 接收到的信号将逐渐变强。

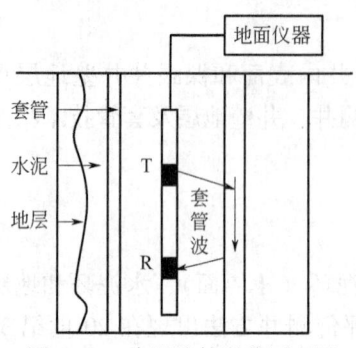

图 2-14 水泥胶结测井原理图

水泥胶结测井采用相对幅度来判断固井质量的好坏:

$$相对幅度 = \frac{目的井段曲线幅度}{自由套管曲线幅度} \times 100\% \tag{2-19}$$

对常规水泥浆固井、常规井固井,通常根据相对幅度大小把固井质量划分成三个等级:
(1)胶结良好:相对幅度≤20%。
(2)胶结中等:20%<相对幅度≤40%。
(3)胶结差:相对幅度>40%。

由于水泥胶结测井的幅度测量结果为测量深度段的平均幅度,因此,仅靠水泥胶结测井作为固井质量评价依据具有较大的局限性。随着固井水泥浆的类型越来越复杂,上述相对幅度的临界值也应根据实际进行重新确定。

图 2-15 为水泥胶结测井曲线(CBL)示例。从图中可以看到,顶部井段由于套管外都是钻井液,因而声波幅度高,在套管接箍处幅度降低,显示等距离的锯齿状。图中画出了相对幅度 20% 和 40% 的两条竖线,从声幅曲线与两条竖线的交点可以推论,目的层段大都低于 20%,因此,可以认为该井目的层段的固井质量良好。

2. 声波变密度测井

声波变密度测井仪也是利用单发单收声系,但它不仅记录套管波的幅度,而且记录随后到达的地层波和钻井液波的幅度。因此,在任意测量深度,声波变密度测井得到的不是一个幅度值,而是表示声波能量强弱的一个波列,如图 2-16(a)所示。为了把接收器接收到的波列记录成随深度变化的连续记录,而每个深度点的波列又不相互干扰,声波变密度测井一般常采用调辉方式

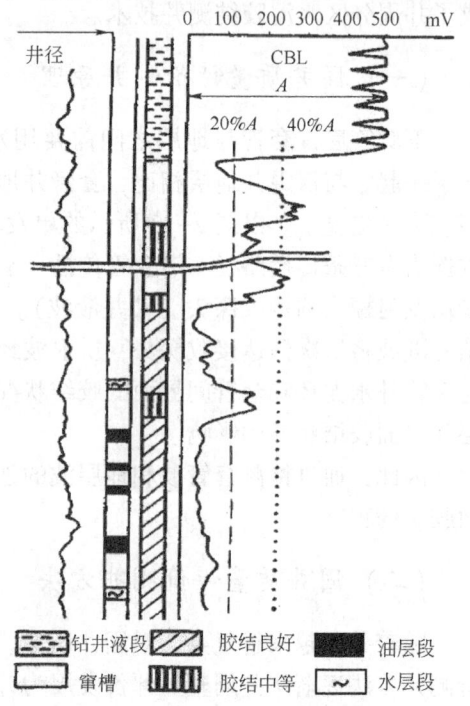

图 2-15 水泥胶结测井曲线实例

记录，通过线条颜色的深浅变化来表示能量的变化，如图2-16(b)所示。在声波变密度图上，颜色越深表明波的能量越强；随着颜色逐渐变亮，声波的能量逐渐变弱。在图2-16(b)中，左边条纹代表套管波，中间是地层波，右边是钻井液波。

固井后，声波变密度图（VDL）上显示出的套管与水泥环、水泥环与地层间的相互关系主要有以下几种情况：

（1）自由套管。在水泥面以上，套管外被钻井液包围，形成套管与钻井液的第一声学界面。这时，由于钻井液的声速小于套管的声速，其特征显示为套管波很强，地层波很弱或完全没有。在声波变密度图上，出现平直的条纹；越靠近左边，反差越明显；对应着套管接箍出现人字形条纹，见图2-17。

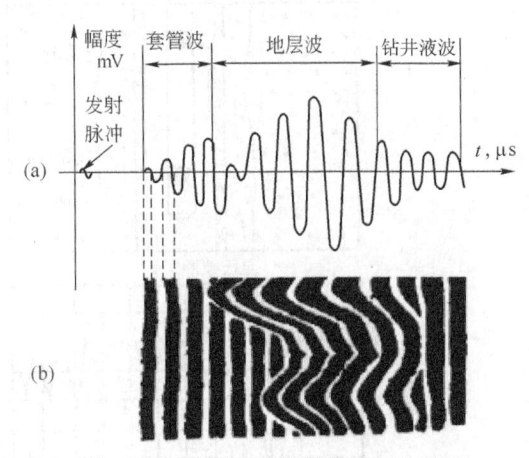

图2-16 声波变密度测井原理示意图
(a)声波波列；(b)声波变密度测井幅度—时间记录

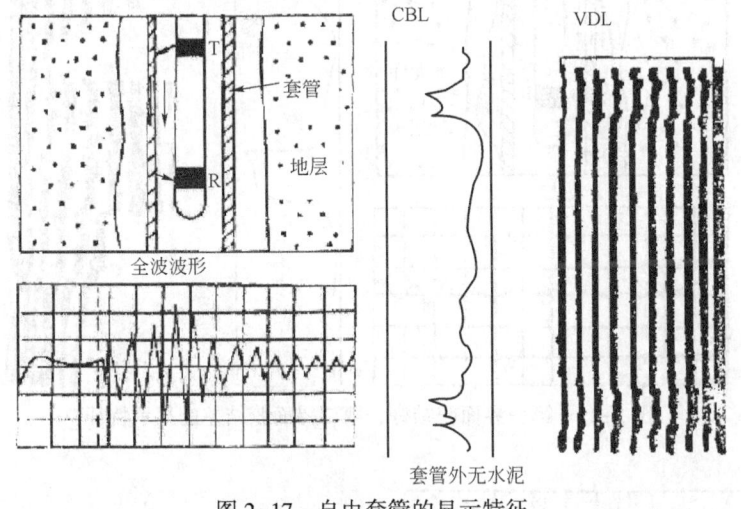

图2-17 自由套管的显示特征

（2）第一界面和第二界面都胶结好。在这种情况下，声能很容易从套管传递到水泥环，又从水泥环再传到地层，因此，套管波很弱，地层波很强。在声波变密度图上，左边的条纹模糊或消失，右边的条纹反差大，见图2-18。

（3）第一界面胶结好、第二界面胶结差。在这种情况下，声能很容易从套管传递到水泥环，但很少部分能够耦合到地层，因此，套管波很弱，地层波也弱或消失。在声波变密度图上，左右条纹模糊，信号很弱，见图2-19。当第一界面胶结好、第二界面胶结差时，如果只看水泥胶结测井曲线就会发现其幅度值低，显示固井质量好，但实际情况却并非如此。有不少油气田就是因水泥环与地层间胶结不好而发生窜槽的。

（4）第一界面胶结差，第二界面胶结好。在这种情况下，套管波很强，地层信号中等显示，见图2-20。在声波变密度测井图上，左边条纹明显，右边也有显示。这时主要考虑以下两种情况：

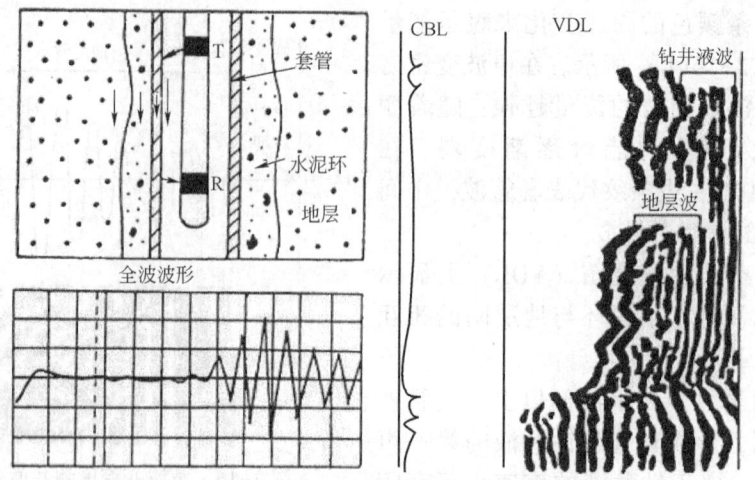

图 2-18 第一界面和第二界面都胶结好的显示特征

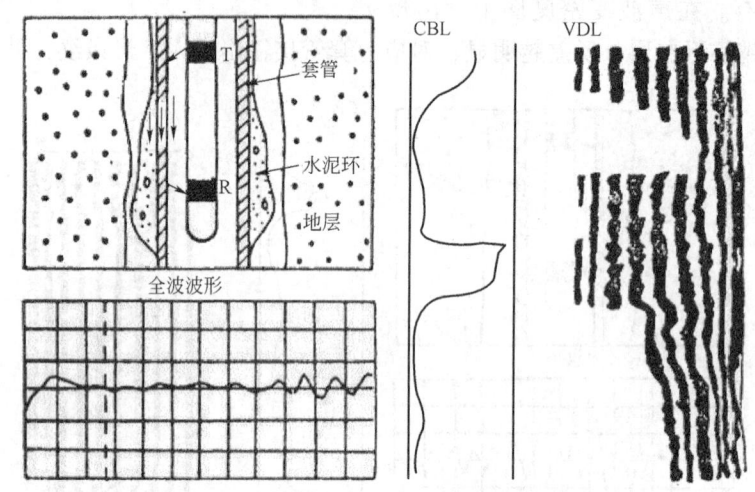

图 2-19 第一界面胶结好、第二界面胶结差的显示特征

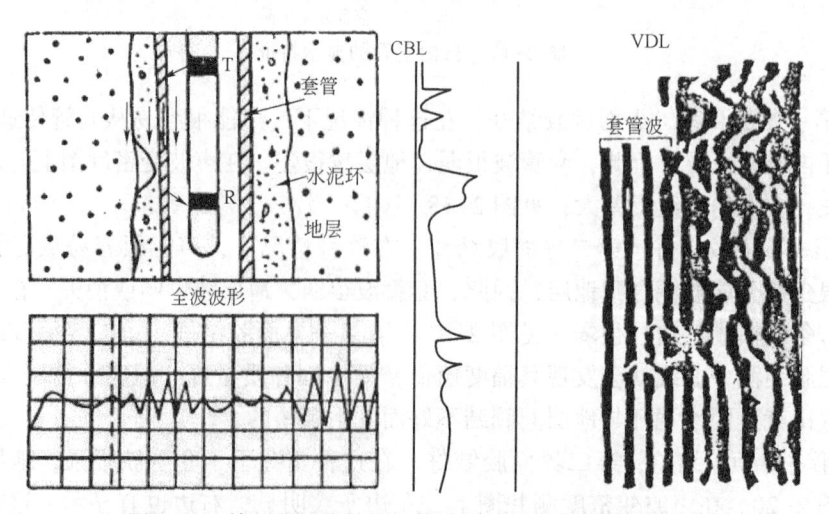

图 2-20 第一界面胶结差、第二界面胶结好的显示特征

① 如果地层疏松或井眼很大，都可使地层信号减弱；

② 如果水泥与套管间隙很大，会影响声能传递，也可造成较弱的地层波显示。

（5）第一界面和第二界面胶结都差。这种情况与自由套管类似。套管波明显，不仅条纹多，且幅度大，有的井段套管信号占据了地层波和钻井液波的位置，与自由套管的套管波类似。地层波微弱甚至消失，在声波变密度测井图上，反映地层波的条纹基本消失。钻井液波由于受套管波等的影响，条纹出现波浪形。

图 2-21 为某砂泥岩地层剖面采用 7in 套管固井后测得的 CBL—VDL 曲线图。从 CBL 曲

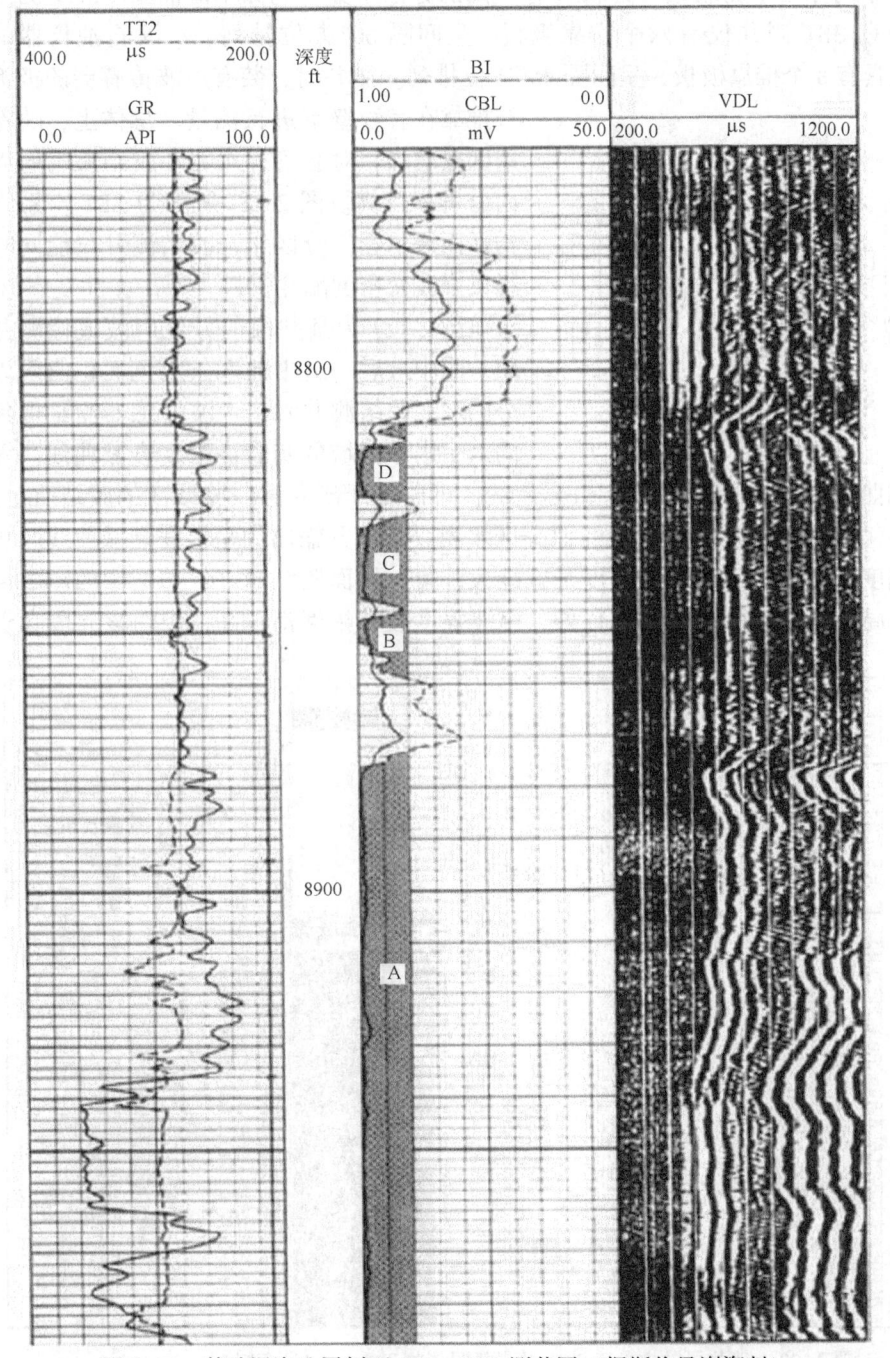

图 2-21　某砂泥岩地层剖面 CBL—VDL 测井图（据斯伦贝谢资料）　　彩图 2-21

线上可以看到，层段 A 的 CBL 显示低值，同时 VDL 图上地层波很强，因此，A 层固井质量好，能够起到预期的水力封隔作用；而 B、C、D 层尽管也具有较低的 CBL 值和高达 0.8 的胶结指数 BI，但 VDL 指示地层波微弱且不连续，表明 B—D 井段固井质量高的井段太短，不利于水力封隔。

3. 分区水泥胶结测井

分区水泥胶结测井仪根据测量回波的声幅变化来反映固井质量，可提供井周不同方位的水泥胶结状况。不同分区水泥胶结测井仪具有不同的分区个数，例如中海油服 CBMT 测井仪、贝克阿特拉斯 SBT 测井仪有六个推靠极板，呈间隔 60°方位排列。江汉石油仪器的 SBT70 型测井仪具有 8 个推靠极板，呈间隔 45°方位排列。测井时，装有声波传感器的极板被推靠在套管壁上进行测量。总体上，随着扇区数增加，对套管外水泥环胶结质量的周向分辨率升高。图 2-22 所示为 SBT 声系结构平面展示图。分区水泥胶结测井仪能同时提供声波变密度测井资料。

图 2-23 为某井段的方位声波成像测井图。图中最后一道中的六条灰色面积曲线为分区水泥胶结测井六个声波传感器测量得到的六个扇形区域的套管波强度衰减曲线。六条声波强度衰减曲线的应用原理类似于 CBL 曲线，可以用于研究第一胶结面的胶结质量，所不同的是 CBL 直接输出声波幅度曲线，而分区水泥胶结测井输出的是幅度衰减曲线。灰色面积曲线的幅度越高，表明套管波强度衰减越大，第一界面胶结越好，如图中的×120～×240ft 井段，除局部井段（×170ft 附近）外，声波强度衰减幅度都很高，表明该井段套管

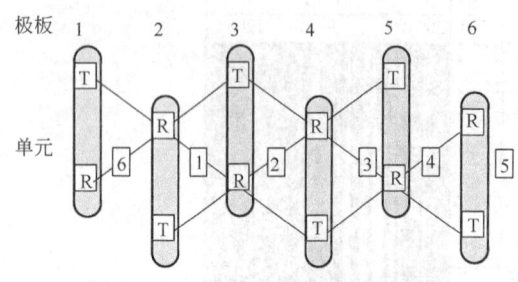

图 2-22 SBT 声系结构平面展示图

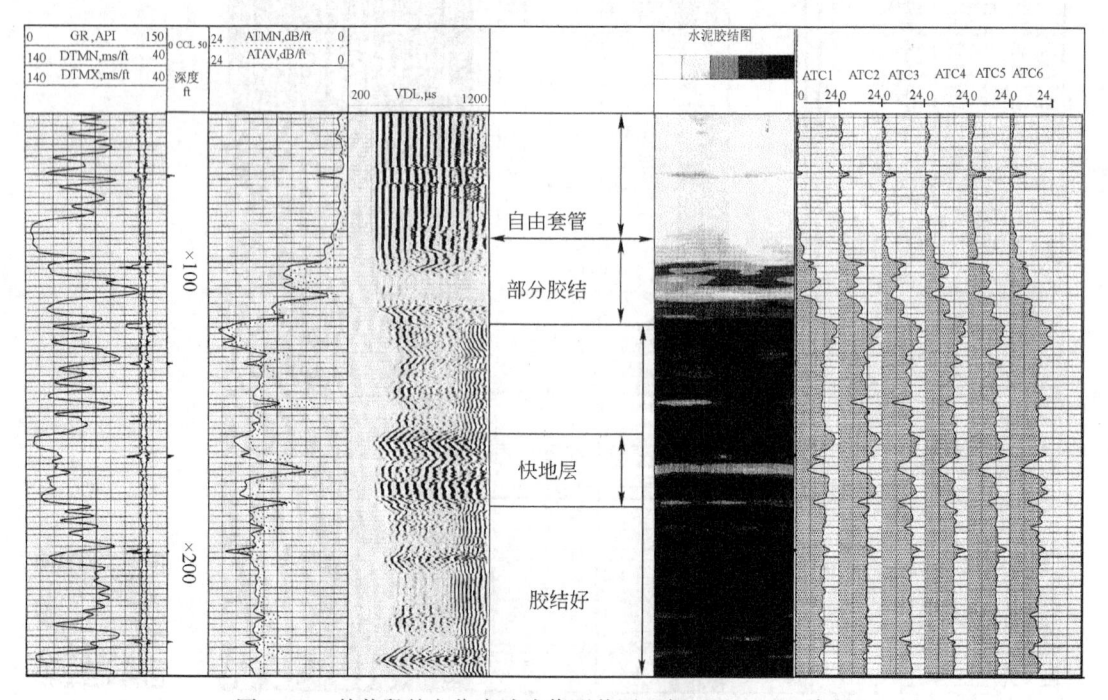

图 2-23 某井段的方位声波成像测井图（据 Baker Atlas 资料）

与水泥环胶结好，声波耦合好，大量的声波能量都耦合进入了水泥环中。图中×100ft 上部井段套管波强度衰减几乎为零，表明该井段套管和水泥环之间几乎未胶结，套管为自由套管；与×100ft 上部井段相比，×100~×120ft 之间声波衰减幅度有所增大，但总体仍偏低，且其中×110ft 处的声波衰减幅度又大幅度降低，因此可推断该井段第一界面水泥胶结质量差。图中第六道黑白图像为展开图，横坐标为方位。该图以颜色的明暗变化来反映不同方位接收到的声波信号的强弱：图上暗的地方表示胶结良好；明暗不均的白色区域（黑白图）或亮色区域（彩色图）则说明固井质量差。因此，沿一定方位（直井一般以正北方位）展开的声波幅度成像图，不仅可以反映固井以后第一界面水泥胶结的质量，而且还可以对井周不同方向上固井的质量进行评价，可以避免 CBL 一个深度只输出一个平均值给固井质量评价带来的错误认识。

（三）固井质量评价影响因素

影响固井质量评价的因素很多，主要有测井时间、水泥环厚度、水泥浆气侵、套管厚度、微环以及仪器偏心等。

一般认为，注水泥后 20~40h 内进行测量，效果最好；时间过长，则可能会因水泥浆沉淀、水泥浆固结、井壁坍塌等原因使固井质量差或无水泥井段出现低声幅显示，导致对固井质量的错误认识。

水泥浆发生气侵后，由于气的侵入，声波的能量将发生很大的衰减，结果同样使测得的声幅值很低，给人以固井质量好的错觉。因此，对气层尤其是高压气层，要特别注意气侵可能引起的固井质量问题，尽可能收集各种资料，综合分析固井质量，以免造成事故。

研究表明，厚度大于 2cm 的水泥环对套管波的衰减是一个定值；厚度小于 2cm 时，水泥环越薄，对套管波的衰减越小，测得的声幅值越高，结果将可能使固井质量好的井段显示出固井质量差的井段特征。试验也表明，套管越薄，对声波的衰减越大，因此，套管太薄也不利于固井质量评价。

此外，固井过程中造成的套管热胀冷缩现象以及套管所承受内压力的改变，都可能导致在套管与水泥环之间出现微小的环形间隙。这些微环虽然很小，不能形成流体的流动通道，但却可能使套管和水泥之间的声耦合率大大降低，使测得的声幅值升高。

仪器偏心也可能导致固井质量评价测井曲线的显示特征不能反映水泥胶结好坏。

综上所述，影响固井质量测井响应的因素很多，因此，应综合分析各种可以利用的资料，提高固井质量评价的准确性。

图 2-24 显示了气侵现象对固井质量的影响。从图 2-24 第八道上的裸眼井岩性密度 LDL、补偿中子 CNL 测井曲线 ρ_b、ϕ_N 上可以了解到，8500~8514ft、8420~8448ft 两个井段为气层，存在潜在的固井水泥浆气侵问题。尽管第七道的 VDL 显示出该两井段似乎固井质量好，但从第四道的水泥胶结图上可以看到，该两井段呈现黑白不均的显示，指示固井质量不好，由于正对气层，因此，推测该两个层段发生了气侵水泥浆现象。进一步的解释结果表明这两个层段确实发生了气侵，见图中第二道。

CBL、VDL 曲线为常用的固井质量评价测井曲线，测量结果不具方位性，为测量深度段的平均响应；分区水泥胶结测井方法则可以扇区方式揭示沿井周不同方位固井质量的差异性。由于深井小井眼窄间隙固井，以及含漂珠、纤维、塑性等越来越多的复杂、特殊固井水泥浆的应用，关于固井水泥浆凝固过程中声学特性变化，以及固井质量评价标准的相关基础研究的不足，现有的固井质量评价测井方法都不能很好满足这些特殊条件下固井质量评价的

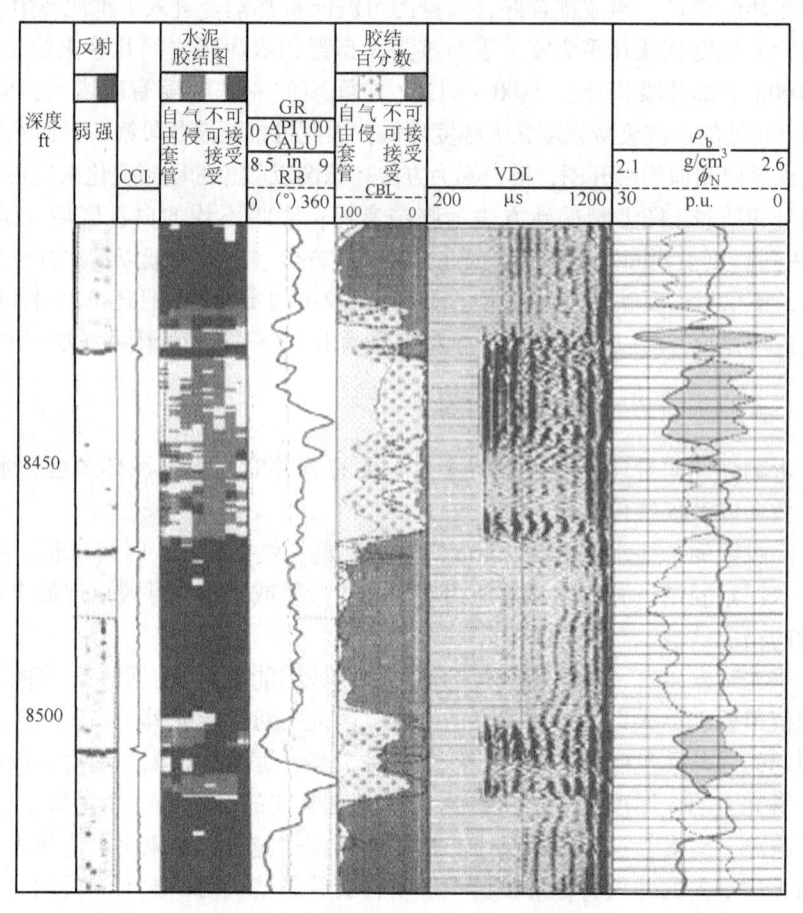

图 2-24 气侵识别示例（据斯伦贝谢资料）

需求，第二界面固井质量评价的问题尤为突出。为适应油气工业开发深部、复杂油气资源的需要，相关基础研究亟待突破，固井质量新的评价标准和评价体系亟待建立。

二、井壁地层及套管技术状况评价测井

井壁地层及套管技术状况评价测井的主要技术方法是超声成像测井，利用井壁或套管内壁对超声波的反射特性，可直观地给出反射界面上的结构特征，从而实现井壁地层和套管技术状况评价，具有分辨率高、直观的优势。在裸眼井中超声成像测井可用于获取地层的溶洞、裂缝等不连续体的特征，在套管井中超声成像测井可提供射孔位置、套损评价等。

（一）井壁地层及套管技术状况评价测井原理

超声成像测井仪既可应用于裸眼井中研究井壁表面特征，也可应用于套管井观察套管内壁。超声成像测井仪一般都包含声系、信号采集、信号传输与地面处理及显示等组成部分。声系部分由一个能旋转的声波探头构成，该声波探头兼作发射探头和接收探头。测井时，声波探头以固定速率旋转，对井眼的整个井壁进行360°扫描测量。由于声波探头旋转测量的过程中，仪器也以一定的速率在井中上提，因此，仪器的记录点都为螺旋上升，如图 2-25 所示。

测量信号包括反射回波的幅度与到达时间，信号经定向后可获得按地理北、磁北或其他定向方式的井周声波幅度和传播时间展开图像（展开原理与电成像图相同）。

声波探头接收到的声波幅度与井筒内流体和井壁介质的声阻抗差异有关。声阻抗差别大，反射波强；随着井筒内流体和井壁介质间声阻抗差异的减小，反射波逐渐减弱。声波探头接收到的反射回波的到达时间与探头到井壁的距离有关，当仪器居中放置且井壁光滑、井径不变时，声波探头接收到的反射回波的到达时间一致。因此，当仪器居中放置时，反射回波到达时间的变化反映了井径（对套管井，井径指套管内径）的变化，结合井筒内流体声学性质的测量结果，则可以进一步获得井径参数。

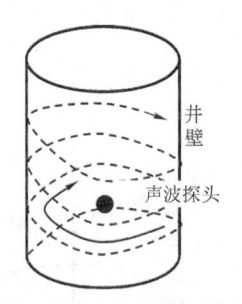

图2-25 超声成像测井仪工作原理示意图

（二）井壁地层及套管技术状况评价测井方法

基于声学方法获取井壁二维图像的技术始于20世纪60年代，但受制于当时的声源技术，测量频率偏高（大于1MHz），使得声信号衰减严重，仅适用于低密度钻井液条件。80年代以来，经过不断改进，超声成像测井仪成功投入了商业服务中，我国的第一台井下声波电视仪也研发于此时。此后，国内外各大石油公司都有了各自的超声成像测井仪。本节以井下声波电视测井、超声波成像测井为例，简要介绍基于超声成像测井仪评价井壁地层及套管技术状况的方法。

1. 井下声波电视测井

测井过程中，井下声波电视测井仪器上提时，换能器以固定速率旋转，同时垂直向井壁发射频率为2MHz左右的超声波脉冲，在发射超声波脉冲的间隔时间里接收被井壁反射回来的反射回波的幅度与到达时间（图2-26）。井下声波电视测井仪采用高频声波信号，在高密度钻井液或富含重晶石的钻井液中测量效果差，声波探头接收到的反射回波的到达时间受仪器偏心影响大。

受测井速度的影响，井下声波电视测井仪的垂向分辨率变化范围大致为0.5~3in（1.27~7.62cm），随测井速度增加，垂向分辨率逐渐减小。

采用井下声波电视测井既可以在井下不透明的钻井液中检查套管射孔后孔洞的分布及套管上是否有裂纹、断裂，也可以在裸眼井中观察井壁上的裂缝分布及岩性界面，见图2-27。由图可见，幅度图像比时间图像具有更高的分辨率，斜切井眼的裂缝在幅度图像上呈正弦暗色条纹显示，而在时间图像上却没有显示出来。

2. 超声波成像测井

以斯伦贝谢高分辨率井下超声波成像测井仪UBI（ultrasonic borehole imager）、USI（ultrasonic imager）为例，简要介绍超声波成像测井方法。UBI和USI两种仪器的结构类似，但传感器类型、测量环境和用途不同。其中，UBI主要应用于裸眼井中，根据UBI提供的高分辨率井壁图像和井径数据可以分析井眼的几何形状，探测裂缝，评价井眼垮塌，推算地应力的方向，确定地层厚度和倾角，进行地层形态和沉积构造研究；USI主要应用于套管井中，根据USI提供的高分辨率图像和数据可以评价套管和水泥环的胶结质量，以及套管的表面状况，检查套管的腐蚀和变形。

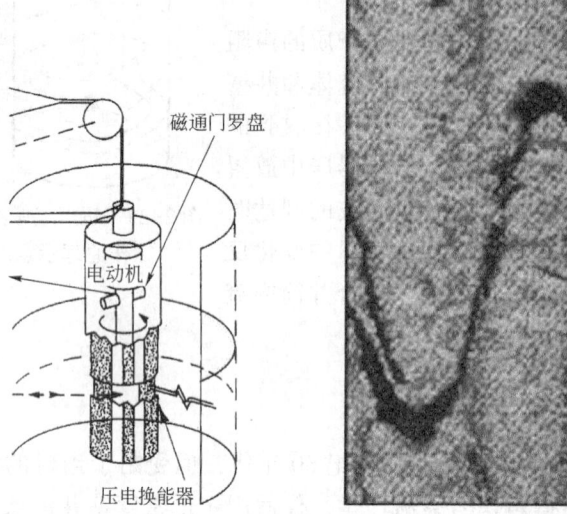

图 2-26　井下声波电视测井原理图　　　图 2-27　井壁内表面井下声波电视测井成像图

与井下声波电视测井相比，UBI 和 USI 具有更高的测量精度和更好的图像质量，UBI 的垂向分辨率变化范围为 0.2~0.4in（0.508~1.016cm）。UBI 和 USI 的探头结构相似，见图 2-28（图中的探头适用于不同井眼，根据井眼大小，UBI 和 USI 仪器的声波探头可以拆换）。仪器有两种工作状态，即流体性质测量和标准测量，见图 2-29。探头逆时针旋转用于测量套管和井壁的声波性质，为标准测量模式；探头顺时针旋转测量井内流体的声学特性，为流体性质测量模式。

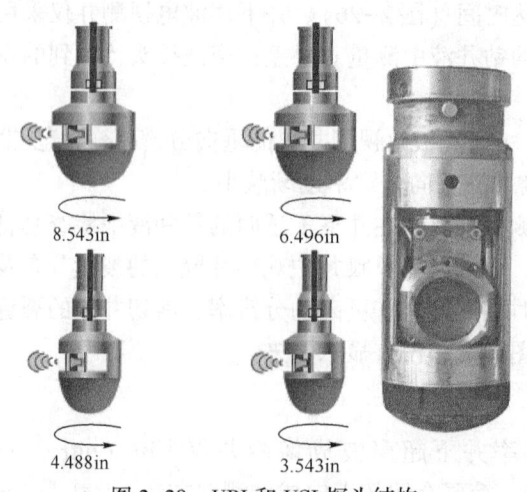

图 2-28　UBI 和 USI 探头结构

UBI 可以在 250kHz、500kHz 两种声波频率下工作；USI 可以在 195kHz、650kHz 两种声波频率下工作。根据钻井液类型、密度的不同，可选取不同的工作频率。在高分散相钻井液体系中，采用较低频率的超声波能够得到更好的图像效果。

图 2-30 为一裂缝性地层的 UBI、FMI 及 ARI 成像图。对比 FMI、ARI 可以发现，裂缝

(a) 标准测量模式　　　　　　　　(b) 流体性质测量模式

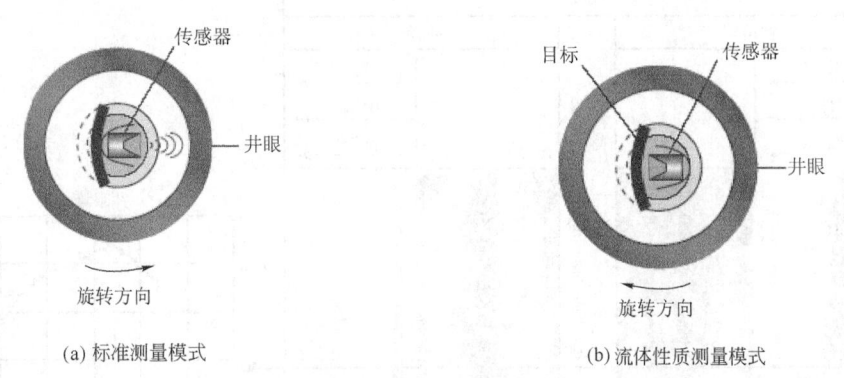

图 2-29　UBI 和 USI 工作模式

在 UBI 幅度图像上仍然以暗色条带表现出来；裂缝越宽，对声波能量的吸收能力越强，仪器接收到的反射波能量就越弱，颜色就越暗。同时，对比 FMI、ARI、UBI 还可以发现，FMI 具有最高的分辨率，能够清晰地显示地层中发育的各种裂缝。

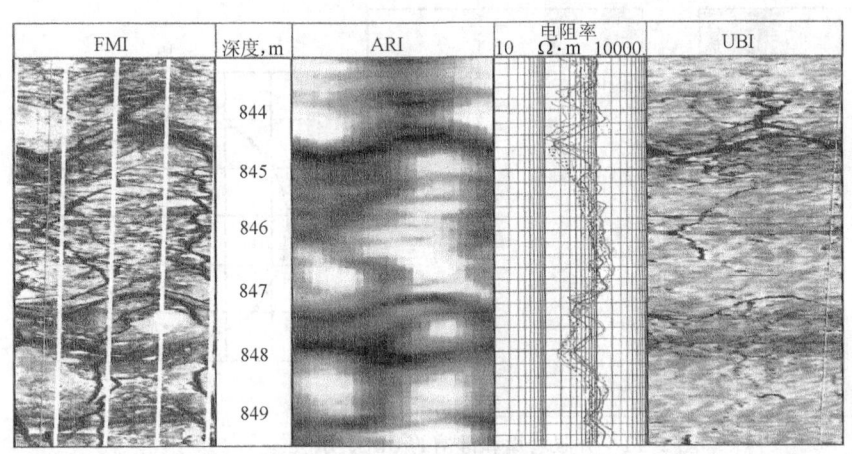

图 2-30　某裂缝性地层的 UBI 和电成像测井成像对比　　彩图 2-30

图 2-31 示意地给出了 UBI 幅度资料和井径（borehole radius）资料在井眼应力垮塌（breakout）、键槽（keyseat）等研究中的应用。由图可见，应力垮塌出现在井壁的对称方位上，而键槽仅在井壁的一个方位上出现。

图 2-32 为贝克阿特拉斯的井周成像测井仪 CBIL（circumferential borehole imaging log）测得的某井段的井壁声波时间图像和幅度图像，由图可见，幅度图像比时间图像具有更高的分辨率。CBIL 的仪器结构、测量原理与 UBI 等超声波成像测井仪相似，与 UBI 不同的是，其声波发射器由两个直径分别为 1.5in 和 2.0in 的半球组成，声波发射器的发射频率为 250～400kHz。测井过程中，换能器以顺时针方向旋转，对整个井壁进行 360°扫描测量，其垂向分辨率可达 0.762cm。

CBIL 资料主要用于确定地层的构造特征、沉积环境，描述原生孔隙度和次生孔隙度（如孔、洞、缝等），以及确定井眼的几何形态和井壁崩落情况。同时，也可用于套管井中确定套管厚度，了解套管是否变形和损伤。

CBIL 资料包含的地层信息通过成像图上的颜色、形态等反映出来。按图像颜色可分为

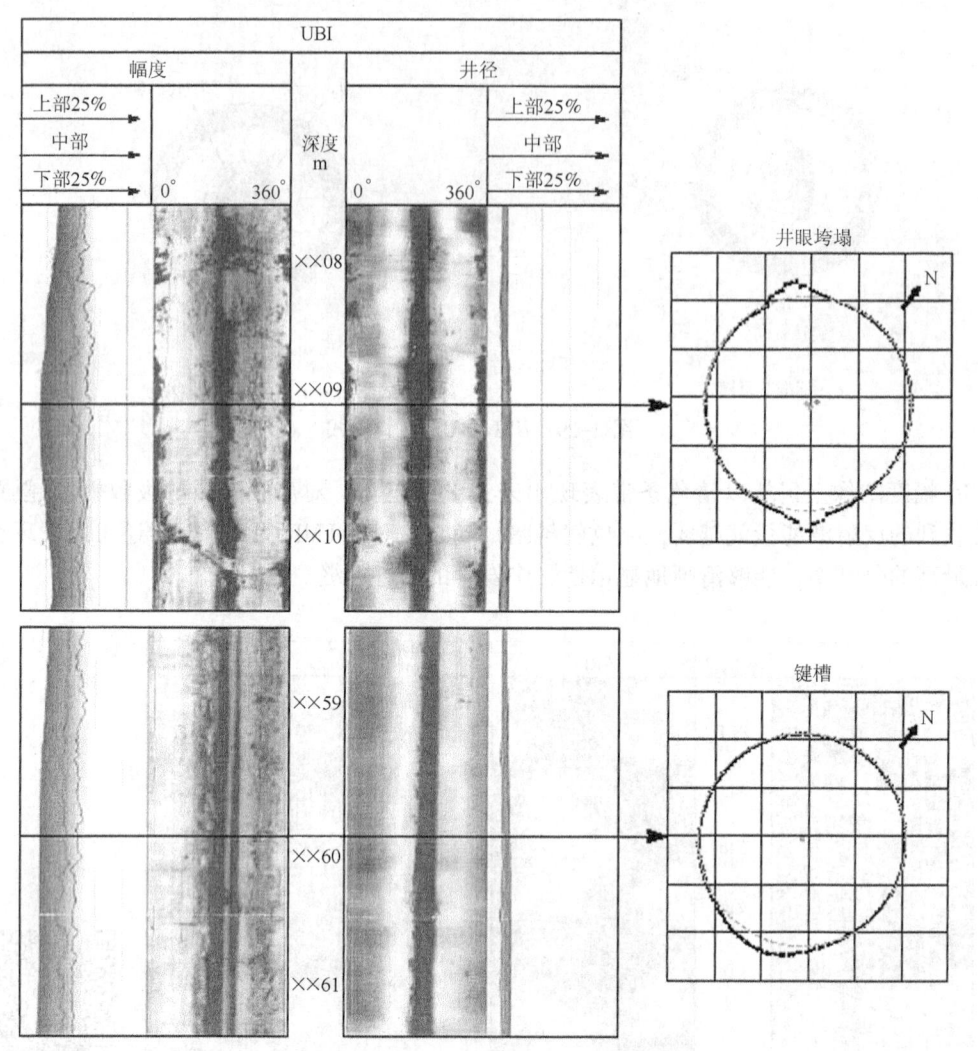

图 2-31 井眼垮塌和键槽的 UBI 显示

彩图 2-31

浅色、暗色及杂色三类，分别代表了不同的地质意义，如高声阻抗、低声阻抗及声阻抗非均质地层。因此，凭借成像图上颜色的深浅变化可以对岩性、裂缝等进行识别。图像形态可分为块状、条带状、线状、斑状等模式，它们也分别表示不同的地质意义（图 2-33）。

块状模式指颜色较单一的均质块状结构，代表一种块状沉积结构，表明沉积中不发育裂缝、层理、孔洞等。亮色块状指示岩性较致密的地层，如致密碳酸盐岩、致密火成岩、块状砂岩等；暗色块状指示典型的泥岩及缝洞发育的碳酸盐岩和火成岩等。

条带状模式在图像上显示为明暗相间的条带状，指示为砂泥岩互层沉积环境。

线状模式在图像上显示为线状，指在一定范围内声阻抗或电阻率的变化导致图像颜色突变。线状模式可指示裂缝、人工诱导缝、层面、冲刷面、缝合线、不整合面、断层等不同特征。各种特征容易混淆，因此，正确识别它们是裂缝识别和计算的关键。

斑状模式在成像图上呈现为斑状，多为溶蚀孔洞或井壁地层剥落（对声成像）等。当地层有角砾或砾石存在时，图像呈亮色斑状。

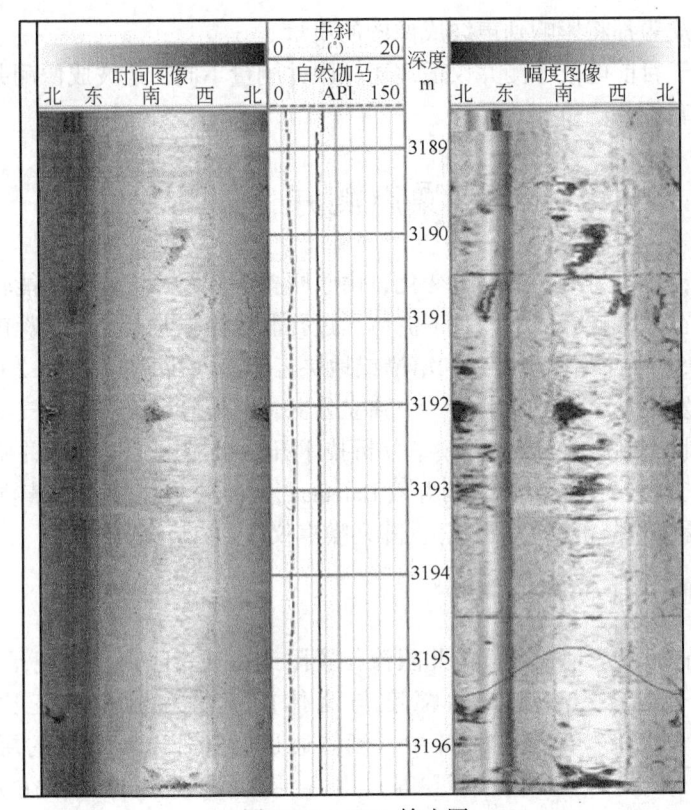

图 2-32 CBIL 输出图

彩图 2-32

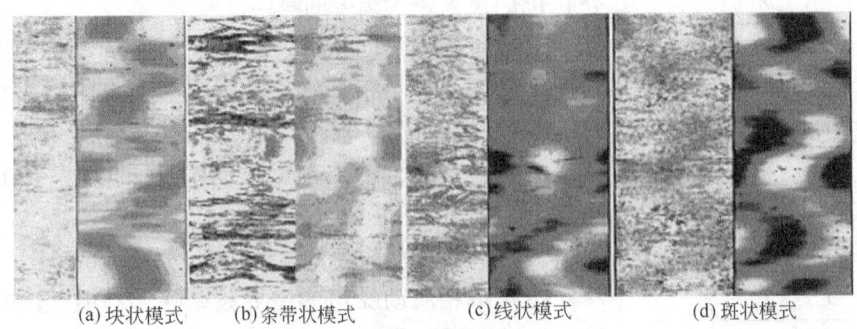

(a) 块状模式　(b) 条带状模式　(c) 线状模式　(d) 斑状模式

图 2-33　CBIL 图像形态分类

彩图 2-33

(三) 声波成像测井输出资料的特点

各种井下声波成像测井仪都可以同时输出一张反射回波幅度成像图和一张反射回波到达时间图，反射回波幅度成像图比反射回波到达时间图具有更高的精度。

反射回波幅度成像图一般通过颜色的明暗变化来反映测量介质的表面特征：井壁声阻抗大，反射波强，颜色亮；井壁声阻抗小，反射波弱，颜色暗。

反射回波到达时间图一般也通过颜色的明暗变化来反映测量介质的表面特征：井径大，颜色暗；井径小，颜色亮。

(四) 声波成像测井影响因素

仪器的传感器、系统的测井速度、传感器绕井周的扫描速度、系统的动态范围及井眼几何形状和井筒内流体的性质等都将影响到声波成像图的质量。

综上所述可见，相较于目前电成像测井仅适用于裸眼井测量不同，声波成像测井既可应用于裸眼井，也可应用于套管井测量。

第四节 噪声测井

流体在管道中流动时，若压力或管道发生变化，由于摩擦等原因，流体的动能转化为声能，而产生噪声。同样，在井眼或窜槽中，井下流体通过孔洞或缝隙时也会产生噪声。对井下噪声信号的分析始于1955年，主要用于判别窜槽或地层流体流入井眼的位置。20世纪70年代以来，这项技术逐渐发展为声波测井中的一个独立分支，并被应用于裸眼井气层识别中（Korotaev等，1970）。20世纪90年代以来，频率分析技术开始被应用于噪声测井中，并逐渐发展成为一种新的测井方法——噪声频谱测井（Bateman，2015）。主要的噪声测井仪有数字噪声仪（NTO）、声漏流量分析仪（ALFA）、阵列噪声仪（ANT）等。

一、噪声测井原理

井下流体通过阻流位置时会产生噪声，因此阻流位置附近可通过噪声测井记录到噪声。噪声的幅度与流体的流量和流速成正比。例如图2-34中，流体通过套管外未胶结好的层段（窜槽、环空等）由A层流入，C层流出，在A、C处噪声测井记录到较大的噪声信号，在窜槽缩颈处（B处）也记录到较大幅度的噪声。

流量和流速不同，可产生不同幅度的噪声，不同噪声声源及不同相态的流体所产生噪声的频谱也有所差异。比如：

（1）机械设备振动产生的噪声的频率多在200Hz以下。

（2）两相流动噪声的主要频率在200~600Hz。

（3）单相流动噪声的主要频率在1000Hz左右，随压力增加可上升到2000Hz。

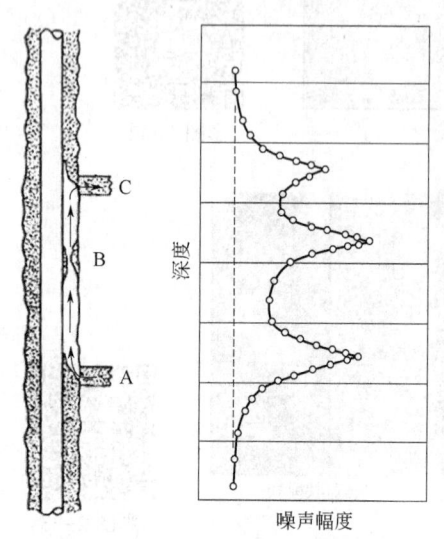

图2-34 噪声测井示意图

噪声测井通常是在预定位置开展测量，通常测量多个不同频带的噪声幅度。噪声频谱测井在噪声测井基础上拓宽了频率范围，利用高敏感被动水听器实现了8Hz~58.5kHz频率范围测量，能够有效地区分井内流体流动噪声、完井结构处流体流动噪声、窜槽及井壁破裂处流体流动噪声、地层流体流动噪声（图2-35）。

（1）井内流体流动噪声的频率范围普遍小于1kHz。若井内流压低于泡点压力，井中流体所溶解的气体逸出，产生约5kHz的噪声，此噪声的频率随着流体向井口流出的过程逐步降低至1kHz。由于井内流体流动发生在整个井筒内，噪声频谱测井图上较大的深度范围内都能测量到该噪声，因而难以确定产生噪声的具体深度位置。

（2）完井结构处，例如射孔、X型坐落接头、套管鞋、封隔器和套管泄漏处等，通常会产生1~3kHz噪声。各完井结构之间通常有一定的间隔距离，可在噪声频谱上清晰地

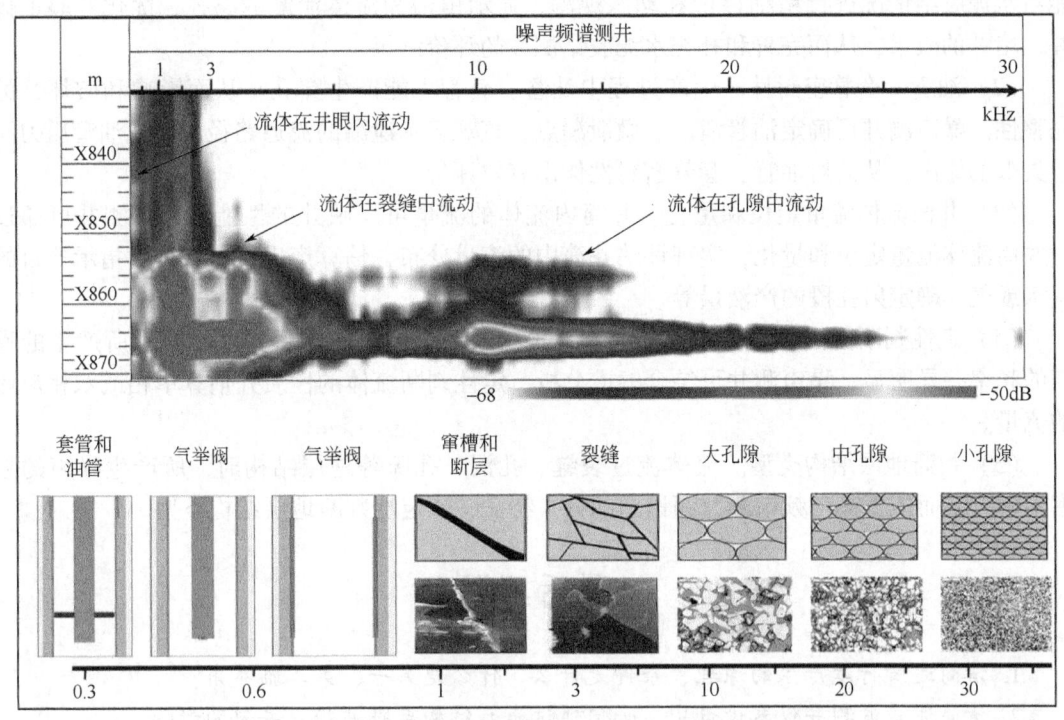

图 2-35 噪声频谱测井图（据 Zeinalabideen 等，2021）

确定深度。在噪声频谱图上易与地层破裂处流体流动产生的噪声信号混淆。

（3）水泥环中窜槽及井壁破裂处流体流动噪声的频率范围为较宽，频率通常在 3kHz 以下。在噪声频谱图上典型的特征为呈窄条状、上下边界清晰。由于同一段窜槽的直径、井壁破裂的宽度可能不同，因而其在噪声频谱图上的响应可能是斜线，非竖直线。若窜槽直径较大，流体流过时，可能产生低频噪声，在频谱图上易被井内流体流动产生的噪声覆盖。

彩图 2-35

（4）地层内流体流动噪声是由岩石颗粒、孔喉、裂缝振动产生的，其幅度通常较低、频率较高，多大于 3kHz。在噪声频谱图上，地层内流体流动噪声通常有清晰的上下边界，可明确判断其测井深度，但无法判断其径向深度。储层岩石裂缝中流体流动产生的噪声的频率范围通常为 3~5kHz，但大裂缝、大孔洞中流体流动产生的噪声的频率可低至 1kHz。岩石孔隙中流体流动产生的噪声的频率范围为 10~30kHz，频率范围较宽。岩石越致密，其中流体流动所产生的噪声的频率越高，致密岩石产生的噪声的频率范围通常在 20kHz 以上，可达超声频率。若井内流体为气体，致密岩石中气体流动所产生的噪声的频率甚至能高于 30kHz。

二、噪声测井的应用

噪声测井通过测定井内自然噪声的频率和声幅特性，实现套内、套外、地层流体流量的准确定位和诊断，被广泛应用于分析固井质量、流量定位和量化、地层特征、流体类型等多方面。

（1）水泥胶结完整性。水泥胶结不良、破裂等会造成井下窜漏等工程问题，噪声测井能对水泥胶结情况进行精细评价和动态观测，显示窜槽和流体泄漏的路径，优化并验证修井、堵井的效果，从而完善和补充水泥胶结测井的评价结果。

（2）油管、套管密封性。生产过程中油管、套管可能产生穿孔，从而影响和破坏井的完整性。噪声测井可确定油管泄漏、微泄漏点，直观显示泄漏的流通路径，查找油管压力测量失败的原因，从而对油管、套管密封性作出有效评价。

（3）井筒流体流量定位和量化。井筒内流体的流量可反映井的性能，噪声测井可通过对井筒流体流量定位和量化，实现评估井筒中的流量分布，估算产出、注水量，指示非目的层水或气，确定射孔段的产液量等。

（4）定性判断流体的性质并评估流量。水、气在相同流动路径中流动时，所产生的噪声的频率差异明显，噪声测井可结合频谱分析，定性判断流体的性质并估算单相或双相流体的流量。

（5）判断地层结构类型。流体流过裂缝、孔洞、孔隙等地层结构时，所产生噪声的频率不同，因而依据噪声频谱测井频谱图的分布特征，能定性判断地层结构类型。

课后习题

1. 请简述滑行波产生的原理、条件是什么。什么是第一、第二临界角？
2. 请简述声波测井仪器设计中，如何通过声系结构克服井径、井斜的影响。
3. 请回答采用单极子声源是否能够测量地层横波时差，如果能，请说明能够获取哪类地层的横波时差。软地层中如何获取地层横波时差？请简要说明原理。
4. 请简述噪声测井、噪声频谱测井有哪些应用。你认为还有哪些其他领域可以采用类似的噪声分析方法？
5. 远探测声波测井的原理是什么？有哪些应用？相比于常规声波测井方法（主要指测量滑行波的声波测井方法）有何优势？
6. 请围绕本章所学知识，简述声波测井在油气藏地质和工程评价两方面的重要作用。
7. 弹性波的特征参数有多方面，波速、振幅、频率等，请以工程测井为背景，分析是否有必要提取时差以外的声学信息，如果有请简述提取并应用其他声波属性参数在工程测井评价中的优势。
8. 随着声波测井从井壁、近井眼地层探测逐步发展为井周数十米范围内的探测。阵列声波仪器所获取的声波波形，除了滑行波外，反射波、散射波也引起了关注。滑行波、反射波、散射波叠加在一起，难以区分。请调研并回答有哪些方法可以实现不同类型波的提取？
9. 随着深井、超深井勘探技术的进步，声波测井面临着更难的技术挑战，请分析有哪些方面的难点？请从多学科融合角度，探讨哪些其他学科的知识能够有助于解决深井、超深井环境中声波测井的技术难题？
10. 图 2-36 为 Q32 井 H 组 1 段、2 段补偿声波测井、阵列声波测井结果图。根据本章所学知识，请回答：

（1）依据补偿声波测井和阵列声波测井资料都可获取纵波时差，请问两者所获取的时差是否一致？原因是什么？

（2）相比于补偿声波测井，阵列声波测井可获取哪些额外声学信息？基于这些声学信息，能够获取地层的哪些特征？

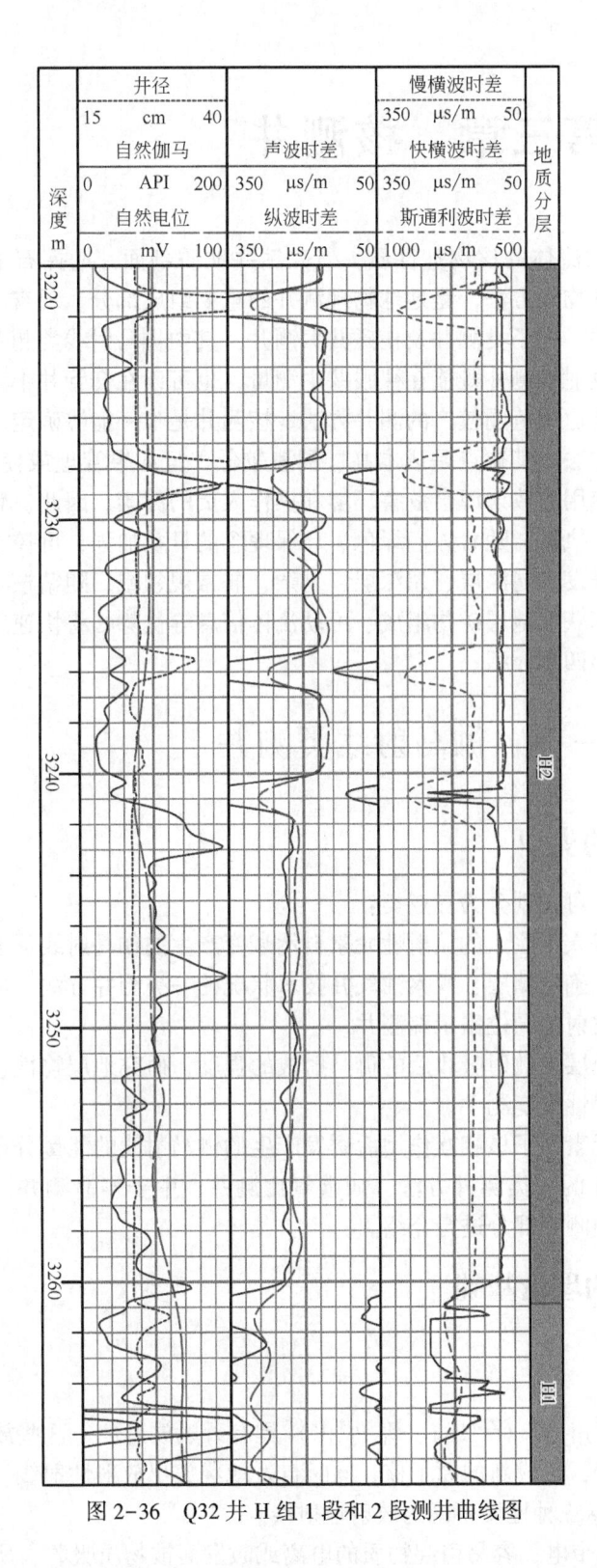

图 2-36　Q32 井 H 组 1 段和 2 段测井曲线图　　彩图 2-36

（3）哪些因素会干扰声波测井解释的结果，使得解释结果存在不确定性、多解性等问题？补充哪些测井资料能够减弱这些干扰？

第三章 核测井

核测井是根据岩石及其孔隙流体的核物理性质，研究钻井地质剖面，勘探石油、天然气、煤以及铀等有用矿藏的地球物理方法，是地球物理测井的重要组成部分。现有的核测井方法可以概括为伽马射线类测井、中子类测井及核磁共振测井，其中伽马射线类测井、中子类测井又统称为放射性测井。放射性测井既能在裸眼井中测量，也可以在套管井中测量，而且不受井眼介质的限制，是一类适用范围较广的测井方法。核测井是唯一能够确定岩石及其孔隙流体化学元素含量的测井方法。其缺点是成本高、测速较低，且如果管理或使用不当，伽马射线类测井、中子类测井使用的放射源会危害环境和操作人员的健康，因此，管理和使用都必须严格按照仪器相关规定执行。随着人们绿色、环保理念的日益加强，可控放射源越来越受到关注。随着油气勘探开发走向深层、超深层、复杂、非常规领域，随钻核测井、核磁共振测井因其实时、高分辨率获取地层矿物组成、可动流体信息等优势必将快速发展。关于随钻核测井的相关内容将在第四章介绍。

第一节 伽马射线类测井

一、伽马射线类测井的类型

目前，伽马射线类测井方法可以划分为三亚类：

一是通过测量地层中天然或人工注入的放射性元素自然衰变产生的伽马射线强度，研究钻井地质剖面上地层岩性变化、确定储层、观察油气井技术状况的一类测井方法，如自然伽马测井、自然伽马能谱测井、放射性同位素示踪测井。

二是通过测量伽马射线在地层中散射吸收后的伽马射线的强度，研究地层物性、岩性的一类测井方法，如密度测井、岩性密度测井。

三是通过测量中子与地层元素原子核相互作用后诱发产生的伽马射线的能量分布或时间衰减特性，研究地层物性、岩性的一类测井方法，如碳氧比测井、中子寿命测井、元素测井。该类测井方法将放在中子类测井部分进行介绍。

二、伽马射线类测井的理论基础

（一）射线种类

地层中有些元素如铀（^{238}U）、钍（^{232}Th）、钾（^{40}K）具有天然放射性。这些放射性元素的原子核会随时间发生核衰变，形成新的原子核，同时自发地释放出放射性射线。放射性元素在衰变时能释放出α、β、γ三种性质不同的放射性射线。

α射线是氦原子核流，因其带电，容易引起物质的电离或激发而被物质吸收，所以，它的穿透能力弱、穿透距离小。

β射线是高速运动的电子流，在物质中的穿透距离也较短。

γ射线是频率很高的电磁波或光子流，不带电荷，能量很高，穿透能力很强。

通常 α、β 和 γ 射线同时产生，但 α、β 粒子因穿透距离小，而不能被测井仪探测到，因此，在目前条件下，穿透性强的伽马射线是放射性测井探测的主要对象。

（二）γ射线与物质的相互作用

能在衰变时发射 γ 光子的元素称为伽马辐射体。地层中能发射伽马光子的核素主要是铀、钍及其衰变产物和钾的放射性同位素 ^{40}K。伽马光子与物质发生相互作用的过程中，可能发生电子对效应、康普顿效应和光电效应，伽马射线的强度将逐渐降低。

1. 电子对效应

能量大于 1.022MeV 的伽马光子在通过原子核附近时，与核的库仑场相互作用，可以转化为一个正电子和一个负电子，而本身被全部吸收，这种效应称为电子对效应，如图 3-1(a) 所示。

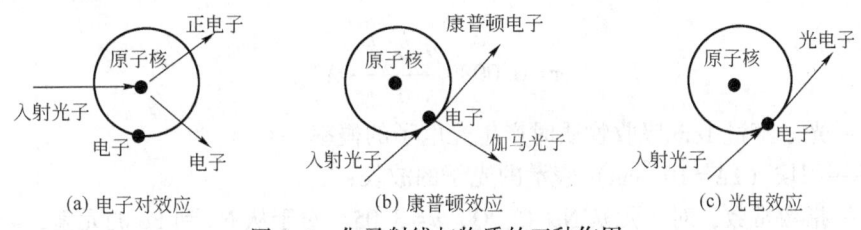

图 3-1 伽马射线与物质的三种作用

伽马射线通过单位厚度的吸收介质时，因形成电子对而导致伽马射线强度的减弱，可以用吸收系数（减弱系数）t 表示：

$$t = K_t \frac{N_A \rho_b}{A} Z^2 (E_\gamma - 1.022) \tag{3-1}$$

式中　K_t——常数；

　　　N_A——阿伏加德罗常数，$6.02486 \times 10^{23} \text{mol}^{-1}$；

　　　ρ_b——介质密度，g/cm^3；

　　　Z——原子序数；

　　　A——摩尔质量，g/mol；

　　　E_γ——伽马光子的能量，MeV。

由式(3-1) 可知：当入射的伽马光子能量 $E_\gamma < 1.022\text{MeV}$ 时，t 值为负，即不可能形成电子对；当 $E_\gamma > 1.022\text{MeV}$ 时，t 随 E_γ 的增大而直线上升，吸收介质的原子序数 Z 对 t 有明显的影响，即在重核附近形成电子对的概率比轻核大得多。

2. 康普顿效应

当伽马光子的能量为中等数值，即其能量不足以形成电子对但较核外电子的结合能大得多时，就可以产生康普顿效应。康普顿效应是指伽马光子与原子外层的电子发生作用时，把一部分能量传给核外电子，使电子从某一方向射出（该电子称为康普顿电子），而损失了部分能量的伽马光子向另一方向射出，如图 3-1(b) 所示。

康普顿效应对伽马测井非常重要。由康普顿效应导致的伽马射线在通过单位距离物质时的减弱，通常利用康普顿减弱系数 σ 来表示。σ 与吸收体的原子序数 Z 和单位体积内的原子数成正比，也即与单位体积内的电子数成正比：

$$\sigma = \sigma_e \frac{ZN_A\rho_b}{A} \quad (3-2)$$

式中 σ_e——每个电子的康普顿散射截面。

当伽马光子的能量在 0.25~2.5MeV 的范围内时，σ_e 可看成是常数。$ZN_A\rho_b/A$ 是吸收介质单位体积中的电子数，即电子密度。在一定条件下 Z/A 可看成常数，故利用此效应可测定伽马射线穿过物质的密度。

3. 光电效应

当一个光子和原子相碰撞时，它可能将它所有的能量交给一个电子，使电子脱离原子而运动，光子本身则整个被吸收。这样脱离开原子的电子统称为光电子，这种效应则称为光电效应，如图 3-1(c) 所示。

当入射光子的能量大于核外电子的结合能时，发生光电效应的概率 τ 可用李氏经验公式来计算：

$$\tau = 0.0089 \frac{\rho_b Z^{4.1}}{A} \cdot \lambda^n \quad (3-3)$$

式中 τ——光子穿过 1cm 吸收物质时产生光电子的概率；

λ——用埃（$1Å = 10^{-8}$cm）表示的光子的波长；

n——指数常数，对于元素 N、C、O，$n = 3.05$，对于从 Na 到 Fe 的元素，$n = 2.85$。

（三）物质对伽马射线的吸收

伽马射线通过物质时，与物质发生电子对效应、康普顿效应和光电效应的概率除与射线能量有关外，还与物质原子的原子序数有关。图 3-2 给出了不同能量伽马射线与物质发生三种作用的优势区域。不同阶段伽马射线被吸收的概率不同。单位长度物质对伽马射线的吸收概率称为吸收系数。

分别以 t、σ、τ 表示电子对效应、康普顿效应、光电效应的吸收系数，则物质对伽马射线的总吸收系数 η 为三种吸收系数之和：

$$\eta = t + \sigma + \tau \quad (3-4)$$

具有一定能量、一定强度的伽马射线穿过厚度为 L 的物质后，由于物质对射线的吸收而造成射线强度衰减。其衰减遵循伽马射线强度衰减规律：

$$I = I_0 e^{-\eta L} \quad (3-5)$$

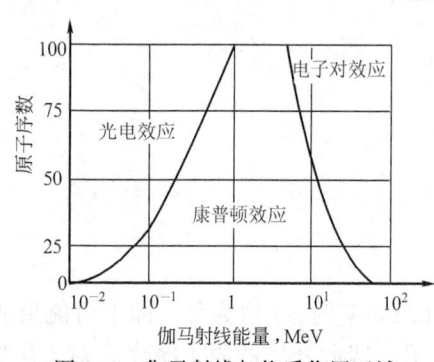

图 3-2 伽马射线与物质作用区域

式中 I_0——进入物质前的射线强度，粒子数/cm²；

I——穿过物质后的射线强度，粒子数/cm²；

L——物质的厚度，cm；

η——物质的总吸收系数，cm^{-1}。

（四）伽马射线的探测

伽马射线的探测是利用伽马射线与物质作用产生的次级电子在物质中诱发的原子的电离

作用和激发作用来实现的。电离作用指带电粒子和组成物质的原子的束缚电子间产生非弹性碰撞，使束缚电子获得足够的能量成为自由电子，原子变为正离子的过程；激发作用指使束缚电子处于激发态，激发态的电子在退激过程中将放出光子，发生闪光。常用的伽马射线探测器有放电计数管、闪烁计数管（scintillation counters）。

1. 放电计数管

放电计数管是利用放射性辐射使气体电离的特性来探测伽马射线的，放电计数管的结构和工作原理如图3-3所示。在充满惰性气体的密闭玻璃管内装有两个电极，以中间一条钨丝作阳极，玻璃管内壁涂上一层金属物质作阴极，在阴极、阳极之间施加高电压。

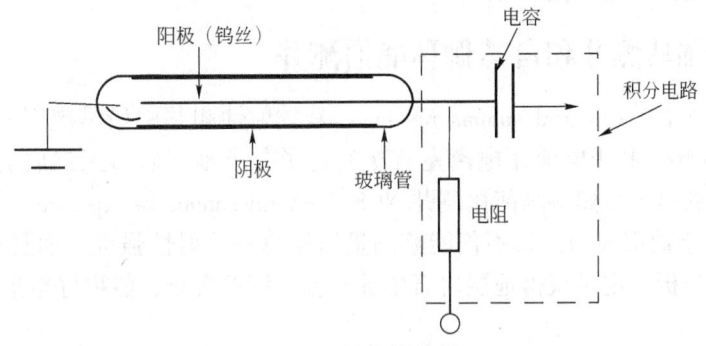

图3-3 放电计数管

岩层中的伽马射线进入管内后，将从管内壁的金属物质中打出电子。这些具有一定动能的电子在管内运动将引起管内气体电离，产生电子和离子。在高压电场的作用下，电子被吸向阳极，引起阳极放电，因而通过计数管就有脉冲电流产生，使阳极电压降低形成一个负脉冲，被测量线路记录下来。再有射线进入，计数管就又有新的脉冲被记录下来。

2. 闪烁计数管

闪烁计数管由碘化钠晶体和光电倍增管组成，工作原理如图3-4所示。它利用被伽马射线激发的物质的发光现象来探测射线。当伽马射线进入NaI晶体时，就从NaI晶体的原子中打出电子来，这些电子具有较高的能量，以至于这些高能电子在晶体内运动时足以把与它们相碰撞的原子激发。被电子激发的原子回到稳定的基态时，就会放出闪烁光。光子经光导物质传导到光阴极上，与光阴极发生光电效应产生光电子。这些光电子在到达阳极的途中，要经若干联极（又称打拿极）。从第一个联极到后续联极，电压逐级增高，因而光电子逐级加速，光电子数量逐级倍增。大量光电子到达阳极，将使阳极电压瞬时下降，产生电压负脉冲，输入测量线路予以记录。

一般光电倍增管联极的极数为9~11个，放大倍数为10^5~10^6。由于光电倍增管和NaI

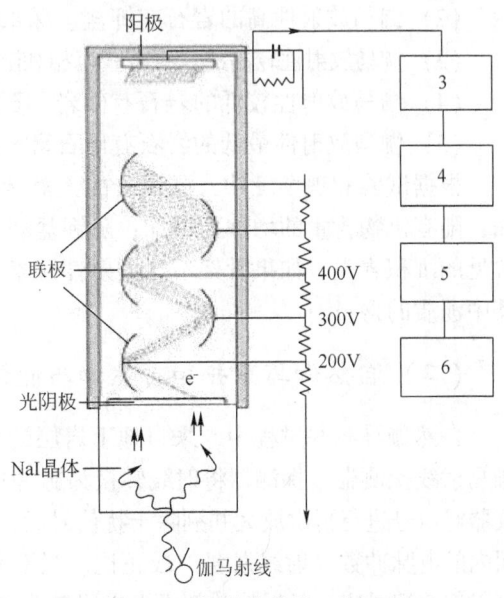

图3-4 闪烁计数管工作原理

晶体构成的计数管具有计数效率高、分辨时间短的优点，在放射测井中广泛应用。伽马射线的强度越大，单位时间内打出的光子越多，输出端产生的负电脉冲数越多，因此可以通过记录单位时间的负电脉冲数来描述伽马射线的强弱。由于闪烁计数器的计数过程要经历一段时间，所以，不可能使射到晶体上的伽马射线都转化为负电脉冲，一般闪烁计数器的探测效率只能达到20%~30%。

显然，计数率采用脉冲/min作单位是一相对单位，它的大小与计数器的性能有关。同一地层采用不同性能的计数器来测，则可能得到不同的计数率，为了便于比较，需要统一仪器的计量单位，即使仪器都在同一标准下进行刻度，采用同样单位，这种经统一刻度后的单位称条件单位。目前常用单位为API。

三、自然伽马测井和自然伽马能谱测井

自然伽马测井 GR（natural gamma ray log）是放射性测井中最早应用的一种测井方法，最早起源于1935年，利用电流型电离室首次实现了井下地层岩石天然放射性强度的测量。在此基础上，发展出了自然伽马能谱测井 NGS（natural gamma ray spectrum log），于20世纪60年代开始服务于油田现场，其不仅能够测量地层总的放射性强度，而且能对接收到的伽马射线进行能谱分析，定量获得地层岩石中铀、钍、钾的含量，能更好地指导油气田的勘探与开发。

（一）岩石的天然放射性

岩石的天然放射性是由岩石中天然放射性核素及其含量决定的。自然界中存在着铀系、钍系和锕系三个天然放射系。其中，锕系在地层中较少，因此，岩石的天然放射性主要决定于由^{238}U和^{232}Th开头的两个放射系和放射性同位素^{40}K。

不同岩石，天然放射性元素的含量和种类不同。从岩浆岩、变质岩到沉积岩，放射性强度依次减弱。根据伽马射线强度高低可以将沉积岩分为五类：

(1) 伽马放射性最高的岩石有火山灰、放射虫软泥等。
(2) 伽马放射性高的岩石有钾盐、深水泥岩等。
(3) 伽马放射性较高的岩石有浅海相和陆相沉积的泥岩、泥灰岩、钙质泥岩及含砂泥岩等。
(4) 伽马放射性较低的岩石有砂岩、石灰岩、白云岩。
(5) 伽马放射性最低的岩石有硬石膏、石膏、不含钾盐的盐岩、煤和沥青等。

根据试验和现场统计，沉积岩的天然放射性有如下变化规律：随泥质含量的增加而增加；随有机物含量的增加而增加；随钾盐和某些放射性矿物的增加而增加。在油气田开发中常见的沉积岩类，如果骨架不含放射性元素，那么自然伽马放射性强度的高低就主要取决于其中泥质的含量。

（二）自然伽马测井和自然伽马能谱测井原理

自然伽马测井过程中，来自地下岩层的自然伽马射线由岩层穿过钻井液、仪器外壳进入伽马射线探测器。探测器将射线转换为脉冲信号并放大后通过电缆送至地面仪器记录。地面仪器对信号进行再次放大并剔除干扰信号后，再将脉冲信号转换成连续电流，该电流与单位时间内的电脉冲数（射线强度）成正比。当下井仪器在井内从下向上连续移动时，地面仪器就可以连续记录出一条反映井剖面上岩层自然伽马强度的曲线，这就是自然伽马测井曲线。

自然伽马测井在测井过程中会受到很多因素的影响，如钻井液、地层厚度、井参数及测井速度等。此外，放射性涨落对自然伽马测井响应也有较大影响。放射性涨落是自然现象，由于放射性涨落的存在，自然伽马测井曲线即使在厚地层也会出现如图3-5所示的随机振荡现象，因此，对自然伽马曲线读值应读其平均值。

自然伽马能谱测井仪器的井下仪与自然伽马测井的井下仪相同。地面仪器的核心是多通道分析器，能够根据如图3-6所示的U、Th、K的特征谱，对测量得到的伽马射线能谱进行解谱分析，解谱后得到U、Th、K的含量。U、Th、K的特征谱值分别为1.46MeV、2.62MeV、1.76MeV。与自然伽马测井相同，自然伽马能谱测井也受到放射性涨落的影响。

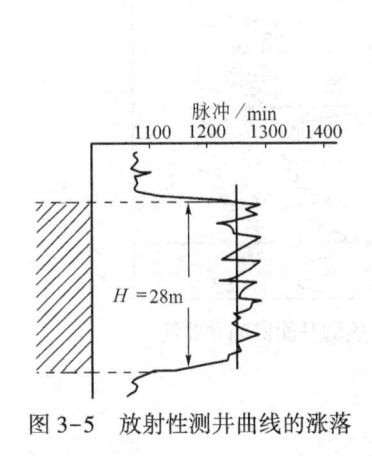

图3-5　放射性测井曲线的涨落　　　图3-6　放射性矿物的伽马射线能谱

（三）自然伽马和自然伽马能谱测井资料

自然伽马测井一次只能提供一条总的地层放射性强度曲线，见图3-7中自然伽马曲线。图上标出了渗透性砂岩层段和泥页岩层段；渗透性砂岩层段的GR读值约为34API，下部泥岩层段的GR读值约为57API。自然伽马测井值的常用单位为API，早期也常用"计数/min"。自然伽马能谱测井一次可以输出四条曲线：自然伽马曲线和铀（U）、钍（Th）、钾（K）的含量曲线，如图3-7所示。其中，U、Th曲线的单位为mg/L，K曲线的单位为质量分数（%）。

自然伽马测井及自然伽马能谱测井资料可以用来划分地质剖面、确定地层的泥质含量和解决与泥质含量有关的地质问题，还可以用来进行地层对比、跟踪射孔、寻找放射性矿物等。其中，划分岩性、计算地层泥质含量是GR和NGS最主要的用途。

在沉积岩地层中，对不含放射性矿物或不含钾的盐岩地层，其天然放射性强度主要取决于地层的泥质含量，所以，可以利用GR值来确定地层的泥质含量。

利用自然伽马测井曲线划分岩性，则主要依据不同岩层的泥质含量不同进行。利用自然伽马测井曲线划分岩性的一般原则是：

在砂泥岩剖面，纯砂岩的GR曲线显示为最低值；泥页岩显示为最高值；粉砂岩、泥质砂岩介于两者之间，随着其中泥质含量增高，其自然伽马读数也增高。

在碳酸盐岩剖面，泥页岩的自然伽马读数也最高；石灰岩、白云岩读数最低；泥质灰岩、泥质白云岩介于两者之间，且随泥质含量的增加而增高。

在膏盐剖面，自然伽马测井曲线被用来划分岩性和找出砂岩储层。这时，盐岩、石膏层的GR值最低；泥页岩最高；砂岩介于两者之间。

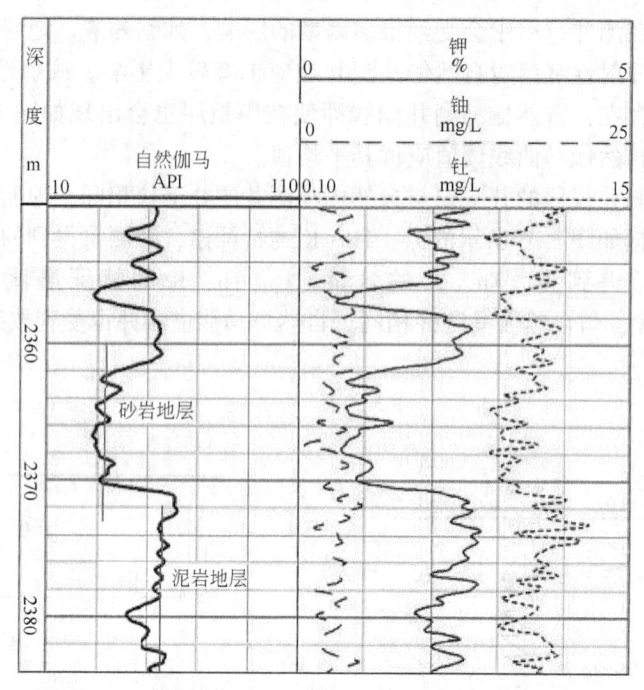

图 3-7 砂泥岩剖面自然伽马及自然伽马能谱测井曲线

四、密度测井和岩性密度测井

密度测井利用伽马射线与地层间发生的康普顿效应来测定地层密度；岩性密度测井是密度测井的改进和扩展，它不仅能获得地层岩石密度，而且还能测定地层的岩性参数。根据岩性密度测井可以确定地层的岩性和孔隙度。由于非均质性地层随钻评价的需要，发展了随钻方位密度测井，其测量原理及方法见第四章。

（一）密度测井和岩性密度测井的基础知识

1. 岩石的体积密度

岩石的体积密度 ρ_b 是单位体积岩石的质量，测井中常用单位为 g/cm^3。

2. 岩石的电子密度指数

岩性密度测井中引入的电子密度指数 ρ_e 定义为

$$\rho_e = \frac{2n_e}{N_A} \tag{3-6}$$

式中，n_e 为单位体积岩石中的电子数（即岩石的电子密度），单位为电子数$/cm^3$。若岩石由一种原子构成，则

$$n_e = \frac{N_A \rho_b Z}{A} \tag{3-7}$$

3. 岩石的光电吸收截面指数

岩石的光电吸收截面指数 P_e 是描述发生光电效应时物质对伽马光子吸收能力的一个参数，是伽马光子与岩石中一个电子发生作用的平均光电吸收截面，单位为：巴/电子（b/e）。

$1b = 10^{-28} m^2$。它与原子序数 Z 的关系为

$$P_e = \alpha Z^{3.6} \tag{3-8}$$

式中 α——常数。

岩石的光电吸收截面指数对岩性敏感，不同岩性有不同的 P_e 值，因此，P_e 可以用来区分岩性。

4. 岩石的体积光电吸收截面指数

岩石的体积光电吸收截面指数 U 是每立方厘米物质的光电吸收截面，单位为巴/立方厘米（b/cm^3）。它与岩石的光电吸收截面指数 P_e 的关系为

$$U = \rho_e \cdot P_e \tag{3-9}$$

由于 $\rho_e \approx \rho_b$，因此，$U \approx \rho_b \cdot P_e$。

（二）密度测井与岩性密度测井原理

1. 密度测井原理

通常的密度测井是指补偿密度测井，它一般有两个探测器，即长源距探测器和短源距探测器。斯伦贝谢地层补偿密度测井仪 CDL 的结构如图 3-8 所示，该仪器的伽马源和探测器都装在压向井壁的滑板上。测井时，伽马源向地层发射伽马光子，经地层散射吸收后，部分经过散射的光子被离伽马源距离不等的两个伽马射线探测器接收。源和探测器之间设置有屏蔽层，使源发射的伽马光子不能直接射到探测器上；仪器背向地层的一侧也进行了屏蔽，以减小井筒的影响。密度不同的地层，对伽马光子的散射和吸收能力不同，探测器记录到的读数不同。

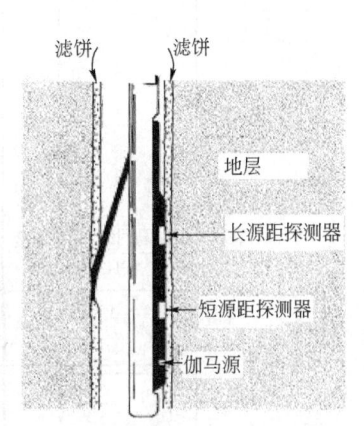

图 3-8 地层补偿密度测井仪结构示意图

补偿密度测井可以根据长源距和短源距探测器计数率准确计算地层密度，经过地面仪器转换并输出一条地层密度曲线 ρ_b。

2. 岩性密度测井原理

岩性密度测井利用伽马射线与地层间产生的康普顿效应和光电效应来测定地层密度 ρ_b、体积光电吸收截面系数 U、光电吸收截面指数 P_e 及电子密度指数 ρ_e。

如图 3-9 所示，密度测井只利用了散射伽马光子的高能谱段（H 段），低能段（S 段）没有被利用。研究表明低能段对岩性有更高的灵敏度。岩性密度测井仪的井下仪器连续测量与地层发生康普顿效应和光电效应后的伽马射线信号；地面的能谱分析仪采用能谱分析技术把来自井下的 H 段信号和 S 段信号分开，分别进行记录。H 段的计数率被转换为地层密度值 ρ_b；S 段与 H 谱段计数率的比值被转换为光电吸收截面指数 P_e；由 $U = P_e \cdot \rho_e$ 可以计算得到体积光电吸收截面系数 U。岩性密度测井可以

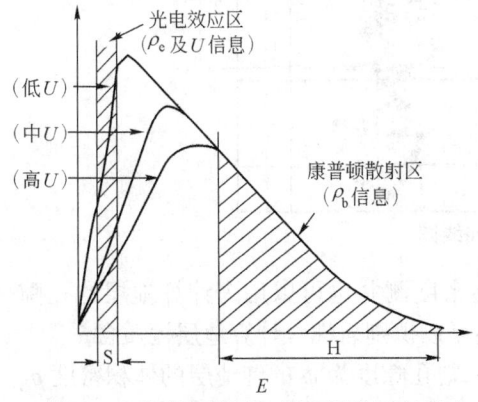

图 3-9 密度相等而 U 值不同的石灰岩中测得的散射—吸收伽马能谱

输出地层密度 ρ_b、电子密度指数 ρ_e、光电吸收截面指数 P_e 和体积光电吸收截面系数 U 曲线。

(三) 密度测井与岩性密度测井曲线

在测井过程中，密度测井一次只能获得一条密度曲线；而岩性密度测井一次除可以得到一条密度曲线外，还可以同时得到岩石的光电吸收截面指数、体积光电吸收截面指数、电子密度指数三条曲线。因此，岩性密度测井比密度测井具有更广泛的用途。

图 3-10 为某井段测井曲线图，层位 1 和层位 2 为典型的储层显示特征，其不同探测深度的电阻率具有明显的分离现象，密度和伽马值都显示低值，其中，层位 N 为层位 1 中的非渗透夹层。储层段 1、2 的体积密度平均值分别约为 2.25g/cm³、2.20g/cm³。图中 CHFR 电阻率指套管井地层电阻率测井值。

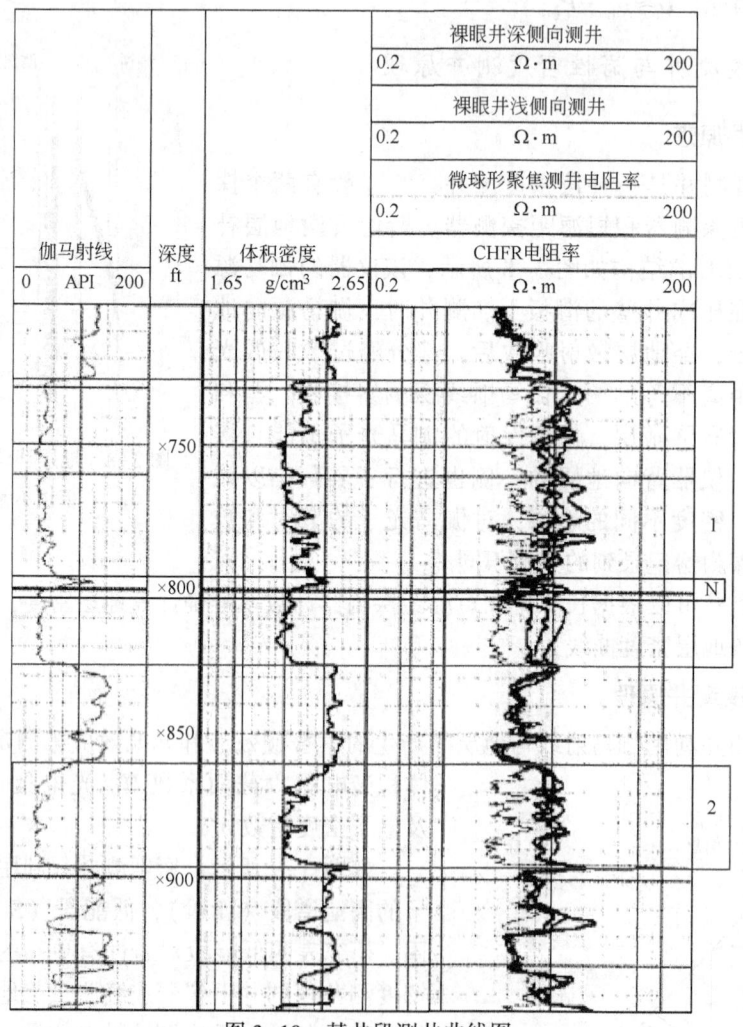

图 3-10 某井段测井曲线图

计算地层孔隙度是密度测井最重要的用途。岩性密度测井也可以用来计算地层的孔隙度，但除此之外，利用岩性密度测井输出的 U、P_e 还可以识别岩性、计算地层泥质含量。

已知纯岩石骨架密度 ρ_{ma}、孔隙流体平均密度 ρ_f，则孔隙度为 ϕ 的纯地层的体积密度 ρ_b 可以表示为

$$\rho_b = \phi \cdot \rho_f + (1-\phi) \cdot \rho_{ma} \tag{3-10}$$

由式(3-10)可见,通过密度测井测量得到地层的密度后,可以转换得到岩石的孔隙度 ϕ。由于密度测井受多种因素的影响,因此,将利用密度测井资料计算得到的孔隙度称为密度孔隙度。其中,砂岩、石灰岩、白云岩的骨架密度值分别取 2.65g/cm^3、2.71g/cm^3、2.87g/cm^3;钙质砂岩和砂质石灰岩的骨架密度取 2.68g/cm^3;淡水钻井液、盐水钻井液(滤液)密度分别取 1g/cm^3、1.1g/cm^3。

五、放射性同位素示踪测井

放射性同位素示踪测井一般至少需进行两次测井,即在向井内注入经放射性同位素活化的溶液或活化物质前、后各测一条伽马强度曲线。通过对比不同时间测得的曲线的变化,可以检查窜槽井段、确定分层吸水量、检查地层压裂酸化的效果及确定水泥面上返高度等。

图 3-11 为某井利用放射性同位素示踪测井方法得到的吸水剖面图。图中自然伽马基线和同位素追踪曲线 1、2、3 分别为不同时间测得的伽马测井曲线。不同时间测得的曲线分离反映出层间、层内吸水不均的特征。

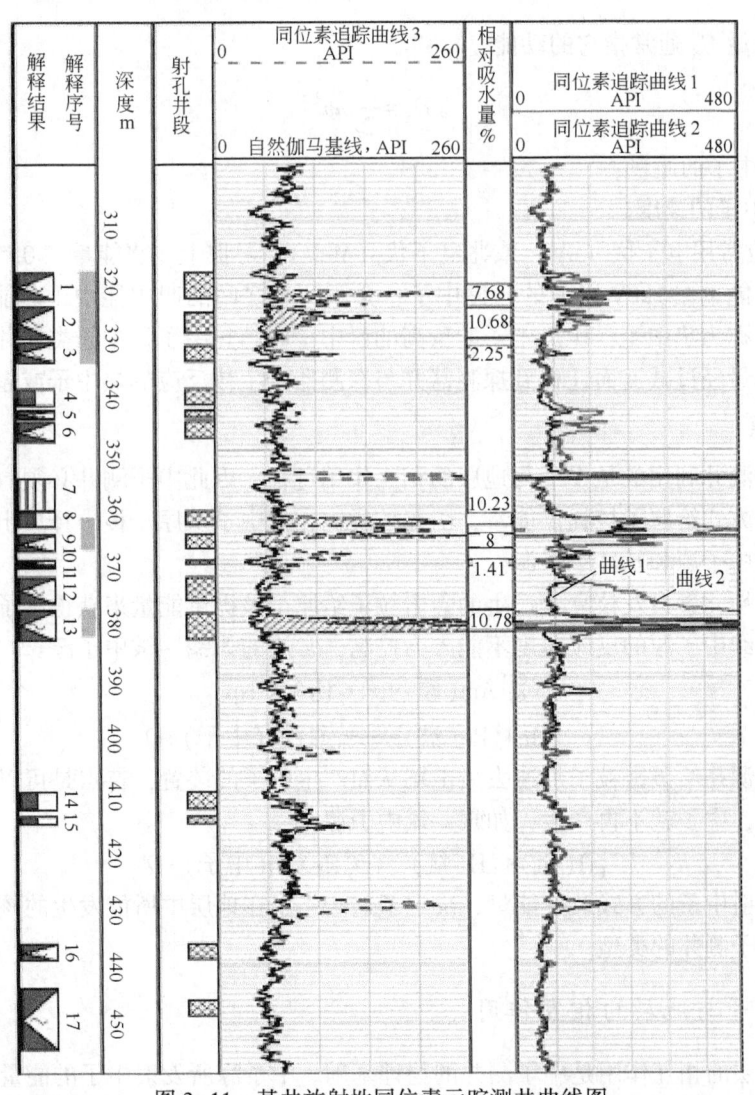

图 3-11 某井放射性同位素示踪测井曲线图

第二节　中子类测井

中子类测井是以中子与地层的相互作用来划分储层、计算地层孔隙度和判定地层流体性质的一类测井方法。中子类测井在 20 世纪 60 年代开始得到广泛的商业应用。

一、中子类测井基础知识

（一）中子和中子源

1. 中子

中子是组成原子核的不带电中性微小粒子。能量较高的中子（快中子）具有很强的穿透能力，能够射穿测井仪器的钢外壳、套管、水泥环，并能射入地层数十厘米深，引起各种核反应。

中子的能量 E_n 通常指它的动能：

$$E_n = \frac{1}{2}mv^2 \tag{3-11}$$

式中　m——中子的质量；
　　　v——中子的速度。

E_n 的单位常用电子伏（eV）或兆电子伏（MeV）。习惯上，将能量在 0.5MeV 以上的中子叫快中子；能量在 1keV 以下的叫慢中子；介于两者之间的叫中能中子。能量为 0.025eV 左右的中子，称为热中子；比热中子能量高的慢中子叫超热中子。中子类测井是利用快中子轰击地层，测量经过减速而迁移到探测器并与探测器产生核反应的热中子或超热中子。

2. 中子源

由于中子测井利用的是中子与地层的相互作用过程，因此中子测井必须有中子源。中子源是指以某种方式给原子核提供能量，引起核反应，把中子从原子核中释放出来的装置。中子源包括连续中子源和脉冲中子源。

利用放射性元素自发核衰变产生的轰击粒子给原子核提供能量来获得中子的装置称为连续中子源。连续中子源的反应速度不能人为控制，常用的如镅—铍中子源：

$$^{241}_{95}\text{Am}(镅) \longrightarrow {}^{4}_{2}\text{He} + {}^{237}_{93}\text{Np}$$

$$^{4}_{2}\text{He} + {}^{9}_{4}\text{Be}(铍) \longrightarrow {}^{12}_{6}\text{C} + {}^{1}_{0}\text{n}(中子) + Q$$

脉冲中子源是给轰击粒子加速去轰击靶从而产生中子的装置，特点是可以控制，停止给轰击粒子加速，中子就不再产生，如氘—氚中子源：

$$^{2}_{1}\text{H}(氘) + {}^{3}_{1}\text{H}(氚) \longrightarrow {}^{4}_{2}\text{He} + {}^{1}_{0}\text{n}(中子) + Q$$

中子源发射中子的方式及其能量，决定了这些中子在地层中所能发生的核反应类型，从而也决定了中子测井的类型。

（二）中子与地层的相互作用

中子与地层的相互作用是中子测井的物理基础。中子源所发射中子的能量不同，中子与地层相互作用的行为不同。中子源发射的中子进入地层后，随着能量的改变，与地层的相互作用大致可分为快中子的非弹性散射、快中子对原子核的活化、快中子的弹性散射、热中子的扩散和俘获四种方式（图3-12）。

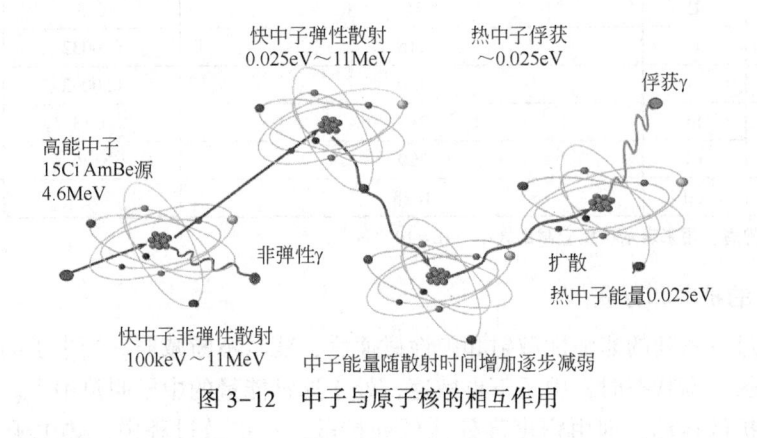

图 3-12 中子与原子核的相互作用

1. 快中子的非弹性散射

中子源发射出来的能量较高（大于500keV）的快中子进入地层后，与地层中的原子核发生碰撞，一部分能量将被原子核吸收。从快中子获得能量后，原子核将跃迁到激发态，激发态的原子核常常以发射伽马射线的方式释放出激发能而回到基态。快中子与地层发生的这一作用过程叫快中子的非弹性散射阶段。

2. 快中子对原子核的活化

快中子除与原子核发生非弹性散射外，还能与地层中某些元素的原子核发生核反应，产生新的原子核。中子的能量越高，反应的概率越大。由这些核反应产生的新原子核，有些是放射性核素，以一定的半衰期衰变，并发射β或γ射线。这一过程中放出的伽马射线称为次生活化伽马射线。其中，分别以硅元素（Si）、铝元素（Al）的活化核反应为基础，产生了识别岩性的硅测井和铝测井。

3. 快中子的弹性散射

快中子的弹性散射指快中子与原子核发生碰撞后，系统的总动能不变，中子所损失的能量全部转变成原子核的动能，但获得动能后的原子核仍然处于基态。没有足够能量与地层发生非弹性散射或活化核反应的中子，只能经弹性散射继续减速。弹性散射阶段，快中子一次碰撞损失的能量与其初始能量和被碰原子核的质量数及散射角度等因素有关。快中子每次碰撞的平均能量损失表达式为

$$\Delta E = \frac{2A}{(A+1)^2} E_{no} \tag{3-12}$$

式中　ΔE——快中子平均能量损失；
　　　A——被碰撞原子核的质量数；
　　　E_{no}——快中子的初始能量。

快中子弹性散射阶段时间的长短，主要取决于被碰撞的原子核的质量数。物质中质量数小的原子核越多，其弹性散射的时间就越短，见表3-1。氢的质量数最小，对中子的减速能力也最强。因此，快中子在地层中的弹性散射时间、减速长度主要取决于岩石中氢的含量。随着地层中氢含量的增加，快中子的弹性散射时间、减速长度都会随之减小。

表 3-1 地层中部分元素的俘获截面和散射截面

元素（原子序数）	元素符号	中子能量从 2MeV 降低到 0.025eV 的平均碰撞次数	微观俘获截面，b	微观散射截面，b
1	H	18	0.3	20.0
6	C	115	0.0032	4.8
8	O	150	0.0002	4.1
14	Si	261	0.13	1.7
17	Cl	329	31.6	10.0
48	Cd	1028	2500	5.3

注：b 中文名靶恩，用来表示核反应截面大小，$1b = 10^{-24} cm^2$。

4. 热中子的扩散和俘获

快中子经过一系列的非弹性散射和弹性碰撞后，能量不断减弱。当中子的能量与组成地层的原子处于热平衡状态时，中子不再减速，处于这种能量的中子叫热中子。热中子在地层中的运动将为扩散运动，即由密度高处往低处扩散。在扩散过程中，热中子会被原子核俘获，热中子消失，吸收热中子能量后的原子核将处于激发状态。当处于激发状态的原子核退激回到基态时，会放出伽马射线。热中子从产生到被俘获的过程称为热中子的扩散阶段。

在常见的核素中，氯（Cl）元素的俘获截面最大，而且比别的元素要大得多，见表 3-1。因此，热中子被岩石俘获的概率主要取决于其中氯元素的含量。表中的俘获截面为单个原子核的俘获截面，又称为微观俘获截面，指单个原子核俘获热中子的概率，以 b 为单位。

通常情况下，储集性地层中的氢元素、氯元素都主要存在于地层孔隙流体中，因此，当孔隙内流体性质一定时，随着孔隙度的增加，快中子减速的长度和热中子扩散的长度都会随之减小。表 3-2 为快中子和热中子在孔隙度不等、含相同矿化度盐水的一组纯砂岩中减速长度和扩散长度。由表可见，随着孔隙度增加，单位体积岩石中氢元素总量和氯元素总量增加，快中子的减速长度和扩散长度都明显缩短。

表 3-2 纯砂岩的减速长度和扩散长度

孔隙度，%	减速长度 L_s，cm	扩散长度 L_d，cm
3	17.8	13.1
11	13.7	8.5
23	11.5	6.6
34	10.5	4.2

（三）中子的探测

中子测井中测量的热中子（$E_n = 0.025eV$）和超热中子（E_n 略大于 0.025eV）的能量均在慢中子能量范围之内，因此，这里仅简要介绍慢中子的探测方法。

中子是不带电的中性粒子，本身不具有电离能力，但它与某些物质的原子核产生核反应，能放出电离能力很强的带电粒子。因此，以此为基础可以探测慢中子的强度。

目前，广泛应用于记录慢中子强度的有以下三种放能核反应：

$$^{10}_{5}B + ^{1}_{0}n \longrightarrow ^{7}_{3}Li + 2.792 MeV \quad (\sigma_0 = 4010b)$$

$$^{6}_{3}Li + ^{1}_{0}n \longrightarrow ^{3}_{1}H + \alpha + 4.780 MeV \quad (\sigma_0 = 945b)$$

$$^{3}_{2}He + ^{1}_{0}n \longrightarrow ^{3}_{1}H + P + 0.764 MeV \quad (\sigma_0 = 5400b)$$

式中　σ_0——中子速度为 $2.2 \times 10^5 \text{cm/s}$（即 $E_n = 0.025 \text{eV}$ 的热中子）时的反应截面；

P——质子。

这三种反应特别适用于记录能量小于 1MeV 的中子。以上述不同核反应为基础的慢中子探测器主要有硼探测器和含锂闪烁计数器。

二、超热中子测井和热中子测井

超热中子测井是指在离源一定距离的观察点上选择记录超热中子的测井方法。超热中子测井仪器有普通管式和贴靠井壁两类，其中，贴靠井壁的井壁中子测井仪器较常用。

热中子测井则是指在离源一定距离的观察点上选择记录热中子的测井方法。补偿中子测井是其中最有效的一种。

超热中子测井和热中子测井都是通过测量地层中的含氢量或含氢指数来反映地层的孔隙度、含流体性质以及岩性。岩石或矿物的含氢指数是指 1cm^3 任何岩石或矿物中氢核数与同样体积淡水中氢核数的比值。

（一）超热中子测井和热中子测井原理

井下仪器的中子源发射出的快中子进入地层，经过多次弹性散射将变为超热中子和热中子。在快中子的减速过程中，氢是岩石对中子减速的决定因素，因此，含氢量的多少就直接决定了超热中子和热中子的空间分布。研究表明，超热中子和热中子的计数率随源距（探测器与快中子源之间的距离）变化具有如下规律：在快中子源附近，超热中子和热中子的通量在氢元素含量高的地层中都比在氢元素含量低的地层中高；当与源之间的距离增加到某一临界值 L_0 时，含氢量不同的地层具有相同的超热中子和热中子通量；之后，继续增大与源之间的距离，超热中子和热中子的通量在含氢量高的地层中都将比在含氢量低的地层中低，见图3-13。

临界值 L_0 在中子测井中称为零源距，小于零源距的源距叫负源距；大于零源距的源距叫正源距。零源距的大小与地层的性质密切相关，含氢量少的地层有较大的零源距。热中子测井的零源距比超热中子测井的零源距大。中子测井一般选用正源距测量。在正源距下，对油水层，一般热中子和超热中子计数率越高，则指示地层中氢元素含量越低，孔隙度越小；反之，则指示地层中氢元素含量越高，孔隙度越大。

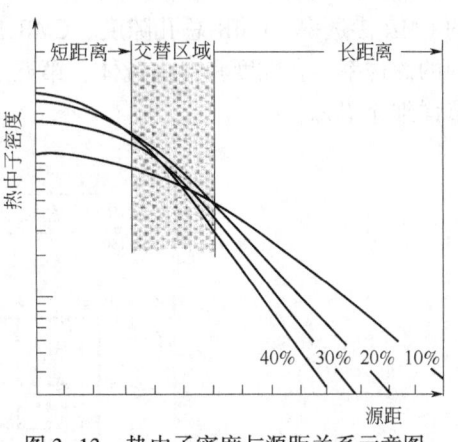

图3-13　热中子密度与源距关系示意图

超热中子测井的源距变化范围一般为 30~45cm，如斯伦贝谢的井壁中子测井仪 SNP（sidewall neutron porosity tool）的源距为 42cm。图3-14 为井壁中子测井仪 SNP 的结构示意图，SNP 采用探测器和中子源贴靠井壁的方式测量，可减小井眼的影响。

如图3-15 所示的补偿中子测井 CNL（compensated neutron logging）是一种热中子测井仪，具有一个中子源和两个探测器。CNL 的长源距和短源距都采用正源距进行测量。一般长源距、短源距分别在 50~60cm、35~40cm 之间选择。

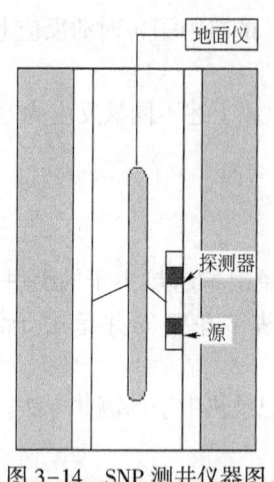

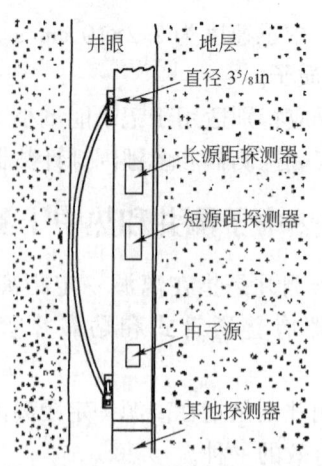

图 3-14 SNP 测井仪器图　　　图 3-15 CNL 测井仪器结构

CNL 通过长、短源距探测器所测得的热中子计数率之比来减小地层俘获性能和消除井参数的影响，以较好地反映地层的含氢量。

由于氯核对超热中子的俘获截面小，与热中子相比，超热中子在地层空间中的分布不受地层的含氯量影响，所以，超热中子的计数率对孔隙度更加灵敏，能更准确地反映地层的孔隙度变化。

（二）超热中子测井和热中子测井资料

超热中子测井和热中子测井统称为中子孔隙度测井，最终都输出一条含氢指数曲线或中子孔隙度曲线（或视石灰岩孔隙度曲线）。图 3-16 为某井测井曲线图，图上第三、四道中的 CMR 渗透率、CMR 总孔隙度、CMR 自由流体分别指基于 CMR 核磁共振测井资料计算得到的渗透率、孔隙度和自由流体，第五道为核磁共振的 T_2 分布图（核磁共振测井将在下一节详细介绍）。

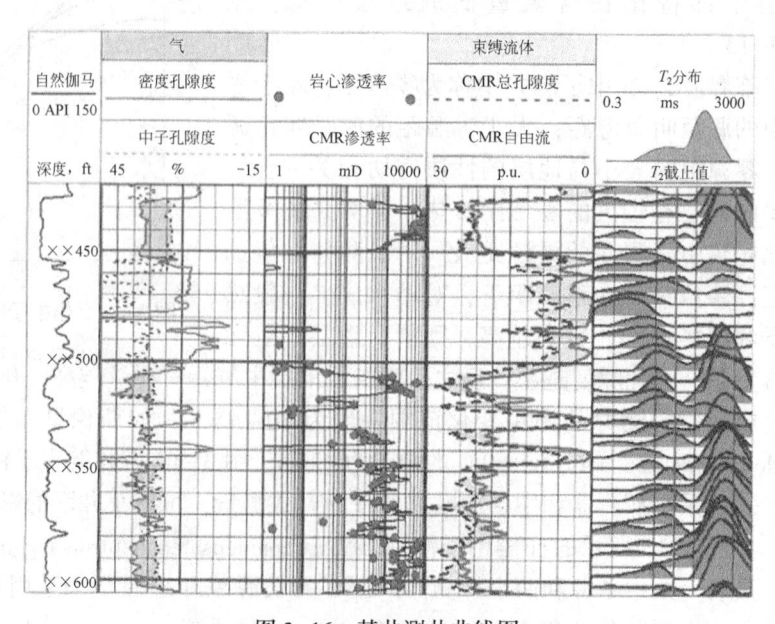

彩图 3-16　　　　　　　　　图 3-16　某井测井曲线图

利用中子孔隙度测井资料可以定性确定岩性，识别气层，计算地层的孔隙度。由于地层含气会使中子孔隙度测井值偏低，密度测井得到的地层密度也偏低，但计算得到的密度孔隙度偏大，因此，将中子孔隙度与密度孔隙度重叠绘制，对气层尤其敏感，此时，密度孔隙度会明显高于中子孔隙度，见图3-16第二道气层段的中子孔隙度曲线和密度孔隙度曲线。中子测井读数主要受地层中氢元素的影响，而当地层中不含泥质时，氢元素将主要存在于地层孔隙流体中，因此，中子测井通过测量地层中氢的含量反映孔隙度的高低。但随着地层中泥质含量的增加，中子孔隙度测量值将逐渐增大；当地层中含气时，超热中子测井、热中子测井测出的孔隙度都不能反映地层的实际孔隙度，其测量值将比实际的含氢指数还小，这种现象称为"挖掘效应"，此时必须进行相应的含气校正。

中子测井计算岩石孔隙度的方法与密度测井类似。对于孔隙度为 ϕ 的纯地层，中子孔隙度测井输出值 ϕ_N 可以表示为

$$\phi_N = \phi_{Nma} \cdot (1-\phi) + \phi_{Nf} \cdot \phi \tag{3-13}$$

式中　ϕ_{Nma}——岩石骨架补偿中子测井值；

　　　ϕ_{Nf}——孔隙流体补偿中子测井值。

求解式(3-13)可以计算得到地层的孔隙度。

三、中子伽马测井

（一）中子伽马测井原理

热中子在地层内扩散的过程中，将不断被地层中的某些原子核俘获。俘获热中子并从热中子获得能量的这些原子核将处于激发态，激发态的原子核在退激的过程中将以伽马射线的方式释放出多余的能量。原子核俘获热中子并将多余能量以伽马射线方式释放出来的现象，测井中习惯上称之为中子伽马核反应，产生的伽马射线称为中子伽马射线。中子伽马测井就是利用中子伽马核反应，用同位素中子源发射的快中子连续照射井剖面，在离中子源一定距离的位置放置伽马射线探测器，用以连续记录地层发射的中子伽马射线。

中子伽马测井值主要反映地层的含氢量，同时受到地层中含氯量的影响，如图3-17所示。对比图中1、2两条曲线可知，同一地层被不同矿化度的地层水饱和时，在同一源距下，含高矿化度地层水时具有更高的伽马射线强度。对比图中孔隙度分别为0、10%和20%的三个饱和相同地层水的含水纯砂岩地层的中子伽马射线强度 $J_{n\gamma}$ 与源距 L 的关系曲线可知，中子伽马射线强度也具有临界源距的特征：当伽马射线探测器与源之间的距离（源距）小于临界源距时，随地层孔隙度增加，伽马射线强度增加；当伽马射线探测器与源之间的距离（源距）大于临界源距时，随地层孔隙度增加，伽马射线强度减小。

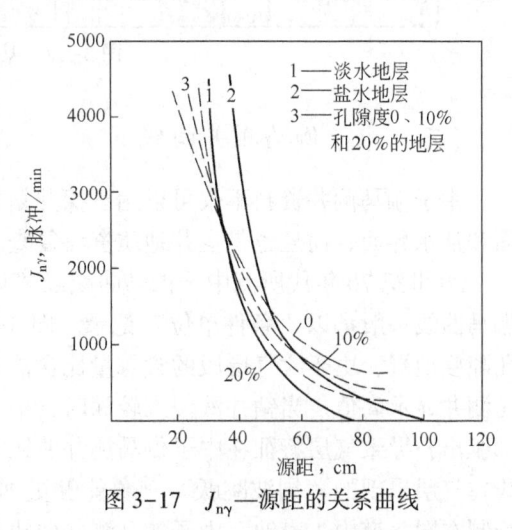

图3-17　$J_{n\gamma}$—源距的关系曲线

中子伽马测井一般使用60~65cm的源距。从图3-18可以看出，在这样的源距内，随着

地层含氢量增加，中子伽马射线强度值将逐渐减小。中子伽马测井的探测范围比超热中子、热中子测井的探测范围大。

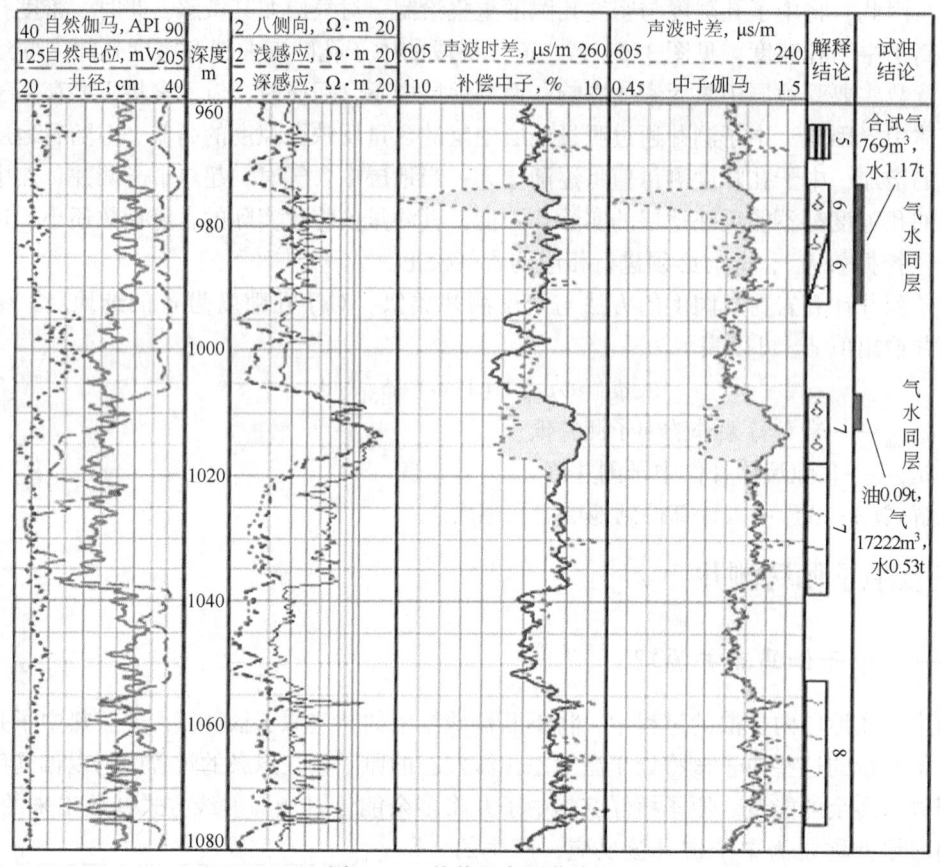

图 3-18　某井段实测曲线图

（二）中子伽马测井曲线

中子伽马测井资料不仅可以用于探井划分地层剖面、地层对比、识别气层、划分气水界面和油水界面，而且也是老井地质资料复查、动态监测的一项很重要的手段。

20 世纪 70 年代所测中子伽马曲线以"计数率"为单位，20 世纪 80 年代后测得的中子伽马曲线一般都以"条件单位"记录。图 3-18 为某井段的实测曲线。从图上可见，在相同孔隙度地层，由于含气层段的含氢量比含油、水层段的含氢量低得多，所以，气层的中子伽马测井显示高值。当钻井液侵入较深时，中子伽马探测范围内的天然气可能被钻井液滤液全部驱出，导致气层特征在中子伽马测井曲线上反映不明显。在这种情况下，结合声波测井曲线在气层出现的"周波跳跃"现象能够更加准确地判定气层。将声波、中子伽马测井曲线绘制在同一道中，声波、中子伽马测井曲线在气层都将出现高值，当横坐标的增大方向相反时，在气层两条曲线会出现明显的分离。

四、中子寿命测井

中子寿命测井是一种特别适用于高矿化度地层水油田井且不受套管、油管限制的测井方法。它通过获得地层中热中子的寿命和宏观俘获截面来研究地层及孔隙流体性质，常用于套管井中划分油水层、计算地层剩余油饱和度、评价注水效率及油层水淹状况、研究水淹层封堵效果，为调整生产措施和二、三次采油提供重要依据，是油田开发中后期的主要测井方法之一。

阿特拉斯公司的中子寿命测井仪用 NLL（neutron lifetime logging）表示，斯伦贝谢公司则称为热中子衰减时间测井 TDT（thermal delay time logging）。不同厂家仪器的测量原理相同。

（一）中子寿命测井原理

中子寿命是指从快中子变为热中子的瞬时起，到热中子大部分（63.2%）被岩石俘获止，热中子所经历的平均时间，一般用符号 τ 表示。

在一般储层中，τ 的大小主要与含氯量有关。热中子寿命 τ 与岩石的宏观俘获截面 Σ 的关系为

$$\tau = \frac{1}{v \cdot \Sigma} \tag{3-14}$$

式中　τ——热中子寿命，s；

v——热中子速度，当温度为25℃时，$v=2.2\times10^5$cm/s；

Σ——岩石宏观俘获截面，cm^{-1}（一般定义一个基本的宏观俘获截面单位为 $10^{-3}cm^{-1}$，称作俘获单位，记为 c.u.）。

岩石的宏观俘获截面是指 $1cm^3$ 物质中所有原子核的微观俘获截面（微观俘获截面指一个原子核俘获热中子的概率，以 b 为单位）之和。在沉积岩中，除硼以外，氯的微观俘获截面最大（表3-3），岩石的宏观俘获截面主要取决于其中的氯含量，而地层中的氯元素一般以盐类离子的方式存在于地层水中。因此，相同矿化度条件下，随着地层含水量的增加，岩石的宏观俘获截面将逐渐增大，热中子的寿命将逐渐减小；相同含水量条件下，随着地层水矿化度的增加，岩石的宏观俘获截面将逐渐增大，热中子的寿命将逐渐减小。表3-3列出了油气田开发中常见的几种物质的宏观俘获截面。

表3-3　几种物质的典型 Σ 值

物质	泥质	骨架砂岩	淡水	地层水	天然气	原油
Σ, c.u.	35~55	8~12	22	22~120	0~12	18~22

中子寿命测井使用的脉冲宽度为数十微秒至100μs。当快中子变成热中子后，热中子扩散过程中地层内任意一点的热中子密度 N 可以表示为

$$N = N_0 e^{-T/\tau} \tag{3-15}$$

式中　N_0——初始热中子密度，粒子数/cm^3；

N——发射脉冲中子，经过 T 时间后地层内热中子的密度，粒子数/cm^3；

T——时间，s。

中子寿命测井在脉冲中子发射后的时间间歇内，选取两个适当的延迟时间 T_1、T_2（称为 T_1 门或门Ⅰ、T_2 门或门Ⅱ），分别在 T_1 门、T_2 门内测量热中子被俘获后释放出的俘获伽马射线，T_1 门、T_2 门的俘获伽马射线计数率分别为

$$N_1 = N_0 e^{-T_1/\tau} \tag{3-16}$$

$$N_2 = N_0 e^{-T_2/\tau} \tag{3-17}$$

两式相比即得到

$$\tau = \frac{T_2 - T_1}{\ln \dfrac{N_1}{N_2}} \tag{3-18}$$

T_1、T_2 是已知的，因此，中子寿命测井测量得到 N_1、N_2 后，由地面仪器可以计算得到热中子寿命或宏观俘获截面。

(二) 中子寿命测井资料

中子寿命测井一次可输出两条计数率曲线和一条热中子寿命或地层宏观俘获截面曲线，如图 3-19 所示。不同的是该图上不仅包括了门Ⅰ、门Ⅱ两条计数率曲线（近计数率曲线、远计数率曲线）以及由这两条计数率曲线计算得到的宏观俘获截面曲线，而且还包含了一条宏观俘获截面基线。这是近几年为适应低矿化度油藏剩余油饱和度监测需要而逐渐发展成熟的硼—中子寿命测井的输出曲线图。

硼元素的俘获截面是氯元素俘获截面的 22.5 倍，且硼酸易溶于水不溶于油，因此，硼—中子寿命测井的原理就是用硼元素作为一种示踪剂。其基本过程为：首先测一条基线（即图 3-19 中的俘获截面基线），然后根据施工井的产层厚度、孔隙度、岩性、压力、温度等参数设计硼酸液浓度、注入量和注入压差，注完硼酸后再测量得到一条宏观俘获截面基线，利用两条曲线的幅度差就可以有效判断产层的含水状况和水淹程度。

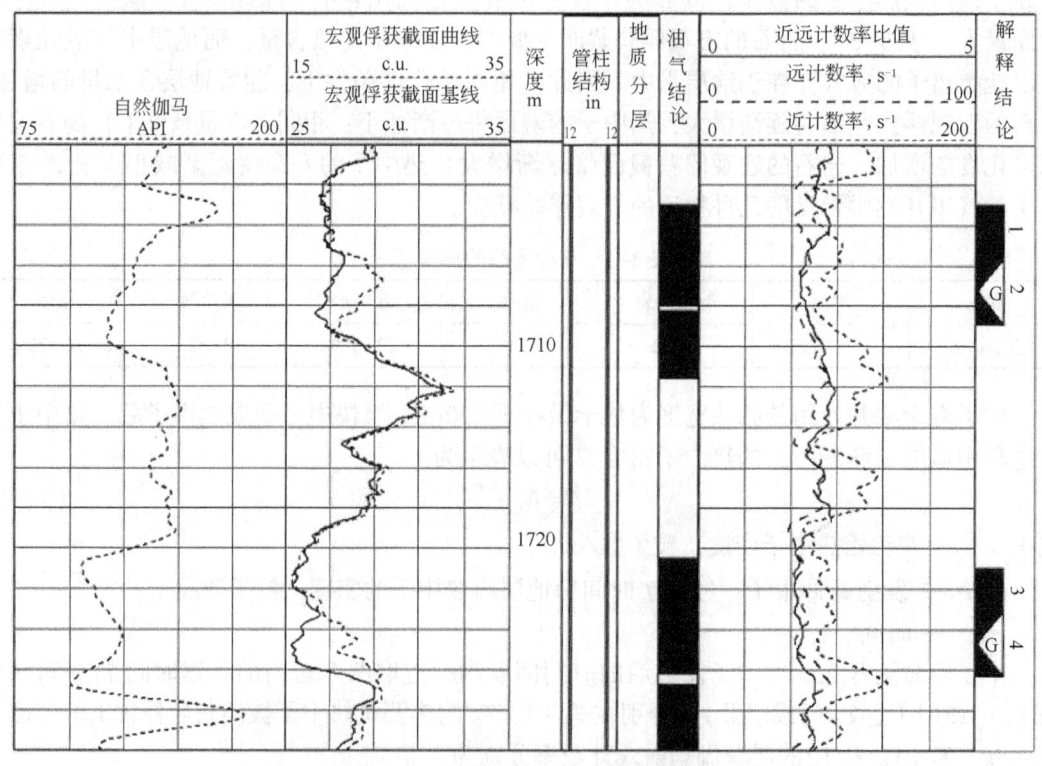

图 3-19 水淹层中子寿命测井曲线

沉积岩石的宏观俘获截面主要取决于其中的氯含量。对储层，岩石骨架和油的俘获截面都基本恒定，而地层水的俘获截面变化范围较大，为 22.1~120c.u.。在高矿化度的油藏中，地层水的等效 NaCl 浓度大，俘获截面值大，因此，用常规中子寿命测井就可以比较理想地划分出油水层；在低矿化度的油藏中，由于油和淡水的俘获截面值相差不大，因此，常规中子寿命测井无法区分油水层，此时，可以借助注入硼等已知俘获截面的流体进入地层，进而通过不同状态下俘获截面的差异，达到区分油水层和水淹层的目的。

对比分析图 3-19 中注入硼酸前、后得到的两条俘获截面曲线可知：1705.5~1709m 油层段、1723~1726.6m 油层段两次测得的俘获截面曲线之间发生了明显的分离现象。由此可以推断，该层段油藏发生了严重的水淹。图中的字母"G"表示强水淹。

孔隙度为 ϕ 的泥质地层的宏观俘获截面可以表示为

$$\Sigma = \Sigma_{ma}(1-\phi-V_{sh}) + \Sigma_{sh}V_{sh} + \Sigma_w \phi S_w + \phi(1-S_w)\Sigma_h \tag{3-19a}$$

当 $V_{sh}=0$ 时，有

$$\Sigma = \Sigma_{ma}(1-\phi) + \Sigma_w \phi S_w + \phi(1-S_w)\Sigma_h \tag{3-19b}$$

式中　Σ——地层的宏观俘获截面（中子寿命测井值）；

Σ_{ma}——岩石骨架的宏观俘获截面；

Σ_w——地层水的宏观俘获截面；

Σ_h——油、气的宏观俘获截面。

综上所述，利用中子寿命测井资料不仅可以较好地划分油气水层、研究油层水淹状况，而且还可以在高矿化度地层水条件下求取地层含水饱和度 S_w；对采用 HCl 或含硼离子酸进行改造的地层，则可以采用中子寿命测井曲线检查储层酸化效果。

五、碳氧比测井

碳氧比测井是一种重要的套管井测井方法。国外是从 20 世纪 50 年代初期开始研究，70 年代初投入现场试验。我国 80 年代引进了阿特拉斯等公司的碳氧比测井仪。国内大庆油田研制的仪器于 1982 年通过鉴定并投产应用。

（一）碳氧比测井原理

碳氧比测井是利用脉冲中子源向地层发射能量为 14MeV 的高能快中子脉冲，分别测量地层中原子核与快中子发生非弹性散射时放出的伽马射线以及原子核俘获热中子时放出的伽马射线。不同原子核产生的非弹性散射伽马射线和俘获伽马射线能量不同，因此，不同能量、不同强度的伽马光子反映了地层中不同核素的种类和浓度，通过选择测量快中子与地层中原子核发生非弹性散射而放出的伽马射线，就可以分析地层中各种元素及其含量。对油气工业，主要是根据测量结果获得的地层的 C/O、Si/Ca、Ca/Si、H/Cl 等曲线来研究地层性质，计算以剩余油饱和度为核心的各种地层参数。斯伦贝谢公司称该方法为次生伽马能谱测井 GST，阿特拉斯公司称为碳氧比（C/O）测井。其测量原理相同，测量项目略有差别。

^{12}C 和 ^{16}O 是地层岩石中常见的核素，都具有较大的快中子非弹性散射截面，所产生的非弹性散射伽马射线具有较高的能量。

（二）碳氧比测井资料

碳氧比测井的探测深度较浅（约 21.25cm），故主要用于套管井测井，是套管井评价地层岩性、含油性和孔隙度、监测油层水淹状况的重要方法。其主要优点是所计算的含油饱和度 S_o、地层孔隙度 ϕ 等参数受地层水矿化度影响很小。在套管井地层电阻率测量仪出现之前，它既克服了电阻率测井不能评价套管井中地层含油性的困难，又弥补了中子寿命测井不能用于低矿化度地层水地区的不足。碳氧比测井的测速很低，仪器贵，只适用于中、高孔隙度地层的定量评价，这些都大大限制了它的大量应用。

在岩性、物性基本相同的条件下，油层较水层或中—强水淹层碳氧比数值高，且碳氧比与硅钙比测井曲线均呈向增大方向变化的趋势；而中—强水淹层除了碳氧比数值降低之外，且呈碳氧比数值随硅钙比数值的增大而降低的变化趋势。图 3-20 为某井的 C/O、Si/Ca 测井曲线及解释结果，该井 2 号层为试油证实的油层，1 号层下半部为密闭取心资料证实的强水淹层，这两层突出地表现出上述测井曲线特征。

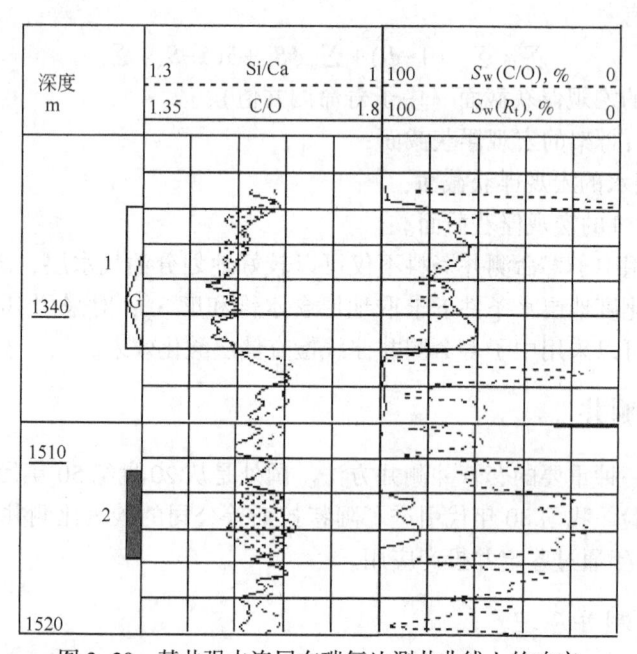

图 3-20 某井强水淹层在碳氧比测井曲线上的响应

六、元素测井

元素测井是基于高能快中子与地层元素原子核之间相互作用产生的伽马射线来获取地层元素含量的测井方法。在现有测井方法中，元素测井是唯一能从岩石化学成分角度解决岩性识别问题的测井方法，特别对矿物类型多样、矿物含量差异较大的复杂岩性地层十分重要。商用的元素测井仪主要包括中油测井公司 FEM（视频 5）、斯伦贝谢公司 ECS 和 LithoScanner、哈里伯顿公司 GEM、贝克休斯公司 Flex。

视频 5 FEM 地层元素测井

（一）元素测井的基础

地壳中所含的元素虽达百余种，但按照质量百分比，氧约占 50%，硅约占 25%，铝约占 10%，这 3 种元素共占 80% 以上，是组成地壳最主要的元素，其次还有铁、钙、钠、钾和镁，以上 8 种元素占 97% 以上。地层元素含量主要通过中子与地层作用过程中产生的伽马射线能谱获取，主要有两种不同机理的伽马射线，包括非弹性散射伽马射线和俘获伽马射线。解析非弹性散射伽马射线能谱可获得 Al、Ba、C、Ca、Fe、Mg、O、S、Si，共 9 种元素含量，解析俘获伽马射线能谱可获得 Al、Ba、Ca、Cl、Cu、Fe、Gd、H、K、Mg、Mn、Na、Ni、S、Si、Ti，共 16 种元素含量（Herron 等，2008）。

当矿物的化学成分比较稳定时，矿物中元素含量的百分比基本保持不变（表3-4）。选取能够表征矿物特征的极少数元素作为矿物的代表，则可通过指示元素推断矿物含量。基于地层元素含量推断矿物含量最常用的模型是氧化物闭合模型。模型中假设组成矿物的氧化物、碳酸盐含量占比之和为 1。通过确定岩石骨架中含有而孔隙流体中不含有的元素，结合最优化算法可推断出地层矿物含量。需要注意的是地层矿物类型多样，求解过程存在多解性，因而实际应用元素测井推断地层岩石的矿物含量时，常需结合岩石薄片、全岩分析等室内实验，确定主要矿物类型，以减小求解中的多解性和不确定性。

表 3-4　常见矿物代表性元素含量表

矿物类型	元素含量，%								
	Si	Al	Na	K	Ca	Mg	S	Fe	Ti
石英	46.74	0	0	0	0	0	0	0	0
正长石	30.27	9.69	0	14.05	0	0	0	0	0
钠长石	32.13	10.29	8.77	0	0	0	0	0	0
钙长石	20.19	19.4	0	0	14.41	0	0	0	0
方解石	0	0	0	0	39.54	0.37	0	0	0
白云石	0	0	0	0	21.27	12.9	0	0	0
铁白云石	0	0	0	0	10.4	12.6	0	14.5	0
霰石	0	0	0	0	40.04	0	0	0	0
黄铁矿	0	0	0	0	0	0	53.45	46.55	0
菱铁矿	0	0	0	0	0	0	0	48.2	0
菱镁矿	0	0	0	0	28.8	0	0	0	0
伊利石	24	12	0.4	6.9	0	1.2	0	6.5	0.8
蒙脱石	21	9	0.5	0.5	0.2	2	0	1	0.2
高岭石	21	19.26	0.24	0.1	0.1	0.1	0	0.8	1.18
绿泥石	17.9	9	0.3	5.4	1.6	2.5	0	16.4	2.37
海绿石	23.1	4.4	0.1	5.9	0.5	2.1	0	15.5	0.1
白云母	20.32	20.32	0	9.82	0	0	0	0	0
黑云母	18.2	6	0.4	7.2	0.2	7.7	0	13.6	1.5

（二）元素测井的工作原理

以中油测井地层元素测井仪 FEM 为例说明元素测井仪的仪器结构和工作原理。仪器结构示意如图 3-21 所示，主要由电子线路部分、BGO 晶体探测器、Am-Be 中子源三部分组成。FEM 径向探测深度为 25cm。

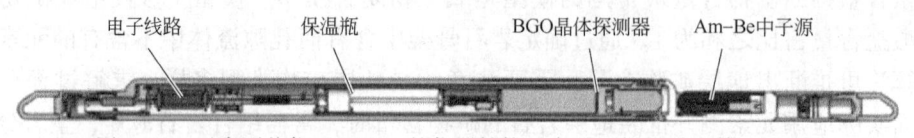

图 3-21 元素测井仪（FEM）的仪器结构示意图（据岳爱忠等，2013）

在测井过程中，通过镅铍（Am-Be）中子源发射的 4.5MeV 高能量快中子先被靶核吸收形成复核，而后放出一个能量较低的中子，此时靶核仍处于激发态，常常以发射伽马射线的方式释放出激发能而回到基态，由此产生的伽马射线称为非弹性散射伽马射线。不同原子核发生非弹性散射反应截面和放出的伽马射线能量不同，地层中与快中子发生非弹性散射的主要有 C、O、Si、Ca、Fe 等元素的原子核。

快中子经过一系列的非弹性和弹性散射，能量逐渐降低，减速形成热中子，热中子被俘获产生元素的特征俘获伽马射线，元素通过释放伽马射线回到初始状态。用 BGO 晶体探测器可以探测并记录这些非弹性散射伽马能谱和俘获伽马能谱。

（三）元素测井的处理成果

采用元素的标准谱做刻度对采集到的伽马能谱数据进行解谱，可得到地层中元素的相对产额，进而应用氧闭合模型可得出骨架中各元素的重量含量，再把元素的重量含量百分比与常规测井资料相结合，构建地层组分体积方程，通过寻找最优算法可以计算得到地层中各种矿物的体积百分含量（佘刚等，2020）。通过解谱处理，FEM 可得 Si、Ca、S、Fe、Ti 和 Gd 等 18 种元素的含量。FEM 一次下井可实现地层组成元素、孔隙度和密度的同步测量。

图 3-22 是某页岩气层的元素测井处理成果图，图中元素道包括铁、镁、钙、硅、硫、铝、锰、钾元素干重含量，矿物道为基于元素含量反演获取的矿物含量，包括绿泥石、伊利石、蒙脱石、钙长石、石英、方解石、白云石和黄铁矿等矿物的百分含量。

（四）主要应用

元素测井在复杂岩性和页岩油气等非常规油气藏的储层识别、矿物精细分析和工程参数评价等方面有较高的价值。元素测井的主要应用包括直接获取地层主要元素含量、获取矿物类型和含量、识别岩性和获得岩性剖面、分析岩石脆性和指导压裂、判断沉积环境、获取岩石骨架参数和提升孔隙度等储层参数计算精度。

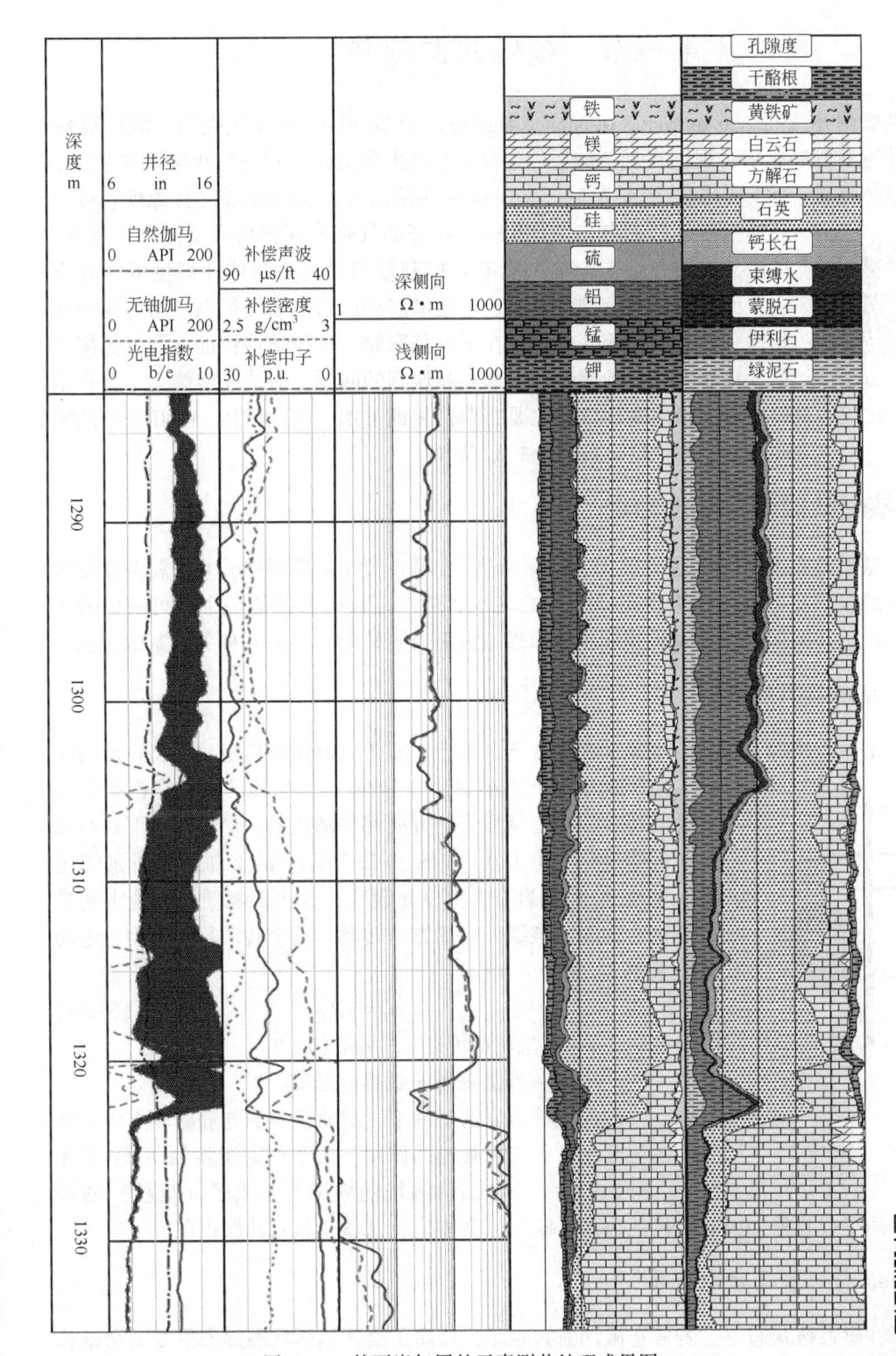

图 3-22 某页岩气层的元素测井处理成果图

第三节 核磁共振测井

核磁共振测井（nuclear magnetic resonance logging）于20世纪60年代提出，但直到80年代以后才逐渐发展起来，现已在复杂储层的评价中获得大量应用。它利用地层孔隙中富含氢原子的液体（油、水）中氢核受激发后产生的核磁共振信号，获知储层的孔隙度、可动流体指数、渗透率和岩石孔径分布等油气资源评价所需要的基本参数。核磁共振测井是迄今唯一能够直接测量储层自由流体孔隙度的测井方法，而且具有测量准确可靠、可提供多种储层参数等优点。与传统测井相比，核磁共振测井的优势在于可获取储层孔隙结构特征、孔隙流体特征，从而能有效地避免产层漏划和误判的问题，对油气增储上产具有重要作用。目前商用仪器主要有斯伦贝谢CMR、哈里伯顿MRIL、中油测井MRT（视频6）、中海油服EMRT。

视频6 MRT核磁共振测井

一、核磁共振测井基础知识

把具有磁矩的原子核（氢原子核 ^{1}H、碳原子核 ^{13}C 等）置于强磁场中，它们就会像陀螺一样以特定的频率发生进动。进动是原子核的基本属性，是核磁共振的一个不可缺少的条件。本节从核磁共振现象、弛豫机制和测量原理三方面讲解核磁共振测井相关的基础知识。

（一）核磁共振现象

核自旋是原子核的一种量子现象，在微观下，单个氢质子自旋产生磁矩，可将自旋的氢质子视作一个"小磁针"。虽然每个自旋的氢质子都产生小磁场，但所有氢质子的方向都是随机的，使得宏观下岩石总的净磁化矢量为0。如图3-23所示，沿Z轴方向外加恒定磁场 B_0 后，岩石发生磁化现象，其内部氢质子出现定向排列，同时氢核绕外磁场方向转动，这个转动称为进动，进动频率 ω_0 满足

$$\omega_0 = \gamma B_0 \tag{3-20}$$

式中 γ——氢核的旋磁比，rad/(s·T)；

B_0——外加磁场的磁感应强度，T。

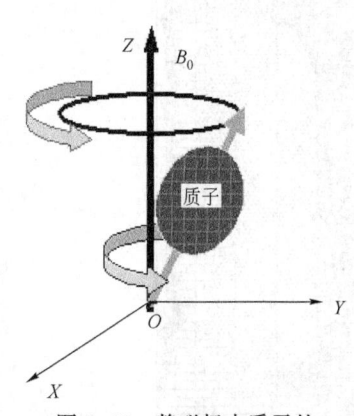

图3-23 静磁场中质子的自旋和进动

在保持静磁场的条件下，对质子施加与静磁场方向垂直的射频场。由于射频场的作用，质子的磁矩将倒向XY平面并开始进动。当外加射频场的频率等于质子（氢核）的进动频率时，质子吸收外加射频磁场的能量，跃迁到高能位，这就是核磁共振现象。

（二）纵向弛豫及横向弛豫

氢质子在磁共振状态下，若停止施加射频磁场，氢质子会从偏转状态逐渐恢复到初始状态，此过程称为弛豫，弛豫过程中纵向磁化矢量恢复和横向磁化矢量衰减。纵向磁化矢量（磁化矢量沿着外加恒定磁场方向的分量）的恢复过程称为纵向弛豫（记为 T_1 弛豫），横向磁化矢量（磁化矢量沿着射频磁场方向的分量）的衰减过程称为横向弛豫（记为 T_2 弛豫）。T_1

弛豫过程是一个较漫长的过程，从测量效率出发，通常定义纵向磁化矢量恢复到最大值63%所需要的时间为纵向弛豫时间，横向磁化矢量衰减到最大值37%所需要的时间为横向弛豫时间。

纵向弛豫的方程为

$$M(t)=M_0(1-e^{-\frac{t}{T_1}}) \quad (3-21)$$

式中　M_0——质子初始的磁化强度，T；
　　　T_1——质子的纵向弛豫时间，ms；
　　　$M(t)$——t时刻的磁化强度，T。

横向弛豫的方程为

$$M(t)=M_0 e^{-\frac{t}{T_2}} \quad (3-22)$$

式中　$M(t)$——t时刻磁化强度在XY平面的投影，T；
　　　M_0——开始横向弛豫的初始磁化强度，T；
　　　T_2——横向弛豫时间，ms。

纵向弛豫时间和横向弛豫时间都可以反映岩石的孔径特性和流体特性。目前测井和实验室核磁共振分析中，考虑到测量效率，一般都只测量地层（岩石）的横向弛豫过程。不同流体的弛豫参数见表3-5。

表3-5　不同流体的弛豫参数（据Coates，1991）

流体	T_1，ms	T_2，ms	典型T_1/T_2	HI	η，cP	D_0，$10^{-5}cm^2/s$
盐水	1~500	1~500	2	1	0.2~0.8	1.8~7
油	3000~4000	300~1000	4	1	0.2~1000	0.0015~7.6
气	4000~5000	30~60	80	0.2~0.4	0.011~0.014（甲烷）	80~100

（三）核磁共振测量原理

核磁共振测井仪主要有两大类型：一类是仪器探头永磁体产生的人工磁场，分为井眼居中测量和贴井壁（偏心）测量两种。采用井眼居中测量的典型代表仪器有哈利伯顿公司的MRIL系列和中国石油集团测井有限公司的MRT；采用贴井壁测量的仪器有斯伦贝谢公司的CMR、阿特拉斯公司的MREx，以及中国石油集团测井有限公司推出的iMRT仪器；另一类是利用大地磁场的上一代产品，以俄罗斯生产和制造的ЯMK923仪器为代表。这些核磁共振测井仪器的具体测量方式存在一些差异，但在测量原理上大同小异。CMR在探头测量区间中产生局部均匀的静磁场，ЯMK923利用大地磁场作为静磁场。MRIL型核磁共振测井的测量方案具有代表性，见图3-24。

在测井过程中，仪器首先用静磁场使地层中的质子（氢核）定向排列，然后对质子施加特定频率且方向与静磁场方向垂直的射频磁场，使质子发生核磁共振。岩石中的质子受激发跃迁到高能态，然后以

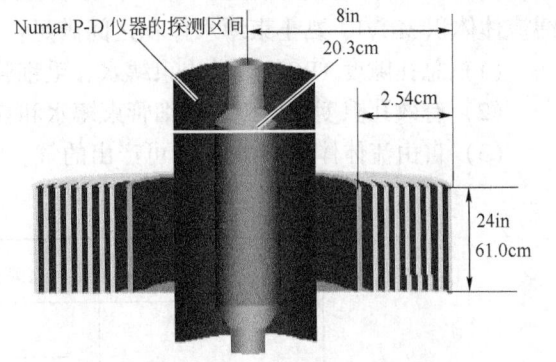

图3-24　Numar MRIL核磁共振测井探头（据Coates，1991）

弛豫的形式放出多余的能量，质子回到平衡态。质子在弛豫过程中放出的能量，就是核磁共振的测量信号。岩石中核磁共振信号基本上是由孔隙流体中的氢核产生。

二、核磁共振测井的应用

核磁共振测井仪器的原始测量信号是质子的弛豫信号，对弛豫信号反演后，可以得到弛豫时间的分布谱。根据弛豫时间的分布谱，可以得到地层总孔隙度、有效孔隙度、自由流体、毛细管束缚流体、黏土束缚流体等地质信息，如图3-25所示。

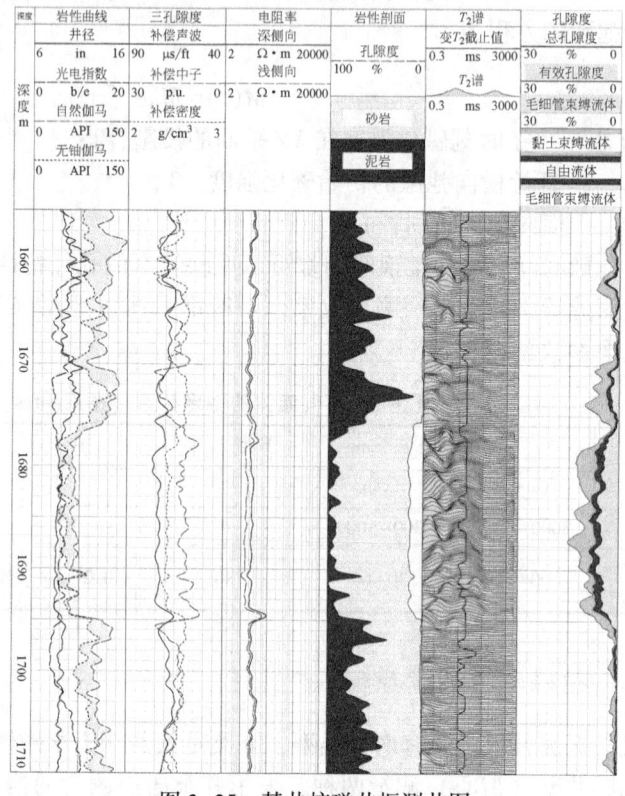

彩图 3-25

图 3-25 某井核磁共振测井图

图3-26为利用核磁共振测井解释地层中各种流体成分所依据的模型。从图上可见核磁共振测井得到的地层总孔隙度TPOR、有效孔隙度MPHI、自由流体体积MBVM、毛细管束缚流体体积MBVI、黏土束缚水体积之间满足：

（1）总孔隙度TPOR由黏土束缚水、毛细管束缚水和自由流体体积组成；
（2）有效孔隙度MPHI由毛细管束缚水和自由流体体积组成；
（3）自由流体体积MBVM为可产出的气、中到轻质的油和水，MBVM=MPHI-MBVI；

骨架	干黏土	黏土束缚水	毛细管束缚水	自由流体
			MBVI	MBVM

←──── MPHI ────
←──── 总孔隙度 ────

图 3-26 核磁共振测井解释模型图

(4) 黏土束缚水体积为 TPOR 与 MPHI 之差。

图 3-27 为以核磁共振测井表示的含水砂岩的流体分量图像。从图上可见，在含水砂岩中，T_2 时间分布反映了地层的孔径分布；短 T_2 分量来自接近和束缚于岩石颗粒表面的水。

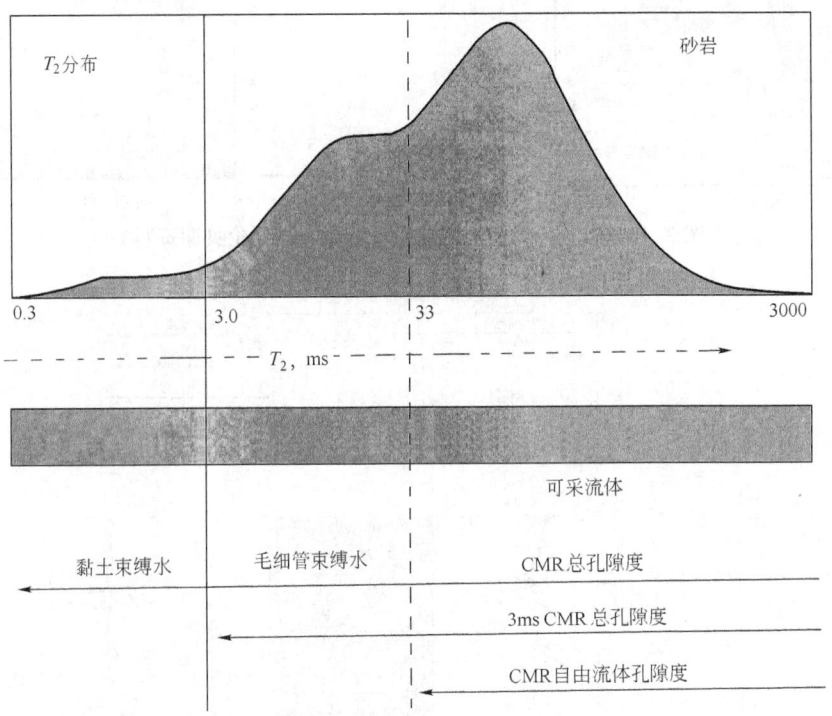

图 3-27　T_2 时间分布表示的含水砂岩的流体分量图（据斯伦贝谢资料）

核磁共振测井 T_2 测量值的幅度和地层的孔隙度成正比（一般情况下该孔隙度不受岩性的影响），衰减率与孔隙大小和孔隙流体的类型及黏度有关。T_2 时间短一般指示比表面积大而渗透率低的小孔隙；T_2 时间长则指示渗透率高的大孔隙。

岩石孔隙中氢核的弛豫快慢与弛豫的方式有关。当氢核在岩石孔隙的表面附近弛豫时，氢核频繁与孔隙表面碰撞，这种碰撞使氢核的弛豫过程加快。氢核在孔隙表面附近的弛豫机制属于表面弛豫。如图 3-28 所示，旋进质子在孔隙空间扩散时会与其他质子及颗粒表面碰撞，质子每与一个颗粒表面碰撞一次，就有可能发生弛豫相互作用，颗粒表面的弛豫是影响弛豫时间最重要的机制。实验表明，在小孔隙中，质子与颗粒表面碰撞的概率高，弛豫快；在大孔隙中，质子与颗粒表面碰撞的概率低，弛豫慢。

图 3-29 是在某井低孔低渗储层中核磁共振测量的数据。图中的 T_2 截止值，是指 T_2 分布谱上束缚流体和自由流体的截断值，它将 T_2 谱分为两部分。大于 T_2 截止值的那部分区域的面积等于自由流体体积，小于 T_2 截止值的那部分区域的面积等于束缚流体体积。T_2 截止值是利用 T_2 谱开展储层孔隙内流体研究所需的重要参数，国外在均匀砂岩储层中确定的 T_2 截止值为 33ms，石灰岩储层中确定的 T_2 截止值为 89ms，但国内在非均质孔隙介质中的研究表明，T_2 截止值有一定的变化范围。

孔隙中氢核的弛豫过程还与流体的黏度有关。对于稠油，高黏度流体束缚了氢核的弛豫形态，使得氢核的弛豫过程加快，有时甚至低于仪器测量时间的下限，以致仪器无法测量稠油部分的弛豫时间。相反，轻质油的弛豫过程较慢，使弛豫时间的谱分布上长弛豫时间部分

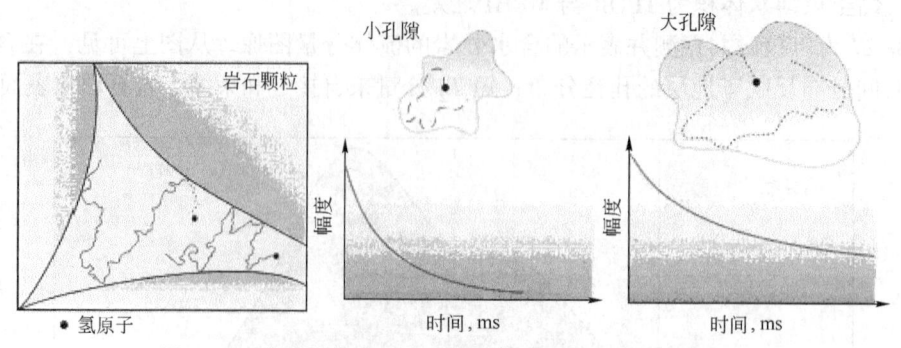

图 3-28 岩石颗粒表面的弛豫现象图（据斯伦贝谢资料）

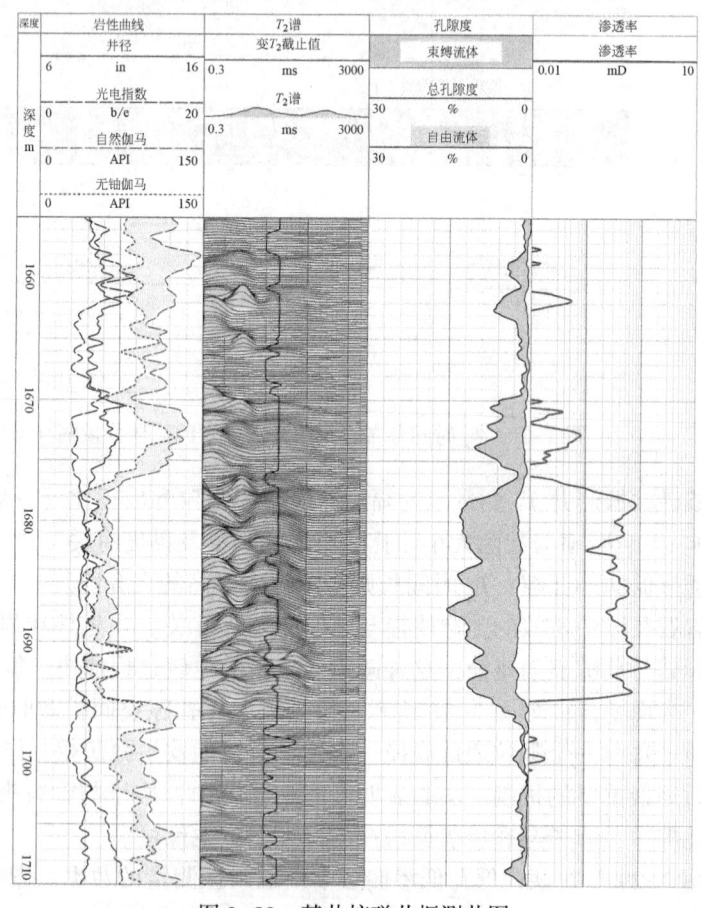

彩图 3-29

图 3-29 某井核磁共振测井图

的幅度增加。图 3-30 为某井的稠油井段的核磁共振测井图，稠油的含氢指数低、黏度大，导致了 T_2 分布谱前移，呈单峰拖拽特征。这是由于稠油中的沥青质等重组分的横向弛豫速度非常快，仪器无法测量到；而一些较轻质成分的弛豫速度较慢，呈现向后拖拽的特征。因此，在稠油情况下，用经验的 T_2 截止值将高估毛细管束缚水含量、低估可动流体体积，使核磁共振总孔隙度低于实际总孔隙度，进而影响渗透率及含油饱和度的计算。图 3-30 中 "CMR BFV" 为束缚流体体积，ϕS_w 与 "CMR BFV" 之间的差异指示可动流体体积。

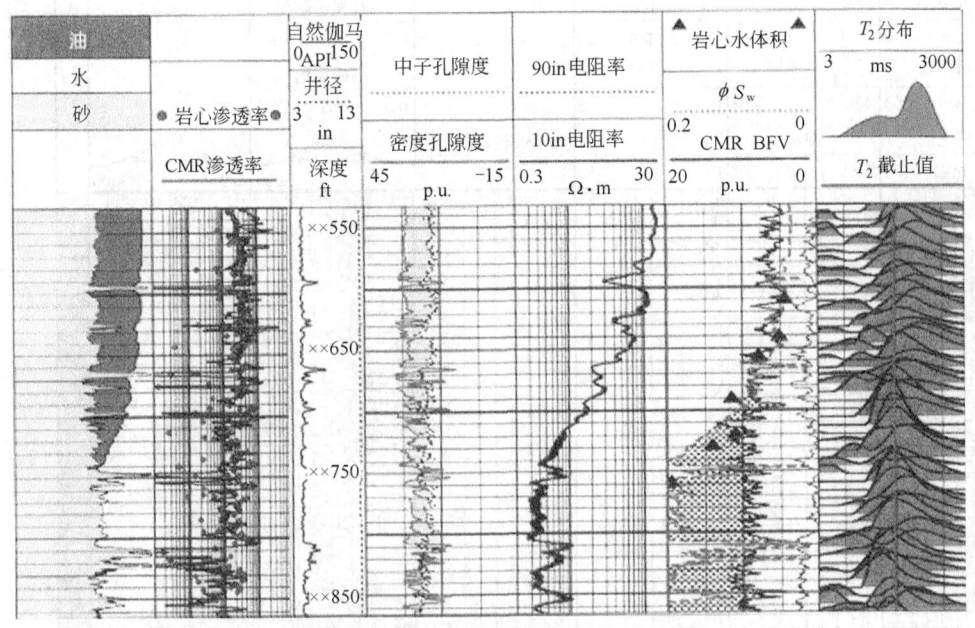

图 3-30　某稠油井段的核磁共振测井图

彩图 3-30

课后习题

1. 请简述什么是气体的"挖掘效应"。

2. 请论述如何依据元素测井所测得的地层元素含量获取矿物含量。

3. 请简述核磁共振测井的原理，并简要说明如何依据核磁共振 T_2 弛豫时间谱获取地下岩石孔隙结构信息。

4. 请简述核磁共振测井差谱法、移谱法流体性质识别的原理。

5. 请分析为什么在测井中要采用多种不同的测井方法获取相同的地层岩石信息。例如，自然伽马测井、自然电位测井都可获取地层泥质含量，声波时差、补偿中子、补偿密度测井都可获取地层孔隙度值。

6. 电法测井、声波测井、核测井都可用于岩性识别。请对比三类方法的差异，简述各类测井方法分别适用于哪些类型地层的岩性识别，并回答相比于电法测井和声波测井，核测井方法在岩性识别中有哪些优势。

7. 绿色、环保已成为当今科技发展中不可忽略的重要原则。请回答围绕绿色、环保的主题，核测井技术应该如何发展？

8. 请简述基于核测井资料，如何支撑复杂地层测井评价？你认为核测井应该着重发展哪些方面的技术？

9. 图 3-31 为 Q32 井 H1 组、H2 组自然伽马测井、自然伽马能谱测井、补偿中子测井、岩性密度测井、核磁共振测井结果图。根据本章所学知识，请回答：

(1) 自然伽马测井、自然伽马能谱测井、岩性密度测井都可以直接获取岩性参数，请比较这三种测井方法，说明各自优点、缺点。

(2) 哪些测井方法可用于划分图 3-31 中的储层？请在图中标出储层段并说明理由。在

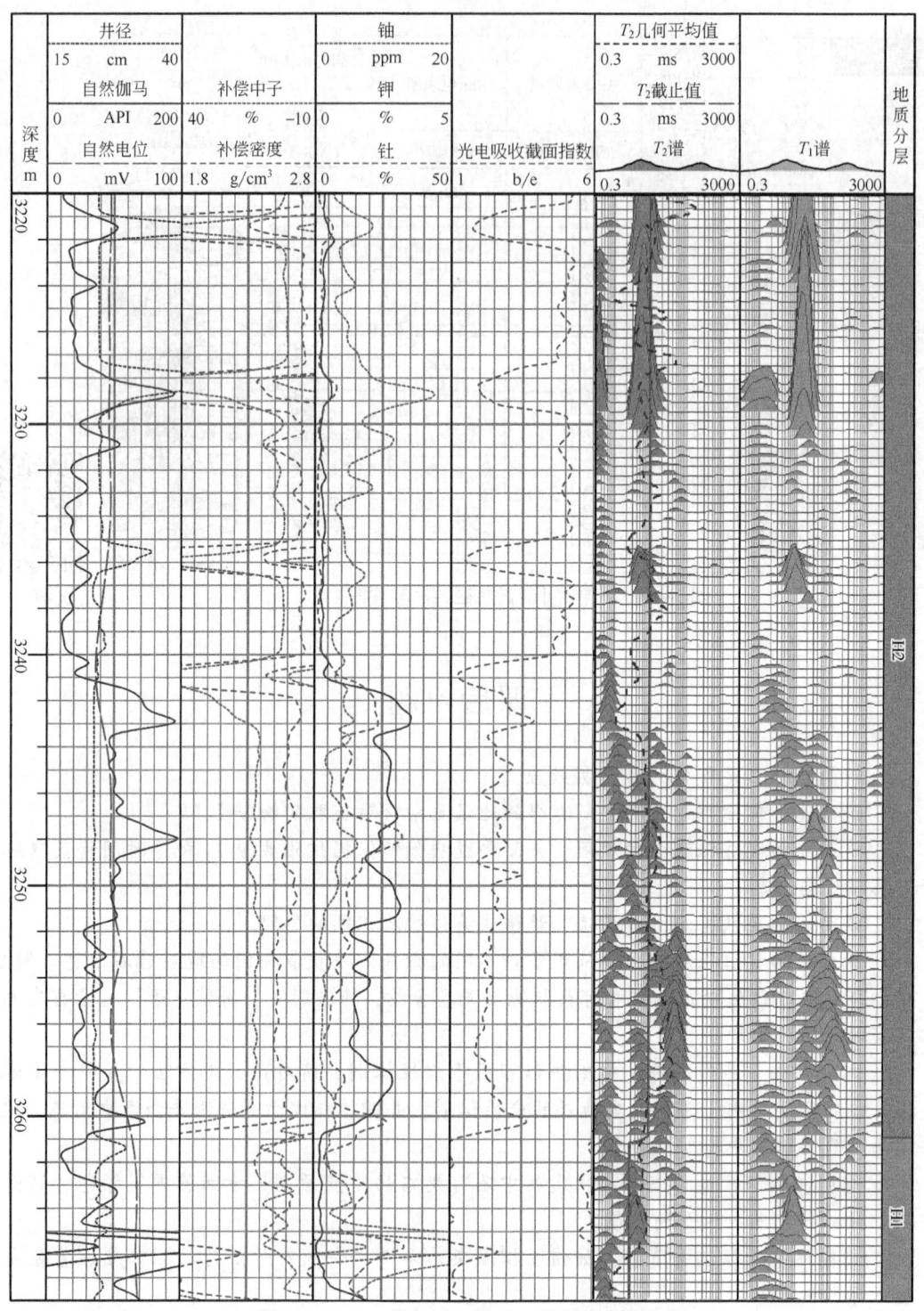

图 3-31 Q32 井 H 组 1 段和 2 段测井曲线图

此基础上请说明不同方法在划分储层时的优势、劣势。

(3) 核测井资料在哪些地层信息获取方面有优势?哪些信息获取上存在多解性,需要与其他测井资料配合使用?请结合测井曲线图举例说明。

第四章　随钻测井和地质导向钻井技术

随着油气资源勘探开发转向深层、超深层、复杂、非常规领域，深井、超深井、水平井越来越多，为统筹钻井安全与勘探开发效益，传统以电缆测井为主导的钻后测井技术体系正在受到挑战，随钻测井技术、套后测井技术由于其有助于提升钻井安全性而越来越受到关注，发展日趋迫切。理论上，前述3章所介绍的各类测井技术，都既可以在钻井过程中随钻测量，也可以在固井以后的套管井中进行测量。随钻过程中井下测井仪器采集到的信息在传输方式上与钻井后停钻测量、下套管后测量存在显著差别，停钻测量、下套管后测量得到的信息都可以通过电缆传输至地面，也即电缆测井。但由于随钻测量过程中，测井仪器从某种意义上充当了钻井管柱的一部分，常规电缆无法使用，因此，目前随钻测井信息主要通过钻井液脉冲和电磁波方式传输至地面。现阶段，脉冲和电磁波方式都存在传输实效性差、数据量有限、数据可靠性不足等问题。高速率、大容量、高精度的随钻测井新的传输方式亟待解决。与前述电缆测井相比，由于测量环境的改变，各大类测井方法的具体测量方式会有一些差别，本章将以对比方式，简要介绍随钻电法、随钻声波、随钻核测井。

第一节　随钻电法测井

随钻电法测井和电缆电法测井都是建立在电磁场理论上的，但两者之间存在一定的区别，主要体现在测量原理和数据传输两方面。以电阻率测量为例，电缆测井主要依据稳定电磁场属性获取地层电阻率，例如电极式电流（侧向）、感应等，而随钻电法测井多应用感应式电流（侧向）和电磁波的传播特性（如相位差、衰减、传播时间等）获取地层电阻率。数据传输方面，电缆测井是通过电缆将测井仪器与地面设备连接，实现数据的传输。而随钻测井需要在钻井过程中实时传输数据，常用的传输方式包括钻井液脉冲传输和电磁波传输。钻井液脉冲传输是将被测参数转变成钻井液压力脉冲，随钻井液压力变化传送到地面。电磁波传输则是将随钻测井仪器放在非磁性钻铤内，通过低频电磁波向井周地层传播，并在地面通过检测电压差来获取数据。

随钻电法测井具有独特的优势，其主要优势在于实时性，且此时钻井液对地层的影响小，测井数据能够反映地层的原始状态。但随钻测井仪器处于高振动、冲刷和磨损环境中，测量难度较电缆测井大。

一、随钻电法测井原理

从随钻电磁波电阻率及方位电阻率测量原理、随钻电磁波前视及探边原理、随钻侧向电阻率测量原理几方面简要介绍随钻电法测井的测量原理。

（一）随钻电磁波电阻率测量原理

随钻电磁波电阻率测量原理和前述电缆电磁波传播测井相似，随钻电磁波电阻率仪器的基本结构如图4-1所示，为单发双收的线圈结构，发射线圈发射单频时谐信号，接收线圈接收信号幅度与相位，相位差（PS）与幅度比（Att）定义为

$$PS = \theta_{R2} - \theta_{R1} = \arg(V_{R2}) - \arg(V_{R1}) \tag{4-1}$$

$$Att = -20\lg \frac{|V_{R2}|}{|V_{R1}|} \tag{4-2}$$

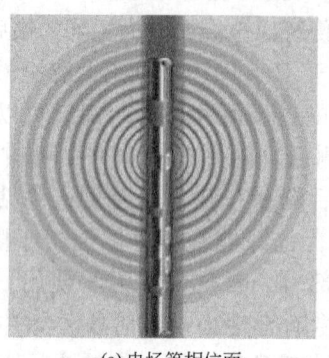

(a) 电场等相位面　　(b) 电场等幅度面

图4-1　随钻电磁波电阻率仪器结构及等相位面与等幅度面

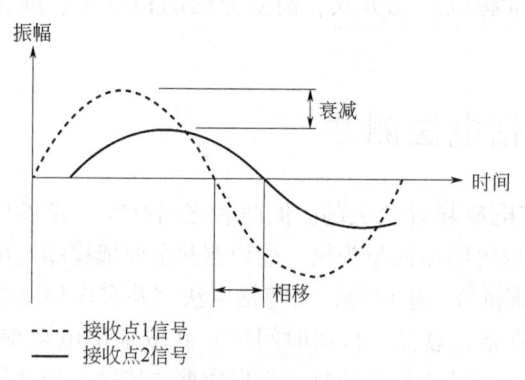

图4-2　耗散介质中平面电磁波传播的衰减和相移示意图

式中，V为接收线圈电位；arg为取相位角函数；R1和R2代表两个接收线圈。耗散介质中平面电磁波传播的衰减和相移见示意图4-2，通过分析两个不同源距处接收线圈的接收信号，并获取电磁波的相移和衰减后，可通过仪器刻度将测量结果转换为地层岩石的电阻率。测量相移和衰减这两个参数有两方面的优点，一是幅度比和相位差为相对测量，可以降低井眼和线圈尺寸的影响；二是无需去掉直耦信号，简化了仪器结构，降低了仪器实现的复杂度。

实际仪器中常采用对称式结构设计的双发双收线圈结构，通过上下两个线圈发射信号，信号加权叠加的方法进行对称化处理，从而减少井眼、钻井液等对仪器响应的影响。

（二）随钻电磁波方位电阻率测量

随钻电磁波方位电阻率测量继承了三分量感应测井的思想，具体方法为采用径向或45°角倾斜的发射或接收线圈，并利用钻头旋转获取不同方位的电磁场信息。当发射线圈或接收线圈正交或倾斜时，测量信号包含方位信息。通过倾斜线圈或正交线圈的设置，可以同时测量接收线圈处电磁场共轴主分量（zz）与交叉分量（zx、xz等），如图4-3所示。共轴主分量与钻进方向同向，主要用于探测地层电阻率。交叉分量使得测量信号中包含了方位信息，实际测量过程中，仪器通过随钻铤旋转实现多方位测量，即测量地层的方位电阻率（李可赛，2019）。

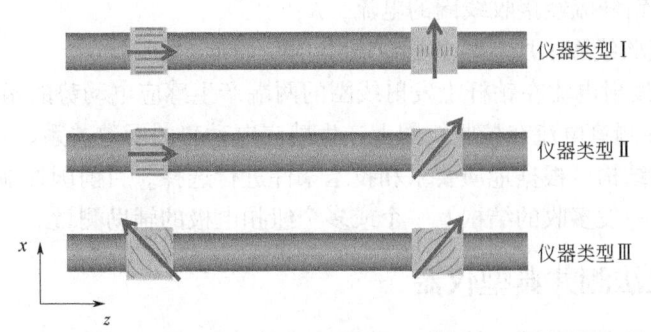

图 4-3　随钻方位电磁波线圈结构示意图（二维示例，y 轴类似于 x 轴）

（三）随钻电磁波前视及探边原理

前视与探边的测量原理相近，从功能上说只是方向不同。电磁波前视又称前探，探边又称环视探测，主要是利用电磁波在地层界面处发生反射的原理，测量仪器对边界的响应，从而判断钻头前方地层或周向地层是否存在边界。根据电磁理论，在导电地层中仪器的响应来自仪器周围所有空间，仪器的测量信号是周围空间介质电阻率的函数，空间各区域对总响应贡献的比例有差别。因而探测仪器前方的信息时，测量值中同时包含来自仪器后方以及侧面所有空间方向的贡献。为实现前视功能，需根据仪器测量的仪器后方与侧面空间的信息，结合特定的反演算法，消除钻头前方外其余空间的贡献值，从而生成钻头前方的电阻率剖面。

（四）随钻侧向电阻率测量原理

根据随钻电磁波电阻率测量原理，电磁波电阻率仪器适用于中低电阻率地层的测量，高阻地层的测量误差较大。相对电磁波电阻率测量而言，侧向电阻率测量的高阻测量性能更好，电阻率测量范围更大。仪器结构如图 4-4 所示。钻井过程中进行随钻侧向电阻率测井时，给发射线圈供以交变激励电流，会在钻杆上出现一定的感应电动势，该感应电动势通过钻杆和地层构成的回路形成感应电流。从发射线圈到钻头之间的感应电流可分为两部分，接收线圈和发射线圈之间钻杆上流出的电流称为聚焦电流，接收线圈到钻头之间所流出的感应电流称为测量电流。

在测量电流的激励下，接收线圈上会产生出和测量电流成比例的电动势。接收线圈上所产生的电动势既与发射线圈在钻杆上所激励的感应电动势有关，也与邻近钻头的地层电阻率有关。测量钻杆上所感应的电动势和接收线圈上所感应的电压，即可得到近钻头电阻率：

$$R_a = K \frac{V_T}{I_R} = K \frac{f(I_T)}{g(V_R)} \tag{4-3}$$

式中　R_a——近钻头电阻率，$\Omega \cdot m$；

　　　K——仪器常数；

　　　V_T——发射线圈在钻杆上所产生的感应电压，V；

　　　I_T——发射线圈的激励电流，A；

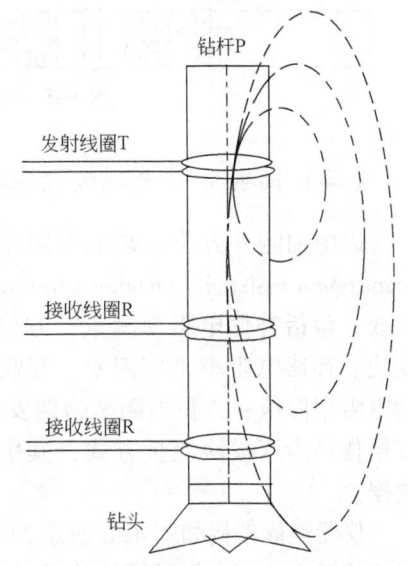

图 4-4　随钻侧向电阻率测井仪线圈系结构示意图

I_R——通过钻杆流经接收线圈的电流，A；

V_R——在接收线圈上所产生的感应电压，V；

$f(I_T)$——发射电流在钻杆上发射线圈的两端产生感应电动势的函数关系；

$g(V_R)$——测量电流在接收线圈上产生感应电动势的函数关系。

仪器线圈系的结构可根据地质要求和技术条件进行选择。目前国外地质导向钻井中，大多采用一发一收或一发多收的结构及一个或多个纽扣电极的辅助测量。

二、随钻电法测井典型仪器

随钻电磁波电阻率测井技术始于 20 世纪 80 年代初，通过电磁波传播特性实现了随钻地层电阻率测量，但当时的仪器不具有方位测量功能。2005 年以来，才逐步发展为随钻电磁波方位电阻率测井技术，可实现方位电阻率测量。2015 年以来，随钻电磁波远探测测井技术逐渐发展成熟，在方位电磁波测井技术基础上，实现了远探测，远探距离可达 60m，前视距离可达 30m。商用仪器主要有中油测井 FAR、中海油服 ACPR 和 DWPR，以及斯伦贝谢 GeoSphere/Irisphere、贝克休斯 VisiTrak、哈里伯顿 EarthStar 等。下面主要以中油测井随钻电法测井仪为例，介绍典型仪器。

（一）随钻电磁波电阻率测井仪

以中油测井电磁波电阻率随钻测井仪 WPR（wave propagation resistivity logging tool while drilling）为例，其工作频率为 2MHz 和 400kHz，发射天线（线圈）为 T1、T2、T3、T4，两个接收天线（线圈）分别为 R1 和 R2，通过测量两接收天线间的感应电动势的幅度衰减 *EATT*（又称幅度比）和相位差，进而得到地层电阻率。WPR 仪包含钻铤、天线、电路、通信连接、防磨带五部分（图 4-5）。天线部分采用四发双收的对称结构，即两个接收天线位于中心，四个发射天线对称分布于接收天线两侧。

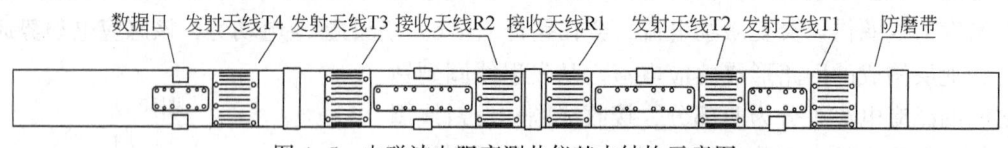

图 4-5 电磁波电阻率测井仪基本结构示意图

（二）随钻方位电磁波电阻率测井仪

以中油测井方位电磁波电阻率成像随钻测井仪 WRIT（azimuthal electromagnetic wave propagation resistivity imaging while drilling tool）为例，该仪器由四个相对独立的测量模块组成，包括补偿电阻率测量、方位电阻率测量、方位伽马测量、环空压力测量（预留）模块。补偿电阻率采用四发、双收、双频（2MHz 和 400kHz）工作方式，共产生 8 条补偿电阻率曲线；方位电阻率为四发、双收、双频、16 扇区工作方式，共获得 256 条曲线；方位伽马为双模块测量方式，其中第二个模块为预留方案，每个模块可生成 16 个扇区数据。

仪器整体架构如图 4-6 所示，采用外铤加电子支架的方式，天线线圈、伽马模块等均置于外铤内，其中伽马模块放置于仪器下部，尽可能接近钻头位置，天线位于仪器中、下部，各天线及传感器通过铤壁内深孔和电子支架连接。电子系统集中安装在电子支架上，电子支架置于仪器上部，和外铤通过电气连接器对接，可实现方便安装和拆卸。仪器外铤设有数据下载口，位于仪器上部，可供现场下载数据（于蕾，2023）。

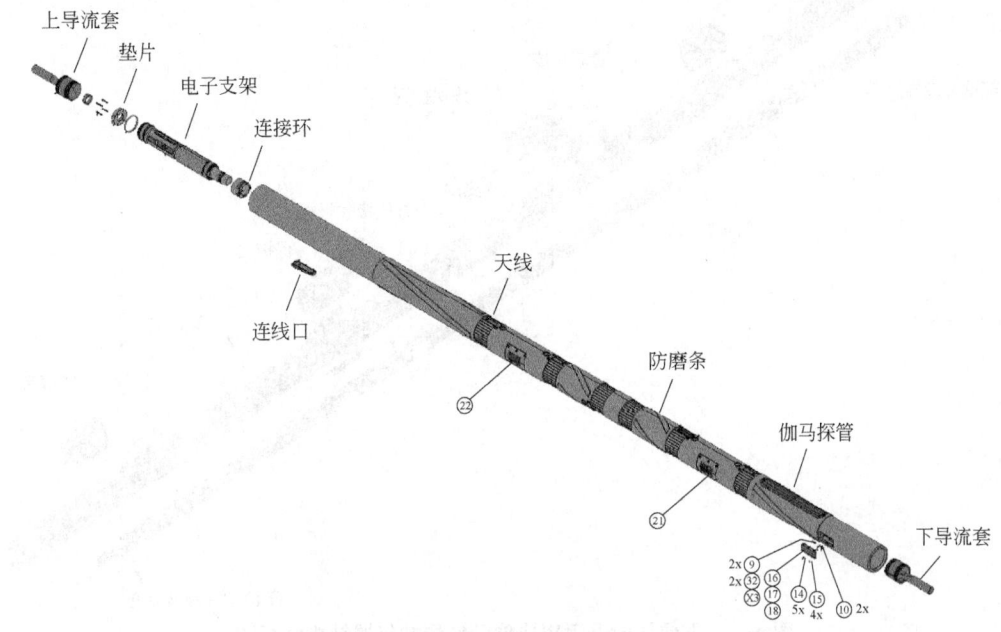

图 4-6 方位电磁波电阻率成像随钻测井仪整体结构示意图

（三）随钻方位侧向电阻率测井仪

以中油测井方位侧向电阻率成像随钻测井仪 RIT（azimuthal lateral resistivity imaging logging while drilling tool）为例，该仪器主要由内外钻铤、4 组发射天线总成、4 个方位接收极板总成、2 个纽扣电极总成及 2 个防磨带等关键部件组成，如图 4-7 所示。外钻铤上设计了发射天线槽、方位接收安装槽、螺旋防磨带及纽扣电极安装槽，同时为了保证与芯轴上电路板的连接，设计了多处密封孔，以实现发射天线、方位接收极板、纽扣电极与内部电路的密封承压连接，钻铤内壁采用同心深孔设计，主要用于安装芯轴总成。内钻铤主要由上、下部偏流器、芯轴本体组成。外壁上设计了安装槽，主要用于安装各功能模块电路板、伽马探头及电气连接件，内壁为水眼，采用偏心结构设计。仪器采用 4 发 6 收的电极系结构，为了缩短仪器长度，设计了伪对称发射天线结构。3 个发射天线位于接收系统一侧，剩余的 1 个发射天线作为补偿天线，位于接收系统另一侧，以实现不同探测深度地层电阻率测量。4 个方位接收电极互成 90°安装，实现方位电阻率测量。2 个纽扣电极互为 90°，斜交安装在扶正器上，实现井周 360°扫描电阻率成像（李安宗等，2014）。

在随钻侧向仪器中，为了满足实钻过程中机械强度的要求，发射电流是通过安装在钻铤上的螺绕环式发射天线产生的。安装在导电钻铤上的螺绕环线圈，既可以作为发射器，在钻铤两端产生电压差，也可以作为接收器，测量在线圈下方流过钻铤的轴向电流。当螺绕环线圈作为发射器的时候，线圈上加载的交变电流可以在线圈上下两端产生二次压差。二次电流可以向上、向下流出钻铤进入地层，然后再返回到钻铤上。在均质地层中，发射天线单独发射，接收系统接收电流形成的电场分布通过在钻铤不同位置的发射天线产生电压差，强制电流流出钻铤进入到地层中，然后再流回到接收电极系中。

·109·

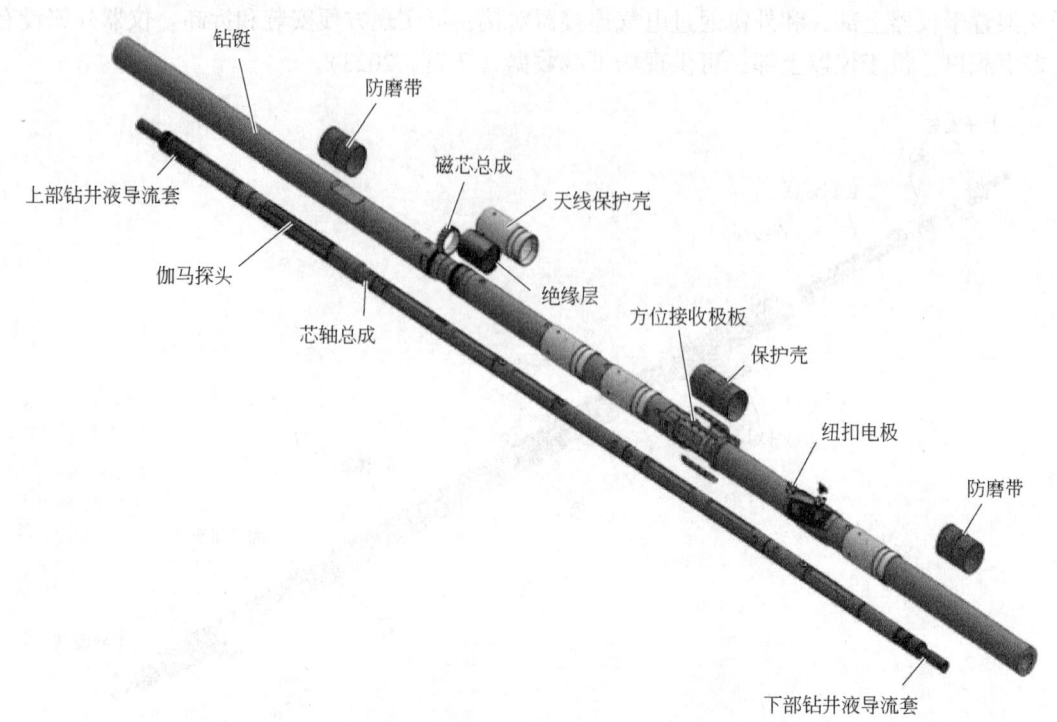

图4-7 方位侧向电阻率成像随钻测井仪器结构示意图

仪器测量满足欧姆定律，螺绕环发射天线通以恒定频率的交流电，在发射天线两侧的钻铤上产生恒定电压，在钻铤上形成以发射天线为中心的涡流，并从钻铤一侧流入井眼和地层，返回到钻铤另一侧，如图4-8所示。发射天线产生的涡流可对方位电极电流和纽扣电极电流起聚焦作用。发射电压恒定时，方位电极电流和纽扣电极电流与地层电阻率有关，可依据欧姆定律求取地层视电阻率。

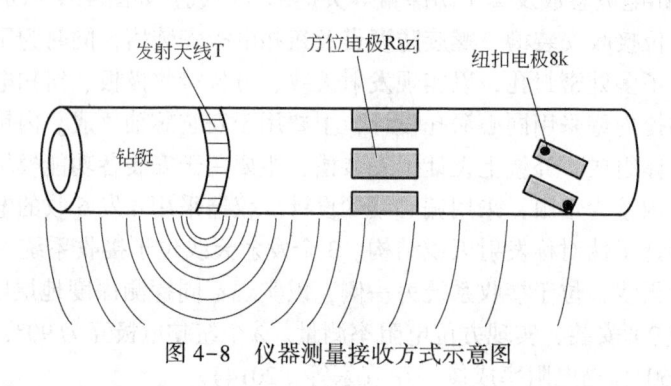

图4-8 仪器测量接收方式示意图

（四）随钻电磁波远探测测井仪

随钻电磁波远探测测井技术已成为当今国内外油气服务公司研发应用的热点，它不但能测量电压、相位差、幅度比等多分量信号与地质信号，而且能够提供地层电阻率、各向异性、井周围地层界面位置及方位的信息。不同仪器的结构有所差异，但测量原理相近。随钻电磁波远探测测井仪采用多频率发射信号、多发射和接收天线系统结构，可实现径向30~75m、轴向10~30m边界探测，为水平井精确地质导向及复杂储层评价提供技术支撑。

以斯伦贝谢 EMLA［图 4-9(a)］和中油测井 FAR［图 4-9(b)］为例介绍随钻电磁波远探测测井仪结构。EMLA 随钻电磁波远探测测井仪由 1 个发射短节、2 个或 2 个以上的接收短节组成。发射短节置于钻头后 1.8m 处，根据现场作业需要可以将多个短节灵活组合，组合后其源距可达 10m 以上。电磁波信号经过多频发射天线发出，在钻头前方地层中传播，遇到层界面后反射回接收天线，从而获取钻头前方地层电阻率信息、指示前方地层界面的存在。FAR 随钻电磁波远探测测井仪所有天线集成在一根钻铤上，实现侧向远探；另外增加一个常规电磁波测井短节与其组合，实现前探。

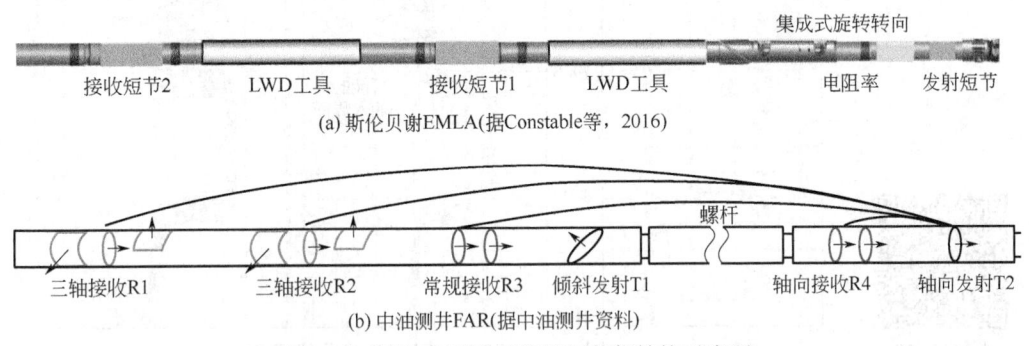

图 4-9 随钻电磁波远探测测井仪结构示意图

三、随钻电法测井输出曲线

随钻电磁波电阻率测井仪使用多线圈系设计，在不同的源距下测量两个接收线圈间的相位差和幅度衰减，再通过仪器刻度转换为地层的电阻率值。由相位差和幅度衰减换算得到的电阻率分别称为相位电阻率和衰减电阻率。通常认为，相位电阻率的探测深度较浅，衰减电阻率具有较大的探测深度。利用随钻电阻率测井不仅可以准确地估算出地层电阻率，还可以依据多探测深度的测井数据解释侵入状况，从而更加准确地判别储层流体性质。随钻方位电磁波电阻率测井仪在此基础上增加了方位测量功能，从而能实现随钻过程中井周电阻率、油气饱和度成像。随钻电磁波远探测测井仪的测量信号包括相位差、幅度衰减、电压（含实部和虚部）、地质信号等，地层电阻率、探边距离、前探距离、界面分辨率及各向异性是从这些信号中求取的，主要用于精准地质导向、钻探风险监测与预警、储层精细构造评价。

图 4-10 所示为某井测得的多探测深度相位电阻率和衰减电阻率测井资料。图中第一道为随钻自然伽马测井资料，第二道为深度，第三道为不同探测深度的相位电阻率，第四道同时包含不同探测深度的衰减电阻率和相位电阻率曲线。随钻自然伽马指示 7740～8020ft 为一砂岩层，同时，相位电阻率指示出可能的油水界面在 7920ft 处。5 条相位电阻率探测深度不同，但相互之间却几乎无差异，此特征表明该层段无侵入。根据相位电阻率测量值计算得到地层的含水饱和度仅为 38%，指示该层为一个潜在的油层。但第四道的衰减电阻率曲线剖面却指示出高阻侵入特征，且记录到的最小电阻率约为 0.4Ω·m。该井采用 R_m=0.1Ω·m 的水基钻井液钻井，地层水电阻率约为 0.03Ω·m。研究人员利用反演处理衰减电阻率曲线并考虑到侵入后，计算出该地层的含水饱和度为 100%，证实该储层为水层，从而避免了不必要的完井费用。

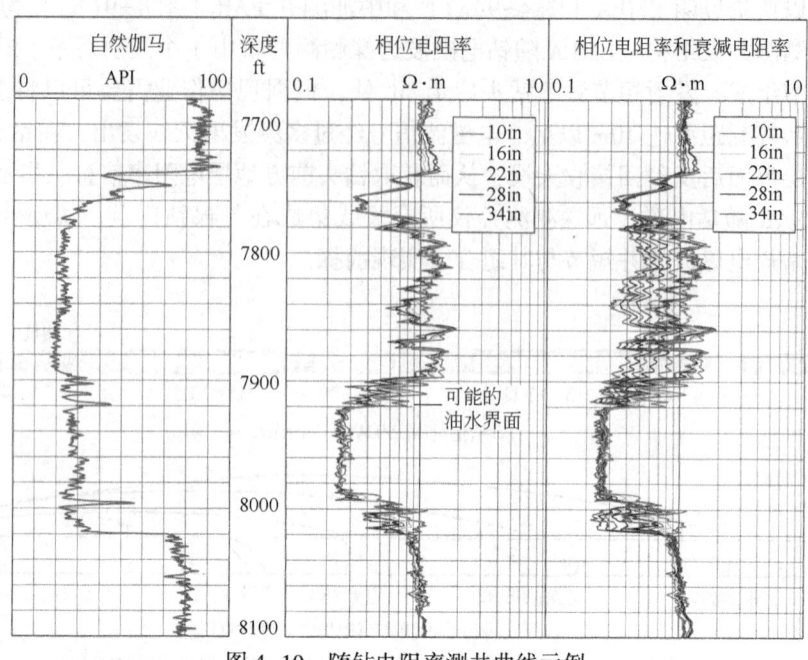

图 4-10 随钻电阻率测井曲线示例

在实际测量中，除钻井液侵入外，围岩、地层的各向异性等因素也会导致相位电阻率和衰减电阻率曲线彼此分离。因此，在利用随钻电阻率测量数据开展地层侵入评价、储层评价时，不同类型的测量数据（如相位电阻率和衰减电阻率）不能同时使用，利用不同源距的同类型的测量数据得到的结果更可靠。

随钻方位电阻率成像测井曲线与电缆成像测井曲线对方位的标示方法类似，都是环周向一圈，但标示的方位不同。电缆成像测井曲线以北东南西北为标示，而随钻成像测井以上右下左上为标示，图 4-11（a）所示仪器正从低阻围岩中斜穿过高阻目的层，所得随钻电阻率测井曲线及方位电阻率成像测井图如图 4-11（b）所示。从仪器穿入至穿出目的层，电阻率曲线先增大再减小，与模型一致。方位电阻率图像能够更直观指示层界面相对于仪器的方位，仪器从上部穿入高阻目的层，因而下方位先于其他方位出现高阻。类似地穿出目的层时，下方位首先出现低阻。

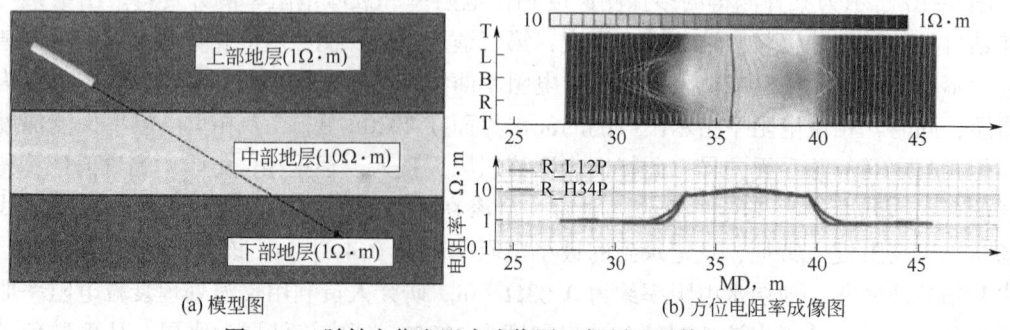

图 4-11 随钻方位电阻率成像图（据刘乃震等，2015）

综上，随钻电法测井仪能够提供准确、实时的地下信息，对理解油气藏的地质特征和地层结构至关重要,能够帮助测井人员制定更加有效的钻井和生产策略,从而最大限度地提高产量和经济效益。

第二节 随钻声波测井

传统的随钻声波测井的探测深度很浅,仅能测量井壁附近地层的信息,通常无法满足地质导向的需求。目前随钻声波测井技术与远探测声波测井技术相结合,产生了随钻前视声波测井技术,在钻前地质异常体探测方面具有很大的潜力,已成为随钻声波测井技术发展的主要方向之一。

一、随钻声波测井原理

相比电缆声波测井,随钻声波测井的声场更加复杂,因为随钻声波测井接收到的井孔模式波中不仅包含滑行波,还包括钻铤波;接收的反射波中不仅有地层反射波,还有井底反射波。此外,钻具碎岩、钻具振动和钻井液循环所产生的噪声,以及钻铤波和井底反射波,都会严重干扰与地层相关的有效信号的测量和提取。因此,随钻声波测井的关键技术在于通过优化测量原理、改进仪器结构、提升发射换能器和隔声体的性能,以及完善接收系统,以压制噪声,克服仪器偏心的影响,并突出有效地层信号。

(一) 纵波测量原理

由于钻铤的存在占据了井眼的大部分空间,复杂井筒环境将严重影响声波的传播特征,因而不能将传统电缆声波测井的方法和结论直接应用到随钻声波测井上。快地层纵波测量原理与电缆声波相近,测量难点在于在随钻声波测井过程中,纵波声源激励会导致沿钻铤传播的钻铤模式波的产生,这种波是一种钻杆拉伸波,占据波列的主导地位,其振幅远远大于地层纵波的振幅,必须经过压制处理才能有效测量地层纵波。快地层纵波测量主要技术在于隔声体的设计,即对钻铤波的压制技术。

在慢地层中测量纵波的难度要大于快地层,慢地层对隔声的要求更高,只要隔声效果好,就可测量到纵波。但在极慢速地层中,例如深海疏松地层中,纵波测量至今还是随钻声波测井面临的难题。

(二) 横波测量原理

快地层横波测量相对易实现,目前常用单极子或四极子声源。但对慢地层横波测量,尽管偶极横波测井技术在电缆声波测井的应用中取得了成功,但由于钻杆的存在,其在随钻测井中效果受限。由于随钻的测量环境中存在钻杆,偶极子会同时在仪器和地层上产生挠曲波。低频率时,仪器挠曲波与地层挠曲波之间严重干扰;较高频率时,尽管仪器挠曲波与地层挠曲波较明显地分开了,但较高频下地层挠曲波与地层横波之间差别很大,无法达到测量横波的效果。目前普遍认为随钻环境下四极子是测量慢地层横波的最佳选择。四极子随钻声波测量的优势在于,低频段(<10kHz)四极子波在地层中以地层横波速度传播,且不存在沿钻杆传播的钻杆波,从而不需要四极子波的隔声装置(Tang 和 Wang,2002;崔志文,2004;王华等,2009)。四极子测量的缺点在于低频测量,会与钻井噪声、钻井液循环噪声频率范围(0~3.5kHz)重合,使得测量结果受钻井、钻井液循环噪声的影响。

可见随钻声波测井因测量环境的差异，相比于电缆声波测井，地层信息提取难度更大。除前述测量原理上的难点外，随钻噪声的干扰、仪器偏心的影响、声波的频散效应对四极子波测量的影响、地层各向异性等都会进一步增加随钻声波测井各波型测量和提取的难度。

二、随钻声波测井典型仪器

商用随钻声波测井仪主要有中油测井 MPAT、哈里伯顿 QBAT、斯伦贝谢 SonicScope 等。以中油测井多极子声波随钻测井仪 MPAT（multipole acoustic logging tool while drilling）为例，介绍随钻声波测井仪，如图 4-12 所示。该仪器主要由接收声系、隔声体、发射声系和对应的电路构成。声系由单极和四极两种发射和阵列接收换能器组成，发射采用一个四极发射换能器和一个单极发射换能器，用来高效激发穿透地层的声波能量。接收声系采用了阵列接收方式，接收条带（接收换能器和采集电路一体化模块）90°均布并安装在钻铤的凹槽内。接收条带采用自承压结构，把接收换能器和前放电路集成在一个整体的密封承压结构中，最大限度地保证接收信号质量和电路结构可靠，内部安装 12 个接收换能器和对应的前放电路。发射和接收电路安装在两端的保护钻铤内，负责正常发射和数据接收、采集、存储和计算，以及与 MWD（随钻测量系统）通信。发射和接收声系的上下分别安装了扶正器，保证仪器在钻井时居中测量。接收电路和发射电路为套筒式结构，安装在外钻铤两端，内部通过中心过线管联通，过线管外有 6 个橡胶扶正器，保证过线管在水眼居中（谭宝海等，2019）。

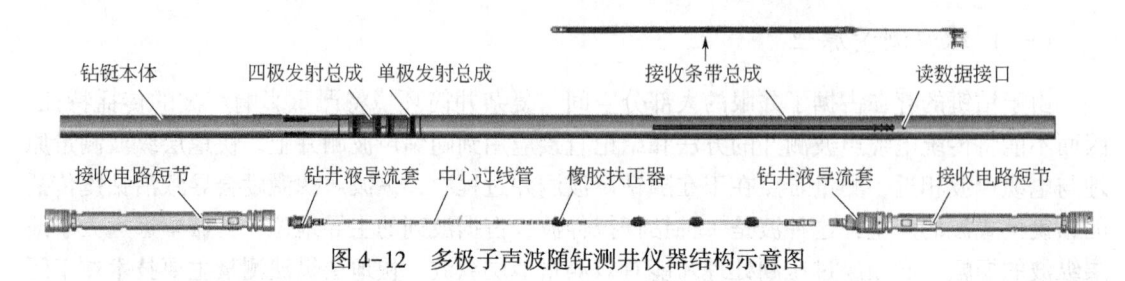

图 4-12 多极子声波随钻测井仪器结构示意图

随钻多极子声波测井不同于电缆测井，其换能器直接安装在钻铤上，钻铤在保证机械强度的基础上，同时具备声波测井仪器的功能。由于钻铤的存在，随钻多极子声波仪器测井时井壁附近声场发生变化，接收到的地层声波信号往往被钻铤直达波干扰。为了减弱钻铤波的影响，随钻声波测井仪的隔声体主要针对钻铤设计。然而，作为连接钻头和钻杆的重要部分，钻铤需要保持较高的强度，因此，随钻测井中的隔声体设计要求相比电缆测井更加严格，既要有效减弱钻铤波，又要维持钻铤足够的强度。

在电缆声波测井中，削弱直达波的方法主要是刻槽法，这一方法也被应用于随钻声波测井。虽然刻槽法能够有效减弱钻铤波的幅度，但会影响钻铤的强度。因此，在随钻声波测井中，研究人员尝试采用其他方法。目前最常用的改进方法是复合结构法。通常，钻铤中会存在一个频带较窄的钻铤波阻带，当频率位于阻带内时，钻铤波的幅度会严重衰减。不同内径和外径的钻铤的阻带存在差异，复合结构法正是利用该差异，将不同结构（不同阻带）的钻铤相组合，使得这些钻铤各自的阻带在频率上相连，形成一个较宽的阻带，从而有效衰减钻铤波（伍能，2018）。

三、随钻声波测井输出曲线

MPAT 仪与电缆声波测井仪一样，在每个深度点处记录的是每个接收器所收到的声波波形,波形个数取决于仪器,不同仪器接收器个数不同,在每个深度点处所测量的声波波形个数不同。X井某一深度点处实测波形曲线如图4-13(a)所示,图中纵波、横波、斯通利波波形都较清晰。采用STC法绘制相关性分析图如图4-13(b)所示,该图是子波列波形图的另一种显示方式,用于计算机自动提取纵波、横波、斯通利波时差。图中颜色表示不同慢度情况下各子波之间的相关性,图中红色区域,慢度约为80μs/ft和150μs/ft处,分别对应纵波和横波的慢度。

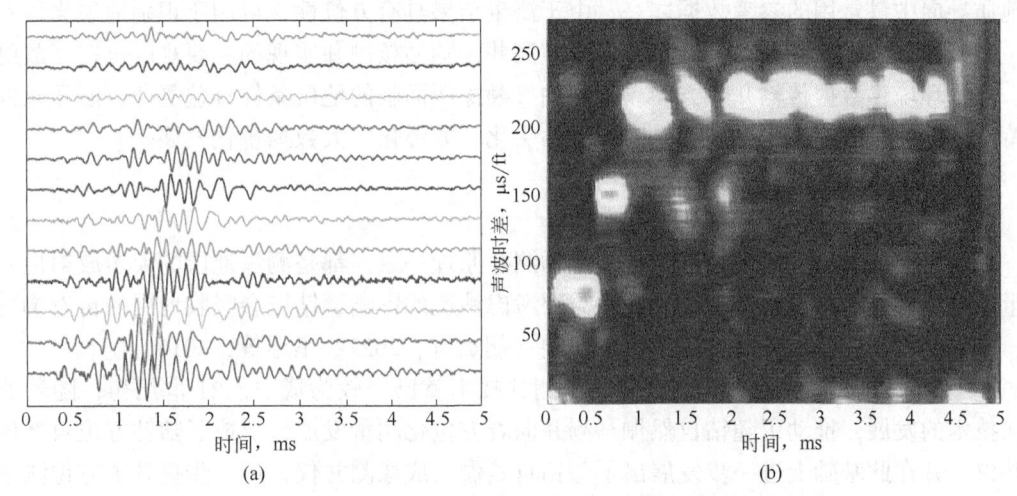

图4-13 X井某深度点随钻声波测井仪MPAT测量结果及时差分析图

为说明MPAT测量可靠性,在X井先后开展了随钻声波和电缆声波测量,并比较了两次声波测量结果。图4-14为MPAT仪在X井测量的声波波形的STC相关性分析结果图,图中黑色曲线为电缆声波测井纵波和横波时差测量结果,可见MPAT在整个测量段内所测纵波、横波波形相关性较好、深度上连续性也较好,且MPAT与电缆声波测井结果较一致,证实了随钻声波测井仪MPAT测量结果的可靠性。

彩图4-13

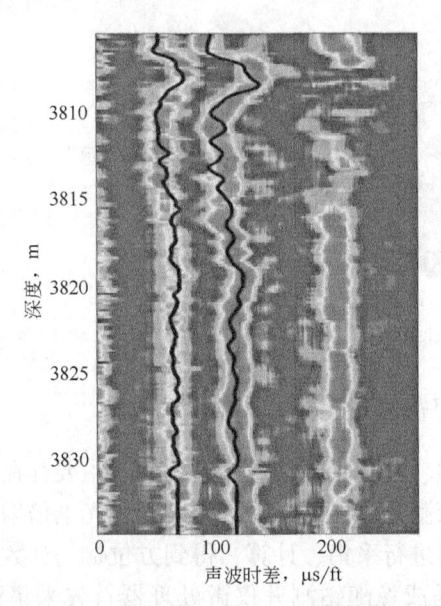

图4-14 X井随钻声波测井与电缆声波测井测量结果对比图

彩图4-14

第三节 随钻核测井

随钻核测井所涉及的测井方法与第三章中电缆核测井方法类似，也可大致分为伽马类、密度类、中子类。随钻核测井除了电缆核测井在岩性识别、物性评价方面的应用外，也是随钻地质导向中最常用的参考数据之一，由于测量结果具有方位性，可用于识别地层岩性及角度，准确地指导地质导向钻井。相比于电缆测井，随钻核测井实现的主要难度也在于放射性源、测量环境、数据传输几个方面。随着油气勘探所面临的地层条件日益复杂，温压条件愈发苛刻，随钻核测井技术正在不断向着近钻头化、方位化、大数据量化发展。

一、随钻自然伽马测井

随钻自然伽马测井原理与电缆自然伽马测井原理一致，都是测量地层的天然放射性元素含量，主要区别在于随钻自然伽马测井需要考虑钻铤的影响，钻铤会吸收地层的自然伽马射线，降低计数率，因而需要校正钻铤的影响（胡斌等，2021；王珺等，2016）。

20世纪八九十年代起，随钻自然伽马测井技术就已经较为成熟。21世纪初，随着地质导向技术的发展，推动了随钻自然伽马测井向着方位化测量发展，形成了随钻方位自然伽马测井仪，并在此基础上进一步发展出了随钻自然伽马成像测井仪，进一步提升了方位测量的分辨率。商用仪器有中油测井 GIT、斯伦贝谢 IPZIG、哈里伯顿 GABI 等。

（一）随钻自然伽马测井典型仪器

以中油测井公司伽马成像随钻测井仪 GIT（gamma imaging tool）为例，该仪器采用多个探测器（6.75寸仪器使用4支伽马探测器，4.75寸使用3支伽马探测器），主要由钻铤本体、盖板、连接器、伽马传感器、磁力计系统、电源电路、信号处理电路组成，如图4-15所示。

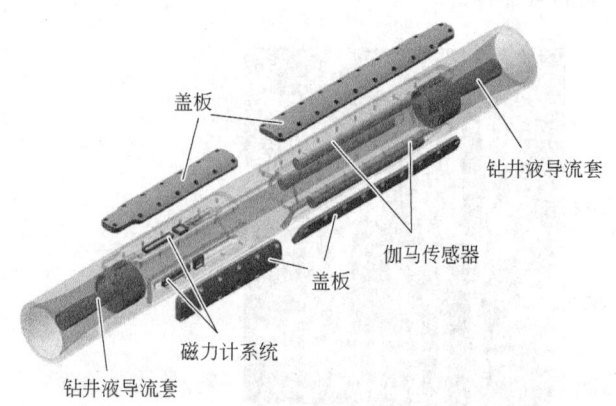

图4-15 伽马成像随钻测井仪结构示意图

地层自然放射性强度主要取决于铀、钍和钾的含量，这些元素主要存在于页岩和黏土矿物中，地层中自然产生的射线被伽马探测器晶体探测并产生闪光，光电倍增管将闪光转变为电子脉冲信号，电子脉冲信号通过电路进行采集、计算，得到方位伽马计数。利用多个探测器进行地层伽马数据采集时，方位伽马成像随钻测井仪微处理器首先采集姿态传感器的数据，并实时计算各个伽马探测器所处方位信息，钻进过程中，微处理器不断对地层伽马值和姿态进行计算，即完成了方位伽马信息的采集过程，一部分实时数据通过信号传到地面，经过解码再转换为地层的自然伽马值为地质导向服务；另一部分数据存储在井下，经过数据处理和成像显示可以提供地层方位伽马成像（张鹏云等，2021）。

（二）随钻自然伽马测井输出曲线

永页 X 井是 1 口重点页岩气开发井，目的层为龙马溪组优质页岩气层，随钻方位自然伽马成像测井仪主要用于水平段现场施工作业，通过及时反映地层岩性的变化，实现实时地质导向，如图 4-16 所示。在随钻自然伽马仪入井前，井眼已经从目的层底部穿出到五峰组地层，经过井眼轨迹调整，在 A 点处从五峰组回到龙马溪组，在 B 点处又从龙马溪组穿到五峰组。在随钻方位自然伽马成像测井图上，通过自然伽马测井曲线的变化，能清晰地看到整个过程。GIT 在整个施工过程中为地层导向人员提供了准确的随钻方位自然伽马测井资料，为钻井决策提供了可靠的依据。

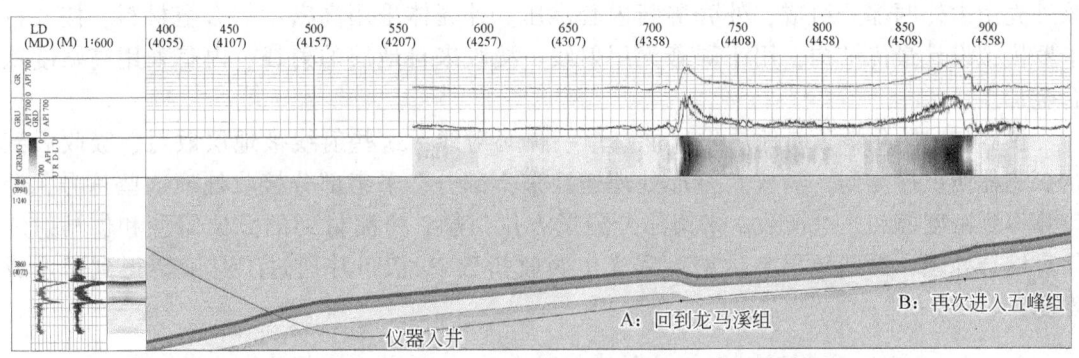

图 4-16　永页 X 井随钻方位自然伽马成像测井曲线及成像图

二、随钻密度测井

随钻密度测井原理与电缆密度测井一致，都是建立在伽马光子与地层相互作用上的，即建立在光电效应和康普顿散射上的。随钻密度测井仪的发展主要经历了三个阶段，20 世纪 80 年代末至 90 年代初，采用补偿密度测井方法实现了随钻密度测井；90 年代中期，进入随钻方位密度测井阶段；90 年代末发展了随钻密度成像测井，进一步提升了仪器方位分辨率。随钻密度测井商用仪器有中油测井 ADCN、斯伦贝谢 ADN、哈里伯顿 ALD 等（张丽，2013，2021）。

彩图 4-16

（一）随钻密度测井典型仪器

以中油测井方位密度随钻测井仪 ADCN（azimuthal density logging tool while drilling）为例，该仪器为密度、中子组合测井仪。仪器由探测器部分、电子仪部分和可打捞源组成，探测器部分包含中子探测器总成、密度探测器总成、超声井径总成与外钻铤。电子仪部分包含电子仓、钻井液导流管、密度源安装仓、中子源安装仓和中子骨架，钻铤采用内外铤结构，外铤布有 3 组径向均匀分布中子探测器、1 组偏心安装密度探测器、1 个超声井径探头、扶正器及耐磨环；内铤主要由电子仪和一体化可打捞中子、密度源组成。方位密度随钻测井仪示意图如图4-17所示。

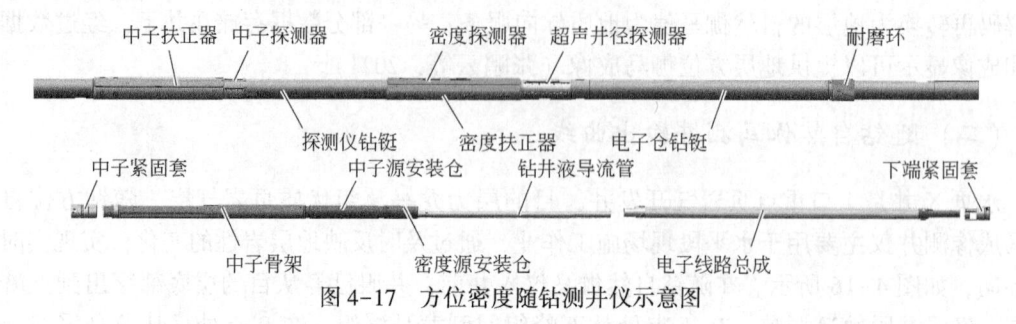

图4-17 方位密度随钻测井仪示意图

密度一体化封装探测器将碘化钠晶体和光电倍增管密封在一起，能够提高测量效率，缩小体积，提高抗振性能，满足随钻环境测量需求，该探测器接收662keV的伽马光子经与地层中电子作用后的伽马射线的能量和个数，是计算补偿密度的核心部件。

密度探测器屏蔽承压外壳是密度探测器安装载体，用于射线屏蔽与探测器承压保护。该外壳由内外两部分组成，外壳屏蔽内套承压。外壳体采用高密度钨合金材料，按蒙特卡罗模拟设计最优结构，用于屏蔽无用射线、接收来自地层的射线；内套采用高强度钛合金加工。

仪器装载的化学源向地层发射能量单一伽马射线，这些射线被地层散射、吸收后到达探测器而被探测到，经放大整形处理送往采集部分，采集部分接收处理这些信号，经计算得到密度值和光电指数。采集部分测量方位信息，将测量到的方位信息和伽马射线信息综合处理，得到地层方位密度和光电吸收指数P_e值，并通过工具旋转得到密度成像图。

（二）随钻密度测井输出曲线

随钻密度测井的输出曲线为岩石的体积密度，若仪器具有方位密度测量功能，则还能提供密度成像测井曲线。图4-18为塔里木油田某井随钻方位密度测井仪（ADCN）测量结果，测量井段为5000~5330m。从图中可看出，随钻密度测井与电缆密度测井所得地层密度值尽管不完全相同，但绝对值差异较小且两条测井曲线的变化趋势一致，说明随钻测井获取的地层密度值可靠。导致两条曲线有差异的原因可能有多个方面，例如随钻测井与电缆测井测量时间不同，地层受钻井液影响不同，或者仪器测量原理相同，但结构等有差异等。同时，该仪器能够提供井筒密度成像，能够直观反映井周地层密度变化。

三、随钻中子测井

随钻中子测井可实时获取地层孔隙度资料，是随钻测井的重要组成部分，其测量原理与电缆中子测井一样。随钻中子测井商用仪器有中油测井CNP、斯伦贝谢Ecoscope等。

（一）随钻中子测井典型仪器

以中油测井公司可控源中子孔隙度随钻测井仪CNP（controllable neutron porosity logging tool while drilling）为例，该仪器由钻铤总成和中子发生器总成组成，如图4-19所示。钻铤总成包括钻铤本体、电源舱、2组中子探测器舱、主控板舱和调制解调舱。中子发生器总成

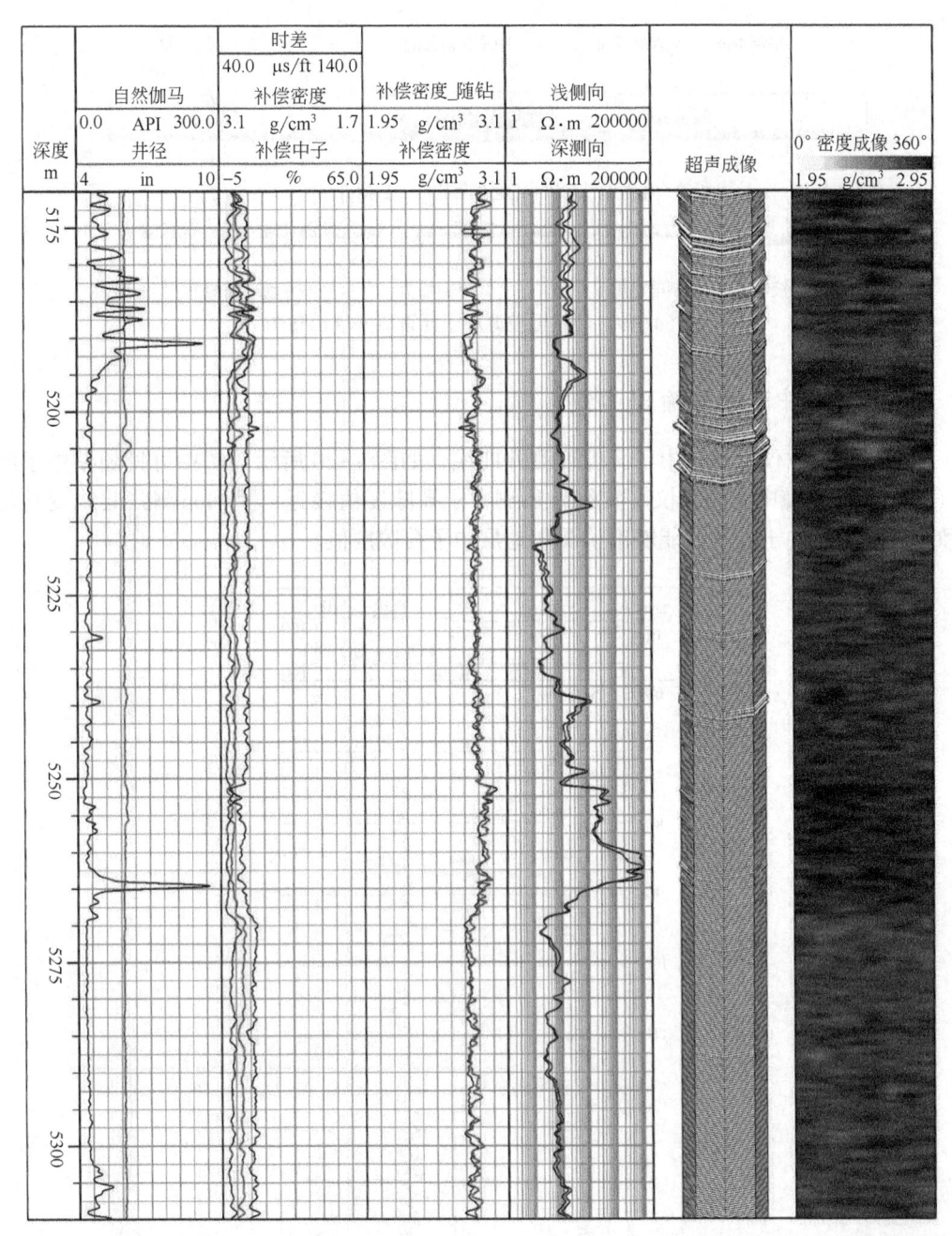

图 4-18 某井随钻方位密度测井仪 ADCN 与电缆测井曲线对比图

包括控制电路单元、中子发生器单元以及承压外壳总成（李安宗等，2011；陈辉等，2023）。

仪器上电后，高压控制电路收到打靶命令，产生 80kV 靶压。同时，在离子源电路和 2000V 阳极高压作用下，中子管生成能量为 14MeV 的快中子轰击地层。经地层慢化后成为热中子和辐射伽马射线，热中子被 He-3 管接收后，在高压模块作用下转化电脉冲信号，送入 FPGA 脉冲计数处理电路，利用中子孔隙度补偿算法，得出地层孔隙度。

彩图 4-18

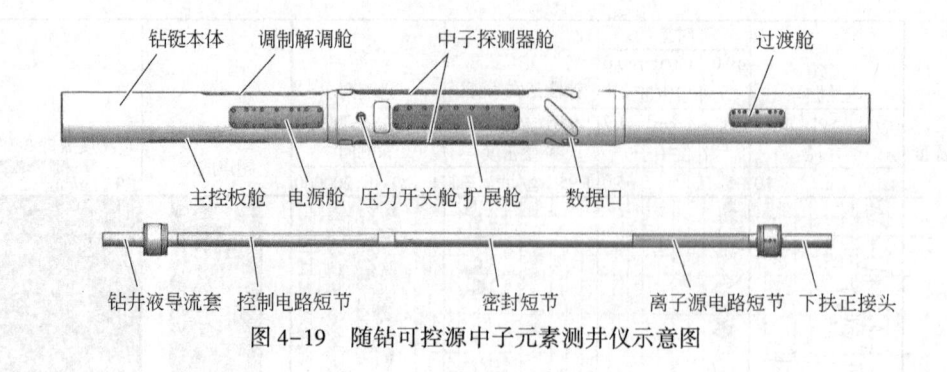

图 4-19 随钻可控源中子元素测井仪示意图

(二) 随钻中子测井输出曲线

随钻中子测井仪可提供中子孔隙度测井曲线，如图 4-20 所示。图中可见随钻中子测井仪（虚线）与电缆中子测井仪（实线）所测中子孔隙度值接近，且两条测井曲线变化趋势一致，说明随钻中子测井仪能够准确测量地层中子孔隙度值。

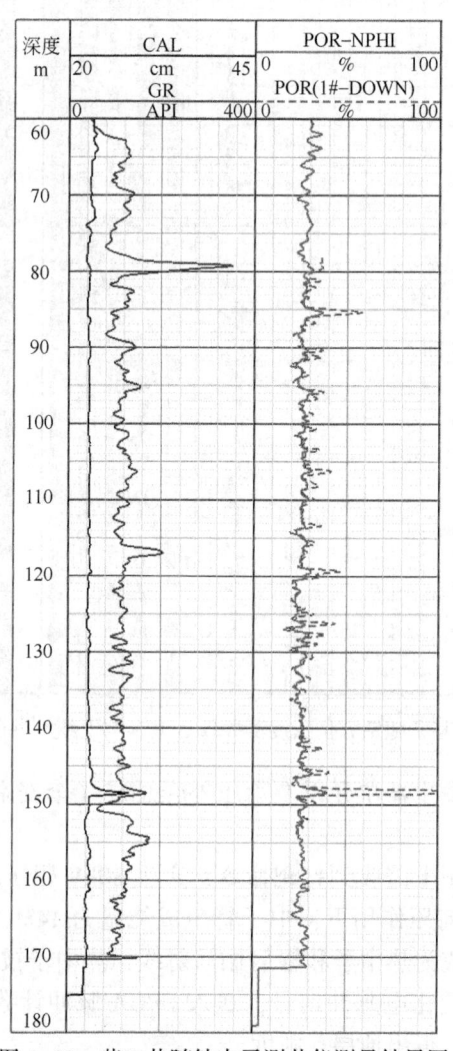

图 4-20 莲 1 井随钻中子测井仪测量结果图

第四节　随钻测井与地质导向钻井技术介绍

常规定向钻井大多依据邻井资料和地质设计预先确定好轨道，根据钻头方向的井斜数据进行几何导向。这种技术在目的层较厚、地质构造简单时效果较好，但在目的层较薄、地质情况复杂或地质情况不太清楚的情况下，其导向效率低。因此，为了克服大位移井、水平井等复杂结构井钻井中存在的这些问题，使钻井过程可控化、科学化，基于随钻测井发展了地质导向钻井技术，同时地质导向钻井的发展，也极大地推动了随钻测井技术和随钻地层评价技术的快速发展。

依托于随钻测井技术的地质导向钻井技术能够实时地获得地下地质情况、井眼轨迹，使得地面工作人员能够及时地进行调整，从而大幅度提高钻井中靶率（视频7）。

视频7　地质导向钻井技术

一、随钻测井资料的主要用途

随钻测井资料具有常规电缆测井资料的功能和用途，但与常规电缆测井资料相比，它又具有其独特性：

（1）在地层评价方面，随钻测井资料可以帮助发现那些进行电缆测井时可能已被钻井液或其滤液污染的油气层。同时，将随钻测井资料与钻井以后进行的常规电缆测井资料综合应用，还可以获得时间推移测井资料，区分产层和水层，确定流体界面和地层真电阻率R_t。

（2）在地质导向钻井方面，把设想的地质模型与实时测井响应对比，可以及时调整井眼轨迹，使井眼始终处于最好的产层中。

（3）在提高钻井安全性和效率方面，随钻测井提供的有关钻杆机械性、流动动态和岩石物性的实时数据，可以用于评价孔隙压力和井眼稳定性，帮助设计钻井程序和完井策略。以随钻测井资料为基础的随钻实时地层评价为地质导向钻井技术的实施提供了坚实的地质基础。

图4-21为两口水平井的随钻电阻率和自然伽马测井资料。从A井的电阻率和自然伽马曲线可见，A井钻遇地层连续性较好，自然伽马值低，为质量较好的砂岩；从B井的电阻率和自然伽马曲线可见，沿水平段电阻率和自然伽马变化大，B井钻遇的地层连续性差，渗透性地层中夹杂了大量的非产层和页岩。

二、随钻测导装备系统

随钻测井及地质导向技术简称随钻测导技术，其发展可划分为3个阶段：20世纪30—70年代的起源与初级技术阶段，20世纪80—90年代的技术蓬勃发展阶段，2000年以来的技术纵深融合发展阶段，现正向数字化智能化方向发展。

随钻测导装备主要由地面系统、MWD、LWD、导向工具系列装备组成。地面系统主要由采集、测试箱、指令下发装置、采集处理软件等组成；MWD主要由传输供电短节、测量短节组成；LWD主要由伽马成像、方位电磁波、远探测电磁波电阻率、近钻头伽马/电阻率、侧向电阻率等边界探测类装备及多极子声波、中子密度、超声成像、伽马能谱等地层评价类装备组成；导向工具由不同尺寸及应用场景旋转导向或螺杆钻具等系列仪器组成。

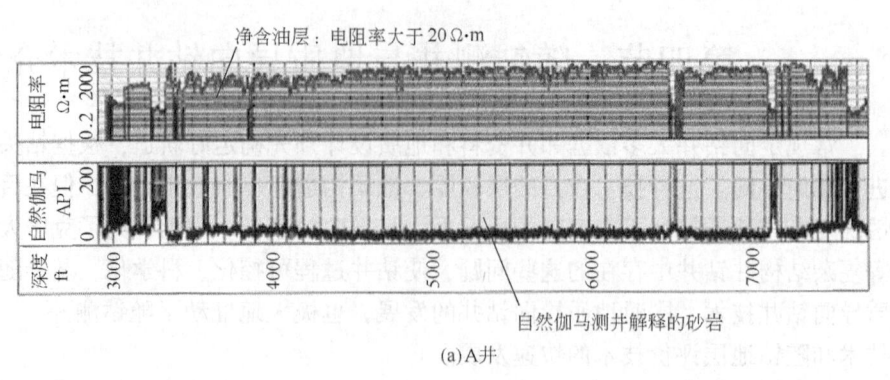

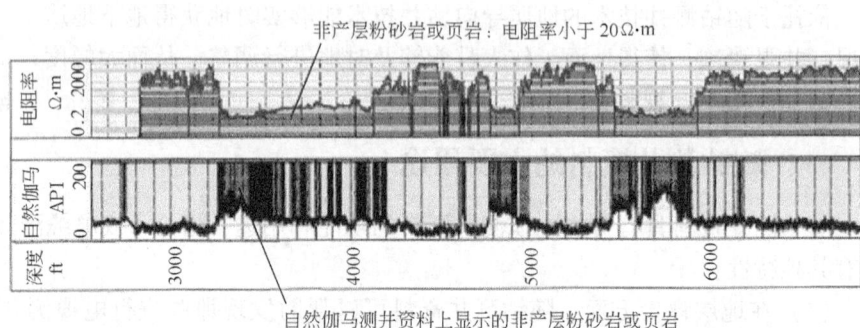

图 4-21　两口水平井的随钻测井资料（据斯伦贝谢资料）

按照主要功能、用途，随钻测导装备可分为六个应用系列，包括随钻常规测井系列、随钻成像测井系列、常规地质导向系列、近钻头地质导向系列、旋转地质导向系列、随钻测录一体化系列等。下面分别介绍各系列主要技术组成：

随钻常规测井系列由地面系统、MWD、电阻率（电磁波、侧向）、补偿密度等随钻测井仪、可控源中子孔隙度、超声井径等随钻测井仪组成，提供伽马、电阻率、孔隙度、密度、井径等测量参数。可以根据地质导向和地层评价的需求，选用不同仪器组合。

随钻成像测井系列由地面数据系统、MWD、伽马成像、方位侧向电阻率成像随钻测井仪等组成。通过井周旋转扫描成像，提供工具面、方位伽马、深—中—浅电阻率、伽马成像、成像电阻率等测量参数，实现薄层、非均质、低孔、低渗等复杂储层的大斜度井、水平井地质导向和地层评价。

常规地质导向系列主要由地面系统、MWD 和伽马/电阻率随钻测井仪组成。根据不同导向需求选用不同仪器组合，一种组合是定向遥测随钻测井仪和居中伽马随钻测井仪，提供伽马测量参数，另一种组合是定向遥测和伽马、电阻率（电磁波、侧向），提供伽马、电阻率等测量参数。

近钻头地质导向系列主要由地面系统和近钻头随钻仪器、无线电磁波短传系统组成。该系列提供井斜，钻头转数，振动级别，钻具内、外压力，钻压、温度等工程参数，也提供近钻头方位自然伽马、近电阻率等地质参数。

旋转地质导向系列主要由地面系统和 MWD、旋转导向工具、随钻测井仪组成。该系列是随钻测井装备与旋转导向工具组合或融合。提供井斜、方位、工具面、钻压、振动、扭矩等工程参数测量，也提供伽马、电阻率、孔隙度等地质参数测量。

随钻测录一体化系列由随钻测井地面系统、地面综合录井系统、MWD、随钻测井仪、井控参数测量仪或旋转导向工具等组成。在地面，实现随钻测井地面系统、综合录井仪、地质导向等软硬件融合；在井下，实现随钻测井仪器和井控参数测量仪及导向工具（包括旋转导向）组合。

三、随钻测导技术应用

目前，随钻测导技术的基本方法是：

(1) 在井的设计阶段，基于地质综合研究成果，建立目标区域三维地质模型，指导新井井眼轨道优化部署，并预测设计井的测井响应，如图4-22所示，以在一口直井中测得的电阻率、自然伽马曲线作为输入，可以模拟出设计井相应地层的测井响应，并将模拟响应显示在设计井身轨道的水平面上。图中，两个薄层为电缆测井显示的主力油层，从图上可见，由于井斜的影响，同一地层在设计井中的厚度比在直井中大。

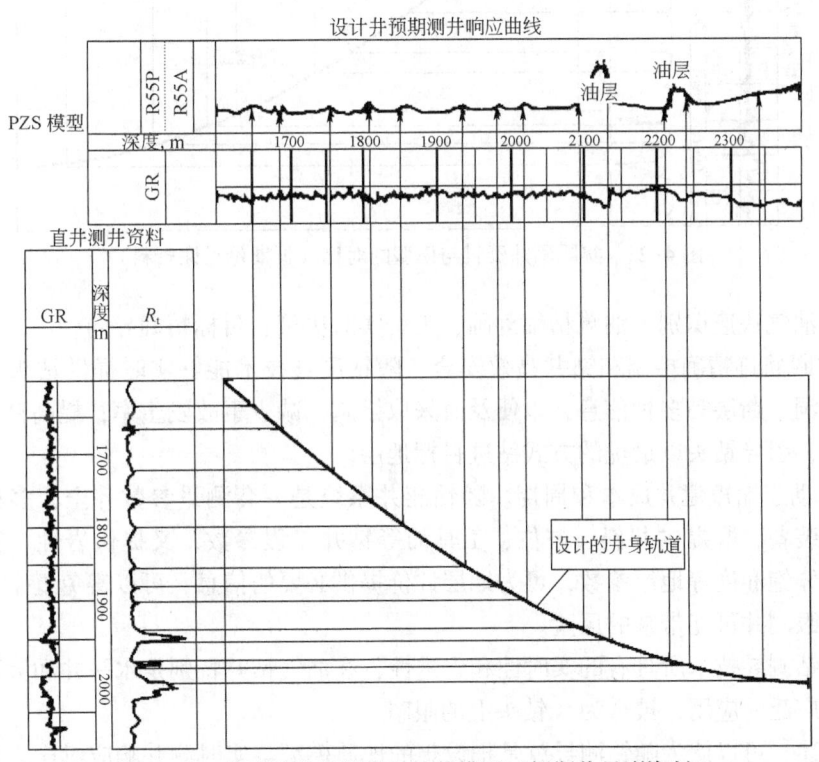

图4-22 典型的油气层导向钻井模型（据斯伦贝谢资料）

(2) 在钻井过程中，将井下随钻测井工具发送到地面的实时测井数据与模拟数据进行对比。如果模拟数据与随钻实测数据一致，就说明井眼命中了最佳地质目标，否则，就说明应该按井下实际地质特征修正或改变井眼轨迹。图4-23同时给出了设计井预期测井响应曲线（PZS模型）、建立导向井预期测井响应模型的输入井曲线以及导向井实测曲线。

随钻测导技术主要具有以下特点：

(1) 地质工程一体化协同。随钻测导技术打破了行业界限，突破了地震、测井、录井、钻井这些单项技术的局限性，形成了新的技术体系，通过多专业融合和设备、数据资源共

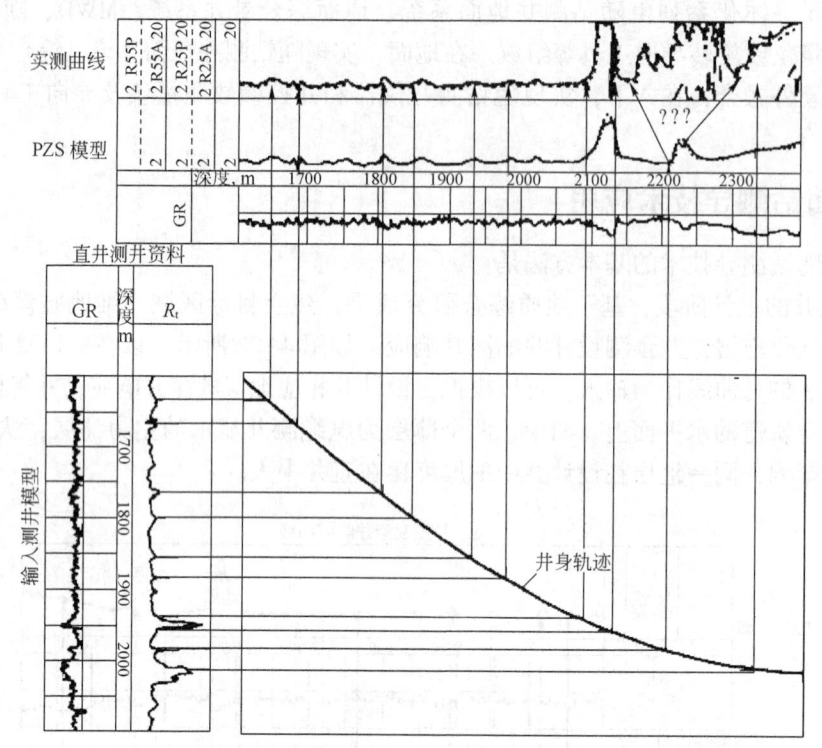

图 4-23 实际测井资料与模型的对比（据斯伦贝谢资料）

享，实现了油气快速识别、油藏精细刻画、工程实时决策、目标精确导向。

（2）井眼轨迹精确控制和钻井高效安全。随钻测导技术能够实时提供钻头前方地层的压力、缝、洞、断层等多种信息，以便及时采取措施，减少事故发生率，提高钻井效率和安全性，同时，引导钻头以最优的方式钻进目标地层。

（3）有助于缩短建井成本和周期。随钻测井系统是一套测量参数齐全、多种规格系列的随钻测井装备，既提供井斜、方位、工具面等钻井工程参数，又提供岩性、密度、孔隙度、孔隙流体饱和度等地层参数，可为地层评价提供必要的信息，可以避免复杂井、复杂结构井钻后裸眼测井可能带来的风险。

由于随钻测导技术所具有的实时性和先进性，在油气钻井特别是水平井和大斜度井中得到了快速而广泛的应用，被誉为"钻头上的眼睛"。

综上所述，可以认为随钻测导就是把设想的地质模型与实时测井响应对比，及时地调整井眼轨迹，使井眼始终处于最好的产层中，因此，随钻测井技术和随钻地层评价是地质导向钻井技术的基础和精髓所在。

课后习题

1. 请比较随钻电法测井与电缆电法测井，并简述两种在获取地层电阻率上所采用方法的差异。
2. 请简述随钻测井相比于电缆测井的优势。
3. 随钻电磁波测井是如何实现方位电阻率测量的？如何实现地层探边、前视的？

4. 请简述相比于电缆声波测井，随钻声波测井中纵波、横波时差测量的难点。如何解决的？

5. 仪器直达波通常传播较快、能量较强，会遮蔽地层信号，导致难以提取有效地层纵波、横波信息，需消除掉。请简述随钻声波测井中去除仪器波（钻铤波）的主要方法，并分析在消除仪器波时，随钻声波测井中为何不采用电缆声波测井中常用的刻槽方法？

6. 钻井液会侵入地层，并与地层岩石中的部分矿物发生一系列物理化学作用，例如黏土矿物的水化作用，改变地层岩石的性质。请结合该信息，从油气井工程角度，简述随钻声波测井相比于电缆声波测井的优势。

7. 请简述随钻测井中方位测量、方位成像对地质导向的重要意义。你认为未来随钻测井技术应该如何发展才能更好地解决地质导向问题？

8. 绿色、环保、可持续发展一直是科学技术发展中的重要课题。请简要说明随钻中子测井仪是如何实现绿色、无辐射测量的。

9. 随钻测井仪对数据传输要求较高，需满足传输速度快、数据量大的要求，目前数据传输仍是难点问题。请问现有随钻测井仪是如何实现井下数据传输的，有哪些主要方法？这些方法的缺点是什么？如何改进完善？

10. 人工智能是当今技术发展的热点之一。请问如何利用人工智能和机器学习技术提升随钻测井技术的效果？

第五章　生产测井和电缆地层测试器

生产测井是监测油气田开发动态的主要技术手段，是油气田储层评价、开发方案制定和调整、井下技术状况检测、作业措施实施和效果评价的重要依据。国外常将生产测井作为流动剖面测井的代名词，而在我国，生产测井泛指油气田投产后，在生产井或注入井中进行的一系列井下地球物理观测。根据测量对象和应用范围，生产测井大致可分为产出剖面测井、注入剖面测井、套后储层参数测井以及井筒密封性测井四类。后两类在前面章节已作阐述，本章对前两类进行介绍。

生产测井始于20世纪30年代末，最初主要利用井下温度监测结果识别流体性质，比如利用气体膨胀造成的低温异常来识别产气层。至40年代，压力计、流量计与温度测量一同应用来获得更多的井下信息，例如利用压力梯度来辅助判断流体类型，利用流量测量来定量分析流体产出或注入量。至60年代中期，生产测井仪器得到了进一步的发展，能够获得更丰富的井下动态信息。尤其是在多相流中，通过引入密度和持水率测量有助于对多相流体中的复杂流动情况有更清晰的认识。到80年代后，随着计算机技术的飞速发展，生产测井产生了质的飞跃，步入数字记录和数控测井的新时代。此外，随着陆上常规油气田逐渐进入开发中后期阶段，海上油气和非常规油气正逐步成为能源领域勘探开发的热点，水平井技术应用也越来越广，这对水平井生产测井技术提出了更高的要求，为了满足水平井生产测井的需要，一系列阵列式生产测井仪器也得到了迅速发展。同时，为了适应快速、长期、稳定的井下动态监测，分布式光纤测量技术也在生产测井领域兴起并取得了一定的发展，实现了对井下温度、动态应变（振动、声波）的长距离、分布式、实时定量监测。

生产测井仪种类多，且这些仪器具有外径较小、能承受高温高压、耐腐蚀能力强、测井速度快的特点。一般生产测井采用组合方式进行测量，即把多种仪器组合在一起，一次下井同时测得多条曲线。本章将简要介绍流量、温度、流体密度和压力等用于生产动态监测的生产测井仪。其他生产测井方法的原理在前述章节中已经介绍，本章不再赘述。

对于压力测量，除了采用各类压力计对井下流体压力进行监测外，也可使用电缆地层测试器对地层压力进行测量。电缆地层测试器既可以用于裸眼井，也可以用于套管井。它不仅可以直接测量地层压力和流体流动能力，而且可以采集地层流体样品，是开展地层流体性质、压力、有效渗透率、产水率、地层的连通情况、压力衰竭情况等研究的重要资料来源。

第一节　流量测井

生产测井测量的流量是指单位时间内通过任意井筒截面的各种流体的体积流量，是表征油气井生产动态变化和评价油气产层生产特性的一个重要参数。流量监测是通过测量与井筒流体速度相关的信息来间接实现的，即流量测井过程中首先获得流体速度信息，然后求出平均流速，再与井筒截面积相乘得到流体的体积流量。用于流量测量的流量计类型主要有涡轮流量计、同位素示踪流量计和脉冲中子氧活化流量计等。

一、涡轮流量计

（一）涡轮流量计测量原理

涡轮流量计可以分成连续式涡轮流量计和集流式涡轮流量计。连续式涡轮流量计又可分为连续涡轮流量计（图5-1）和全井眼涡轮流量计（视频8、图5-2）。集流式涡轮流量计主要采用可膨胀集流式流量计（图5-3）。

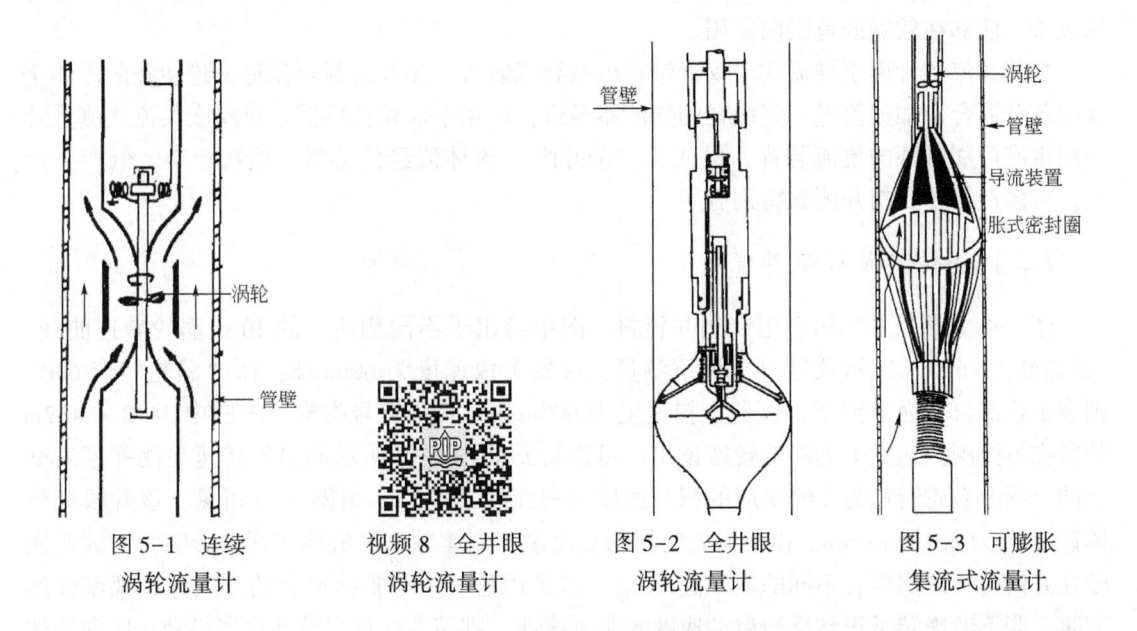

图 5-1 连续涡轮流量计

视频 8 全井眼涡轮流量计

图 5-2 全井眼涡轮流量计

图 5-3 可膨胀集流式流量计

当流体的流量超过某一数值后，涡轮的转速同流速成线性关系。因此，通过记录涡轮的转速可以推算出流体的流速。不同类型的涡轮流量计的结构可能不同，但其测量原理是相似的，都是把经过流动截面的流体的线性运动变成涡轮的旋转运动。当流体流过涡轮叶片时，流体流量作用在涡轮的叶片上，驱使涡轮转动。根据动量矩守恒和转动定律，可推导出涡轮流量计的频率响应为

$$RPS = K(v - v_{th}) \tag{5-1}$$

式中　RPS——涡轮转速，r/s；

　　　K——仪器常数，与涡轮的材料和结构有关并受流体性质的影响；

　　　v——流体与仪器的相对速度，m/min；

　　　v_{th}——涡轮的启动速度，与流体性质和涡轮的摩阻有关，m/min。

式(5-1)称为涡轮流量计的理论方程。对于连续式涡轮流量计，当仪器在井内以恒速 v_l 测量时，若流量计运动方向与井筒流体流动方向相反，由于视流体速度 v_a 与电缆速度 v_l 方向相反，仪器相对于流体的速度为 v_a 加上 v_l，于是：

$$RPS = K(v_a + v_l - v_{th}) \tag{5-2}$$

当连续流量计运动方向与井筒流体流动方向相同时，由于 v_a 与 v_l 同向，仪器相对于流体的速度为 $v_a - v_l$，根据 v_a、v_l 的数值大小，此时涡轮转子响应 RPS 分为三种情况：

$$RPS = \begin{cases} K(v_a - v_l - v_{th}) & \text{正转} & v_a > v_l + v_{th} \\ 0 & \text{不转} & v_a = v_l + v_{th} \\ K(v_l - v_a - v_{th}) & \text{反转} & v_l > v_a + v_{th} \end{cases} \quad (5-3)$$

涡轮的转动还受流速、流体黏度和流体密度的影响。当流速一定时，流体黏度增大，涡轮转速减小；当流速一定时，流体密度增大，涡轮转速增大。此外，连续涡轮流量计可用稳定的速度进行连续测量，但其仅能测量流道中心部分的流体。低压、低动量的气体可能会绕过涡轮流动，而不使涡轮转动。而全井眼涡轮流量计的叶片张开度可以变化，使测量性能得到改善，能够在较宽的范围内使用。

集流式流量计属于导流式。仪器带有机械导流装置，测井时封隔流道，迫使井内流体全部或部分混合，加速流过一定内径的导流器喉道，作用于涡轮传感器。可膨胀集流式流量计使用带有可膨胀环的集流装置，保证了"全井眼"流体流经传感器，适用于中、低产生产井，对多产层井和斜井测试特别有用。

（二）涡轮流量计测井资料

图 5-4 为某气井的组合生产测井资料，图中给出了不同测速下的 10 条涡轮转速曲线。"涡轮转速-600"表示仪器自上而下测量，仪器下放速度为 600m/h；而"涡轮转速 600"则表示仪器自下而上测量，仪器上提速度为 600m/h，其余符号类推。将图中 3422～3437m 井段在不同测井速度下的涡轮转速读出，可以得到如图 5-5 所示的涡轮转速与测井速度交会图，图上涡轮转速为 0 时对应的测井速度为视流体速度 v_a。由图 5-5 可见，该井段视流体速度 v_a 为 5.158m/min。由于涡轮的转动受流速、流体黏度和流体密度的影响大，因此涡轮在井筒内不同深度有不同的启动速度 v_{th}。当采用这种上下整体交会的方式计算视流体速度时，若不考虑转子正转反转启动速度的非对称性，则该方法可以消除仪器启动速度和流体性质变化的影响。

在某一深度，从涡轮转速曲线上读出对应的转速 RPS，通过涡轮响应交会图可计算得到该深度的视流体流速 v_a，该视流体速度是涡轮叶片覆盖的井筒截面上混合流体的平均速度，井筒总平均速度 v_m 为视流体速度 v_a 与速度剖面校正系数 C_v 的乘积，因此求取了视流体速度后，还需要精确求取其速度剖面校正系数。单相流动中，当为层流时，C_v 值为 0.5；紊流时，C_v 值分布在 0.75 至 0.86 之间。因此，当流动截面积为 S 时，该深度流量 Q 可以表示为

$$Q = v_m S = C_v v_a S \quad (5-4)$$

二、同位素示踪流量测井仪

同位素示踪流量测井是利用人工放射性同位素作为标记物来观测井下流体流量剖面的一种测井方法，主要应用于井筒流量太小而不能使涡轮有效转动的低流量井中。

同位素示踪流量测井仪由放射性示踪剂喷射器和伽马探测器组成。根据井的类型（生产井、注水井）和流量大小，同位素示踪流量测井仪有不同的装配结构和测量方式。同位素示踪流量测井仪的喷射器为一个或两个，两个喷射器的仪器可同时携带水溶性和油溶性示踪剂，适用于井下油、水多相流测量；伽马探测器可以有一到三个，常用两个探测器。三个探测器的流量计，其中一个探测器装在喷射器的上水流方向记录本底自然伽马放射性，作为

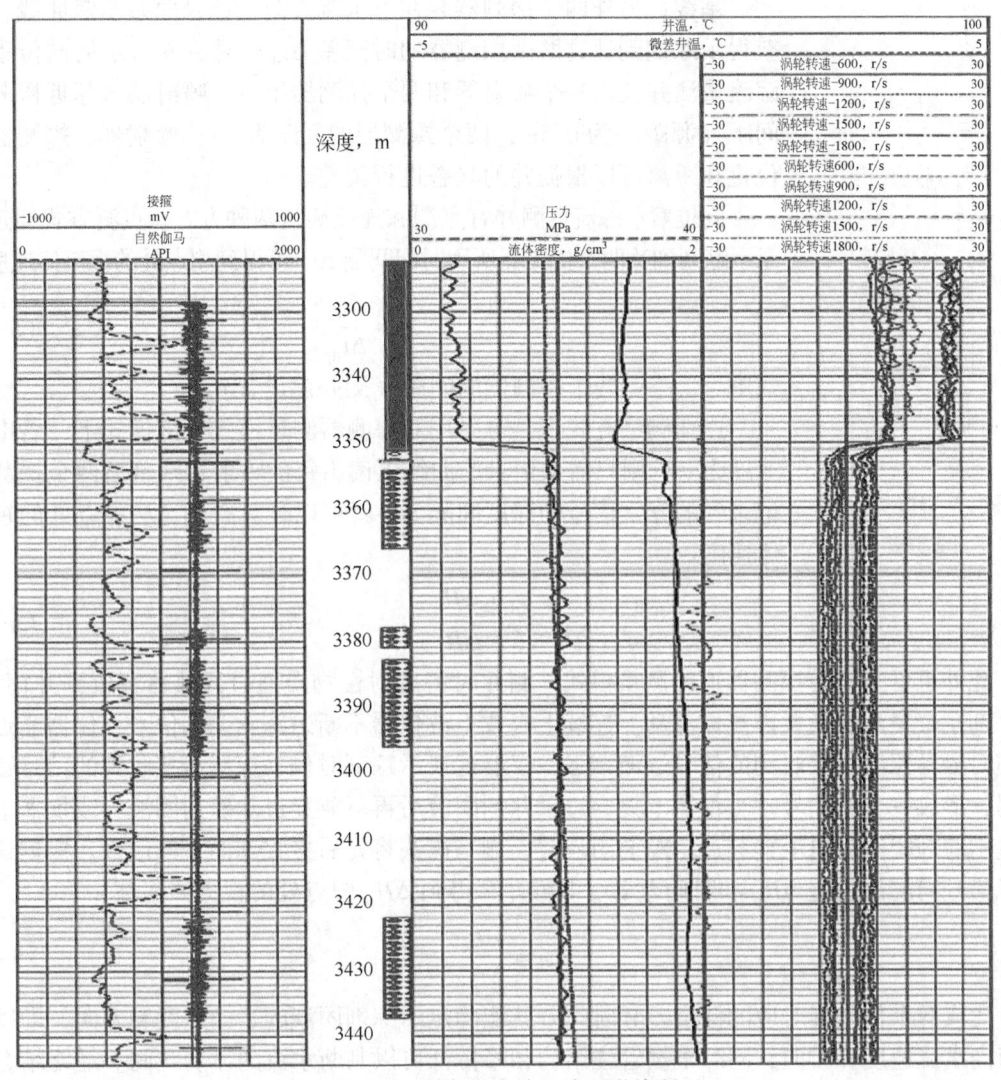

图 5-4 某气井组合生产测井资料

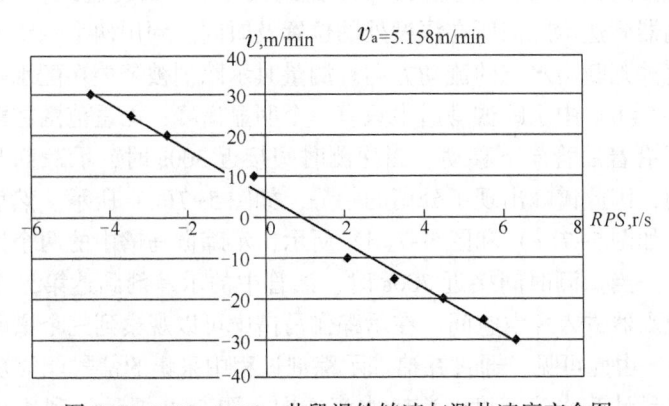

图 5-5 3422~3437m 井段涡轮转速与测井速度交会图

彩图 5-4

基线；另外两个探测器装在下水流方向，记录两条示踪曲线，以获得示踪剂到达这两个探测器的时间差 Δt_d。图5-6所示的同位素示踪流量测井仪由一个喷射器和两个探测器组成。喷射器与邻近探测器间距（源距）为0.5m，两个探测器的间距为2m。喷射器、探测器的位置和距离可以根据井的状态进行调整。

同位素示踪流量测井有点测和连续测量两种方式。点测方式通过记录示踪剂到达两个探测器所用时间间隔 Δt_d 可得到测点处的视流体速度：

$$v_a = \frac{L_d}{\Delta t_d} \tag{5-5}$$

式中 L_d——两个探测器的间距（测井前设置），m。

连续测量方式下，可采用双探测器测量模式，该模式下，若电缆速度为 v_1，则只需从记录的曲线上读出每次喷射示踪剂后两个探测器记录到的异常信号的深度间隔 ΔH 就可以计算得到 ΔH 中点处的视流体速度：

$$v_a = \frac{v_1 \cdot \Delta H}{L_d - \Delta H} \tag{5-6}$$

此外也可采用单探测器追踪测量模式。测井时将放射性物质通过释放器释放到井筒中，示踪剂呈聚集形式随井内流体流动。连续上提或下放仪器不断追踪示踪剂信号，仪器靠近示踪剂时伽马探测器接收到的信号逐渐增强，仪器远离示踪剂时伽马探测器接收到的信号逐渐减弱，形成一个峰信号。当仪器上提穿过示踪剂团液后再下放穿过示踪剂团液，或仪器下放穿过示踪剂团液后再上提穿过示踪剂团液时，伽马探头将先后接收到两个峰信号。根据这两个峰信号间的深度差 ΔH_p 和时间差 Δt_p 即可计算得到 ΔH_p 中点处的视流体速度：

$$v_a = \frac{\Delta H_p}{\Delta t_p} \tag{5-7}$$

比较两个信号峰对应的深度差和时间差就能确定示踪剂团液的运动速度和方向，即得到井筒内水流速度和方向，同时根据管柱结构和峰特征可以判断水流的流动空间。最终结合井筒的结构尺寸，获得流体流通截面积后就能确定流量。

图5-7展示了某注水井中同位素示踪流量测井采用追踪式测量方式获得的不同测点的示踪信号，该井实施分层配注方案，从油管注水，经配水器流入环空，最终进入各吸水层。示踪谱的谱峰位置对应着探测器到达示踪剂所在深度处的位置及时间。利用两个示踪峰的峰位即可计算出该处流体的流速并判断出水流的流动方向。测量时示踪剂被释放在配水器之上的油管内，图5-7(a)和图5-7(b)中示踪伽马谱中只有一个明显谱峰，测量范围在配水器的上方。这说明此时示踪剂正沿着油管向下移动。当探测时间接近300s时，示踪剂开始通过第一个配水器进入环空空间，因此谱峰出现了分离的趋势，如图5-7(c)所示。然后油管和环空重叠的谱峰逐渐分离，如图5-7(c)和图5-7(d)所示，示踪伽马谱中的两个谱峰分离程度随着时间的推移而增大。当探测时间接近700s时，油管中的示踪剂到达第二个配水器。接着部分示踪剂通过此配水器进入环空空间，在示踪伽马谱中可以观察到三个谱峰，如图5-7(e)和图5-7(f)所示。由此可见，通过在追踪示踪剂过程中采集的信号能够反映井下的流动情况并可结合峰位定量计算水流速度，判断水流方向。图5-8展示了利用计算得到的不同测点处的流量及流动方向确定的注水剖面，在注入剖面计算中，根据注入层上下两

图5-6 同位素示踪流量测井仪

侧测点的流量差可以定量计算该层的注入量。

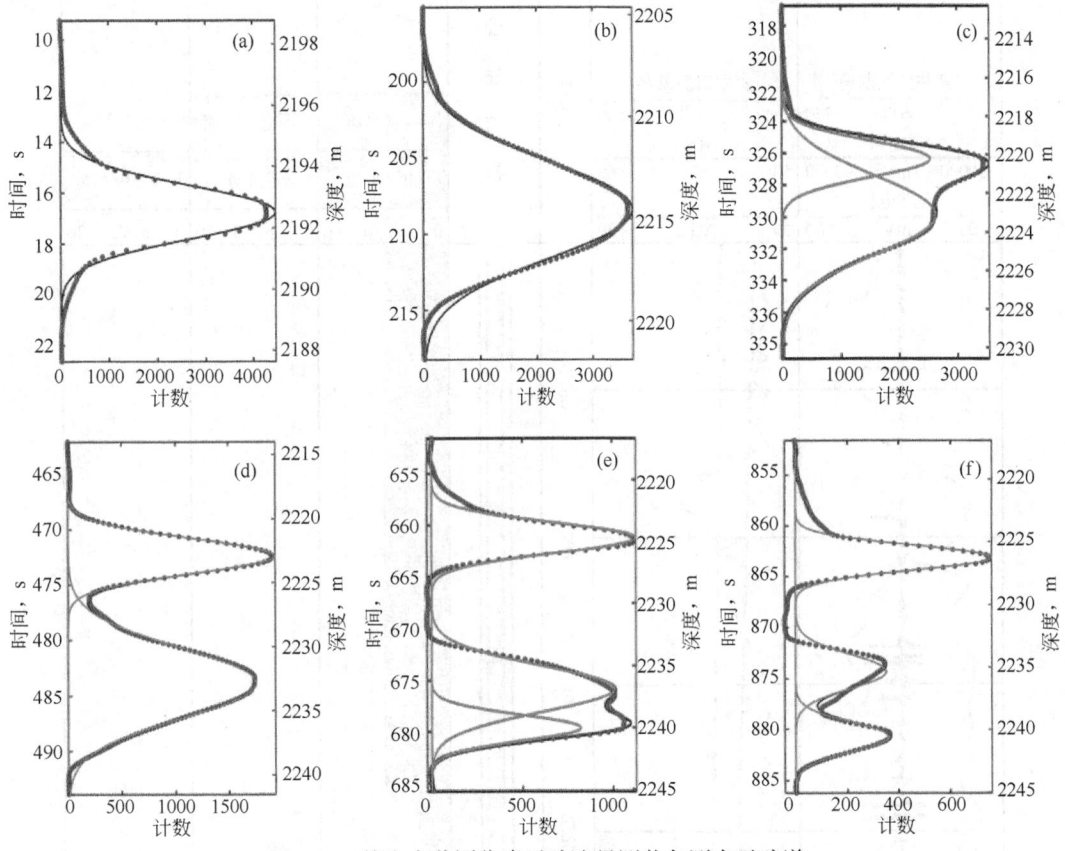

图 5-7 某注水井同位素示踪流量测井各测点示踪谱

三、脉冲中子氧活化流量计

（一）脉冲中子氧活化流量计测量原理及仪器结构

脉冲中子氧活化测井是基于快中子与氧元素原子核发生的活化核反应实现的。井内流动的流体中只有水中含氧元素。脉冲中子氧活化测井时首先利用脉冲中子源发射能量为 14MeV 的快中子使井内流体中的氧原子核活化，活化时间很短（2s 或 10s），然后用较长的采集时间（40s 或 60s）探测流动的活化水流释放出的伽马射线，根据源（中子发生器）到探测器的间距和活化水通过探测器所用的时间可以计算出水的流速。由于氧原子核活化后释放出的伽马射线穿透能力强，因此脉冲中子氧活化测井可以探测井筒内或套管外水的流动。

脉冲中子氧活化测井仪包括一个脉冲中子发生器和多个伽马探测器，根据井筒内水流方向的不同，脉冲中子氧活化测井仪可以装配成不同的结构，如图 5-9 所示。测量上水流（生产井）时，中子发生器置于探测器的下方，见图 5-9(a)；测量下水流（注水井）时，中子发生器置于探测器的上方，相对位置见图 5-9(b)。此外对于采用分层配注方案的注入剖面测量，也可在仪器脉冲中子源两侧各安装三到四个伽马探测器，从而实现同时监测复杂管柱结构中的上下水流。

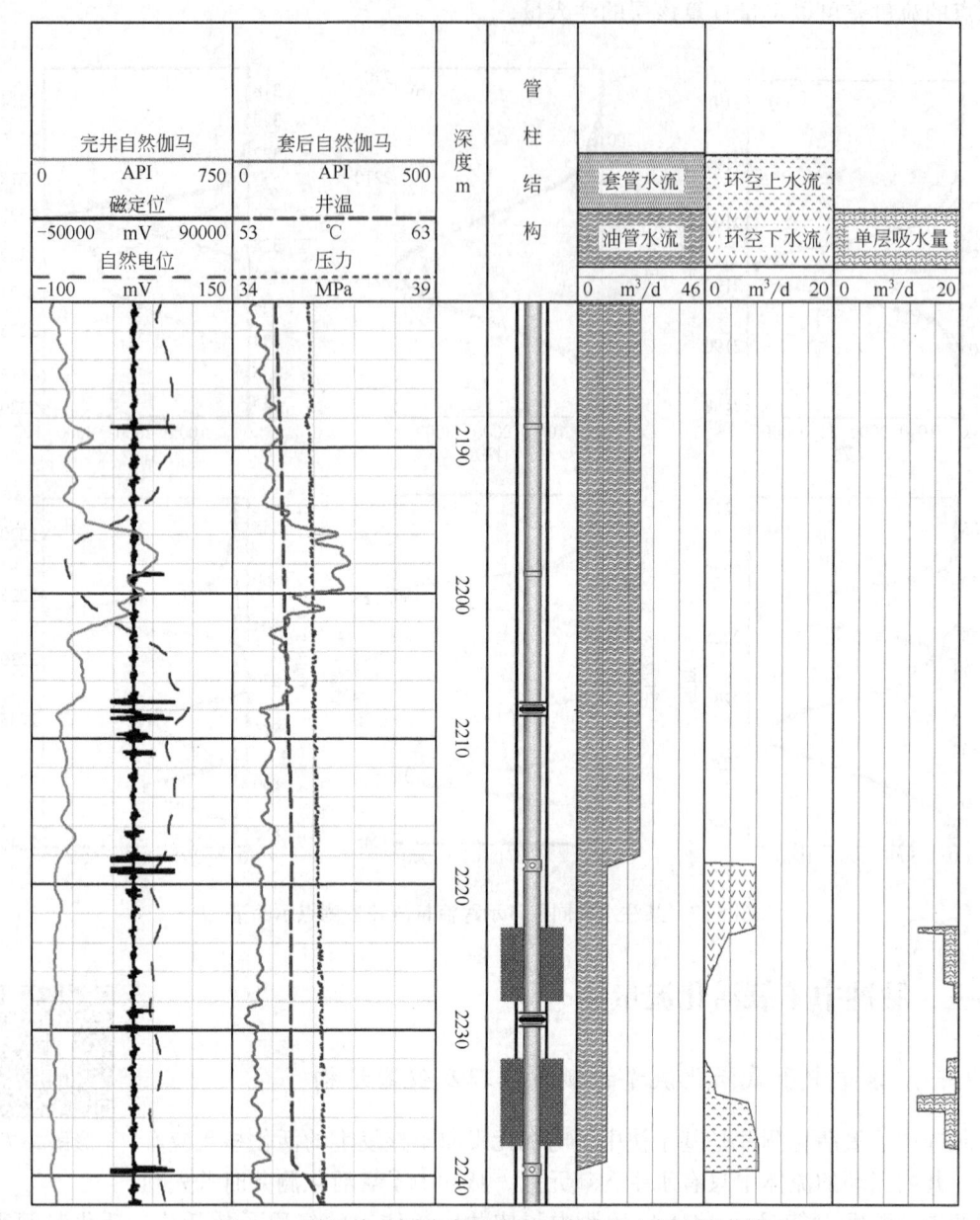

图 5-8 某注水井同位素示踪流量测井注入剖面测井图

彩图 5-8

（二）脉冲中子氧活化流量计测井资料

脉冲中子氧活化测井每个探测器可以得到独立的测量结果。图 5-10 为某注水井的脉冲中子氧活化流量计在 2180m 和 2210m 测点测量的谱线图，图 5-11 为该井注入剖面测井图（该井封隔器失效）。该井从油管和环空中同时注水，油管中的水流经喇叭口上返进入环空，因此在该井环空中既存在上水流也存在下水流。测井仪器在中子源两侧各有三个探测器呈对称分布，U3、U2、U1 探测器位于中子源上部，主要用于监测上水流；D3、D2、D1 探测器位于中子源下部，主要用于监测下水流。U3 和 D3 具有最大的源距，U1 和 D1 具有最小的源距。由图 5-10 中各探

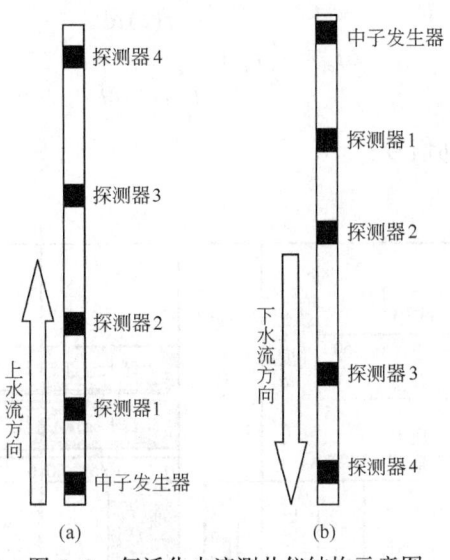

图 5-9 氧活化水流测井仪结构示意图

测器测量得到的活化水流伽马时间谱可以看出：当测点处存在下水流时，下部探测器测量的活化水流伽马时间谱中具有明显的谱峰，当油管和环空中存在同向水流时，在活化水流伽马时间谱中会出现双峰现象（如 2180m：D2）。此外，如果测量处存在上水流，上部探测器测量活化水流伽马时间谱中同样会出现谱峰（如 2210m：U2）。因此利用不同方向探测器的测量谱线特征能够实现水流方向的识别。并且不同源距的探测器具有不同的水流速度探测范围，通常当水流速度较小时近源距探测器一般具有较明显的谱峰，反之，当水流速度较大时，远源距探测器一般具有较明显的谱峰。

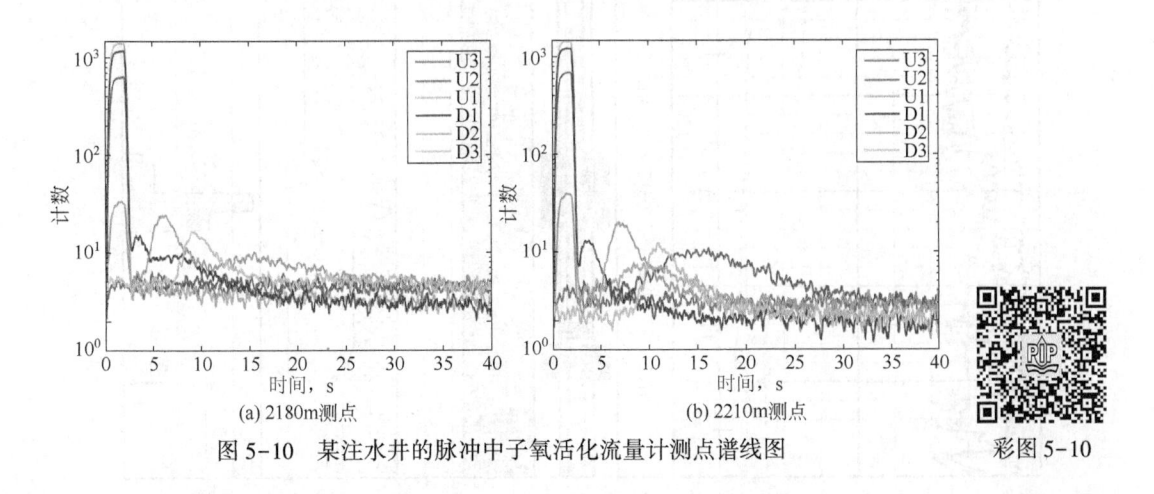

图 5-10 某注水井的脉冲中子氧活化流量计测点谱线图　　彩图 5-10

已知探测器到中子源的距离，测量被活化的水流经过探测器的平均时间 Δt_m，可以通过两者的比值求出水流的速度。在计算活化水流经过探测器的平均时间 Δt_m 时，必须先确定背景组分和静态氧活化组分。静态氧活化组分指地层和水泥环中的氧元素被活化后产生的伽马射线，通常服从指数衰减。这类静态氧活化组分需从总计数率中扣除，然后由剩余信号确定 Δt_m。Δt_m 可以通过加权平均法确定：

$$\Delta t_{m} = \frac{1}{2}t_{a} + \frac{\int_{0}^{\infty}f(t)tdt}{\int_{0}^{\infty}f(t)dt} \tag{5-8}$$

式中 $f(t)$ ——测量的流动信号；

t_a——活化时间，s。

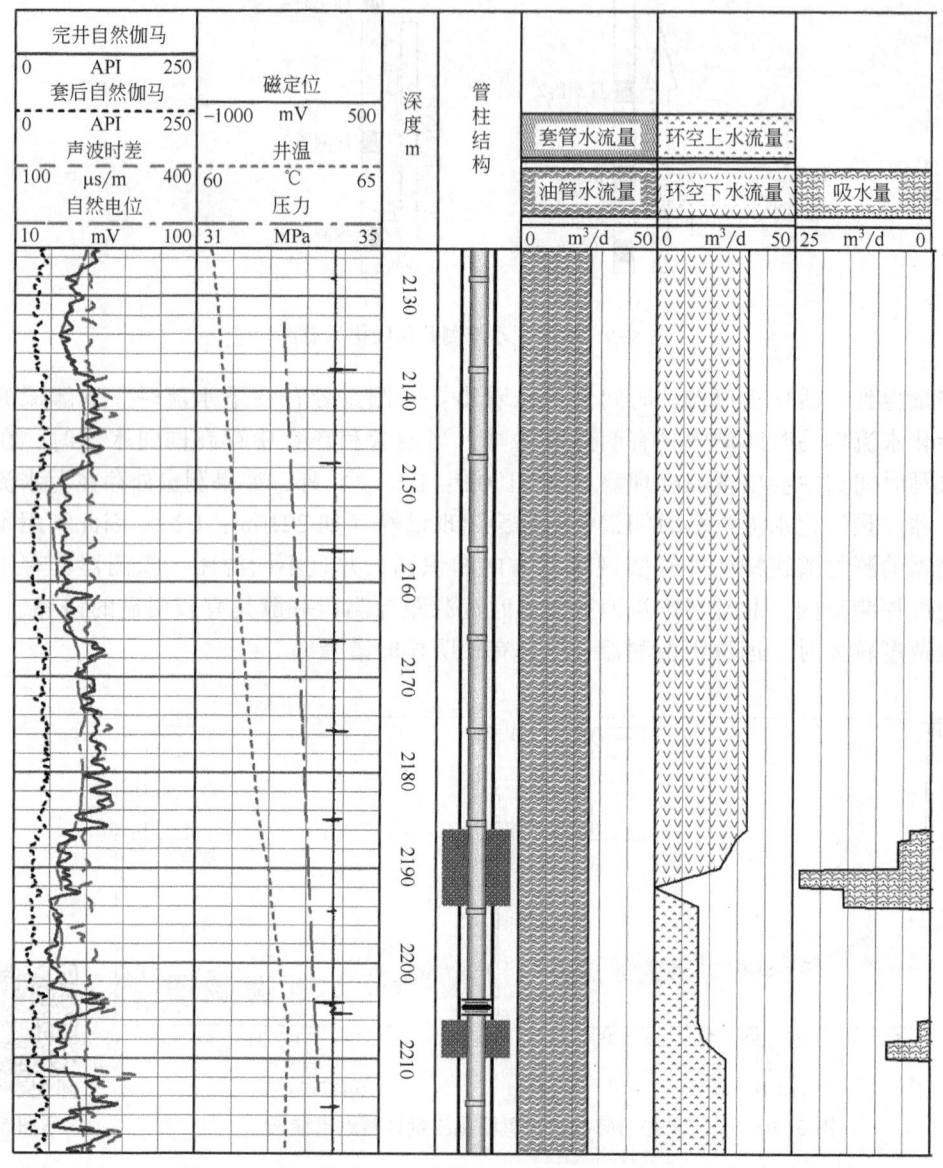

图 5-11 某注水井脉冲中子氧活化流量计注入剖面测井图

彩图 5-11

计算得到井下各测点水流速度后结合管柱截面积可以计算出各测点的流量，从而可以获得井下的流动剖面。

第二节 流体识别测井

生产测井主要通过测量井内流体的密度或持水率来识别流体类型、获得井眼中实际存在的各相流体比例。测量流体密度的仪器主要有压差密度计、伽马密度计和音叉密度仪等；测量持水率的仪器主要有电容式持水率计和电导式持水率计等。

一、流体密度测井

生产井中的流体主要有油、气、水三种，它们在密度上有明显差别。流体密度测井就是利用密度计测量井筒内流体密度，进而达到区分产出剖面性质的目的。

（一）压差密度计

图 5-12 是压差密度计（密度梯压计）的结构示意图。压差密度计利用两个相隔一定距离、常为 0.6m（2ft）的压敏箱来测量井筒内这两点间流体的压差值。对摩阻损失不大的井眼，测出的压力梯度正比于流体密度。

在静液柱条件下，标准压差可以表示为

$$\Delta p = \alpha \rho_f g \Delta h = \alpha \rho_f g d \cos\theta \tag{5-9}$$

式中 Δp——标准压差，MPa；
  d——压敏波纹管（压敏箱）间距，m；
  ρ_f——流体密度，g/cm³；
  θ——井斜角，(°)；
  Δh——压敏箱间的垂直高差，m；
  g——重力加速度，m/s²；
  α——单位换算系数，此处取 10^{-3}。

根据总流伯努利方程，井内压力梯度的完整表达式为

$$\frac{dp}{dz} = \rho_f g \cos\theta + \frac{f \rho_f v^2}{2d} + \frac{\rho_f v dv}{dz} \tag{5-10}$$

式中 f——摩擦阻力，N；
  v——流速，m/s；
  z——井深，m。

图 5-12 压差密度计

式(5-10)中各项含义可表示为

总压力梯度=静压梯度+摩阻梯度+加速度梯度

由于压敏箱间距一般较小，因此速度变化很小，加速度梯度可以忽略不计。摩阻梯度是指流体和管壁及仪器外表间摩擦引起的压力损失，包含了流体的黏滞影响，可通过摩阻梯度校正图版进行校正。一般情况下，当流速低于 60m/min 时可认为压差密度计测量值仅与静压梯度有关，能够反映流体密度大小。因此，为了便于应用，测出的压力梯度用密度值表示。

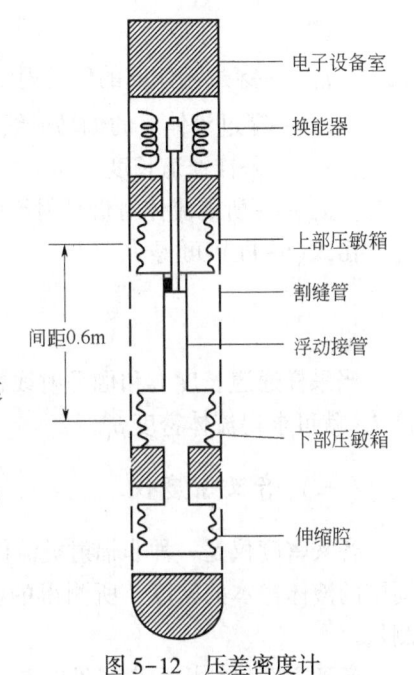

· 135 ·

（二）伽马密度计

伽马密度计是基于伽马射线吸收率与射线所穿过物质的密度成正比的原理研制的，由伽马源、采样通道和伽马射线探测器三部分组成（图5-13）。伽马密度计常采用^{137}Cs作伽马源（半衰期为30年），能够发射能量为0.661MeV的伽马射线。

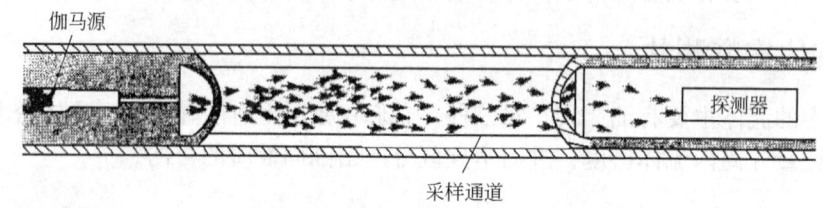

图5-13 放射性密度计结构示意图

伽马密度计的测量原理与地层密度测井仪类似，利用流体对伽马射线的吸收特性测定流体密度。伽马射线穿过流体，与流体介质发生光电效应、康普顿效应和电子对效应，射线强度衰减服从指数规律：

$$I = I_0 e^{-\mu_m \rho_f L} \tag{5-11}$$

式中 I_0——穿过流体前的伽马射线强度，粒子数$/cm^2$；

I——穿过流体后的伽马射线强度，粒子数$/cm^2$；

L——采样通道长度，cm；

μ_m——所测流体对伽马射线的质量吸收系数，cm^2/g。

由式（5-11）可得

$$\rho_f = \frac{\ln I_0 - \ln I}{\mu_m L} \tag{5-12}$$

当采样通道长度L和伽马射线初始强度I_0已知时，只要求得穿过流体后的伽马射线强度I，就可求得流体密度ρ_f。

（三）音叉密度仪

音叉密度仪是一种非辐射类流体密度测量仪器，采用中心采样的测量方法，测量流经其周围的液体样本的密度，所测得的密度值为液体的平均密度，可用于静态或动态液体密度测量。

音叉密度仪结构示意图见图5-14。它主要由两部分组成，分别是上部电子线路部分和下部测量探头部分，下部测量探头部分由音叉体、固支体、压电晶体管和温度传感器组成。音叉固定在固支体上，是呈"Y"形的不锈钢叉臂，两臂对称，振动相反，中心杆处于振动的节点位置，静受力为零时不振动。温度传感器也贴装于固支体上，可实时检测被测液体温度，用于补偿调谐叉体的弹性模量变化。压电晶体管包括压电激励器和压电拾振器，均贴装在固支体上。压电激励器将产生的交变力通过固支体传导到调谐叉体，使调谐叉体按照自身固有频率产生简谐振动，当调谐叉体浸入到被测液体中，调谐叉体的附加质量发生变化，导致调谐叉体的振动频率发生变化，在激励端检测振动频率，同时通过压电拾振器拾取该振动信号实现调谐叉体振动幅度的检测。

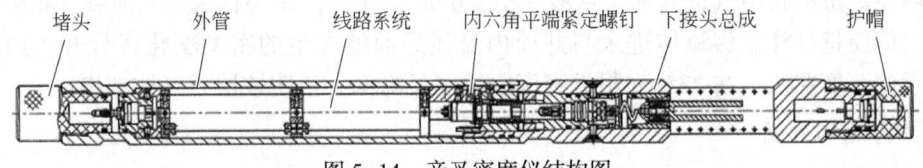

图 5-14 音叉密度仪结构图

当音叉间介质为真空时,谐振频率与固有频率相等,当音叉间介质不为真空时,即介质的密度不为零时,音叉的谐振频率和固有频率不相等。根据振动原理,音叉的振动频率 f 与其质量 m_g 和被测介质质量 m_c 成如下关系:

$$f = k \frac{1}{\sqrt{m_g + m_c}} \tag{5-13}$$

式中,k 为比例因子。当音叉在真空中时,m_c 为零,固有频率和谐振频率相等,可以得到比例因子 k。当被测对象质量 m_c 不为零时,得到谐振频率为 f,从而可计算出在音叉间的介质的质量:

$$m_c = \left(\frac{k}{f}\right)^2 - m_g \tag{5-14}$$

由于音叉间的体积 V 是固定的,则有 $m_c = \rho_f V$。那么:

$$\rho_f = \frac{\left(\frac{k}{f}\right)^2 - m_g}{V} \tag{5-15}$$

由于准确测量 m_g 和 V 的值比较困难,而音叉的体积 V 又是一个定值,因此可利用已知密度的介质(如空气、水等)来进行未知密度液体的测量。设空气、水、待测流体的密度分别为 ρ_g(空气密度相对于油水可忽略不计)、ρ_w、ρ_f,音叉传感器在空气、水、待测流体中振动频率分别为 f_g、f_w、f_f,则待测液体的密度可表示为

$$\rho_f = \frac{\left(\frac{f_g}{f_f}\right)^2 - 1}{\left(\frac{f_g}{f_w}\right)^2 - 1} \cdot \rho_w \tag{5-16}$$

(四)流体密度测井资料

压差密度计和伽马密度计测井资料的应用场景基本相同,但应用条件和特点差异较大。压差密度计测量的是井筒内流体垂向深度间的压力差值,其优点是可以探测整个流动截面,但是当井筒斜度较大或水平时,测量分辨率会降低甚至无效。伽马密度计测量的是井筒内流经仪器流道的那部分流体,其缺点是只能探测流动截面的一部分;优点是在井筒斜度较大或水平时,仍可进行有效测量,只是此时测量结果受各相流体重力分异影响较大。因此,在利用伽马密度计测井资料时要选取有代表性的流动截面读数。

压差密度计和伽马密度计得到的流体密度资料都可以用于定性分析进入井眼的流体类型、划分流体界面和定量确定两相流中的持液率。下面以压差密度计测井资料为例介绍。

1. 识别流体类型

一般而言,在射孔层段的边缘上,压差密度计读数的变化表明可能有流体进入井筒内。

如果有明显数量的自由气进入油、水液柱中，测值会变低；如果有水进入油或气相中，测值会变高。但要特别注意将流体进入与井筒内流体界面处发生的密度变化区分开。如图 5-4 中所展示的密度曲线，在 3350m 附近密度曲线明显降低，说明该层有气体产出。

2. 划分流体界面

在停产井中，气、油、水会按密度分离，此时，利用压差密度曲线可以准确划分流体界面。如图 5-15 所示，气油界面和油水界面都非常明显；但在生产井中，由于流体产出和流动影响，流体界面处的显示可能不太明显。

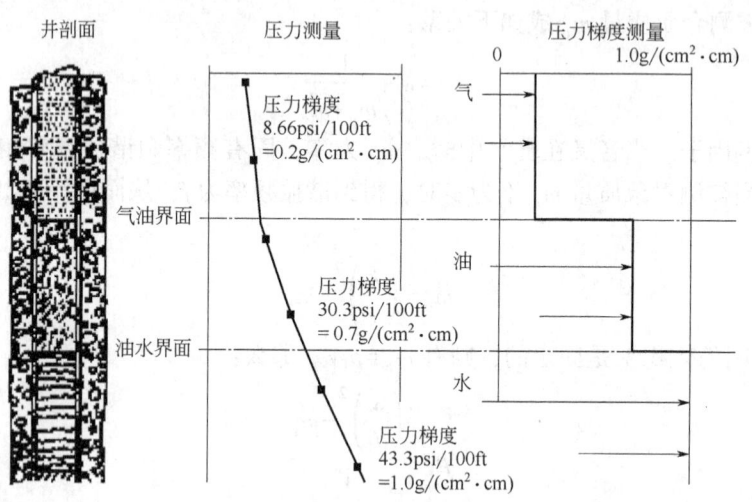

图 5-15 一口停产井中压差密度计与井下压力计所测压力剖面的对比情况

3. 确定持液率

生产井中，压差密度计测井读数经校正后得到井内混合流体密度 ρ_f。对于两相流动，若井下重质相密度 ρ_H 和轻质相密度 ρ_L 已知，假定两相持率为 Y_H 和 Y_L，则有

$$\begin{cases} \rho_f = Y_H\rho_H + Y_L\rho_L \\ Y_H + Y_L = 1 \end{cases} \quad (5-17)$$

由式(5-17) 可得

$$Y_H = \frac{\rho_f - \rho_L}{\rho_H - \rho_L} \quad (5-18)$$

重质相密度 ρ_H 和轻质相密度 ρ_L 一般取自 PVT 资料或由井口数据换算到井底条件求得。

二、持水率测井

生产井中，油、气、水三相混合流体的平均密度和持水率是研究油气田开发动态、确定油气井改造措施、检查油气井改造效果的重要资料。目前确定持水率的方法主要有电容式持水率计和电导式持水率计等。

（一）电容式持水率计

电容式持水率计利用油气与水的介电特性差异测定水的含量，其结构如图 5-16 所示。由于碳氢化合物与水具有显著不同的介电常数（水的相对介电常数为 60~80，油气的相对介电常数为 1.0~4.0），因此，电容式持水率计把流体介电特性的差异转换为电容量的大小，从而实现对流体成分的区分。

电容式持水率计在油为连续相的井中应用效果良好，当导电的水为连续相时，电容传感器的电容量为常量，电容式持水率计会失去分辨油水相的能力，因此基于电容法的持水率检测仪器适用于低持水率段的测量。

（二）电导式持水率计

电导式持水率计的原理是通过测量流体经过井筒时传感器探头位置的电导或电阻变化来获得各组分的分相持率。连续的导电相（水相）和离散的非导电相（油相或气相）构成的混相流体电导率取决于离散相体积分数和连续相电导率，通过测量混相流体的电导率并对连续相电导率进行校正，便可确定井筒中离散相体积分数。

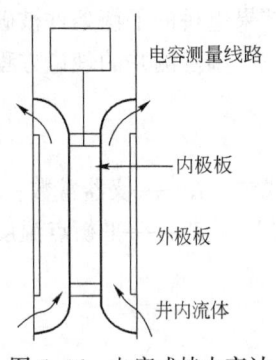

图 5-16 电容式持水率计示意图

混相流体的电导率同时也受离散相空间分布特征等因素的影响。此外，在淡水条件下，流体中没有足够的电导来实现持水率测量，同时，流体的导电性能也受温度的影响，在高温条件下，监测信号噪声干扰越来越突出，因此，一般来说电导式持水率计对地层水矿化度和温度有一定要求。

第三节 温度测井

温度测井是用电缆将温度仪下入井内，测量并记录目的深度的井温或沿井剖面的温度变化。温度测井资料可用于确定产层温度和注入层温度，了解井内流体流动状态，划分注入剖面，确定产气、产液口位置，检查管柱泄漏、窜槽，评价酸化、压裂效果等。

一、温度测井仪工作原理

井下温度计是温度测井仪的探头，也是温度测井仪的重要组成部分，其作用原理决定仪器的工作方式。目前采用的井下温度计主要有电阻温度计、PN 结温度计和热电偶温度计。图 5-17 为以电阻温度计作探头的温度测井仪的结构示意图。

电阻温度计是温度测井仪最常采用的一种温度计，多采用桥式电路，它利用不同金属材料电阻元件的温度系数差异，来间接求得温度的变化。金属导体的电阻率与温度的一般关系为

$$R_\rho = a_0 + a_1 T + a_2 T^2 \quad (5-19)$$

式中　R_ρ——电阻率，$\Omega \cdot m$；

　　　T——温度，℃；

图 5-17 温度测井仪结构

　　　a_0、a_1、a_2——与金属材料性质有关的常数，由实验确定。

电阻温度计多采用铂电阻 R_1 作灵敏臂，采用康铜电阻 R_2、R_3、R_4 作固定臂（这是因为铂的温度系数大，对温度变化敏感，而康铜温度系数小，对温度不敏感），构成如图 5-18 所示的测温电桥。当温度恒定时，$R_1 = R_2 = R_3 = R_4 = R_0$；当温度变化时，固定臂电阻基本不变，而灵敏臂电阻 R_1 将因其铂金属材料电阻率的变化而变化，

结果电桥的平衡条件被破坏。

温度测井的理论方程为

$$T = T_0 + K\frac{\Delta U_{MN}}{I} \tag{5-20}$$

式中　K——仪器常数；

　　　T_0——平衡点温度，℃。

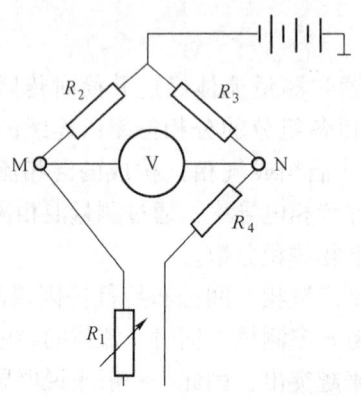

图 5-18　电阻温度计线路图

因此，保持电流 I 恒定，测出 M、N 间的电位差，就可得到变化后的温度。

常见的温度测井仪有普通井温仪、纵向微差井温仪、径向微差井温仪三种类型：

（1）普通井温仪测量井下各深度点流体的温度值，测量曲线反映了井内温度的变化情况。

（2）纵向微差井温仪反映井轴上一定距离之间两点的温度差别情况，并以较大的比例进行记录，测量结果更能体现井内局部温度梯度变化情况。在某一地层，如果地温梯度保持一定，则普通井温曲线为一斜的直线，微差井温为一垂直线段；若地温梯度有异常，则井温曲线不再为一斜的直线，微差井温也会有明显变化。

（3）径向微差井温仪测量套管内壁同一深度上相隔 180° 之间的温度差。若套管内壁有温度差，则旋转测量的径向微差仪器便会发现这种变化。

二、温度测井资料

温度测井资料主要用于确定地温梯度、确定产气层位、划分注水剖面、检查水泥环窜槽、评价酸化压裂效果等。目前对井温测井曲线的应用以定性应用为主。

图 5-19 为某井段的生产测井曲线。从图上可以看到：由于 3196~3200m 井段天然气的大量产出，流体的密度和井温都出现了较大幅度的下降。

彩图 5-19

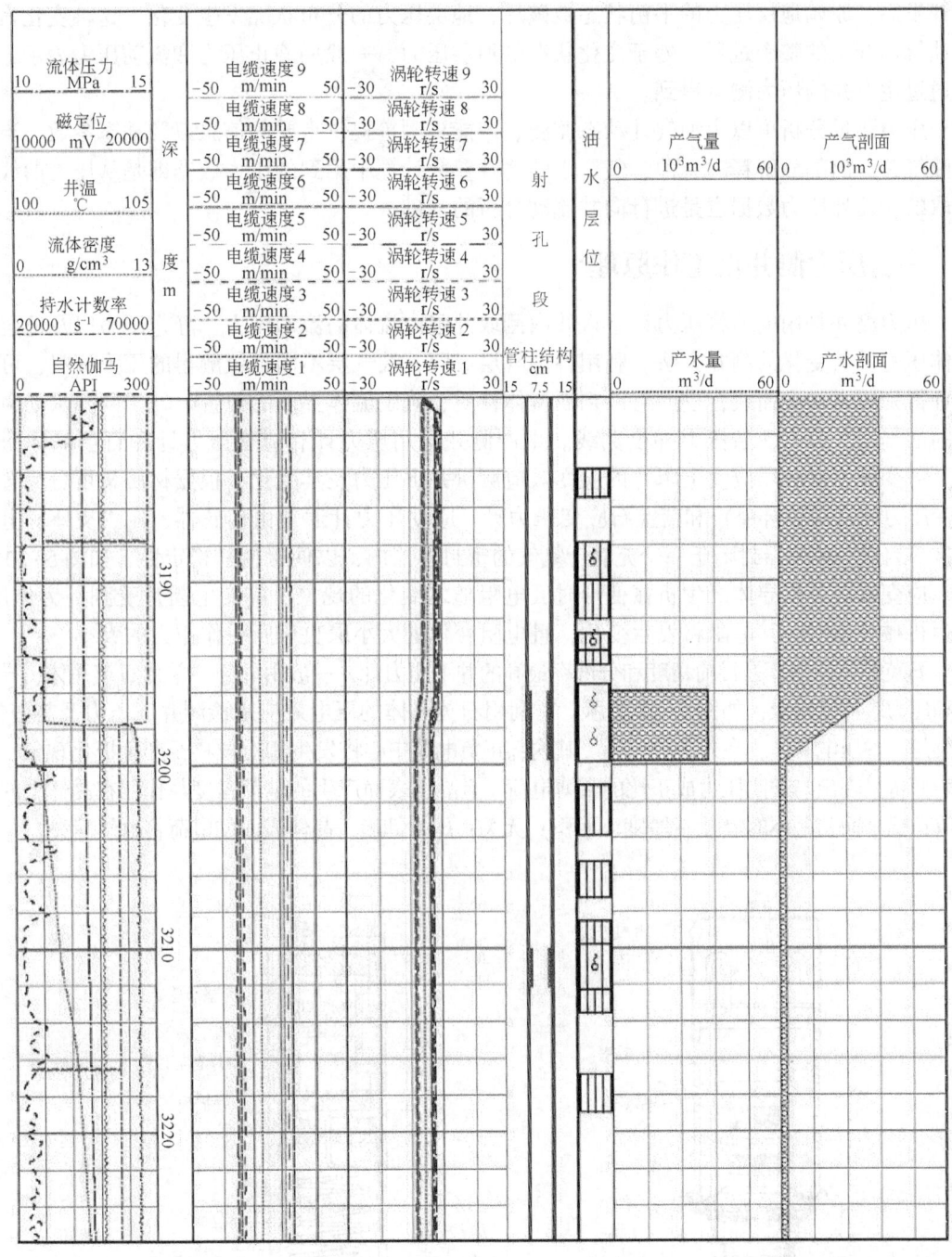

图 5-19　某井段的生产测井曲线

第四节　压力测井

压力既是一个很重要的流体动力学参量，也是油气田开发中油气藏动态监测的一个重要参数。油气藏投入开发前，整个油气层处于均衡受压状态，这时油气藏内部各处的压力，称为原始地层压力。一般用油气田第一批井中测取到的地层压力代表原始地层压力。油气藏投入开发后，原始地层压力的平衡状态被破坏，地层压力的分布状况发生变化，这种变化贯穿于油气田开发的整个过程。处于变化状态的地层压力，一般用静止压力和流动压力表示，主要通过生产井的压力测量得到。

压力测量分析可以为油气井动态监测、产能预测等提供重要的信息以及动态参数。当进行油气井产出剖面解释时，油、气、水的物性参数计算中用到的压力数据即是从压力曲线上读取的，此外压力数据也是进行向井流动分析的基础。

一、压力测井仪工作原理

压力测井是用电缆将压力计下入井内测取井眼内流体的流动压力、静止压力以及地层内流体压力及其变化的测井方法。利用各油气层或同一油气层不同部位测得的压力资料，可以整理得到压力梯度曲线，进而可以判断流体性质、确定流体界面的位置。处于同一水动力系统的油气层，只有一条压力梯度曲线。生产测井常用压力计有应变压力计和石英晶体压力计。应变压力计利用应变电阻片的应变效应测量井下压力及其变化，根据材质又可分为普通应变压力计（镍铬合金）和蓝宝石应变压力计。应变压力计通常由传感器、压力支座、电气连接等组成，传感器封闭于一个充满干氮气的密封容器内，以便保持其稳定性，如图 5-20 所示。应变效应是指导体产生机械变形时，电阻随之变化的现象。应变电阻片受到外力作用，产生机械变形时，其电阻将发生变化，且电阻变化的大小取决于所受作用力的大小。

石英晶体压力计是目前精度和分辨率最高的井下压力计，一般由外壳、单片石英晶体、导热板和压力缓冲管组成，如图 5-21 所示。它利用石英晶体的压电效应来检测井下压力及其变化。石英是一种压电晶体，在外力作用下，其内部正负电荷中心将发生相对位移，产生极化现象，晶体表面将呈现出与被测压力成正比的束缚电荷，且晶体表面产生的电荷密度与作用在晶体上的压力成正比，而与晶体的尺寸（厚度、面积）无关；压力卸出，晶体表面的电荷将自然消失。

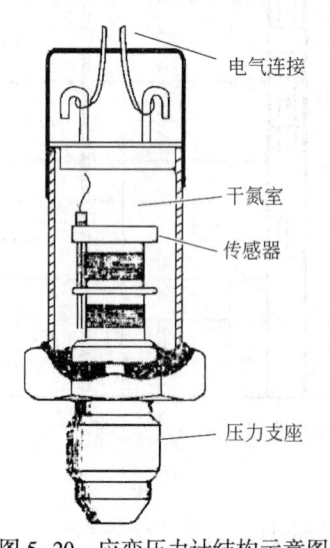

图 5-20　应变压力计结构示意图 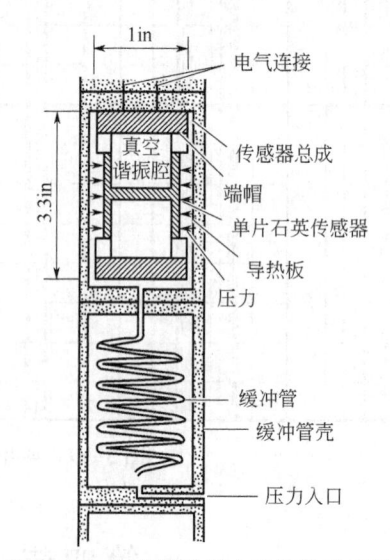　　图 5-21　石英晶体压力计结构示意图

二、压力测井的影响因素

应变压力计的读数主要受温度影响和滞后影响。温度影响主要是由于作为应变电阻片的

镍铬合金丝的电阻率随温度变化而变化。尽管压力计同一骨架绕有相同的参考线圈和应变线圈进行温度补偿，但由于温度突然改变后需要一定时间才能达到热平衡，两个线圈之间会存在温差而导致压力读数的偏差。因为线圈升温比降温过程容易得多，故应变压力计下放测量比上提测量稳定得更快。

滞后影响取决于施压方式。压力增加过程中，应变压力计的读数将有过低的趋势；反之，压力降低过程中，读数有过高的趋势。对绝大多数应变压力计，滞后影响的最大误差在±68949Pa（±10psi）范围内。如果压力测井过程中下放测量，滞后影响比上提测量要小。

应变压力计的分辨率为模数转换器的一个单位，即psi。其重复性主要受滞后影响，为满刻度的±0.05%（±5psi）。仪器的绝对精度主要取决于压力系统的标定方式，如果不作任何校正，误差可高达满刻度的±1%（±100psi）；经过标定并作温度校正后，精度可为满刻度的±0.13%（±13psi）。

石英晶体压力计在实际测井过程中仍会受到温度和压力急剧变化的影响。石英晶体压力计是目前精度和分辨率最高的井下压力计。惠普公司生产的一种石英晶体压力计，工作压力范围为0~12000psi，温度范围为0~150℃，仪器分辨率为0.01（1s测量）~0.001psi（10s测量），重复性为0.4psi，绝对精度与热平衡情况有关，可以为0.5psi（1.8℉内）、1psi（18℉内）或5psi（36℉内）。

第五节 产出剖面测井解释

生产测井产出剖面解释把流量、持率、密度、温度、压力及其他参数（套管接箍、自然伽马等）测井资料组合起来，综合分析生产井各产层油、气、水的产出量及各相含量。产出剖面测井解释一般分为定性分析和定量解释两部分。

一、产出剖面测井资料定性分析

通过分析曲线的变化趋势，可以快速了解生产井的生产动态，一方面凭借测井曲线响应特征初步确定产出层位及其产出情况，同时也能初步确定各产层的流体性质。另一方面可以对解释层的划分进行完善，并进行测井曲线的读值，为定量解释奠定基础。产出剖面测井主要曲线的作用及定性分析依据主要包括：

压力曲线：由压力变化确定井中多相流态和流体流动方向。

温度曲线：能初步确定产出层位及产出流体性质，通常情况下，正异常指示产液，负异常指示产气。

流量曲线：凭借流量曲线的变化判断主次产层，同时变化幅度与对应产出层产量大小呈正比。

密度曲线：通过产出层的曲线变化规律来判断产出流体性质，当曲线值从下到上变大时，说明产出层产液含水比井筒中高；当由下到上变小，则说明产出层产液含水比井筒中低；当从下到上不变时，则说明产层不产或产液含水与井筒中含水相同。

持率曲线：根据持率曲线判断产出流体性质的原理与密度类似。常规八参数产出剖面测井录取曲线信息及作用如表5-1所示。

表 5-1 八参数产出剖面测井曲线信息及作用

曲线名称	符号	作用
自然伽马	GR	深度校正,确定测井曲线深度
磁信号	CCL	
流体温度	TEMP	定性分析和井下流体物性参数换算,辅助分析产出层位,判断产出流体性质及流体相态、流动方向等
流体压力	SPT	
流体密度	FDEN	分析流体性质,计算各分相流量或产出层产量
持水率	HYDR	
持气率	GHT	
流量	FLOW	定量计算井筒中多相流体的总流量或总产量

二、产出剖面测井资料定量解释

产出剖面测井定量解释的解释层段与裸眼井解释层段的划分不同,是分段进行的。一般来说产出层之间为解释层段,该段的长度取决于生产层的间隔。通常情况下有几个产出层也就选几个解释层,解释层位于相应生产层的上方,同一生产层中可包含一个或几个射孔层。产出剖面的定量解释一般包括以下步骤:

(一) 曲线取值

对于连续测井曲线,可以取解释层段的平均值作为该层的曲线读值,而对点测曲线来说,涡轮流量曲线应选择周期性强的稳定段,若出现周期性弱的情况,则需要加大取值时间的范围;持率、密度曲线可选择稳定段,取其平均值。周期性曲线特征值的读取通常用面积法或平均值法,在曲线波动较大时采用面积平均法,对于抽油机井还可以采用抽停法近似确定转子速度。

(二) 油气水物性参数计算

由于在计算各相流量、持水率、滑脱速度、地面与井下产量换算等都需要流体的高温高压物性参数,因此首先需要进行油气水物性参数的计算。主要参数有:油、气、水的密度,油、气、水的体积系数,泡点压力、溶解气油比、溶解气水比,游离气油比、天然气偏差因子,油、气、水的黏度等参数。

(三) 解释层总流量计算

解释层各相总流量的计算方法取决于采用流量计的类型。对于连续涡轮流量计可利用解释层涡轮转速与电缆速度交会图,通过最小二乘法获得视流体速度,然后计算速度剖面校正系数,最后结合管柱结构计算流量;若为集流式流量计则可直接用查图版的方式计算出总流量。

(四) 解释层流体相态及流型判断

根据解释层定性分析结果以及井口产出流体性质判断井内的流态。对于井口同时有油、气、水产出的生产井,在计算泡点压力 p_b 后,与射孔层的流体压力 p_f 进行比较判断井中流体的相态,以此来选择合适的解释模型。判断标准为:

$$\begin{cases} p_b < p_f, & 井下流体为油水两相流 \\ p_b > p_f, & 井下流体为油气水三相流 \end{cases} \tag{5-21}$$

对于油水两相虽然密度相差不大,但是两者介电常数差异较大,因此一般用持水率计进行计算,而对于气水两相由于密度差异大,因此,通常采用密度曲线来进行持率的计算。可利用持水率对井下流型进行辅助判断。一般来说,两相流流型划分标准如下:

油水两相流型判断标准:

$$\begin{cases} Y_w \geqslant 0.4, & 泡状流 \\ Y_w < 0.25, & 乳状流 \\ 0.25 \leqslant Y_w < 0.4, & 段塞流 \end{cases} \tag{5-22}$$

气水两相流型判断标准:

$$\begin{cases} Y_g < 0.25, & 泡状流 \\ Y_g \geqslant 0.85, & 泡沫状流 \\ 0.25 \leqslant Y_g < 0.85, & 段塞流 \end{cases} \tag{5-23}$$

式中 Y_w——持水率,小数;

Y_g——持气率,小数。

对于油气水三相流,通常将三相等效为气液两相,结合持气率和密度来实现流型的初步识别。

(五) 油气水表观速度计算

计算两相流动各相表观速度的解释方法一般有滑脱模型和漂流模型。

1. 滑脱模型

滑脱模型将井筒多相流体等效为各自分开的相,以油水两相流动为例,由于油水之间存在滑脱速度,所以可以得到基于滑脱速度 v_s 的计算油水表观速度的方法:

$$v_s = v_o - v_w = \frac{v_{so}}{1-Y_w} - \frac{v_{sw}}{Y_w} = \frac{v_m - v_{sw}}{1-Y_w} - \frac{v_{sw}}{Y_w} \tag{5-24}$$

$$v_{sw} = Y_w v_m - Y_w(1-Y_w) v_s \tag{5-25}$$

$$v_{so} = v_m - v_{sw} \tag{5-26}$$

式中,v_o 为油相速度,v_w 为水相速度,v_{sw} 为水相表观速度,v_{so} 为油相表观速度,v_m 为流体平均速度,滑脱速度 v_s 的计算可以采用实验获得,也可采用半经验法,例如 Nicolas 提出的适用于泡状流的计算公式:

$$v_s = Y_w^n \cdot C \cdot \left[\frac{g\delta(\rho_w - \rho_o)}{\rho_w^2} \right]^{0.25} \tag{5-27}$$

式中 δ——界面张力,N/m;

ρ_w——水相密度,kg/m³;

ρ_o——油相密度,kg/m³;

C——经验系数,取 1.53~1.61;

n——取 0.5~2,泡较大时,趋于 0.5,反之趋向 2。

乳状流动中,油水间的滑脱速度为 0,持水率与含水率相同。

2. 漂流模型

漂流模型认为油泡或气泡在水中以一定的速度向上运动，即存在漂移，以气液两相流动为例，气液两相漂流模型表示为

$$v_{sg} = Y_g(c_o v_m + v_t) \tag{5-28}$$

$$v_{sl} = v_m - v_{sg} \tag{5-29}$$

式中，v_t 为漂流速度；v_{sl} 为液相表观速度；v_{sg} 为气相表观速度；c_o 为相分布系数，通常取 1.2。

在气液两相流动中，对于泡状流动，v_t 可表示为

$$v_t = 1.53 \cdot \left[\frac{g\delta(\rho_l - \rho_g)}{\rho_l^2}\right]^{0.25} \tag{5-30}$$

对于段塞流动，v_t 可表示为

$$v_t = 0.345 \cdot \left[\frac{gD(\rho_l - \rho_g)}{\rho_l}\right]^{0.5} \tag{5-31}$$

式中　ρ_l——液相密度，kg/m^3；

　　　ρ_g——气相密度，kg/m^3；

　　　D——流动管道内径，m。

类似地，对于雾状流动，气液分布均匀，则有 v_t 等于 0，c_o 等于 1。

（六）解释层各相流量计算

在计算解释层流量时，需要先计算管子常数，再将管子常数与各相表观速度相乘，即可得到解释层各相流体的流量（以油水井为例）：

$$\begin{cases} P_C = 0.25\pi(D^2 - d^2) \times 60 \times 24 \times 10^{-4} \\ Q_o = v_{so} \cdot P_C \\ Q_w = v_{sw} \cdot P_C \end{cases} \tag{5-32}$$

式中　P_C——管子常数，$(m^3/d)/(m/min)$；

　　　Q_o——油的流量，m^3/d；

　　　Q_w——水的流量，m^3/d；

　　　d——仪器外径，cm。

（七）产出层各相产量计算

将两个相邻的解释层流量进行相减，即可得到两个解释层之间产出层的产量，将井下的油气水产量换算成地面条件下的产量即可得到解释结果。

三、产出剖面测井资料实例

图 5-22 展示了某气井的七参数产出剖面测井解释成果图，测井项目包括磁定位、自然伽马、井温、流体密度、压力、涡轮流量、持水率。测井是在井口套压为 10.50MPa、油压为 9.5MPa 的工作制度下进行的，测量井段为 2523.0~2769.0m。在测量井段内以四种不同的测速进行上测下测，共测量 8 条连续涡轮曲线。可以看到在射孔层处涡轮转速明显增大，

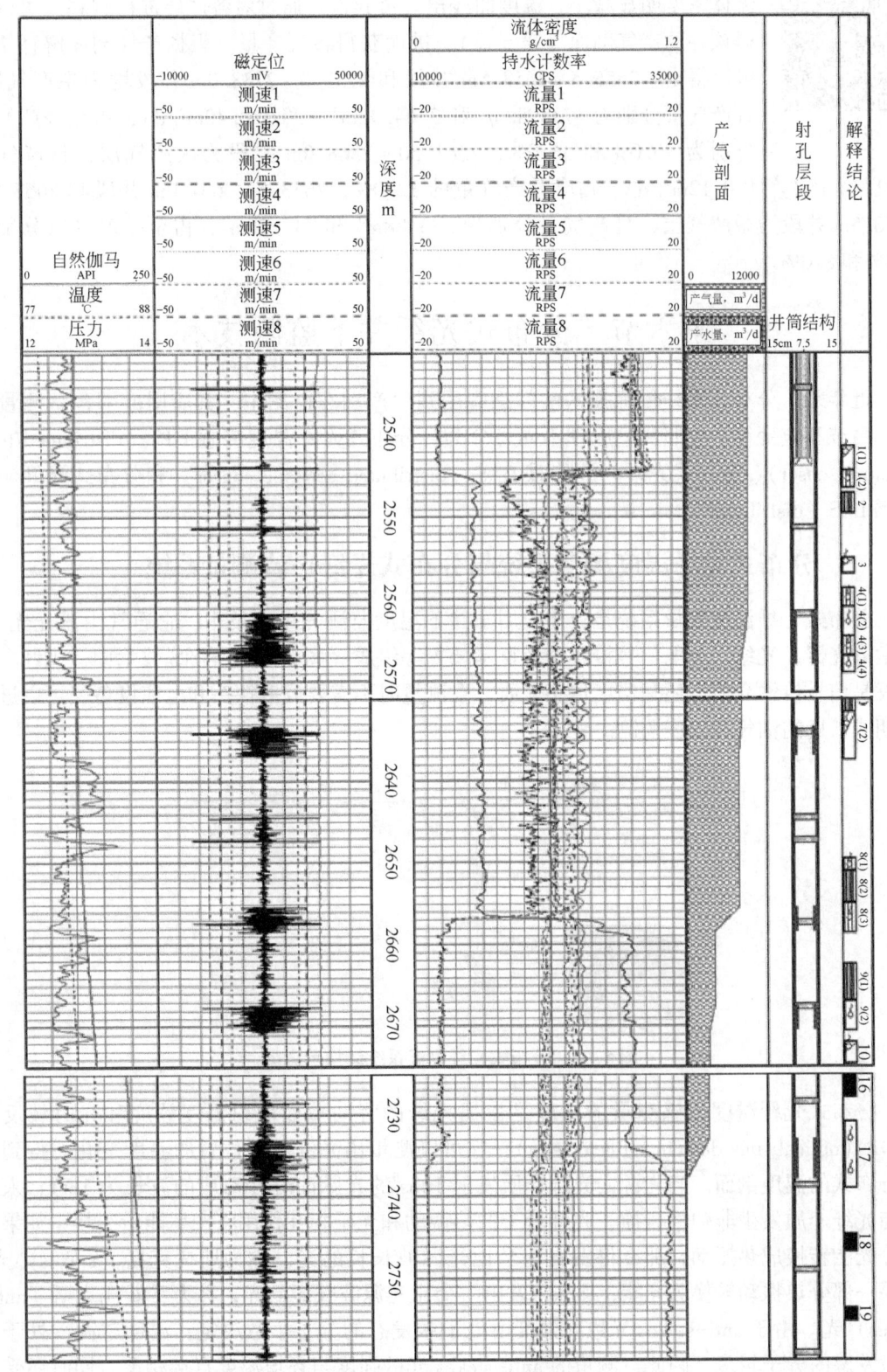

图 5-22 某井产出剖面成果图

流体密度明显减小，温度曲线出现负异常。通过对各产层进行解释，可以获得该井的产气剖面（第5道），进而获得各层产量。根据产气剖面解释结果可以得出：2655.5~2658.5m井段和2733.0~2738.0m井段均为主产气层，日产气量分别为3738.80m³和3364.92m³（产水0.40m³/d），占全井产气量分别为40.0%和36.0%；2561.50~2568.0m井段为次产气层，日产气量1121.64m³（产水0.12m³/d），占全井产气量的12.0%；2633.5~2637.0m井段和2667.5~2670.5m井段为微产气层，日产气量分别为373.88m³和747.76m³，占全井产气量分别为4.0%和8.0%。

彩图5-22

第六节 分布式光纤井下监测技术

近年来，分布式光纤传感技术已广泛应用到生产动态监测中，其应用范围包括测量温度、声波和应变等。按照测量原理不同可分为：分布式光纤温度传感DTS（distributed temperature sensor）、分布式光纤声波传感DAS（distributed acoustic sensor）和分布式光纤应变传感DSS（distributed strain sensor）。

一、分布式光纤温度测量系统与分布式光纤声波测量系统

分布式光纤温度测量系统是目前应用于井下温度监测的重要技术，它通常由激光光源、光学分光器、光纤、光电信号接收器及显示装置等组成（图5-23）。DTS技术中，光纤自身不仅是信号传输介质，还是温度传感介质，在测量时不需要温度探头和电缆设备，可以进行短期或长期的油气井温度监测。

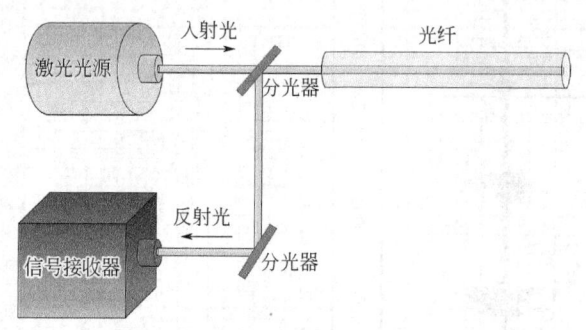

图5-23 分布式光纤测温系统结构示意图

分布式光纤温度传感测量的原理是依据光纤的背向拉曼散射温度效应和光时域反射OTDR（optical time domain reflectometry），它可以测量出光纤不同位置的温度变化，得到真正分布式的温度剖面。当光源向光纤介质发射10ns的光脉冲时（对应的波长为1m），入射光与光纤介质发生非弹性碰撞，光纤分子的热振动和光子相互作用将产生能量交换，如果一部分光能转换成热振动，那么将发出一个比光源波长长的光，称为斯托克斯（stokes）光；如果一部分热振动转换为光能，那么将发出一个比光源波长短的光，称为反斯托克斯（anti-stokes）光。由于anti-stokes光散射强度由处于激发态的分子个数决定，温度越高，处于高能激发态的分子越多，因此，测量的anti-stokes光的强度与环境温度直接相关，同时还受到光纤本身的衰减系数、光源震荡、光纤弯曲等因素的影响；而stokes光对温度的依赖性不强，只受光纤本身因素的影响。因此，将stokes光作为参考光，anti-stokes光为信号光，通

过检测拉曼散射光中的 anti-stokes 光与 stokes 光强度的比值，对各个散射点进行温度解调和定位，实现光纤所处环境的温度的测量。同时可以有效地消除光信号噪声，还可以有效地消除光源的不稳定和光纤传输过程中损耗的影响。

DTS 测井过程中，需要实时传输井筒温度和每个温度值对应的深度，从脉冲光触发开始计时，可实时确定脉冲光距入射端的距离及该距离处的散射光返回发射端所用时间，进而可得到不同时间的散射光对应的距离，此即为光时域反射原理，表示为

$$L_o = \frac{c \cdot \Delta t_1}{2 n_{of}} \tag{5-33}$$

式中　L_o——光纤产生散射光的位置，m；

　　　c——真空中光速，m/s；

　　　n_{of}——光纤的光学折射率；

　　　Δt_1——光脉冲进入光纤到接收到回波信号的时间差，s。

利用光时域反射技术分析光谱频移信号即可获取被测物理量的大小、时间以及空间信息。

与传统的温度测井技术相比，DTS 具有独特的优势，主要体现在以下几个方面：（1）可实现长距离（>10km）、连续实时、分布式温度信息动态监测与传输；（2）分布式光纤测量温度范围广、测量精度高（±0.01℃）、测量稳定、无延迟；（3）光纤本身具有电绝缘、耐腐蚀以及抗电磁干扰等特点，可在极端恶劣的井下环境中使用，可提高作业的安全性；（4）安装便捷、维护方便、监测周期灵活可控，且光纤截面积小，能有效减少在井筒中所占的空间，对监测油气井流体流动影响较小；（5）温度测量不受流动状况影响、单位信息量成本低等。

分布式光纤声波测量系统（DAS）主要利用了光在光纤中传播发生的瑞利散射。基于相位敏感型光时域反射仪技术，通过高功率激光器向探测光纤中不断发射脉冲光，利用高相干光在光纤中传输引起的后向瑞利散射光作为信号，它利用光纤对声音（振动）敏感的特性，当外界振动作用于传感光纤上时，由于弹光效应，光纤的折射率、长度将产生微小变化，从而导致光纤内传输信号的相位变化，使得光强发生变化，进而实现井筒物理量连续分布式监测。分布式声波传感系统及其工作原理示意图如图 5-24 所示。

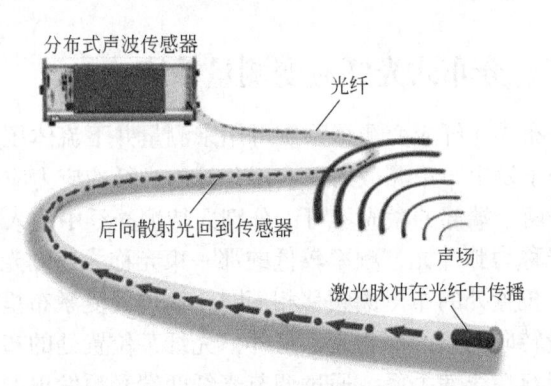

图 5-24　分布式声波测量系统示意图

由于光纤受到振动使后向瑞利散射光的强度和相位发生变化，通过解调仪记录每个时间点上探测器所接收到的光功率，通过相位解调获取光纤所受到的轴向应变信息，继而可反演

声波场的物理属性。

DTS 通常与 DAS 综合使用来实现长效动态监测，根据不同的应用场景建模进行定量计算，实现动态分析单井/区块的注采状况、油藏区块评价、生产制度优化及压裂效果评价等。

图 5-25 展示某致密气水平井的分布式光纤测量（DTS 和 DAS）实例，其中三道 DTS 瀑布图分别显示的是关井、$20\times10^4\mathrm{m}^3/\mathrm{d}$ 和 $13\times10^4\mathrm{m}^3/\mathrm{d}$ 两种工作制度下的温度随时间变化，可以看到在关井状态下温度比较稳定，开井状态下在几个主要产层有明显的亮色表示温度升高；DAS 瀑布图分别显示的是不同时段的 DAS 数据，可以看到在主产层因明显的产出导致光纤监测到振动信号，利用瀑布图上振动信号的斜率可以定量计算产出流体向上运移的速度，通过数据处理和综合分析可以得到各层产出贡献和生产动态变化，明确分层产气贡献。

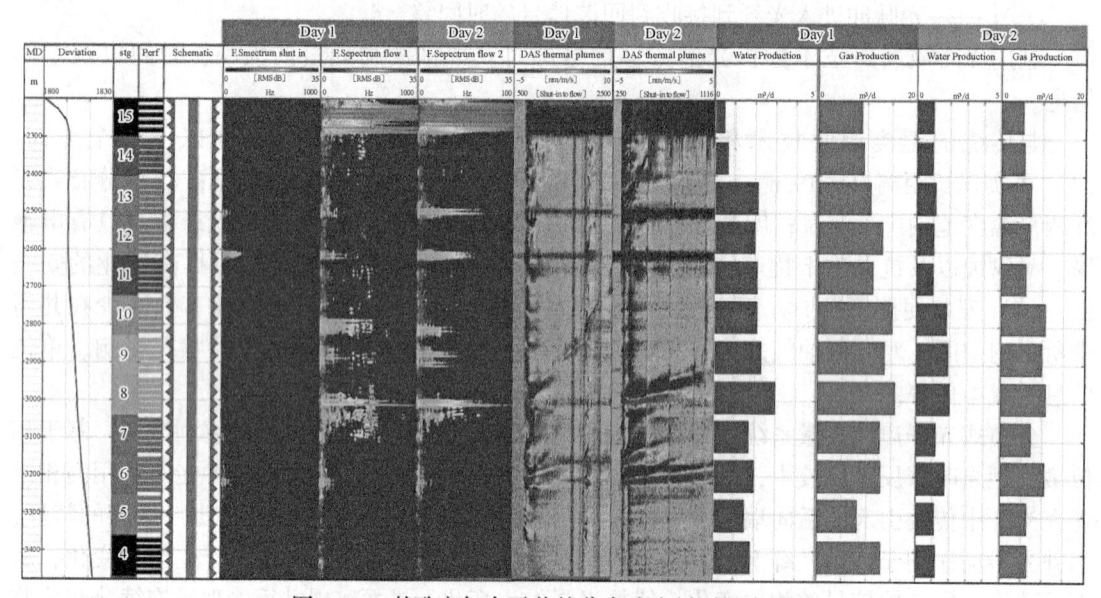

图 5-25　某致密气水平井的分布式光纤测量成果图

彩图 5-25

二、分布式光纤应变测量系统

分布式光纤应变测量系统可用来测量井下流体压力，主要基于入射光与光纤分子发生布里渊散射来实现井筒内光纤的应力应变监测。其原理为：处于光纤两个端部的激光器可以分别向待测光纤中注入两种不同频率的光，其中频率较高的那一束光称为脉冲光，频率较低的那一束光称为连续光。当两束光射入光纤之后的频差恰好与光纤某位置处的布里渊频移相等时，该位置受激布里渊散射效应被放大，此时高频率的脉冲光能量转向低频的探测光。另外，光纤某位置处的布里渊频移与其所处环境的温度及轴向应变之间存在线性关系。通过调节光纤两端光源发出的不同光频，并监测从光纤一端耦合出的探测光强度，拟合出布里渊频移谱，从而可得出传感光纤上各位置产生最大能量转变时的频率差，便可推测出光纤某位置处的应变信息。

光纤布里渊的中心频率及其散射光功率，会随光纤所处基体环境的应变发生相应变化，且它们之间还存在着对应的关系。于是，根据它们之间的这种对应关系便可获得基体环境应变的相关信息。当光波通过光纤时会激发光纤中的声子，并产生一种非弹性光散射即布里渊散射，而布里渊散射光相对于泵浦光又会产生一个频移（即布里渊频移 f_B），它的大小主要由光纤中的声波速度、弹性力学特性决定，另外，还与入射脉冲光的频率 f_0 以及布里渊散射角 θ 有关，即

$$f_B = \frac{2f_0}{c} n_{of} \cdot v_{of} \cdot \sin\frac{\theta}{2} \tag{5-34}$$

式中　v_{of}——光纤中的声速，m/s。

光纤中的声速可表示为

$$v_{of} = \sqrt{\frac{(1-\nu_{of})E_{of}}{(1+\nu_{of})(1-2\nu_{of})\rho_{of}}} \tag{5-35}$$

式中　E_{of}——光纤介质的弹性模量，Pa；
　　　ν_{of}——光纤介质的泊松比；
　　　ρ_{of}——光纤介质的密度，kg/m³。

由于光纤本身存在着热光效应和弹光效应，当光纤所受基体的温度以及轴向应变发生变化时，会引起光纤纤芯的折射率也产生变化。而温度和应变对光纤声速产生的影响则是通过对 E_{of}、ν_{of}、ρ_{of} 的调节来实现的。另外，随着光纤自身温度以及轴向应变的变化也会引起其自身密度发生改变。因此，这些参数的变化会相应地引起布里渊频移也发生变化。然后联合式（5-34）和式（5-35），并根据光纤的折射率 n_{of}、弹性模量 E_{of}、泊松比 ν_{of} 和密度 ρ_{of} 与温度 T 以及应变 ε 之间的关系，并将折射率、弹性模量、泊松比和密度分别记为 $n_{of}(T,\varepsilon)$、$E_{of}(T,\varepsilon)$、$\nu_{of}(T,\varepsilon)$ 和 $\rho_{of}(T,\varepsilon)$，则布里渊频移可表示为关于温度 T 和应变 ε 的函数，即

$$f_B(T,\varepsilon) = \frac{2f_0 n_{of}(T,\varepsilon)}{c}\sqrt{\frac{E_{of}(T,\varepsilon)[1-\nu_{of}(T,\varepsilon)]}{(1+\nu_{of}(T,\varepsilon))(1-2\nu_{of}(T,\varepsilon))\rho_{of}(T,\varepsilon)}} \tag{5-36}$$

针对应变 ε 与布里渊频移的关系，在分析轴向应变对布里渊频移产生的影响时，需要忽略温度的变化，只考虑轴向应变对光纤布里渊频移的影响。

第七节　电缆地层测试器测井

电缆地层测试器是观测油气井产量的一种仪器。电缆地层测试器是在原有地层流体取样器的基础上，吸收钻杆地层测试器的功能发展起来的一种测井方法。与大部分测井仪器不同，电缆地层测试器需要采用定点测量方式，测量时间较长，测压过程需要几分钟，取样过程需要几小时，容易造成电缆吸附井壁。如果采用电缆方式测井，在测试过程中应定期下放和上提电缆。另外，电缆地层测试器的测量效果与井况密切相关，如果井况较差，会直接导致作业失败。因此需要进行测前分析。目前，电缆地层测试器的主要类型有斯伦贝谢公司的重复式地层测试器 RFT（repeat formation tester）和组件式地层动态测试器 MDT（modular formation dynamics tester）、阿特拉斯公司的多次地层测试器 FMT（formation multi-tester）、哈里伯顿公司的选择式电缆地层测试器 SFT（selective formation tester）和套管井地层测试器 CWFT（cased well formation tester）等。

一、电缆地层测试器工作原理

电缆地层测试器的主要功能是取样、测压和井下流体分析，是一种复杂的仪器串。模块式地层测试器需要根据井况要求，灵活选择合适的仪器组合方式；非模块式地层测试器只具有相对固定的仪器组合方式。仪器通常包括电源短节、液压动力短节、单探测器短节、光谱分析短节、单取样短节、多取样短节、泵抽排短节及双封隔器短节等，根据需要能够实现井下测压、取样、光谱分析等功能。

（一）电缆地层测试器的测压原理

探针穿过井壁滤饼，与地层建立通道后，移动预测试室活塞，使地层流体进入预测试室。记录压力变化，预测试室体积变化，得到压力降落曲线。停止移动预测试室活塞，等待压力恢复，得到压力恢复曲线。每个测压点可以在一次测试过程中，进行多轮压力降落和压力恢复的测试，以获得最佳测试效果。利用压力降落曲线，可以计算出流度。利用压力恢复曲线，可以绘制双对数测压曲线，可计算出球形流度、径向流度、外推压力。

（二）电缆地层测试器的取样原理

利用泵抽排将地层流体抽到井筒，实时分析流体性质曲线，计算地层流体的钻井液滤液污染率。当污染率下降到一定程度后，打开单取样瓶或多取样瓶的阀门，使流体进入取样瓶，最后关闭取样瓶。如果需要超压取样，可切换泵抽排工作模式，直接向取样瓶内灌入地层流体样品。

（三）电缆地层测试器的光谱分析原理

利用可见光和近红外分光计来测量液态流体的透光率，能够很好地分辨油、水和烃类，用来评价原始地层油的相对密度，区分油基钻井液和地层烃类。利用气体的临界角，接收全反射光的光谱和强度，可以得到气体的相对体积。

二、电缆地层测试器仪器介绍

（一）重复式地层测试器

电缆地层测试器一般由地面控制和记录系统、井下仪器、采样样品分析等附属设备三大部分构成。其中，重复式地层测试器 RFT 的井下仪器包括液压控制系统和测试取样系统。测试取样系统是地层测试器最重要的部分，由预测试和样品采集两大部分组成。前者对被测试的地层特性（地层压力、地层渗透率等）进行分析；后者主要用于采集地层流体，并对地层压力、渗透率及流体样品作分析。图 5-26 为 RFT 结构示意图。

电缆地层测试器的测试过程包括地层压力预测和地层流体取样两个阶段。RFT 测量大致分为以下几步：

（1）由 SP 或 GR 曲线将井下仪器定位，再利用地面仪器的深度记录装置校正仪器至预定地层深度，使吸管对准测试部位。

（2）通过地面控制仪器启动井下仪器中的液压系统，将封隔器推靠井壁，这时原来处于关闭状态的吸管（即取样管）将穿透滤饼紧贴地层。在密封装置作用下，吸管周围井壁会形成一个密封区。

（3）打开取样阀，活塞回抽时流体通过取样器内的过滤带（防止固体颗粒进入造成堵塞），顺次流入两个容量均为10cm³的预测试室。RFT有两个预测试室，大小均为10cm³，其中第一预测试室（低速流室）充满后自动打开第二预测试室（高流速室）。两次预测流速比约为1∶2.5，装满两个预测试室大约需20s。

（4）当地层流体以一定流量进入预测试室后，地面操作人员可通过压力变化及充满时间定性估计渗透率。如果操作人员认为该测试点的流体需要取出，则打开密封阀5、6，让流体进入一个取样筒；如果预测试后认为不必取样，就打开平衡阀3，收拢仪器，移至下一个测试点。收拢仪器的同时，RFT能够自动抽空预测试室，为测试下一层做好准备。

RFT每次下井允许取两个样品，既可以分别在两个地层取样，也可以对一个地层取两次样。对同一地层测试点，当地层存在钻井液侵入时，所取的第二支样受钻井液滤液影响较小，对地层有更好的代表性。

图5-27为某测量点的RFT实测压力曲线图，记录的是每个测点压力随时间的变化曲线。图中，第一道为模拟压力曲线；第二道为时间记录；第三道中四条曲线是数字压力记录，分别显示每一时刻压力数据的千位、百位、十位和个位数，因此，某一时刻的压力值应为四条曲线读数之和。

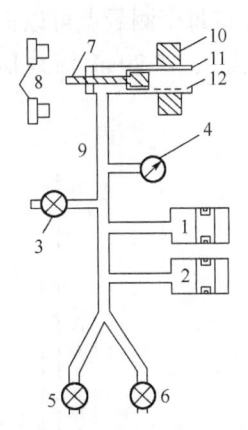

图5-26 RFT结构示意图
1,2—预测试室；3—平衡阀（通井筒内液柱）；
4—压力计；5—密封阀（到下取样筒）；
6—密封阀（到上取样筒）；7—探测器
活塞；8—推靠板；9—流动管线；
10—封隔器；11—探测器；
12—过滤器

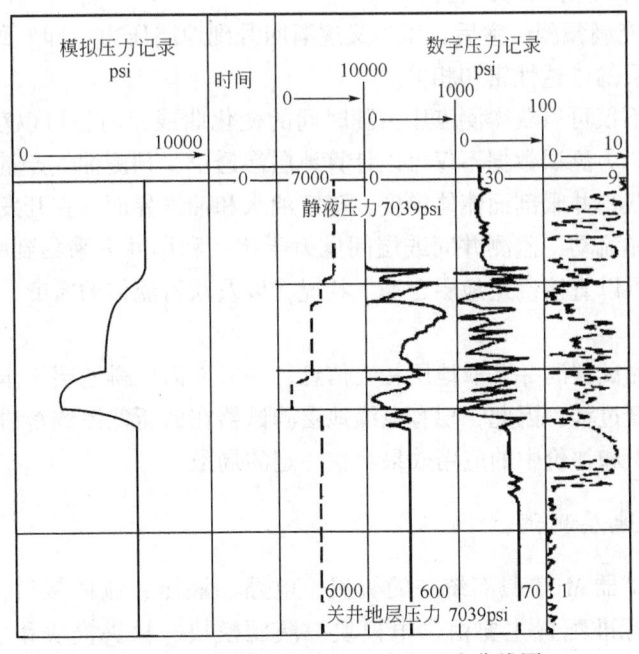

图5-27 某测量点的RFT实测压力曲线图

RFT 在每个测量点可以记录到三种压力信息，即静液压（井筒内液柱压力）、关井压力（地层压力）、取 20mL 流体所产生的瞬时压力。如图 5-28 所示，RFT 压力曲线具有以下特征：

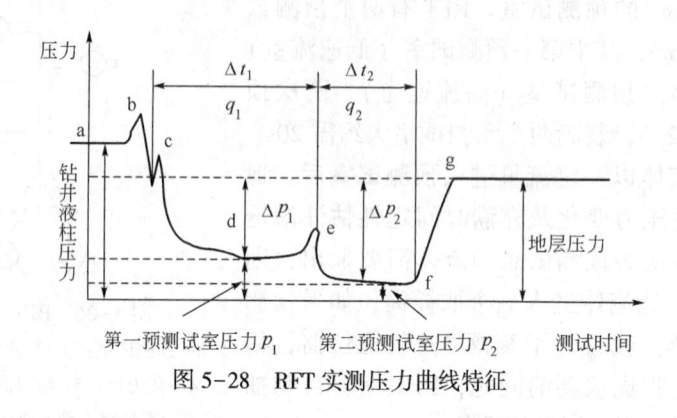

图 5-28 RFT 实测压力曲线特征

（1）在 a 点，RFT 记录到的是井内流体柱的压力（裸眼井中为井筒内液柱压力）。

（2）随着仪器推靠井壁，在封隔器对井壁的挤压作用下，压力将上升。b 点即是封隔器与滤饼接触时滤饼被压缩而引起的压力升高。

（3）之后探测器活塞收缩，压力下降。当活塞停止时，因封隔器继续挤压，压力将再次上升，在 c 点出现回升尖峰。尖峰与渗透性相关，渗透性越差，尖峰越明显。

（4）由 c 到 e，地层流体（流量为 q_1）进入第一个预测试室，压力下降 Δp_1，耗时 Δt_1（为 12~14s）。这时可测得第一预测试室的压力约为 p_1。

（5）由 e 到 f，地层流体（流量为 q_2）进入第二个预测试室，压力下降 Δp_2，耗时 Δt_2。这时可测得第二预测试室的压力约为 p_2。

（6）地层流体充满预测试室后，压力又逐渐回升到地层压力，即 f 到 g。压力回升到地层压力的时间与地层的渗透性密切相关。

RFT 一次下井不仅可以获得测点压力随时间的变化曲线，而且可以获得地层流体样品。根据一口井的地层压力测试数据不仅可以计算地层渗透率、预测油气产量，而且能够准确得出地层压力剖面、获得井眼剖面流体梯度、确定油水和油气界面。在开发井中，利用压力数据能够了解储层流体流动、监测井间或层间压力干扰；利用井下采集到的高质量的 PVT 流体样品，通过分析可以直接确定地层含油气状况，以及获得流体的密度、黏度、压缩性等物理性质。

由于电缆地层测试器测井获取地层相关信息，一方面需取得地层流体样本，另一方面利用了地层压力的恢复过程，因此，现有电缆地层测试器在低压低渗致密油气层、页岩油气等非常规油气藏的认识和评价中的应用效果存在一定的局限。

（二）模块式地层测试器

模块式地层测试器 MDT 具有统一的机械、电路、液压、流体接口，部分模块可以灵活地进行组合。其标准配置主要由供电模块、液压模块、探头模块和取样模块组成。根据测试需要还可配置单/双探针模块、封隔器模块、流量控制模块、光学流体分析模块、取样模块、泵出模块等。模块式的组合结构使得 MDT 可按照实际需求任意组合，既减少测井费用，同时又使得井下仪器安装、调试、修理更为方便。通常取样筒可以安装在井下仪器的任何部位。仪器用于特殊用途的组合方式有：渗透率各向异性和压力梯度探测的多探头组合；PVT高压物性分析多采样筒组合（一次下井可采集不同地层的流体样品，最大取样体积可达6加仑）。此外，MDT中设置的光学流体分析模块可用于采集高质量的PVT流体样品并进行分析。在油基钻井液完钻井中，使用光学分析技术可识别管线中的流体性质，采用光谱测定法可区分油和水，可基于不同反射角的反射测量结果来检测天然气。每种测试状态下仪器的组合长度和重量不同，但都必须有供电模块、液压模块、探测器和封隔器组件等。MDT使用石英晶体压力计，分辨率为0.02psi，为储层的高精度评价提供可行性。

MDT测试仪比前面几代仪器有下面几点优势：

（1）当地层流体被钻井液污染时，可使用流体识别技术和泵排，将被污染的流体从取样桶内排除，进而获得相对真实的地层液体。

（2）对地层流体进行测试时，可以一次取多组样品，并且同时进行测压，好处是可以得到更加精确的地层压力。

（3）在使用MDT测试地层流体时，能够使用双封隔器模块，可以解决在裂缝性地层、致密储层测压难的问题。

（4）地面操作MDT测试时，对流体进行采样的速度是可控的，其优点是能够更加容易获得不同地层的不同参数，比如含水率、渗透率等。

MDT测试曲线是压力随时间变化的序列（图5-29），一般包含4段：第一段为测前钻井液柱的压力曲线；第二段为打开测压室时压降曲线（开井）；第三段为关井压力恢复曲线；第四段为测后钻井液柱压力曲线。一般选择关井压力恢复曲线来进行地层参数评价。

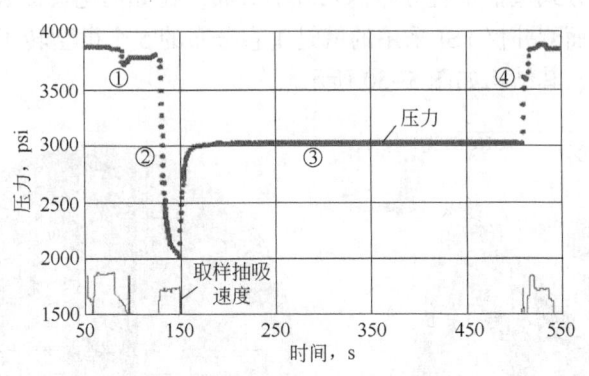

图5-29 标准MDT测试曲线

MDT测量的地层不同，测得的压力曲线也有所不同。渗透率超低的地层（干层），测得的压力曲线是一条下降后不再上升的曲线。渗透率较低的地层，测得的压力曲线是一条下降后缓慢上升，最后保持水平不变的曲线。渗透率较高的地层，测得的压力曲线是一条下降后快速上升，最后保持水平不变的曲线。最后保持不变的压力值就是地层压力。一般地层压力低于井筒压力。如果仪器没有密封好，测得的压力曲线将没有明显下降趋势，最后保持不变的压力值等于井筒压力。

第八节　水平井生产测井

水平井是指最大井斜角（井斜角定义为井眼方向线与重力线之间的夹角）达到或接近90°（一般不小于86°），部分井段井斜角亦可大于90°，且在目的层中维持一定长度水平段的特殊井。在水平井开发过程中，由于井筒内油气水等流体重力分异突出，同时受井身迂曲度、流管尺寸、流体性质、含水率等因素作用，水平井筒内多相流体介质接触形式复杂，油气水介质受力关系多变，井中多相流流型、流体速度特征与常规直井相比存在明显差异，准确监测及评价水平井生产动态对水平井生产测井技术提出了更高要求。由于水平井内流体介质分布存在明显的分层现象，常规垂直井中采用的生产测井仪器的监测探头和涡轮叶片无法覆盖整个井眼范围，因此直井中的生产测井仪器不能准确反映水平井中流体介质的分布特征，从而不能准确监测水平井多相流体动态。目前，水平井生产动态监测主要以阵列式测井仪为主，常用的仪器类型包括：测量水平井中流体流量的阵列涡轮流量计，测量水平井中各相持率的阵列持率计。目前国内外均研制了不同结构的水平井生产测井仪器，形成了系列水平井生产测井技术。此外，分布式光纤测量系统同样是一种可应用于水平井动态监测的测量技术。并且随着深层、超深层资源开发，深井、超深井、复杂井井下长期存储式生产测井仪器必将成为发展趋势，越来越受到重视。

一、阵列涡轮流量计

阵列涡轮流量计中通常会集成多个微型涡轮转子，每个涡轮转子均可独立测量井筒内不同位置的流体速度，由于这几个测量值分布在管道横截面的不同位置，因此测量结果可以解释管道内的流动状态。对于不同的仪器结构，阵列涡轮流量计涡轮转子具有不同的分布方式，最为典型的分布方式包括垂直分布以及环形分布。比如斯伦贝谢公司推出的用于大斜度井和水平井的产出剖面测井仪 FSI 采用的就是垂直分布的 5 个微型转子流量计来监测井筒截面纵向上的流体速度，其结构如图 5-30 所示。

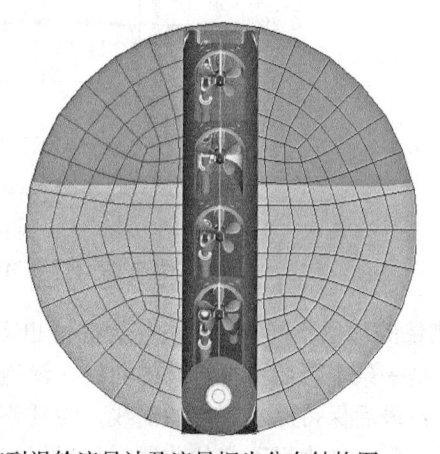

图 5-30　斯伦贝谢公司的 FSI 阵列涡轮流量计及流量探头分布结构图

环形分布的阵列涡轮流量计通常是在弓形弹簧片上安装多个微型涡轮转子，比如中海油服公司推出的阵列涡轮流量计 SAT（图 5-31）。仪器下井过程中弓形弹簧片在油管内呈关闭状态，而当离开油管进入套管中时弓形弹簧片会自动张开，弓形弹簧片可以保护转子在测量过程中免受损伤。

图 5-31　中海油服公司阵列涡轮流量计 SAT

阵列涡轮流量计与常见的连续涡轮流量计测量原理一致，均根据涡轮转子转动频率来测量流体流速，通过多次不同速度的测量，采用最小二乘法回归分析求出流体速度。但由于阵列涡轮流量计的转子尺寸较小，使得转子的启动速度增加。不同阵列涡轮流量计之间的测量原理相同，仪器测量参数上略有差异。

二、阵列持率计

阵列持率计主要包括阵列持水率计与阵列持气率计。根据测量原理不同，阵列持水率计可分为阵列电容持水率计、阵列电阻持水率计及阵列电磁波持水率计等。阵列电容持水率计工作原理与传统电容持水率计类似，均利用了油气与水的相对介电常数的差异来识别流体，通过传感器测量局部位置电容，输出信号由传感器周围流体的介电常数决定，结合油、气、水中探头刻度值可以分析得到各探头位置的持率。阵列电阻持水率计主要利用了油气与水之间电阻的差异对持水率进行测量。通常来说，水中含有大量盐分会导致其电阻率较低（电导率较高），而碳氢化合物具有较高的电阻率（较低的电导率）。通过测量不同点的电阻率就可以清楚地观测到水和碳氢化合物的比例。图 5-32 展示了中海油服公司推出的阵列电容持水率计 CAT 和阵列电阻持水率计 RAT。

图 5-32　中海油服公司阵列电容持水率计 CAT（左）和阵列电阻持水率计 RAT（右）

阵列电磁波持水率计的测量原理同样是基于油水介电常数的差异。不同的油水比例，等效介电常数不同，当电磁波传播载体即波导处于油水混合介质中时，油水混合介质等效介电常数会影响通过波导传输线的电磁波信号的相移，因此通过检测传输线终端信号相对于始端信号发生的相移即可估计传输线周围介质的介电常数，从而计算探头附近持率。图 5-33 展示了中油测井公司推出的阵列电磁波持水率计。

阵列持气率计通过光学探针来测量从探针尖端反射回来的光信号，测量到的反射光的强弱受探针尖端和周围流体之间的折射指数的比例控制。当测量遇到气体时，反射光强度较强；而原油和水的反射指数相对较小，反射回来的光强度较弱。根据测量到的光强度差异可以计算探头附近的持气率。Sondex 公司生产的阵列持气率计 GAT 采用 6 个探针环状分布的设计（图 5-34）。

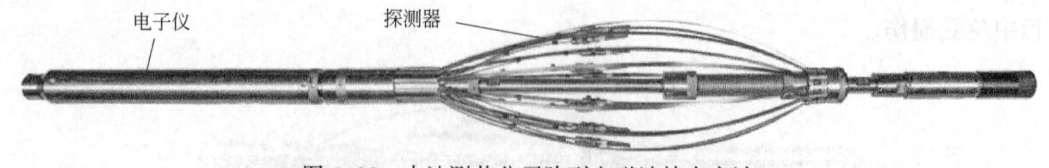

图 5-33 中油测井公司阵列电磁波持水率计

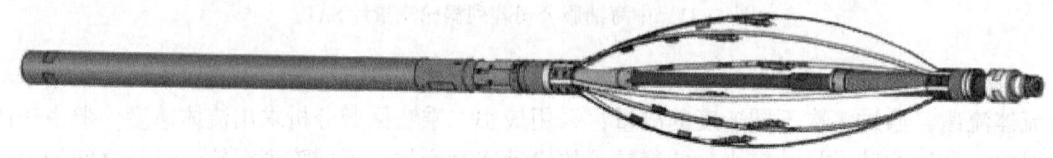

图 5-34 Sondex 公司阵列持气率计 GAT

与阵列涡轮流量计类似，阵列持率计同样可以采用垂直探头分布的仪器结构来对井筒截面不同位置处的持率信息进行监测。例如斯伦贝谢的 FSI 测井仪上也安装了 6 组电阻式持水率探针和光学持气率探针，在测量局部流速时能够同时测量油气水各相的持率。

三、水平井测井资料

图 5-35 展示了某水平井的井身结构图，该井为油水井，采用水平井生产测井系列对该井的水平段进行产液剖面测井，录取用于定性分析和定量解释的测井曲线。该井采用阵列持水率计进行水平段持水率的测量，如图 5-36 所示，其中曲线 AYW1~AYW12 为 12 个阵列持水率探头的持水率测量值。利用 12 个探头的持水率计算值可以通过对整个井筒截面进行持水率插值处理，从而实现水平井持率成像，图 5-36 中最后三道分别显示了该井水平段井筒中，沿径向、井筒半圆周以及圆周上的持水率分布情况，能够直观了解水平段的各相介质分布情况。

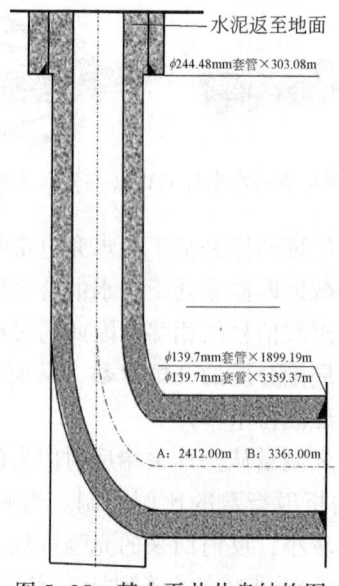

图 5-35 某水平井井身结构图

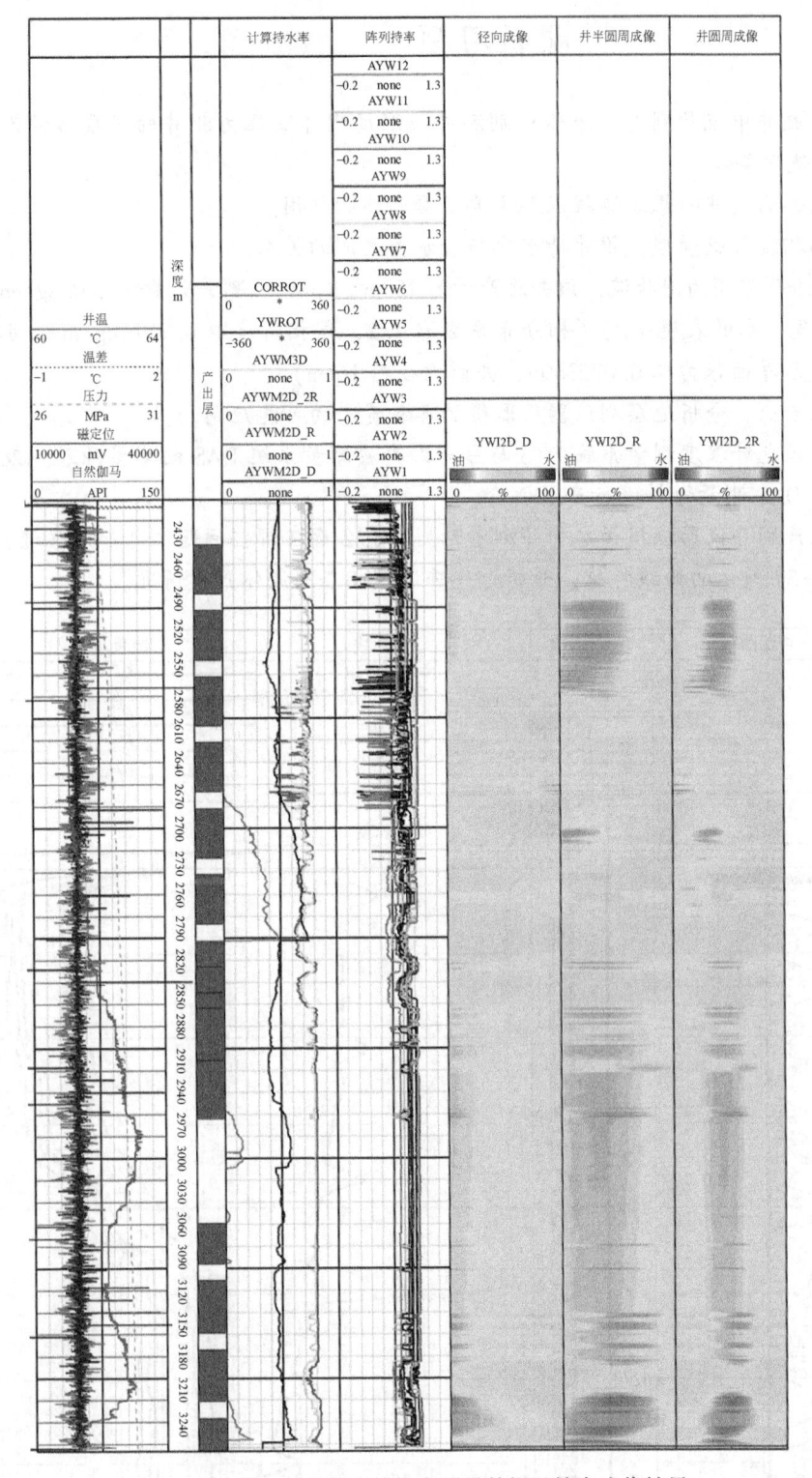

图 5-36 某水平井阵列持水率测量数据及持率成像结果

课后习题

1. 请简述生产测井中流量测井、流体识别测井、温度测井及压力测井的主要方法及测量原理，并分析其使用条件。

2. 请简述产出剖面测井的基本流程以及主要解释曲线的作用。

3. 根据油水两相流滑脱模型，推导持水率与含水率之间的关系。

4. 已知某气井井下流型为泡状流，该井总产量为 $150\text{m}^3/\text{d}$，密度测井测量值为 0.8g/cm^3，利用漂流模型计算气、水的表观速度（相分布系数取 1.2，气相密度取 0.7174kg/m^3，水相密度取 1g/cm^3，气水界面张力取 0.072N/m，井筒内径为 16cm）。

5. 请结合本人专业，分析地层测试器所取得的各种资料的可能应用。

6. 请简述分布式光纤温度测量系统 DTS 与分布式声波测量系统 DAS 的测量原理以及如何综合利用 DTS 及 DAS 测量资料进行产层评价。

7. 常规直井生产测井仪器应用于水平井测量时，可能会存在哪些问题？可如何改进？

8. 请根据图 5-37 所示的曲线特征，分析该气井流体相态及流体产出情况。

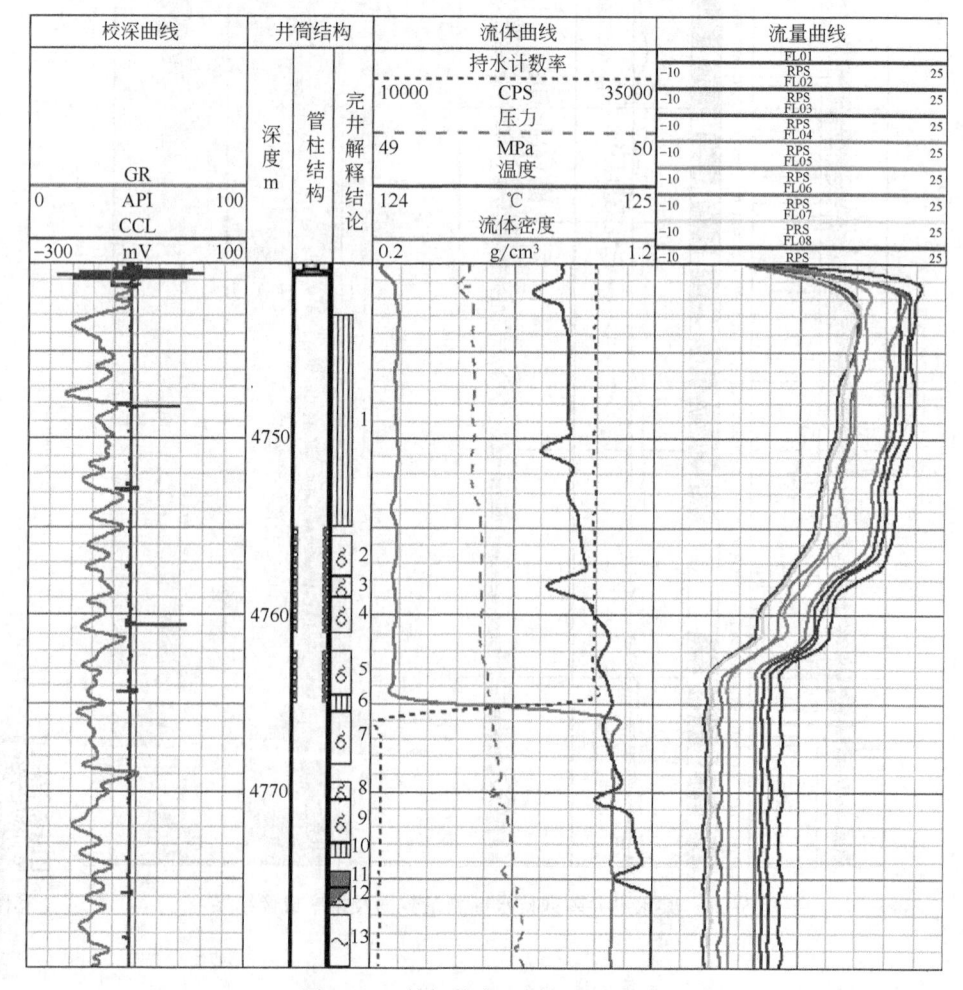

图 5-37　某气井产出剖面测井曲线

第六章 储层测井评价

在油气工业中，储层是指具有一定孔隙性和渗透性的岩层。储层评价是测井地层评价的基本任务，包括单井评价和多井评价。单井评价是在油气井地层剖面中划分出储层，进而评价储层的岩性、物性、含油气性及产能。多井评价是油藏描述的基本组成部分，它着眼于在面上对一个油田或地区的油气藏整体的多井解释和综合评价，主要任务包括井间地层对比、建立油田参数转换关系、储层纵横向展布与储层参数空间分布、油气地质储量计算等。单井评价是多井评价的基础，多井评价是基于全油田测井资料统一解释基础上的油气藏综合评价，是单井评价的延伸和深化。随着测井采集、处理、成像技术的快速发展，以及油气勘探开发对象的复杂化，利用测井开展可压性、沉积相、地质构造等研究也逐渐成为测井储层评价的重要内容。本章主要对储层的岩性、物性、含油性、可压性评价方法，及沉积与构造分析、油藏描述和开发中后期水淹层及剩余油评价方面进行阐述。

第一节 储层划分

识别并划分岩性和储层是测井解释的基础工作。划分储层就是根据测井资料，结合其他地质资料，把一口井中可能的含油气层划分出来，并确定其顶、底界面的深度，以便进一步对储层作出评价。

一、砂泥岩剖面储层划分

砂泥岩剖面中的储层主要是砂岩、粉砂岩或少数砾岩，个别地区可能还有薄层碳酸盐岩储层。储层上下的围岩通常都是厚度较大而稳定的泥页岩隔层。一般采用常规测井系列便可准确地将砂泥岩剖面中的渗透性地层划分出来。常用的测井方法有自然电位、自然伽马、微电极及井径等测井方法。在储层，这些测井资料具有以下特点：

（一）自然电位曲线

砂岩储层自然电位（SP）曲线的典型特征是：当钻井液滤液电阻率 R_{mf} 大于地层水电阻率 R_w 时，渗透性地层在自然电位曲线上相对于泥页岩基线显示为负异常；当钻井液滤液电阻率 R_{mf} 小于地层水电阻率 R_w 时，渗透性地层在自然电位曲线上相对于泥页岩基线显示为正异常。对同一地层水系的地层，异常的幅度取决于地层的泥质含量和 R_{mf}/R_w，随地层泥质含量增加，自然电位异常幅度减小。

（二）自然伽马曲线

通常情况下，泥页岩在自然伽马测井曲线上显示最高值，纯砂岩地层在自然伽马测井曲线上显示最低值。在砂岩地层中，随泥质含量增加，伽马曲线值逐渐增大。

（三）微电极测井曲线

双侧向、深浅感应、微电极等探测深度不同的电阻率测井曲线重叠，都可以用于指示和划分储层，曲线分离越大，表明地层渗透性越好。以微电极测井曲线为例，微电极测井曲线径向探测深度浅，在渗透性地层处受滤饼影响大。在微梯度和微电位视电阻率重叠曲线上，渗透性地层处有明显的正幅度差，渗透性越好，正幅度差越大。根据微电极测井曲线划分渗透性地层的一般原则是：当 $R_a \leqslant 10R_m$ 时，若微电极曲线与微电位曲线具有较大的幅度差，则为渗透性好的地层；当 $10R_m < R_a \leqslant 20R_m$ 时，具有较小的幅度差，则为渗透性较差的地层；当 $R_a > 20R_m$，且曲线呈尖锐的锯齿变化，幅度差大小、正负不定时，则为非渗透性致密地层。

（四）井径曲线

在砂泥岩剖面的渗透性地层处，由于滤饼的存在，实测井径值一般小于钻头直径，且井径曲线较平直，因此，可参考井径曲线来划分渗透层。

一般先用 SP（或 GR）曲线、ML 曲线及井径曲线确定渗透层位置后，再用 ML 曲线准确确定渗透层上、下界面。除了微电极曲线外，感应测井曲线或双侧向测井曲线与微球形聚焦测井曲线重叠在一起，也能很好地区分出渗透性地层。通常，在渗透性地层，由于钻井液侵入，不同探测深度的电阻率曲线将出现分离。

划分渗透层的目的是逐层评价可能含油气的一切层位，因此，一切可能的含油气层都要划分出来，而且要适当划分明显的水层。分层时应注意以下几点：

（1）用水平分层线，逐一标出所划分的储层界面；

（2）画分层线时，应左右兼顾，注意所有曲线的合理性；

（3）油层、气层和油水同层中夹有厚度在 0.5m 以上的非渗透夹层时，应把夹层上下分为两个层解释；

（4）遇到岩性渐变层的顶界（顶部渐变层）和底界（底部渐变层）时，层界面定在岩性渐变结束、纯泥岩或非储层开始的深度；

（5）在一个厚度较大的储层中，如有两种以上解释结论，应分层解释。

图 6-1 给出了砂泥岩剖面中常用测井系列及综合测井图，并用上述方法和原则划分出了渗透层。

二、碳酸盐岩剖面储层划分

在碳酸盐岩剖面中，主要的矿物成分有方解石、白云石，其他矿物如硬石膏、石膏、盐岩也经常出现。碳酸盐岩剖面常见矿物的主要物理性质见表 6-1。

硬石膏、石膏、盐岩一般不发育孔隙，因而无储集性和渗透性，不能作为储层。从表 6-1 可以看出，利用岩石光电吸收截面指数、体积密度、声波时差和热中子俘获截面能够较好地区分碳酸盐岩剖面的岩性。

实践中发现，碳酸盐岩剖面中的储层具有"三低一高"的规律，即低电阻率、低自然伽马、低中子伽马和高时差。在碳酸盐岩剖面划分储层的具体方法主要有两种：一是先找出低阻、高孔隙显示，然后去掉自然伽马相对高值的泥质层，其余地层则为渗透性地层；二是根据自然伽马低值找出比较纯的碳酸盐岩地层，再去掉其中相对高阻和低孔隙显示的致密层段，剩下的地层即为渗透性地层。储层界面主要以分层能力较强的曲线为准。

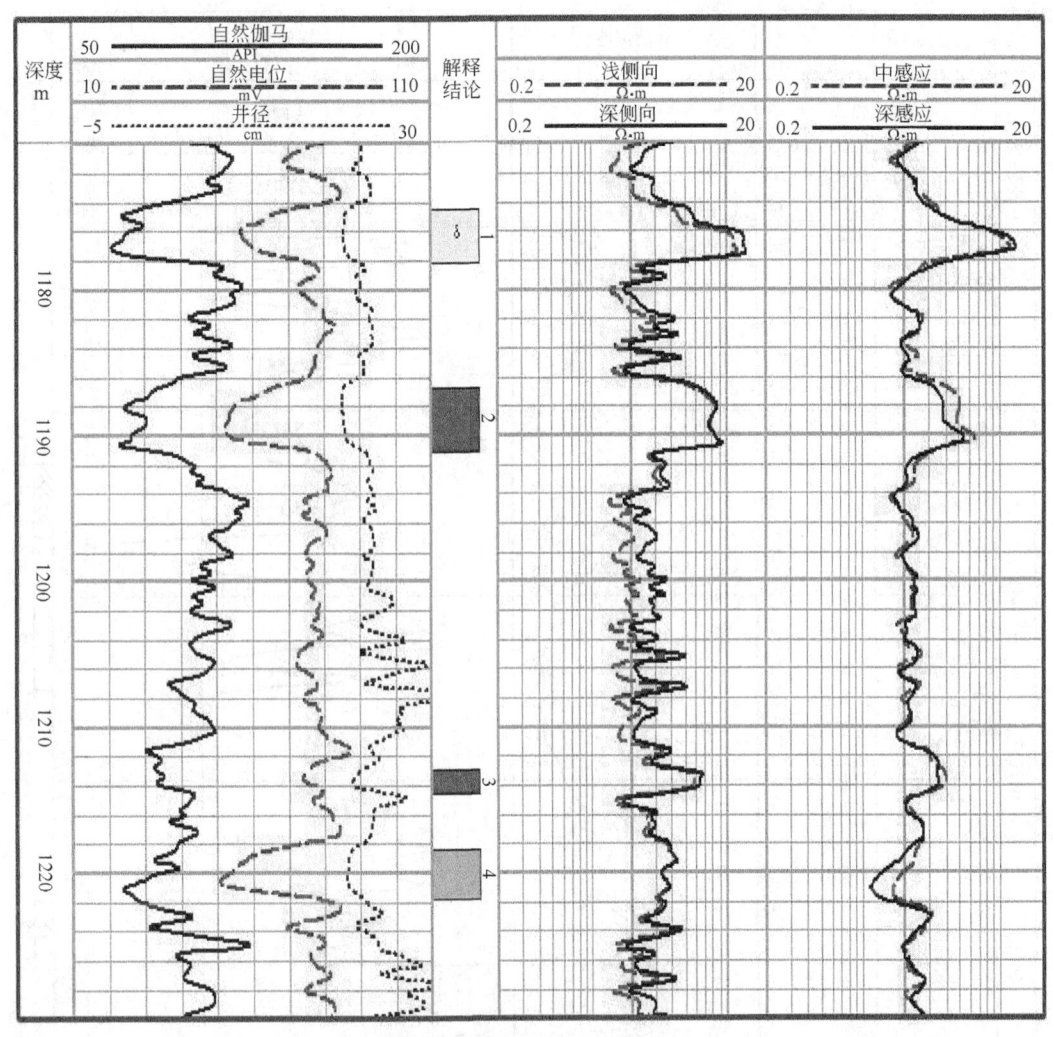

图 6-1 砂泥岩剖面综合测井图实例

表 6-1 碳酸盐岩剖面常见矿物的主要物理性质

矿物	体积密度 g/cm³	热中子俘获截面 Σ，c.u.	骨架声波时差 μs/m	中子含氢指数	电磁波传播时间，μs/m	光电吸收截面指数，b/e
方解石	2.71	7.1	153	0	9.1	5.08
白云石	2.87	4.8	137	0~2.5	8.7	3.14
硬石膏	2.96	12.45	164	−1	8.4	5.05
石膏	2.32	18.5	171	50	6.8	3.99
盐岩	2.17	754.2	230.3	−2	7.9~8.4	4.65

在划分储层时，如果只有低阻和高孔隙度显示，而没有明显低的自然伽马，则可能是泥岩或泥质碳酸盐岩地层；如果只有明显低的自然伽马，而没有相对低的电阻率和相对高的孔隙度显示，则是纯致密碳酸盐岩地层。图 6-2 为一孔隙性碳酸盐岩剖面综合测井图实例，图 6-3 为一裂缝性碳酸盐岩剖面综合测井图实例，两图中都已标示出了储集性的地层。

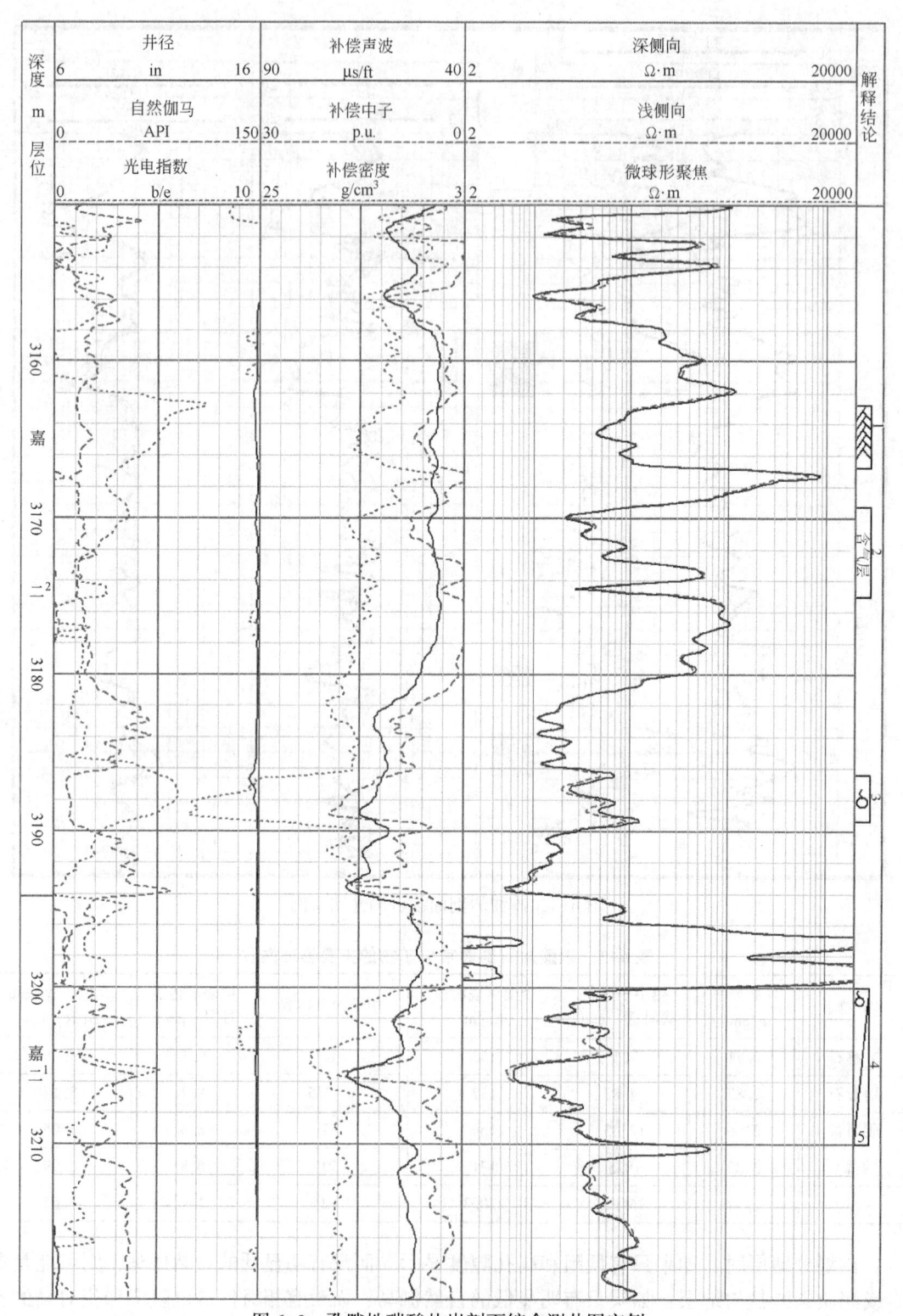

图 6-2 孔隙性碳酸盐岩剖面综合测井图实例

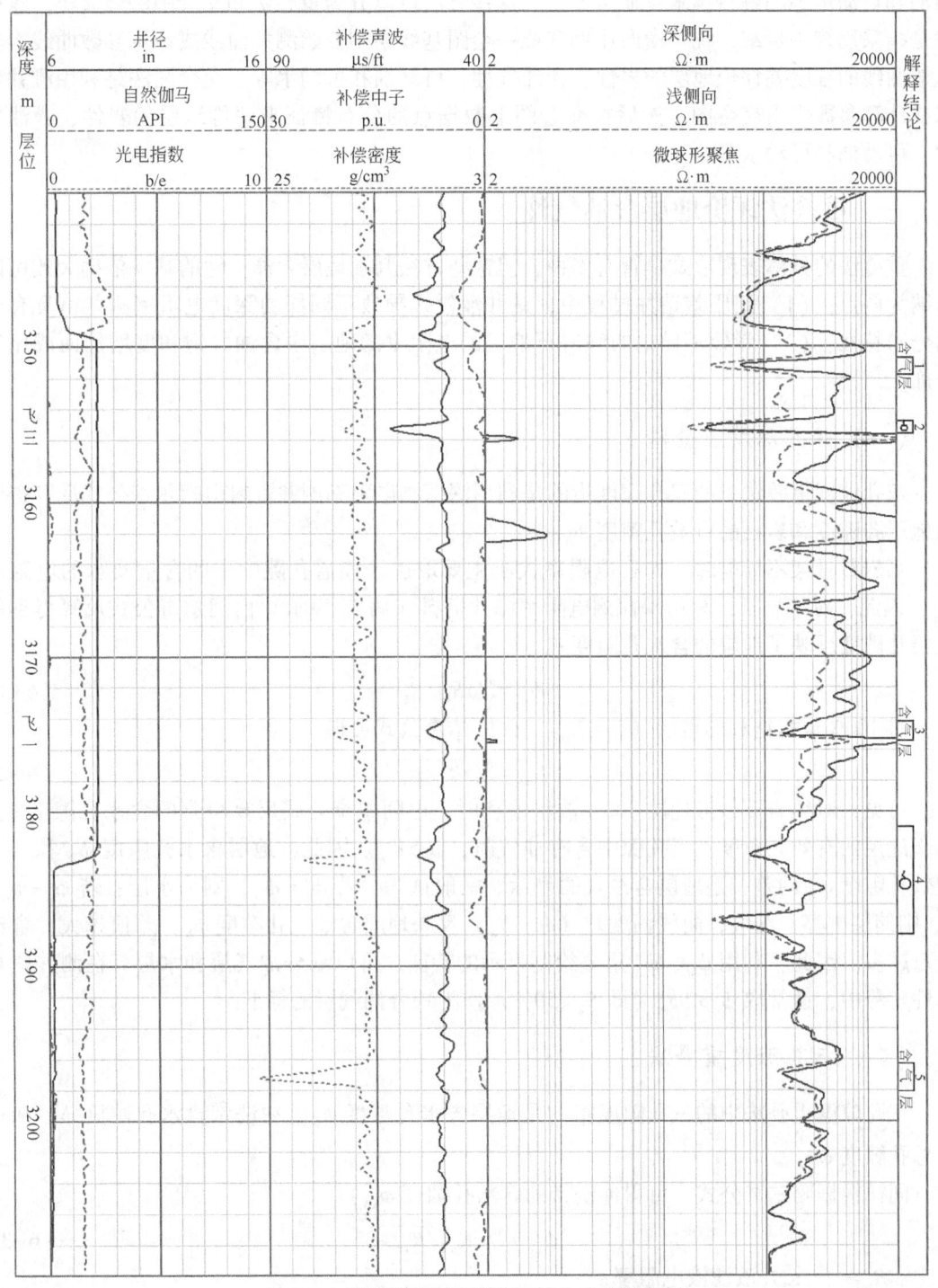

图 6-3 裂缝性碳酸盐岩剖面综合测井图实例

第二节 油、气、水层的快速识别方法

快速识别是通过曲线的幅度特征或曲线的交会图特征来评价地层的岩性、含油气性、可

动油和可动水等的解释技术及显示方法。这些方法可以分为重叠法和交会图法两大类。重叠法是指采用统一量纲、统一横向比例和统一绘图基线绘制原始测井曲线或计算参数曲线，然后按曲线的幅度差评价地层的岩性、含油气性、可动油和可动水等；交会图法是利用测井数据或计算参数作出交会图，然后按交会图上数据点的分布特征来评价地层的岩性、含油气性、可动油和可动水等。

一、重叠法评价地层含油气性

重叠法的具体表现形式尽管有多种，但这些方法判别地层含油气性的基本依据大致可以归纳为两点：（1）正压差钻井过程中，钻井液侵入导致不同探测深度电阻率测井值具有径向分布特性；（2）骨架不导电的纯岩石地层的电阻率随地层中含油气饱和度增加而成比例增加。

（一）双孔隙度重叠法

双孔隙度重叠法中的双孔隙度指的是利用深探测电阻率测井资料由阿尔奇公式反算得到的地层孔隙度和岩石的有效孔隙度 ϕ_e。

当岩石骨架不导电时，岩石电阻率大小主要取决于连通孔隙中水的含量及水的电阻率 R_w，因此，对纯岩石，利用深探测电阻率测井资料（用 R_t 表示）由阿尔奇公式反算得到的地层孔隙度反映了地层的含水孔隙度 ϕ_w：

$$\phi_w = \sqrt[m]{aR_w/R_t} \tag{6-1}$$

对 100% 被水饱和的地层（$R_t = R_o$），由阿尔奇公式可得

$$\phi_{wo} = \sqrt[m]{aR_w/R_o} \tag{6-2}$$

可见，对纯岩石，当地层 100% 被水饱和时，由阿尔奇公式反算得到的含水孔隙度 ϕ_{wo} 等于地层的有效孔隙度；当孔隙中含有油气时，$\phi_e > \phi_w$。因此，地层含水孔隙度 ϕ_w 和岩石有效孔隙度 ϕ_e 的差，是地层含油气的显示。一般认为，若 $\phi_e = \phi_w$，则为水层；若 $\phi_e - \phi_w > 0$，则储层中存在油气，曲线幅度差（$\phi_e - \phi_w$）反映地层含油气孔隙度 ϕ_h，差值越大，含油气量越多。因此，利用 ϕ_w、ϕ_e 重叠绘制显示的特征，可以划分油气层和水层。在测井资料定性解释中，通常取 $\phi_e > 2\phi_w$（即 $S_w < 50\%$）作为划分油气层的标准。

（二）三孔隙度重叠法

三孔隙度重叠法中的三孔隙度指的是地层含水孔隙度 ϕ_w、冲洗带含水孔隙度 ϕ_{xo} 和地层总孔隙度 ϕ_t。

同样根据阿尔奇公式，可得冲洗带的含水孔隙度 ϕ_{xo}：

$$\phi_{xo} = \sqrt[m]{aR_{mf}/R_{xo}} \tag{6-3}$$

式中　R_{mf}——钻井液滤液电阻率；

　　　R_{xo}——冲洗带地层电阻率，可由微球形聚焦电阻率测井等冲洗带地层电阻率测井方法得到。

地层总孔隙度 ϕ_t、地层含水孔隙度 ϕ_w、冲洗带含水孔隙度 ϕ_{xo} 曲线重叠判别地层含油气性的依据为：

（1）含油气孔隙度 ϕ_h 等于总孔隙度减去含水孔隙度，即 $\phi_h = \phi_t - \phi_w$。

（2）残余油气孔隙度 ϕ_{hr} 等于总孔隙度减去冲洗带含水孔隙度，即 $\phi_{hr}=\phi_t-\phi_{xo}$。

（3）可动油气孔隙度 ϕ_{hm} 是冲洗带钻井液滤液驱走的油气量，等于冲洗带含水孔隙度减去地层含水孔隙度，即 $\phi_{hm}=\phi_{xo}-\phi_w$。

因此，在相同的纵、横向比例尺条件下，把三孔隙度曲线重叠绘制，ϕ_t 与 ϕ_{xo} 的幅度差代表残余油气，ϕ_{xo} 与 ϕ_w 的幅度差代表可动油气，如图 6-4 所示。

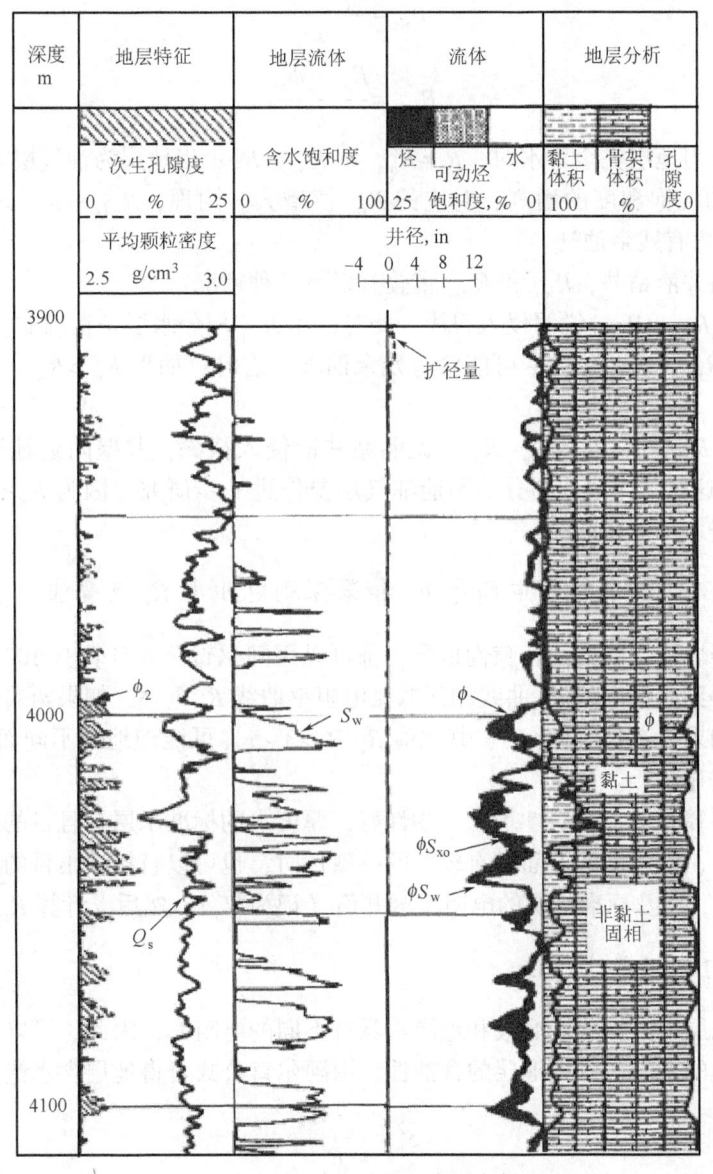

图 6-4 孔隙度重叠法应用实例

（三）视地层水电阻率和视钻井液滤液电阻率重叠法

由阿尔奇公式已知

$$R_w=\frac{R_o \cdot \phi_m}{a} \tag{6-4}$$

因此，对含油气地层，把从深探测电阻率测井曲线上读得的电阻率值 R_t 直接代入式(6-4)，反算得到的地层水电阻率将不等于地层水的真实电阻率 R_w，将其称为视地层水电阻率，记为 R_{wa}；同样，将冲洗带电阻率曲线响应值 R_{xo} 代入式(6-4)，由于残余油气的影响，计算得到的冲洗带地层流体电阻率也将不等于钻井液滤液真实电阻率，将其称为视滤液电阻率，记为 R_{mfa}，则有

$$R_{wa} = \frac{R_t \cdot \phi^m}{a} \tag{6-5}$$

$$R_{mfa} = \frac{R_{xo} \cdot \phi^m}{a} \tag{6-6}$$

一般认为，当地层完全含水时，$R_t = R_o$，则 $R_{wa} \approx R_w$；当地层为油气层时，$R_{wa} \gg (3 \sim 5) R_w$，并且随含油气饱和度的增高，对应的 R_{wa} 值增大。同理，$R_{mfa} \approx R_{mf}$ 时为水层；$R_{mfa} > R_{mf}$ 时，冲洗带含有残余油气。

对于淡水钻井液钻井，R_{wa} 和 R_{mfa} 重叠有以下三种情况：

（1）$R_{mfa} \approx R_{wa} \approx R_w$，说明侵入很浅。此时，用 R_{wa} 划分水层是正确的。

（2）$R_{mfa} > R_{mf}$，说明冲洗带可能含有残余油气。这时，如果 $R_{wa} > R_w$，则进一步证实为油气层。

（3）$R_{mfa} \approx R_{mf}$，且 $R_w < R_{wa} < R_{mf}$，说明钻井液侵入很深，井壁附近地层冲洗严重，使 R_{mfa} 接近 R_{mf}。这时对由 R_{wa} 划分的可能油气层要作进一步研究，因为 $R_w < R_{wa} < R_{mf}$ 也可能是淡水钻井液侵入很深造成的。

（四）100%饱和水时的电阻率 R_o 和深探测电阻率 R_t 重叠法

对任何一种岩性比较纯的孔隙性地层，都可以用阿尔奇公式计算其100%饱和水时的电阻率。把计算得到的储层的 R_o 曲线和深探测电阻率曲线 R_t 重叠，如果两曲线基本重合，则说明是水层；如果 R_t 明显大于 R_o，其比值 $R_t/R_o > 3 \sim 5$（可能随地区不同而发生变化），则为明显的含油气显示。

此外，当解释井段存在岩性均匀、物性好、厚度大的标准水层，且目的层段与标准水层段在岩性、物性、矿化度等方面具有较好的一致性时，也可以直接读出目的层段的电阻率测井值（记为 R_t），以及标准水层的电阻率测井值（记为 R_o），然后，计算 R_t/R_o 比值。

（五）径向电阻率比值法

因为侵入地层中的钻井液滤液和地层水具有不同的电阻率，因此，可以利用地层电阻率和冲洗带电阻率的差异来研究地层的含油性。由阿尔奇公式可得地层含水饱和度表达式为

$$S_w^2 = \frac{F \cdot R_w}{R_t} \tag{6-7}$$

冲洗带地层的含水饱和度表达式为

$$S_{xo}^2 = \frac{F \cdot R_{mf}}{R_{xo}} \tag{6-8}$$

则地层水饱和度与冲洗带地层的含水饱和度的比值为

$$\left(\frac{S_w}{S_{xo}}\right)^2 = \frac{R_{xo}/R_t}{R_{mf}/R_w} \tag{6-9}$$

式中 R_{xo}、R_t 可分别从冲洗带电阻率测井曲线、深探测电阻率测井曲线上读得。

如果比值等于1，则没有可动油气存在；如果小于1，则可动油气的含量随比值的减小而增大。

除采用径向电阻率比值的方法识别储层流体性质外，在正压差钻井过程中，还可以直接利用不同径向探测深度的电阻率曲线重叠显示出的钻井液滤液径向侵入剖面特征来识别地层的含油气性质。一般认为：

（1）当 $R_{mf}>2.5R_w$，且出现钻井液高侵现象时，目的层为水层；若出现钻井液低侵现象，则目的层为油气层。

（2）当 $R_{mf}\gg R_w$ 时，也可能在油气层造成增阻侵入（低电阻率油气层），此时不能用高低侵来判断地层的流体性质。

基于径向电阻率比值识别油气层、水层的方法可以在一定程度上克服岩性、物性等变化造成的影响，但所用径向电阻率应具有相似的纵向探测特征，即井眼、围岩对测量的影响相似。

重叠法以阿尔奇公式为基本出发点，因此，当满足以下条件时，重叠法应用效果较好：
（1）孔隙性纯地层，且岩石骨架不导电；
（2）地层的导电性完全由孔隙中的水引起；
（3）钻井液侵入较浅；
（4）井剖面 R_w 基本不变，岩性稳定且有纯水层。

二、交会图法显示地层的含油气性

（一）电阻率—孔隙度交会图

电阻率—孔隙度交会图（Pickett图）是目前评价地层含油气性最常用的交会图，它能够形象、直观地区分油气层、水层。

由阿尔奇公式可以得到

$$R_t = \frac{abR_w}{S_w^n \cdot \phi^m} \tag{6-10}$$

对式(6-10)两边取对数，则有

$$\lg R_t = -m\lg\phi + \lg\frac{abR_w}{S_w^n} \tag{6-11}$$

可见，在双对数坐标中，R_t 和 ϕ 之间的关系是一组斜率为 $-m$、截距为 $\lg\dfrac{abR_w}{S_w^n}$ 的直线。

对岩性稳定（a、b、m、n 不变）且地层水电阻率 R_w 不变的井段，截距 $\lg\dfrac{abR_w}{S_w^n}$ 仅随 S_w 变化，因此，以地层电阻率 R_t 为纵坐标，以 ϕ 为横坐标建立坐标系，对不同的 S_w 可获得一组斜率相同的直线。利用这组直线，根据目的层资料点落在交会图上的位置，可以定性地判断地层的含油气性。

图6-5就是根据上述原理制作的电阻率—孔隙度交会图。根据目的层 ϕ、R_t 落在交会图上的位置可以定性判断油气层和水层。目的层的 ϕ、R_t 交会后落在哪条含水饱和度线上，

则目的层含水饱和度即等于该直线对应的含水饱和度；若目的层数据落在两条含水饱和度线之间，则其含水饱和度值介于两直线的含水饱和度值之间。

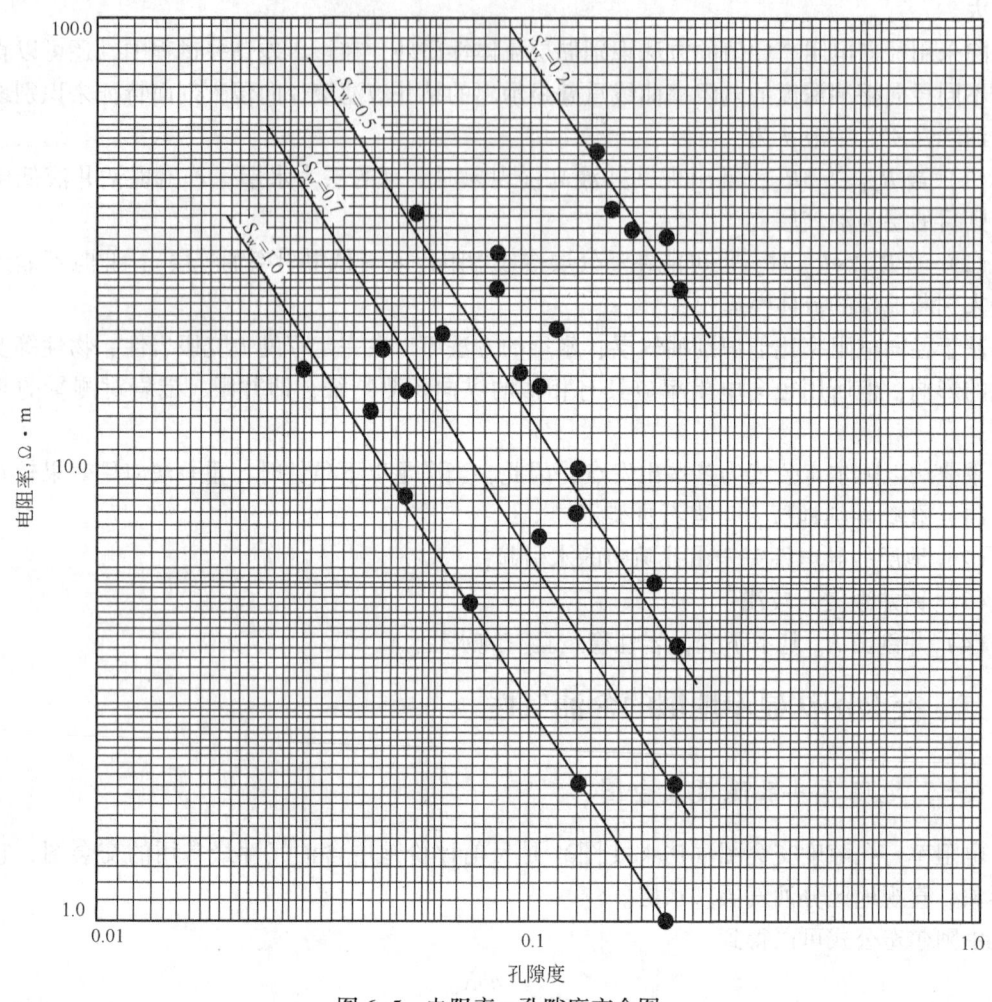

图 6-5 电阻率—孔隙度交会图

利用试油、试水证实的资料点，可以标定交会图确定的油水界限和油水分布规律。实际资料点越多，油水分布规律就越准确。

（二）孔隙度—饱和度交会图

由阿尔奇公式可以导出

$$\phi^m S_w^n = \frac{abR_w}{R_t} \tag{6-12}$$

取 $a=b=1$，令 $m=n=c$，则有

$$(\phi S_w)^c = \frac{R_w}{R_t} \tag{6-13}$$

假设地层只含束缚水，对应于束缚水饱和度 S_{ws}，地层的电阻率为 R_{ti}，则式(6-13) 可写成

$$(\phi S_{ws})^c = \frac{R_w}{R_{ti}} \tag{6-14}$$

当地层只含束缚水时，ϕ 与 S_{ws} 的乘积将趋于一个常数，因此，在 ϕ—S_w 交会图中，如果交会数据呈近双曲线分布，则表明储层只含束缚水，为油气层；如果交会数据不呈近双曲线分布，则说明储层不仅含束缚水，而且还含可动水，储层为水层或油气水同层。

图 6-6（a）为某井气层段的 ϕ—S_w 交会图。从该交会图上可以看到，交会数据呈明显的双曲线分布特征，表明该层不含可动水。该井段测试产气 $34.0\times10^4\text{m}^3/\text{d}$。

图 6-6（b）为某井水层段 ϕ—S_w 交会图。从该交会图上可以看到，交会点杂乱无章，没有双曲线分布特征，表明该层含可动水。该井段测试产水 $17.0\text{m}^3/\text{d}$。

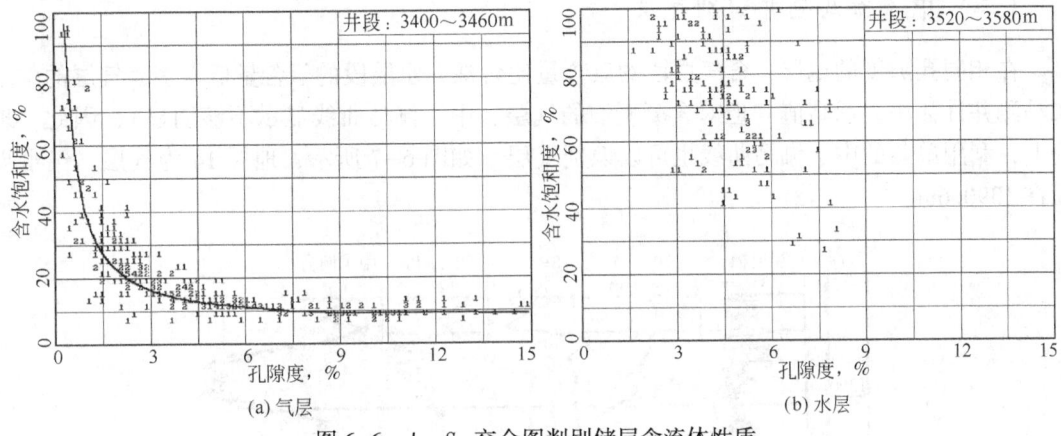

图 6-6 ϕ—S_w 交会图判别储层含流体性质

三、气层识别方法

前述判定油气水层的方法，实际上只是利用电阻率测井值将油气层和水层区分开，而并没有把油层和气层区分开。因为油气都不导电，因此，电阻率不能用来区分油层和气层，要确定气层，还必须结合其他非电法的测井资料，尤其是孔隙度测井资料。

在声波测井和核测井部分已经了解到，天然气的存在将使声波、中子、密度测井资料出现如下所述明显异常：

（1）声波测井：天然气的存在将使声速降低，声幅衰减明显，声波时差测井值会明显增大或出现"周波跳跃"现象，这在疏松砂岩地层表现尤为明显。

（2）密度测井：由于天然气密度明显低于油的密度，因此，在密度测井曲线上表现为 ρ_b 下降，而 ϕ_D 上升。

（3）中子测井：天然气的存在将使得中子测井读数 ϕ_N 下降，有时甚至出现负值，而中子伽马测井读数增高。

（4）中子伽马测井：反映的也是地层的含氢量，气层使中子伽马数值增大。

基于上述天然气测井响应特性，形成了多种气层识别技术。下面介绍几种识别气层的方法。

（一）双孔隙度重叠法识别气层

为了消除量纲不统一的影响，采用体积模型计算出含气校正前的声波时差孔隙度、中子孔隙度、密度孔隙度和中子伽马孔隙度，曲线物理意义明确并统一后进行曲线重叠。这种方法要求地层具有一定的含气饱和度。再根据各条曲线对气层的响应特性进行组合。一般选择：中子孔隙度（ϕ_N）与密度孔隙度（ϕ_D）重叠、中子伽马孔隙度（ϕ_{NG}）与声波孔隙度（ϕ_S）重叠这两种形式。其解释原理为：

油、水层：$\phi_D=\phi_N$，$\phi_S=\phi_{NG}$

气层：$\phi_D>\phi_N$，$\phi_S>\phi_N$，$\phi_S>\phi_{NG}$

需要指出的是，由于孔隙度测井的探测深度都较浅，受钻井液滤液侵入影响较大，因此，当钻井液侵入较深时，孔隙度测井曲线上可能看不到异常显示，这时要结合深、中、浅电阻率测井曲线综合分析。

（二）中子伽马测井识别气层

在相同孔隙度的地层，含气层段的氢含量比含油、水层段的氢含量低得多，气层的中子伽马测井计数率显示高值（但对含凝析油的气层，中子伽马曲线显示不够明显），因此，理论上，利用单条的中子伽马曲线也可以识别气层。如图6-7所示，地层14为气层，气水界面在1390.6m。

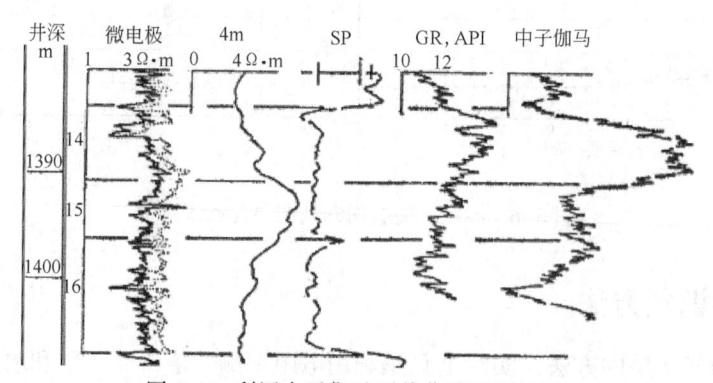

图6-7 利用中子伽马测井曲线识别气层

声波时差和中子伽马曲线重叠是一种非常有效、应用最为广泛的气层测井识别方法。在侵入不太深的条件下，天然气使声波纵波减速，时差增大，中子伽马计数率增加，由此计算的声波孔隙度变大，中子伽马孔隙度变小。这个特性是声波—中子伽马重叠法识别天然气的基础。

但当钻井液滤液侵入较深时，中子伽马探测范围（50~60cm）内的天然气可能全被钻井液滤液驱出，导致气层的特征在中子伽马测井曲线上反映不明显，中子伽马时间推移测井应是最经济有效的气层测井识别技术。但由于地质条件的复杂性，尤其是当储层岩性及黏土矿物成分复杂时，经淡水钻井液长时间浸泡后，储层的孔隙结构复杂化。因此，并非所有井的中子伽马时间推移测井都有效。

通过在某些区块实际应用效果分析，得到以下认识：

（1）在岩性较纯、泥质含量较少的情况下，气层及部分油层的中子伽马时间推移测井效果较好。

（2）中子伽马时间推移测井应用效果受到岩性影响，当储层的泥质含量较高时，中子伽马时间推移测井识别气层将没有效果或效果变差；当钙值含量高时容易造成偏高解释。

(3) 在岩性较纯、泥质含量较低的情况下，纯水层及泥岩层的两次中子伽马测井值相当，油（气）水层、含气水层和差油（气）层的第二次中子伽马测井值较第一次的略高。

(4) 在气油比较高、气柱高度较大、泥质含量较低、恢复时间较长的气层中，中子伽马时间推移测井识别气层的效果相对较好。

（三）声波速度比值法

当地层中含气时，储层中的气体使地层纵波速度 v_P 明显降低，而横波由于在流体中无法传播，故其速度 v_S 不受影响，因此可以利用纵横波速度比（v_P/v_S）或体积压缩系数与泊松比的变化来识别气层。通常在气层处纵横波速度比降低，体积压缩系数增大，泊松比减小（图6-8）。

需要注意的是，纵横波速度比 v_P/v_S 不仅与储层所含流体的性质有关，而且还受岩性、孔隙度、地应力、裂缝等因素的影响。在实际应用中，选择油水层或干层的纵横波速比作为基线。图6-8实例中砂岩储层的 v_P/v_S 基线确定为1.7，当出现异常减小时，可作为储层含气的指示。

（四）井温测井寻找产气层位

当自由气体从储层的高压状态进入较低压力的井筒时，由于气体分子扩散、体积膨胀吸热，在出气口附近将形成局部地温异常降低。根据井温仪测量到的这个变化，可以确定产气层位。

（五）密度孔隙度和核磁共振总孔隙度交会识别气层

利用核磁共振总孔隙度与密度孔隙度交会识别气层的方法，类似于中子—密度孔隙度交会法，但又优于中子—密度孔隙度交会法。这是因为中子测井易受泥质的影响，而核磁共振总孔隙度测量的只是岩石孔隙中流体的含氢指数。当井壁附近地层含气时，气体将使得密度测井测量的地层体积密度减小，密度孔隙度 ϕ_D 偏高；但是，气体的存在对核磁共振（以CMR为例）总孔隙度 ϕ_{tCMR} 的影响正好相反，即导致 ϕ_{tCMR} 偏低。因此，把核磁共振孔隙度和密度孔隙度交会可以更准确地识别气层。

四、判别地层流体性质的其他方法

除了上述提到的普遍的识别油气层的方法外，地层测压取样法、地层对比等方法在直观识别流体性质方面也有着广泛应用。

（一）地层测压取样法

1. 利用流体密度识别流体性质

利用地层测试器获得的压力测量资料与取样分析结果，能直观快速地反映井壁周围地层所含流体的性质。在一个纵向剖面上，如果测有多个不同深度的压力数据，就可以建立起纵向地层压力剖面，进而计算出地层压力梯度及地层所含流体的密度，然后通过地层压力梯度与地层流体密度变化判别油、气、水层。

$$地层压力梯度(单位为 MPa/m) = 地层压力/地层深度 \quad (6-15)$$

图 6-8 声学参数重叠法应用实例

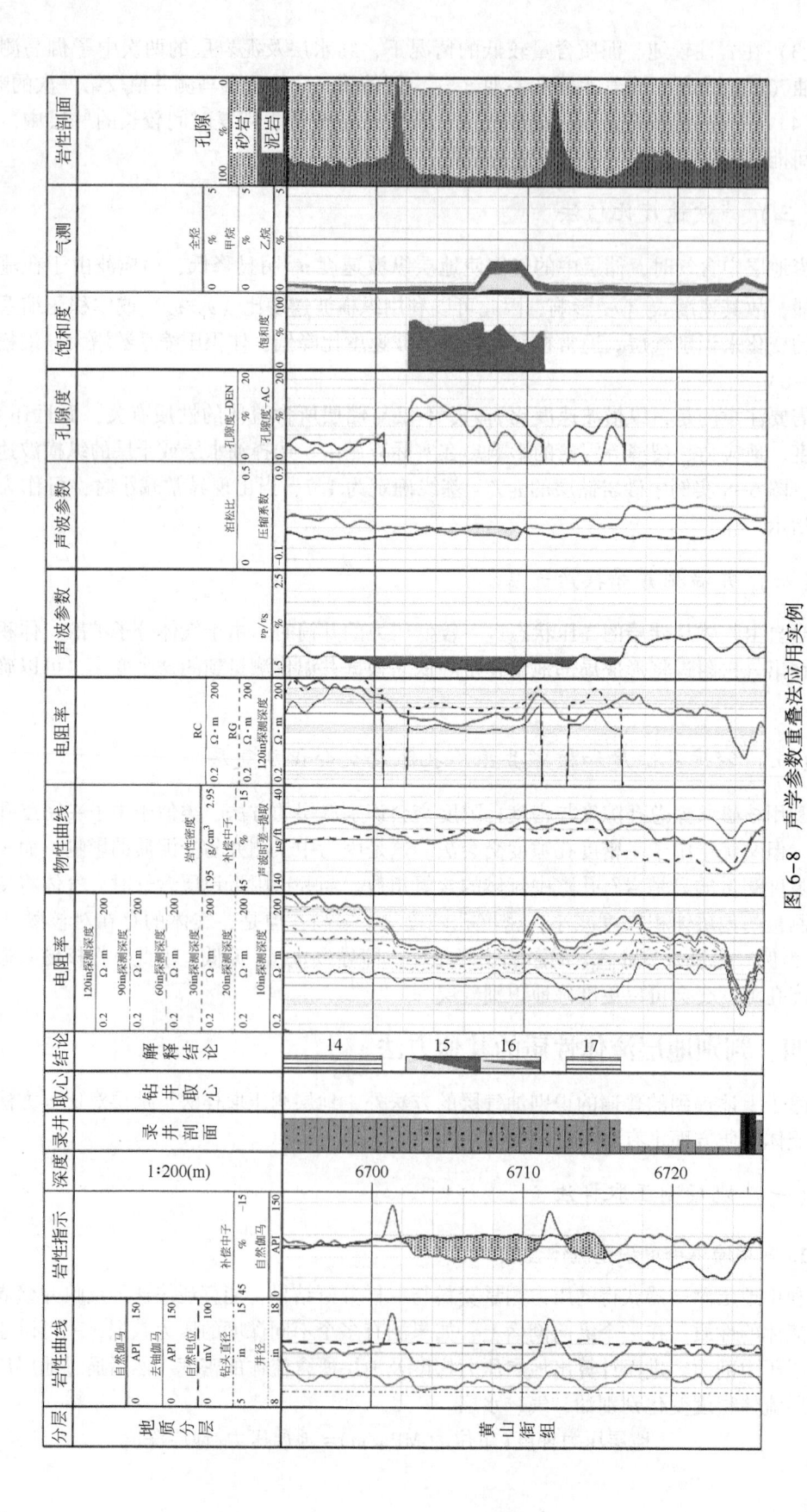

地层流体密度(单位为 g/cm³) = 地层压力梯度/1.422　　　　　(6-16)

图 6-9 显示某井地层呈两个明显的压力系统，交点在 3128m 处。交点上部地层由压力剖面图计算得到压力梯度为 $3.07×10^{-3}$ MPa/m，地层流体密度为 0.312g/cm³，表明储层流体为气；下部地层的压力梯度为 $10.96×10^{-3}$ MPa/m，地层流体密度为 1.12g/cm³，表明储层流体为水。可见，该井存在气水两个压力系统，气水界面在 3128m 处。

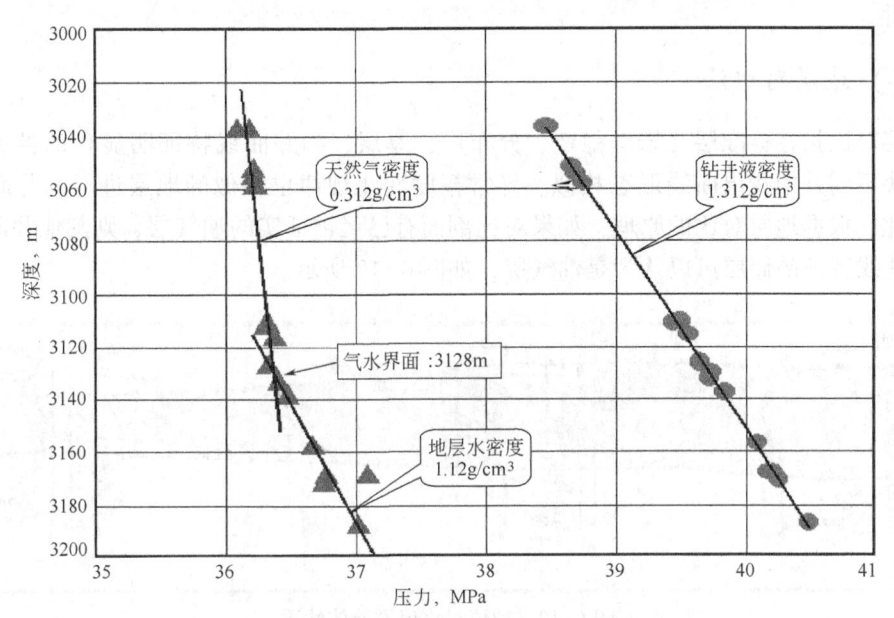

图 6-9　基于地层压力测试资料判别储层含流体性质

2. 利用流体取样判断流体性质

地层测试器能够从井下地层中直接获取地层内流体，用于室内流体物性分析。因此，利用测试器取样可以直观地反映地层的流体性质和相对量，为判断地层的生产特性提供依据。根据回收流体的类型和相对体积，可以对以下几种情况进行分析：

（1）若回收到的流体只有油和气，显然地层为油气层。若地层压力低于油相泡点压力，则地层内有自由气；否则，地层内只含油，回收的气为溶解气。

（2）若回收到的流体为油和水，则还需进一步区分水中钻井液滤液和地层水的比例。若全是钻井液滤液，则地层产纯油；若有地层水且含量超过回收体积的 15%，则地层产油和水，可按下式估算产水率：

$$F_w = \frac{V_{wf}}{V_{wf}+V_o}　　　　　(6-17)$$

式中　V_o、V_{wf}——回收的油和地层水的体积。

这种判断对于高、中渗透性地层来说，一般是准确的。对低渗透性地层，当钻井液侵入特别深时，即使回收的全是钻井液滤液，地层也仍可能产水；在这种情况下，无法估算产水率。

（3）若回收到的流体是气和水，如果气量很少而地层水体积很大，地层将产水，这时的气可能只是水中的溶解气，地层可能是低矿化度或高温超压水层；若回收气的体积较大而只有少量钻井液滤液，则地层可能只产气，并且可能需要采取增产措施提高气产量；当回收的气体积较大且地层水的体积超过回收流体总体积的15%时，地层可能产气和水。

（4）若回收的流体中包含油、气、水，则地层产出的流体将取决于回收流体的相对数量。当用10L的取样筒回收油的体积少于$1000cm^3$时，产液类型取决于回收气量和关闭压力。这时通常用经验图版来提供一种估计手段。进一步的详细分析必须区分地层水和钻井液滤液（特别是对钻井液侵入较深和污染严重的地层），并应考虑气在油中和水中的溶解性。

（二）地层对比法

地层对比指在标准层（岩性稳定、分布广、厚层、测井曲线特征明显）的控制下，在同一区块不同井中找出曲线形态相似、异常幅度变化规律也相似的地层进行的井间地层对比。因此，根据地层对比的原理，如果对比剖面有已经被证实的油气层，则其他井同层位具有相似曲线特征的储层可以认为是油气层，如图6-10所示。

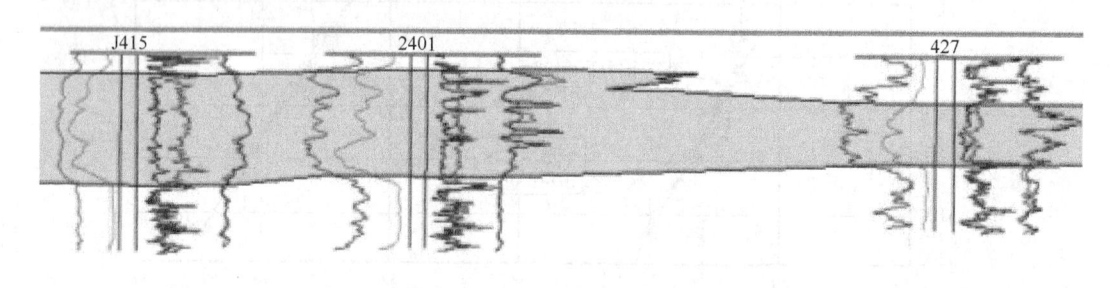

图6-10 地层对比识别流体性质

彩图6-10

此方法多用在油气田的开发阶段，主要用来研究油气层的岩性、物性、厚度及含油气性在油气田范围内的变化规律。

综上所述，识别流体性质的方法很多，在具体的条件下，如何选择合适的方法十分关键。同时，在利用测井资料进行油气层解释时，应充分结合现场录井、钻井等第一手资料进行综合分析判断。常用的录井油气层快速识别方法有烃比值图版法、烃湿度比法（烃比值法）和三角形气体组分解释法，关于这些方法可参见录井相关书籍。

第三节 地层岩性测井评价

利用测井资料中的相关信息可有效开展岩石组分的评价，包括岩性识别，矿物、泥质和有机碳含量评价。

一、储层岩性识别与矿物组成评价

储层岩性识别是测井储层评价重要而基础的任务，直接关系到后续孔隙度等计算时岩石骨架参数的选择。而且，对岩石矿物组分、黏土类型及各种黏土相对含量的定量评价，也将为后续钻井完井、储层改造等井工程相关技术措施的建立提供可靠依据。岩性识别的方法很多，常用的有中子—密度、中子—声波、声波—密度等三孔隙度测井交会图，此外还可以利用三孔隙度曲线合成的 $M—N$ 交会图、多测井资料联合求解，以及元素测井、中子伽马、

SP、体积光电吸收截面等相关测井方法。不同地区、不同井需根据实际情况进行方法选择。

（一）利用三孔隙度测井交会图识别岩性与评价矿物组成

三孔隙度两两交会可以得到中子—密度、补偿中子—声波、声波—密度交会图。其中，中子—密度交会图对岩性最敏感，应用也最广泛。

1. 中子—密度交会图

中子—密度交会图见图6-11，其纵坐标为线性刻度的地层体积密度ρ_b，单位是g/cm^3；横坐标为线性刻度的补偿中子视石灰岩孔隙度ϕ_{CNL}。视石灰岩中子孔隙度是指在利用式(3-10)和式(3-13)计算岩石的孔隙度时，不论什么岩性的地层，岩石的骨架参数都取为石灰岩的骨架参数。

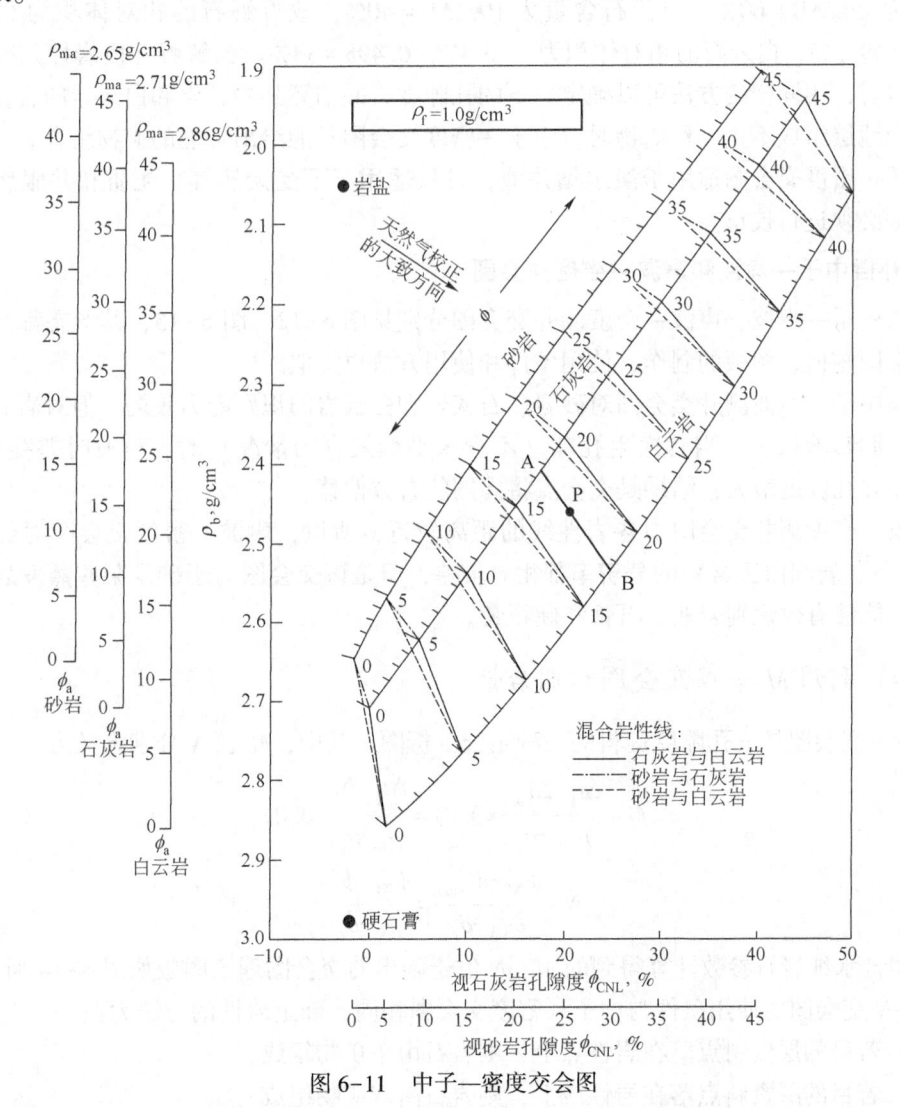

图6-11 中子—密度交会图

在图6-11的中子—密度交会图上已预先作出了三种岩性的岩性线，自上而下依次为砂岩线、石灰岩线、白云岩线。砂岩线代表骨架密度为$2.65g/cm^3$、孔隙度0~30%的砂岩；

石灰岩线代表由方解石组成的、骨架密度为 2.71g/cm³、孔隙度 0%~30% 的石灰岩；白云岩线代表骨架密度为 2.86g/cm³、孔隙度 0~30% 的白云岩。硬石膏点代表骨架密度为 2.98g/cm³ 的硬石膏。

在应用该理论图版时，首先将目的层的密度和相应的视石灰岩中子孔隙度读出，并点在图版上。如果岩层由单一矿物组成，纵、横坐标的交点将落在对应的岩性线上，则可以根据落点位置确定岩石的矿物类型；当岩石由两种矿物组成时，目的层资料点将落在对应岩性线之间的某个位置，如图中的 P 点。如果根据岩性特点判断点 P 代表的岩石是含白云石和方解石的岩石，则通过 P 点引一直线 AB，并使其平行于点 P 附近两条岩性线上对应孔隙度的连线，则目的层孔隙度由 A、B 两点在岩性线上的位置确定，两种矿物成分的混合比例由 P 点在 AB 线上的位置而定。根据图中 P 点的位置可读出目的层的岩石孔隙度为 17.5%，方解石含量为 PB/AB = 60%，白云石含量为 PA/AB = 40%，故方解石的相对体积为 0.6×(1-0.175)= 49.5%，白云石的相对体积为 1-0.176-0.495=33%。当解释井段岩性判断为砂岩和白云岩时，用同样的方法可以确定岩石的孔隙度，并估算其中砂岩和白云岩的含量。综上可见，当地层组成不止一种矿物时，中子—密度交会图只能给出可能的矿物组合。

中子—密度交会图适用于淡水钻井液，且只适用于不受天然气、泥质和井眼影响的地层，否则必须进行校正。

2. 补偿中子—声波和声波—密度交会图

补偿中子—声波、声波—密度测井交会图分别见图 6-12、图 6-13，其形态都与中子—密度交会图相似，图版的制作、使用条件和使用方法也类似。

补偿中子—声波测井交会图对砂岩、石灰岩和白云岩的识别能力较弱，但对岩石压实程度和缝、洞影响敏感。当有次生孔隙（不含水平缝发育的情况）时，声波时差变化不大，但中子测井孔隙度增大，结果是交会点将向图的右方偏移。

声波—密度测井交会图中各岩性线的距离较近，所以，声波—密度交会图对储层岩性（砂岩、石灰岩和白云岩）的分辨率都相对较差，但是该交会图对于确定某些蒸发岩矿物相当有效，能够有效识别岩盐、石膏和硬石膏。

（二）利用 M—N 交会图识别岩性

M—N 交会图是三孔隙度资料的一种组合分析图。其中，M 和 N 分别定义为

$$M = \frac{\Delta t_f - \Delta t_{ma}}{\rho_{ma} - \rho_f} \times 0.01 = \frac{\Delta t_f - \Delta t}{\rho_b - \rho_f} \times 0.01 \quad (6-18)$$

$$N = \frac{\phi_{Nf} - \phi_{Nma}}{\rho_{ma} - \rho_f} = \frac{\phi_{Nf} - \phi_N}{\rho_b - \rho_f} \quad (6-19)$$

根据含水纯岩石参数计算得到的 M、N 值绘制出的交会图理论图版如图 6-14 所示。
M—N 交会图的使用条件与中子—密度交会图相同，确定岩性的方法为：
(1) 若目的层资料点落在岩性点上，则岩石由单矿物组成；
(2) 若目的层资料点落在岩性线上，则岩石由双矿物组成；
(3) 若目的层资料点落在岩性三角形内，则岩石由三矿物组成。
利用中子—密度交会图识别岩性与 M—N 交会图识别岩性存在以下区别：
(1) M—N 交会图同时需要三孔隙度测井资料（声波时差、密度、中子）；

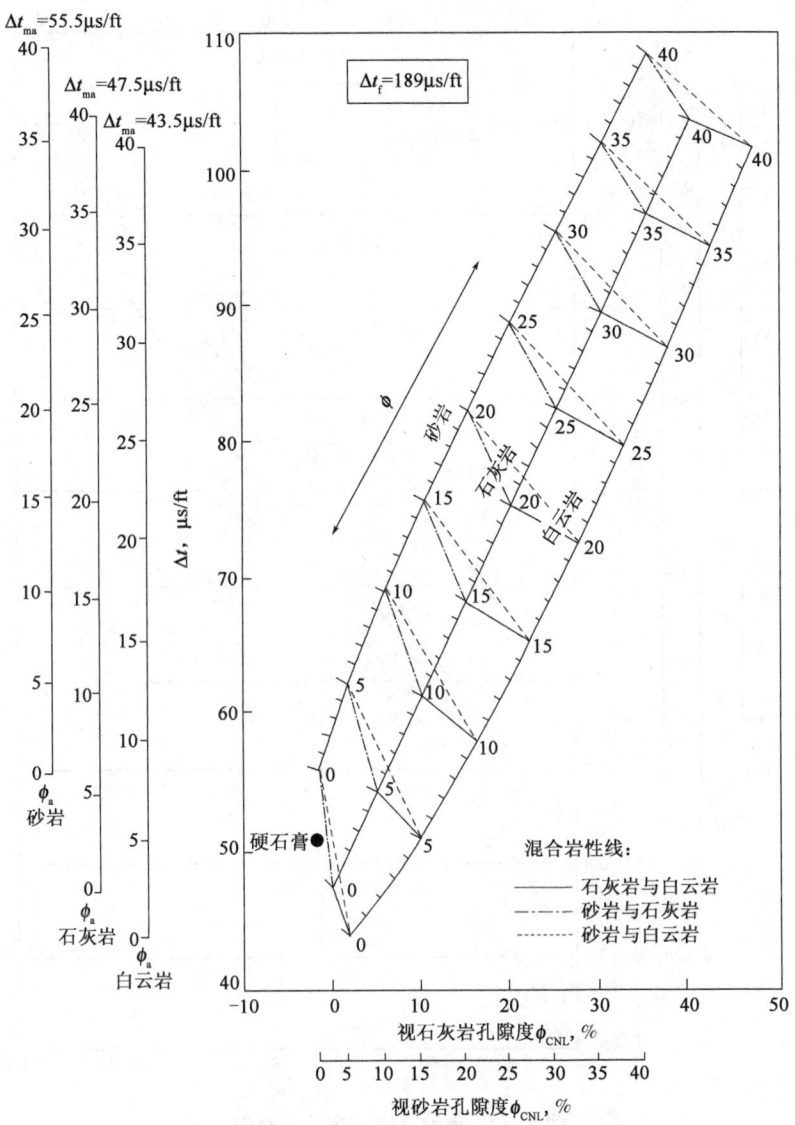

图 6-12　补偿中子—声波测井交会图

（2）中子—密度交会图最多只能识别由两种矿物构成的岩石，而 M—N 交会图可以识别由三种矿物构成的岩石。

当交会图判别的岩性存在多个不确定的结果时，应根据录井或岩心资料选取正确的矿物组合。

（三）利用多种测井资料联合求解确定复杂地层岩性

中子、密度、声波孔隙度测井资料两两交会只能对骨架矿物不超过两种的地层作出解释，M—N 交会图的矿物识别能力也有限。当地层骨架矿物包含两种以上时，可以采用联立测井响应方程组的方式求解。以三矿物为例，假设地层岩石骨架由三种矿物构成，每种矿物的体积分别为 $V_{mai}(i=1,2,3)$，地层总孔隙度为 ϕ_t，则由岩石体积物理模型可以得到三孔隙测井响应方程组（6-20）联立求解，可得到地层的孔隙度及各骨架矿物的体积百分含量。

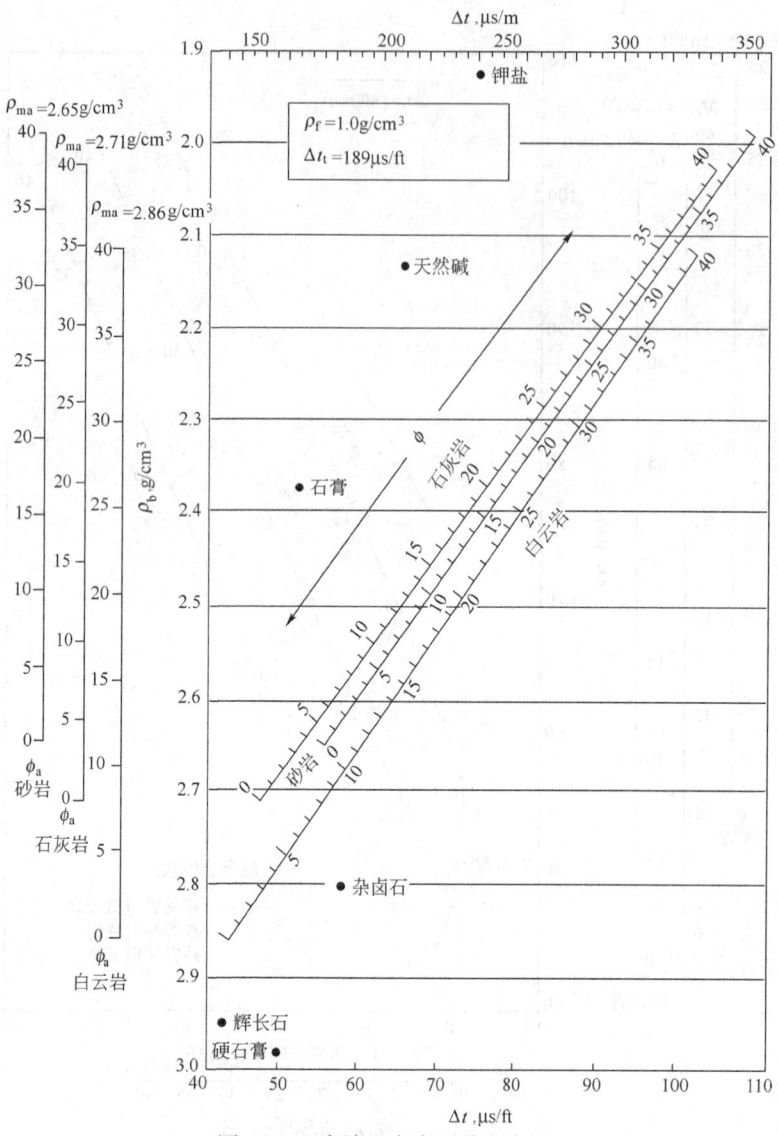

图 6-13　声波—密度测井交会图

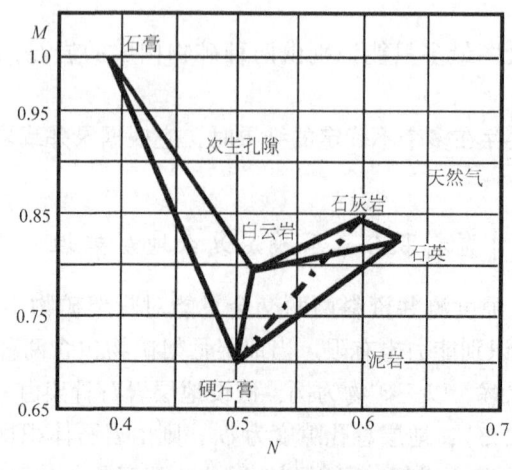

图 6-14　M—N 交会图理论图版

$$\begin{cases} 1 = V_{ma1} + V_{ma2} + V_{ma3} + \phi_t \\ \phi_N = V_{ma1}\phi_{Nma1} + V_{ma2}\phi_{Nma2} + V_{ma3}\phi_{Nma3} + \phi_t\phi_{Nf} \\ \rho_b = V_{ma1}\rho_{ma1} + V_{ma2}\rho_{ma2} + V_{ma3}\rho_{ma3} + \phi_t\rho_f \\ \Delta t = V_{ma1}\Delta t_{ma1} + V_{ma2}\Delta t_{ma2} + V_{ma3}\Delta t_{ma3} + \phi_t\Delta t_f \end{cases} \tag{6-20}$$

式中 ϕ_N、ρ_b、Δt——地层的中子、密度和声波时差测井值；

ρ_{mai}、Δt_{mai}、ϕ_{Nmai}——第 $i(i=1,2,3)$ 种矿物的骨架密度、骨架时差、骨架含氢指数。

该方法也称为多矿物模型最优化法。从三矿物求解示例可见，该方法基于不同地层的常规测井响应特征进行。首先利用标准矿物响应、矿物体积含量、测井响应建立线性响应方程，多种测井方法的测井响应方程与岩石各组成的体积含量总和方程一起构成线性方程组，然后设定目标函数，在此基础上通过不断调整设定的初始值，使目标函数极限逼近最小值，使重建测井曲线与实际测井曲线间误差降到最小，从而得到各矿物组分含量值。在使用该方法计算地层矿物组分时，需以 X 衍射分析的矿物含量作为约束条件。

钻井取心和全岩 X 衍射是识别矿物组分最直接、最准确的方法，但成本太高，无法全井段识别矿物组分。另外，地层元素/矿物扫描测井也可以准确反映岩石矿物组分，但因成本原因，油田通常无法采集充足的地层元素/矿物扫描测井。故利用该方法研究矿物组分实现全井段的连续评价，是较经济适用的方法。如图 6-15 所示，计算的矿物组分百分含量与岩心 X 衍射实验实测矿物组分百分含量符合率较好。

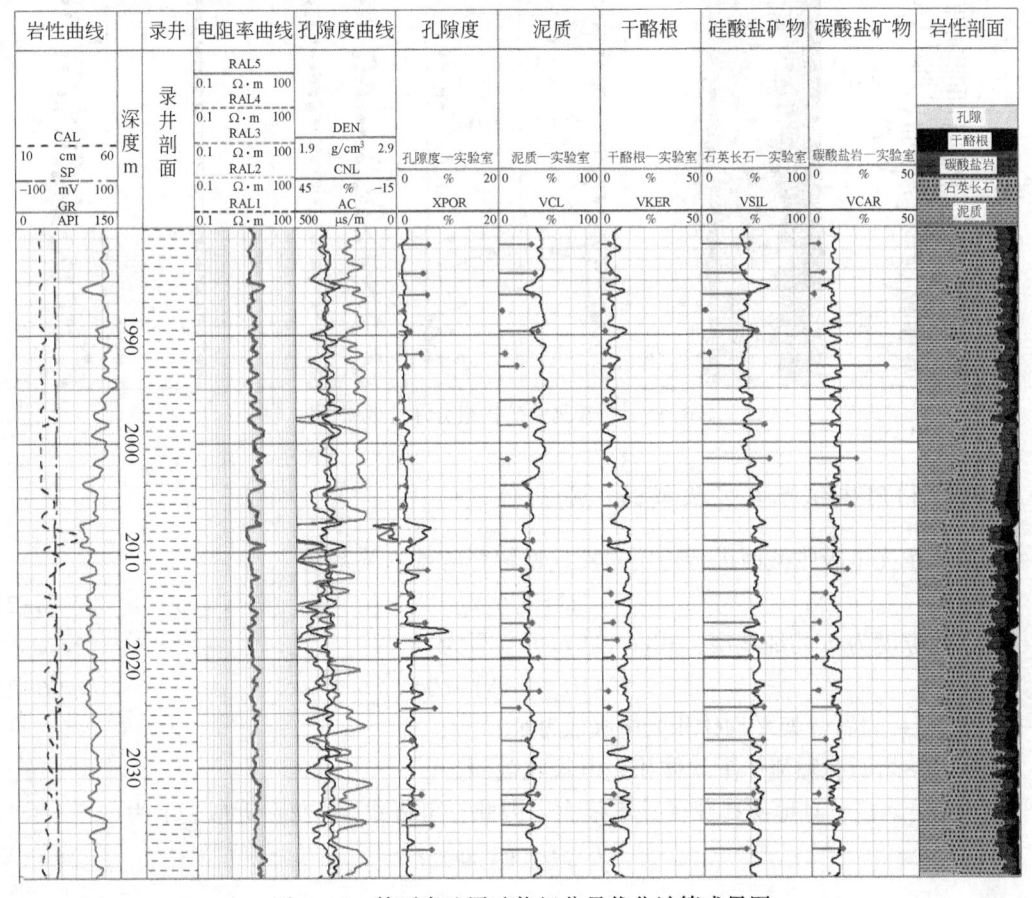

图 6-15 某页岩地层矿物组分最优化计算成果图

（四）基于元素测井计算矿物含量

从前述第三章"元素测井"内容介绍已经知道，元素测井在处理得到 Si、Ca、S、Fe、Ti 和 Gd 等元素含量的同时，可以进一步得到地层中各种矿物的重量和体积百分含量。图 6-16 为某页岩油井的评价结果。从图中可见，元素测井预测结果与岩心 X 衍射实验数据矿物组分百分含量对比符合率较高。为了提高预测精度，元素测井解释结果需要结合岩石薄片、X 衍射全岩分析等进行标定。

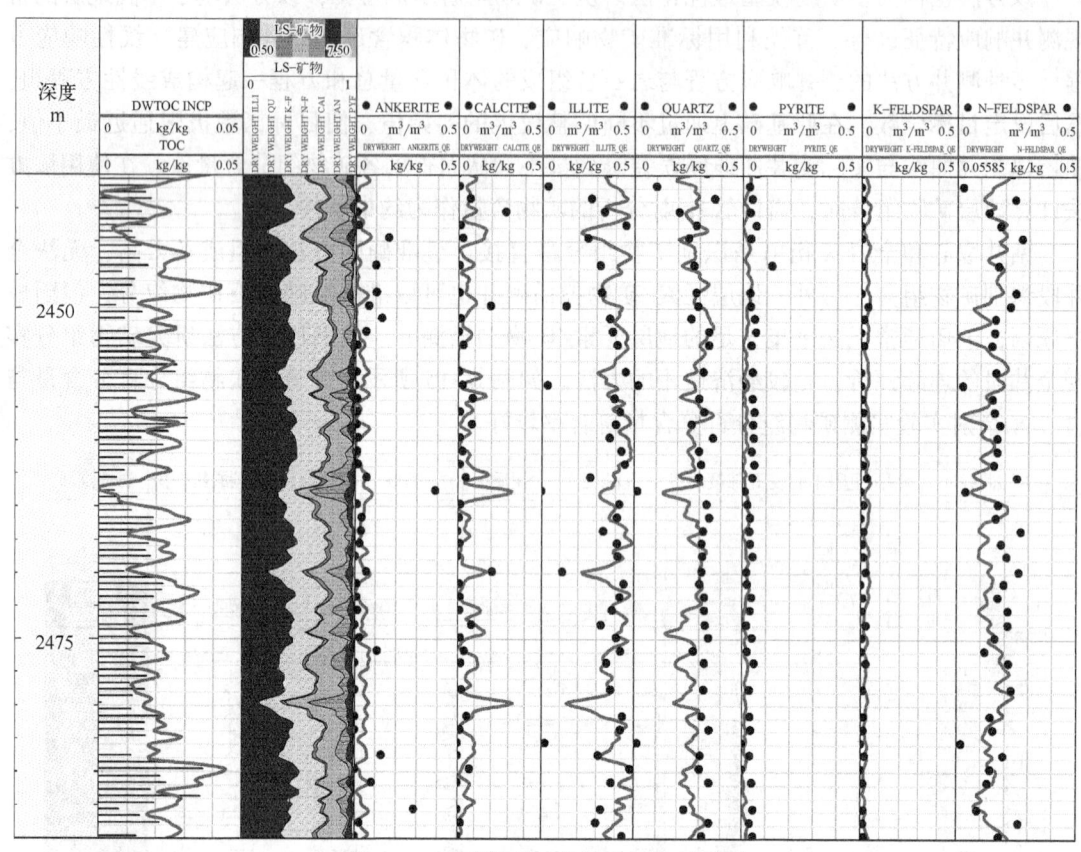

图 6-16 元素测井矿物组分评价效果图

（五）利用体积光电吸收截面识别岩性

利用体积光电吸收截面进行地层岩性定量解释的基本关系是

$$U = \sum U_i V_i \tag{6-21}$$

对于孔隙度为 ϕ 的纯地层，式(6-21) 可以写为

$$U = U_{ma}(1-\phi) + U_f \phi \tag{6-22}$$

式中 U_{ma}——岩石骨架平均体积光电吸收截面；

U_f——岩石孔隙流体平均体积光电吸收截面。

由于 $U_{ma} \gg U_f$，且地层孔隙度并不很大，因此，可将式(6-22) 近似表示为

$$U \approx U_{ma}(1-\phi) \tag{6-23}$$

$$U_{ma} = \frac{U}{1-\phi} \tag{6-24}$$

因此，利用岩性密度测井值 U、由密度—中子交会图求出总孔隙度 ϕ 后，就可以求得岩石骨架的体积光电吸收截面系数 U_{ma}，将求得的 U_{ma} 与已知岩性的 U_{ma} 对比就可以识别地层岩石的岩性。

此外，利用 $P_e—\rho_b$ 交会图也能对大多数储层的岩性给出快速的定性识别。

（六）其他方法

碳氧比测井能同时测量硅、钙元素俘获热中子时放出的伽马射线。硅钙比反映了岩石骨架中 $CaCO_3$ 含量的多少，可用于指示地层岩性的变化。

在砂泥岩地层剖面，中子伽马测井曲线上砂岩读数高，泥页岩读数低，很容易区分开。同时，砂岩的中子伽马测井读数随孔隙度增大（孔隙中为油或水）和泥质含量增高而降低。

在碳酸盐岩剖面上，致密的石灰岩或白云岩在中子伽马测井曲线上显示为高读数；泥页岩、泥灰岩显示为低读数。石灰岩、白云岩的孔隙度（孔隙中为油或水）越大或含泥质越高，读数越低。在大段致密石灰岩中，低自然伽马和低中子伽马往往是孔隙裂缝带的特征。

如果已经知道所研究的地层剖面为砂泥岩剖面，则可以利用微电极曲线的幅度差确定砂岩（无幅度差可能是非渗透的泥页岩或致密的砂岩），也可根据 SP 曲线特征识别（在淡水钻井液井中 SP 出现负异常则为砂岩，在盐水钻井液井中 SP 出现正异常则是砂岩）。

二、泥质含量测井评价

为了简化分析，通常假设地层为不含泥质的纯岩石，但实际上地下岩石很少是纯岩石，而且由于黏土矿物特殊的物理、化学性质，其对各种测井资料的影响常常不能忽略。当泥质含量超过 5%~10% 时，利用测井资料计算孔隙度、饱和度时就必须进行泥质校正。泥质的存在在各种测井资料上都有反映，因此，从理论上说，各种测井资料都可以用来计算泥质含量。计算泥质含量的方法很多，下面仅简要介绍几种常用的方法。

（一）自然伽马指示法

当地层骨架不含放射性矿物时，地层的自然放射性强度主要取决于地层中的泥质含量。在这种条件下，可以利用自然伽马测井资料按下式计算泥质含量：

$$V_{sh} = \frac{2^{I_{sh} \cdot GCUR} - 1}{2^{GCUR} - 1} \tag{6-25}$$

其中
$$I_{sh} = \frac{GR - GR_{min}}{GR_{max} - GR_{min}} \tag{6-26}$$

式中　GR——目的层 GR 值；
　　　GR_{min}——纯岩石层段 GR 值；
　　　GR_{max}——纯泥岩层段 GR 值；
　　　I_{sh}——泥质含量指数；
　　　GCUR——经验参数，可通过试验确定，随地层的地质年代而改变，对新地层常取 3.7，老地层常取 2。

式(6-26) 中的 GR 可以相应换成自然伽马能谱测井中的钍和钾、体积光电吸收截面、深探测电阻率、中子等测井曲线的读数值。当岩层中含有钾的盐岩、骨架含有放射性矿物或长石时，用钍曲线计算泥质含量最好。

（二）自然电位指示法

当地层水矿化度与钻井液矿化度不同时，泥质含量增加，渗透性地层的自然电位将减小。由于很多因素都可能使自然电位减小，因此，用自然电位计算的泥质含量为泥质含量的最大值。计算公式如下：

$$V_{sh} = 1 - \frac{PSP}{SSP} \tag{6-27}$$

式中　PSP——泥质砂岩与纯泥页岩交界面处总的电化学电动势；
　　　SSP——厚的含水纯砂岩地层的静自然电位。

当以非渗透泥页岩处自然电位 SP_{sh} 为基线，分别读出泥质砂岩和厚的含水纯砂岩地层的自然电位值 SP 和 SP_{sd}，则有

$$SSP = SP_{sd} - SP_{sh}；PSP = SP - SP_{sh} \tag{6-28}$$

则

$$V_{sh} = \frac{SP_{sd} - SP}{SP_{sd} - SP_{sh}} \tag{6-29}$$

（三）利用岩心分析资料建立的模型计算泥质含量

将实验室获得的粒径较小的颗粒（一般粒径小于0.063mm）所占的体积分数与泥质指示曲线建立统计关系，进而可基于该统计关系，利用测井资料计算地层的泥质含量。例如，某油田根据岩心资料建立了如下统计关系：

$$V_{sh} = 100.02 \times \Delta GR^{-0.032} \tag{6-30}$$

$$\Delta GR = \frac{GR - GR_{min}}{GR_{max} - GR_{min}} \tag{6-31}$$

此统计关系一般会随着各油田地层岩性的变化而变化。

此外，利用核磁共振测井、碳氧比能谱测井也可以获得地层的泥质含量。例如，利用碳氧比能谱测井获得的 Si、Ca、Fe 的俘获伽马射线计数率，可以得到泥质指数：

$$泥质指数 = \frac{Fe\ 的俘获伽马计数率}{Si+Ca\ 的俘获伽马计数率} \tag{6-32}$$

式中，Si+Ca 反映骨架；Fe 反映泥质，泥质指数与泥质含量呈正相关性。

获取地层的泥质含量的统计方法很多，实际应用中应根据实际测井资料选择合适的方法，如果同时应用多种方法计算同一地层的泥质含量，一般选择最小值作为该岩层的泥质含量。

三、有机碳含量计算

在非常规油气中，有机碳含量作为烃源岩评价中有机质丰度的指标和储层含烃量的重要指标得到广泛关注。岩石中总有机碳含量（TOC）与页岩气储层中总含气量特别是吸附气含量有很好的正相关性，与页岩油储层中游离烃（S_1）含量也有很好的正相关性。因此，可以采用 TOC 来表征页岩的源岩品质，并间接反映页岩油气储层含烃量的高低。目前测井资料计算 TOC 的方法主要有 ΔlgR 法、多元回归法、密度法、元素测井指示法及神经网络法

等。本节重点介绍 ΔlgR 法、U 元素法两类方法。

(一) ΔlgR 及其改进方法

国内外利用测井资料评价烃源岩最常用的方法是埃克森（Exxon）和埃索（Esso）公司研究的 ΔlgR 法。ΔlgR 法基本原理是首先利用自然伽马曲线或者自然电位曲线识别并剔除油层、蒸发岩、火成岩、低孔层段、欠压实的沉积物和井壁垮塌严重等层段，其次是刻度合适的孔隙度曲线（声波或密度）、电阻率曲线，三是确定叠合基线，即在非烃源岩层段，将电阻率与孔隙度曲线相互平行或重合在一起，而在储层或富含有机质的烃源岩层段，两条叠合的孔隙度曲线和电阻率曲线之间存在幅度差异，幅度差定义为 ΔlgR，该方法具体计算公式如下：

$$\Delta \lg R = \lg(R/R_{基线}) + K \cdot (\phi_{lg} - \phi_{基线}) \tag{6-33}$$

$$TOC = (\Delta \lg R) \times 10^{2.297 - 0.1688 \times LOM} \tag{6-34}$$

式中　R 和 $R_{基线}$——目的层和非烃源岩层段的电阻率值，$\Omega \cdot m$；

　　　ϕ_{lg} 和 $\phi_{基线}$——目的层和非烃源岩层段的孔隙度测井值（可为声波或密度测井值），%；

　　　K——互溶刻度的比例系数，无量纲；

　　　LOM——反映有机质的成熟度指数，与研究区块具体层系烃源岩的埋藏史和热史有关。

图 6-17 展示了某地区页岩气储层 ΔlgR 法计算 TOC 含量与岩心 TOC 含量对比情况。

另外，TOC 计算方法还包括多种改进的 ΔlgR 法，如用系数 K 取代了包含镜质组反射率的系数，并增加了密度曲线校正（朱光有，2003）、应用逐步回归模型的 ΔlgR 法（胡慧婷，2011）、变系数 K 法等（许娟娟，2016）。

(二) U 元素法

众多研究表明，富含有机质的烃源岩由于吸附了大量的 U 元素，因此常伴随着高的放射性异常。大量强还原环境下海相页岩岩心 TOC 分析实验数据表明，TOC 与测井铀曲线之间为非线性关系。利用铀含量计算 TOC 的方法是基于烃源岩的沉积特性提出的，其估算的 TOC 应该能够代表烃源岩的生烃潜力，但该方法为地区性经验统计方法，必须建立在大量岩心实验数据统计基础之上。

事实上，地层中 91% 的铀含量变化都可用 TOC 和 P_2O_5 的浓度来解释。海相富含有机质的页岩和石灰岩，由于浮游生物大量吸附铀离子，呈高放射性；而湖相淡水中缺乏铀离子，因此湖相烃源岩不显示伽马测井异常，所以利用高伽马异常划分海相烃源岩效果好，而在湖相地层中则效果较差。

近年来，自然伽马能谱测井的应用显著增加，由能谱测井能够测得地层中铀元素浓度，它和有机质之间有很好的经验关系，同时黏土中铀含量较少，因此用自然伽马能谱测井来确定总有机碳含量是可行的。图 6-18 为某地层铀元素与总有机碳含量的关系图。从图上可见，通过拟合得到的经验关系式为

$$TOC = 0.88 + 0.1891 \times V_U \tag{6-35}$$

式中　TOC——总有机碳含量，%；

　　　V_U——铀含量，10^{-6}。

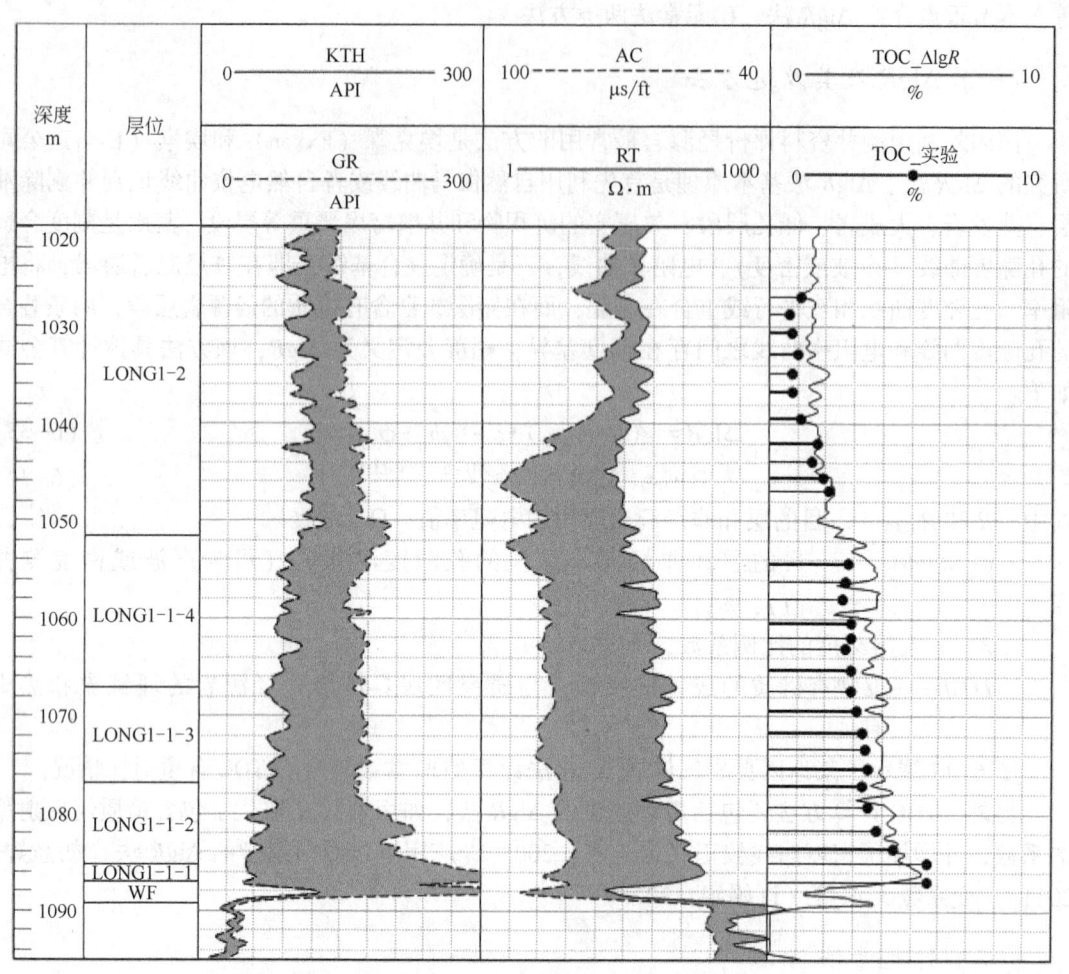

图 6-17 ΔlgR 法 TOC 计算结果与岩心实测 TOC 对比

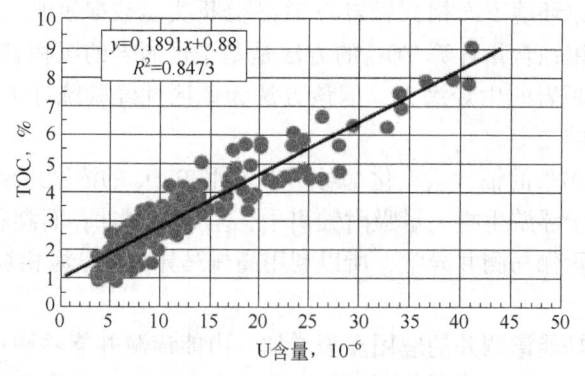

图 6-18 某地层 U 元素与总有机碳含量的关系图

此外，利用岩心实验 TOC 资料与敏感曲线建立经验模型，也是现场常用的一种方法。一般而言，能谱测井铀含量、补偿密度或声波与岩心 TOC 均有一定的相关性。因此，可综合利用能谱测井铀元素含量、补偿密度、声波、中子等测井曲线，通过多元回归建立 TOC 评价模型。

第四节 储层物性测井评价

储层物性参数主要包括孔隙度、渗透率。其中，孔隙度与油气藏的储量密切相关，而渗透率的高低则影响着油气藏的采收状态。因此，求准孔隙度、渗透率对油气藏开发具有重要意义。

地质上常按成因和岩性把储层划分为三类：碎屑岩储层、碳酸盐岩储层和其他岩类储层，其中前两类是主要的储层。碎屑岩储层主要包括砂岩、粉砂岩、砂砾岩和砾岩，储集空间以碎屑岩颗粒间的粒间孔隙为主，伴有裂缝孔隙、溶蚀孔隙和成岩过程中形成的各种次生孔隙；碳酸盐岩储层的孔隙空间类型多样，其油气聚集和分布的规律受裂缝影响大。因此，对碳酸盐岩储层，准确识别裂缝和获取裂缝的相关参数至关重要。

一、孔隙度评价

岩石的体积可分为骨架体积 V_g、孔隙体积 V_ϕ 和表观体积 V_b，三者之间满足：

$$V_g + V_\phi = V_b \tag{6-36}$$

岩石孔隙体积与岩石表观体积的比值，定义为岩石的总孔隙度，用符号 ϕ_t 表示：

$$\phi_t = \frac{V_\phi}{V_b} \tag{6-37}$$

岩石总孔隙中相互连通的那部分孔隙称为有效孔隙，大小用有效孔隙度表示。有效孔隙度 ϕ_e 总是小于或等于岩石总孔隙度。

对裂缝性地层，其孔隙体积包含裂缝孔隙体积，岩石总孔隙也包含了裂缝孔隙度。

现有测井技术中，可以获取地层各种孔隙度的方法很多，但各有其适应性。实际应用时，应根据地层的特殊性选取恰当的资料和恰当的解释方法。

（一）利用孔隙度测井资料计算地层孔隙度

从第二、三章已经知道，对含水的纯岩石地层，当岩性组成已知时，可以直接利用含水纯岩石的体积模型计算孔隙度，即根据声波、密度、中子测井资料，任选下述一种方法：

声波孔隙度：

$$\phi_s = \frac{\Delta t - \Delta t_{ma}}{\Delta t_f - \Delta t_{ma}} \tag{6-38}$$

密度孔隙度：

$$\phi_D = \frac{\rho_b - \rho_{ma}}{\rho_f - \rho_{ma}} \tag{6-39}$$

中子孔隙度：

$$\phi_N = \frac{\phi_N - \phi_{Nma}}{\phi_{Nf} - \phi_{Nma}} \tag{6-40}$$

当地层含泥质较多时，则必须消除泥质的影响，此时：

$$\phi_{sz} = \phi_s - V_{sh} \cdot \phi_{ssh} \tag{6-41}$$

$$\phi_{Dz} = \phi_D - V_{sh} \cdot \phi_{Dsh} \tag{6-42}$$

$$\phi_{Nz} = \phi_N - V_{sh} \cdot \phi_{Nsh} \tag{6-43}$$

式中　V_{sh}——地层泥质含量；

　　　ϕ_s、ϕ_D、ϕ_N——地层的声波孔隙度、密度孔隙度和中子孔隙度；

　　　ϕ_{ssh}、ϕ_{Dsh}、ϕ_{Nsh}——地层泥质的声波孔隙度、密度孔隙度和中子孔隙度；

　　　ϕ_{sz}、ϕ_{Dz}、ϕ_{Nz}——修正后地层的声波孔隙度、密度孔隙度和中子孔隙度。

对直井，当地层中发育水平裂缝时，利用声波时差计算得到的岩石孔隙度将偏大；当地层中发育洞或高角度缝时，利用声波时差计算得到的岩石孔隙度将偏小。因此，将声波时差、密度和中子交会可以判断地层中发育的孔隙类型。

当地层中含有天然气时，计算得到的声波孔隙度将明显增大，中子孔隙度将减小，密度孔隙度将增加。因此，当地层含气时，应对计算结果作轻烃影响校正。

（二）基于交会图方法和多测井曲线联合计算孔隙度

从前一节内容可见，当地层岩性未知时，不能利用上述公式直接计算地层的孔隙度，但可以利用交会图在确定岩性的同时，获得对孔隙度的预测。同时，当地层骨架矿物包含两种以上时，可以采用联立测井响应方程组在确定岩性的同时，获得对孔隙度的预测。相关内容在此不再赘述。

（三）利用核磁共振测井资料计算孔隙度

与常规测井方法相比，核磁共振测井在孔隙度解释方面的独特之处在于不仅能够得到地层的总孔隙度，而且可以有效区分束缚流体和可动流体的孔隙度，并且所确定的孔隙度在一般情况下受岩性影响小。

核磁共振测井得到的地层总的孔隙度 ϕ_{tCMR} 可以表示为

$$\phi_{tCMR} = \int_{T_{2min}}^{T_{2max}} S(T_2) dT_2 \tag{6-44}$$

核磁共振测井计算自由流体孔隙度 ϕ_{fl}（或自由流体指数）的计算式为

$$\phi_{fl} = \int_{T_{2cutoff}}^{T_{2max}} S(T_2) dT_2 \tag{6-45}$$

式中　$T_{2cutoff}$——T_2 分布谱上束缚流体和自由流体的截断值。

核磁共振测井还可以提供毛细管束缚孔隙度 ϕ_b，其计算公式为

$$\phi_b = \int_{T_{2min}}^{T_{2cutoff}} S(T_2) dT_2 \tag{6-46}$$

或

$$\phi_b = \phi_{tCMR} - \phi_{fl} \tag{6-47}$$

MRIL-C 型、CMR 型核磁共振测井仪不能得到黏土束缚水的信号（因弛豫速率太快），因此，所得到的 ϕ_{tCMR} 主要为毛细管束缚水和自由流体所占的孔隙度。MRIL-C/PT 型为全孔隙度测井仪，可以测到低至 0.5ms 的横向弛豫成分，基本包含黏土束缚水的信号。因此，该仪器所得到的 ϕ_{tCMR} 包含了黏土束缚水、毛细管束缚水和自由流体所占的孔隙度。

图 6-19 为利用核磁共振测井资料计算地层各种孔隙度的一个实例。图中，第三道"MRIL PERM"的红色虚线为核磁共振测井估算的渗透率，"DEEP RES"和"MED RES"的两条曲线分别指深探测电阻率和中探测电阻率（一般泛指中感应和浅侧向）；第四道"T_2—DIST"为 T_2 分布；第五道"PHI—CLAY""CAPIL BVI""FREE FLUID"分别为黏土

束缚水体积、毛细管束缚流体体积、自由流体体积，"MPHI""BVI""MSIG"分别为有效孔隙度（由毛细管束缚流体和自由流体体积组成）、毛细管束缚流体孔隙度、核磁共振测井计算的总孔隙度。

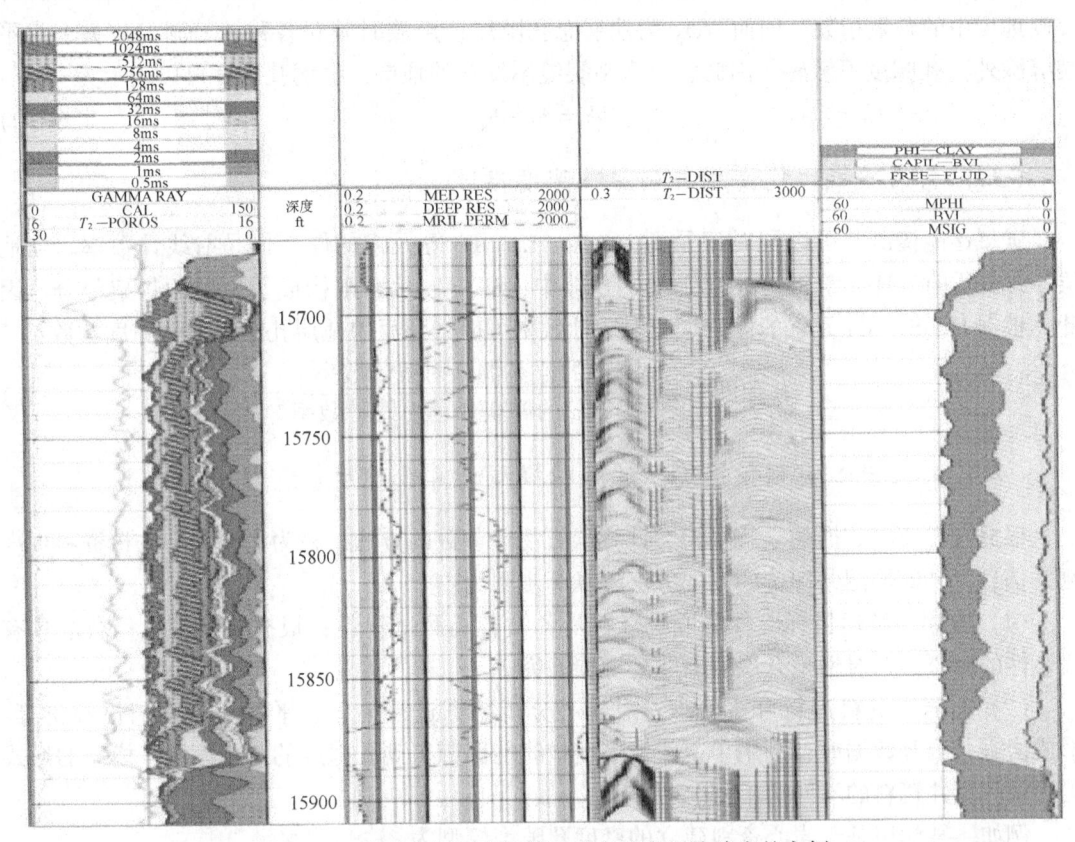

图 6-19 核磁共振测井计算地层各种类型孔隙度的实例

（四）裂缝和缝洞孔隙度计算

在裂缝性储层中，地层孔隙度由两种孔隙度体系组成：一种是被裂缝切割的基质岩块的孔隙度 ϕ_b（ϕ_b 计算方法同前述）；另一种是由裂缝和溶蚀孔洞构成的次生孔隙 ϕ_f。下面主要介绍裂缝、缝洞孔隙度计算的方法。

彩图 6-19

1. 利用双侧向测井资料计算裂缝孔隙度

通过对各种测井信息的分析发现，双侧向电阻率测井响应对裂缝敏感。实验研究及理论推导得到的利用双侧向测井曲线计算裂缝孔隙度的计算公式为

水层：
$$\phi_f = \sqrt[m_f]{(C_s/K_r - C_d)/(C_m - C_w)} \tag{6-48}$$

油气层：
$$\phi_f = \sqrt[m_f]{(C_s/K_r - C_d)/C_m} \tag{6-49}$$

式中 ϕ_f——裂缝孔隙度；

m_f——裂缝的孔隙度指数；

K_r——裂缝畸变系数，随裂缝产状不同取值不同（水平裂缝取值范围为 0.7~0.8，单组系垂直裂缝取值范围为 1.7~2.0，多组系垂直裂缝取值范围为 1.2~1.3，网状裂缝取值为 1）；

C_s、C_d、C_m、C_w——浅侧向、深侧向、钻井液和地层水的电导率（电阻率的倒数）。

2. 利用孔隙度资料计算缝洞孔隙度

在三孔隙度测井资料中，当地层中不含泥质时，对不含天然气的地层，中子孔隙度测井反映地层中的含氢指数，因而，ϕ_N 为地层总孔隙度；声波时差对各种缝、洞（直井、水平裂缝除外）孔隙度不敏感。因此，对水平裂缝不发育的地层，缝洞孔隙度可以表示为

$$\phi_f = \phi_N - \phi_s \tag{6-50}$$

（五）利用碳氧比能谱测井确定孔隙度指数

碳氧比能谱测井可以同时记录到 H、Si、Ca、Fe 等元素的俘获伽马射线计数率。当地层不含泥质时，H 元素将仅存在于地层孔隙中；Si、Ca 元素则构成了地层的骨架部分。因此，根据 H、Si、Ca 元素的俘获伽马射线计数率可以得到反映地层孔隙度的孔隙度指数：

$$孔隙度指数 = \frac{H\text{ 的俘获伽马射线计数率}}{Si+Ca\text{ 的俘获伽马射线计数率}} \tag{6-51}$$

（六）利用岩心实测数据建立的解释模型计算孔隙度

根据岩心实测数据建立解释模型计算岩石物性参数的方法，称为利用岩心分析资料刻度测井信息，是储层测井评价的重要方法。具体步骤为：

（1）收集、整理目标层各类地质资料及各类岩心测试资料；根据实际情况，获取具有代表性的岩心，针对性地开展岩石物理实验研究。

（2）对岩心资料进行分析处理：对岩心分析数据进行插值、平滑和深度归位校正等；形成岩心—测井数据库，利用单变量或多变量线性回归得到孔隙度的解释模型，模型的形式因区块和测井资料的不同而不同。

例如，某油田基于岩心资料建立的密度孔隙度模型为

$$\phi = -0.67\rho_b + 1.73 \tag{6-52}$$

在利用岩心资料建立孔隙度解释模型时，对岩心分析资料进行收集、整理并进行分析、处理是非常必要的，因为岩心分析资料与测井响应存在以下差异：

（1）岩心分析资料为间断采样，样品间距不一；测井信息为连续采样，采样间距均匀、一致。

（2）岩心分析资料基本代表某一深度点有限空间（岩样大小）的岩石（物性）特征；而测井信息反映某一深度点具有一定空间展布的岩石（物性）特征，空间展布的大小取决于测井仪器的纵向分辨率、横向探测方位和径向探测深度。

（3）由于取心过程不连续，有时伴有岩心破碎现象，因此岩心归位有可能深度不准确；而测井作业连续，测井响应与深度具有良好的对应关系。

二、渗透率评价

岩层渗透率是指一定压力差条件下油气水通过岩石的能力，是决定油气藏能否形成和油气层产能大小的重要因素。渗透率参数基础、重要，但难以直接获取。目前，测井确定渗透率主要依靠一些经验公式。随着测井技术的发展，对井下声波全波研究的深入，利用斯通利波等声波信息开展渗透率预测也不断取得进展。下面简要介绍几种常用的方法。

（一）以孔隙度为基础的统计方法

地层渗透率主要取决于地层孔隙度的大小和孔隙的结构特征，因此，国内外提出了很多种基于岩石孔隙度和孔隙结构参数计算地层渗透率的经验模型。其中，胜利油田以岩心粒度中值和孔隙度建立的渗透率模型为

$$\lg K = D_1 + D_2 \lg M_d + D_3 \lg \phi \tag{6-53}$$

式中　K——渗透率；

ϕ——孔隙度；

M_d——粒度中值；

D_1、D_2、D_3——经验系数。

D_1 随压实程度的增大而增大，随胶结物含量的增加和分选变差而减小，根据对多个油田的研究发现，其数值变化具有一定的规律性。若以声波测井中的压实校正系数 C_p 表征砂岩的压实程度，则 D_1 大致有如下的变化范围：$C_p > 1.4$ 时，D_1 为 7.6~7.8；$1.35 \leqslant C_p \leqslant 1.4$ 时，D_1 为 7.8~8.1；$1.25 \leqslant C_p \leqslant 1.35$ 时，D_1 为 8.1~8.5；$1.15 \leqslant C_p \leqslant 1.25$ 时，D_1 为 8.5~8.8；$C_p < 1.15$ 时，$D_1 \geqslant 9.0 \sim 9.2$。因此，合理调整系数 D_1 后，式（6-53）可以应用于不同特点的砂岩油气藏以获取地层渗透率。D_3 与砂岩的压实程度、胶结物含量和分选性有关。一般取 $D_2 = 1.7$，$D_3 = 7.1$。

（二）以孔隙度和束缚水饱和度为基础的统计方法

一些研究人员根据对岩心分析资料进行统计研究，发现岩石渗透率与孔隙度和束缚水饱和度有相当大的关系，并进而建立了一系列预测渗透率的经验关系。其中，以 Timur 方程和 Morrie-Bigge 方程最具典型性和代表性。

Timur 方程为

$$K = 0.136 \frac{\phi^{4.4}}{S_{ws}^2} \tag{6-54}$$

由 Timur 方程建立的经验计算图版见图 6-20。

Morrie-Bigge 方程为

$$K = \left(\frac{C_k \phi^3}{S_{ws}}\right)^2 \tag{6-55}$$

式中　C_k——经验系数，当孔隙流体为油时取 250，为气时取 80。

由 Morrie—Bigge 方程建立的经验计算图版见图 6-21。

（三）利用核磁共振测井资料计算渗透率

目前，由 NMR 资料或由 NMR 资料与其他参数组合求渗透率的模型多达几十种，归纳起来可分为两类：

一是利用 T_2 分布和 ϕ_{NMR} 求取渗透率 K，以斯伦贝谢公司为代表，公式为

$$K = C_{ks} \cdot \phi_{NMR}^{a_1} T_{2 \cdot \lg}^{a_2} \tag{6-56}$$

式中　$T_{2 \cdot \lg}$——T_2 对数的平均值；

ϕ_{NMR}——核磁共振测井总孔隙度，%；

C_{ks}、a_1、a_2——系数，对砂岩，$a_1 = 4$，$a_2 = 2$。

二是利用 NMR 获得的 ϕ_{NMR}、ϕ_{FFI}、ϕ_{BVI} 求取 K（Coates 模型），以阿莫科公司为代表，公式为

$$K = C_{kc} \cdot \phi_{NMR}^{b_1} \left(\frac{\phi_{FFI}}{\phi_{BVI}}\right)^{b_2} \tag{6-57}$$

式中 ϕ_{FFI}——自由流体孔隙度；

ϕ_{BVI}——束缚流体孔隙度；

C_{kc}、b_1、b_2——系数，对砂岩，取 $b_1=4$，$b_2=2$，受烃的影响小。

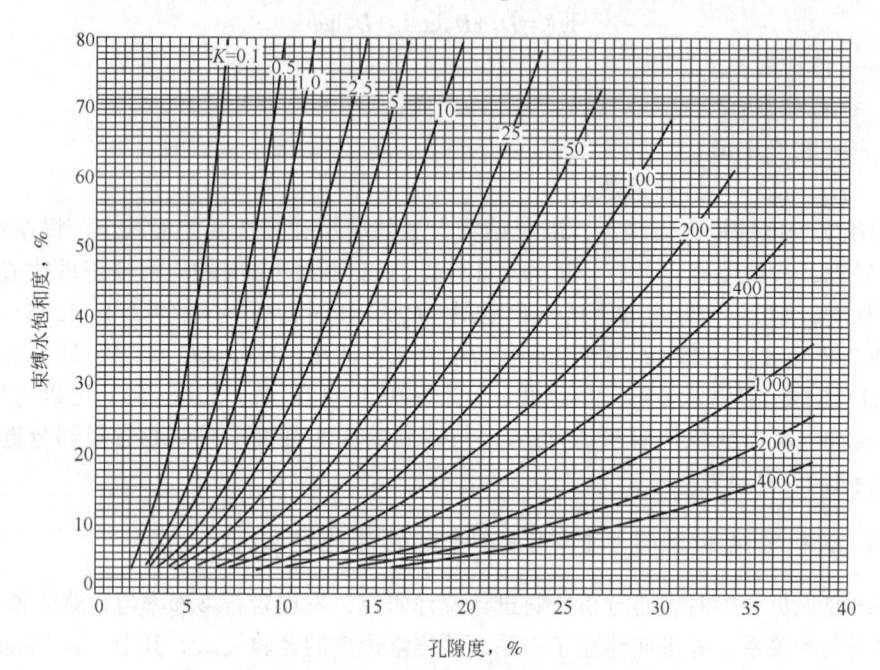

图 6-20 根据测井资料估算渗透率（Timur 方程）

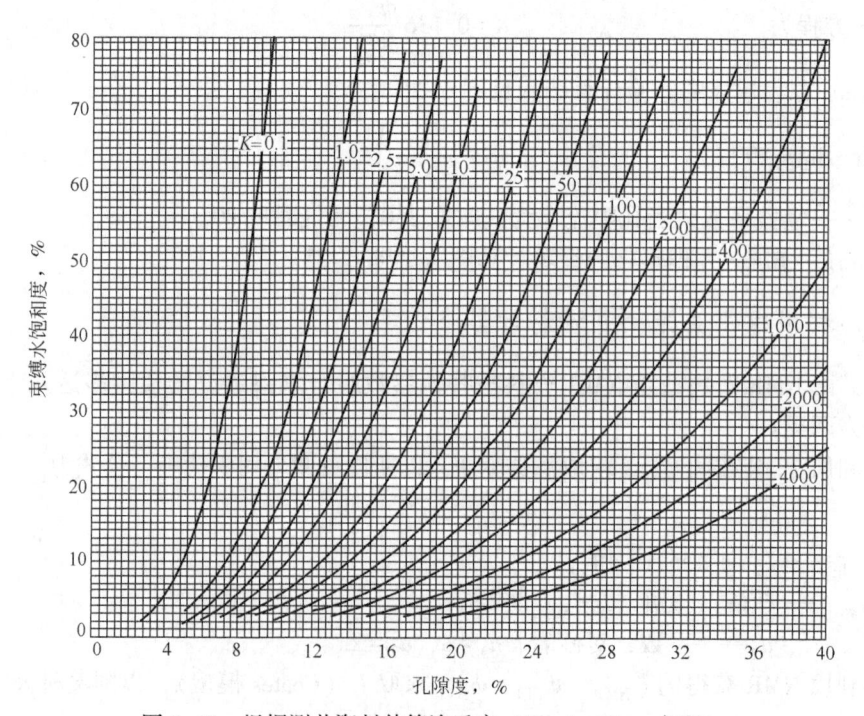

图 6-21 根据测井资料估算渗透率（Morrie-Bigge 方程）

式(6-56)、式(6-57)中的系数C_{ks}和C_{kc}受岩石表面弛豫能力等的影响,因此,对同一地区、不同层段,系数取值不同,需通过岩心分析确定。

与用常规测井确定渗透率K相比,利用NMR测井资料确定的K一般具有更高的精度。

(四) 利用电缆地层测试器资料计算渗透率

利用地下流体渗流理论获得被测试地层的有效渗透率是电缆地层测试器资料解释工作的重点之一。求解过程中,一般把地层测试器取样测试过程分别看成球形径向流和圆柱形径向流两种形式。球形径向流方程使用预测试或取样测试的压力降资料,圆柱形径向流方程使用预测试或取样测试的压力恢复资料,两种方法求出的渗透率值分别称为压力降法渗透率与压力恢复法渗透率。下面简要介绍压力降分析法求渗透率。

把取样管口看作点源,压力降从点源开始,以球形向外传播。等压面是以点源为中心的球面,流体则以垂直等压面的方向形成径向流流入测试器,这样很快就能达到稳定,最终的压力降按达西定律可表达为

$$\Delta p = C_{sf} \frac{q\mu_f}{2\pi r_p K}\left(1-\frac{r_p}{r_e}\right) \tag{6-58}$$

式中 Δp——压力降,10^{-1}MPa;

q——流量,cm^3/s;

μ_f——流体黏度,mPa·s;

r_p——有效半径,cm;

r_e——波及区半径,cm;

C_{sf}——流动形状因子;

K——渗透率,D。

由于r_p极小,可认为$r_p \ll r_e$,则有

$$K = C_{sf} \frac{q\mu_f}{2\pi r_p \Delta p} \tag{6-59}$$

一般情况下,流动形态因子取准球形($C_{sf}=0.645$),r_p取实际取样管半径的1/2($r_p=0.267$cm)。

斯伦贝谢公司RFT的渗透率公式为

$$K = 5560\frac{q\mu_f}{\Delta p} \tag{6-60}$$

阿特拉斯公司FMT的渗透率公式为

$$K = 2764\frac{q\mu_f}{\Delta p} \tag{6-61}$$

式中 K——渗透率,mD;

q——流量,mL/s;

Δp——压力降,psi。

（五）裂缝性储层渗透率的计算

对裂缝性储层，孔隙和裂缝常常同时充当储集空间和渗流通道，因此，渗透率应同时包含基质岩块孔隙渗透率 K_b 和裂缝渗透率 K_f，即裂缝性储层的渗透率 $K=K_b+K_f$。由于这两部分空间的渗透性差别很大（裂缝渗透率 K_f 比基质岩块孔隙渗透率 K_b 大得多），且影响因素不同，因此，必须分别进行计算。基质岩块渗透率的计算方式同前，下面仅介绍裂缝渗透率的计算公式。

裂缝的固有渗透率 K_{if} 可以表示为

$$K_{if} = d^2/12 \tag{6-62}$$

对裂缝性储层，其中裂缝的渗透率则可以表示为

$$K_f = \phi_f \cdot d^2/12 \tag{6-63}$$

由于裂缝性储层类型不同，其裂缝的产状和组合状态也各不相同，因此，计算裂缝渗透率的公式也应随之变化。根据前面对裂缝产状及组合特征的分析，现有的裂缝渗透率计算公式可归结为单组系、多组系、网状三种类型。

单组系裂缝渗透率计算公式为

$$K_f = 8.50 \times 10^{-4} d^2 \cdot \phi_f \tag{6-64}$$

多组系垂直裂缝渗透率计算公式为

$$K_f = 4.24 \times 10^{-4} d^2 \cdot \phi_f \tag{6-65}$$

网状裂缝渗透率计算公式为

$$K_f = 5.66 \times 10^{-4} d^2 \cdot \phi_f \tag{6-66}$$

式中 d——裂缝宽度，μm；

ϕ_f——裂缝孔隙度，小数。

在这三个理论公式的推导中都作了两个基本假设：

（1）裂缝在径向上无限延伸；

（2）裂缝宽度在径向上不发生变化，因此，井壁上计算的裂缝张开度和孔隙度（二维特征）可以代表整个储层的状况（三维的特征）。

三、储层品质评价

（一）储层物性下限确定

储层物性下限的概念由 P. A. 迪基（P. A. Dickey）于 1981 年首次提出，其表述是：确定油藏流体特征最重要的参数是渗透率，小于一定渗透率的砂岩和碳酸盐岩就不能提供最小经济价值的产油量。我国《石油天然气储量估算规范》则规定：一般用能够储集并渗流流体的最小有效孔隙度和最小渗透率来度量储层下限，由岩心物性分析、试油和生产测试资料综合确定。随着开发中储层改造工艺的进步，储层物性下限通常包含以下内涵（蔡珺君等，2024）：（1）能够储集一定数量的天然气；（2）试油能产出工业油气流；（3）投产后能够连续稳定生产一定的时间；（4）在油井与气井、直井与水平井、改造与非改造井中物性下限应差别考虑。

油气田在不同勘探开发阶段均涉及物性下限确定相关工作，其主要方法见表6-2。下面重点对其中的含油产状法、试油刻度法等常用方法作介绍。

表 6-2　不同勘探开发阶段储层物性下限确定方法

序号	气藏勘探开发阶段	储层物性下限确定的相关工作	储层物性下限确定的主要方法
1	勘探	容积法中有效厚度的评价；探井试油层段的选择	孔隙度—渗透率交会图法；经验统计法（甩尾法）；钻井液侵入法；束缚水饱和度法；最小流动孔喉半径法；压汞参数法；渗透率应力敏感法；含油产状法；测试法；分布函数曲线法；试油法；核磁共振法；产能模拟实验法；测井资料法；产能法；数值模拟法；静动态资料综合法
2	前期评价	利用开发地震和先导试验区资料评价气藏储量；评价气井产能，确定开发规模	
3	产能建设	利用新完钻井动静态资料，深化认识气藏的地质与气藏工程特征；动态优化气藏开采对策	
4	稳产开发	气井生产动态跟踪、动态监测；跟踪评价气井产能，动态优化气藏开采对策；评价不同开发制度不同工艺对储量动用的影响	
5	产量递减	评价剩余可采储量分布特征；落实气藏剩余储量开发潜力	

1. 含油产状法

根据岩心油气显示特性，利用岩心物性实验分析数据建立交会图方法来确定含油气下限。具体是建立基于岩心含油产状的孔隙度—渗透率交会关系图，如图 6-22 所示。以最低级别含油显示样本（通常为荧光或者油迹）的孔隙度、渗透率分布下限作为有效储层下限。

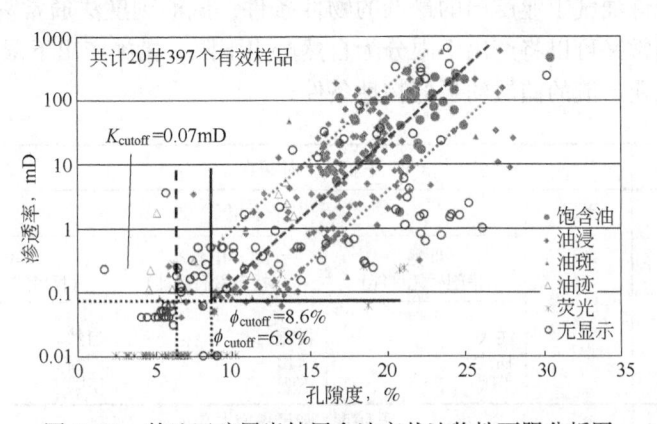

图 6-22　某地区碎屑岩储层含油产状法物性下限分析图

从图 6-22 中可以发现，样品的油斑、油迹显示大规模消失于渗透率 0.07mD 附近，从基质孔渗关系趋势线上，得出一种可能的孔隙度下限为 8.6%；同时从大规模无显示的样品出现角度，得到另一种可能的孔隙度下限为 6.8%。一般认为，样品无显示有两种可能，其一为油气成藏过程中未被波及；其二为因其物性太差，成藏过程中被有选择地不充注。

2. 试油刻度法

试油刻度法根据试油成果来确定有效储层物性的下限，具体分为两种方法，一种方法是以试油资料为基础，在试油层孔隙度统计分析图上，选择干层集中出现的临界值作为孔隙度下限；另一种方法是利用试油层每米产液指数与孔隙度（孔隙度测井值）的交会分析，如图 6-23 所示，该交会分析方法以每米产液指数降为零（或者某一较小的数值）时的孔隙度取值作为孔隙度下限值，进而通过孔隙度—渗透率交会图，分析获得储层渗透率的下限值。

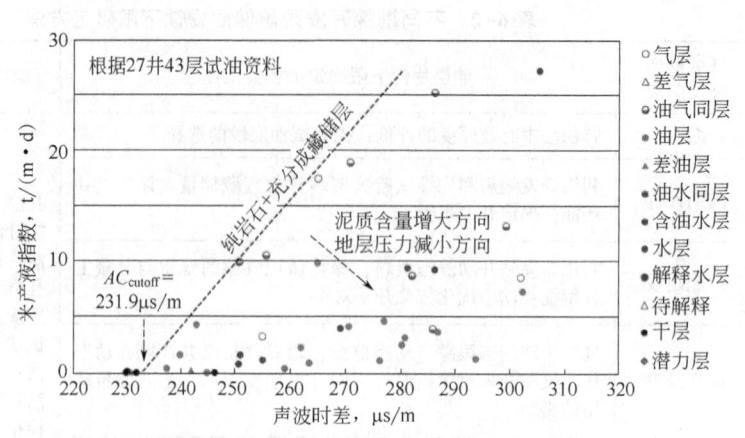

图 6-23 某地区碎屑岩储层试油刻度法物性下限分析图

此外，还有束缚水饱和度法、相渗透率法等系列方法可用于确定储层物性下限，限于篇幅，不再一一介绍。

由于上述不同物性下限确定方法得到的结果存在物理意义上的差异，因而人们又将物性下限进行分类（图6-24），通常可分为储集下限和产出下限。储集下限指特定地质条件下允许油气注入并保存的最低的物性条件，含油产状法通常易于确定注入下限。产出下限指特定开发工艺条件下允许油气工业产出的最低的物性条件，试油刻度法通常易于确定产出下限。根据开发工艺，通常又可以将产出下限分为自然产出下限、措施产出下限，分别用于表征储层改造前后具备工业产能的储层的最低物性条件。

图 6-24 储层物性下限类型与储层分类方案

(二) 储层品质评价介绍

储层品质评价是在储层物性下限分析的基础上，结合实验、测井与试油试采资料，给出储集性定性分类评价或者定量产能评估的方法和标准。

1. 定性分类评价

通过各因素与储层产能的相关分析，优选或者构建出产能敏感因素，通过交会分析、聚类分析等方法给出定性分类评估标准。例如，在碎屑岩地层中，有学者采用孔隙度和渗透率参数进行储层品质分类（图6-25）；而在裂缝较发育的低孔砂岩等地层，则需考虑裂缝、地应力等相关参数，或者斯通利波能量衰减系数、横波分裂参数等能够反映裂缝发育情况的参数。目前没有统一的定性分类参数，对不同类型的储层需要采用不同的定性分类参数。

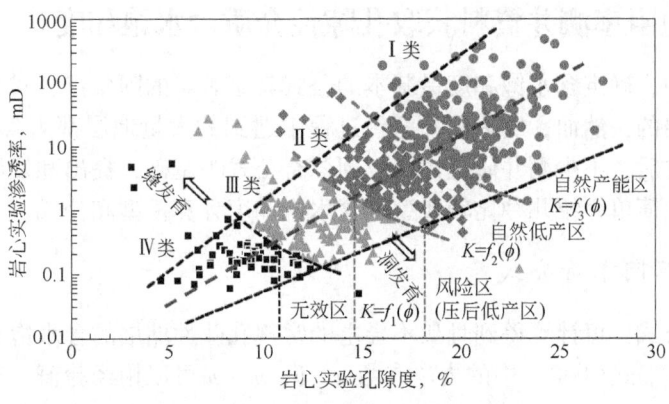

图 6-25 某碎屑岩储层品质综合分类图

实际工作中，储层通常具有孔隙类型多、结构复杂、横向连续性差、非均质性强等特点，需要充分结合储层特点和储层品质发育的主控因素，开展多参数的综合分类评价。

2. 定量产能评估

储层品质评价与产能评估关系密切，一般来说，储层品质评价的终极目标是实现定量产能评估。对复杂储层而言，储层品质评价通常也是定量产能评估的核心内容。具体工作中，充分利用储层品质评价结果，结合油气饱和度、地层压力、储层横向展布等油藏信息，通过测井曲线特征法、数理统计法、理论模型法、人工智能法等方式建立油气藏产能评估方法，实现对储层储集及产出能力的量化评价，本书不作展开论述。

第五节 含油气性测井定量评价

在油气工业，储层含油气性评价分为定性和定量评价。定性评价方法在第二节已进行介绍，本节围绕定量评价方法进行展开。储层含油气性测井定量评价主要通过计算地层中各相流体的饱和度来实现。

流体饱和度是指该相流体在岩石中占据的孔隙体积与岩石总孔隙体积的比值，是储层评价和储量计算的另一个重要参数。在油气工业中，常用 S_w 表示地层的水相饱和度，S_o 表示地层的油相饱和度，S_g 表示地层的气相饱和度。对含油气地层，含水饱和度与含油气饱和度满足关系：

$$S_o + S_g + S_w = 1 \quad (6-67)$$

含水饱和度 S_w 是岩石含水孔隙体积占岩石孔隙总体积的百分数，包括束缚水饱和度 S_{ws} 和可动水饱和度 S_{wm}，即 $S_w = S_{ws} + S_{wm}$。束缚水饱和度和含水饱和度的相互关系是决定地层是否无水产油气的主要因素。因此，开展储层饱和度研究对油气田开发具有重要意义。

目前，在测井领域可用于计算地层内流体饱和度的测井资料有多种。对裸眼井而言，电阻率测井资料是计算地层含水饱和度的最主要资料。电磁波传播测井也可以用于裸眼井中计算地层流体饱和度，但由于其探测深度浅，一般认为电磁波传播测井资料计算得到的地层水饱和度为冲洗带含水饱和度。中子寿命测井、碳氧比能谱测井探测深度浅，主要应用于套管井中求含水饱和度。核磁共振测井则可同时应用于裸眼井和套管井计算含水饱和度。下面简要介绍电阻率和核磁共振测井计算含水饱和度的方法。

一、利用电阻率测井资料获取孔隙性介质含水饱和度

在测井解释中，确定含水饱和度最基本的公式就是著名的阿尔奇公式。阿尔奇公式是基于含水纯岩石提出的，然而，实际测井解释过程中遇到的大量地层都为含泥质的复杂地层。因此，在阿尔奇之后，不少测井研究人员以阿尔奇公式为基础，提出和发展了一些新的饱和度计算模型。下面简单介绍几种比较典型的含水饱和度计算模型和公式。

（一）纯岩石阿尔奇公式

根据阿尔奇公式，可计算得到骨架不导电的常规孔隙性储层的含水饱和度，并进而得到储层含油气饱和度。式(1-8)中的岩电参数 a、b、m、n 可以用经验值，对于常规孔隙性地层，通常取 $a=b=1$，$m=n=2$。但不同地区岩石的岩性、胶结情况等不同，a、b、m、n 取值有所差别，应通过岩电实验获取。图6-26、图6-27为利用岩电实验获取 a、b、m、n 的实例。从图上可以读出，$m=2.0184$、$n=2.1275$、$a=0.6788$、$b=1.1541$。

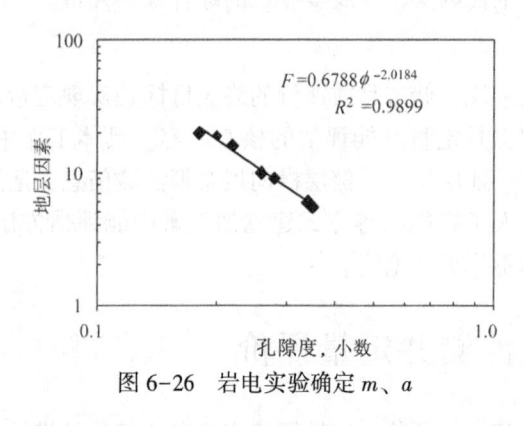

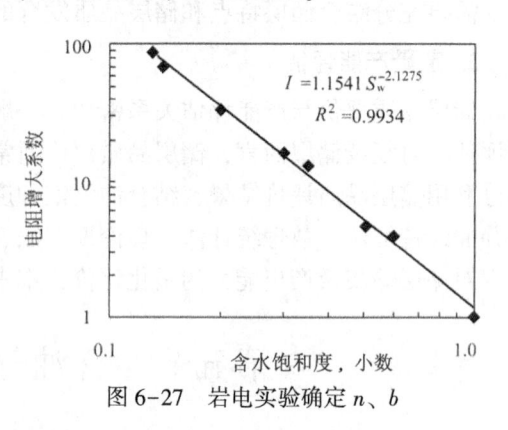

图 6-26 岩电实验确定 m、a

图 6-27 岩电实验确定 n、b

阿尔奇公式是假设地层为纯岩石、不含泥质和其他导电矿物且岩石骨架不导电而得到的，因此，对于含黏土或泥质较多的地层和裂缝性地层，直接应用阿尔奇公式求取地层含水饱和度就会有较大的误差。

（二）含泥质岩石模型

针对阿尔奇公式不适用于含黏土和泥质较多的地层的情况，测井工作者根据泥质的分布形式，提出了许多评价泥质砂岩含水饱和度的模型和计算公式，下面仅对其中一些具有代表性的计算模型进行简要介绍。

1. 层状泥质砂岩模型

假设层状泥质砂岩是由纯砂岩与层状泥质组成，且层状泥质与邻近泥页岩层具有相同的电阻率，则根据电阻率并联的概念，有

$$C_t = V_{sh} \cdot C_{sh} + (1-V_{sh}) \cdot C_{sd} \tag{6-68}$$

式中 C_t、C_{sh}、C_{sd}——泥质砂岩、泥质和纯砂岩的电导率。

将式(6-68)代入式(1-8)，可推导出计算层状泥质砂岩含水饱和度 S_w 的公式：

$$S_w = \sqrt[n]{\frac{abR_w}{\phi^m(1-V_{sh})}\left(\frac{1}{R_t} - \frac{V_{sh}}{R_{sh}}\right)} \tag{6-69}$$

式中 V_{sh}、R_{sh}——泥质夹层的相对体积和电阻率,可选用邻近泥页岩的电阻率作为 R_{sh};

R_t——原状地层电阻率,可由深探测电阻率曲线读得。

2. 含分散泥质的泥质砂岩模型

假定黏土或泥质呈分散状充填在砂岩粒间孔隙中,地层导电是孔隙中的地层水与分散泥质并联导电的结果,由此而导出的含分散泥质的泥质砂岩含水饱和度计算模型为

$$S_w = \sqrt[n]{\frac{abR_w}{\phi^2 R_t}\left(\frac{(R_w-R_{sh}) \cdot V_{sh}}{2R_{sh} \cdot \phi}\right)^2 - \frac{V_{sh}(R_{sh}+R_w)}{2R_{sh} \cdot \phi}} \tag{6-70}$$

将式(6-70)用于低电阻率砂岩产层评价中,所求出的含水饱和度常常偏低。

3. 含混合泥质的泥质砂岩模型

混合泥质砂岩模型不考虑黏土或泥质的具体分布形式,而是把泥质部分当作含油气、泥质较重、岩性很细的粉砂岩来处理。Simandoux 根据这一假设,推导出了著名的 Simandoux 方程:

$$S_w = \frac{0.4R_w}{\phi^2}\left[\sqrt{\frac{5\phi^2}{R_t \cdot R_w}+\left(\frac{V_{sh}}{R_{sh}}\right)^2} - \frac{V_{sh}}{R_{sh}}\right] \tag{6-71}$$

以上这些公式都是在一定的假设前提下推导得出的,不同地区应根据各自的地质情况、岩石物性参数对公式作一定的修正。

对含泥质的地层,饱和度的计算模型除阿尔奇公式和上述基于泥质分布形式的模型外,还有一大类模型——阳离子交换模型。在阳离子交换模型中,以 Waxman-Smits 模型和双水模型最具代表性,本书不作专门介绍。

二、利用电阻率测井资料获取裂缝—孔隙型储层饱和度

裂缝—孔隙型储层的流体分别储存于基质岩块孔隙和裂缝系统中,由于裂缝的测井响应和孔隙的测井响应的差异,故在测井评价中对裂缝系统和孔隙系统应分别处理。首先,应根据储层流体性质判别结果确定裂缝含水饱和度 S_{wf}。一般地,对于油气层,$S_{wf}=0$;对于水层,$S_{wf}=100\%$。其次,需根据储层裂缝研究结果确定裂缝类型,进而选取恰当的饱和度公式计算基质岩块的饱和度。

按照裂缝的组系差异,可以将裂缝—孔隙型储层分为三种类型,即水平裂缝—孔隙型储层、垂直裂缝—孔隙型储层、网状裂缝—孔隙型储层,对应地有不同的饱和度方程计算基质岩块的饱和度。

(一)水平裂缝—孔隙型储层

水平裂缝—孔隙型储层具有如下特点:

(1)裂缝被钻井液侵入深,深、浅双侧向都只能探测到裂缝侵入区;

(2)水平裂缝使双侧向电阻率降低,并发生畸变,其畸变系数为 $K_1=R_d/R_s$;

(3)基质岩块被钻井液滤液呈阶梯状侵入,双侧向可探测到原状地层,浅侧向探测到侵入带。

根据上述特点,应用电路串并联关系,可以建立如下饱和度计算方程:

$$\begin{cases} \dfrac{1}{R_d} = \dfrac{\phi_b^{mb} \cdot S_{wb}^{nb}}{R_w} + \dfrac{\phi_f^{mf}}{R_m \cdot K_1} \\ \dfrac{1}{R_s} = \dfrac{\phi_b^{mb} \cdot S_x^{nb}}{R_{mix}} + \dfrac{\phi_f^{mf}}{R_m} \\ \dfrac{1}{R_{mix}} = \dfrac{S_x - S_{wb}}{R_{mf} \cdot S_x} + \dfrac{S_{wb}}{R_m \cdot S_x} \\ S_x = S_{wb}^{1/2} \end{cases} \qquad (6-72)$$

式中 S_{wb}——基质岩块含水饱和度,小数;

ϕ_b、ϕ_f——基质岩块孔隙度、裂缝孔隙度,小数;

R_d、R_s、R_{mix}、R_w、R_m、R_{mf}——深侧向、浅侧向、侵入带混合液、地层水、钻井液、钻井液滤液电阻率,$\Omega \cdot m$;

K_1——双侧向畸变系数,取值范围为 0.7~0.8;

mb、mf——基质岩块孔隙度指数和裂缝孔隙度指数,mb 取值范围为 2~3(基质岩块孔隙度越高取值越大),mf 取值范围为 1~1.5(裂缝越不规则取值越大);

nb——基质岩块饱和度指数,取值与 mb 基本一致;

S_x——中间转换变量。

(二) 垂直裂缝—孔隙型储层的饱和度方程

1. 单组系垂直裂缝—孔隙型储层

这类储层因为裂缝的倾角高,钻井液滤液侵入的深度可能小于水平裂缝,所以,浅侧向的响应 R_s 下降幅度较深侧向大,双侧向的畸变系数为 K_2,取值范围为 1.7~2.0。这类储层的饱和度方程为

$$\begin{cases} \dfrac{1}{R_d} = \dfrac{\phi_b^{mb} \cdot S_{wb}^{nb}}{R_w} + \dfrac{\phi_f^{mf}}{R_m} \\ \dfrac{1}{R_s} = \dfrac{\phi_b^{mb} \cdot S_x^{nb}}{R_{mix}} + \dfrac{\phi_f^{mf} \cdot K_2}{R_m} \\ \dfrac{1}{R_{mix}} = \dfrac{S_x - S_{wb}}{R_{mf} \cdot S_x} + \dfrac{S_{wb}}{R_m \cdot S_x} \\ S_x = S_{wb}^{1/2} \end{cases} \qquad (6-73)$$

2. 多组系垂直裂缝—孔隙型储层

这类储层的侵入具有如下特征:裂缝呈较深侵入状态,深、浅双侧向都只能探测到钻井液侵入区;岩块孔隙呈截割式侵入特征;浅侧向电阻率受垂直裂缝影响而降低,双侧向畸变系数为 K_3,取值范围为 1.2~1.3。这类储层的饱和度方程为

$$\begin{cases} \dfrac{1}{R_d} = \dfrac{\phi_b^{mb} \cdot S_{wb}^{nb}}{R_w} + \dfrac{\phi_f^{mf}}{R_m} \\ \dfrac{1}{R_s} = \dfrac{\phi_b^{mb} \cdot S_{wb}^{nb}}{R_w} + \dfrac{\phi_f^{mf} \cdot K_3}{R_m} \end{cases} \qquad (6-74)$$

（三） 网状裂缝—孔隙型储层

这类储层的侵入具有如下特征：

（1）裂缝呈半深侵入状态，即浅双侧向探测到钻井液侵入部分，而深侧向可探测到原状地层流体部分；

（2）岩块孔隙呈截割式侵入特征；

（3）裂缝可近似看成一个均匀导电网络，即近似于均匀各向同性介质，双侧向不发生畸变。

此时饱和度方程为

$$\begin{cases} \dfrac{1}{R_\mathrm{d}} = \dfrac{\phi_\mathrm{b}^{mb} \cdot S_\mathrm{wb}^{nb}}{R_\mathrm{w}} \\ \dfrac{1}{R_\mathrm{s}} = \dfrac{\phi_\mathrm{b}^{mb} \cdot S_\mathrm{wb}^{nb}}{R_\mathrm{w}} + \dfrac{\phi_\mathrm{f}^{mf}}{R_\mathrm{m}} \end{cases} \quad (6\text{-}75)$$

（四） 裂缝—孔隙型储层的总含水饱和度

利用裂缝—孔隙型储层饱和度计算公式(6-72)至式(6-75)计算得到基质岩块的含水饱和度后，代入式(6-74)可以计算得到裂缝—孔隙型储层的总含水饱和度S_w：

$$S_\mathrm{w} = \frac{\phi_\mathrm{b} S_\mathrm{wb} + \phi_\mathrm{f} S_\mathrm{wf}}{\phi_\mathrm{b} + \phi_\mathrm{f}} \quad (6\text{-}76)$$

因此，计算裂缝型储层的饱和度首先必须分别求出裂缝及基质岩块的饱和度。

三、束缚水饱和度 S_ws 的确定

束缚水饱和度的正确与否直接与地层产出流体性质有关，但束缚水饱和度的确定一直是个未能得到很好解决的难题，虽然方法很多，但却没有一种通用的方法。下面简要介绍一些经验方法。

（1）试油法：将试油证实的或经综合分析确有把握的、只产油气而不产水的地层的含水饱和度作为地层的束缚水饱和度。

（2）岩心分析方法：在只产油气的岩层，根据油基钻井液取心测量的岩心含水饱和度可以作为束缚水饱和度。

（3）利用毛细管压力曲线确定S_ws。

（4）利用核磁共振测井资料获取束缚水饱和度：目前，核磁共振测井T_2谱最宽的灵敏度可达3ms，可以有效地区分微孔隙水、毛细管束缚水和可动流体三部分，能够有效地获取地层的束缚水饱和度。

（5）将利用深探测电阻率计算得到的油气层S_w作为S_ws。

（6）根据油基钻井液岩心分析的S_w和试油、测井资料的统计分析，按地区按层位定出判断油气层的S_w标准，以S_w下界限值作为S_ws。

（7）利用统计法建立S_ws经验公式。目前，测井确定地层束缚水饱和度的方法一般都是建立在岩心与测井资料统计分析的基础上的。建立在统计规律基础上的有代表性的经验方程有：

① 对于中等以上孔隙度砂岩（$\phi>20\%$）地层，有

$$\lg S_{ws} = A_0 - (1.151\lg M_d + 3.6)\lg\frac{\phi}{B_0} \tag{6-77}$$

式中，参数 A_0 随孔隙度增大、胶结程度减弱即亲水性变强而减小；而参数 B_0 正好与 A_0 相反。一般对高孔隙度（$25\% \leqslant \phi \leqslant 40\%$）、弱到中等胶结的砂岩，取 $A_0 = 3.6$，$B_0 = 0.114$；对中等孔隙度（$20\% \leqslant \phi \leqslant 30\%$）、中等胶结的砂岩，取 $A_0 = 0.35$，$B_0 = 0.1$；对强亲水的高孔隙度浅部疏松砂岩，取 $A_0 = 0.18$，$B_0 = 0.18$。

② 对低孔隙度砂岩（$\phi<20\%$）地层，有

$$\lg(1-S_{ws}) = (9.8\lg M_d + 3.3)\lg\frac{1-\phi}{B_0} \tag{6-78}$$

式中，B_0 与压实程度和润湿性有关，一般在 0.7~0.8 之间，随压实程度增大而增大。

粒度中值 M_d 是岩石沉积环境和颗粒粗细的综合反映，通常可用自然伽马曲线确定粒度中值 M_d，在裸眼井中，二者有较好的相关性。胜利油田所用的经验关系式为

$$\lg M_d = C_0 - C_1 \cdot \Delta\mathrm{GR} \tag{6-79}$$

其中
$$C_1 = 1.75 - C_0$$

式中　$\Delta\mathrm{GR}$——自然伽马相对值；

C_0——$\Delta\mathrm{GR}$ 为零时 $\lg M_d$ 的值。

综上所述，求取束缚水饱和度的途径和方法较多，实际应用中，应根据拥有的资料和实际条件选择合适的方法。

第六节　可压裂性测井评价

随着油气勘探的深入，勘探对象越来越复杂，剩余资源品质越来越差，尤其进入致密砂岩油气、页岩油气以及煤层（岩）气等非常规油气领域后，对规模效益开发的技术要求越来越高。其中，水平井和体积压裂改造技术的应用，促进了非常规油气实现经济效益开发。储层可压裂性是表征储层能被有效改造的难易程度，其中可压裂性较强的储层，采用压裂增产措施后储层形成复杂裂缝网络的概率大，泄流面积增大，增产效果较好；而可压裂性较弱的储层裂缝起裂困难，压裂获得的有效改造体积较小，增产效果较差。

关于储层可压裂性评价的相关研究较多，主要包括两种方法，基于室内实验的评价和建立相应的定量评价模型。基于室内实验的方法主要获取单点数据，且工作量大、时间长，不能较精准地反映出连续地层的储层可压裂性变化趋势，不利于矿场实际应用，故常采用建立模型的方法。Chong 等（2010）总结了北美页岩气压裂成功的经验，提出了用脆性指数表征储层可压裂性，为储层可压裂性评价提供了思路。在此基础上，众多学者继续开展了大量的研究工作，建立了不同储层类型的可压裂性评价模型（Jin 等，2015；窦亮彬等，2021），这些模型从只考虑单一因素影响发展到考虑多因素综合影响，其中考虑多因素综合影响的储层可压裂性评价模型主要有乘积形式和求和加权形式。储层可压裂性是储层的固有属性，受储层岩石本身特征和储层地质特征的综合影响，主要与岩石矿物组成、岩石强度参数、岩石脆性、地应力、天然裂缝及成岩作用等因素有关。储层可压裂性评价核心是其评价因素的选取、量化及各因素权重的确定，即评价因素如何选取和因素权重系数如何确定。

一、主控因素

一般认为，影响储层可压裂性的因素包括脆性指数、天然裂缝发育程度、强度参数、断裂韧性、地应力及成岩作用等。储层压裂效果评价可采用采液强度（采气强度），其值越高，压裂效果越好，而其值越低，压裂效果越差。根据压裂段提取每段影响因素，分析各因素与采液强度间关系，可定性分析这些因素对压裂效果的影响，但不能定量分析这些因素对压裂效果的影响程度，这不能为储层可压裂性的评价因素选取提供较好的依据。灰色关联法、随机森林、Pearson相关系数、互信息法、递归特征消除法等方法可定量研究影响储层压裂效果的主控因素，作为储层可压裂性评价指标的计算模型中自变量，减少模型中变量个数，降低储层可压裂性评价指标建立的难度。下面以灰色关联法为例，进行简要介绍。

灰色关联法是一种多因素统计分析方法，可求解未知的非线性问题中各影响因素灰色关联度，反映各影响因素对目标函数的重要性，从而确定各影响因素的主次关系。由于各影响因素之间有不同量纲以及数量级，为了消除不同数量级带来的影响，采用极值变换法对各因素数据进行归一化处理，其中正向指标采用正向归一化处理，见式(6-80)，负向指标采用负向归一化处理，使经归一化后的因素越大，采液强度越大，储层压裂效果越好。

$$Y_i(k) = \frac{X_i(k) - \min X_i(k)}{\max X_i(k) - \min X_i(k)} (i=1,2,\cdots,m; k=1,2,\cdots,n) \quad (6-80)$$

式中　$Y_i(k)$——第i个影响因素中的第k个值的归一化值；

　　　$X_i(k)$——第i个影响因素中的第k个值。

在归一化处理的基础上，对各因素数据与采液强度数据进行关联度计算与分析。关联度计算是通过位移差来评价比较数列（各因素）与参考数列（采液强度）之间的相似程度，位移差越小，关联度越接近1，则比较数列和参考数列形态越接近，反之，两者的相似程度越低。关联系数计算公式为

$$\xi_i(k) = \frac{\min\limits_i \min\limits_k \Delta_i(k) + \rho \max\limits_i \max\limits_k \Delta_i(k)}{\Delta_i(k) + \rho \max\limits_i \max\limits_k \Delta_i(k)} \quad (6-81)$$

式中　$\xi_i(k)$——第i个比较数列的第k个参考点的关联系数；

　　　$\Delta_i(k)$——归一化后第i个比较数列值（$X_i(k)$）与参考数列值（$X_0(k)$）差值的绝对值，$\Delta_i(k) = |X_0(k) - X_i(k)|$；

　　　ρ——分辨系数，一般取0.5。

在此基础上，对各因素的关联系数进行均值化处理，关联系数的平均值能定量反映各影响因素的关联度，关联度计算公式可见式(6-82)。根据关联度大小，可确定各因素的主次关系。同时，根据关联度数值绝对值大小，将相关强度分为5个等级，其中可选取关联度大于0.65的因素为影响压裂效果的主控因素。

$$\gamma_i = \frac{1}{n} \sum_{k=1}^{n} \xi_i(k) \quad (6-82)$$

式中　γ_i——第i个比较数列的关联度；

　　　n——该数列中参考点总数。

根据上述方法计算的某储层各因素对压裂效果的影响程度排序，其结果见表6-3。从表中可看出，各因素的关联度大小存在较明显的差异，根据其值的相对大小可明确各因素的影

响程度顺序，则各因素对压裂效果的影响程度排序由大到小依次为水平应力差>脆性指数>弹性模量>抗张强度>单轴抗压强度>水平最大主应力>水平最小主应力>地层压力>泊松比。根据关联度大小可得到储层影响压裂效果的主控因素为水平应力差、脆性指数、弹性模量、抗张强度。

表 6-3 各影响因素与米采液指数的关联度及排序

因素	水平应力差 MPa	脆性指数	弹性模量 MPa	抗张强度 MPa	单轴抗压强度，MPa	水平最大主应力，MPa	水平最小主应力，MPa	地层压力 MPa	泊松比
排序	1	2	3	4	5	6	7	8	9
灰色关联度	0.73	0.72	0.71	0.65	0.63	0.57	0.55	0.54	0.52

二、可压裂性评价模型

在确定影响储层压裂效果主控因素基础上，需进一步建立储层可压裂性评价指标的计算模型。储层可压裂性评价指标的计算模型构建步骤是：首先将不同量纲的参数值采用极值变换法进行归一化处理，其中正向指标采用正向归一化处理，负向指标采用负向归一化处理，然后确定不同因素对可压裂性影响的权重系数，最后将标准化值与权重系数加权，即为储层可压裂性评价指标，其数学表达式为

$$FI = \sum_{i=1}^{n} w_i S_i \qquad (6-83)$$

式中　FI——储层可压裂性评价指标，无量纲；
　　　$S_i(i=1,2,3,\cdots,n)$——储层参数的归一化值，无量纲；
　　　$w_i(i=1,2,3,\cdots,n)$——储层参数的权重系数，之和等于1；
　　　n——参数的个数。

储层可压裂性评价指标涉及的影响因素较多，该指标计算的难点是构成要素的权重系数如何确定。权重是指标类评价方法中的重要参数，它决定了某个指标在整个指标体系的重要性。按赋值形式不同可将权重分为主观权重和客观权重，其中主观权重体现了决策者的意愿偏好，如层次分析法、指数加权法、关系分析法等，而客观权重反映了方案集中具体数据对决策的贡献度，如熵值法、优劣解距离法、灰色关联分析法等。下面以层次分析法为例，进行简要介绍。

层次分析法是一种将定性和定量分析方法相结合的多目标决策分析方法，其确定权重系数的步骤包括：

（1）构造判断矩阵。以 A 表示目标，u_i、u_j（$i,j=1,2,\cdots,n$）表示因素。u_{ij} 表示 u_i 对 u_j 的相对重要性数值，并由 u_{ij} 组成 $A-U$ 判断矩阵 P。元素的重要性判断可参考表 6-4 中的矩阵标度法。

$$P = \begin{bmatrix} u_{11} & u_{12} & \cdots & u_{1n} \\ u_{21} & u_{22} & \cdots & u_{21} \\ \vdots & \vdots & & \vdots \\ u_{n1} & u_{n2} & \cdots & u_{nn} \end{bmatrix} \qquad (6-84)$$

（2）计算重要性排序。根据判断矩阵，求出其最大特征根 $\lambda_{\max}$ 所对应的特征向量 w。方程如下：

$$Pw = \lambda_{\max} w \qquad (6-85)$$

所求特征向量 w 经归一化，即为各评价因素的重要性排序，也就是权重分配。

（3）一致性检验。以上得到的权重分配是否合理，还需要对判断矩阵进行一致性检验。检验适用公式：

$$CR = CI/RI \tag{6-86}$$

其中
$$CI = (\lambda_{max} - n)/(n-1) \tag{6-87}$$

式中 CR——判断矩阵的随机一致性比率；
CI——判断矩阵的一般一致性指标；
RI——平均随机一致性指标，见表6-5。

表6-4 判断矩阵标度表

标度值	含义
1	u_i 和 u_j 的重要性基本相等
3	u_i 比 u_j 稍重要
5	u_i 比 u_j 明显重要
7	u_i 比 u_j 强烈重要
9	u_i 比 u_j 极端重要
2，4，6，8	u_i 比 u_j 介于上述值的中间值

表6-5 平均随机一致性指标 RI 的值

n	1	2	3	4	5	6	7	8	9
RI	0.00	0.00	0.58	0.90	1.12	1.24	1.32	1.41	1.45

当判断矩阵 P 的 $CR<0.1$ 时或 $\lambda_{max}=n$，$CI=0$ 时，认为 P 具有满意的一致性，否则需调整 P 中的元素以使其具有满意的一致性。

根据灰色关联分析得出的可压裂性评价指标的各因素的影响程度，依据判断矩阵标度表，确定可压裂性评价指标的判断矩阵，见表6-6。在各影响因素归一化处理基础上，利用层次分析法得到可压裂性评价指标的各个影响因素的权重系数为 0.41、0.29、0.20、0.10，则可压裂性评价指标可表示为

$$FI = 0.41\Delta\sigma_g + 0.29B_g + 0.20E_g + 0.10\sigma_{tg} \tag{6-88}$$

式中 $\Delta\sigma_g$——归一化水平应力差；
B_g——归一化脆性指数；
E_g——归一化弹性模量；
σ_{tg}——归一化抗张强度。

表6-6 某储层可压裂性评价指标判断矩阵

重要程度值	水平应力差	脆性指数	弹性模量	抗张强度
水平应力差	1	2	3	3
脆性指数	1/2	1	2	3
弹性模量	1/2	1/2	1	3
抗张强度	1/3	1/3	1/3	1

结合实际压裂试产资料，根据储层含油气性评价结果，建立了某储层可压裂性评价指标

分类体系，如表 6-7 所示。某井的储层可压裂性分类评价结果如图 6-28 所示。

表 6-7 某储层可压裂性分类评价标准

分类	储层可压裂性分类评价指标	水平应力差 MPa	脆性指数	弹性模量 GPa	抗张强度 MPa
一类	>0.6	<6.8	>31	>18	<5.6
二类	0.6~0.43	6.8~7.9	31~27	18~15	5.6~6.4
三类	0.43~0.3	7.9~8.7	27~25	15~13	6.4~7
四类	<0.3	>8.7	<25	<13	>7

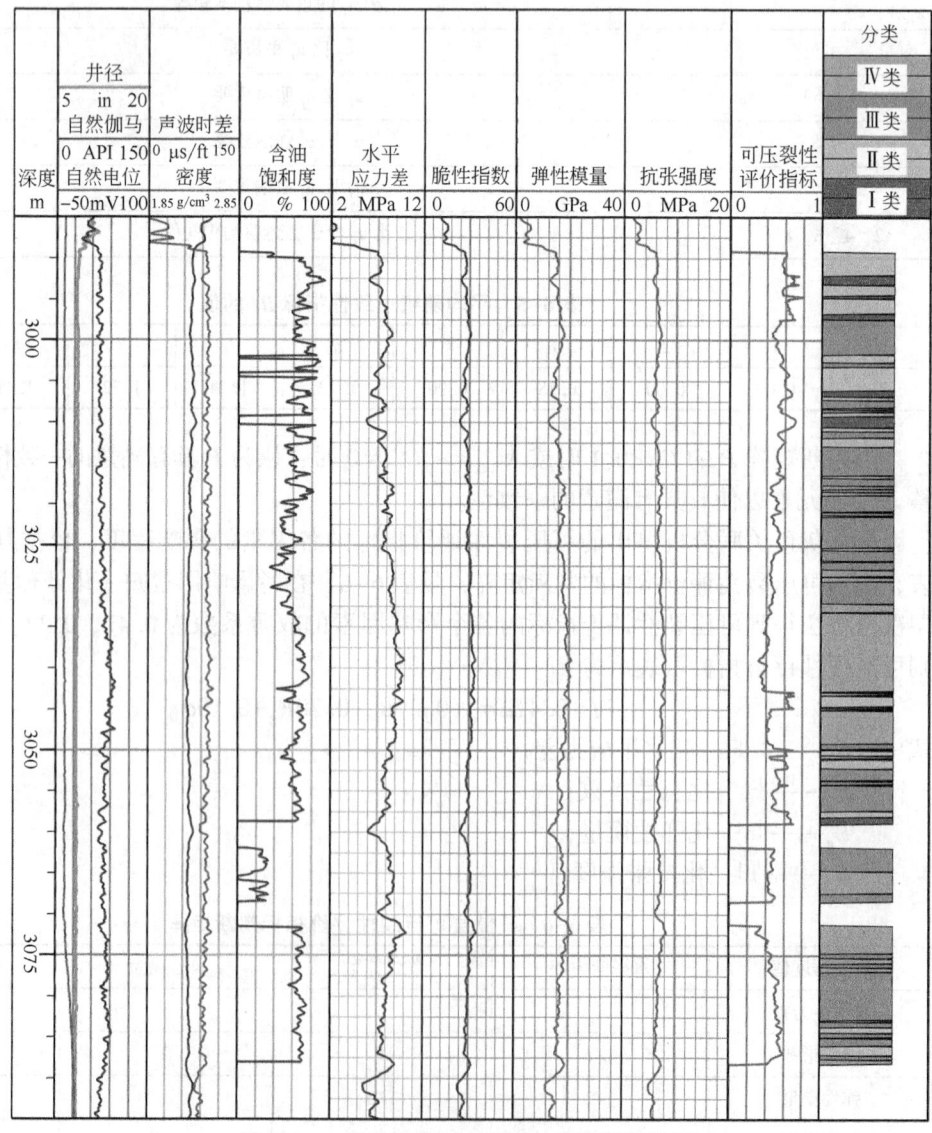

彩图 6-28　　　　图 6-28　某井的储层可压裂性分类评价结果

第七节 非常规油气储层测井评价

非常规油气包括致密气、页岩油气、煤层气等，主要分布于四川盆地、鄂尔多斯盆地、松辽盆地和准噶尔盆地等。非常规油气的特点是岩性复杂、特低孔特（超）低渗、孔径较小、源储一体或近源成藏，常规方式难以有效开发，需要大规模体积压裂，多以平台水平井的方式开采。

一、非常规油气储层与常规油气储层测井解释方法的差异

非常规油气由于特殊的地质特征和勘探、开发工程的需要，给测井评价带来了一系列新的挑战。首先是评价的参数和解释的内容更多，通常同时涉及烃源岩、储层、工程和压后产能等多项内容，页岩气、煤层气评价中还需要有区别地评价游离气、吸附气含量。其次，非常规油气储层通常较为致密，储层参数评价精度要求更高；再者，水平井开发方式决定了测井资料丰富程度通常不足，需要在有限测井资料的情况下借鉴导眼井的资料开展评价工作。此外，射孔压裂选层、产液剖面监测、套损套变检测预警等也是常见的需求。

非常规页岩油气和煤层气储层具有自生自储、近源成藏或源储一体的气藏特征，气藏开发方式以水平井和井工厂化模式为主。相比常规油气"四性"关系（岩性、物性、含油气性和电性）测井解释方法，众多学者建立了非常规油气"三品质"（烃源岩品质、储层品质和工程品质）和"七性"关系（岩性、物性、电性、含油气性、脆性、烃源岩特性和地应力各向异性）的测井评价体系，见表6-8。

表6-8 页岩油气和煤层气储层"三品质"评价要素表

品质类型	"七性"类型	非常规油气类型		
		页岩气	页岩油	煤层气
烃源岩品质	烃源岩特性	有机碳（TOC）	总有机碳（TOC）、镜质组反射率（R_o）、生烃潜力、饱和度指数（IOS）	有机碳（TOC）、显微组分
储层品质	物性	孔隙度、渗透率、饱和度、有机孔	储集空间类型、孔隙结构、总/有效/可动孔隙度、宏观结构	孔隙度、渗透率、饱和度、孔隙结构
	含油气性	吸附气、游离气	含油饱和度、可动油饱和度	吸附气、游离气
工程品质	岩性	石英/长石/方解石/白云石、黏土类型和含量	石英/长石/方解石/白云石/黏土矿物含量、岩相	煤阶、固定碳、灰分、挥发分、水分
	脆性	矿物含量	矿物含量、粒径、颗粒接触关系、岩石弹性参数	煤体结构、含量
	电性	电各向异性、页理	电各向异性、砂质/灰质纹层集中度	电各向异性、割理、顶底板
	地应力各向异性	三轴应力大小与方向、水平应力差	三轴应力大小与方向、水平应力差	三轴应力大小与方向、水平应力差

下面以川南地区下志留统龙马溪组海相页岩气为例就非常规油气层测井评价进行简要地介绍。

二、川南地区龙马溪组海相页岩气层的地质特征

川南地区下志留统龙马溪组页岩主要为一套浅海—深水陆棚相沉积，由深灰—黑色粉砂质页岩、富有机质（碳质）页岩、硅质页岩夹泥质粉砂岩等组成。自上而下有机质含量增高、砂质减少、颜色逐渐加深，优质页岩段主要分布在龙马溪组底部，主要由绿泥石、伊利石、方解石、高岭石、白云石、石英、长石和黄铁矿等无机矿物和有机质组成。从上至下，黏土矿物含量降低，碳酸盐矿物含量增高，石英含量基本稳定。其中下部地层黏土矿物含量占10%～20%，脆性矿物含量占50%～80%，黄铁矿含量约为3%左右，为主要的页岩气靶体层位。部分井岩心测试分析表明，该区孔隙度主要分布在0.74%～10.27%之间，平均值为3.12%。渗透率分布在11.5nD～18.7mD之间，平均值为1.12mD。含水饱和度主要分布在14.56%～98.8%，平均值为55.06%。页岩气储层孔径较小，以纳米孔为主，孔径分布介于几个纳米至几百个纳米之间。

该区页岩气主要由吸附气和游离气组成，吸附气主要赋存在有机质孔隙中，游离气主要赋存在基质孔隙中，不同地区、不同埋深吸附气和游离气比例不一样，一般情况吸附气占比为20%～80%。

三、海相页岩气测井评价系列

根据测井目的不同，页岩气测井系列有所不同，探评井测井系列较全，包括常规测井、自然伽马能谱、阵列（远探测）声波、元素测井、电阻率成像和核磁共振等（表6-9）。水平井测井系列通常包括常规测井、自然伽马能谱、阵列（远探测）声波等测井技术。

表6-9 测井评价参数与所需测井系列

评价目的需求	测井系列
矿物组分	元素测井、自然伽马能谱、常规测井
物性参数	常规测井、核磁共振、阵列感应
TOC和含气量	常规测井、自然伽马能谱、元素测井
脆性指数	常规测井、阵列声波测井
地应力大小和方向	电阻率成像、阵列声波、岩性密度测井
裂缝识别和各向异性	阵列（远探测）声波、电成像测井
产能评价	生产测井
固井质量	固井声幅测井

四、海相页岩气层测井响应特征及识别

（一）页岩气层测井响应特征

一般而言，常规测井曲线对烃源岩（页岩）的响应特征主要有：

（1）自然伽马为高值，自然伽马能谱测井中铀的响应特征表现为高异常，原因是烃源岩（页岩）层一般富含放射性元素，如吸附放射性元素U。

（2）烃源岩（页岩）层密度低于其他岩层，密度响应特征表现为低密度异常，声波响

应特征表现为声波时差高异常。

（3）成熟烃源岩层的电阻率响应特征一般表现为高电阻率异常，原因是其孔隙流体中存在不导电的烃类物质，利用这一响应可识别烃源岩成熟与否。具体的富有机质烃源岩（页岩）的测井响应特征见表 6-10。

表 6-10　富有机质烃源岩（页岩）层测井响应特征

测井曲线	响应特征	影响因素
自然伽马	异常高值	有机质含量高、吸附放射性元素 U
无铀伽马	低值	黏土含量低
双侧向	高阻增大	黏土含量低、孔隙度低、含气量高
声波时差	明显增大	有机质含量高、页理发育、含气量高
补偿中子	降低	黏土含量低、孔隙度低、含气量高
补偿密度	明显降低	有机质含量高、含气量高
光电截面指数	低值	有机质含量高、石英含量高、方解石含量低
井径	一般易扩径	页理发育、吸水膨胀

图 6-29 是川南威 202 井龙马溪组页岩测井成果图，其中龙一$_1^1$小层具有高 U、高电阻率、高声波时差和低密度特征，指示优质页岩气层。

（二）页岩气层测井识别

1. 自然伽马能谱和元素测井识别

优质页岩气层具有总有机碳含量（TOC）高、铀（U）含量与 TOC 呈正相关关系的特点，因此，利用自然伽马能谱和元素测井得到的 U 含量差异可以直观识别页岩气层（图 6-30）。

2. 电阻率与声波时差重叠识别页岩气层

在页岩气层段，由于地层含水饱和度降低，电阻率增大，同时，声波时差增大，因此，将电阻率曲线和声波时差曲线通过调节刻度在泥岩段重叠，那么在页岩气层段将会发生明显分离，根据这一特征可以识别页岩气层。图 6-31 中第七道深侧向与声波时差重叠、与第六道高 U 含量都指示出好的气层显示。

此外，也可以利用核磁共振测井解释得到的游离气孔隙空间、孔隙度和含气饱和度，以及基于阵列声波测井联合密度测井计算得到的地层杨氏模量、脆性指数、泊松比等力学参数来识别页岩气层。

（三）页岩气储层品质测井评价

页岩气储层品质测井评价包括储层品质和工程品质评价。页岩气储层品质评价（RQ）包括孔、渗、饱、总有机碳含量、含气量等参数的获取（图 6-32），以及页岩气层裂缝分布井段和发育程度评价。页岩气工程品质评价（CQ）包括杨氏模量、泊松比、脆性指数、地应力大小与方向，以及破裂压力等参数的获取（图 6-32）。通过本地区的岩心测试、压裂试油等资料，可以建立页岩气综合品质判别标准。

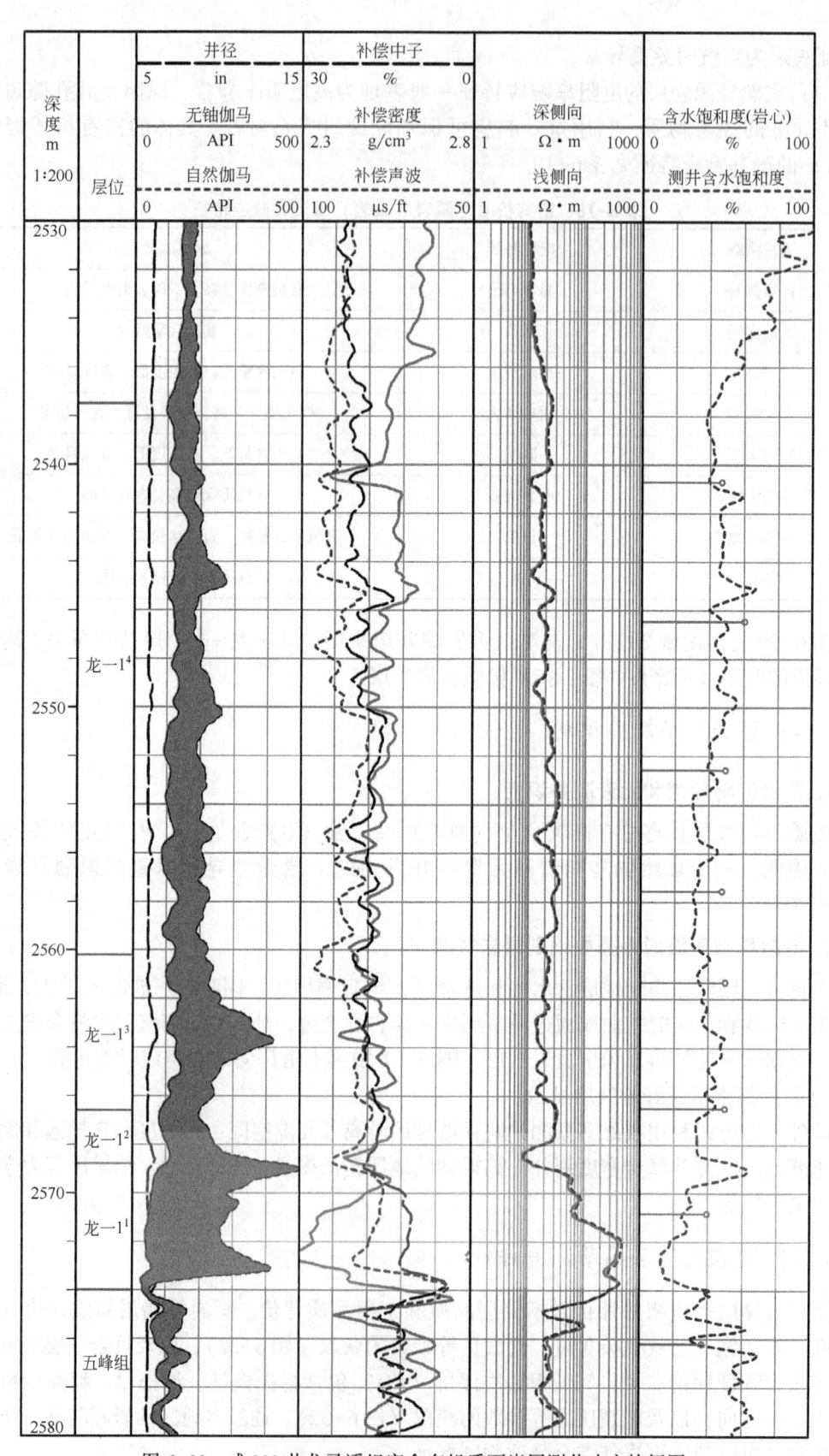

图 6-29 威 202 井龙马溪组富含有机质页岩层测井响应特征图

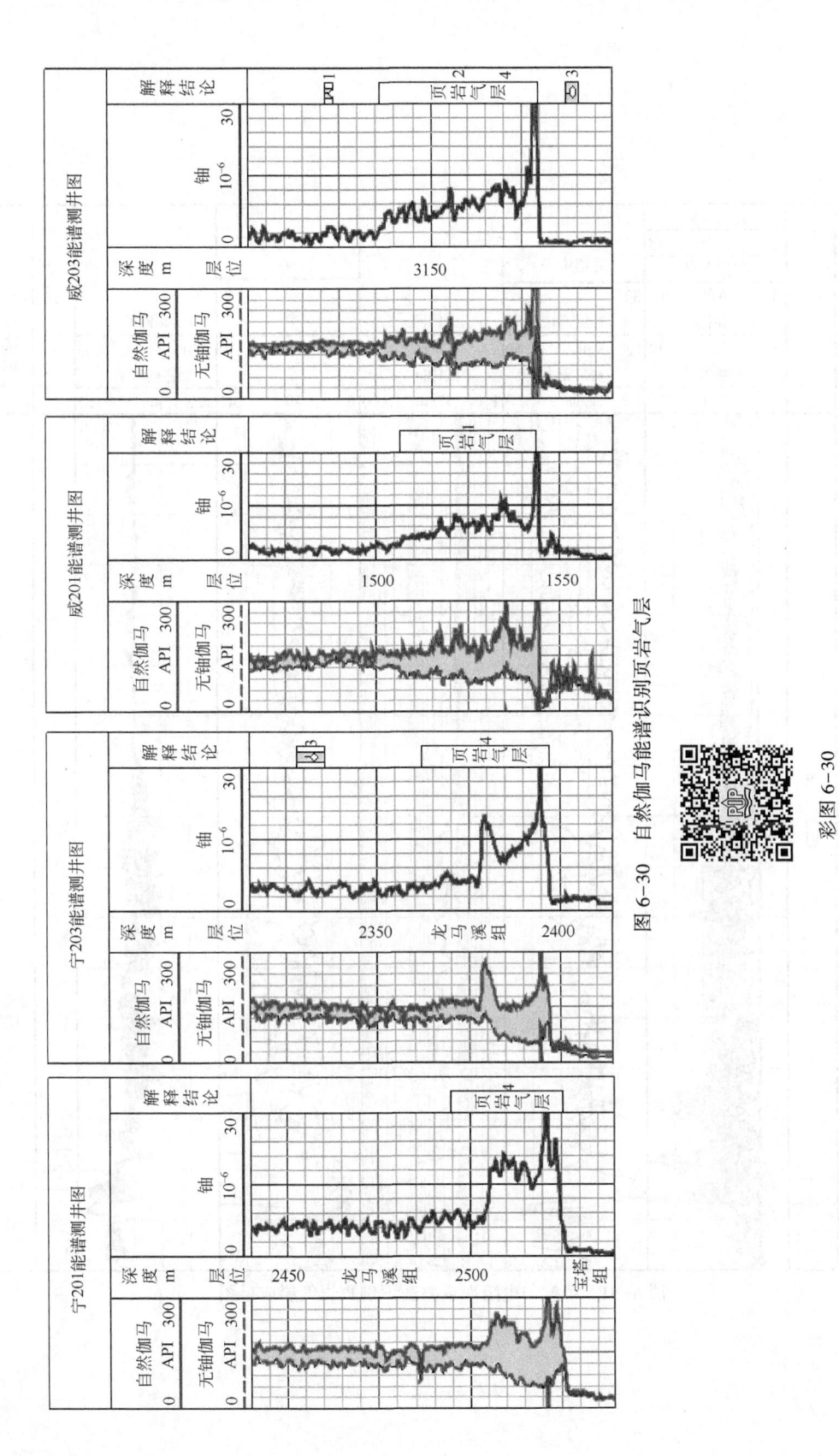

图 6-30 自然伽马能谱识别页岩气层

彩图 6-30

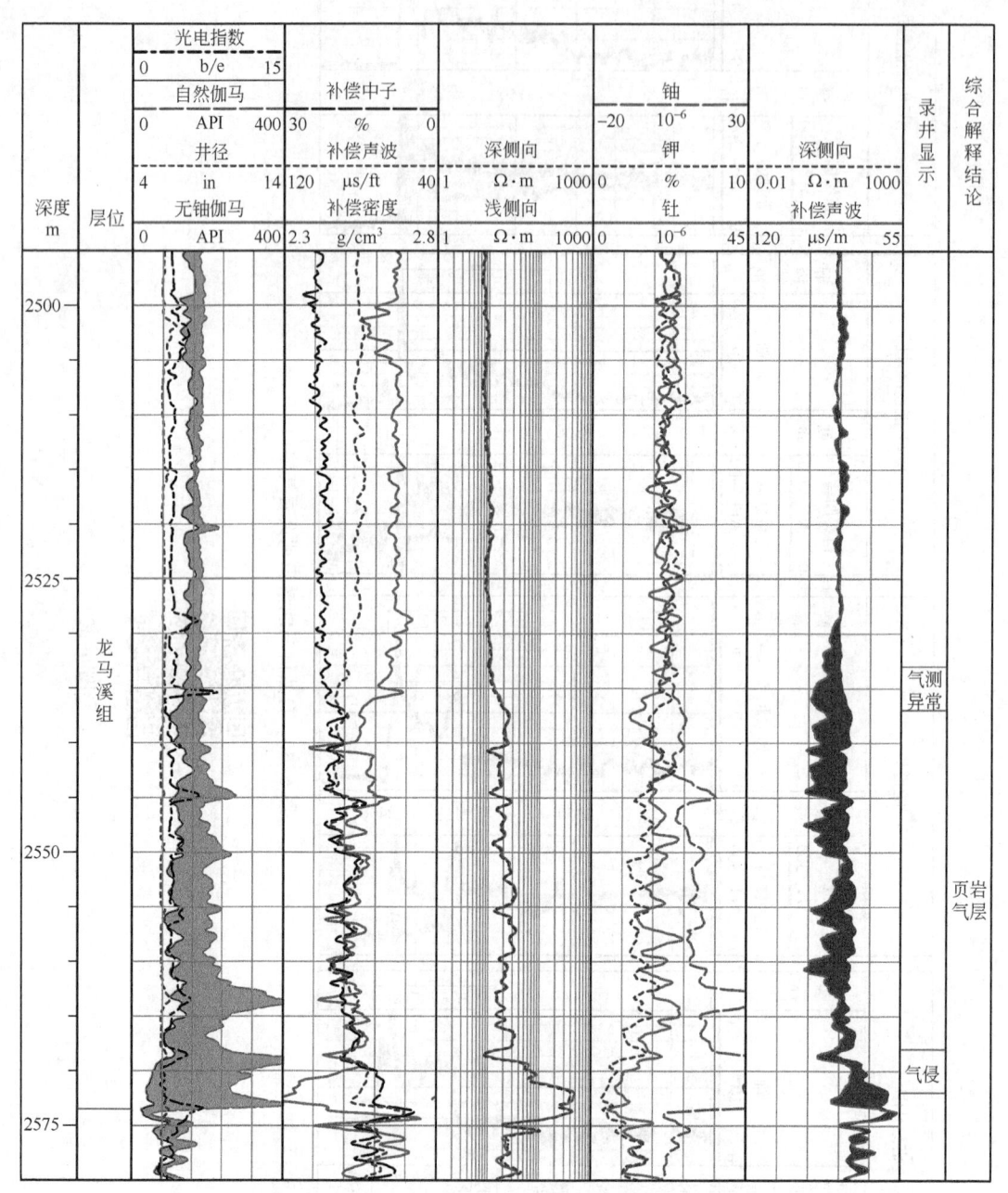

图 6-31 声波与电阻率重叠法识别页岩气层成果图

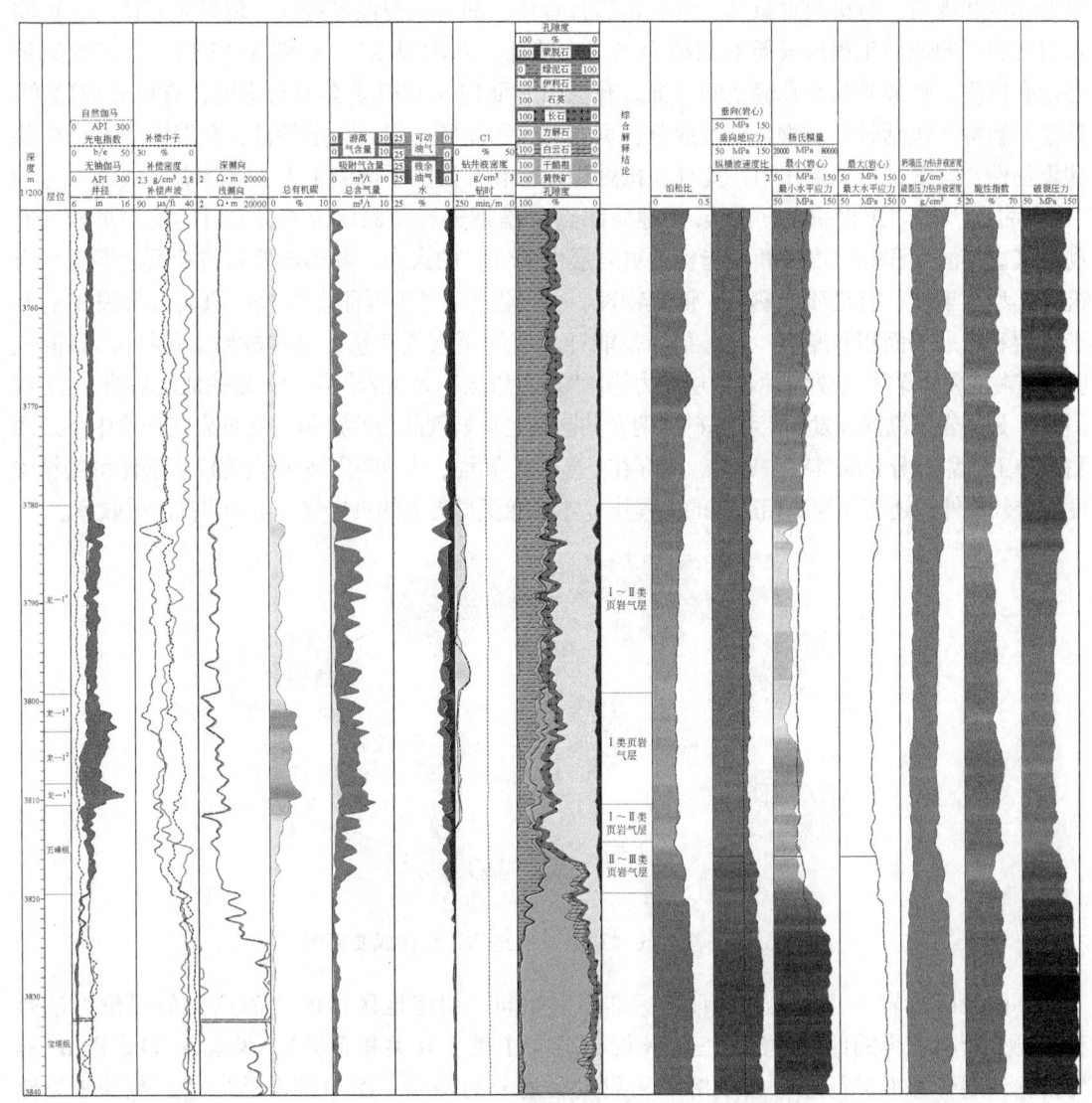

图 6-32 泸 203 井页岩气储层品质和工程品质评价成果图

彩图 6-32

（四）页岩气甜点测井评价

"甜点"（sweet spot）是非常规油气中最有开发价值的层位和区域，主要表现为有较大的页岩厚度和规模、有机质含量高、含气量高且有较好的可压裂性等特征。现有研究认为，可将页岩气甜点的地质工程构成要素归纳为"三大特征、八项要素"，如图 6-33 所示。三大特征是指有机质、骨架矿物和孔缝空间特征。有机质特征包括有机质类型与丰度、有机质成熟度；骨架矿物特征包括骨架矿物类型及成分、页岩埋深和厚度、岩石力学特性；孔缝空间特征包括储集物性、含气性、地层压力。此外，按勘探评价和开发的不同侧重点，可将页岩气甜点分为"地质甜点"和"工程甜点"两类。"地质甜点"是指进行勘探评价的页岩目层中页岩气有利含气富集的面积和厚度，核心指标是页岩层中含气量的大小，其构成要素包括页岩厚度、有机质类型与丰度、有机质成熟度、储集物性、含气性等；"工程甜点"是指页岩气开发中有利于压裂和开采的面积和厚度，核心指标是能开发出的页岩气产量，其构成要素包括页岩埋深、脆性矿物含量、岩石力学特性和地层压力等。"地质甜点"是页岩气勘探开发的地质基础，"工程甜点"是页岩气勘探开发的工程基础，两者共同决定页岩气的最终产量。在页岩气评价中，地质甜点与工程甜点分布既具有一致性，也存在一定的差异性，因而除了对甜点构成要素评价的精确度要求较高外，还需要与之相适应的工程技术才可能获得更大的页岩气产量和更高的采收率。

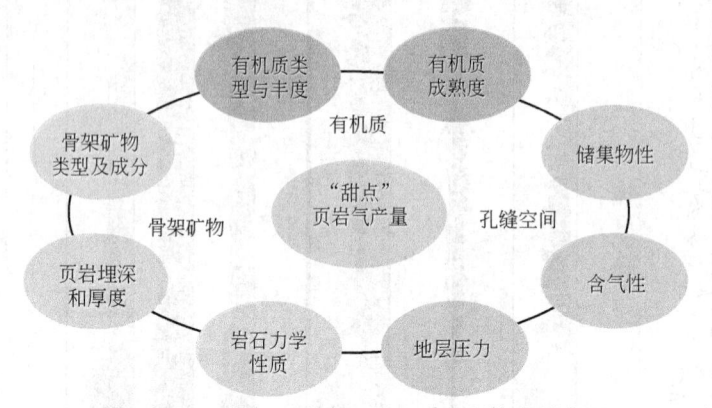

图 6-33 页岩气"甜点"的地质工程构成要素图

不同地区页岩气"甜点"的评价标准不尽相同，川南地区目前"甜点"的评价方法是利用测井资料获得的四参数建立三级评价标准（Ⅰ类、Ⅱ类和Ⅲ类），见表 6-11。图 6-34 为根据该划分标准进行综合品质解释和甜点层划分的结果，图中综合品质道红色为Ⅰ类储层，评价为最优甜点层，黄色为Ⅱ类储层，绿色为Ⅲ类储层。

表 6-11 页岩气储层分类评价标准

项目	评价参数		分类			备注
	指标	单位	Ⅰ	Ⅱ	Ⅲ	
烃源岩	总有机碳含量	%	>3	2~3	<2	
物性特征	孔隙度	%	>5	3~5	<3	孔隙型储层
			>4	3~4	<3	裂缝型储层
含气性	游离气量和吸附气量	m^3/t	>3	2~3	<2	
岩石力学	脆性指数	%	>55	35~55	<35	

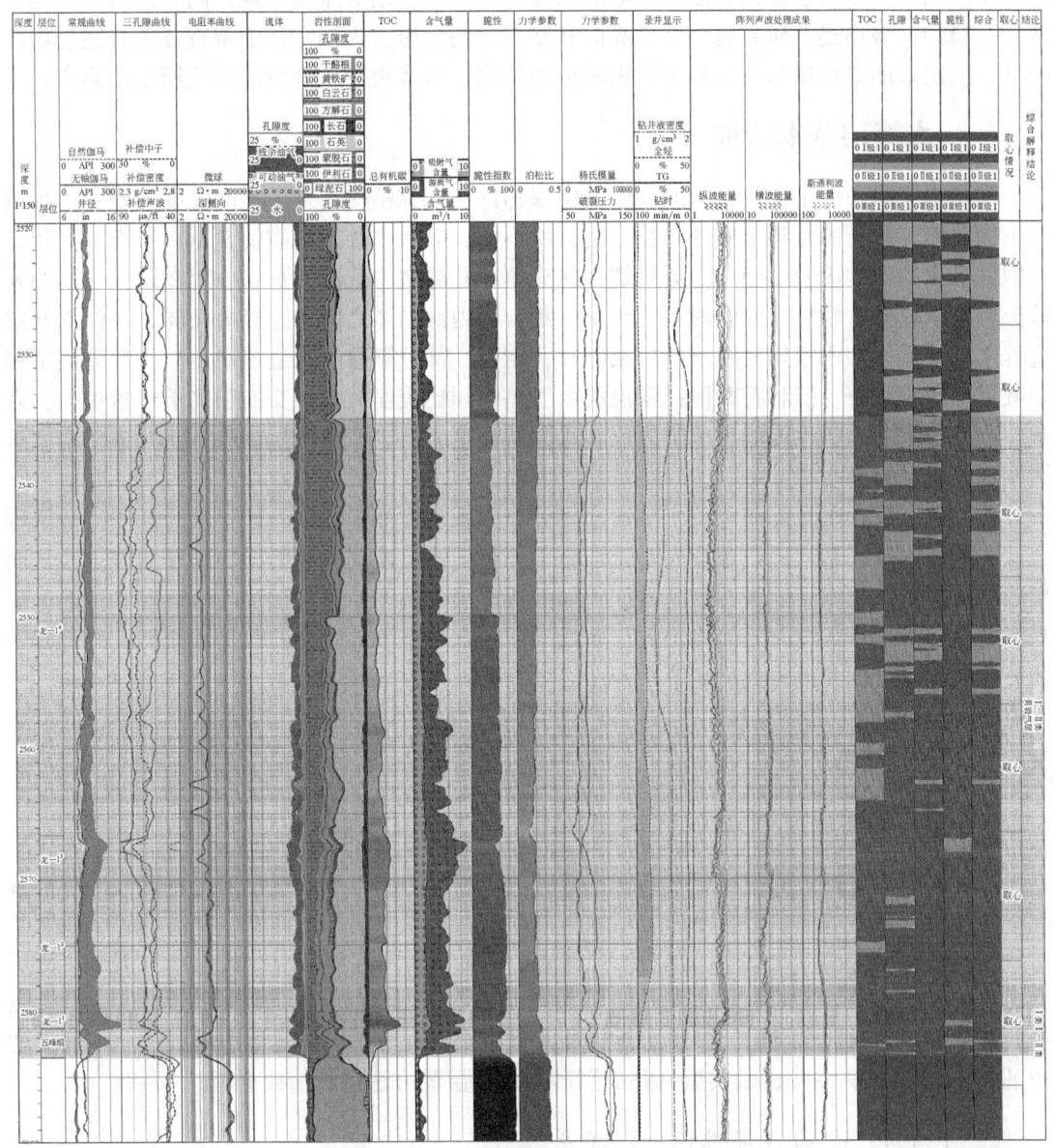

图6-34 川南宁213井页岩气多参数综合评价页岩气甜点成果图

彩图6-34

第八节 水淹层及剩余油评价

注水开发是油田开发的常用方式。目前我国多数油田已经进入中高含水的生产阶段，要在高产水条件下更多更高效地开采原油，就需要准确地评价水淹层，搞清地下剩余油分布。

这要求准确计算以剩余油饱和度为核心的水淹储层参数，划分水淹级别，同时进行多井综合解释和精细油藏描述，研究剩余油在纵向和横向上的分布，为制定油田调整开发方案、增产挖潜、三次采油等提供可靠的基础数据和地质依据，以实现注水开发油田长期稳产高产。

一、水淹层基本特征

油层水淹后，由于受注入水的冲刷，储层物性、孔隙结构会发生不同程度的改变。水淹的不同时期，岩石的孔隙结构分布特征也有所不同，储层中黏土矿物的含量、形态、产状也会因注入水的影响而发生变化。如呈蠕虫状充填在孔隙之中或以书页状叠置在颗粒表面的高岭土，由于对砂岩颗粒表面的附着力较小，集合体内部晶体之间的连接力又弱，在注水开发过程中，受流体冲刷很容易脱落或打成碎片，结果一部分顺着大孔道被冲走，一部分则堵塞细喉道；而蒙脱石、伊利石和伊—蒙混层由于晶格间比表面大，可交换阳离子容量也大，因此，当注入水的水矿化度低于地层内原有水的矿化度时，它们将产生膨胀，使孔道变窄甚至堵塞，同时也容易水解。

油田进入高含水开发期之后，其油水层分布关系、含油饱和度、地层水的性质、地层压力、孔隙结构等一系列地质参数的变化都会不同程度地反映到不同类型的测井曲线上，从而形成各类、各级水淹层的岩石物理特征。如随着地层中的泥质成分被注入水溶解和冲走，伽马测井值将降低，声波时差值将增大；而如果注入水溶解了地层中的放射性盐类，并将其中的放射性元素带到井眼附近沉淀下来，那么伽马测井值又将增高。在各种常规测井资料中，水淹层在 SP 曲线上的反应最明显。水淹层的这些特征，为水淹层和剩余油分布的定性、定量解释奠定了基础。

二、利用测井资料定性评价水淹层

随着我国越来越多的油田进入高含水开发期，水淹状况日趋严重，如何根据目前所拥有的各项基础资料有效地识别水淹层、划分水淹级别、计算剩余油饱和度、分析确定油藏剩余油分布，已经成为油田开发中的重要研究课题。各油田针对自身特点，提出和发展了水淹层识别技术，如利用新老井电阻率测井曲线重叠结果、SP 曲线特征、碳氧比变化规律、核磁共振测井等定性识别水淹层。淡水水淹层和污水水淹层具有不同的定性解释方法，下面仅就 SP 曲线、碳氧比测井和核磁共振测井识别砂岩水淹层的方法进行简要介绍。

（一）利用 SP 曲线定性识别水淹层位

已知 $SP = -K_{SP} \lg \dfrac{R_{mf}}{R_w}$，当井筒中钻井液矿化度一定时，自然电位幅度随着地层水矿化度的改变而改变。油层被水淹后，同样具有这一规律。

油层纵向上局部水淹后，水淹部位地层水矿化度发生变化的结果是：一方面引起水淹部位的 SP 幅度变化，幅度变化量取决于水淹层混合流体矿化度与地层原始流体矿化度的差异；另一方面引起水淹部位的 SP 基线偏移，呈"台阶"变化，且台阶部位与水淹部位基本相对应。以如图 6-35 所示的淡水水淹层（$R_{mf} > R_{wz} > R_w > R_{wsh}$）为例，水淹后 SP 曲线基线偏移量（$\Delta SP$）可以表示为

$$\Delta SP = SP_{未被水淹层段} - SP_{水淹层段} = -K_{SP} \lg \dfrac{R_{wz}}{R_w} \qquad (6-89)$$

$$SP_{未被水淹层段} = -K_{SP1} \lg \frac{R_{mf}}{R_w}$$

$$SP_{水淹层段} = -K_{SP2} \lg \frac{R_{mf}}{R_{wz}}$$

式中　K_{SP}、K_{SP1}、K_{SP2}——自然电位系数；

　　　R_{wz}——水淹层段内注入水和原状地层水混合液的电阻率。

在淡水型（$R_{wz}>R_w$）水淹情况下，自然电位负异常（$R_{mf}>R_w$）和自然电位正异常（$R_{mf}<R_w$）各有三种 SP 曲线变化特征，见表 6-12。

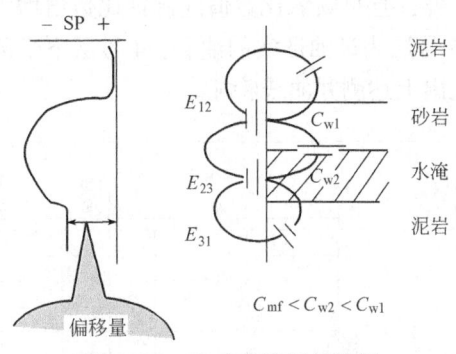

图 6-35　SP 在水淹层的特征

表 6-12　淡水水淹层 SP 曲线变化特征

水淹部位	自然电位负异常 （$R_{mf}>R_{wz}>R_w$）	自然电位正异常 （$R_{mf}<R_w<R_{wz}$）
上部水淹	上部基线偏移 上部 SP 曲线幅度减小	上部基线偏移 上部 SP 曲线幅度增大
下部水淹	下部基线偏移 下部 SP 曲线幅度减小	下部基线偏移 下部 SP 曲线幅度增大
中（全）部水淹	上、下部基线均可能偏移 SP 曲线幅度减小	上、下部基线均可能偏移 SP 曲线幅度增大

胜利油田经过长期的研究，总结出了"SP 曲线上台阶，上水淹；下台阶，下水淹"的经验，即当储层上、下泥岩的 SP 基线不一致时，说明该储层已被局部水淹，且水淹部位与上、下泥岩 SP 基线形成的台阶一致。

图 6-36 为某井段淡水水淹层的自然电位曲线特征。从图上可见，储层下部水淹导致对应位置的 SP 曲线基线偏移和幅度下降。

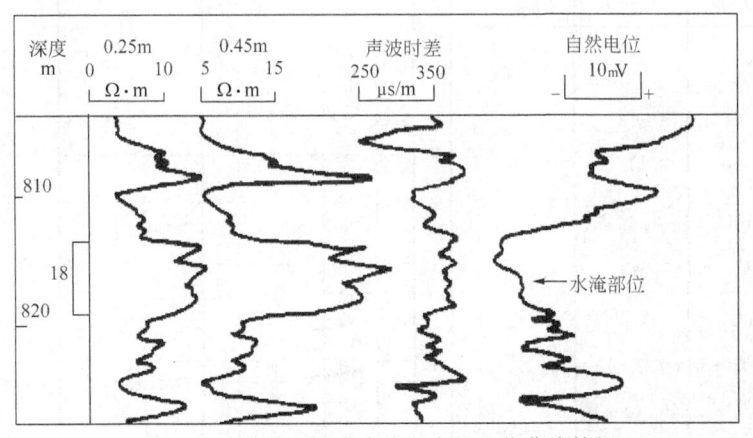

图 6-36　某井段淡水水淹层自然电位曲线特征

（二）利用碳氧比测井资料划分水淹层

碳氧比能谱测井是在套管井中寻找油层、确定储层含油饱和度、监测油层水淹状况的有效测井方法。在岩性、物性基本相同的条件下，油层较水层或中、强水淹层碳氧比数值高，且碳氧比与硅钙比测井曲线均呈向增大方向变化的趋势；中、强水淹层除了碳氧比数值较低之外，且呈碳氧比数值随硅钙比数值增大而降低的变化趋势。例如，如图 6-37 所示，某井 25 号层为试油证实的油层，4 号层下半部为密闭取心资料证实的强水淹层，这两层突出地表现出上述测井曲线特征。

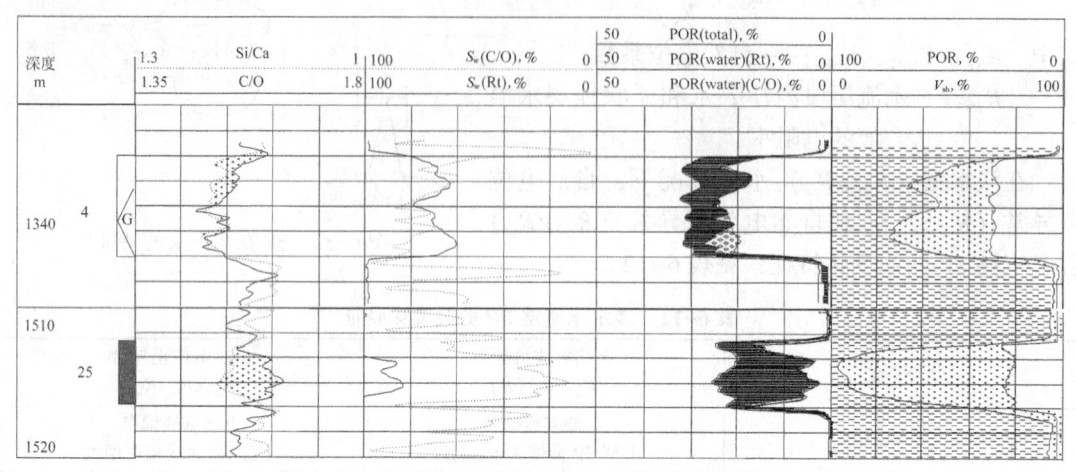

图 6-37 某井强水淹层在碳氧比测井曲线上的响应

（三）利用核磁共振测井资料评价水淹层

图 6-38 是某油田 67—549 井水淹层的核磁共振测井解释结果图。1998 年 6 月，该井综

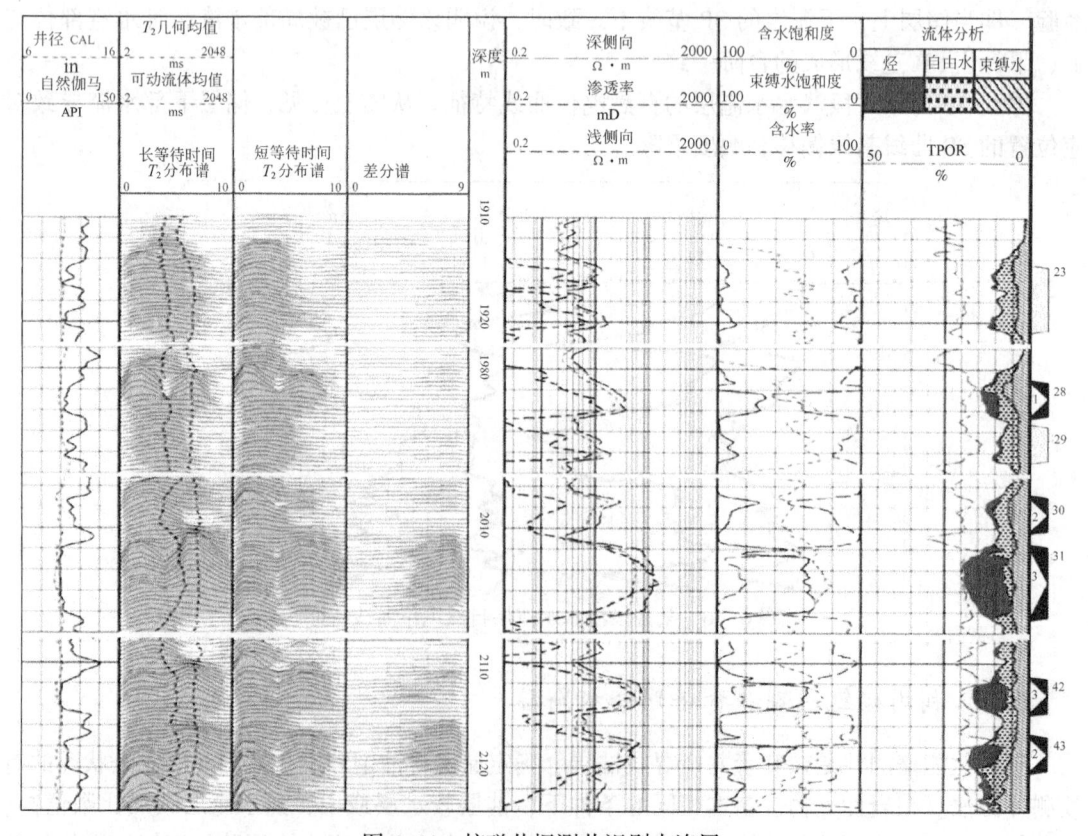

图 6-38 核磁共振测井识别水淹层

合含水率达到79.4%，同年使用哈里伯顿公司的MRIL测井仪进行了核磁共振测井。核磁共振测井解释显示，第23、29层为明显的水层，差分谱基本没有显示或显示很弱；第31层T_2谱的可动流体峰比较靠后，达1024ms，差分谱面积及幅度都较高，指示含油饱和度较高，解释为弱水淹；第28、30、42、43等层差分谱都不同程度减弱，T_2谱的可动流体峰有不同程度的前移，可动水含量增加，表明水淹程度有所增加。该井FMT地层测试井段1600~2185m，第28层压力较高，为注水见效层；第30、42等层均为压力亏空层，指示水淹程度较弱。其中，第30层平均含水饱和度达83%，可动水含量较高，计算的产水率较高，综合解释为中等水淹层；第42层平均含水饱和度为43%，可动水含量相对较低，计算的产水率不到20%，综合解释为弱水淹层。

彩图6-38

后对第30、42两层合试，日产油8.2t、天然气266m³、水5.2t，产水主要来自第30层。核磁共振测井使该区块水淹层解释符合率由原来的82%左右提高到88%左右，取得了较好的效果，显示出在水淹层解释中，核磁共振测井技术对评价地层含油气性和水淹程度具有很好的作用。

三、水淹层定量评价

单井水淹层定量评价是通过计算以剩余油饱和度为核心的产层参数来完成的，这些参数主要有储层的泥质含量、粒度中值、渗透率、含水饱和度（地层含水饱和度、束缚水饱和度）、含油饱和度（油层原始含油饱和度、剩余油饱和度、可动油饱和度、残余油饱和度）、含水率、驱油效率、采出程度、产能指数。

除含水率、驱油效率、采出程度、产能指数外，油层水淹后储层参数的计算方法与未水淹地层应该是一样的。所不同的是，由于受注入水的长期冲刷，水淹层的孔隙结构、岩性、地层中水的性质都与水淹前有所差异，因此，计算时，应采用当前状态下得到的测井资料及相关物性、水性和岩性资料。比如，由于注入水与原始地层水矿化度不同，因此，不同水淹程度的水淹层内混合地层水的电阻率将不同。在水淹层测井解释中，用阿尔奇公式计算地层剩余油饱和度时，应重新确定水淹层混合水电阻率、ϕ、a、b、m、n等参数，这些参数的确定方法与原状地层条件下各参数的确定方法相同，自然电位测井资料仍然可以用于反算混合地层水电阻率。下面介绍几种与地层水电阻率无关的水淹层流体饱和度计算方法。

（一）利用中子寿命测井研究剩余油饱和度

1. 利用宏观俘获截面资料计算地层剩余油饱和度

中子寿命测井是水淹层计算含油饱和度的一种重要方法。在泥质含量低、孔隙度中到高、地层水矿化度大于50000mg/L的储层，利用中子寿命测井计算地层剩余油饱和度的效果好。

对于含油气的泥质地层：

$$\Sigma = \Sigma_{ma}(1-\phi-V_{sh}) + \Sigma_w \cdot \phi \cdot S_w + \phi \cdot (1-S_w) \cdot \Sigma_h + \Sigma_{sh} \cdot V_{sh} \tag{6-90}$$

整理得

$$S_w = \frac{(\Sigma - \Sigma_{ma}) + \phi(\Sigma_{ma} - \Sigma_h) - V_{sh}(\Sigma_{sh} - \Sigma_{ma})}{\phi(\Sigma_w - \Sigma_h)} \tag{6-91}$$

式中 Σ——地层的宏观俘获截面；

Σ_{ma}——岩石骨架的宏观俘获截面；

ϕ——地层岩石孔隙度；

Σ_w——地层水的宏观俘获截面；

Σ_h——油、气的宏观俘获截面；

V_{sh}——地层泥质含量；

Σ_{sh}——泥质的宏观俘获截面。

当地层不含泥质时，有

$$S_w = \frac{(\Sigma - \Sigma_{ma}) + \phi(\Sigma_{ma} - \Sigma_h)}{\phi(\Sigma_w - \Sigma_h)} \tag{6-92}$$

则剩余油饱和度为

$$S_{or} = 1 - S_w \tag{6-93}$$

与利用电阻率测井求取地层含水饱和度不同，利用中子寿命测井计算地层含水饱和度不需要了解地层中泥质分布形式及裂缝的产状和发育情况，但其探测深度较小。对深侵入的裸眼井，利用中子寿命测井得不到地层的原始含水饱和度，只能得到冲洗带含水饱和度。

2. 时间推移中子寿命确定剩余油饱和度

时间推移技术是对同一口开发井，在生产期间以固定时间间隔进行重复测井，并作相应的对比解释。用时间推移技术进行中子寿命测井，可计算开发过程中油层含水饱和度S_w或剩余油饱和度S_{or}的变化，监测油（气）水界面变化和局部舌进现象。

在油气井生产过程中，假如地层水含盐量与烃类物质的性质未发生变化（如边水型水淹层），则可以认为前后两次中子寿命测井间Σ的变化是由地层含油气饱和度S_h或含水饱和度S_w变化引起的，由此根据两次测量结果可计算出地层的S_w或S_h的变化。这种方法的优点是不需要精确估计泥质含量V_{sh}、Σ_{sh}（或Σ_{wb}）、Σ_{ma}等参数，而这些参数则正是计算S_w时可能产生误差的主要原因。因此，这种方法在评价衰竭剖面时具有很高的精度，其主要缺点是不能用在地层水含盐量发生变化的地区。

将第一次测井得到的宏观俘获截面Σ_1作为基线值，第二次测井（两次测井之间，油气井未进行过酸化压裂等增产措施）的结果记为Σ_2，则由式(6-90)可以得到

$$\Sigma_2 - \Sigma_1 = (S_{w2} - S_{w1})\phi(\Sigma_w - \Sigma_h) \tag{6-94}$$

或

$$\Delta S_w = \frac{\Delta \Sigma}{\phi(\Sigma_w - \Sigma_h)} \tag{6-95}$$

式中 S_{w1}、S_{w2}——第一、二次测井时，油气层的含水饱和度。

当前地层的实际含水饱和度S_{w2}为

$$S_{w2} = S_{w1} + \Delta S_w \tag{6-96}$$

式(6-94)、式(6-95)、式(6-96)称为中子寿命测井的时间推移方程。如果以裸眼井测井资料计算得到的可靠的S_w值作为S_{w1}，则由上述公式可计算出当前地层的含水饱和度或剩余油饱和度S_{or}。

如果油层是气驱的，则气油比随原油采出而增加，地层水保持束缚水状态，而含油饱和度随含气饱和度增加而降低。此时，若用时间推移技术进行中子寿命测井，则含气饱和度S_g的变化为

$$\Delta S_g = S'_g - S_g = \frac{\Sigma' - \Sigma}{\phi(\Sigma_o - \Sigma_g)} \tag{6-97}$$

式中　Σ、Σ'——基线测量和重复测量确定的储层宏观俘获截面；

S_g、S'_g——原始和当前的含气饱和度。

3. 利用中子寿命"测—注—测"技术确定残余油饱和度

准确确定地层的残余油饱和度 S_{or}，对提高采收率具有重要意义，但用常规测井、以阿尔奇公式等计算得到冲洗带含水饱和度 S_{xo}，进而计算地层的残余油饱和度的做法具有较大的局限性。中子寿命测井"测—注—测"（LIL）技术则是确定地层残余油饱和度 S_{or} 的一项有效技术。其基本原理是：先对已水淹的储层进行基本的中子寿命测井，然后注入已知 Σ 的盐水、化学剂或氯化油，再重新进行中子寿命测井，根据前后测量结果来计算残余油饱和度 S_{or}。此法的精度可达到±5%。

以盐水注入为例，用盐水进行中子寿命测—注—测的施工步骤为：

（1）基本测量。设此时地层水的宏观俘获截面为 Σ_{w1}，测得的地层宏观俘获截面记为 Σ_1。

（2）注入已知含盐量的盐水，设该盐水的宏观俘获截面为 Σ_{w2}。

（3）作中子寿命测量，测量结果记为 Σ_2。

两次测井可得到两个类似的响应方程，由两者之差可表示出残余油饱和度 S_{or}：

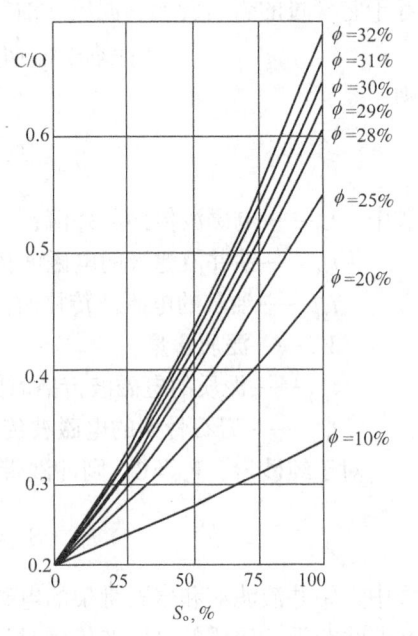

图 6-39　Ge（Li）型 C/O 测井仪解释图版

$$S_{or} = 1.0 - \frac{\Sigma_2 - \Sigma_1}{\phi(\Sigma_{w2} - \Sigma_{w1})} \tag{6-98}$$

为了获得可靠的 Σ_1 和 Σ_2，常常需进行多次重复测量。实践证明，只要 Σ_{w1}、Σ_{w2} 差别较大且 ϕ 值精确，则用此法可获得精度极高的 S_{or} 值，其精度可达±5%。

（二）利用碳氧比能谱测井计算剩余油饱和度

不同的含油饱和度，得到的 C/O 值是不同的，所以根据 C/O 和含油饱和度值的关系曲线，可由 C/O 确定 S_o。图 6-39 是某油田对锗（锂）C/O 能谱测井绘制的专门解释图版。图版的纵坐标是 C/O 值，横坐标是 S_o，曲线号码为孔隙度 ϕ 值。只要由测井曲线读出目的层的 C/O 值，并求出该层的孔隙度 ϕ 值（由孔隙度测井曲线获得），即可由图版得出含油饱和度 S_o。应当指出只有在地层孔隙度比较大的情况下，由 C/O 值确定的 S_o 才比较可靠。

（三）利用电磁波传播测井获取残余油饱和度

残余油饱和度是指当前技术、经济条件下无法采出的油气占有效孔隙体积的百分数。从理论上说，它应当是油相有效渗透率为零时的含油饱和度。当能够得出精确的冲洗带含水饱和度 S_{xo} 时，可以认为

$$S_{or} = 1 - S_{xo} \tag{6-99}$$

电磁波传播测井的探测深度很浅，因此，对渗透层，用它计算的含水饱和度只能反映地层的冲洗带含水饱和度。

1. 利用传播时间求冲洗带含水饱和度

因为电磁波的传播时间与岩石孔隙结构无关，所以，可利用岩石体积物理模型推导岩石的传播时间与它的孔隙度、含水饱和度等参数的关系。在冲洗带中，电磁波的传播时间 t_{pl} 等于它穿过的岩石骨架、泥质、油气和水所用时间之和：

$$t_{pl} = \phi S_{xo} t_{pf} + \phi(1-S_{xo}) t_{ph} + V_{sh} t_{ph} + (1-\phi-V_{sh}) t_{pma} \tag{6-100}$$

则

$$S_{xo} = \frac{t_{pl} - V_{sh} t_{psh} - (1-\phi-V_{sh}) t_{pma} - \phi t_{ph}}{\phi(t_{pf} - t_{ph})} \tag{6-101}$$

式中　t_{pl}——电磁波传播测井值；

t_{pf}——钻井液滤液的电磁波传播时间；

t_{ph}——油气的电磁波传播时间；

V_{sh}——泥质含量；

t_{psh}——泥质的电磁波传播时间；

t_{pma}——岩石骨架的电磁波传播时间。

对于纯砂岩，$V_{sh}=0$，则冲洗带的含水饱和度简化为

$$S_{xo} = \frac{(t_{pl} - t_{pma}) + \phi(t_{pma} - t_{ph})}{\phi(t_{pf} - t_{ph})} \tag{6-102}$$

式中，钻井液滤液和岩石骨架的电磁波传播时间可查表得到；泥质含量可通过自然伽马等测井曲线获得；泥质的电磁波传播时间用 EPT 曲线上目的层上下泥岩的测井值来代替。

2. 利用衰减率求冲洗带含水饱和度

假定岩石骨架和油气的衰减率为零，则按岩石体积模型可得

$$\begin{cases} A_e = A - A_s \\ A_e = \phi S_{xo} A_{fxo} + V_{sh} A_{esh} \\ S_{xo} = A_e - (V_{sh} A_{esh})/(\phi A_{esh}) \end{cases} \tag{6-103}$$

式中　A——EPT 测井的衰减率值；

A_e——发散校正后的指数衰减率；

A_{fxo}——冲洗带水的指数衰减率，是水的电阻率和温度的函数，查表可得；

A_{esh}——泥质衰减率，可用目的层附近泥岩的指数衰减率测值代替。

除电磁波传播测井外，利用冲洗带电阻率测井资料，根据含水饱和度计算模型也可以计算得到地层的冲洗带含水饱和度。与利用电阻率资料求冲洗带含水饱和度相比，该方法不需要知道冲洗带地层水的电阻率，参数更容易获得。

（四）利用示踪剂监测地层剩余油的分布状况

同时注入分离和非分离示踪剂，利用其在油、水相界面的不同滞后特性，可以确定地层剩余油的分布状况。井间监测确定剩余油饱和度的方法是以油层中示踪剂的色层分离为基础的。测试时首先向地层同时注入两种示踪剂，它们在原油中具有明显不同的溶解性：一种为

分离示踪剂，另一种为非分离示踪剂；然后从邻近的生产井中采集水样，确定出示踪剂响应函数，通过对比两种示踪剂峰值的分离情况，可以分析油层的剩余油分布情况。综上，水淹层的实际评价中，应根据具体地层的岩性、物性，以及注入水、注入工艺等特点选择恰当的测井资料，开展针对性研究。

第九节 储层裂缝识别

裂缝性地层中裂缝的分布影响着油气的聚集和分布，同时裂缝的产状、展布以及裂缝在油气开采过程中的动态行为等对裂缝性油气藏的开采都有着特殊而重要的影响，因此，开展裂缝研究对油气开采具有重要的指导意义，裂缝也因而成为测井研究的重要内容。在测井技术中，有许多资料对裂缝都有不同程度的反应，也都可以用于研究裂缝。其中，双侧向和成像测井资料应用较多，成像测井资料由于其高分辨率、高井眼覆盖率及直观、形象的特点而备受青睐。

一、裂缝的类型

裂缝的地质分类有多种，传统的分类方法主要有：
(1) 按裂缝的开放性分为张开缝、闭合缝、全充填缝、半充填缝；
(2) 按裂缝发育程度分为高密度分布裂缝和低密度分布裂缝；
(3) 按裂缝的倾角分为垂直缝、高角度缝、低角度缝和水平缝；
(4) 按裂缝组系分为平行缝、斜裂缝和共轭缝；
(5) 按裂缝的成因分为构造缝和成岩缝；
(6) 按裂缝的力学性质分为张裂缝和剪裂缝。

对于测井解释，可以根据裂缝的倾角将裂缝简单分为低角度裂缝、高角度裂缝和网状裂缝三类。低角度裂缝是指倾角低于45°的裂缝，水平裂缝是低角度裂缝的特例；高角度裂缝指倾角高于45°的裂缝，垂直裂缝是高角度裂缝的特例，见图6-40(a)；网状裂缝指高低角度裂缝纵横交错，见图6-40(b)。

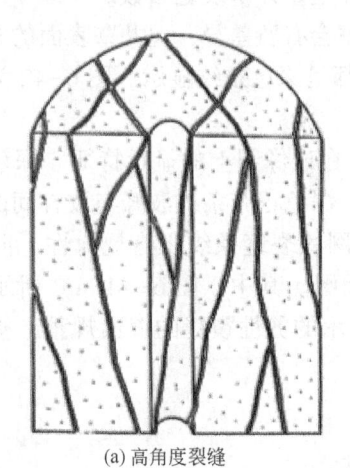

(a) 高角度裂缝　　(b) 网状裂缝

图 6-40 岩石中的裂缝特征

二、裂缝的识别

识别裂缝是评价储层裂缝的基础。在测井资料中，有许多测井响应都能在一定程度上反映裂缝的存在，也都可以用来指示裂缝。要利用这些资料来识别并评价裂缝，除了需要了解这些资料所对应的仪器的响应原理外，还必须了解各种裂缝的测井响应特征。

（一）天然裂缝的基本特征

1. 天然裂缝在岩心上的特征

图 6-41 为天然裂缝在岩心和成像图上的表现特征对比。从岩心照片上可以清晰地看到：天然裂缝不具有规律性；在延伸方向上，裂缝的宽度变化较大。天然裂缝在 FMI 成像图与岩心照片上显示出较好的一致性。

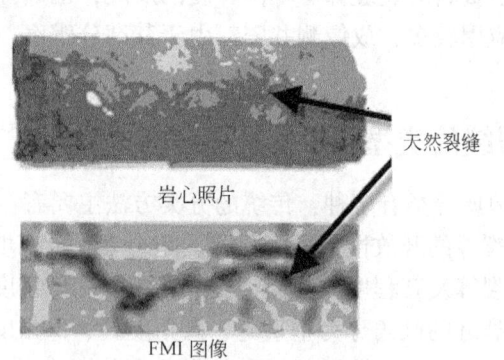

彩图 6-41　　　　图 6-41　天然裂缝在岩心和成像图上的显示

2. 天然裂缝在成像测井图上的特征

从前面对各种成像测井方法的介绍中已经了解到，不同的微电阻率成像测井和超声波成像测井都可清晰、直观呈现出井筒表面岩石结构特征，对裂缝、溶蚀孔洞等非均质性地层的识别相较于常规测井具有明显优势，并具有方向性和高分辨率性，可以用于准确分析地层倾角、方位和地层间接触关系以及描述裂缝形态特征和定量评价裂缝参数。

在电阻率、声波成像图上虽然裂缝形状、分辨率会有所差异，但井壁表面的开裂缝在声波成像图、电阻率成像图（在导电性钻井液中）上都呈深色条纹显示。图 6-42 为某天然裂缝发育井段的 FMI 成像图。

图 6-43 为低角度裂缝、高角度裂缝和网状裂缝在成像图上的显示特征。深色的正弦曲线条纹波峰与波谷间的高度差越小，裂缝倾角越小；深色正弦条纹波峰与波谷间的高度差越大，裂缝的倾角越大，垂直裂缝为一条近似垂线。网状裂缝条纹没有规律性，向各方向伸展。图 6-44 为不同力学机制和填充程度下裂缝成像图。其中，图 6-44（a）所示张性裂缝的缝面不规整，并发育有伴生裂缝；图 6-44（b）所示的剪性裂缝的缝面规整，被高阻物质半充填；图 6-44（c）中裂缝被高阻物质全充填。

3. 天然裂缝在常规测井图上的显示特征

裂缝性储层可能在下述常规测井曲线上得到反映：

（1）在 GR 曲线上常表现为低值；

（2）双侧向曲线上在高阻背景下显示低值，且有很大的幅度差；

图 6-42 天然裂缝在成像图上的显示

(a) 低角度裂缝　(b) 高角度裂缝　(c) 网状裂缝
图 6-43 不同产状裂缝在成像图上的显示特征

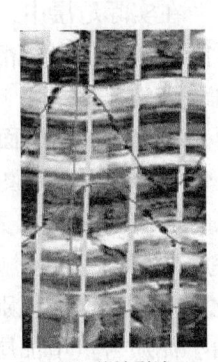

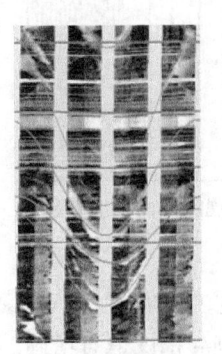

(a) 张性裂缝　(b) 剪性裂缝　(c) 高阻充填缝
图 6-44 不同力学机制和填充程度下天然裂缝图像特征

(3) 裂缝识别测井 FIL 曲线上有许多变小的尖峰；
(4) 电磁波传播时间增加；
(5) 声波变密度测井图上条纹模糊；
(6) 声波时差增大；
(7) 密度值减小；
(8) 中子曲线有增大的趋势。

由于条件变化和地层的复杂性，裂缝在上述常规曲线上的显示特征可能不会同时出现，即在一些资料中可能不明显。下面以直井为例进行介绍。

在高角度裂缝发育层段，由于钻井液侵入不深，所以，双侧向的读值属于中高值，在裂缝识别测井曲线上常显示许多变小的尖峰，如图 6-45 所示。

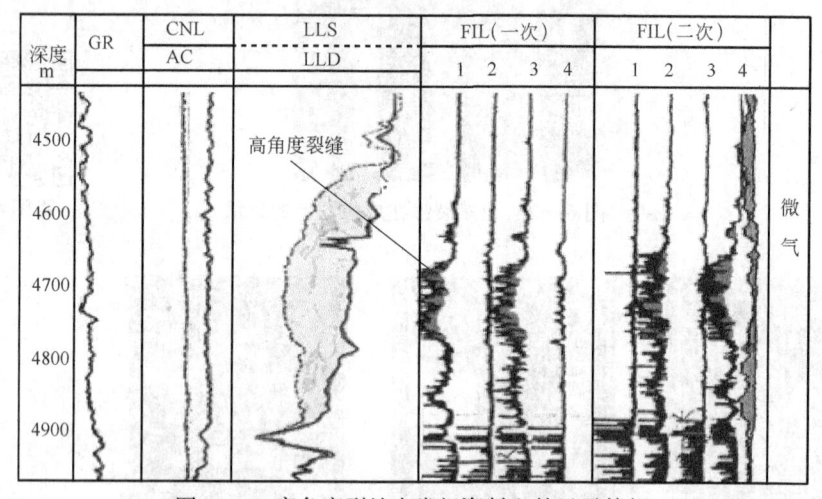

图 6-45 高角度裂缝在常规资料上的显示特征

在低角度裂缝发育层段，钻井液将可能沿裂缝侵入地层很深，不同于高角度裂缝的特征是：双侧向的读值属于低值，裂缝识别测井上显示许多水平的小杆，如图 6-46 所示。

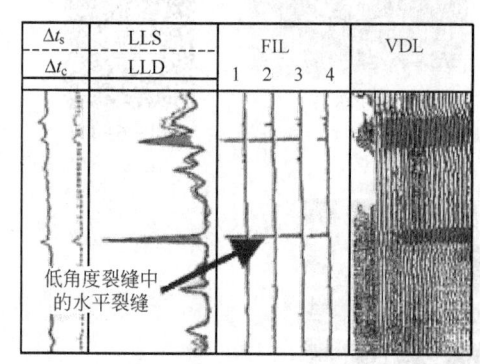

图 6-46 低角度裂缝在常规测井曲线上的显示

网状裂缝是不同产状裂缝交错形成的，所以，它的特征是水平裂缝和高角度裂缝的综合。

（二）真假裂缝的鉴别

在实际地层中，有一些非裂缝的地质现象也可能表现出与裂缝相似的测井响应特征，而被人们误认为是裂缝。这些地质构造主要包括层理面、缝合线、断层面、特殊碳酸盐岩构造和泥质条带等，要在成像图上识别出这些与裂缝显示相似的地质构造，首先必须掌握这些地质构造的特点。

层理面是因沉积过程岩性和岩石结构变化形成的界面。识别方法如下：

层理发育往往自然伽马幅度值有增高。由于泥质含量增加层理发育，自然伽马也有增高的趋势。

层理面间电相（岩相）具有一致性或相同的递变规律。层理面在井壁具有连续完整性，而裂缝可以任意中断，不一定完整；平行层理面之间的电相通常一致，而裂缝可以跨层切割任何电相；同时层理面之间的小层厚度有一致性。

层理面与裂缝倾角、倾向的变化规律不一致。通常情况下地层倾角和倾向与裂缝有各自的规律性（或一致性），相邻层理面之间通常近平行或相切，裂缝面之间则可以相互切割，通过上下地层的对比可以加以辨别（图6-47）。

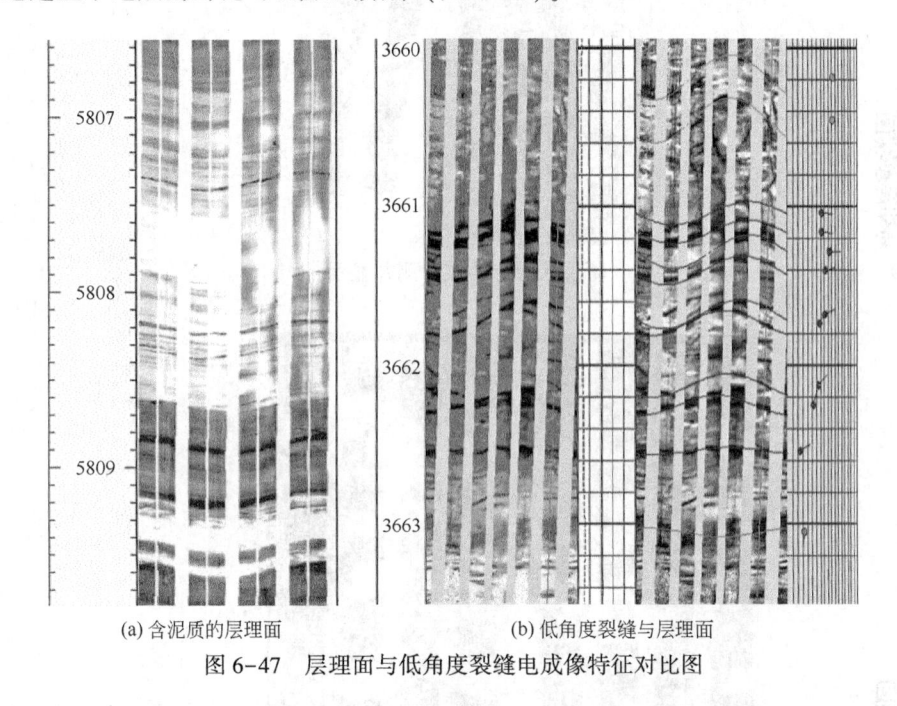

(a) 含泥质的层理面　　(b) 低角度裂缝与层理面

图 6-47　层理面与低角度裂缝电成像特征对比图　　彩图 6-47

缝合线是压溶作用的结果，一般平行于层面且较规则，但两侧有近垂直的细微的高电导异常，通常不具有渗透性，如图 6-48 所示。在成像图上，缝合线没有裂缝显示出的典型的正弦条纹特征。

图 6-48　缝合线在成像图上的显示　　彩图 6-48

特殊碳酸盐岩构造主要指薄层状构造、眼球状构造、燧石条带状构造，分别见图 6-49、图 6-50、图 6-51。

由于眼球状构造中眼皮的泥质含量高于眼球，所以，眼皮的导电性较好，在成像图上呈黑色条带，但眼皮的宽度远远大于地下天然裂缝可能具有的宽度。

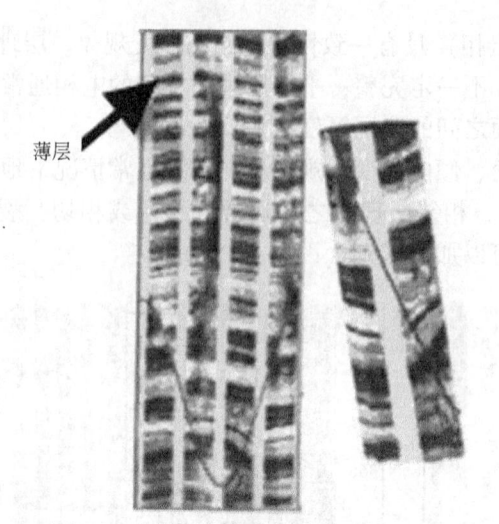

彩图 6-49　　　　　图 6-49　薄层状构造的成像测井显示

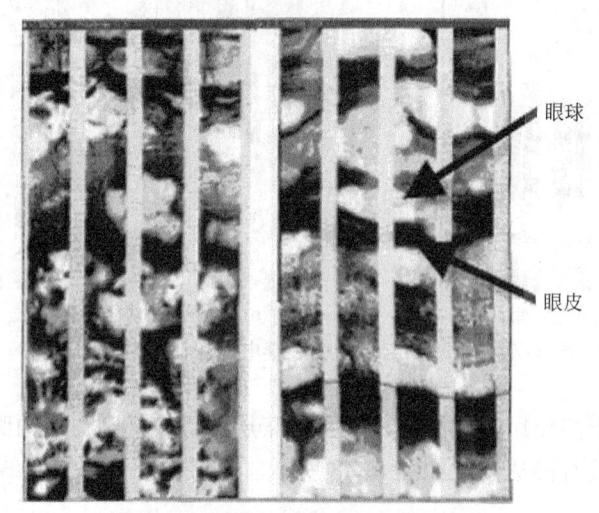

彩图 6-50　　　　　图 6-50　眼球状构造的成像测井显示

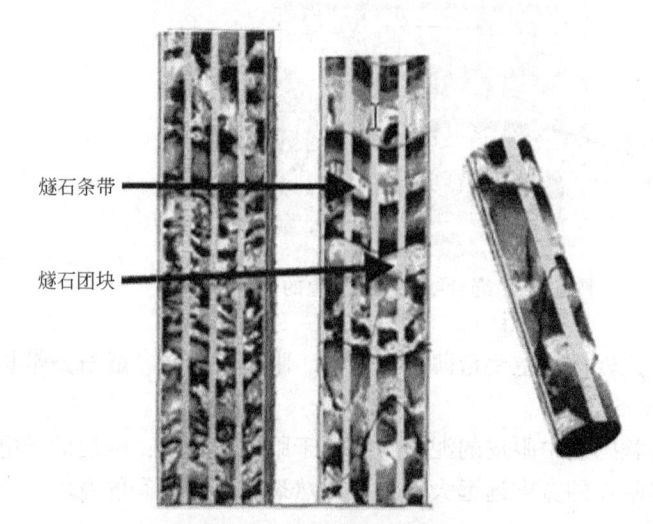

彩图 6-51　　　　　图 6-51　燧石条带状构造的成像测井显示

· 228 ·

燧石结核构造常呈孤立的团块或连续的条带状不均匀地分布于石灰岩中，它具有低放射性、高电阻率的特征，在电阻率成像图上一般呈浅色。由于燧石硬而脆，容易破裂，尤其当它与相对较软的石灰岩间互沉积时更易破碎形成很多微小裂缝，甚至因钻井的机械振动也可产生人工裂缝，并被钻井液或滤液侵入，此时在成像图上呈现深色。

图 6-52 为泥质条带的成像显示特征。由图可见，泥质条带在成像图上规律性很强，但深色条带的宽度远超过裂缝的宽度。

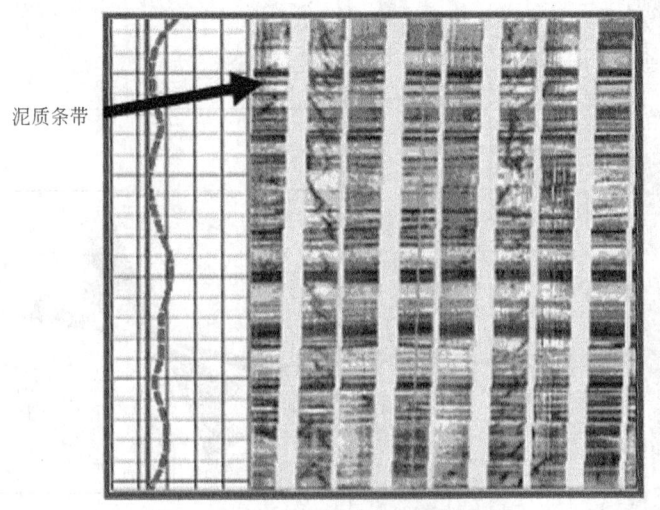

图 6-52 泥质条带的成像测井显示

彩图 6-52

此外，钻井过程中诱导形成的一些人工裂缝也可能导致对天然裂缝的错误认识，钻井诱导裂缝的特征将在下一章进行详细介绍，在此不再赘述。

综上所述，在利用测井资料识别和评价储层裂缝时，由于地下地质条件的复杂性以及钻井过程的影响，难度较大。但无论如何，井壁及其周围地层中存在的天然裂缝必然会在钻井后得到的各种测井曲线上有所反映，只要认真分析、深入研究，是可能通过测井资料对这些裂缝得出一定程度认识的。

三、利用测井资料确定裂缝的产状

成像图是目前用于确定裂缝产状的最好资料。当裂缝与井眼斜交时，在成像图上就会形成一条深色的正弦条带，如图 6-53 所示。根据正弦条带波峰与波谷间的距离，可以求出裂缝的倾角，公式如下：

$$裂缝倾角 = \arctan \frac{h}{d} \quad (6-104)$$

式中　h——正弦条带的波峰与波谷间的距离；
　　　d——井眼直径。

裂缝的倾向可以用地层倾角测井的方位频率图直接读出，如图 6-54 所示；也可以由正弦线的波峰和波谷方位确定。裂缝的走向是与倾向垂直的方向。

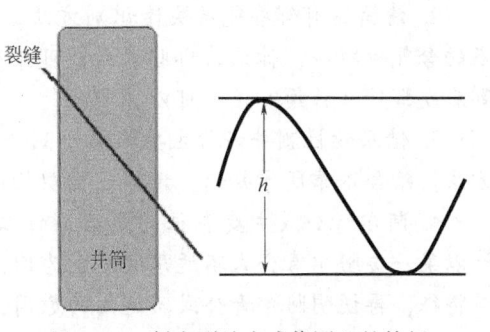

图 6-53　斜交裂缝在成像图上的特征

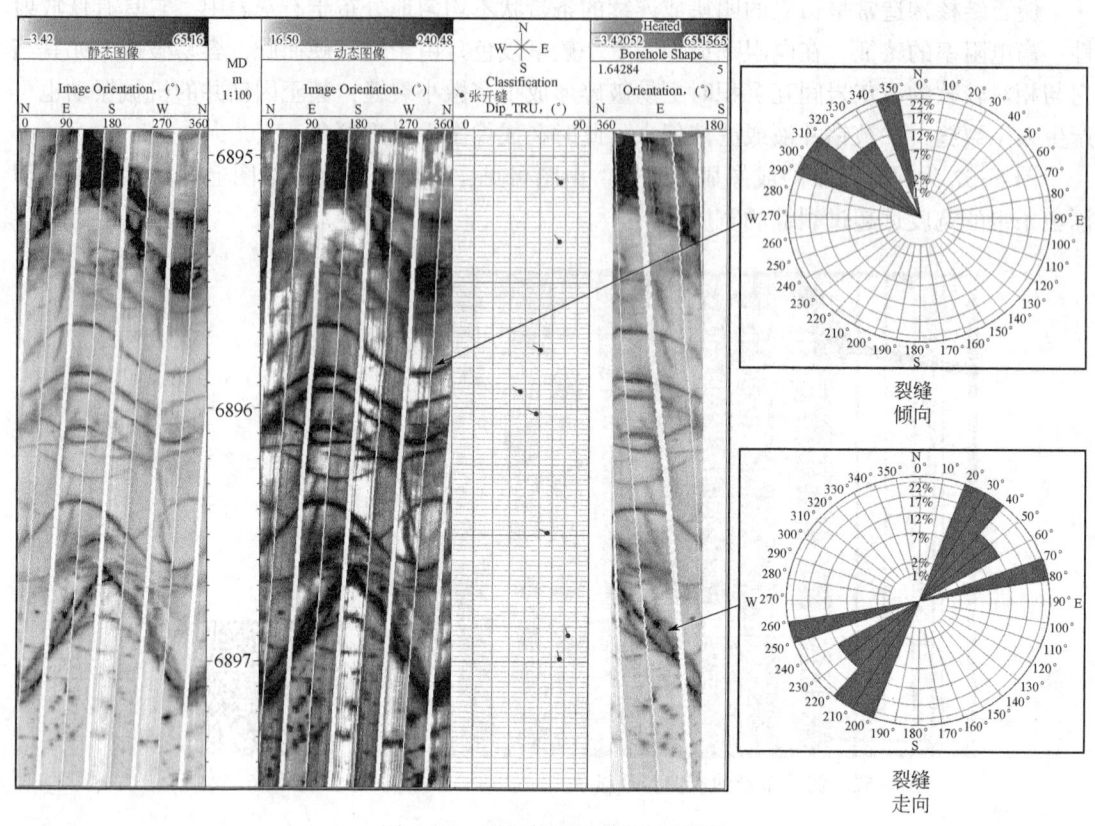

图 6-54 裂缝倾向的方位频率图

彩图 6-54

课后习题

1. 岩心实验、测井、物探之间关系如何？三者之间是如何相互配合，实现油气藏精细评价的？

2. 请简述有哪些气层快速识别方法。测井、录井、保压、试气取心都可以获取地层岩石的含气性特征，你认为哪些资料最可靠？如果不是测井资料，那么测井资料在气层识别中到底发挥什么作用？是否可以被取代？

3. 储层物性测井评价主要指基于测井曲线评价哪些参数？这些参数有哪些主要的评价方法？结合本章所学知识，请简述储层物性测井评价中的难点。

4. 阿尔奇公式主要表征的是岩石什么性质之间的关系？阿尔奇公式的适用范围如何？请以某一类阿尔奇公式不适用的地层为例，例如页岩、孔洞型碳酸盐岩等，首先论述该类地层特征，再说明阿尔奇公式不适用的原因，最后论述你认为该如何改进阿尔奇公式。

5. 页岩油气与常规油气测井评价最主要的区别是什么？

6. 请简述如何依据测井资料判断地层是否水淹，并定性判断水淹程度。

7. 测井技术正由点、线成像向着面、体成像发展，请围绕测井裂缝识别问题，说明如何基于测井资料实现井周裂缝三维评价？

8. 图6-55为Q32井H组1段和2段电法测井、声波测井、核测井综合测井曲线图。请根据第一章~第五章所学知识，回答以下问题：

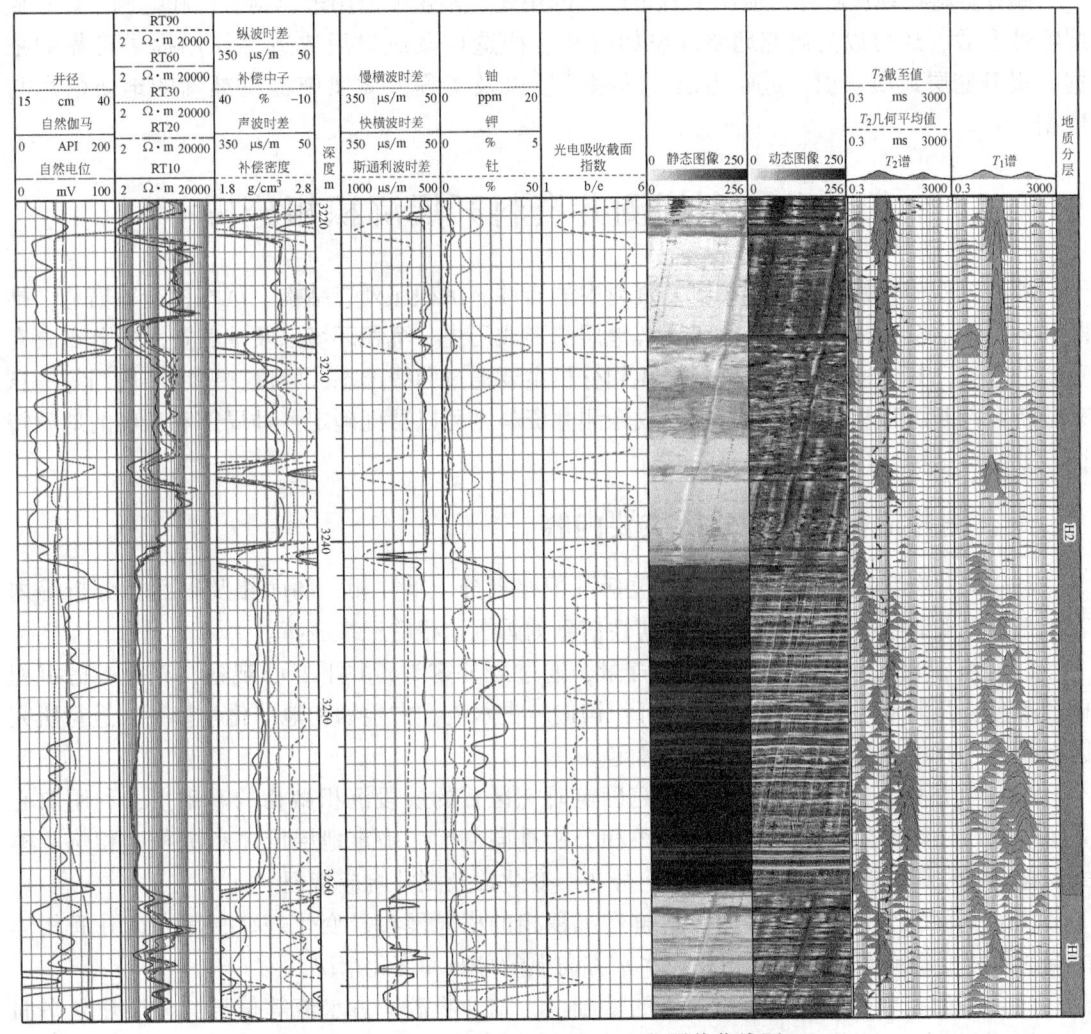

图6-55　Q32井H组1段和2段测井曲线图

（1）此段地层都有哪些主要岩性类型？深度段如何？请说明依据。

（2）若以砂岩段为目的层，试分析砂岩段孔隙度是多少？地层流体性质如何？请说明依据。

（3）同一地质参数可用多种测井方法获取，请问为何要采用多种测井资料获取同一地质参数？请任选某一地质参数，以该参数为例，说明采用多种测井资料综合解释的优势。

彩图6-55

（4）请以图中的测井资料为基础，回答你认为该地区测井评价可能评价哪些地层参数。每一步该应用哪些测井资料？请试建立一套完整的测井储层评价流程。

第七章 测井沉积相和三维地质建模

测井资料在地质解释与应用上有很广泛的用途，不仅可以用来识别岩性和缝洞、计算储层物性参数，还可以为研究地质现象如沉积、构造以及成岩后改造等作用提供可靠的依据，提升储层地质认识，进而为油气勘探开发以及工程方案实施提供准确的地质信息与依据。

第一节 利用测井资料开展沉积相分析

测井沉积相分析是一种利用测井资料中的岩性、沉积序列、结构、沉积构造等信息，推断和解释地下沉积相的方法，对于了解地层的形成历史、沉积环境以及油气资源的分布具有重要的意义。其中，常规测井资料沉积相分析主要通过曲线形态、幅度、厚度、旋回等信息来分析和判断沉积相的类型和特征。成像测井资料则可以帮助确定各种局部和精细的地质特征，如岩石结构、构造、韵律等。

一、测井资料沉积相分析主要内容

利用测井资料进行沉积相分析，包括沉积相划分、单井相、剖面相及平面相分析等内容，条件具备时还可结合地震反演的属性信息刻画沉积相的三维展布。

（1）沉积相划分。结合宏观沉积背景，通过野外露头、井下岩心观察，充分考虑沉积体的颜色、几何形态、岩性、结构、沉积构造、古水流、古生物和地球化学特征，进行研究区沉积相、亚相、微相的逐级划分和确定。

（2）单井相分析。在精细地质研究确定研究区目的层段沉积微相的基础上，利用取心井沉积相划分结果标定测井资料，描述和分析垂向剖面，确定地层层序和沉积微相响应模式，建立沉积微相在单一井位上的垂向分布、变化以及测井响应特征。

（3）剖面相分析。通过井间分析解释沉积相的横向展布及变化规律，需考虑井间相体的穿时及相变等问题，解决沉积相在水平方向上的分布和变化情况。

（4）平面相分析。在剖面相分析的基础上，结合物源、古水流等信息，分层建立平面上岩相分布情况，有助于在更宏观的尺度上了解沉积相的分布和变化规律，以及油气资源的有利分布区域。

二、常规测井资料沉积相分析

利用常规测井资料开展沉积相分析的过程中，测井曲线形态通常作为一个重要的标志，如陆相碎屑岩沉积体中，通常通过自然伽马、自然电位等岩性指示曲线的形态来判定沉积微相，图7-1列出了单砂体自然伽马曲线的常见形态特征。

（一）曲线形态及其指相意义

（1）钟形曲线：通常从下到上对应岩性为砂砾岩、中粗砂岩、细砂岩、粉砂岩。反映水流能量向上逐渐减小或物质供应量降低，常代表河道的侧向迁移或逐渐废弃。

（2）漏斗形曲线：通常从下到上对应岩性为粉砂岩、细砂岩，曲线上部突变，幅度中—高。此类形态的曲线反映砂体向上建造时水流能量加强、颗粒变粗、分选性变好的特点。通常代表砂体上部受波浪改造泥质含量降低，砂质含量相对增加，也可代表砂体前积，一般对应三角洲前缘河口坝、滨浅湖滩坝砂体。

（3）箱形曲线：通常对应岩性为厚层粉砂岩、细砂岩、中粗砂岩、砂砾岩，其上下均为泥岩。曲线具有顶底突变的特征，中—高幅度。该类曲线形态说明物源供应充足，水流能量较为稳定。若能量略有变化，渗入部分泥质，曲线会有齿化现象。常代表河道、湖底扇沟道及厚层沙坝沉积。

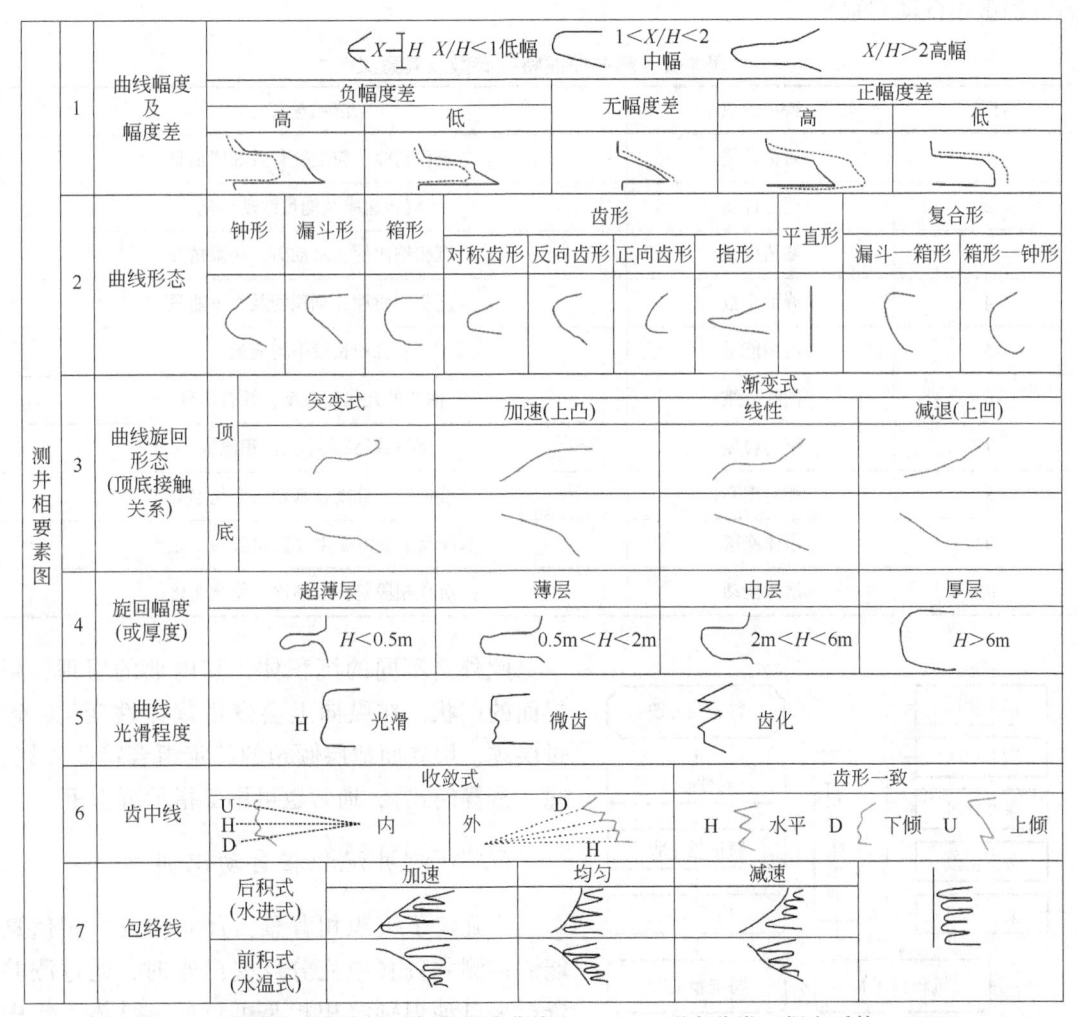

图7-1 常规测井曲线（一般指岩性曲线 GR、SP）形态分类（据宋璠等，2009）

（4）指形曲线：代表较强能量环境中形成的中、薄层的均匀中、细粒沉积。其向上下均快速渐变为泥质沉积，曲线形态较对称，锯齿少见，可指示湖相滩坝砂体，反映出反复淘洗后较为纯净且发育相对稳定的沉积环境。

（5）低幅齿形曲线：对应粉砂岩和泥岩薄互层，反映较低水流环境中能量的快速反复变化。应用时应有意识区分曲线本身特征造成的齿状（GR 统计涨落：在频率域多呈高频成分）和环境能量变化造成的齿状。

（6）组合类型：此外，还有一些组合类型，如漏斗形—箱形组合、漏斗形—钟形组合、箱形—钟形组合，均具有一定的指相意义，反映了沉积环境的顶部或底部渐变、顶部或底部突变、振荡、块状组合、互层组合等基本特征，每一种曲线形状都与一些特定的沉积环境相联系，并代表着沉积过程的开始、结束或继续。通过对各类曲线形态的综合分析，就能够确定沉积环境、沉积相（亚相、微相）。比如，箱形测井曲线是沉积过程中物源供应丰富与较强的水流条件共同作用的结果，或者是环境条件基本相同情况下快速沉积的表现。

深度挖掘曲线的形态信息（表7-1、图7-1），并进行量化表征，可实现基于测井属性的沉积微相自动判别。

表7-1 测井曲线特征参数及其意义

序号	特征参数	沉积意义
1	对称性质	沉积韵律、粒度变化及邻层信息
2	凹凸性质	沉积速率及能量波动变化
3	峰值位置	沉积韵律性、水动力、物源情况
4	峰值个数	沉积均质性，沉积物及水体能量
5	沉积能量	沉积相段平均能量
6	曲线分维	曲线的几何复杂度，综合信息
7	平均粒度	沉积颗粒大小及沉积能量
8	相对重心	旋回性、粒度及水动力变化趋势
9	水体涨落	水深及水动力变化（能量波动）信息
10	层段波动	沉积相段整体波动性，能量变化

此外，不同的沉积体，其内部的层理、层界面的产状，在纵向上会发生规律性变化，通过层理、层界面地层倾角的特定组合特征（红、绿、蓝等模式），通常也可用于指示沉积相。

（二）测井沉积相自动识别

当确定了沉积相背景，且亚相及微相信息能够在测井资料中充分反映出来时，通过测井资料来自动识别沉积相是可行的。具体工作中通常需要开展相段划分、属性（特征量）提取、样本标定、网络训练、预测识别等工作。智能识别方法通常包括人工神经网络、随机森林、支持向量机等（张星，2021）。以人工神经网络智能算法为例（程道解，2008），主要流程如图7-2所示。

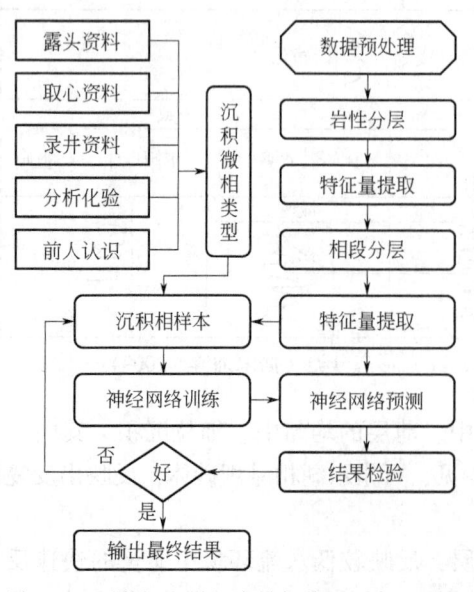

图7-2 测井沉积微相自动智能识别方法流程

三、成像资料沉积相分析

(一) 沉积微相图像模式

微电阻率扫描成像测井通过多个极板上的上百个电扣（不同公司的仪器略有差异）实现对井壁的覆盖式测量并形成直观的电阻率图像，具备 5mm 左右的纵向分辨率，是目前分辨率最高的测井资料，图像颜色明暗代表电阻率值的高低，通常颜色越亮，反映电阻率值越高，反之，颜色越暗，反映电阻率值越低。利用微电阻率图像资料进行高精度沉积相分析是目前常用的手段之一。

图 7-3 展示了重荷构造、砾石结构、层理结构、沉积界面等四种典型沉积信息的电成像图像模式。

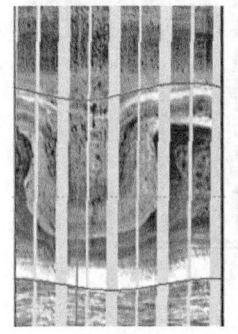

图 7-3　典型沉积信息的电成像图像模式

彩图 7-3

图 7-4、图 7-5、图 7-6、图 7-7 展示了洪积扇相、曲流河相、曲流河三角洲相、湖相中各个微相的典型纵向组合成像模式图❶。

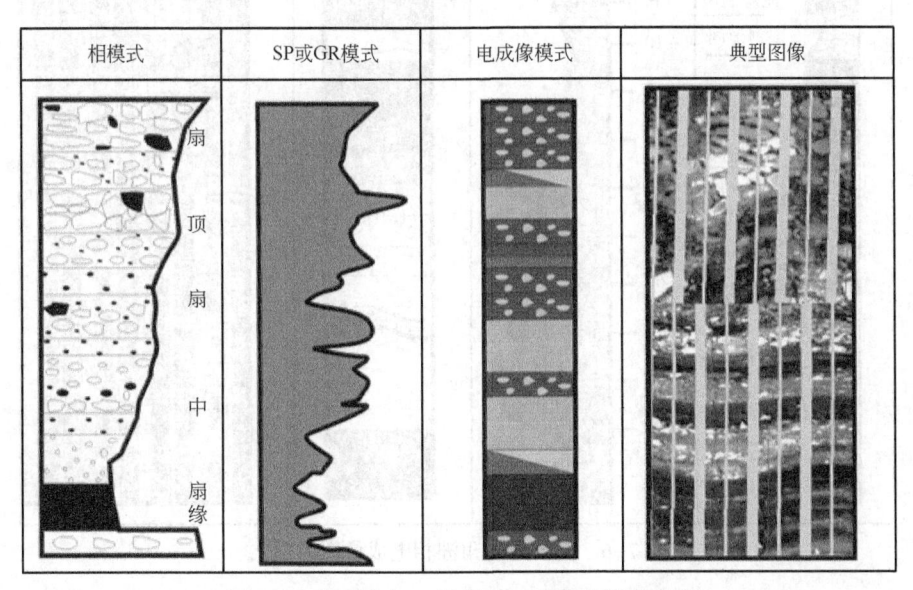

图 7-4　洪积扇相（进积型）电成像图像模式

彩图 7-4

---

❶ 图来自中国石油大学（北京）王贵文老师的测井地质学课件。

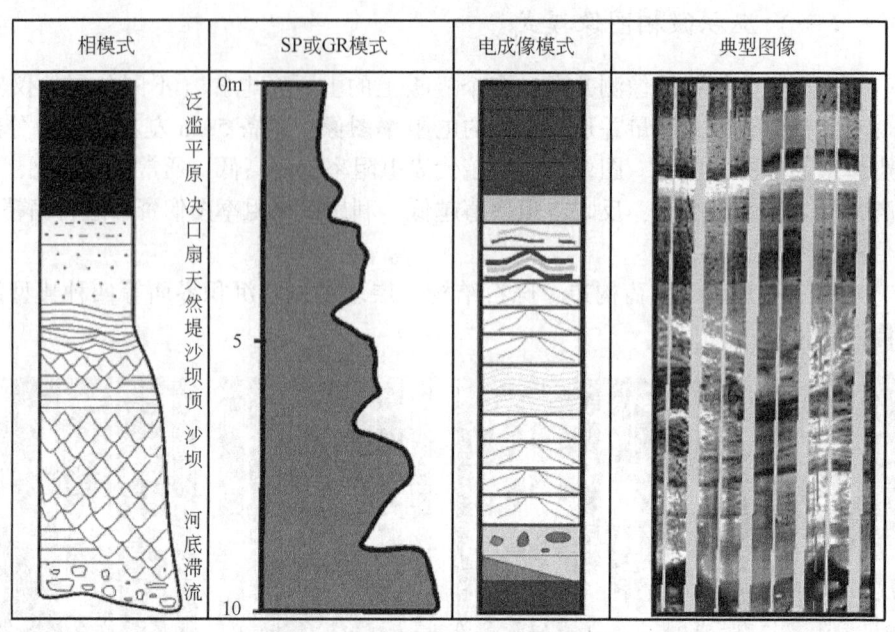

图 7-5 曲流河相电成像图像模式

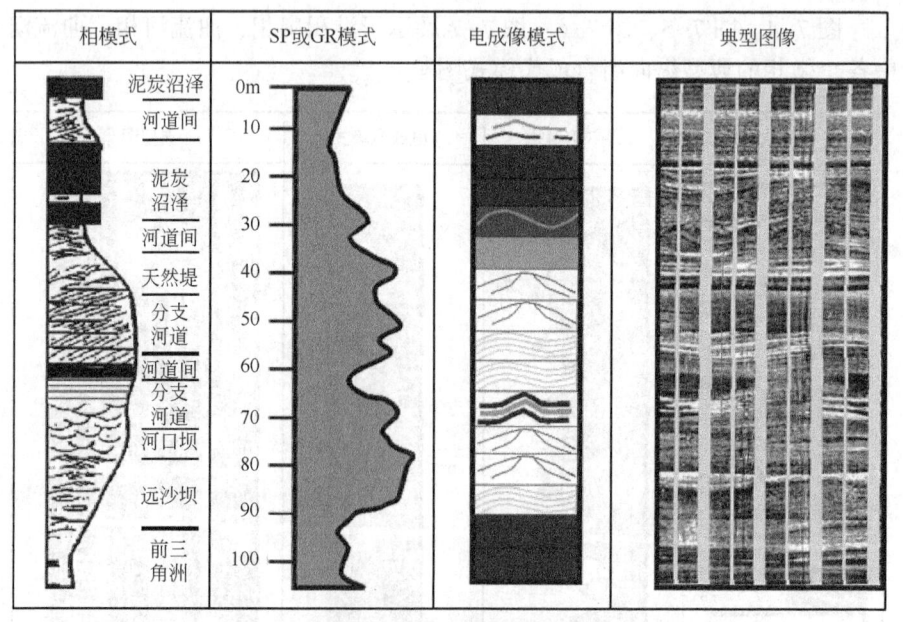

图 7-6 曲流河三角洲相电成像图像模式

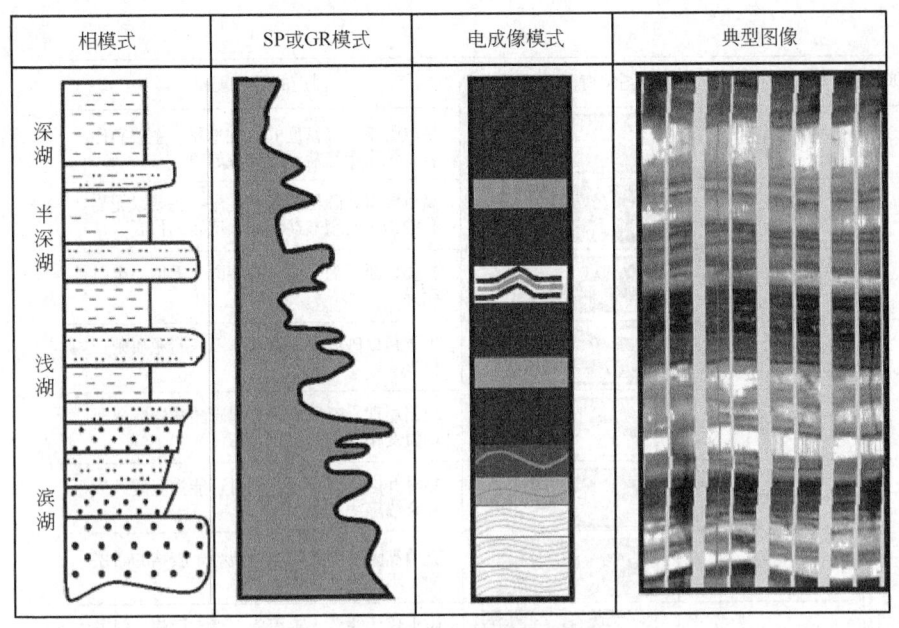

图 7-7　湖相电成像图像模式

彩图 7-7

（二）成像特征定量分析与沉积微相识别

传统成像资料沉积相解释方法主要是由经验丰富的技术人员进行人工判断，该方法优点在于丰富的邻井经验和前期工作基础可以为新井解释提供很好的参考，且地区专家可以很好地综合分析多种信息，得到最可靠的结论认识。其缺点在于解释的主观性很强，不同技术人员得出的结论往往差别较大，且效率难以提高。因而利用成像资料进行沉积相定量分析与识别有着较大的现实意义。

基于成像资料的沉积相定量分析与识别通常需要在人工解释之前对成像资料进行一系列定量分析，通过图像处理等手段，把成像资料中蕴含的丰富地质信息量化提取出来，进而利用聚类分析、神经网络、深度学习等手段实现自动划分与判识。该项技术目前尚未成熟定型，不少专家学者仍在持续开展探索，本章仅作简要介绍。

不少专家学者总结了成像测井各类图像模式，通常可归纳出 8 种主要模式、16 种分类模式（赖富强，2011）（图 7-8），对应明确的地质现象和沉积、构造意义，进而从图形的颜色、纹理、轮廓等图像属性入手，提取模板图像的特征信息并量化表征（图 7-9），根据不同的角度计算出每个典型模板图像的表征参数系列与待检测的成像图像表征参数系列进行相关性匹配，进而给出判识结果。

需要注意的是，微电阻率成像技术作为地层倾角测井的升级、替代技术，具备地层倾角技术中沉积分析的全部功能，其开展沉积微相自动分析时，还可充分吸收沉积体层理、层面倾角信息以及常规资料的各种指相信息，实现多资料综合的自动化、智能化分析工作。

电成像测井模式		图像特征示意图	对应的地质现象
块、段模式	浅色亮段		高电阻率、高密度的岩性地层，主要有砂岩、致密碳酸盐岩、火成岩等
	暗黑色段		高电导率、疏松的岩性地层，主要以泥岩、孔缝密集的碳酸盐岩和火成岩为代表
	亮暗段剪切		主要以断层为代表，断裂面上下地层电阻相异
条带状模式	连续明暗条带		主要是以砂泥岩薄互层、石灰岩泥质条带为代表
	不连续明暗条带		交错层理、断层或砂岩、碳酸盐岩成分非均质变化
线状模式	单一暗线		高导开启裂缝为主，同时可能为泥质条带、缝合线等线状缝
	单一亮线		充填高阻矿物质的充填裂缝、胶结的断层面、不整合面、冲刷面等
	组合暗线		应力释放缝、水平层理、平行层理、斜层理等
	组合亮线		岩层界面、层理、火成岩流线构造等
	断续线状		交错层理、断续状层理等
圆孔模式	暗孔		溶蚀孔洞为主，包括充填高导物质的结核、岩石透镜体和断层角砾等
	亮孔		砾石为主，充填高阻物质的孔洞、结核、化石等
递变模式	颜色垂直递变		递变层理为主
对称沟槽模式	竖直对称条带		泥浆压裂缝、井壁垮塌等
杂乱模式	杂乱无规律		生物成因构造、变形构造(包卷和滑塌)、化学成因构造等
异常模式	没有规律		由于仪器测量失常、井况问题衍生的无地质意义的所有情况

图 7-8　图像特征模式及其地质意义

彩图 7-8

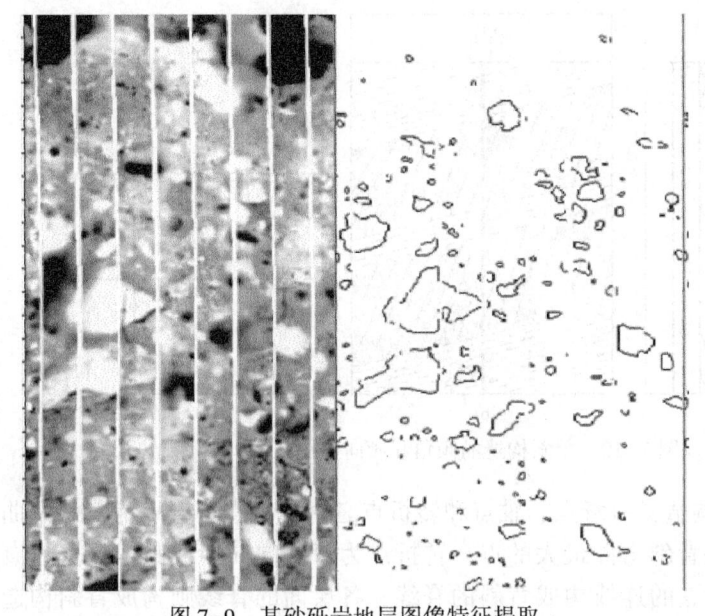

图 7-9　某砂砾岩地层图像特征提取　　　　　　　　彩图 7-9

第二节　利用测井资料开展构造分析

利用测井资料开展构造分析，主要依赖于地层倾角、微电阻率成像及远探测声波资料。其中，地层倾角、微电阻率成像资料主要通过井周电阻率测量获取的各类产状信息实现近井构造分析，远探测声波资料目前最远可实现 50~80m 范围内的井旁构造分析。

一、近井构造分析

（一）地层产状分析

利用测井资料中的地层倾角、倾向、走向及其纵向变化信息，可开展近井地层产状分析，进而推断近井构造特征。较为常用的地层产状法构造分析技术是倾角资料的"红—绿—蓝"模式分析。这里重点介绍其应用情况。

1. 单斜构造分析

单斜构造的自然电位曲线形态见图 7-10(a)，地层剖面见图 7-10(b)，其倾角矢量模式见图 7-10(c)。在单斜构造地层内，随深度增加，地层倾角和倾向比较稳定，表现出典型的绿色模式。

2. 褶皱构造分析

1) 褶皱构造的基本特征

典型的褶皱构造包括背斜和向斜。钻井过程中，钻穿褶皱构造不同位置，地层将表现出不同的倾角和倾向特征。利用地层倾角测井资料研究背斜和向斜构造时，了解背斜和向斜构造所具有的点、面、线基本特征，具有重要的指导性意义。

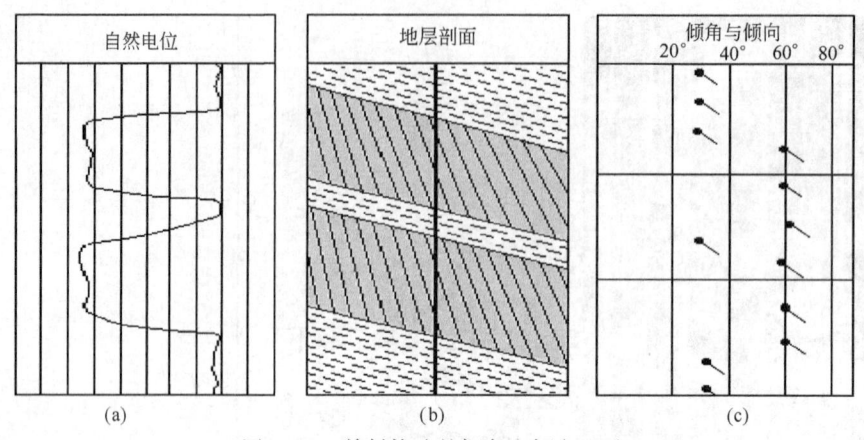

图 7-10 单斜构造的倾角和倾向显示

如图 7-11 所示，背斜构造具有脊点、轴点和转折点三个特征点。脊点为背斜弯曲的最高点，倾角近似 0°；轴点是背斜弯曲最大的点；转折点为背斜向向斜或其他构造过渡的地层点。同一地层面上所有脊点的连线构成背斜的脊线，各层面的脊线则构成背斜构造的脊面。同一地层面上所有轴点的连线称为枢纽，各层面的枢纽构成的面称为背斜构造的轴面。对于向斜构造，弯曲的最低点称为谷点，倾角近似 0°。

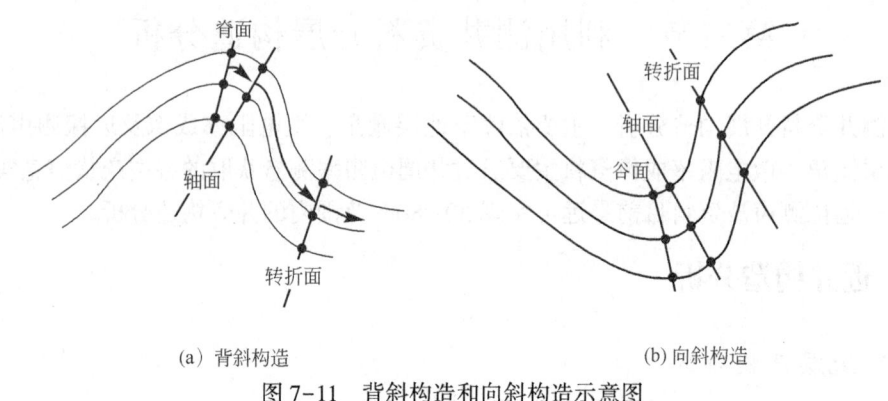

(a) 背斜构造　　　　　　　　　(b) 向斜构造

图 7-11　背斜构造和向斜构造示意图

在背斜内钻进过程中，从脊面、轴面到转折面，地层的倾角随深度逐渐增大；过转折面后，倾角随深度增大而逐渐减小，过渡到单斜地层后，倾角和倾向都基本恒定。

在向斜构造内钻进时，自上而下依次穿过转折面、轴面、谷面，地层的倾角随深度逐渐减小，到谷点时倾角最低为接近 0°。穿过谷点后进入向斜的另一翼，倾角和倾向将基本恒定。

2）褶皱构造的地层倾角矢量图特征

（1）对称背斜（向斜）。如图 7-12 所示，井眼没穿过轴面，只在背斜（向斜）的一翼中钻进时，其矢量图与单斜构造显示相同，为绿色模式。但如果井钻在背斜顶部，倾角将较小，倾斜方位不定。

（2）不对称背斜。如图 7-13 所示，当不对称背斜的脊面与轴面重合时，钻遇的次序为缓翼→脊面→陡翼时，其颜色模式依次为绿色→蓝色→红色（倾向与绿色模式相反）→绿色（倾角大、反）。

· 240 ·

(a) 对称背斜　　　　　　　　　　(b) 对称向斜

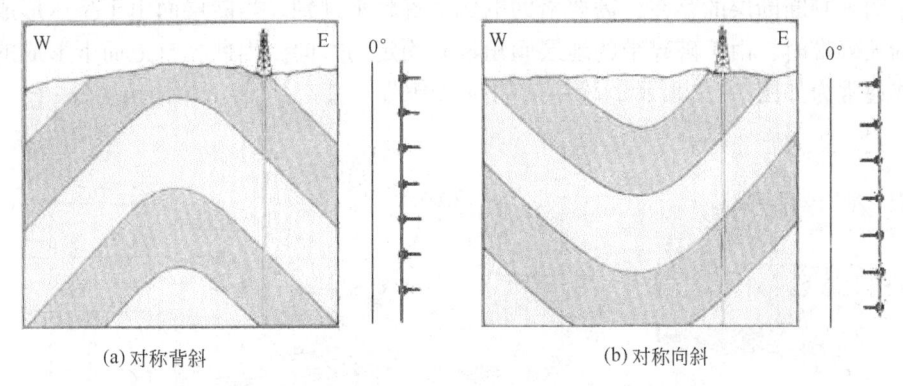

图 7-12　对称背斜与对称向斜

（3）倒转背斜。在如图 7-14 所示的倒转背斜钻进时，自上而下得到的颜色模式依次为绿色→蓝色→红色→绿色（倾角大）或绿色→蓝色→杂乱（背斜弯曲太大、造成断裂）→绿色（倾角大）。

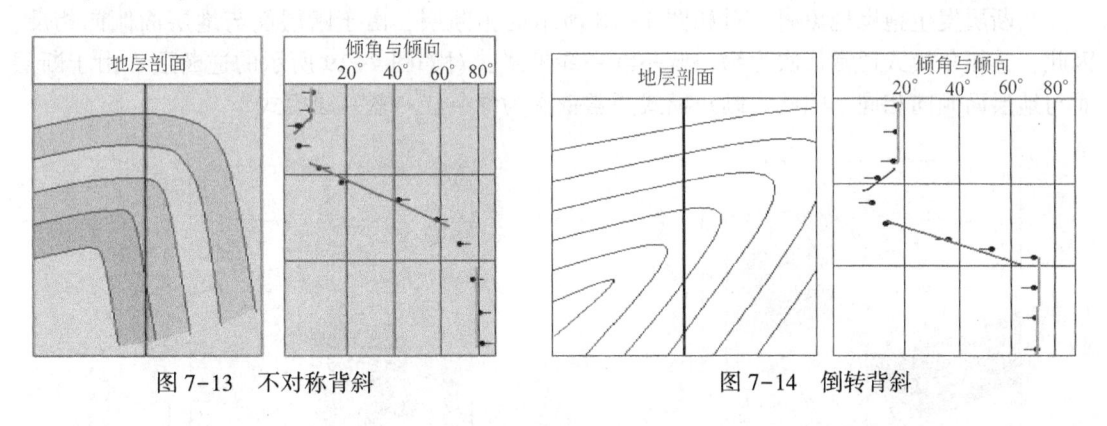

图 7-13　不对称背斜　　　　　　　　图 7-14　倒转背斜

（4）平卧背斜。在如图 7-15 所示的平卧背斜中钻进时，自上而下，从背斜的一翼进入另一翼时，颜色模式依次呈现红色→蓝色（倾向与红色模式相反）或绿色→红色→蓝色（倾向与红色模式相反）→绿色模式，倾角最大处的深度为轴面深度，两翼倾向相反。

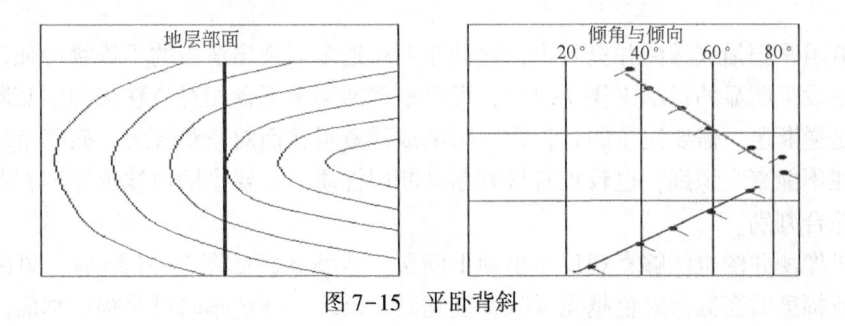

图 7-15　平卧背斜

（二）断层

断层分为正断层和逆断层。无论哪种类型的断层，如果断层面及断层面附近地层没有发生任何变化，如图 7-16 所示，那么在矢量图上该断层将显示绿色模式，在这种情况下，不能用矢量图来判断断层的存在,需要借助电成像资料来判别。当断层面由于挤压形成具有一定宽度的破碎带时,由于破碎带的地层倾角没有固定的方向,因此,自上而下形成的倾角矢量图模式通常为如图7-17所示的绿→杂乱→绿模式。

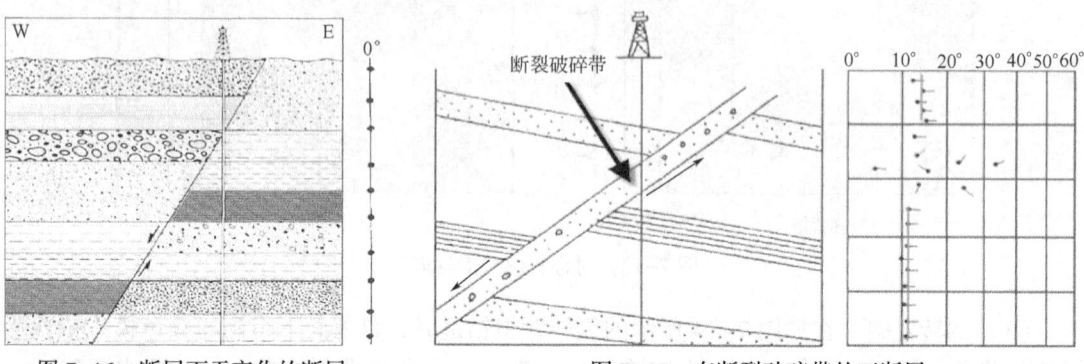

图 7-16 断层面无变化的断层

图 7-17 有断裂破碎带的正断层

当断层发生拖曳现象时,对如图7-18所示的正断层,由于断层面与地层面倾向相反,因此,其倾角模式通常依次为绿→蓝→红→绿模式;对如图7-19所示的逆断层,由于断层面与地层面倾向相同,因此,倾角模式通常依次为绿→红→蓝→绿模式。

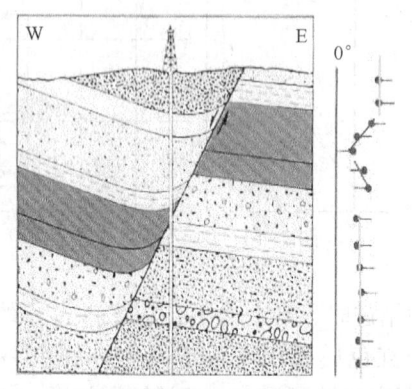

图 7-18 断层面与地层面倾向相反的正断层

图 7-19 断层面与地层面倾向相同的逆断层

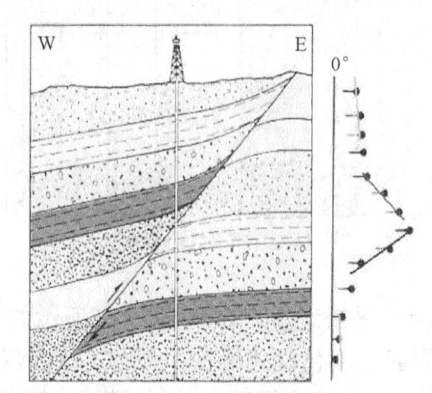

在微电阻率扫描成像测井资料中,过井小断层通常表现出清晰的不连续特征,断层界面两侧的地层发生明显的错动(图7-20),可以根据断层上下盘相对位移来判别其断层性质为正断层还是逆断层。需要注意的是,微电阻率成像资料在面对断距较大、破碎带较宽的大断层时,往往不能直观识别,也较难直接判断其断层性质,需要借助声波远探测测井或地震等其他资料综合判别。

声波成像测井图也能够直观反映出地下断层,典型案例如图7-21所示,图像颜色明暗代表了回波幅度的高低,颜色越亮反映幅度越高,反之,颜色越暗反映幅度越低。

(三)不整合分析

不整合是地层的接触关系之一,其中,不整合又分为假整合[或称为平行不整合,见图7-22(a)]与角度不整合[图7-22(b)]。角度不整合的倾角矢量图模式见图7-22。

·242·

(a) 正断层　　　　　　　　(b) 逆断层

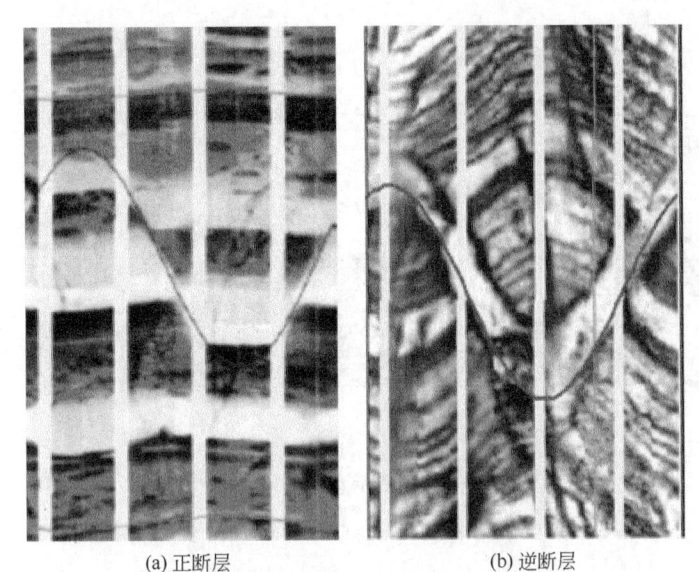

图 7-20　电成像测井图像中典型过井小断层特征图　　彩图 7-20

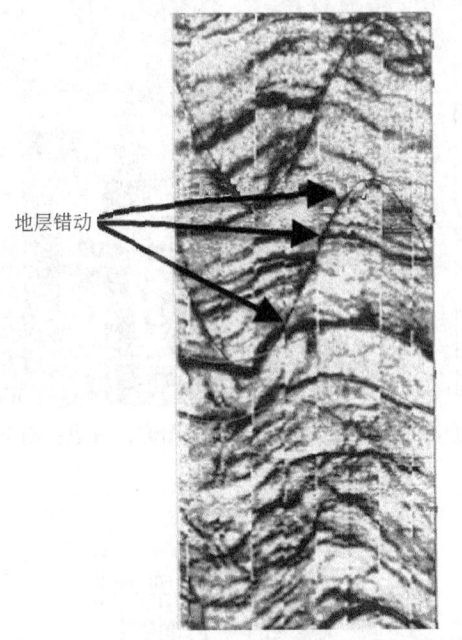

图 7-21　断层在声波成像图上的显示　　彩图 7-21

图 7-23 是假整合面在电阻率成像图上的显示，从成像图上清楚看到地层被剥蚀的现象，图中深色的条带突然变小甚至快消失了。

（四）其他

盐丘、岩浆岩侵入等构造作用会导致地层发生显著弯曲，因此，当井钻在盐丘一侧且靠近盐丘时，地层倾角会显著增大，自上而下，依次呈绿→红→蓝→绿色模式，如图 7-24 所示。

(a) 平行不整合　　　　　　　　　　(b) 角度不整合

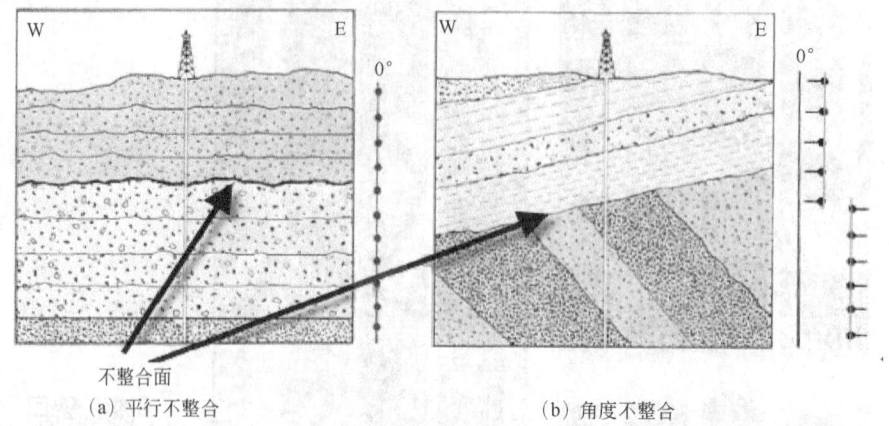

图 7-22　不整合倾角示意图

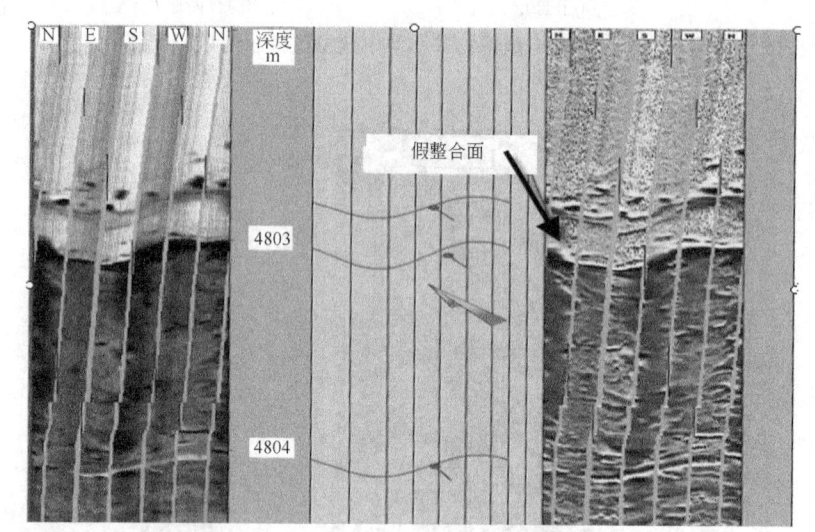

彩图 7-23　　图 7-23　假整合面在电阻率成像图上的显示（左边：静态图像；右边：动态图像）

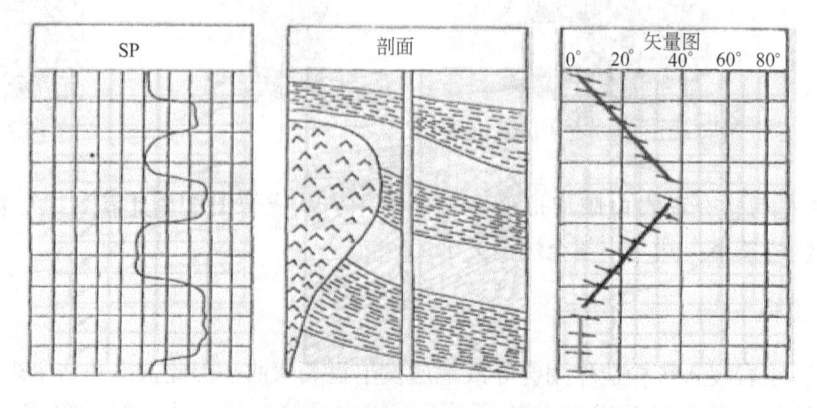

图 7-24　盐丘构造倾角示意图

综上所述，如果钻井的位置和方向不在构造的高点，或有断层存在，或沙坝的方向弄错等，都会出现一些意想不到的结果，为了避免或纠正错误的结论，必须深入研究地下地质构造。无论用何种方法确定地下地质构造，都必须熟悉和了解区域地质构造特征，只有这样才能避免多解性的干扰，实现用测井资料确定出近井/井旁地下地质构造的准确位置。

二、井旁构造分析

随着声波远探测测井技术的迅速发展，测井已经能够对井外数十米处的裂缝、断层、溶洞等复杂地质结构进行探测，在强非均质性复杂储层勘探领域取得显著的应用效果。图 7-25 是利用远探测声波成像识别碳酸盐岩地层中水平井井旁构造/断层的例子。用声波远探测资料追踪最强反射振幅解释了多个地层面，根据形态一致和地层等厚原则等开展综合分析，结果表明该井井轨迹与地层斜交，在 4625m 处发育一条逆断层，断层面两侧地层发生了错断，上盘上升。该成果为该水平井构造细节的恢复发挥了重要作用。

彩图 7-25

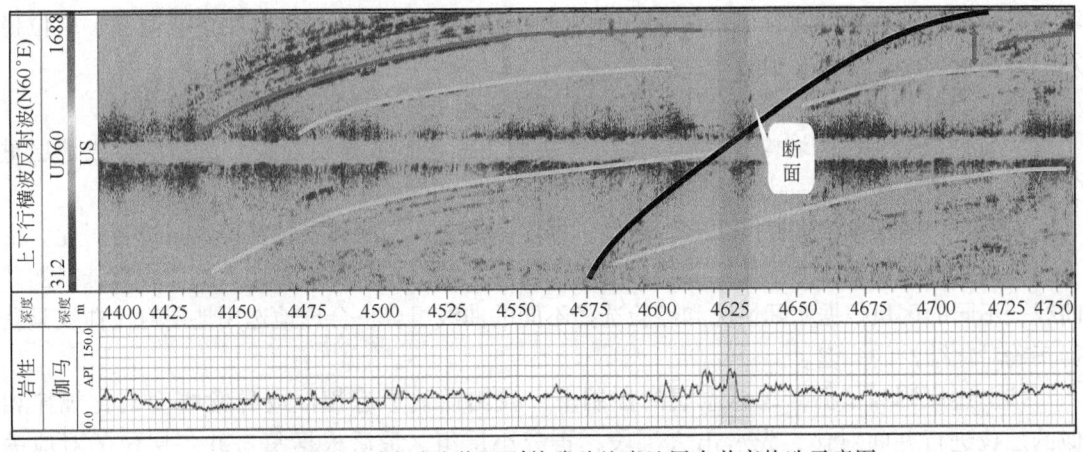

图 7-25　远探测声波成像识别某碳酸盐岩地层中井旁构造示意图

第三节　测井多井分析和三维地质建模

油气勘探和开发的过程，是通过不断获取资料，逐步认识地下三维地质体及其中流体的分布和随时间变化的过程。这一过程中，三维地震资料通常发挥主体作用，但由于测井资料具备纵向高分辨率、多物理属性、原位测量等特点，在其中也起到了纵向高精度刻度、多属性延伸等作用。单井测井解释通常只能提供局部井筒及其有限范围上的地层信息，要更为直观、立体地认识地下地质对象，需要开展测井多井分析和三维地质建模。

一、测井多井分析

测井多井分析是指对多口钻孔的测井数据、生产数据和其他相关信息进行综合分析和解释,以进一步认识地层、油气层分布的过程。通常包括多井地层对比、砂组/单砂体对比、多井沉积相分析、多井构造分析、多井油藏特征分析、多井生产动态分析等内容。以下仅以多井地层对比、多井沉积相分析、多井油藏特征分析为例说明。

(一) 多井地层对比

综合利用多口井的资料对地层进行对比分析,即地层对比。地层对比通常是多井分析的基础,通过地层对比,可以了解地层的层序、岩性岩相及地层厚度变化,弄清断层与不整合接触关系,研究储层在整个油气藏的纵向、横向变化规律,查明油气层的分布及其连通情况,为寻找有利的含油气区块与合理开发油气提供依据。

地层对比的原则通常如下:

(1) 采用地震、测井、岩性、古生物等资料综合划分与对比地层。

(2) 在充分研究地震反射波结构特征及沉积相的基础上,确定各层段的沉积环境,针对不同的沉积环境,具体确定地层划分与对比的不同方法。

(3) 应严格遵从地层层序约束,即地层对比过程中不能出现交叉对比。

(4) 明确标志层,在区域标志层的约束下进行地层对比。标志层是指一层或一组具有明显特征可作为地层对比标志的岩层。标志层应当具有所含化石和岩性特征明显、层位稳定、分布范围广、易于鉴别的特点。

(5) 具体对比中,应遵循从大到小、逐级对比和从易到难、逐步闭合的方法。

(6) 应充分关注区域构造信息,妥善解决因正断层造成地层断失、逆断层造成地层重复等与正常地层序列不一致的情形。

地层对比的信息依据深度位置、岩性、厚度、曲线形态及邻层特征等信息进行对比。由于测井曲线种类繁多,为了保证能将单层对比信息反映出来,要求对比人员能合理选择测井曲线,不同的区块根据实际情况和经验选择不同的曲线组合,合理地选用地层对比曲线是获得正确对比结论的关键。

按上述原则和依据,在标志层的控制下,找出曲线形态相似或异常幅度变化规律相似的层位进行井间对比,先卡出大层段,再分小层组,最后根据每口井各层位的对应关系进行逐层对比。图7-26为某油田储层对比实例。从对比图上可见,该剖面共分14个小层,整体来看,1~7小层和11小层砂岩储层较为发育,砂体单层厚度大且连通性好;8~14小层砂岩储层较差(11小层除外),砂体单层厚度小且连通性差;其中第4、6和11层砂岩储层的连通性最好。砂岩储层的厚度和连通性与各井所在层的沉积相带发育有着密切的关系。

(二) 多井沉积相分析

多井沉积相分析通常也叫剖面相分析,是沉积相分析中关键的一环。多井沉积相分析是在单井相分析的基础上,按照相序纵向递变和横向延伸规律,合理解释并预测沉积微相井间分布的一项工作。通过该工作,研究者可以在纵向和横向上恢复所研究地层单位在地质时期的沉积环境及其变化规律,如区分砂体成因类型,预测其展布形态等。图7-27是某地区海陆过渡环境沉积体多井沉积剖面图。

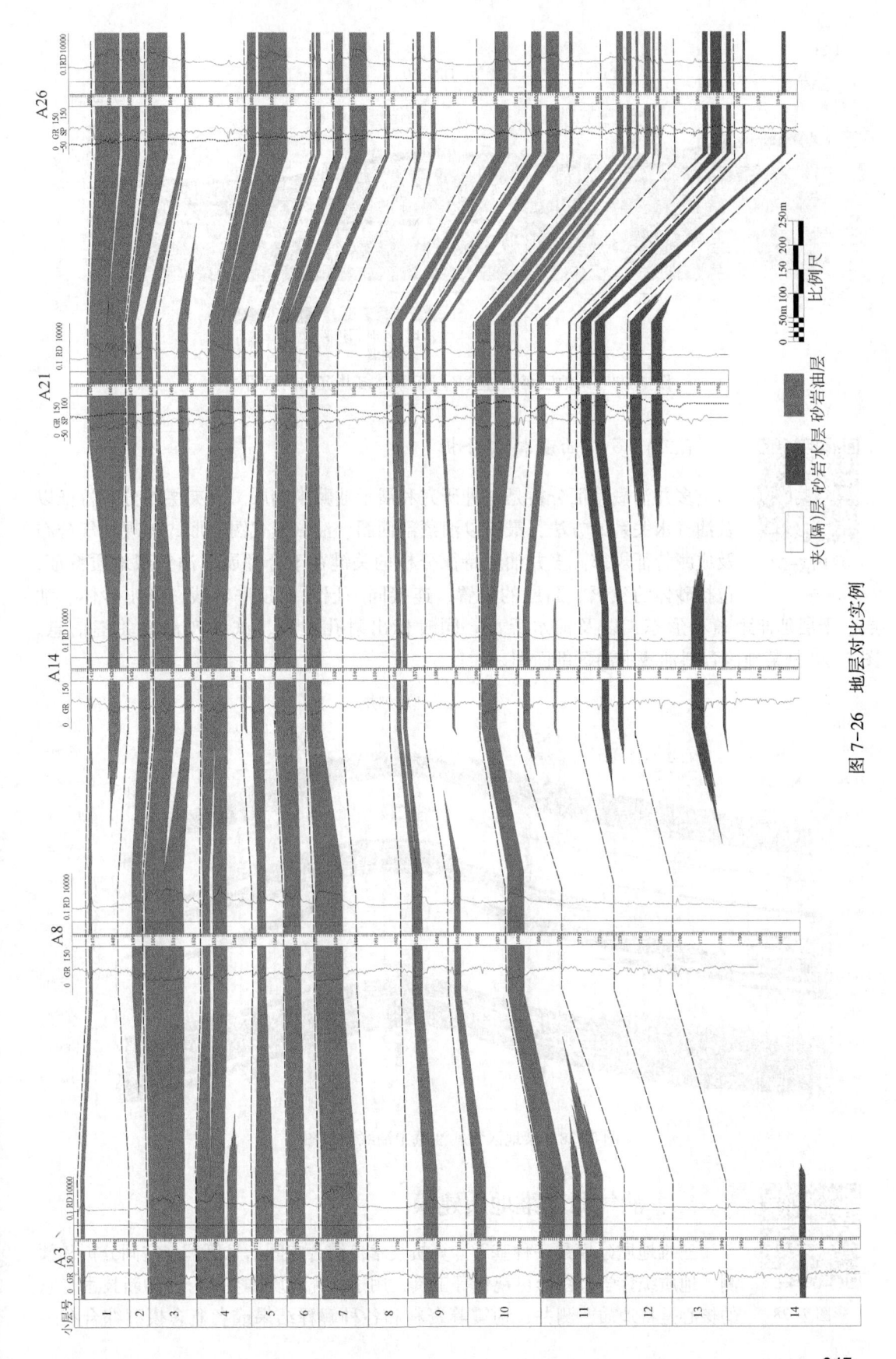

图 7-26 地层对比实例

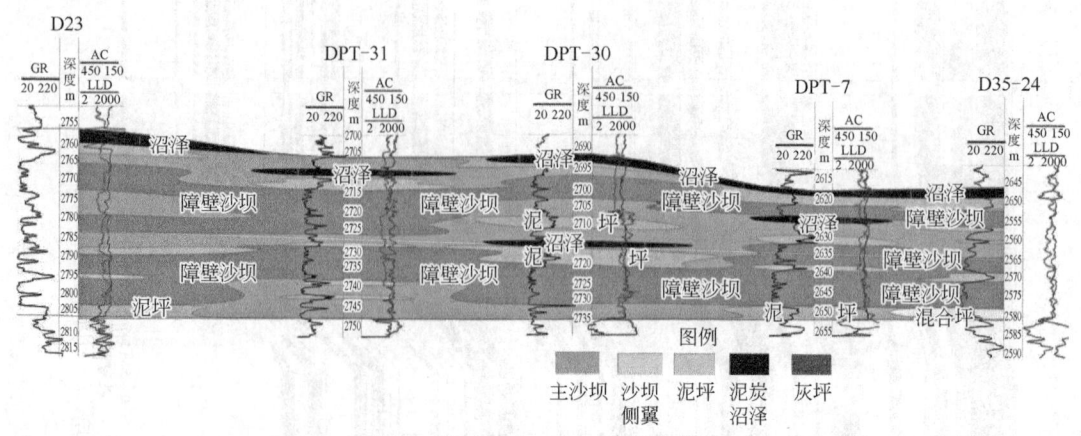

图 7-27 某地区海陆过渡环境沉积体多井沉积剖面图

（三）多井油藏特征分析

多井油藏特征分析是一种研究和展示油藏中储层、隔夹层的分布特征以及油气水关系的方法，最终以油藏剖面图、油藏模式图等形式体现油气分布及成藏特征规律。多井油藏特征分析的关键在于合理展现油气藏地质特征，包括砂体的尖灭、断层的位置、连接同一层段的顶底界线，画出砂体、油层、干层延伸距离和形态，以及油水界面。同时标出射孔位置、试油产量等关键信息。图 7-28 是某地区背斜油藏中油藏剖面图。

彩图 7-27

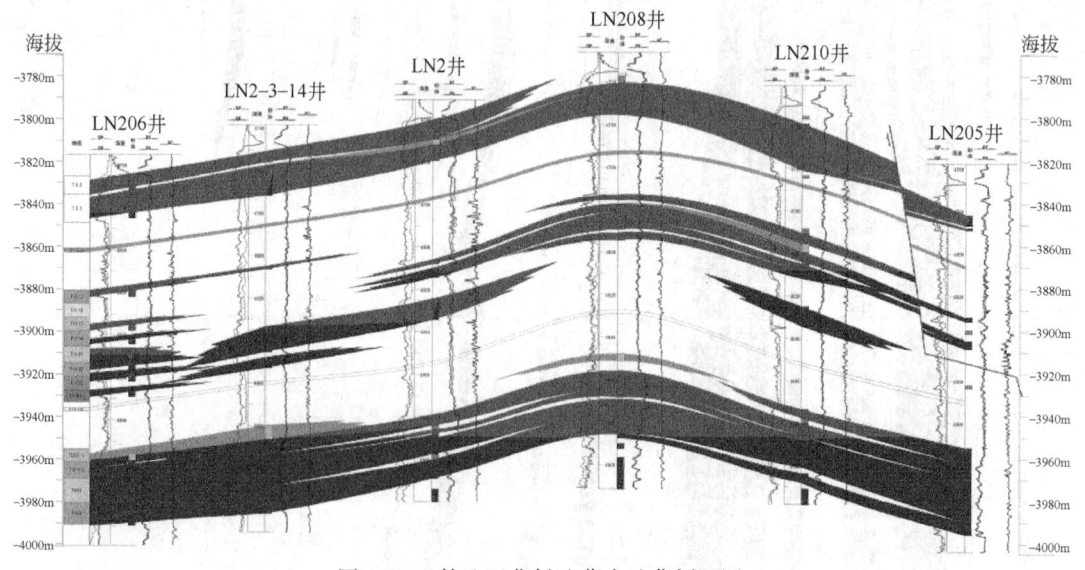

图 7-28 某地区背斜油藏中油藏剖面图

二、油气藏三维地质建模

彩图 7-28

三维地质建模是一种基于计算机技术，结合空间信息管理、空间分析和预测、地质统计学及图形可视化等工具，用于研究地质体空间分布的新技术。它的核心是将地质、测井、地震等资料和各种解释结果或者概念模型综合在一起，生成三维定量随机模型。三维地质模型可以提供地下地层的详细描述，包括地层、构造等结构信息和岩性、孔隙度、渗透率、地应力等属性信息，对油气勘探开发具有重要意义。

利用测井资料开展三维地质建模侧重于通过区块上多井测井数据对模型进行高精度约束、多属性拓展。基本流程包括：

（1）数据准备与整理。收集各类地质数据，包括但不限于地震数据、测井数据（如电测井、声波测井、核磁共振测井等）、钻井记录、露头及井间地层剖面、地质构造数据（断层、褶皱等）。然后对数据进行预处理，包括质量控制、数据格式转换、缺失数据插补、异常值处理等，确保数据的完整性和准确性。

（2）三维构造框架搭建。在三维地震解释层位、断层数据约束下，以精细地层对比控制井点深度，地震层位解释控制井间构造趋势，建立高精度构造模型，包括断层模型和层面模型，为后期建立岩相属性模型奠定基础（图7-29）。

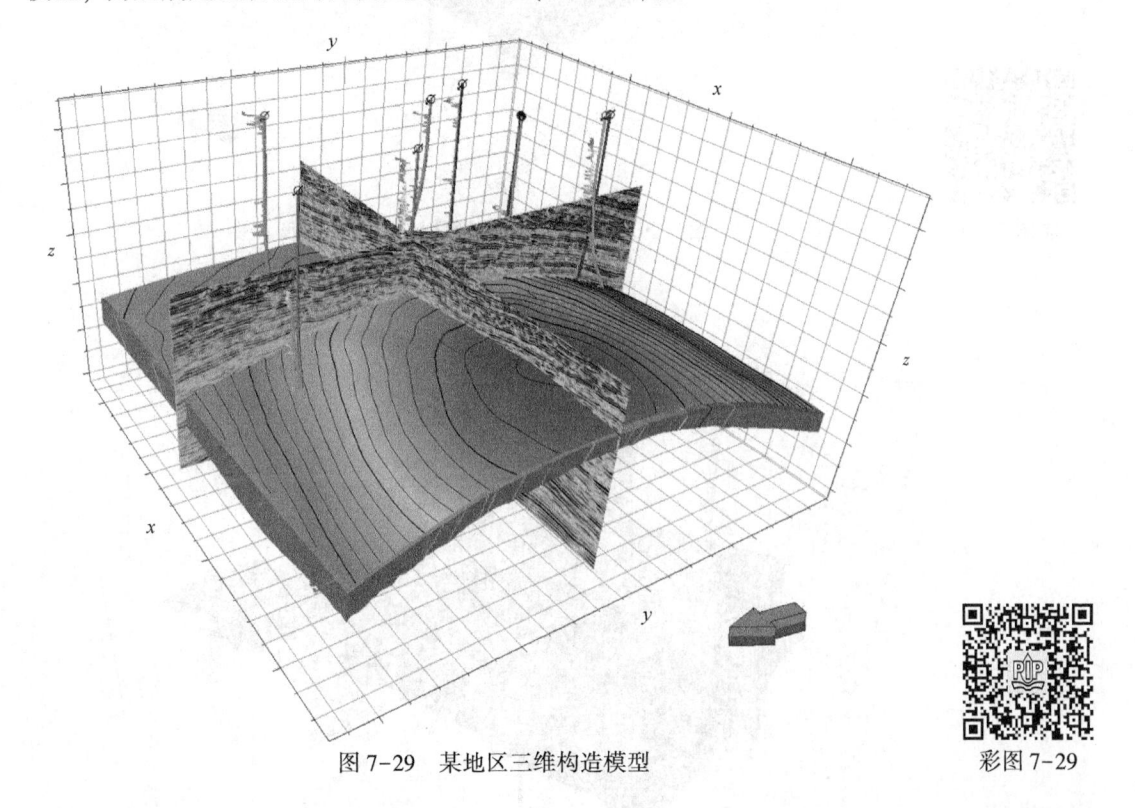

图7-29　某地区三维构造模型　　　　彩图7-29

（3）储层属性建模。在构造模型基础上，利用测井解释数据和（或）地震反演数据，按照一定的插值（或模拟）方法，对每个三维网格进行赋值，建立储层离散属性（如微相、构型单元、流动单元等）、连续属性（如孔隙度、渗透率等）的三维数据体。通常情况下，先建立相模型，再在相模型约束下建立孔隙度、渗透率等储层参数分布模型。图7-30为某区深水水道沉积相（构型）模型（视频9），图7-31为相模型约束下的孔隙度分布模型。

（4）流体分布建模。在储层属性模型约束下，在油水界面（或油水过渡段）之上，利用测井解释的含油（气）饱和度，综合考虑油柱高度与含油饱和度的关系曲线、储层渗透率与含油饱和度的相关方程，开展含油饱和度井间插值，建立流体分布模型。

视频9　三维沉积相（构型）模型

· 249 ·

彩图 7-30　　　　　图 7-30　某地区三维沉积相（构型）模型

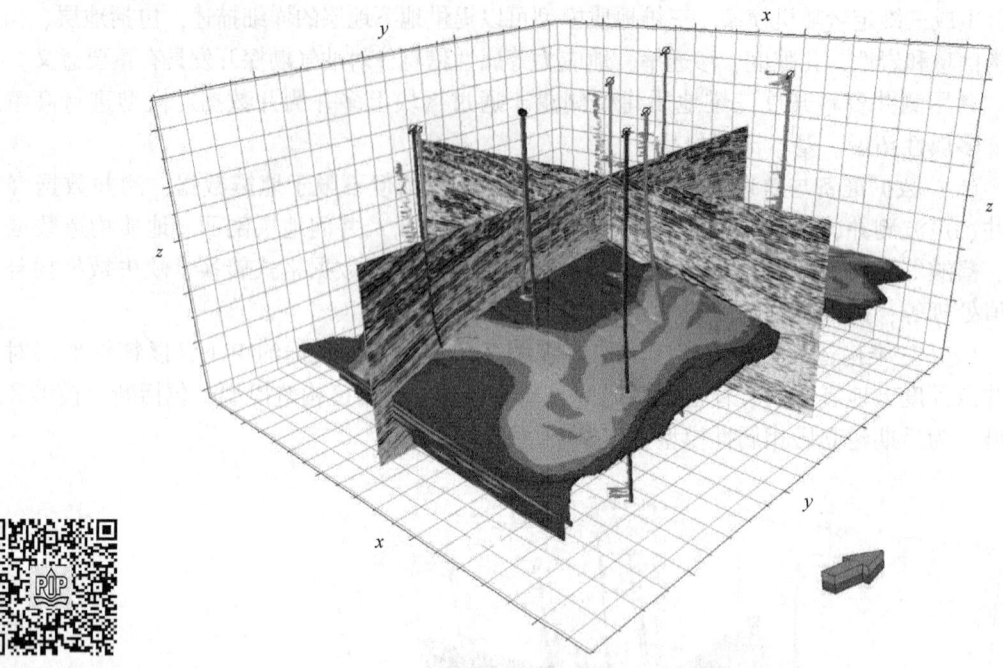

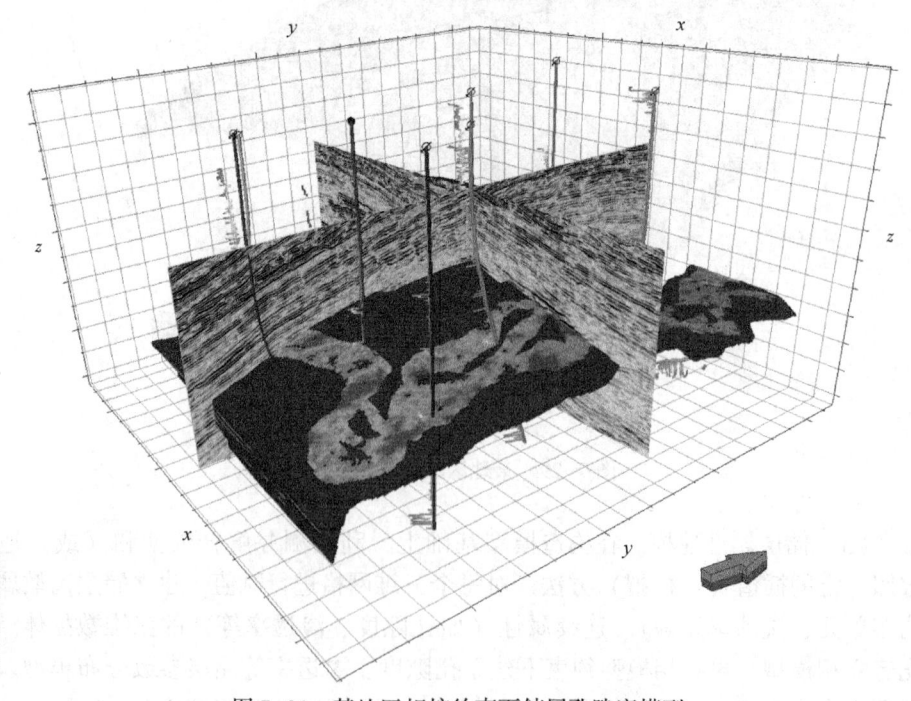

彩图 7-31　　　　　图 7-31　某地区相控约束下储层孔隙度模型

(5) 模型验证与优化。通常使用独立的钻井数据或其他观测资料对模型进行校准，对模型的不确定性进行评估，必要时对模型进行迭代优化，直到模型与实际地质情况相符。

(6) 成果展示与应用。采用三维可视化技术，制作储层参数的等值图、三维切片、透视图等，便于直观地了解储层的三维空间分布特征。然后利用三维地质模型进行储量计算、

· 250 ·

油藏工程设计、井位部署、开发方案优化等工作。

（7）动态更新与维护。在油气田开发过程中，随着新钻井数据、生产数据的积累，持续更新和维护三维地质模型，使其成为实时反映地下状况的动态工具。如在页岩油建产过程中，通常需要用到水平井的资料对模型进行约束和迭代更新。图 7-32 展示了某地区水平井钻井前、后模型局部优化调整对比情况。

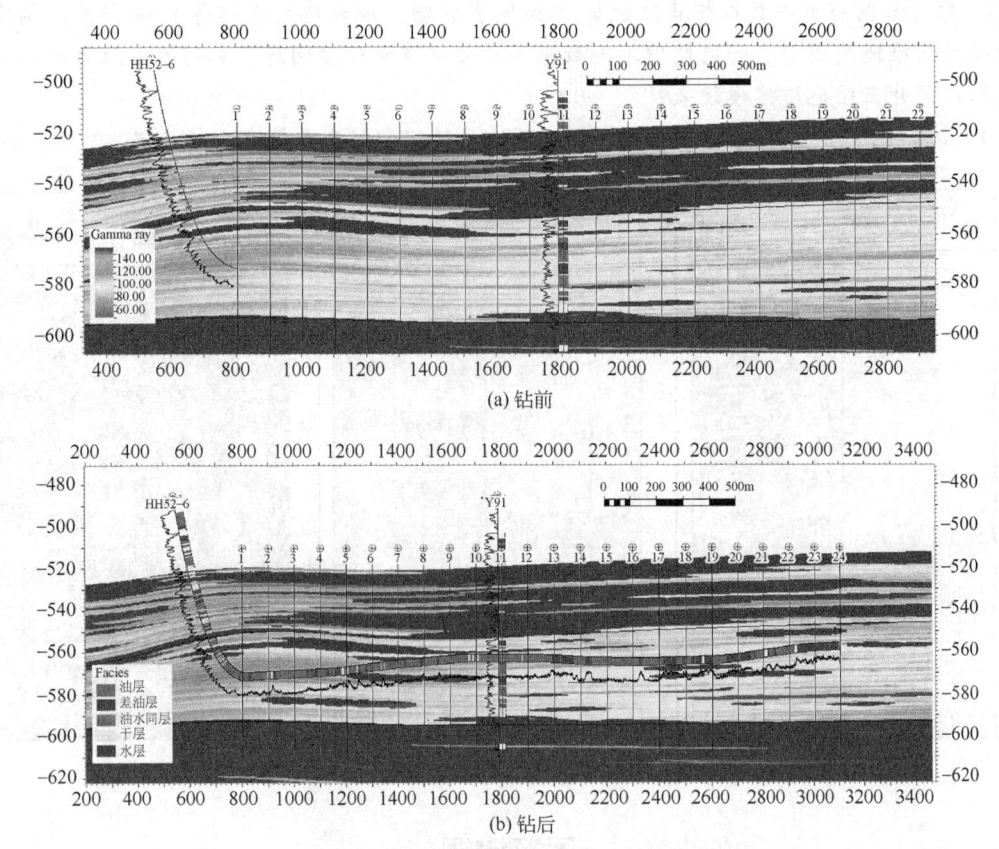

图 7-32 某地区水平井钻井前、后模型局部优化调整对比

综上所述，井震结合三维地质建模技术，不仅可以深化对储层特性的理解，还可以在更大程度上提升油气藏的整体评价水平，从而促进油气田高效、经济、可持续的开发与管理。在实际操作中，需将上述新技术与传统的测井解释紧密结合，通过对多井数据的综合处理和对比分析，精确刻画油气藏内部结构及储层参数的空间差异性，为复杂油气藏的勘探开发提供更为精准的技术支撑。

彩图 7-32

课后习题

1. 测井资料常用于开展地层沉积相研究，常用的测井曲线包括哪些？
2. 测井曲线形态是分析沉积相的一个重要的标志，请简述测井曲线的常见形态特征及其指相意义。
3. 结合本章所学知识，请简述利用测井资料分析井旁构造的局限性。

4. 结合本章所学知识，请简述测井多井分析存在的难点。

5. 与单井沉积相分析结果相比，请简述多井沉积相分析结果的优势。

6. 三维地质模型在油气藏勘探开发中的重要性日益突出，请结合相关文献资料分析三维地质模型在哪些方面有重要的支撑作用。

7. 请简述测井资料在油气藏三维地质建模中能提供哪些重要信息，是否存在局限性。

8. 探讨如何将测井数据与其他数据（如地震数据、地表地质数据等）融合，以构建更加精确的三维地质模型。如何处理不同数据间的分辨率和精度问题？如何有效融合测井与其他数据以提升三维地质建模效果？

9. 请根据图7-33中电成像测井资料说明地层的沉积信息并简述分析依据。

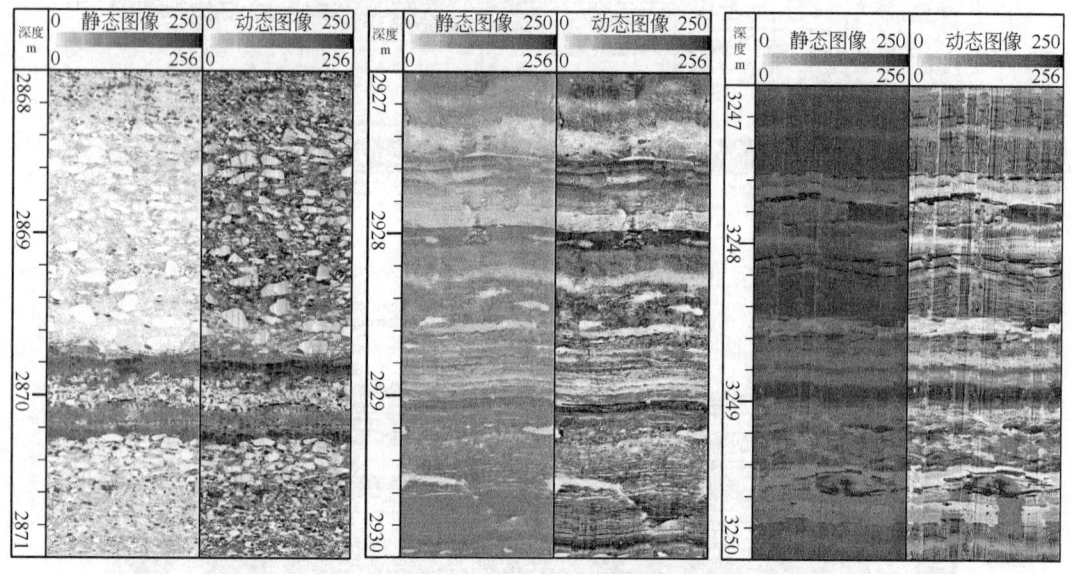

图7-33 电成像测井资料图

彩图7-33

第八章　油气工程测井

在油气工业，测井技术发展的很长一段时期都主要被应用于评价储层、找油找气，围绕孔隙性、含油气性和渗透性等储层定量评价形成了庞大的仪器技术和解释评价方法体系，但随着油气工业逐渐转向深层、复杂、非常规领域，获取地下岩层的岩石强度、地应力、地层孔隙压力等地质力学参数及坍塌压力、破裂压力等衍生参数，成为钻井、完井、压裂等油气工程技术安全高效实施的重大迫切需求。测井作为地下岩层原位信息获取的重要手段而备受关注。

本书西南石油大学团队1993年开始着手开展将测井信息及其衍生信息应用于服务油气工程技术安全高效实施的系统研究，特别是开展基于测井信息的复杂地层地质力学参数及其衍生参数的预测理论方法及技术研究。经过长期持续深入系统的研究，创建形成了以复杂地层岩石力学参数的岩石物理尤其岩石声学响应及动态变化研究为基础，岩石强度、地应力、地层孔隙流体压力等地质力学参数测井预测为关键，井眼坍塌压力、破裂压力、漏失压力等测井评价为核心，井震联合、从单井评价到区域预测，集支撑油气工程技术钻前优化设计和钻后评价于一体的油气工程测井新的理论方法和技术体系。与储层评价测井长期以来只关注油气层不同，油气工程测井以钻井全井剖面各种地层为研究对象，尤其是各种复杂地层。随着地质工程一体化开发深层、超深层、复杂、非常规油气资源理念的日益深入，地质力学参数在油气勘探开发中的基础性和支撑性地位日益凸显，油气工程测井研究的必要性和迫切性也越来越受到工业界的高度关注。

关于油气工程测井的详细内容可参阅专著《油气工程测井理论与应用》（刘向君和梁利喜，2015）和《复杂地层岩石物理研究与应用》（刘向君，熊健，丁乙，2024）。

本章主要对地质力学参数的地球物理测井预测及测井技术在钻井、完井、采油气工程、窜槽及套管完整性监测与评价中的应用等方面进行简要介绍。

第一节　地质力学参数的地球物理测井预测

岩石强度、地层孔隙压力、地应力等地质力学参数的获取方法主要有室内岩心实测、矿场资料反演和地球物理预测。实测及矿场资料反演等所得数据有限、离散、代表性严重不足且成本高，地球物理预测是迄今最好的途径，其中地球物测井预测还具有成本低、分辨率高、精度高、数据连续性好且能反映出井剖面及区域变化的优势。

一、地应力的测井预测

地应力是指存在于地壳岩体中的内应力，地应力的形成主要与地球的各种动力运动有关，如地心引力、地球自转、板块边界挤压等。地应力一般通过垂向应力 σ_v、水平向最大主应力 σ_{H1} 和水平向最小主应力 σ_{H2} 三个主应力表示。地应力的获取方法很多（图8-1），本书仅介绍利用测井资料预测地应力的方法。地应力预测包括大小和方向预测。

根据式(8-1)表示的有效应力理论，岩石的压实、变形和破坏都取决于实际作用在岩石骨架上的有效应力的大小。因此，也常把地层孔隙压力作为地应力的一个重要组成部分。

$$\sigma_{ef} = \sigma_{Tot} - \alpha_p \cdot p_p \qquad (8-1)$$

式中，σ_{Tot} 为作用在岩石上的总应力，MPa；p_p 为地层孔隙压力，MPa；σ_{ef} 为有效应力，MPa；α_p 为孔弹性系数或 Biots 系数，其值变化范围为 0~1，可用实验测得。

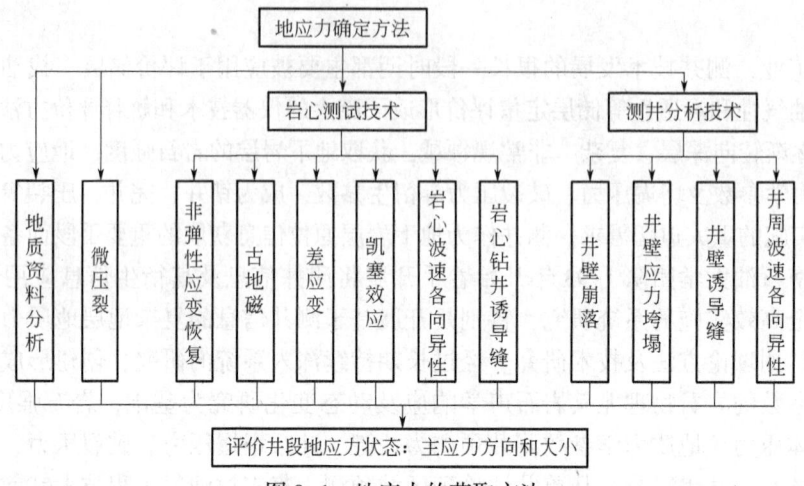

图 8-1 地应力的获取方法

（一）利用成像测井资料获取地应力方向

1. 基于井壁应力崩落和应力垮塌特征确定地应力方向

研究表明，钻井过程中，井壁出现的应力崩落和应力垮塌都是井壁附近应力集中产生剪切破坏的结果。对于直井，应力崩落和应力垮塌的方向与区域最小水平主应力方向一致。如图 8-2 所示，r_w 为正常井眼半径，r_c 为发生应力崩落或应力垮塌区域的井眼半径，θ_c 为与崩落或垮塌区域对应的夹角。因此，只要能正确观测到井壁应力崩落和应力垮塌的位置，就可以推断出对应深度原地最小水平主应力的方向。

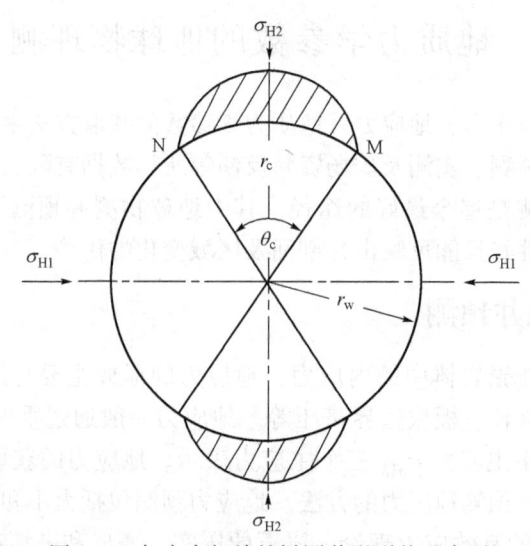

图 8-2 与应力相关的椭圆井眼形状示意图

井壁应力崩落、应力垮塌的方位、形状、宽度和深度可以从双井径曲线或多臂井径曲线及各种成像测井图上观察到。如图 8-3 的声波成像测井图所示，井壁应力崩落区域和应力垮塌区域都具有明显的对称性。

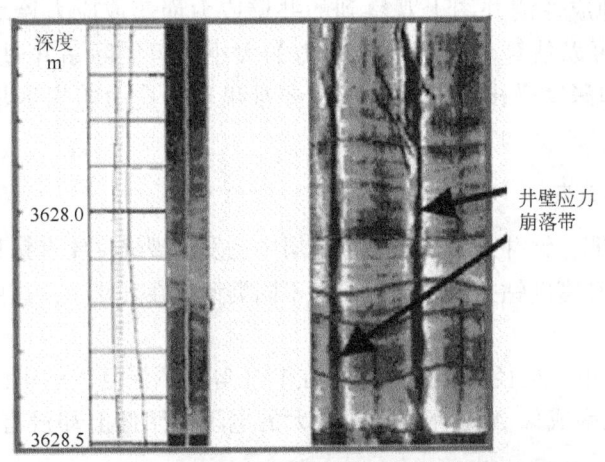

(a) 井壁应力崩落的成像测井显示特征

(b) 井壁应力垮塌的成像测井显示特征

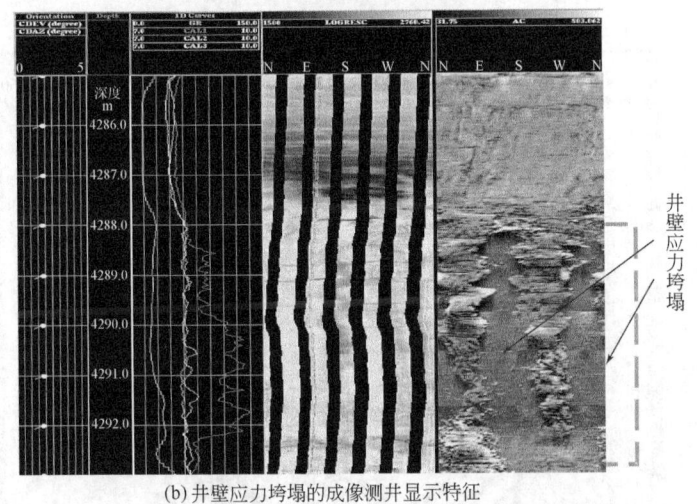

图 8-3 井壁应力崩落和应力垮塌的成像测井显示特征

彩图 8-3

Zoback 等（1985）以线弹性力学为基础，推导出了原地水平向主应力与井壁应力崩落或应力垮塌区域间的关系，见式(8-2) 和式(8-3)。

$$\sigma_{H1} = \frac{2[(d_1+d_2)(\tau_0-e\Delta p)-(b_1+b_2)(\tau_0-f_1\Delta p)]}{(d_1+d_2)(a_1+a_2)-(b_1+b_2)(c_1+c_2)} \tag{8-2}$$

$$\sigma_{H2} = \frac{2[(a_1+a_2)(\tau_0-f\Delta p)-(c_1+c_2)(\tau_0-f_2\Delta p)]}{(d_1+d_2)(a_1+a_2)-(b_1+b_2)(c_1+c_2)} \tag{8-3}$$

式中 Δp——钻井压差；

τ_0——岩石固有抗剪切强度；

e、f、$a_1 \sim d_1$、f_1、$a_2 \sim d_2$、f_2——系数，取决于岩石的强度、井眼垮塌的形状及垮塌的程度。

在式(8-2) 和式(8-3) 中，如果 $\sigma_\theta - \sigma_r > 0$，那么 a_2、b_2、c_2 和 d_2 取正号，f_1 和 f_2 取

负号；如果 $\sigma_\theta-\sigma_r<0$，那么 a_2，b_2，c_2 和 d_2 取负号，并且 f_1 和 f_2 取正号。其中 σ_θ、σ_r 分别为钻井以后，以井眼轴线为纵坐标、井眼横截面为 r、θ 坐标的柱坐标系下，井周地层的周向应力、径向应力。

可见，从理论上，利用在各种成像测井图上观察到的井壁应力崩落或应力垮塌不仅可以确定原地应力的方向，而且可以估算和预测原地应力的大小，但实际钻井过程中，对非均质地层，井壁的垮塌宽度和深度受多因素的影响，要准确获得应力垮塌区域的形状比较困难。

2. 利用钻井诱导缝确定地应力方向

对大量成像测井资料的研究表明，钻井过程中在井壁地层中诱发的裂缝主要有钻具震动裂缝、热差诱导缝、应力释放缝和高密度钻井液压裂缝四种不同类型。在直井中，这些不同类型的裂缝具有以下特点：

（1）钻具震动裂缝宽度十分微小，且径向延伸很短，在 FMI 等探测深度浅的电阻率图像上有高电导异常，但在方位电阻率成像 ARI 等探测深度大的电阻率图像上却没有显示，见图 8-4。

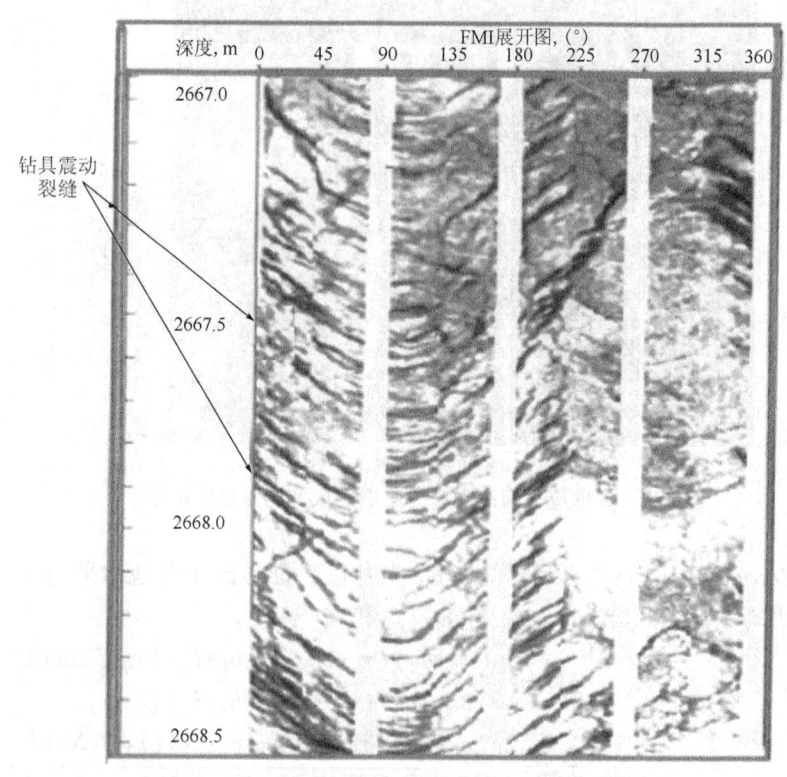

图 8-4 钻具震动裂缝在成像测井图上的显示特征

（2）热差诱导缝是因为钻井液温度低于地层温度，使地层因收缩而产生的细微裂隙和裂纹，见图 8-5。

（3）应力释放缝是在现今地应力相对集中的致密岩层段被钻开时，随着应力释放而产生的，其特征是一组接近平行的高角度裂缝，见图 8-6。

（4）高密度钻井液压裂缝是由钻井液密度过大造成的。当垂向应力为原地最大主应力或原地中间主应力时，高密度钻井液压裂缝一般以高角度张性缝为主，且张开度和延伸都可能很大，见图8-7。

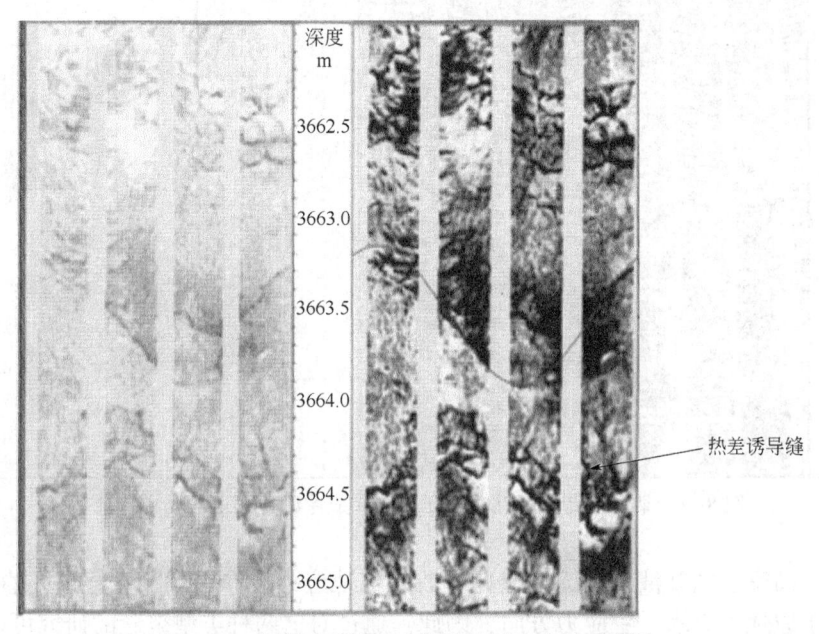

图 8-5　热差诱导缝在成像测井图上的显示特征　　彩图 8-5

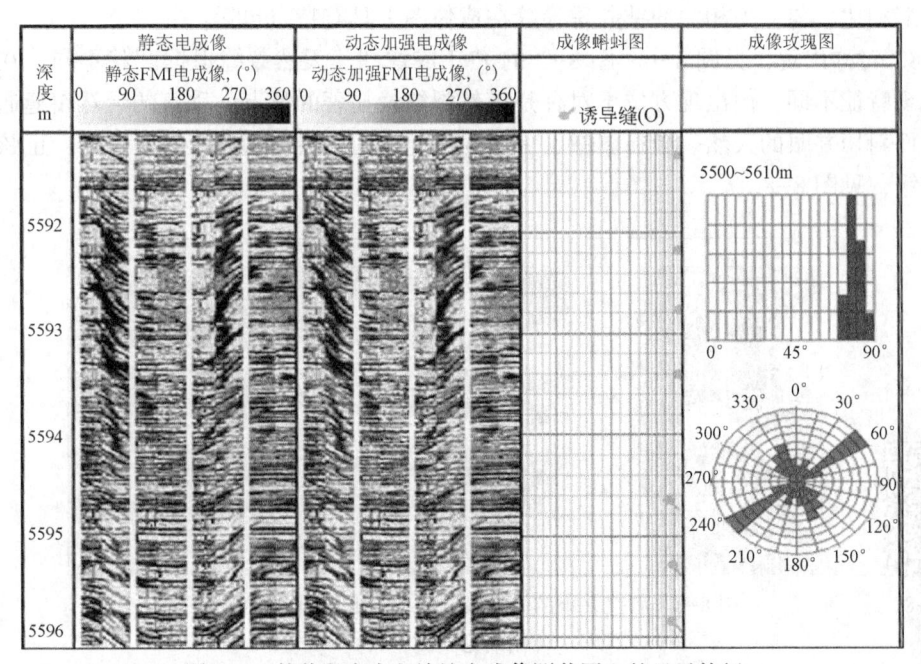

图 8-6　某井段应力释放缝在成像测井图上的显示特征　　彩图 8-6

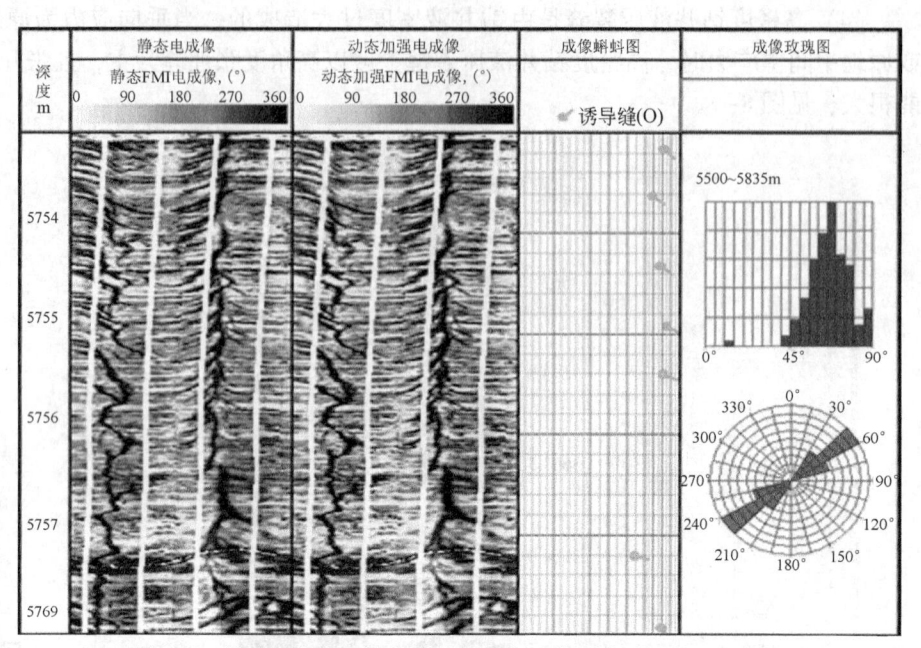

彩图 8-7　　　图 8-7　某井段高密度钻井液压裂缝在成像测井图上的显示特征

需要注意的是，高密度钻井液压裂缝和应力释放缝与地应力分布密切相关。对于直井，裂缝出现方位对应于原地最大水平主应力方向，因此，通过对这两种类型裂缝的研究可以确定地应力的方向。要利用井壁地层中出现的高密度钻井液压裂缝来研究和分析地应力，首先必须对其进行正确识别。

与天然裂缝相比，与应力相关的钻井诱导缝在成像图上具有特点包括：

（1）呈180°对称出现，见图8-6、图8-7的FMI成像图。天然裂缝根据产状不同，在成像图上的表现特征不同，但出现方位不对称是天然裂缝最显著的特点。垂直的天然裂缝通常单个出现，而斜切井眼的天然裂缝在图像上一般为完整的正弦线，随裂缝倾角降低，正弦线逐渐变得平缓，见图8-8。

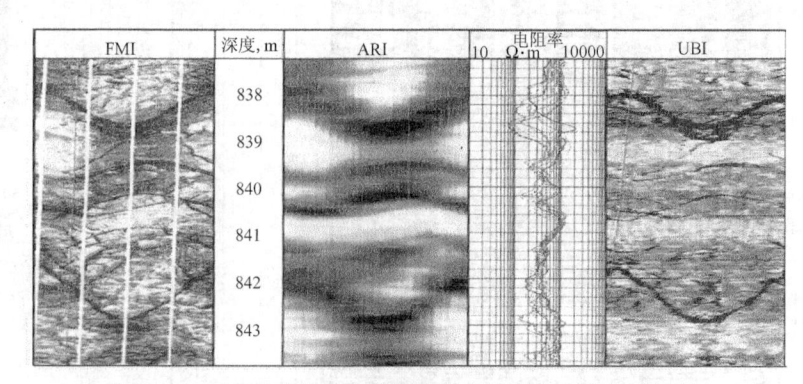

彩图 8-8　　　图 8-8　斜交井眼的天然裂缝在各种成像图上的显示特征
（据斯伦贝谢资料）

（2）开度较稳定，缝面较平直，而天然裂缝的开度不稳定，变化大。
（3）在砾岩层，可直接切穿砾石，而天然裂缝一般则绕砾石而过。

因此，利用成像测井图可以较为直观地鉴别出与应力相关的钻井诱导缝，进而判断地应力方向。

（二）利用双井径测井资料确定地应力方向

1. 井壁垮塌的双井径曲线特征

钻井过程中，井壁附近应力集中产生的井壁应力崩落和应力垮塌不仅可以在各种成像图上得到直观反映，而且在双井径曲线上也能够得到较好显示。

如图 8-9(a) 所示，在未发生井壁垮塌的井段，三条井径曲线（六臂井径仪提供）彼此几乎重合；在井壁发生应力垮塌的井段（矩形区域），其中一条井径曲线显示对应方向上的井径明显扩大。由图 8-9(b) 可见，与成像测井图相比，井径曲线的直观性较差，因此，要利用井径曲线识别与应力相关的井眼扩径，进而确定地应力方向，首先必须从井径曲线上正确识别不同类型的扩径井眼。

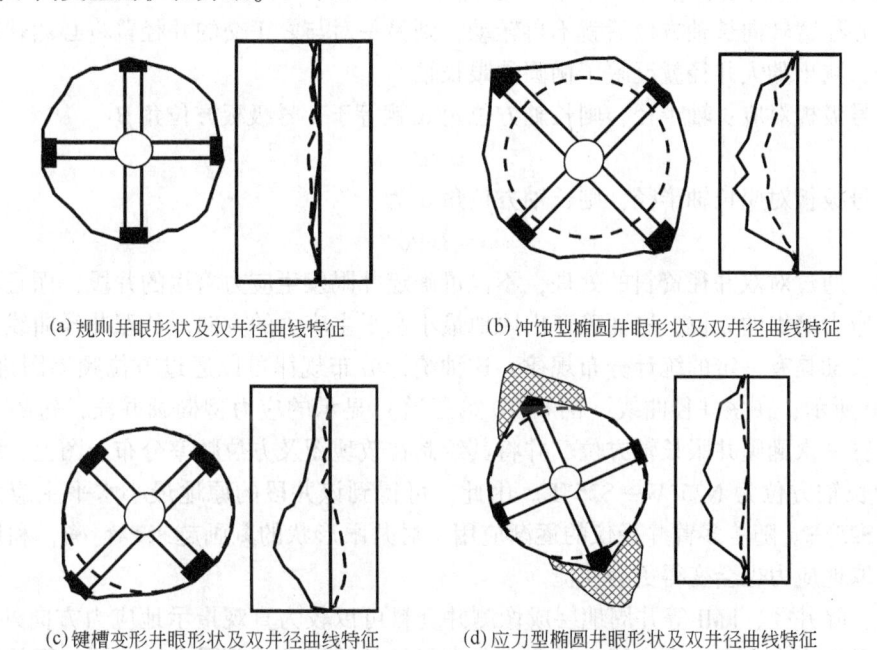

(a) 规则井眼形状及双井径曲线特征　　(b) 冲蚀型椭圆井眼形状及双井径曲线特征

(c) 键槽变形井眼形状及双井径曲线特征　　(d) 应力型椭圆井眼形状及双井径曲线特征

图 8-9　钻井后井眼形状及双井径曲线特征

钻井实践表明，椭圆井眼的形成原因以及在双井径曲线上的特征主要为：

（1）溶蚀型椭圆井眼：常常发生在膏盐地层，因盐岩、石膏等岩层被钻井液溶蚀而形成，其形状基本为圆形，双井径曲线均大于钻头直径，见图 8-9(a)。

（2）冲蚀型椭圆井眼：常发生于泥页岩等软岩层。这类地层受到钻井液浸泡，体积将发生膨胀，导致坍塌。由于岩石本身结构的各向异性，这种垮塌通常形成椭圆形井眼，在双井径曲线上表现为井径不等，且都大于钻头直径，见图 8-9(b)。这种椭圆井眼的长轴方位一般变化大。

（3）键槽变形井眼：由钻具偏心磨损井壁形成，多发生于井斜较大且岩石强度较低的地层段。其特征为非对称的椭圆井眼，在双井径曲线上常表现为一条井径大于钻头直径，一条井径小于钻头直径，见图 8-9(c)。

（4）应力型椭圆井眼：水平主应力不平衡，造成井壁在最小水平主应力方向上剪切掉块或井壁崩落，形成对称的椭圆井眼，其长轴方向指示最小水平主应力方向。在双井径曲线上表现为一条大于钻头直径，一条近似等于钻头直径，见图8-9(d)。

由图8-9可见，不同成因的椭圆井眼，在双井径曲线上的显示特征不同。利用双井径曲线可以较好地鉴别应力型椭圆井眼，进而估计原地应力的方向。

2. 利用双井径资料确定应力型椭圆井眼长轴方位及地应力方位

下面以四臂井径仪为例对利用井径曲线获取地应力方位作简要介绍。四臂彼此正交，1号、3号极板和2号、4号极板在一个平面上。测量过程中，四臂由液压推动与井壁紧密接触。当测井电缆由井底以一定的速度在圆形井眼中向上提升时，井下装置总是以一定的速率旋转。当井下测量装置上升到井眼扩大段时，一对测臂将嵌入长轴方向，且自动伸长，使测井仪不能再旋转，随着测井电缆的不断提升，测井仪可以连续地测量出正交方向上井径的变化。由于四臂井径仪不仅提供两条相互垂直的井径曲线（d_{13} 与 d_{24}），而且还同时记录1号极板方位角 β、井斜角和井斜方位角，因此，当仪器在井内转动测量，通过椭圆井眼时，若其中一对井径臂转向长轴方位后就不再转动，则另一对与之正交的井径臂将必然转向短轴方位，这样，测出的大井径就反映了椭圆井眼长轴。

若1号极板对应长轴半径，则长轴方位角 α 就等于1号极板方位角 β：

$$\alpha = \beta \tag{8-4}$$

若2号极板对应长轴半径，则长轴方位角 α 为

$$\alpha = \beta \pm 90° \tag{8-5}$$

因此，通过对双井径资料的处理，不仅可确定井眼发生应力垮塌的井段，而且可以确定井壁发生应力垮塌的方位，进而确定出原地最小水平主应力的方向。从双井径曲线上得到的椭圆井眼长轴具有一定的统计分布规律，这种统计分布规律可以通过方位频率图进行分析。如图8-10所示，在多井径曲线（图8-10第三道）显示的应力型椭圆井段，每隔一定的采样间距计算一次椭圆井眼长轴方位，并将其绘制在玫瑰图及方位频率分布云图上，统计得到该井段的长轴方位为N25°W—S25°E。由此，可得到该井段的原地最小水平主应力方位为N25°W—S25°E。随着多臂井径仪的逐渐应用，对井眼形状的刻画越来越精确，利用井眼形状变化获取地应力也会变得更为便捷。

此外，除井径、FMI等井周地层成像测井资料可以较为直观指示地应力方向外，DSI也可用于指示地应力方向。在水平向地应力各向异性的地层中，不同方向井周地层的受压程度不同，一般情况下，沿最大水平主应力方向的岩石受压程度最高，声波在该方向地层中传播速度最大。根据DSI的测量原理，横波沿传播方向将分裂为质点振动方向相互垂直的两个横波（横波分裂），这两个横波以不同的速度（快、慢横波）传播。理论上，快横波指示地层最大水平主应力的方向。但实际情况是，钻井后井周地层将出现不同程度的应力释放，由于应力释放程度及应力释放诱发的微裂缝发育程度不同，声波在井周不同方向地层中的传播速度将变得十分复杂，甚至造成错误的分析结果。一般情况下，在最大水平主应力方向，应力释放大，岩石变形大，应力释放诱发的微裂缝会更加发育。岩石越硬，水平向地应力各向异性越强，钻井导致的应力释放也会越大，对声波传播速度的影响也越大。同时，地层自身也可能存在组成、结构和构造等各向异性。因此，横波分裂受到多种因素的影响，较为复杂，本书对此不再详述。

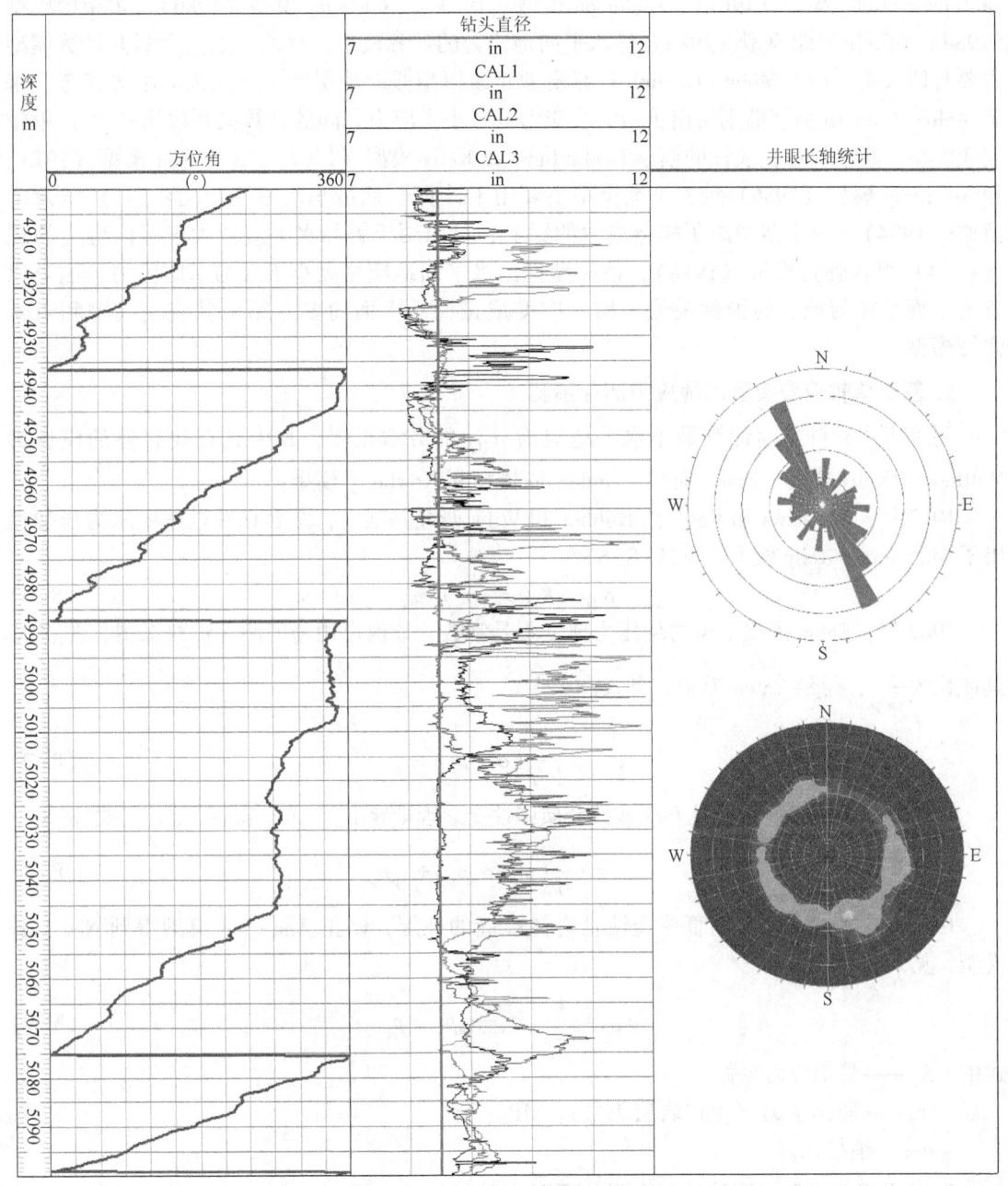

图 8-10　椭圆井眼长轴方位频率图

（三）地应力大小的地球物理测井预测

地应力的测井预测是在一定的假设条件下，以地应力实测数据为基础，建立地应力计算模型，然后利用相关的地球物理测井数据进行地应力计算分析的一种方法。其计算结果在一定程度上依赖于所建立的计算模型。在地应力的三个分量中，水平向两个主应力成因复杂，是地应力预测的重点和难点。长期以来，国内外工程界一直在为此努力研究，提出了矿场微型水力压裂、岩心 Kaiser 效应、差应变等一系列直接测试单点水平向地应力的方法，建立了

Matthews—Kelly 模型 (1967)、Anderson 模型 (1973)、Newberry 模型 (1986)、黄荣樽模型 (1984) 和斯伦贝谢模型 (1988) 等水平向地应力的计算模型。目前，地应力测井计算模型主要有四大类：(1) Mohr—Columb 计算模型，该模型假设地层处于剪切破坏临界状态，基于 Mohr—Columb 强度准则给出了最大主应力与最小主应力之间的计算关系模型；(2) 单轴应变模型，其中较有代表性的模型有 Matthews & Kelly 模型 (1967)、Anderson 模型 (1973) 和 Newberry 模型 (1986) 等，该类模型主要用于计算原地最小水平主应力；(3) 黄荣樽模型 (1984)，该模型考虑了构造应力的影响，可以用于解释水平应力大于垂向应力的现象；(4) 组合弹簧模型 (1988)，该模型指出水平向地应力大小不仅与垂向应力、泊松比有关，而且还与地层的弹性模量、构造应变成正比。下面简要介绍单轴应变模型和组合弹簧模型。

1. 基于单轴应变模型的地应力测井预测

利用测井资料连续计算最小水平地应力 σ_{H2} 的方法很多，其中具有代表性的模型为 Matthews—Kelly 模型、Eaton 模型、Anderson 模型和 Newberry 模型。

1967 年，Matthews 和 Kelly 在 Hubber 和 Wilis 研究基础上，结合钻井过程中水力压裂提出了 Matthews—Kelly 模型，见式(8-6)。

$$\sigma_{H2} = K_i(\sigma_v - p_p) + p_p \tag{8-6}$$

1969 年，Eaton 提出上覆岩层压力梯度不是常数，该值可用密度测井资料求得，并将 K_i 具体化为 $\dfrac{\nu}{1-\nu}$，得到 Eaton 模型，见式(8-7)。

$$\sigma_{H2} = \frac{\nu}{1-\nu}(\sigma_v - p_p) + p_p \tag{8-7}$$

1973 年，Anderson 等通过 Biot 多孔介质弹性变形理论导出了 Anderson 模型，见式(8-8)。

$$\sigma_{H2} = \frac{\nu}{1-\nu}(\sigma_v - \alpha_p p_p) + \alpha_p p_p \tag{8-8}$$

1986 年，Newberry 针对低渗透性且有微裂缝的地层，修正 Anderson 模型得到 Newberry 模型，见式(8-9)。

$$\sigma_{H2} = \frac{\nu}{1-\nu}(\sigma_v - \alpha_p p_p) + p_p \tag{8-9}$$

式中　K_i——骨架应力系数；

　　　σ_v——垂向应力（上覆岩层压力），MPa；

　　　ν——泊松比。

2. 基于组合弹簧模型的地应力测井预测

在现有的地应力预测模型中，式(8-10) 所示的组合弹簧模型综合考虑了地层岩石力学、孔隙压力及构造作用对地应力的影响，在实际工程中应用较为广泛。该模型假设岩石为均质、各向同性的线弹性体，并假定在沉积及后期地质构造运动过程中，地层和地层之间无相对位移，同一地层两个水平方向的应变为常数。

$$\begin{cases} \sigma_{H1} = \dfrac{\nu}{1-\nu}\sigma_v + \dfrac{1-2\nu}{1-\nu}\alpha_p p_p + \dfrac{E}{1-\nu^2}\varepsilon_{H1} + \dfrac{\nu E}{1-\nu^2}\varepsilon_{H2} \\ \sigma_{H2} = \dfrac{\nu}{1-\nu}\sigma_v + \dfrac{1-2\nu}{1-\nu}\alpha_p p_p + \dfrac{E}{1-\nu^2}\varepsilon_{H2} + \dfrac{\nu E}{1-\nu^2}\varepsilon_{H1} \end{cases} \tag{8-10}$$

其中
$$\sigma_v = \int_{H_0}^{0} \mathrm{DEN}_0(h)g\mathrm{d}h + \int_{H}^{H_0} \mathrm{DEN}(h)g\mathrm{d}h$$

式中　E——杨氏模量；

　　　ε_{H1}、ε_{H2}——沿最大主应力方向与最小主应力方向的构造应变系数；

　　　H_0——测井起始点深度；

　　　$\mathrm{DEN}_0(h)$——未测井段深度为 h 点的密度；

　　　$\mathrm{DEN}(h)$——深度为 h 点的测井密度；

　　　g——重力加速度。

能否得到构造应变系数 ε_{H1}、ε_{H2}，是基于组合弹簧模型实现地应力测井预测的关键。综上所述，获取地应力的方法很多，但由于地应力的复杂性，在地应力研究中必须立足于多种资料综合分析。

二、地层孔隙压力的测井预测

地层孔隙压力指的是地层孔隙中所含流体的压力，即流体压力。地层孔隙压力与储层评价、储量计算、钻井安全，以及油气工程技术的实施等都密切相关，因此，长期以来受到国内外油气工业界高度关注，国内外学界、业界都对此开展了大量的研究。地层孔隙压力分为正常压力和异常压力。正常压力等于地层水静液柱压力，压力系数变化范围为 $1.0 \sim 1.07 \mathrm{g/cm}^3$，决定于地层水矿化度。凡是低于地层水静液柱压力的叫异常低压，而高于地层水静液柱压力的叫异常高压。从形成时间来看，有原始孔隙压力和后天形成的压力。原始孔隙压力是地层沉积和构造形成过程中由地质作用形成的压力；后天形成的压力指的是原始孔隙压力受到人类大规模生产活动所引起变化后的压力，如注水开发后期引起的原有压力降低或升高等。由于原始孔隙压力和后天形成压力的成因不同，因此，其预测依据也有显著差异。在下面内容中将仅介绍原始地层孔隙压力的测井预测。

（一）异常压力地层的测井显示特征

可用于预测孔隙压力的测井资料主要有地层的电阻率、声波时差、密度、中子孔隙度、自然伽马、自然电位和温度，以及地层测试器所得到的压力恢复数据。除地层测试器可以直接测量得到地层孔隙压力外，其他测井资料都只能在一定的假设基础上间接获得地层的孔隙压力。

已有的理论研究和实践表明，正常情况下，泥岩地层的孔隙度具有随着埋藏深度增加、压实程度增加而呈指数降低的特点，表示为

$$\phi = \phi_0 e^{-C_p \cdot H} \tag{8-11}$$

式中　ϕ_0——岩石在地表状态下的孔隙度；

　　　H——地层埋深；

　　　C_p——压实系数；

　　　ϕ——地层埋深为 H 时的孔隙度。

因此，当地层出现异常孔隙压力时，根据有效应力理论，作用在岩石骨架上的有效应力将偏离正常状态。当地层孔隙压力为异常高压时，作用在岩石骨架上的有效应力将低于正常值，岩石将处于欠压实状态，岩石的孔隙度也将高于正常值；当地层孔隙压力为异常低压时，作用在岩石骨架上的有效应力将高于正常值，岩石将处于过压实状态，岩石的孔隙度也

将低于正常值。因此，与孔隙度密切相关的各种测井响应也都可能会随之将发生改变，偏离正常趋势线，如图8-11所示。相对于正常压力地层，异常高压地层的孔隙度将增大，密度、电阻率、自然伽马射线强度减小，而中子孔隙度、声波时差则增大。相反，相对于正常压力地层，异常低压地层的孔隙度、中子孔隙度、声波时差减小，而密度、电阻率、自然伽马射线强度增大。异常压力地层的这些响应特征是利用测井资料预测孔隙压力的依据。

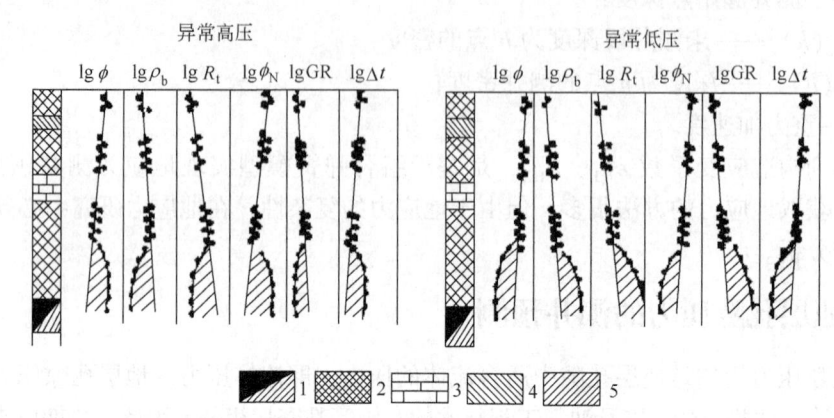

图8-11 存在异常压力时泥岩地层测井响应随深度变化的特征
1—异常压力储层；2—泥岩；3—石灰岩；4—砂岩；5—异常压力泥岩地层

建立正常压实状态下泥岩地层的孔隙度随深度、不同测井响应随深度的趋势线，即正常压实趋势线，是基于测井资料预测孔隙压力的关键。在正常压实趋势线建立基础上，通过计算实测数据相对正常趋势值的偏离程度，可以达到预测地层压力的目的。

从上述分析可见，基于密度、声波、中子等各种孔隙度测井资料预测地层孔隙压力的前提是，井剖面上必须有纯的泥岩地层。因此，除地层测试资料测量的地层孔隙压力外，由于异常地层孔隙压力预测需要用到钻井后纯泥岩地层的测井资料，钻井过程对泥岩地层的水化作用不容忽视。在实际应用中，应结合具体情况综合分析，选取恰当的资料，开展地层压力预测。

目前，基于测井资料预测地层孔隙压力的主要方法有等效深度法、Eaton法及等效应力法，其中等效深度法是测井预测地层孔隙压力的基本方法，也是地震及钻井dc指数预测孔隙压力时采用的基本方法。Eaton法是等效深度法的一种改进。本节简要介绍等效深度法和有效应力法预测地层孔隙压力。

（二）利用等效深度法预测异常地层压力

等效深度法假定，在不同深度但具有相同岩石物理性质的泥岩，其骨架内有效应力相等。以声波时差测井资料为例，如图8-12所示，h_A、h_N两个深度点的声波时差值Δt相等，则认为这两个深度点的泥岩地层有效应力相等，见式(8-12)。因此，等效深度法的关键是建立泥岩正常压实趋势线。

图8-12中，h_A点代表异常压力深度点、h_N点为异常压力深度的等效深度点。

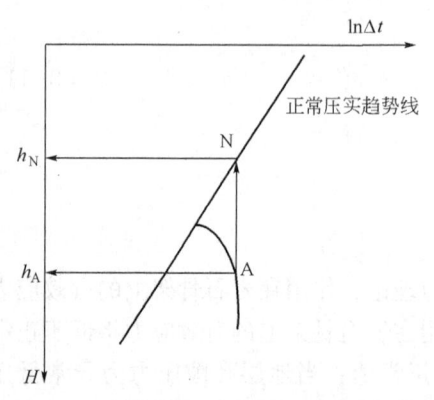

图8-12 等效深度法预测地层孔隙压力

$$(\sigma-\alpha_p p_p)_{h_A} = (\sigma-\alpha_p p_p)_{h_N} \qquad (8-12)$$

假设，某深度处的上覆岩层压力及孔隙压力分别表示为

$$\sigma = \sum_{i=1}^{n} \rho_{bi} g h \tag{8-13}$$

$$p_p = \rho_w g h \tag{8-14}$$

由于深度 h_N 为与 h_A 等效的正常压力地层深度，则将式（8-13）、式（8-14）代入式（8-12），可得到

$$\alpha_p p_A = \rho_r^A g h_A - g(\rho_r^N - \alpha_p \rho_w^N) h_N \tag{8-15}$$

式中 ρ_r^A、ρ_r^N——目的层深度和等效深度对应的岩石平均密度；

ρ_w^N——等效深度对应的孔隙流体平均密度。

对泥岩，若 Biot 系数 α_p 取 1，则式（8-15）简化为

$$p_A = \rho_r^A g h_A - g(\rho_r^N - \rho_w^N) h_N \tag{8-16}$$

从推导过程看，等效深度法只考虑了垂向应力对泥岩作用，没有考虑构造、地温变化、矿物组成等因素的影响。当地层压力系数大、异常压力点与等效深度点相距较远时，误差较大。图 8-13 为基于声波时差测井资料预测得到的某井段地层孔隙压力。图中 LN（AC）表示声波时差值取对数。

（三）利用有效应力法预测地层孔隙压力

长期以来，等效深度法、Eaton 法等基于泥岩地层正常压实趋势线而发展起来的一大类方法深入人心，在异常地层压力预测中得到了广泛应用并取得显著应用成果。但当井剖面缺失纯泥岩地层时，正常压实趋势线将无法建立，进而导致该类方法无法应用。为此，国内外学者提出了基于有效应力的地层孔隙压力预测方法。

依据有效应力的基本原理，该方法预测地层孔隙压力的关键是明确目标地层有效应力与岩石物理响应之间的关系，建立基于测井岩石物理参数的有效应力计算模型，进而实现地层孔隙压力预测。

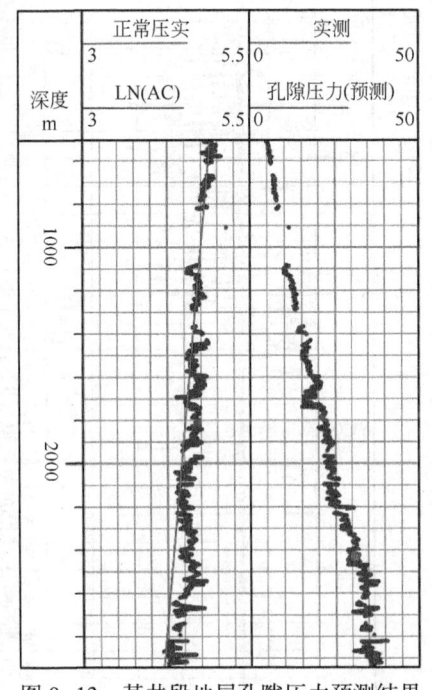

图 8-13 某井段地层孔隙压力预测结果

综合不同孔隙压力作用下的岩石物理实验、数值模拟，以及地层孔隙压力实测值与对应井段的测井信息等，国内外学者建立了大量地层有效应力 σ_{ef} 与声波速度 v_P、密度、GR、孔隙度等测井参数及衍生参数的定量关系，比如式（8-17）、式（8-18）、式（8-19）等（王亚娟等，2015；徐新纽等，2020）。

$$\sigma_{ef} = 51.1028 - 2.2156\ln(1.0342\text{GR}) + 7.6892e^{-0.00551\text{AC}} + 307351e^{0.4162\text{DEN}} \tag{8-17}$$

$$v_P = 5.543 + 0.093\rho_b - 6.885\phi - 1.852\sqrt{V_{sh}} + 0.397(\sigma_{ef} - e^{-14.7\sigma_{ef}}) \tag{8-18}$$

$$v_P = 299.2\sigma_{ef}^{0.2853} + 32.1R_t + 51.5\rho_b + 81.5\phi^{-0.426} + 368.5 \tag{8-19}$$

式（8-20）为研究得到的四川盆地某地层有效应力与自然伽马、纵波时差、密度的关系模型，利用该关系模型预测得到的某井段地层孔隙压力如图 8-14 所示。

$$\sigma_{ef} = -691.5 + 729.94 \text{DEN}^{-0.22} + 17.3\text{GR}^{-0.3539} + 483.7\text{AC}^{-0.4} + 0.0135\text{DEP} \quad (8\text{-}20)$$

式中，DEP、v_P、ϕ、GR、DEN、AC 分别为地层埋深（m）、纵波速度（m/s）、孔隙度（%）、自然伽马（API）、密度（g/cm³）、声波时差（μs/m）测井数据。

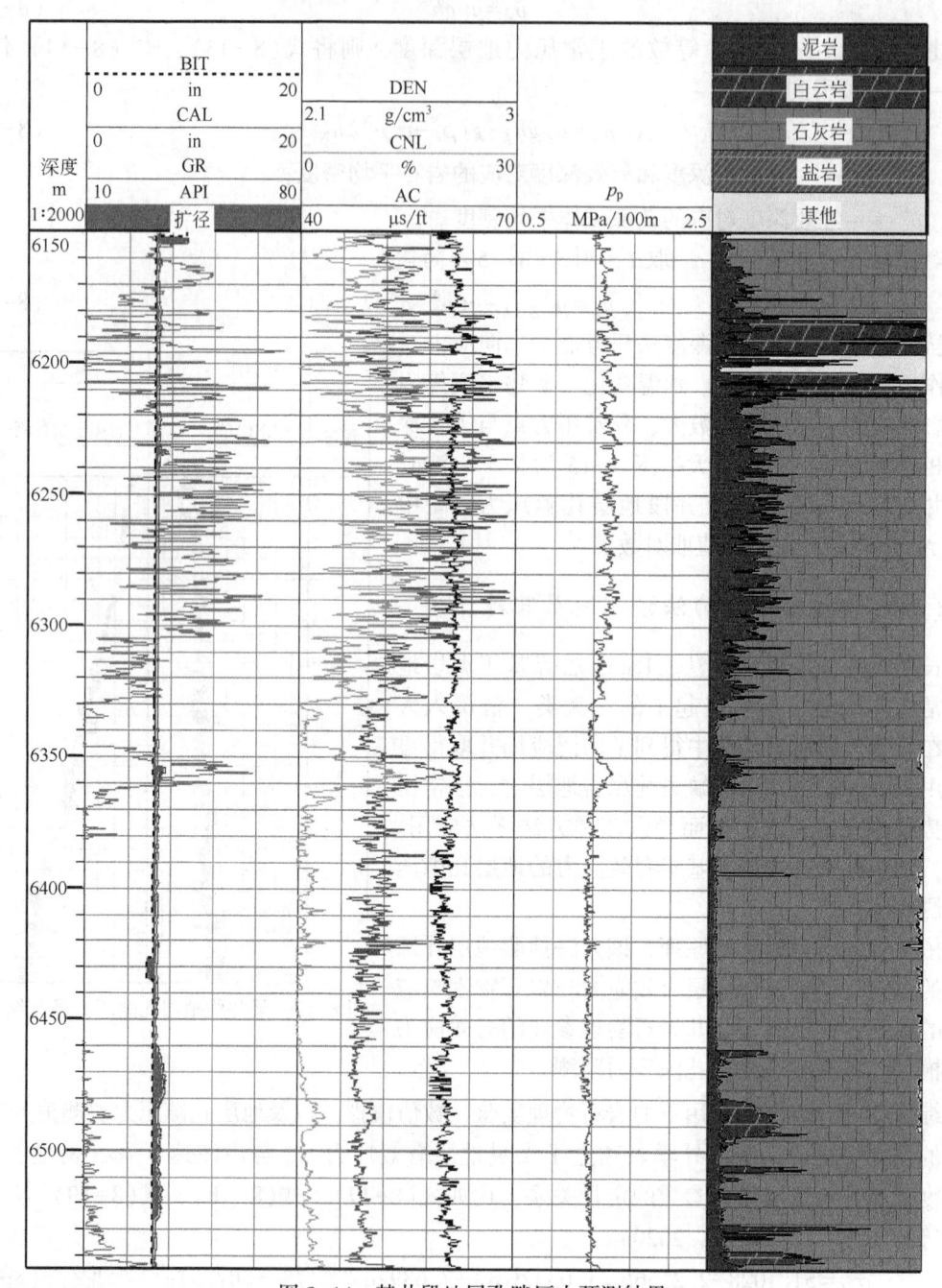

图 8-14 某井段地层孔隙压力预测结果

彩图 8-14

三、岩石强度参数的测井预测

表征岩石强度性质的参数很多，包括杨氏模量 E、体积模量 K_b、切变模

量 G、泊松比 ν，以及岩石的抗压强度 σ_c、抗张强度 σ_t 和抗剪强度 τ，且不同的工程技术环节可能会需要不同的强度参数。获取这些参数的方法很多，主要的方法有岩石力学实验测试和地球物理测井预测。其中地球物理测井预测主要是通过实验建立起岩石不同强度参数与测井响应间的关系，从而利用测井资料预测得到沿井剖面的岩石强度参数。本书仅对测井预测进行简要介绍。

（一）岩石的弹性模量和泊松比

根据获取方法的不同，岩石的弹性模量和泊松比分为静态弹性模量、静态泊松比和动态弹性模量、动态泊松比。岩石的静态弹性模量和静态泊松比是根据岩心在施加载荷条件下的应力—应变关系得到的；动态弹性模量和动态泊松比则是利用弹性波的传播关系，由测量的弹性波速度和体积密度计算得到。

杨氏模量是岩石张变弹性强弱的标志。设长为 L、截面积为 A 的岩石，在纵向上受到力 F 作用时伸长或压缩 ΔL，则纵向张应力（F/A）与张应变（$\Delta L/L$）之比即为静态杨氏模量 E_s：

$$E_s = \frac{F/A}{\Delta L/L} \tag{8-21}$$

岩石的切变模量是岩石切变弹性强弱的标志。设剪切力 F 平行作用于岩石表面后产生的切变角为 ψ，则静态切变模量 G_s 就等于剪切应力（F_t/A）与剪应变或切变角（当切变角很小时）之比：

$$G_s = \frac{F_t/A}{\psi} = \frac{F_t/A}{\Delta l/d} \tag{8-22}$$

式中 A——剪切力 F 作用的表面积，各参数相对关系如图 8-15 所示。

岩石的体积模量可用于度量岩石的抗压能力。静态体积模量 K_{bs} 是岩石在各个方向都受到力 F 的作用时，应力 F/A 与体积相对变化的比值：

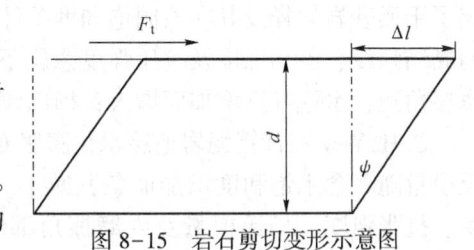

图 8-15 岩石剪切变形示意图

$$K_{bs} = \frac{F/A}{\Delta V/V} \tag{8-23}$$

泊松比又称横向压缩系数。静态泊松比表示为横向相对压缩与纵向相对伸长之比。设长为 L、直径为 d 的圆柱形岩石，在受到压缩时，其长度缩短 ΔL，直径增加 Δd，则静态泊松比 ν_s 表示为

$$\nu_s = \frac{\Delta d/d}{\Delta L/L} \tag{8-24}$$

根据弹性波理论，利用测井资料计算地层动态弹性模量、泊松比的理论关系式为

动态泊松比：
$$\nu_d = \frac{\Delta t_s^2 - 2\Delta t_c^2}{2(\Delta t_s^2 - \Delta t_c^2)} \tag{8-25}$$

动态杨氏模量：
$$E_d = \frac{\rho_b}{\Delta t_s^2} \cdot \frac{3\Delta t_s^2 - 4\Delta t_c^2}{\Delta t_s^2 - \Delta t_c^2} \cdot a \tag{8-26}$$

动态剪切模量：
$$G_d = \frac{\rho_b}{\Delta t_s^2} \cdot a \tag{8-27}$$

动态体积模量：
$$K_{bd} = \rho_b \frac{3\Delta t_s^2 - 4t_c^2}{3\Delta t_s^2 \Delta t_c^2} \cdot a \tag{8-28}$$

式中 Δt_c——声波纵波时差测井值，$\mu s/m$；

Δt_s——声波横波时差测井值，$\mu s/m$；

ρ_b——密度测井值，g/cm^3；

a——单位换算系数。

对泊松比为 0.25 的地层，有
$$\Delta t_c \approx 1.73 \Delta t_s \tag{8-29}$$

与实验室静态测量结果相比，测井资料确定岩石的弹性模量和泊松比具有以下特点：

(1) 由测井资料得到的岩石动态弹性模量和泊松比是在高频率、低载荷测量条件下获得的；静态弹性模量和泊松比则是在低频率、高载荷测量条件下获得的。

(2) 测井资料是在大范围介质中直接获得的，因此，由测井资料得到的岩石的动态弹性模量和泊松比是对井周一定范围内岩体性质的综合反映。

(3) 测井是在地层压力、温度及一定的钻井条件下沿整个井剖面逐点进行的，因此，由测井资料得到的岩石动态弹性模量和泊松比包含了地层在钻井过程中所经受的各种扰动，能够反映出岩体强度随环境变化而变化的特征。

(4) 由测井资料计算得到的岩石动态弹性模量一般大于静态弹性模量，泊松比则互有大小。

Naumud Dowla、A. Hayatdavodi、A. Ghalamber、C. Okoye 以及 C. Alcocel 在实验室先后测定了干燥砂岩岩样及其在不同饱和度条件下的机械特性，发现：随着含水饱和度增加，岩石的黏结强度、剪切强度及抗压强度急剧下降；按 Coloumb—Navier—Mohr 准则计算得到的内摩擦角随含水饱和度增加而增大；杨氏模量随着含水饱和度增加而急剧减小。

C. H. Yew 在计算泥岩地层水化膨胀对井壁稳定性影响时所用的实验数据表明，泥岩杨氏模量随着含水饱和度增加而急剧减小。国内黄荣樽教授研究发现，大庆油田泥岩抗压强度、抗张强度、杨氏模量及内摩擦角都随岩石含水量增加而减小。刘向君教授及团队自1992 年以来围绕钻井液与岩石相互作用取得的大量研究成果表明，泥岩、页岩及黏土胶结或富含黏土岩石的力学强度具有随着钻井液类型及与钻井液接触时间变化而变化的特性，即这些地层岩石的强度在钻井过程中具有环境效应和时间效应。因此，利用测井资料预测得到的这些地层的岩石强度为钻井液作用后的地层强度，要获得未受钻井影响的原岩地层的岩石强度，需对测井资料进行"去水化作用"校正。

地层饱和特性变化以及由此而造成的强度改变很难通过实验室测定的静态参数来反映，但能够在测井时同一时刻、不同探测深度的同种测井曲线上得到直观反映。因此，动态测量结果与静态测量结果相比，在资料的数量、获取成本、资料的实时性等方面都具有明显优势。现有的力学本构关系一般都是基于静态参数建立的，因此，在力学分析过程中，动态弹性模量必须转换为静态弹性模量。许多研究工作者已对动态和静态弹性模量进行了大量的对比研究，并建立了相应的转换关系。

R. D. Kuhlman 等在室内三轴应力下对页岩（主要成分为白云石和方解石、白云石和石英或方解石和石英）同时进行动、静态力学参数测试后，得出动、静态泊松比几乎为 1∶1 关系，即 $\nu_s \approx \nu_d$；动、静态杨氏模量间满足 $E_s = 0.37 E_d + 0.658$ 的关系。

J. I. Myung 和 D. P. Helamder（1972）对花岗岩、辉长岩和砂岩共 15 块岩心进行研究后，发现动、静态杨氏模量和泊松比满足如下关系式：

$$E_s = 1.34E_d - 0.371 \tag{8-30}$$

$$\nu_s = 0.082 + 0.38\nu_d \tag{8-31}$$

河北省地质矿产局通过实验结果得出：

砂岩： $$E_s = 0.45E_d + 1.142 \tag{8-32}$$

石灰岩： $$E_s = 0.52E_d - 1.647 \tag{8-33}$$

大理岩： $$E_s = 1.32E_d - 0.343 \tag{8-34}$$

花岗岩： $$E_s = 0.51E_d + 3.789 \tag{8-35}$$

Tutuncn 和 Sharma 在室内对饱和低渗透砂岩进行三轴应力下的动、静态同步测试得出 $E_d > E_s$，纯砂岩中 E_d 与 E_s 差别大，而泥质砂岩差别较小。粉砂岩和泥岩动、静态杨氏模量的转换系数为0.68，白云岩质粉砂岩为0.73，石灰岩和白云岩为0.79。Tutuncn 和 Sharma 综合考虑各种岩性的实验数据后得到了岩石的动、静态杨氏模量转换关系：

$$E_s = 0.81988E_d - 0.3112 \tag{8-36}$$

上述经验关系式中，E_d 与 E_s 的单位都为 10^4MPa。

此外，国内外许多学者也针对动、静态弹性参数开展了大量的研究工作，其总的趋势是动态弹性模量一般都大于静态弹性模量；由于泊松比本身变化范围小，因此，动、静态泊松比值的差异一般也不大。

（二）岩石抗压强度、抗拉强度预测

利用测井资料预测岩石强度的前提是首先需要研究地层岩石力学参数与岩石物理参数间的关系，明确岩石力学参数的岩石物理响应机制。长期以来，国内外学者围绕岩石的强度参数与其他物性参数的关系开展了大量研究，并建立了大量模型。比如，Miller 和 Deere 在实验基础上建立了岩石单轴抗压强度和岩石弹性模量、黏土含量之间的关系；Farguhar、Smart 和 Crawford 采用线性回归方法研究了岩石的单轴抗压强度、岩石固有抗剪强度与测井孔隙度之间的关系；Onyia 讨论并建立了实验室三轴抗压强度与感应、伽马、声波测井参数之间的统计关系。此外，还有一些研究者试图采用统计分析的方法找出岩石强度与某种测井响应值之间的统计关系。其中，Miller 和 Deere 等建立的岩石单轴抗压强度预测关系式具有代表性。

Miller 和 Deere 对200多块沉积岩进行实验后，给出了岩石单轴抗压强度 σ_c 与岩石弹性模量 E_d、黏土含量 V_{cl} 的统计关系式：

$$\sigma_c = 0.0045E_d(1 - V_{cl}) + 0.008V_{cl}E_d \tag{8-37}$$

Coats 等则继 Miller 和 Deere 之后，提出了岩石固有抗剪强度 τ_0 与单轴抗压强度 σ_c、岩石体积压缩系数 C_{bd} 间的关系：

$$\tau_0 = \frac{0.025\sigma_c}{C_{bd}} \tag{8-38}$$

$$C_{bd} = \frac{1}{K_{bd}} \tag{8-39}$$

岩石抗张强度 σ_t 和单轴抗压强度的关系为

$$\sigma_t = \frac{\sigma_c}{3 \sim 12} \tag{8-40}$$

式中，E_d、V_{cl}、C_{bd} 由测井解释获得，C_{bd} 为岩石体积模量的倒数。σ_c 的预测精度不仅依赖于所建立的关系式本身的合理性，而且还依赖于测井计算得到的杨氏模量和黏土含量等参数的准确性。将 Miller 和 Deere 及 Coats 等的经验公式应用于新区域、新岩性时应加以修正。

由于岩石本身结构的复杂性和多样性，不同地区、不同岩石的强度与测井参数之间的关系必然会有所不同，各静态弹性模量与动态弹性模量、静态泊松比与动态泊松比之间的关系也必然存在差异。因此，在使用经验统计关系时，应结合实际资料加以适当修正，以最大限度地满足工程需要。

一般来说，对不同的地区，应该首先开展相应的岩石强度与岩石物理的配套实验，通过大量实验建立特定地层或区块的岩石强度测井预测模型，进而才能实现精确预测。

四、岩石脆性指数的测井预测

根据岩石受力后的变形和破坏特点，可以将岩石分为脆性和延性。岩石脆性指数是表征岩石脆性的定量指标，岩石脆性指数是随着非常规油气资源的勘探开发而日益受到油气工业重视的一个力学参数。通常认为岩石脆性越高，脆性指数越大，储层越容易形成复杂缝网，压裂效果越好，反之则越难。

关于脆性的定义，目前尚无统一标准，不同学科领域的学者根据自身研究目的给出了多种脆性的定义。比如，1944 年，Morley 等将脆性定义为材料塑性的缺失（Morley，1944）；1967 年，Obert 和 Duvall 认为，试样达到或稍超过屈服强度就发生破坏的性质为脆性（Obert，1967）；1990 年，Evans 把试样破坏时变形小于1%定义为脆性，介于1%和5%之间为脆性—延性过渡，大于5%定义为延性（Exans，1990）；2005 年，Goktan 和 Gunes Yilmaz 定义脆性为低应力下无明显变形的断裂倾向（Goktan，2005）；2012 年，李庆辉认为脆性是材料的综合特性，在自身非均质性和载荷作用下产生内部非均匀应力，造成材料局部破坏，形成多维破裂面的能力（李庆辉，2012）。上述脆性定义虽没有形成统一的认识和标准，但也形成了如低应变时发生破坏、内部微裂纹主导破坏形态、高压拉强度比、高回弹能、内摩擦角大、硬度测试时裂纹发育等等共性认识。

（一）岩石脆性指数评价国内外现状

脆性是岩石的一种固有力学特性，同表征岩石强度性质的其他力学参数一样，脆性指数也受结构、尺寸以及围压、温度等因素的影响。国内外学者根据应用领域的不同，提出了多种不同类型的脆性指数计算方法。下面对基于矿物组分、岩石弹性参数、应力—应变曲线、岩石强度参数等方面的成果进行概要总结分析。

1. 基于矿物组分的脆性指数评价方法

岩石一般由一种或多种矿物组成，其中矿物可分为脆性矿物、韧性矿物等类型。因此，矿物成分及其含量决定了岩石的性质，脆性矿物的含量影响着岩石的脆性特征。通常认为脆性矿物含量越高，岩石的脆性越显著。2007 年，Jarvie 等（2007）研究北美地区 Barnett 页岩时，提出通过计算脆性矿物所占的比重来确定岩石脆性指数（BI），并认为石英对 Barnett 页岩的脆性影响较大。在此基础上，众多学者也建立了多种基于岩石矿物成分的岩石脆性指数计算模型，见表 8-1。

表 8-1　基于矿物组成的脆性评价方法

作者（年份）	公式	变量说明
Jarvie（2007）	$BI_1 = \dfrac{W_{Qtz}}{W_{Qtz}+W_{Car}+W_{Cla}}$	W_x：矿物的含量，其中下标 x 表示为： Qtz：石英； Car：碳酸盐岩矿物； Cla：黏土矿物； Dol：白云岩； Feld：长石矿物； Cal：方解石； Py：方解石； QFM：硅酸盐矿物； Tot：矿物总含量
Wang（2009）	$BI_2 = \dfrac{W_{Qtz}+W_{Dol}}{W_{Tot}}$	
Sondergeld（2010）	$BI_3 = \dfrac{W_{Qtz}}{W_{Qtz}+W_{Car}+W_{Cla}}$	
李钜源（2013）	$BI_4 = \dfrac{W_{Qtz}+W_{Car}}{W_{Qtz}+W_{Car}+W_{Cla}}$	
陈吉（2013）	$BI_5 = \dfrac{W_{Qtz}+W_{Car}+W_{Feld}}{W_{Qtz}+W_{Car}+W_{Feld}+W_{Cla}}$	
刁海燕（2013）	$BI_6 = \dfrac{W_{Qtz}\left(\dfrac{E_{Qtz}}{\nu_{Qtz}}\right)}{W_{Qtz}\left(\dfrac{E_{Qtz}}{\nu_{Qtz}}\right)+W_{Cal}\left(\dfrac{E_{Cal}}{\nu_{Cal}}\right)+W_{Cla}\left(\dfrac{E_{Cla}}{\nu_{Cla}}\right)}$	
Jin（2014）	$BI_7 = \dfrac{W_{QFM}+W_{Car}}{W_{Car}} = \dfrac{W_{QFM}+W_{Car}+W_{Dol}}{W_{Tot}}$	
张晨晨（2017）	$BI_8 = \dfrac{W_{Qtz}+W_{Dol}+W_{Py}}{W_{Tot}}$	

基于脆性矿物含量计算岩石脆性指数，直接且易于理解，也是目前较为常用的方法。通常认为黏土矿物为韧性矿物，但不同学者对脆性矿物的认识尚有争议，有的学者认为石英、方解石、白云石等矿物为脆性矿物，也有的学者认为黄铁矿、长石等矿物也为脆性矿物。因此，对脆性矿物及其对脆性贡献的研究还有待进一步深入。

2. 基于岩石弹性参数的脆性指数评价方法

该类方法也是岩石脆性指数评价中常用的一类方法，见表 8-2，其中以 Richman 提出的公式（Richman，2008）最具代表性。Richman 等人对北美 Barnett 页岩的研究中发现，岩石泊松比越低，弹性模量越高，则岩石的脆性越好，储层改造时越易形成复杂裂缝，为此提出了归一化弹性模量和归一化泊松比来表征岩石脆性的方法。

表 8-2　基于岩石弹性参数的脆性指数评价方法

作者（年份）	公式	变量说明
Richman（2008）	$BI_9 = \dfrac{E_n+\nu_n}{2}$ $E_n = \dfrac{E-E_{min}}{E_{max}-E_{min}}\times 100\%,\ \nu_n = \dfrac{\nu-\nu_{min}}{\nu_{max}-\nu_{min}}\times 100\%$	E_n：归一化弹性模量； ν_n：归一化泊松比； λ：拉梅常数； G：剪切模量，MPa； E_{min}，E_{max}：研究区统计范围内岩石弹性模量的最小值、最大值，MPa； ν_{min}，ν_{max}：研究区统计范围内岩石泊松比的最小值、最大值
Goodway（2010）	$BI_{10} = \dfrac{\lambda}{\lambda+2G}$	
Guo（2013）	$BI_{11} = \dfrac{E}{\nu}$	
刘致水（2015）	$BI_{12} = \dfrac{E_n}{\nu_n}$	

3. 基于应力—应变曲线的脆性指数评价方法

岩石的应力—应变曲线可直观描述岩石在受压过程中产生变形直至破坏的全过程，包括空隙压密阶段、弹性变形阶段、微裂隙稳定发育阶段、非稳定破裂发展阶段、峰后的破坏阶段等。通常认为岩石破坏前非弹性变形或不可恢复的变形越小或可恢复的弹性应变越大，岩石脆性越强；岩石破坏时的峰值应变越小，岩石越容易产生脆性破坏；岩石破坏后，产生的残余应变越小，岩石脆性越强，或残余强度越小，岩石脆性越强。在应力—应变曲线中，峰前曲线与峰后曲线分别反映了岩石破坏前后的岩石力学特性，因此，岩石的脆性评价应该综合考虑峰前与峰后曲线的特性。基于此，国内外学者提出了多种岩石脆性指数的计算方法，见表8-3。

表8-3 基于应力—应变曲线的脆性指数评价方法

作者（年份）	公式	变量说明
Bishop（1967）	$BI_{13} = \dfrac{\tau_p - \tau_r}{\tau_p}$	τ_p：峰值强度，MPa； τ_r：残余强度，MPa； ε_{ux}：不可恢复轴向应变，%； σ_p：峰值强度，MPa； σ_r：残余强度，MPa； ε_m：峰前应变，%； ε_h：峰后应变，%； ε_t：总应变，%； ε_r：残余应变，%； ε_p：峰值应变，%； p_{inc}：平均载荷增量； p_{tec}：平均载荷减量； ε_{fp}：摩擦强度达到稳定值的塑性极限； ε_{cp}：黏聚力达到残余值的塑性极限； M：峰后模量，MPa； α：调整系数； K_{ac}：峰值点到残余点的斜率； BI_{POST}：峰后应力跌落速率计算的脆性指数； BI_E：岩石被破坏时释放的弹性能； BI_i：标准化前脆性指数； ε_{min}：峰值应变最小值，%； ε_{max}：峰值应变最大值，%； β,ω,η：标准化指数，取值范围为0~1
Huck and Das（1974）	$BI_{14} = \dfrac{\varepsilon_r}{\varepsilon_t}$	
Andreev（1995）	$BI_{15} = \varepsilon_{ux} \cdot 100\%$	
冯涛（2000）	$BI_{16} = \dfrac{\alpha \sigma_c \varepsilon_m}{\sigma_t \varepsilon_h}$	
Copur（2003）	$BI_{17} = \dfrac{p_{inc}}{p_{tec}}$	
Hajiabdolmajid and Kaiser（2003）	$BI_{18} = \dfrac{\varepsilon_{fp} - \varepsilon_{cp}}{\varepsilon_{fp}}$	
刘恩龙（2005）	$BI_{19} = 1 - e^{\frac{M}{E}}$	
史贵才（2006）	$BI_{20} = \dfrac{\varepsilon_t - \varepsilon_{cp}}{\varepsilon_r - \varepsilon_m}$	
李庆辉（2012）	$BI_{21} = BI'_{21} + BI''_{21} = \dfrac{\varepsilon_r - \varepsilon_{min}}{\varepsilon_{max} - \varepsilon_{min}} + (\beta + \omega)\dfrac{\sigma_p - \sigma_r}{(\varepsilon_r - \varepsilon_p)E_p} + \eta$	
周辉（2014）	$BI_{22} = \dfrac{\tau_p - \tau_r}{\tau_p} \dfrac{\lg K_{ac}}{10}$	
夏英杰（2016）	$BI_i = BI_{POST} + BI_E = \dfrac{\sigma_p - \sigma_r}{\varepsilon_r - \varepsilon_p} + \dfrac{(\sigma_p - \sigma_r)(\varepsilon_r - \varepsilon_p)}{\sigma_p \varepsilon_p}$ $BI_{23} = \dfrac{BI_i - BI_{min}}{BI_{max} - BI_{min}}$	

4. 基于岩石强度参数的脆性指数评价方法

岩石强度参数一般包括抗压强度、抗剪强度、抗拉强度、内摩擦角、内聚力。研究表明，岩石抗压强度与抗张强度的差异越大，岩石脆性越强，且岩石越容易发生劈裂破坏，岩石应力达到峰值强度后，应力跌落越快；内摩擦角越大，岩石脆性越强。在岩石脆性评价中，该类方法由于强度参数易于获取而得到广泛应用，尤其是基于岩石单轴抗压强度和抗张强度的方法，见表8-4。

表8-4 基于岩石强度参数的脆性指数评价方法

作者（年份）	公式	变量说明
Protodyakonov（1962）	$BI_{25} = V_q \sigma_c$	
Huck 和 Das（1974）	$BI_{26} = \dfrac{\sigma_c}{\sigma_t}$	
	$BI_{27} = \dfrac{\sigma_c - \sigma_t}{\sigma_c + \sigma_t}$	V_q：小于0.6mm的碎屑百分比； θ：内摩擦角，（°）
Altindag（2003）	$BI_{28} = \dfrac{\sigma_c \sigma_t}{2}$	
	$BI_{29} = \dfrac{\sqrt{\sigma_c \sigma_t}}{2}$	
Huck 和 Das（1974）	$BI_{30} = \dfrac{\pi}{4} + \dfrac{\theta}{2}$	
	$BI_{31} = \sin\theta$	

（二）岩石脆性指数预测实例

从上述国内外关于脆性指数预测的方法可见，不同类别方法各具特点，由于脆性表征的复杂性，实际应用中应根据地层特点开展针对性研究。在国内外关于脆性指数评价方法研究成果的基础上，结合某区块龙马溪组页岩岩石力学实验分析结果，本书西南石油大学研究团队提出并建立了基于应力—应变曲线峰值强度与峰值应变比值计算岩石脆性指数的方法（吴涛，2015），脆性指数的计算式见式(8-41)，从该表达式可见，当峰值强度越大，且峰值应变越小时，岩石的脆性越强，特点是参数易取值。

$$BI = \alpha \frac{\sigma_p}{\varepsilon_p} \tag{8-41}$$

式中 α——系数。

同时通过大量实验，分析总结得到了表8-5所示的某区块龙马溪组页岩脆性分级评价标准，将该区块龙马溪组页岩脆性分为极高脆性、高脆性、脆性、中度脆性和低脆性5个等级。

表8-5 龙马溪组页岩脆性等级分类表

等级	脆性指数 B	脆性描述
1	>40	极高脆性
2	30~40	高脆性
3	20~30	脆性
4	10~20	中度脆性
5	<10	低脆性

进而得到了式(8-42)和式(8-43)所示的某区块的龙马溪组页岩脆性指数测井预测模型。

$$BI = 19.32e^{-0.058X} + 1.31e^{0.0418Y} + 6.63Z - 1.10 \tag{8-42}$$

$$BI = -77.98\rho_b - 1.94\phi + 411600 \frac{\rho_b}{\Delta t_s}\left(\frac{3\Delta t_s^2 - 4\Delta t_c^2}{\Delta t_s^2 - \Delta t_c^2}\right) + 212.17 \tag{8-43}$$

式中，X 为黏土矿物含量，%；Y 为石英含量，%；Z 为黄铁矿含量，%；ρ_b 为岩石密度，g/cm³；ϕ 为岩石孔隙度，%；Δt_s 为横波时差，μs/m；Δt_c 为纵波时差，μs/m。

结合四川盆地龙马溪组页岩以往开发经验发现，主力产层段的岩石脆性要比非产层段的岩石脆性高。根据井段剖面脆性分析，预测结果［脆性指数 B，依据式(8-43) 计算］显示该井产层段脆性指数高，上段非产层段脆性指数值相对低。

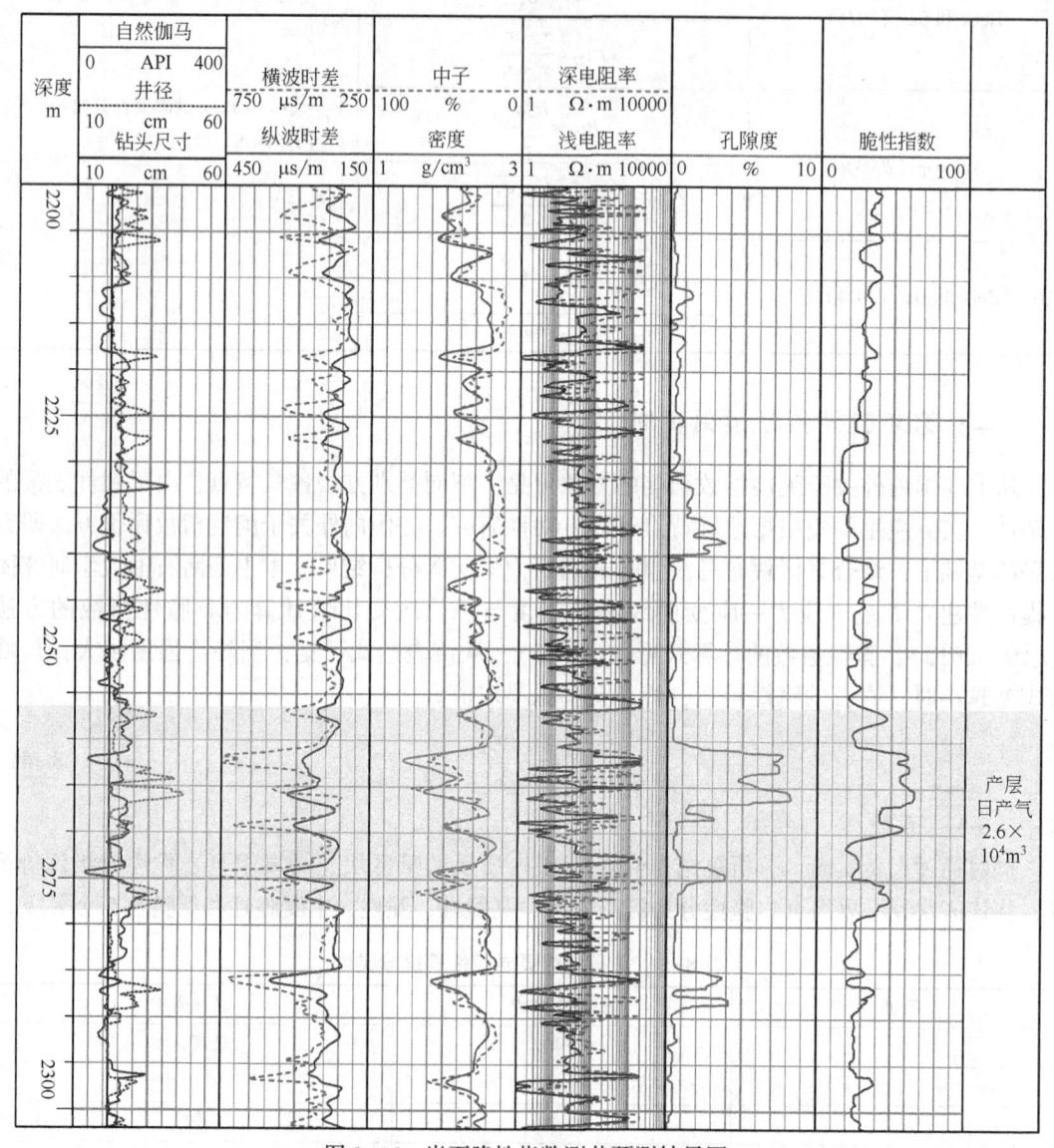

图 8-16 岩石脆性指数测井预测结果图

五、地质力学参数的测井智能预测

割理发育煤岩、缝洞碳酸盐岩、砾岩等复杂地层均具有强非均质性，且割理、裂缝、砾石等结构在地层中的发育特征常呈现随机、无规律性，采用常规岩石力学与岩石物理理论建立的地质力学参数预测模型适用性差、精度

彩图 8-16

偏低。机器学习算法能自动学习数据特征和挖掘大数据隐藏的信息，在解决参数间强非线性映射关系方面具有较明显的优势，一定程度上能提高参数的预测精度，在地层地质力学参数预测中应用越来越多。

随着计算机科学和人工智能的发展，机器学习算法取得长足的发展，机器学习算法有多种，包括BP神经网络（BP）、人工神经网络（ANN）、XGBoost、随机森林（RF）、卷积神经网络（CNN）、支持向量机（SVM）、决策树（CART）、长短时记忆神经网络（LSTM）、双向长短期记忆神经网络（BiLSTM）、多层极限学习机模型（MELM）、粒子群优化（PSO）、适应模糊神经推理系统（ANFIS）等，每种算法都有优点也有缺点，本书对各种算法原理和特点不做详细介绍，仅对该领域的发展情况作概要总结梳理。表8-6为不同机器学习算法在地质力学参数预测中的应用效果。从表中看出，不同学者利用不同机器学习算法建立了不同岩性地层岩石强度参数、地层孔隙压力、地应力等参数的预测模型，并取得了较好的应用效果，反映了机器学习算法在地质力学参数预测中的广阔前景。

表8-6 不同机器学习算法在地质力学参数预测中的应用

参数	岩性	算法	输入参数	输出参数	R^2	均方根误差
岩石强度参数	砂岩	BP（Asadi，2017）	ϕ，ρ_b，K，Δt_c	σ_c	1.00	0.02
	凝灰岩	RF（Matin等，2018）	v_p	σ_c	0.93	—
				E_s	0.91	
	凝灰岩	SVM（Rahim等，2016）	v_p，ϕ，R_n	σ_c	0.95	2.14
	大理岩、石灰岩	CNN（He等，2021）	钻井数据	σ_c	0.91	0.04
	砂岩	CART（Mahmoodzadeh等，2022）	σ_c，σ_t，围压	C	0.95	—
				θ	0.60	
	砂岩	LSTM（Mahmoodzadeh等，2022）	σ_c，σ_t，围压	C	0.98	
				θ	0.85	
	凝灰岩	SHAP-XGboost（Nasiri等，2021）	ϕ，I_s（50），v_p，R_n	σ_c	1.00	0.65
				E_s	1.00	0.04
	石灰岩	COA-MLP（Maryam等，2019）	ρ_b，v_p，ν	σ_c	0.98	—
				E_s	0.98	—
地层孔隙压力	砂岩	RF（Yu等，2020）	ϕ，v_p，V_{sh}	σ_{ef}	0.87	0.02
	碳酸盐岩	MELM-PSO（Farsi等，2021）	ILD，CNL，Δt_c	p_p	0.99	0.08
	砂泥岩	CNN-LSTM（许玉强等，2023）	GR，v_p	Eaton指数	—	0.04
	碳酸盐岩	LSSVM-PSO（Delavar等，2023）	GR，CNL，P_e，ρ_b，DEP，Δt_c	p_p	0.97	—
	砂泥岩	LightGBM（Li等，2023）	ρ_b，GR，CAL，CNL，Δt_c	p_p	0.65	3.419

续表

参数	岩性	算法	输入参数	输出参数	预测结果评价指标 R^2	均方根误差
地层水平主应力	砂岩	BP（张辉等，2023）	GR、CNL、ρ_b、Δt_c	$\sigma_{H1}-\sigma_v$	—	<10%
				$\sigma_{H2}-\sigma_v$	—	<10%
	砂岩	ANFIS（Ibrahim等，2021）	GR、ρ_b、Δt_c、Δt_s、E_d	σ_{H1}	0.98	
				σ_{H2}	0.96	
	碳酸盐岩	COA-ANN（Jamshidian等，2017）	GR、ρ_b、CNL、Δt_c	σ_{H2}	0.98	0.14
	砂岩	FR-GA-ANN（Han等，2018）	CAL13、CAL24、σ_v、p_m	σ_{H1}、σ_{H2}	0.99	—

注：C、θ—岩石内聚力、内摩擦角；R_n—施密特锤回弹数；I_s(50)——一种点荷载强度指标；DEP—深度；CAL13—1号、3号臂测量的井径；CAL24—2号、4号臂测量的井径；p_m—井内钻井液液柱压力。

机器学习算法的大量应用得益于计算机算力提升，其具有经济成本低、预测精度较高、可泛化等特点。下面以地层岩石强度和孔隙压力的预测为例，简要介绍基于机器学习算法的应用。

（1）无论何种机器算法，首选必须明确输入参数。测井信息众多，选取哪些测井参数作为输入参数，是实现地层岩石强度参数和孔隙压力预测的基础。输入参数确定的原则是选取与计算目标（岩石强度、孔隙压力）相关性较好的参数。不相关参数或相关度低参数作为输入参数，可能增加运算难度、降低运算效率，也可能导致难以得到可靠的预测结果。

以 Pearson 相关系数确定方法为例，可分别获取声波时差、密度、GR 等测井参数与岩石强度与孔隙压力的相关性，如图 8-17 和图 8-18 所示。从图 8-18 可见，可选择 AC、DEN、GR、CNL、Rs 测井曲线作为预测孔隙压力的输入参数。

（2）在确定输入参数后，利用学习样本构建样本库，并开展学习与训练。学习样本的数据越可靠、数据量越大，预测结果越可靠。对测井信息而言，测井解释结果越准确、井资料越多，越有利于开展学习与训练。

同时，各类输入参数具有不同的单位量纲。以测井信息为例，常用的输入参数声波时差与密度具有不同的单位。因此，在进行运算前，需要消除量纲对预测模型带来的影响，需要对数据进行处理使得无量纲化，常用归一化的方法如下所示：

$$Y_i(k) = \frac{X_i(k) - \min X_i(k)}{\max X_i(k) - \min X_i(k)} (i=1,2,\cdots,m; k=1,2,\cdots,n) \tag{8-44}$$

式中，$X_i(k)$ 为第 i 个参数中的第 k 个观测样本；$Y_i(k)$ 为第 i 个参数中的第 k 个观测样本的归一化值；m 为需要归一化的参数个数；n 为观测样本数。

（3）在输入参数与学习样本库确定后，可采用不同机器学习算法，确定输入参数与输出参数（岩石强度、孔隙压力）的关系。以 BP 神经网络为例，在确定一定误差函数后（误差函数的表示方法众多，通常采用实际输出和设计输出误差的平方和），进行权值更新，直到误差收敛至期望时训练结束，即可确定输入参数与输出参数的最优对应关系，从而实现以测井信息为基础，基于机器学习算法的地层岩石强度与孔隙压力预测。

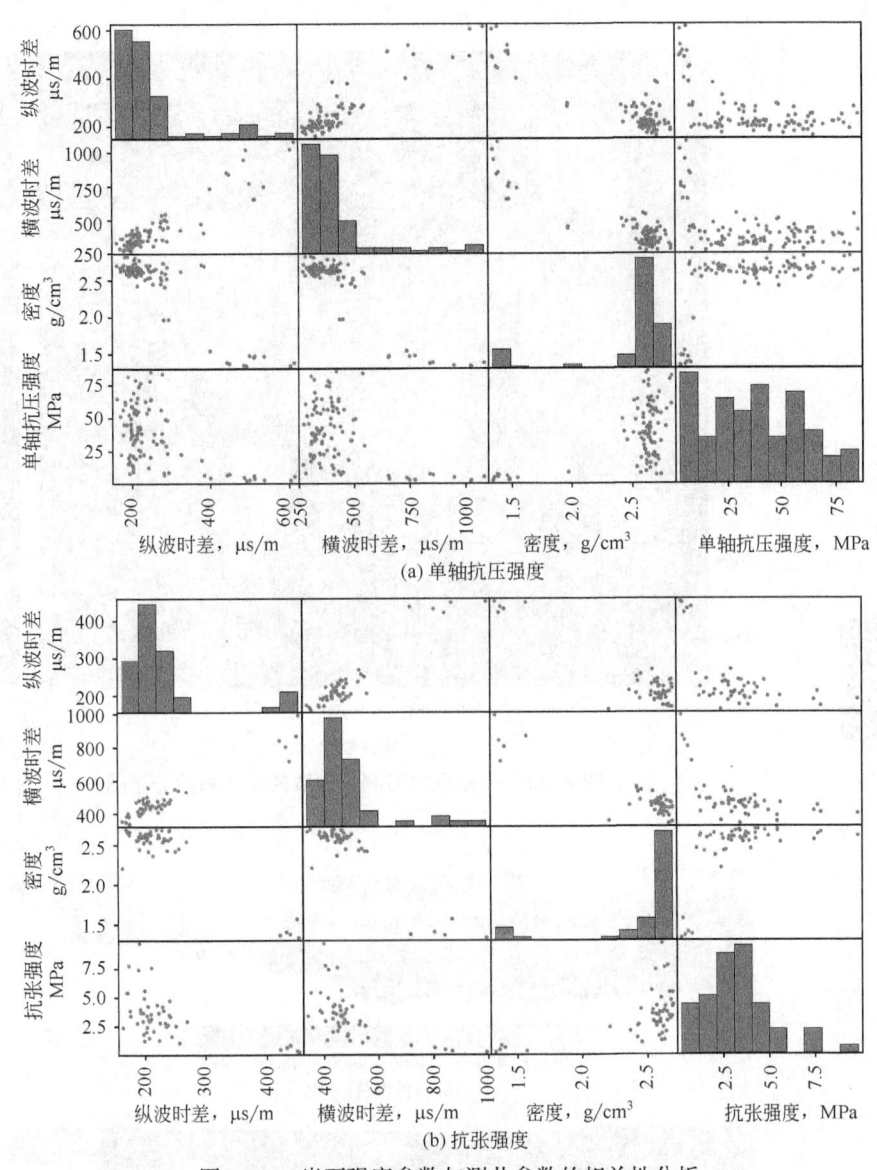

图 8-17　岩石强度参数与测井参数的相关性分析

六、测井与地震联合开展地质力学参数三维预测

受地层非均质性与复杂构造的影响，地层地质力学参数空间变化通常比较大，单纯依靠钻后测井地质力学参数评价结果指导勘探开发，尤其新井、待钻井的钻井完井优化设计可能带来较大偏差，因此，充分发挥测井数据对井剖面地层的高分辨率识别优势和地震对区域构造的宏观反映特点，测井、地震联合开展地质力学参数预测，为地质工程一体化高效开发油气资源提供支撑成为技术发展的必然。

（一）岩石力学参数的三维分布预测

在地质综合研究成果的基础上，构建三维地质模型并基于波速、波阻抗属性，以岩石力学参数测井分析结果为约束，可以实现地层岩石力学参数的三维分布预测。图 8-19 所示为某区块的三轴抗压强度、弹性模量与泊松比三维分布。图中以颜色变化表示强度参数的大小。

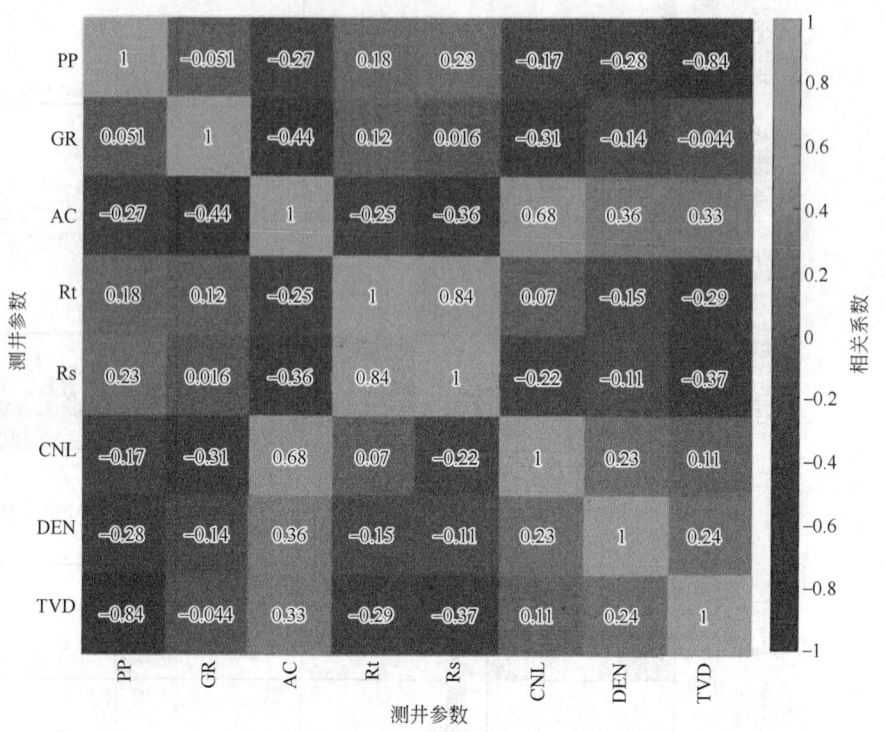

图 8-18　孔隙压力与测井参数的相关系数分布图

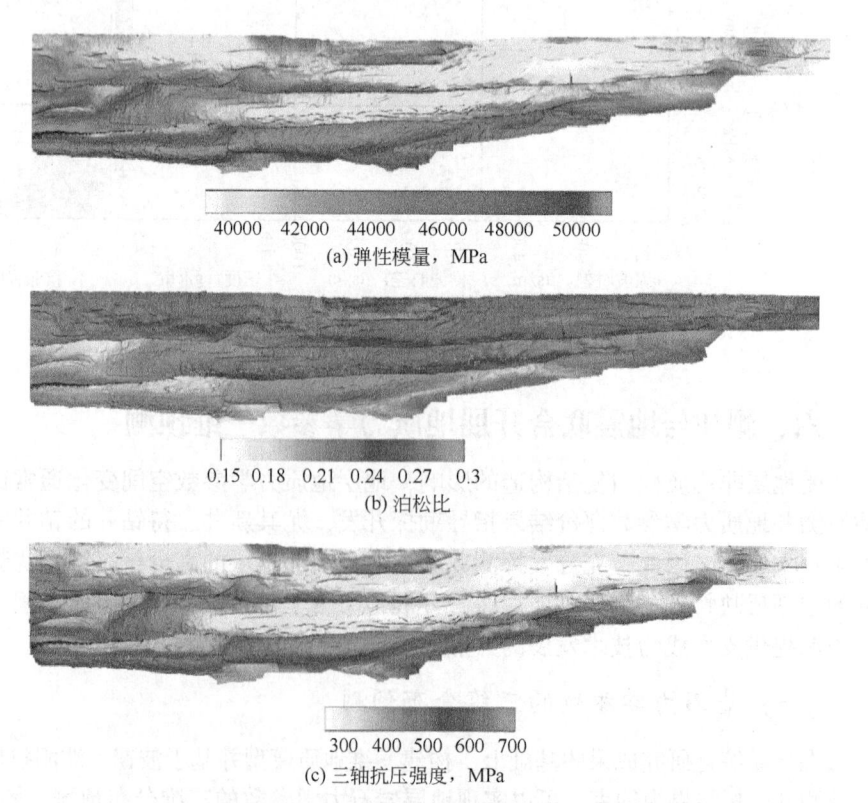

图 8-19　某区块岩石力学参数三维分布预测结果

(a) 弹性模量，MPa

(b) 泊松比

(c) 三轴抗压强度，MPa

（二）地应力的三维分布预测

在岩石力学参数三维分布预测的基础上，以地应力测井计算分析结果为约束，利用波阻抗、波速等地震属性与地应力的定量关系，或者利用有限单元、有限差分等数值模拟算法开展地应力模拟与反演，可以实现地应力的三维预测，得到三维地应力场分布。图 8-20 所示为某区块的地应力三维分布预测结果。图中以颜色变化表示强度参数的大小，色标负号表示压应力。

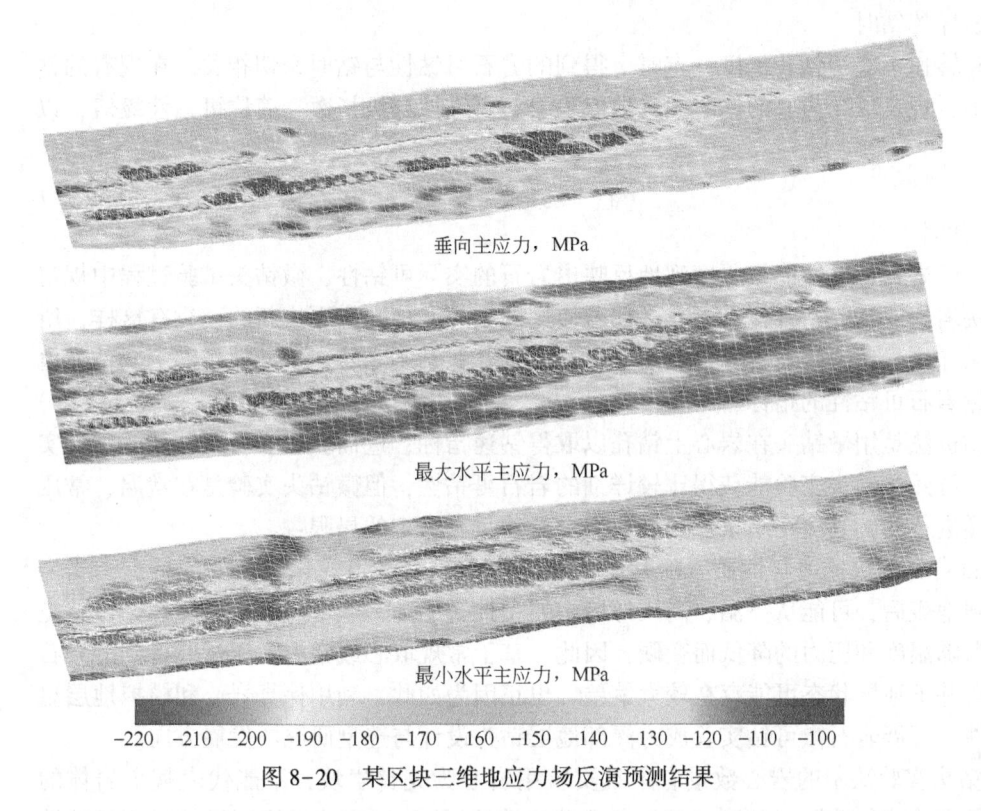

垂向主应力，MPa

最大水平主应力，MPa

最小水平主应力，MPa

−220 −210 −200 −190 −180 −170 −160 −150 −140 −130 −120 −110 −100

图 8-20　某区块三维地应力场反演预测结果　　　彩图 8-20

第二节　测井技术在钻井工程中的应用

测井资料是在钻开地层后获得的，不仅包含了丰富的地层信息，而且蕴含了大量的钻井信息，这些信息对钻井优化设计具有重要的指导意义。利用测井资料所携带的信息可以用于优选钻头，确定安全钻井液密度。同时，还可对钻井液的侵入深度、钻井液对泥页岩地层水化的抑制性及钻井液对泥页岩地层的适应性开展研究。此外，在大斜度井、水平井钻井过程中，利用随钻测井资料还可以及时修正井眼轨迹，达到预定靶位。

一、基于测井资料的岩石可钻性评价

（一）岩石可钻性及获取方法

岩石可钻性也是表征岩石强度特性的一个重要参数，在钻井工程中具有重要的应用价值，如指导钻头选型、用于钻头参数优选、预测钻速、制定生产定额等。与岩石的抗压、抗张、抗剪等强度参数不同，岩石可钻性是岩石在特定钻井条件下表现出来的一个动态参数，它不仅与岩石的抗压、抗张、抗剪等强度参数密切相关，而且取决于钻井条件（钻头类型、钻头磨损情况、钻井液性能及钻井参数等）。对于同一岩石，采用不同钻井条件，岩石可钻性通常表现出差异性。在实际应用中，为了便于比较不同岩石破碎的难易程度，一般采用微钻头实验法，即利用直径为31.75mm的微钻头，以907.2N的钻压和55r/min的转速，在岩心上钻一深为2.4mm的孔，并记录钻时。实验时，通常在每块岩样上钻取三个孔，取其平均钻时为该岩样的钻时。

当钻压和转速不变、钻孔深度一定时，得到的岩石可钻性与钻时密切相关。在现有的钻头选型研究中，规定以2为底的钻时的对数值为岩石可钻性分级指数，简称可钻性级值，以K_d表示：

$$K_d = \log_2 T \tag{8-45}$$

式中　T——钻时，s。

为使测得的岩石可钻性能够更客观地反映出岩石的实际可钻性，微钻头试验过程中规定必须确保每块岩样的试验条件保持不变，如若使用的钻头磨钝则应更换新的，只有这样，所得的试验结果才会只反映岩石本身性质的变化。此外，在钻压和转速不变的条件下，钻速也可以作为衡量岩石可钻性的指标。

微钻头钻进法是用微钻头在岩心上钻孔以取得钻速指标，进而获取岩石可钻性的一种实验模拟方法。虽然微钻头实验能获得比较详细的岩石可钻性，但微钻头实验是在常温、常压下对单个岩样进行的，其测定结果在现场应用中必然具有一定的局限：

（1）岩石自身的机械力学性质有随其所处的温度和应力状态变化而改变的特点，当岩石从地下取到地表后，可能从高温、高压环境中的塑性转变为常温常压下的硬脆性，也就是说会由软逐渐随温度和压力的降低而变硬，因此，基于常规取心或常温常压试验得到的岩石可钻性与真实井下地层状态可能存在较大偏差。也正因为如此，利用保真岩心和模拟地层温度、压力条件，开展岩石微可钻实验成为深部地层钻头设计与选型研究的发展方向。

（2）微钻头实验法中的岩心数量有限且实验用岩心为完整岩块，不能代表整个岩体的性质，特别是在非均匀地层（如裂缝较发育的破碎性地层），用完整岩块测得的岩石可钻性去代表破碎性地层的可钻性，必然使所选钻头与破碎性地层实际所需钻头出现偏差。

（3）室内测试的数据是离散的、孤立的、随机的，它们不能反映地层沿井剖面岩石可钻性的变化情况，不能够建立起岩石可钻性连续的变化剖面；另外，地层岩石与实验用岩心是有区别的，地层岩石受到流体和钻井液液体压力作用，而岩心试样没有，这也造成实验数据不能很好地反映实钻地层的可钻性。

（4）建立地区岩石可钻性剖面需要进行大量的岩石性质测定实验，这将花费大量的人力和资金。若将实验环境模拟成地层高温、高压条件，将需要花费更大的人力、物力、时间和资金。

为了使获得的岩石可钻性尽可能反映地层岩石的真实情况，在微钻头实验的基础上，一方面，部分研究人员提出了基于钻井录井数据和钻速方程的岩石可钻性评价方法，如以宾汉钻速方程为依据的dc指数法、以多项式钻速方程为依据的岩石综合可钻性预测方法等。另一方面，提出了基于室内相同条件下同步获得的岩石物理参数与岩石微钻头可钻性建立岩石可钻性预测模型的方法，以及基于岩石微钻头可钻性与对应深度测井参数建立岩石可钻性预测模型的方法。以测井参数或岩石物理参数为基础的方法主要包括利用声波时差预测岩石可钻性和利用多测井参数预测岩石可钻性两类。

声波测井通过记录声波在地层岩石中的传播特性来研究地层岩石的机械力学性质。声波测井曲线记录的声波时差与岩石的强度、硬度和弹塑性等密切相关，而岩石可钻性是表征岩石破碎难易程度的一个参数，它也与岩石的各种机械力学性质有关。因此，声波时差和岩石可钻性虽为两个不同的概念，但它们均间接反映了岩石的各种机械力学性质，是同一事物的不同体现。研究表明，测井获得的声波时差体现与岩石可钻性有关的因素主要包括：

(1) 岩性：岩性不同，声波时差值不同，岩石可钻性级值也不同。如声波时差为 225μs/m 的致密白云岩比时差为 310μs/m 的砂岩难钻，前者比后者的可钻性差。

(2) 孔隙度：孔隙性岩石孔隙度与声波时差呈线性关系。相同岩性的地层，声波时差越大、强度越低，岩石孔隙度也越大，可钻性就越好。

(3) 岩石胶结特征：胶结疏松地层的可钻性较好，声波时差大。

(4) 岩石埋深和地质年代：正常情况下，随埋深的增加和年代的久远，岩石压实程度不断增加，可钻性变差，声波时差也会随之降低。

综上所述，岩石声波时差能够体现岩石的可钻性。在应用声波时差曲线进行岩石可钻性预测时，仅用它作为岩石可钻性预测的唯一变量可能会造成同一声波时差曲线下地层岩石可钻性多解的情况，还需辅以其他测井资料，即基于多测井参数预测岩石可钻性。尽管基于测井资料的岩石可钻性预测方法存在某些不足，但仍然在一些油气田的实际应用中发挥了重要作用，并取得了一定的经济效益。

(二) 应用实例

20 世纪 90 年代以来，国内不少油气田都开展了利用测井资料预测岩石可钻性并进而利用测井资料建立全井岩石可钻性剖面的研究工作，并建立了一些可钻性预测模型。

图 8-21(a) 为某区块实验测定的岩石可钻性与纵波时差间的统计关系，其表达式为

$$K_d = -3.714\ln\Delta t_c + 19 \quad (R^2 = 0.6506) \quad (8-46)$$

利用该统计关系式，将纵波时差测井资料输入，计算得到的全井岩石可钻性级值见图 8-21(b)。从图中可见，低声波时差地层的可钻性级值高，可钻性差。

此外，实际应用过程中，对于地层可钻性的评价，除了可钻性级值外，通常还会结合岩石硬度、岩石研磨性进行综合分析，如图 8-22 所示。从图中可发现，地层声波时差较小，可钻性级值、硬度与研磨性较大，整体地层可钻性较差。此处的应用案例分析，均只采用了基于声波时差的单因素模型，为进一步提升可钻性评价精度，许多学者通过声波时差、密度、泥质含量等多种参数相结合，形成了不同类型的地层可钻性评价模型，在此不一一赘述。

二、井壁坍塌压力与破裂压力的测井评价

钻井过程中，钻井液取代了原来井眼处的岩石，当井内的液柱压力太低时，井壁将可能发生坍塌；当井内的液柱压力太高时，井壁将可能发生张性破裂。因此，钻井液密度存在一个"安全"范围，在这个安全范围内钻井，将不会出现井壁坍塌或钻井液漏失等复杂问题。

(a) 可钻性与声波时差的关系

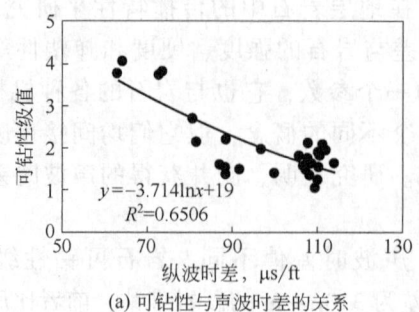

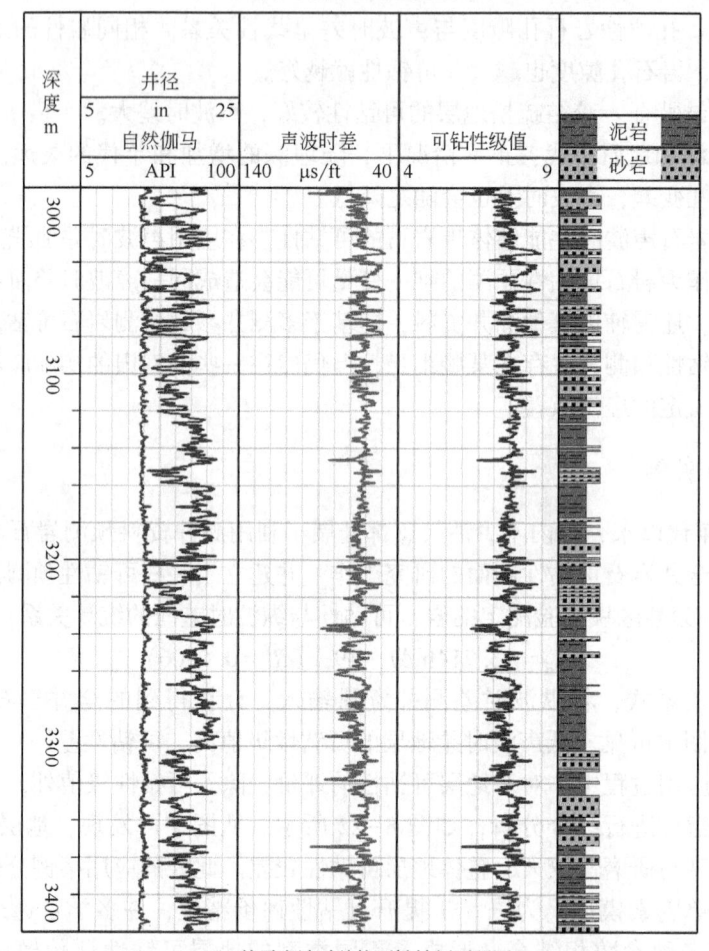

(b) 基于声波时差的可钻性剖面预测

图 8-21 某区块的声波时差与岩石可钻性

彩图 8-21

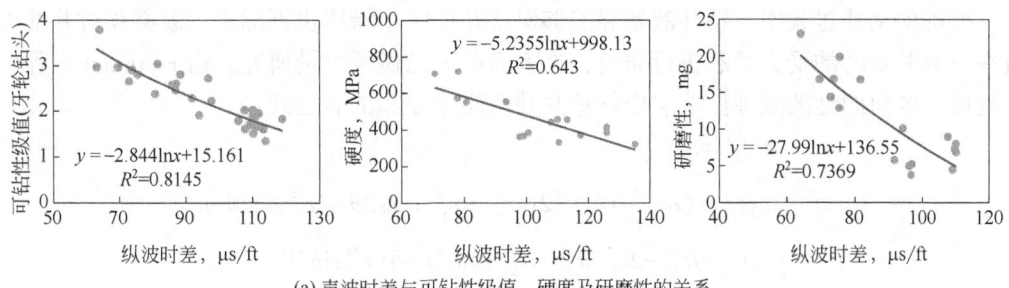

(a) 声波时差与可钻性级值、硬度及研磨性的关系

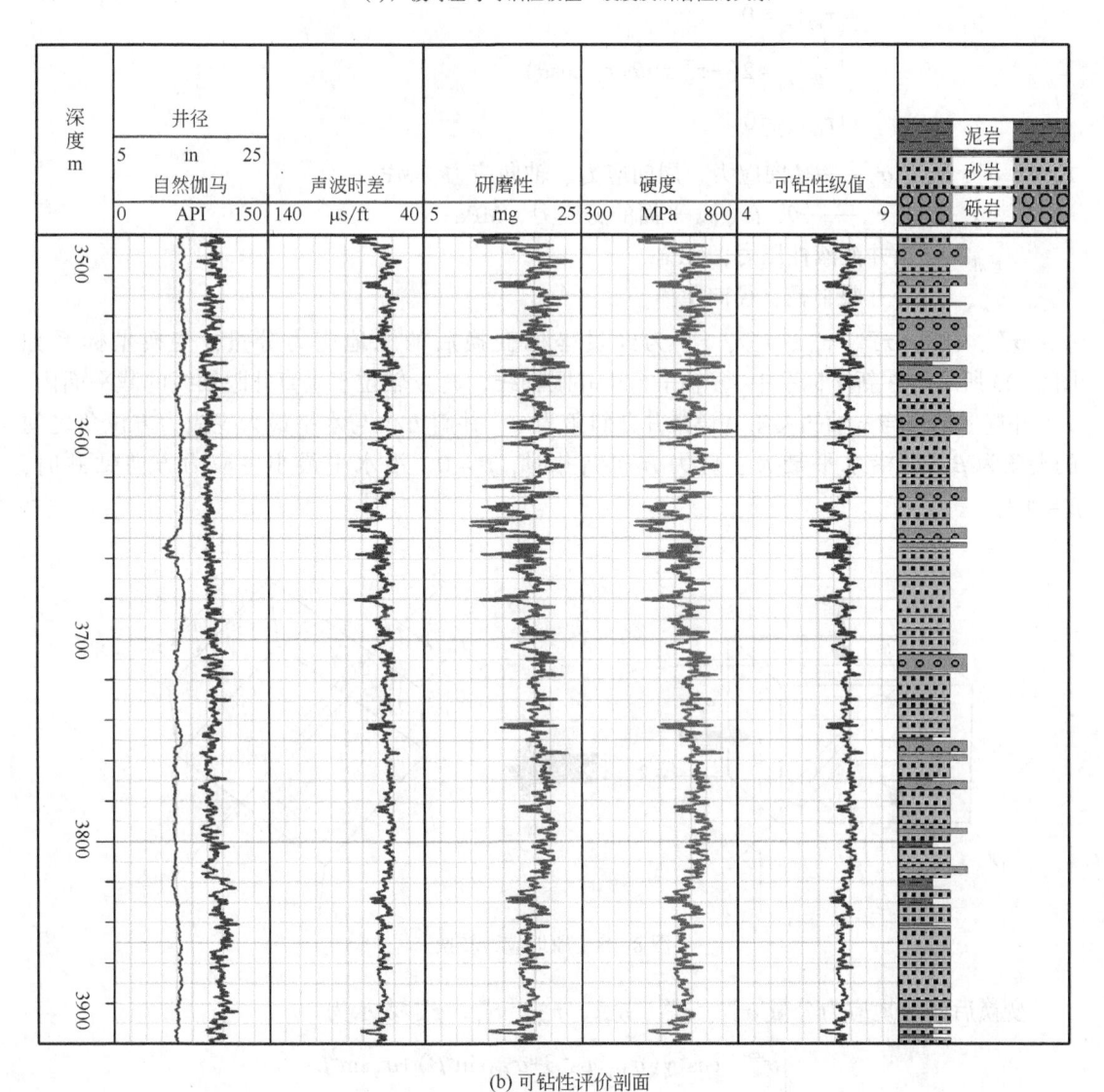

(b) 可钻性评价剖面

图 8-22 某区块地层的可钻性评价剖面

彩图 8-22

要确保钻井过程中,钻井液始终能够保持井壁既不垮塌也不漏失,就必须对井壁周围岩石在形成井眼时的受力状态进行研究,这方面前人已做了大量研究。由 Fairhurst 方程可得到在均质、各向同性的线弹性地层中任意井井壁应力分布的表达式:

$$\begin{cases} \sigma_r|_{r_w} = p_{wf} \\ \sigma_\theta|_{r_w} = (\sigma_x^\infty + \sigma_y^\infty) - 2(\sigma_x^\infty - \sigma_y^\infty)\cos2\theta - 4\tau_{xy}^\infty\sin2\theta - p_{wf} \\ \sigma_z|_{r_w} = \sigma_{zz}^\infty - 2v_S(\sigma_x^\infty - \sigma_y^\infty)\cos2\theta - 4\nu\tau_{xy}^\infty\sin2\theta \\ \tau_{r\theta}|_{r_w} = 0 \\ \tau_{\theta z}|_{r_w} = 2(-\tau_{xx}^\infty\sin\theta + \tau_{yz}^\infty\cos\theta) \\ \tau_{rz}|_{r_w} = 0 \end{cases} \quad (8-47)$$

式中 σ_r、σ_θ、σ_z——径向应力、周向应力、轴向应力,MPa;

$\tau_{r\theta}$、$\tau_{\theta z}$、τ_{rz}——$r\theta$、θz、rz 平面的剪应力,MPa;

p_{wf}——钻井液液柱压力,MPa;

r_w、r——井眼半径、径向距离,m。

σ_x^∞、σ_y^∞、σ_z^∞、τ_{xy}^∞、τ_{xz}^∞、τ_{yz}^∞ 为经过坐标变换后的原地应力分量,变换坐标系如图 8-23 所示。在新坐标系中,z 轴平行于井眼轴线,x、y 轴位于垂直井眼轴线的截平面内,θ 为井壁上某点与 x 轴的夹角。设某井井斜角为 γ,井斜方位与水平最大主应力方位角之间的夹角为 β,即沿水平最大主应力方向钻井时,$\beta = 0$;沿水平最小主应力方向钻井时,$\beta = 90°$。

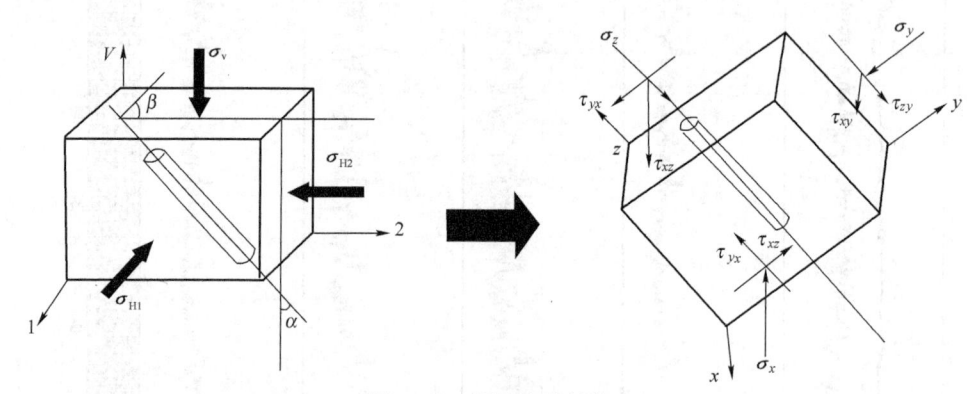

图 8-23 原地应力转换

变换后的原地应力分量 σ_x^∞、σ_y^∞、σ_z^∞、τ_{xy}^∞、τ_{xz}^∞、τ_{yz}^∞ 表示为

$$\begin{cases} \sigma_x^\infty = \cos^2\gamma(\sigma_{H1}\cos^2\beta + \sigma_{H2}\sin^2\beta) + \sigma_v\sin^2\beta \\ \sigma_y^\infty = \sigma_{H2}\cos^2\beta + \sigma_{H1}\sin^2\beta \\ \sigma_z^\infty = \sin^2\gamma(\sigma_{H1}\cos^2\beta + \sigma_{H2}\sin^2\beta) + \sigma_v\cos^2\gamma \\ \tau_{xy}^\infty = \cos\gamma\sin\beta\cos\beta(\sigma_{H1} - \sigma_{H2}) \\ \tau_{xz}^\infty = \cos\gamma\sin\gamma(\sigma_{H1}\cos^2\beta + \sigma_{H2}\sin^2\beta - \sigma_v) \\ \tau_{yz}^\infty = \sin\gamma\sin\beta\cos\beta(\sigma_{H1} - \sigma_{H2}) \end{cases} \quad (8-48)$$

由式(8-48)进一步计算得到井壁（$r=r_w$）处的三个主应力分量：

$$\begin{cases} \sigma_1 = \sigma_r \\ \sigma_2 = \dfrac{\sigma_\theta + \sigma_z}{2} + \dfrac{\sqrt{(\sigma_\theta - \sigma_z)^2 + 4\tau_{\theta z}^2}}{2} \\ \sigma_3 = \dfrac{\sigma_\theta + \sigma_z}{2} - \dfrac{\sqrt{(\sigma_\theta - \sigma_z)^2 + 4\tau_{\theta z}^2}}{2} \end{cases} \quad (8\text{-}49)$$

式中，σ_1、σ_2、σ_3 的大小顺序在具体计算中确定。

在已知井壁地层主应力的基础上，由 Mohr—Coulomb 破坏判据可确定出确保井壁不发生垮塌的钻井液密度下限；而由最大拉应力理论可确定出确保井壁不发生张性破裂的钻井液密度上限。

Mohr—Coulomb 破坏判据为

$$\sigma_{\max} - \alpha_p \cdot p_p = (\sigma_{\min} - \alpha_p \cdot p_p)\dfrac{1+\sin\theta}{1-\sin\theta} + 2C \cdot \dfrac{\cos\theta}{1-\sin\theta} \quad (8\text{-}50)$$

$$\sigma_c = \dfrac{2C\cos\theta}{1-\sin\theta} \quad (8\text{-}51)$$

式中　$\sigma_{\max}$、$\sigma_{\min}$——井壁最大、最小主应力（由 σ_1、σ_2、σ_3 的具体大小确定），MPa。

当式(8-50)的左边等于右边时，井壁处于极限稳定状态；当式(8-50)的左边大于右边时，井壁将失去稳定性，发生垮塌；当式(8-50)的左边小于右边时，井壁稳定。

按照最大拉应力理论，井壁应力满足下列不等式时将发生张性破裂：

$$\begin{cases} \sigma_{\min} - \alpha_p p_p < -|\sigma_t| \\ \sigma_t = \dfrac{2C\cos\theta}{1+\sin\theta} \end{cases} \quad (8\text{-}52)$$

式中　$\sigma_{\min}$、σ_t——井壁最大拉应力、岩石抗张强度，MPa。

当 $\sigma_{\min} - \alpha_p p_p = -|\sigma_t|$ 时，井壁岩石处于张性极限平衡态；当 $\sigma_{\min} - \alpha_p p_p > -|\sigma_t|$ 时，井壁岩石稳定。

求解式(8-50)、式(8-52)可得到保证井壁不发生剪切变形的钻井液柱压力极限（坍塌压力）和保证井壁不发生张性破裂的钻井液柱压力极限（破裂压力），进而得到保持井壁稳定的"安全"钻井液液柱压力范围。图 8-24 为某井段基于测井资料计算得到的岩石强度、地应力数据，以及在此基础上获得的地层坍塌压力与破裂压力。常规钻井过程中，根据地层孔隙压力、坍塌压力与破裂压力的相对大小，可以获得安全钻井所需的钻井液密度窗口，即钻井液安全密度窗口。该井为直井，在此井段的坍塌压力梯度变化范围为 1.82~2.33MPa/100m，破裂压力变化范围为 2.44~2.58MPa/100m。整体全井段破裂压力变化幅度较小，坍塌压力较高，地层孔隙压力较低，因此，该井的钻井液密度窗口主要由破裂压力与坍塌压力间的差值决定，钻井液安全密度窗口在上部相对更宽，下部随着坍塌压力增大，安全密度窗口缩小。

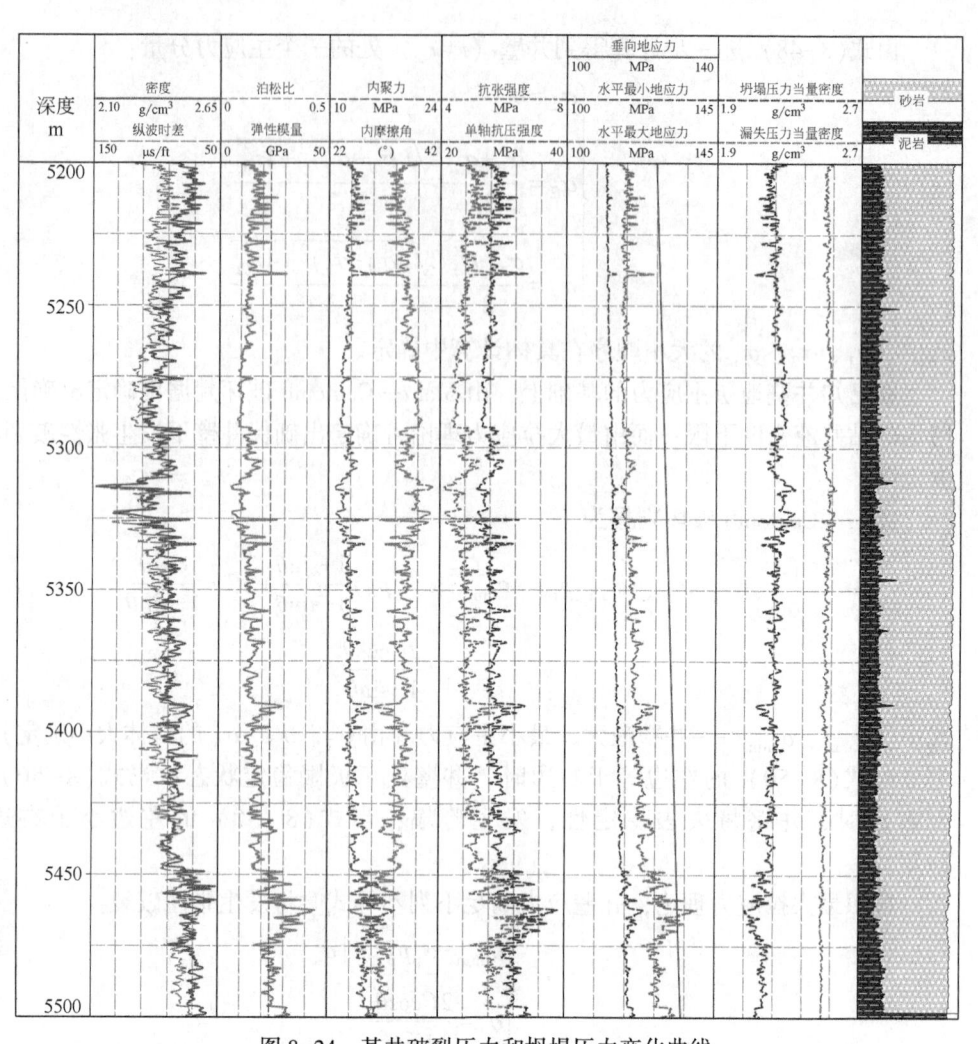

图 8-24 某井破裂压力和坍塌压力变化曲线

三、应用测井资料评价钻井液抑制性及侵入状况

(一) 利用测井资料的径向特性和时间推移性评价钻井液的水化抑制性

1. 利用不同探测深度的电阻率曲线评价钻井液的水化抑制性

在传统的测井解释和常规的储层评价中，电阻率测井一般可用于划分渗透性地层、与孔隙度测井资料结合求取地层的含油气饱和度。无论是用于渗透性地层的划分，还是计算地层的含油气饱和度，都是基于以下认识和假设：

（1）正压差钻井过程中，钻井液在正压差作用下将侵入井眼周围渗透性地层并驱替地层中原有流体，使井眼周围地层孔隙中充满钻井液和不可动地层流体。根据受影响的程度和距离井眼的径向距离，可以将井周地层划分为冲洗带、过渡带及原状地层，其中过渡带和冲洗带又统称为侵入带，见图 8-25。

（2）地层与钻井液之间不发生相互作用，在整个钻井过程中地层保持不变。

（3）地层一定的情况下，地层导电能力的变化取决于地层孔隙中导电流体的变化。

因此，对储层，如果钻井液侵入深度过大，超过电阻率测井仪的最大径向探测深度后，就可能使在仪器探测深度范围内的地层流体性质趋于一致，导致不同探测深度的电阻率测井曲线响应值趋于一致，结果使可能的含油气层被漏掉。

长期以来，在"钻井液与地层之间不发生相互作用"的假设和认识的指导下，人们一直认为"在泥页岩地层，不同探测半径的电阻率测井仪测量到的地层应该是一样的，都为原状地层，即不同探测深度的电阻率测井曲线应该重合"，这也是测井评价储层的基础假设之一。也正是由于这个假设，电阻率测井资料在油气钻井工程中的可能应用——钻井液对泥页岩地层的水化作用影响及水化抑制性评价被忽略了。

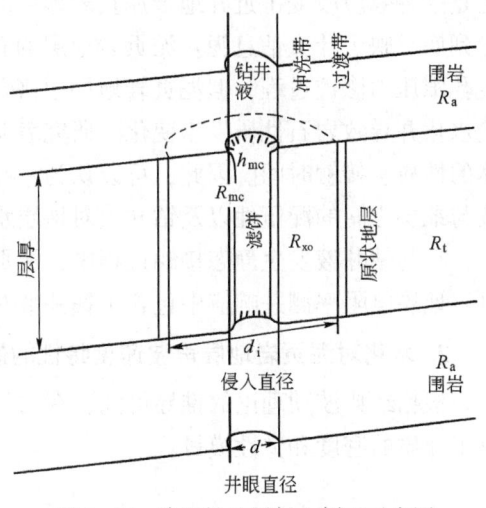

图 8-25 渗透性地层侵入剖面示意图

大量的数据统计和实验研究表明，在绝大部分泥页岩地层，不同探测深度的电阻率曲线存在明显分离，见图 8-26。这表明在泥页岩地层也存在类似渗透性地层的"侵入"效应，

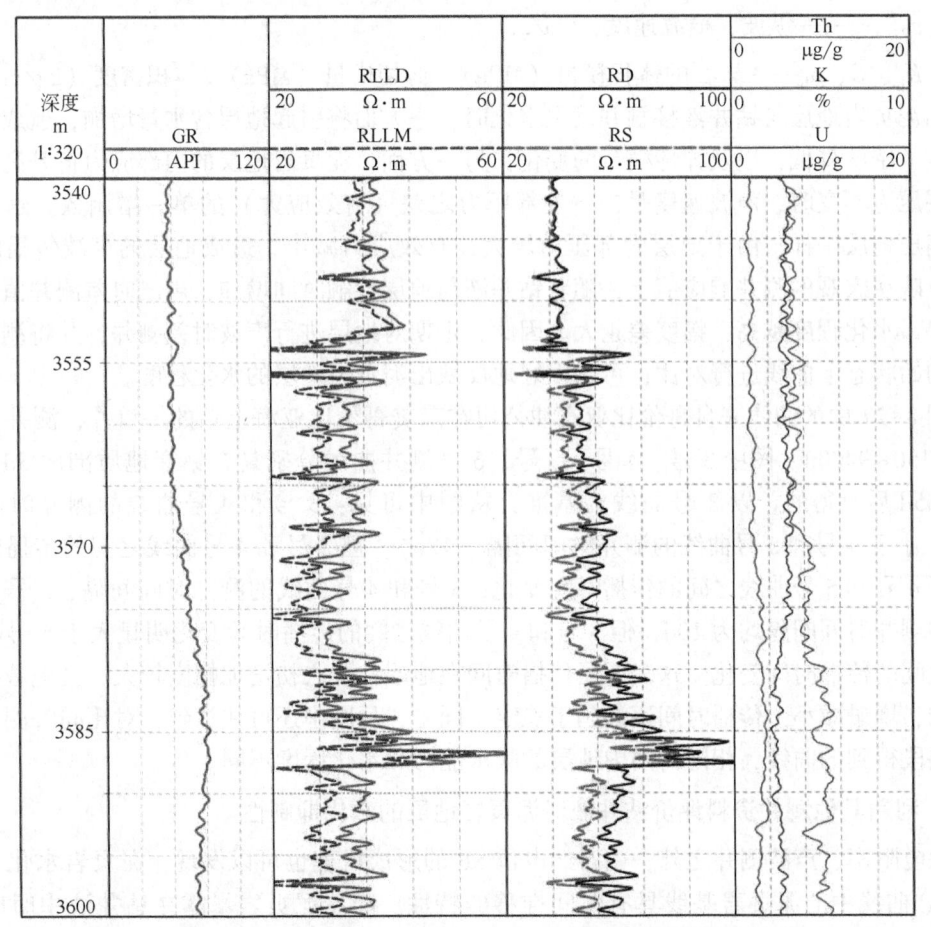

图 8-26 SHJ 组硬脆性泥页岩地层与钻井液接触时深浅电阻率的变化特征

· 287 ·

正是这种效应改变了近井地带泥页岩地层的状态。那么，泥页岩地层不同电阻率曲线间的差异到底反映了什么信息呢？泥页岩地层的有效渗透率极低，在一般的钻井压差下都不可能发生孔隙压力渗透过程，但泥页岩地层中富含黏土矿物，黏土矿物在与外来流体接触时极易发生水化并导致岩石性质发生变化。研究表明，泥页岩与钻井液相互作用的速度取决于接触流体的性质、接触时间。因此，可以认为，在泥页岩地层，电阻率曲线的分离程度包含了钻井液与地层之间的配伍性以及钻井液对地层水化作用的抑制性方面的信息。

在与钻井液发生静态接触过程中，泥页岩地层的导电性也发生了变化。实验也表明，泥页岩地层电阻率测井响应中包含了钻井液对泥页岩地层水化作用抑制性的信息。

2. 水化对泥页岩地层声波速度特性的影响

根据经典波动理论的推导可知，在均匀且各向同性的连续介质中，其声波的传播速度取决于介质的密度和弹性模量：

$$v_P = \sqrt{\frac{K_b + \frac{4G}{3}}{\rho_b}}$$

$$v_S = \sqrt{\frac{G}{\rho_b}}$$

(8-53)

式中 v_P、v_S——纵波、横波速度，km/s；

K_b、G、ρ_b——岩石的体积模量（MPa）、剪切模量（MPa）、体积密度（kg/m³）。

当泥页岩地层与钻井液接触并发生水化时，一方面将引起地层含水量增加，造成岩石机械强度、密度降低，以及弹性模量的变化；另一方面，泥页岩地层的内部应力将升高。在上覆岩层压力不变时，声波速度是内、外部压力之差（有效应力）的单一增函数。这就如同异常高压地层一样，由于地层内部压力增大，有效应力减小，造成地层的声波传播时间增加。反映在宏观的测井响应值上，随着钻井液与地层接触时间增加，声波时差测井值都呈递增趋势，水化程度越高，幅度差越大。因此，定期对地层进行声波时差测井，并将测得的曲线与初始状态下曲线进行对比，可以很好地反映出泥页岩地层的水化程度。

图 8-27 中的曲线来自哥伦比亚石油公司在南美哥伦比亚海上钻的一口井，测井曲线井段为 9150~9400ft。图中 3 号、4 号、5 号、6 号测井曲线分别是在钻穿地质剖面 3d、13d、25d、35d 后测得的。以 3 号曲线为基准，从图中可见：3 号和 4 号曲线的测井时间间隔（10d）小于 4 号和 5 号曲线的测井时间间隔（12d），但 3 号和 4 号曲线之间的传播时间变化大于 4 号和 5 号曲线之间的传播时间变化；3 号和 4 号曲线的测井时间间隔、5 号和 6 号曲线的测井时间间隔均为 10d，但 3 号和 4 号曲线之间的传播时间变化明显大于 5 号和 6 号曲线之间的传播时间变化。这表明了传播时间在地层钻开之初增加幅度较大，且随着接触时间增加，增量减小，传播时间逐渐趋于稳定。同时，从图中还可注意到，对比同一测井时间不同层段得到的曲线，相同时间内地层的吸水能力和水化程度不同。

3. 利用其他测井资料评价钻井液对泥页岩地层的水化抑制性

除电阻率、声波测井之外，由自然电位 SP 的形成机理也可以发现，泥页岩水化过程将导致 SP 曲线中的泥页岩基线具有时间推移的特性。随着泥页岩暴露在钻井液中时间的增加，地层水含量将发生变化，地层的密度、中子等曲线也都将呈现时间推移性。

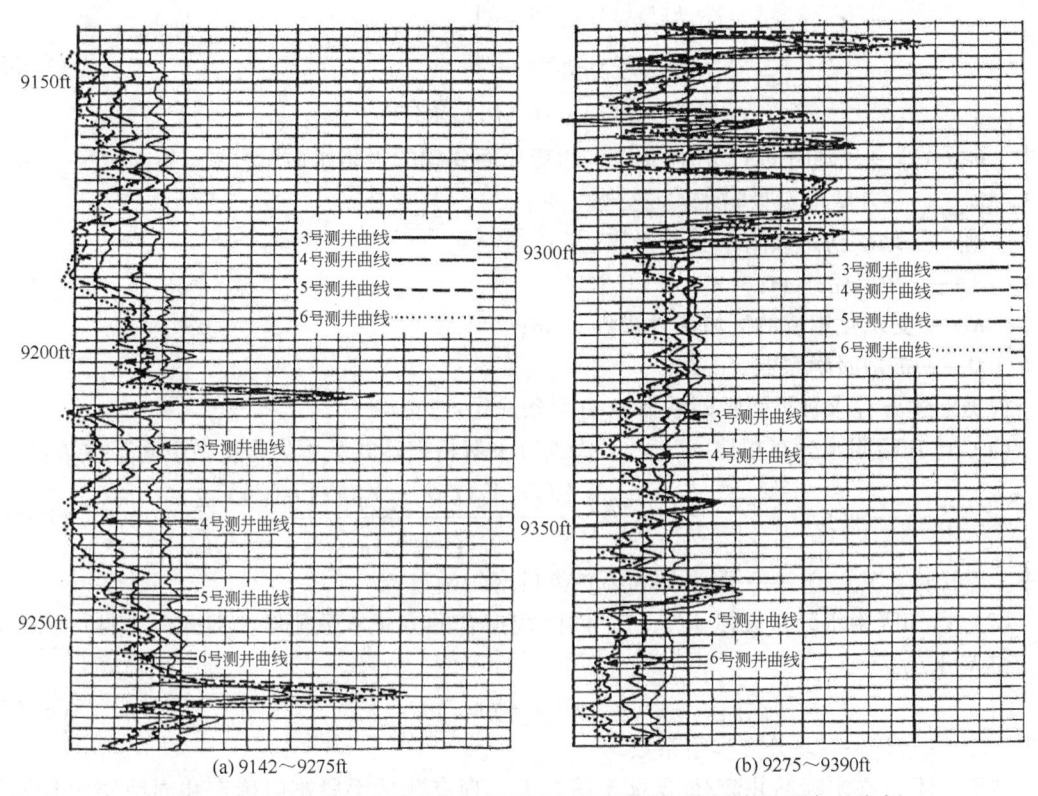

图 8-27　泥页岩地层声波时差随钻井液与地层接触时间增加而增加的实例

（二）水敏性泥页岩地层水化能力的测井评价

扩散吸附性是泥页岩地层与外来流体接触时呈现出的基本物理性质，扩散吸附系数则是表征这种能力的基本物理量，是研究泥页岩地层水化能力、水化程度及钻井液抑制性的重要参数。Chenevert（1970，1989）利用 Mancos 页岩、Willington 页岩及 Pierre 页岩岩心，对泥页岩地层与不同钻井液滤液接触时呈现出的扩散吸附性进行研究，发现相同地层与不同钻井液滤液接触时扩散吸附性不同，且泥页岩对钻井液滤液的扩散吸附能力不仅取决于泥页岩地层的黏土矿物类型、可交换性阳离子含量及类型，而且取决于与之接触的钻井液性质、接触时间、地层的温度和围岩压力等。钻井液/地层组成体系中任一环节的改变都可能造成地层扩散吸附规律、水化能力及水化程度的改变。扩散吸附系数越大，相同时间内岩样从钻井液中吸水越多，岩样的膨胀应变及在地层中产生的水化膨胀应力就越大，岩石强度降低得越多，井壁也越不稳定。因此，准确地确定特定钻井液/地层体系的扩散吸附系数，对于研究泥页岩地层的水化能力、水化程度及钻井液的水化抑制性等都具有重要意义。

1. 确定泥页岩地层扩散吸附系数的现有方法及存在问题

由质量守恒定律得到一维径向流状态下的吸附平衡方程：

$$D\left(\frac{\partial^2 w}{\partial r^2}+\frac{1}{r}\frac{\partial w}{\partial r}\right)=\frac{\partial w(r,t)}{\partial t} \tag{8-54}$$

定解条件：

$$\left.\begin{array}{l}w(r,t)\mid_{r=r_w}=w_{\max}\\w(r,t)\mid_{r=R}=w_0\end{array}\right\}\text{边界条件} \quad (8-55)$$

$$w(r,t)\mid_{t=0}=w_0 \quad \text{初始条件}$$

式中 $w(r,t)$ ——随时间 t、径向距离 r 的变化而变化的吸附水质量分数，%；

$w_{\max}$ ——井壁地层吸附水质量分数，%；

w_0 ——地层初始吸附水质量分数，%；

r_w ——井半径，cm；

R ——受水化影响的区域最外边界，cm；

D ——扩散吸附系数，cm²/s。

根据上述方程求解扩散吸附系数 D 有两条途径：

（1）已知吸附水分布规律 $w(r,t)$，代入以下解析表达式，可求得扩散吸附系数 D：

$$w(r,t)=w_{\max}+\int_0^\infty e^{-D\zeta^2 t}\frac{J_0(\zeta r)Y_0(\zeta a)-Y_0(\zeta r)J_0(\zeta a)}{J_0^2(\zeta a)+Y_0^2(\zeta a)}\frac{\mathrm{d}\zeta}{\zeta} \quad (8-56)$$

式中 $J_0(\zeta a)$、$Y_0(\zeta r)$ ——第一类和第二类贝塞尔函数。

（2）已知吸附水分布规律 $w(r,t)$，以曲线拟合的方式求数值解。对式（8-54）隐式差分，得差分方程：

$$c_i w_{i-1}+a_i w_i+b_i w_{i+1}=f_i \quad (8-57)$$

式中 c_i、a_i、b_i ——差分方程组系数。

然而，不仅在实际钻井液/地层体系情况下，现有测量手段难以确定井周地层内具体的吸附水含量分布，而且在实验中也难以获得各测量点的含水量变化规律，因此，利用现有求解方法确定特定钻井液/地层体系的扩散吸附系数存在较多困难。根据 Chenevert（1970，1989）研究成果，泥页岩地层吸附水含量发生变化的深度对应了水化应变的深度，在泥页岩结构、组成和钻井液性质给定的前提下，泥页岩地层与钻井液接触时，岩石结构特性、力学特性等的改变必然引起对应电阻率的改变，泥页岩地层吸附水含量发生变化的深度也必然对应于电阻率发生变化的深度，电阻率的变化间接反映了地层中吸附水含量的变化。因此，利用电阻率测井资料可以获得特定钻井液/地层体系的扩散吸附系数。

2. 利用电阻率参数确定扩散吸附系数及井周地层吸附水分布

由于黏土矿物特殊的物理—化学性质，当它与钻井液接触时，若滤液有效浓度低于地层水有效浓度，地层必然要从钻井液中吸水，导致井周地层含水量呈径向变化。现有研究表明，通过对测井资料的综合分析可以近似计算得到原状泥页岩地层的含水量 w_0、任意时刻井周地层的含水量及滤液侵入深度 d_i，这些参数连同式（8-55）、式（8-56）、式（8-57），利用拟合的方法求解得到特定钻井液/地层组成体系的扩散吸附系数 D 及对应的吸附水分布规律。相同时间内，滤液侵入深度越大，钻井液滤液与特定地层组成体系的扩散吸附常数越大，则泥页岩地层与该钻井液接触时的水化能力越强，钻井液防塌性能越差。

例如，已知 $R_{FL}/R_{LLD}=10$，$R_{LLM}/R_{LLD}=1.03$，由测井解释得到侵入带直径 $d_i=43.18$cm（侵入半径为21.59cm），测井时刻井壁地层吸附水质量分数 $w_{\max}$ 为7.25%，原状地层含水量 w_0 为5.75%，钻井至本次测井间隔约为48h。将这些参数代入模拟程序计算，可以得到：当 $D=0.000009$cm²/s 时，在模拟时间约等于48h时，侵入深度 r 约等于电阻率测井确定的侵入半径（21.59cm），模拟过程结束，此时得到的井周地层吸附水分布特征如图8-28所示。

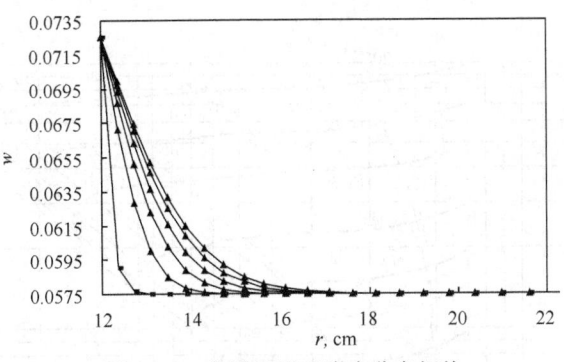

图 8-28 井周地层吸附水分布规律

综上所述，可得出下述结论：

(1) 从理论推导而言，可以利用钻井以后岩石物理性质随地层与钻井液接触时间的变化而变化的特征来预测钻井液滤液与地层组成的体系的扩散吸附系数 D 及与之对应的井眼围岩地层吸附水分布规律。相同时间内，滤液侵入深度越大，钻井液滤液与特定地层组成体系的扩散吸附系数越大，则泥页岩地层与钻井液接触时的水化能力越强，钻井液防塌性能越差，对井壁稳定越不利。但该方法需要测井提供的参数较多，因此，高质量的测井资料将是成功应用该方法的先决条件。

(2) 利用现有常规测井资料不仅可以确定泥页岩地层的矿物组成、地层水矿化度及理化性质，为防塌钻井液的设计提供基础数据，还可以对已水化地层的水化能力及水化程度进行评价。

(三) 钻井液侵入评价

利用不同探测深度电阻率曲线的分离程度来评价钻井液侵入储层的状况，是目前测井资料工程应用的又一领域。

电阻率测井划分渗透性地层、判断含油气地层都是利用钻井过程中钻井液对地层流体的驱替作用造成的井周地层电阻率与原状地层电阻率差异。一般认为，在钻井压差作用下，钻井液进入井周地层孔隙中，驱替其中的油气，并占据原来油气分布的空间，将使得井周附近地层中可导电流体的体积相对原状地层增加，可导电流体的体积随与井眼径向距离的增加而逐渐趋于原状地层的可导电流体体积。因此，这种条件下井周附近地层的电阻率将低于原状地层的电阻率，两者幅度差异越大，表明地层中可被驱替的流体越多，则地层的含油气饱和度越高。对于含水层，对通常的淡水钻井液钻井过程，钻井液滤液进入渗透性地层与地层流体逐渐发生混合，将改变原地层流体的性质，造成井眼周围地层流体的电阻率逐渐升高，与原状地层的电阻率差异逐渐增大。正因为如此，在电阻率测井中，设计了一系列不同探测深度的仪器来反映井眼周围不同范围内的地层特性。比如，微球形聚焦电阻率测井用于反映冲洗带电阻率，深浅双侧向和深浅双感应都可分别用于测量原状地层的电阻率和侵入带地层的电阻率，而阵列感应测井资料则以更多径向探测深度高分辨率地刻画出了井周一定深度范围内储层的流体分布变化。综合应用这些不同深度的测井曲线，不仅可以对储层的含流体性质作出判断，而且可以对钻井液的侵入深度作出评价。随着测井仪器技术的快速发展，井周径向地层的成像高分辨率刻画正在也必将为评价钻井液侵入储层和储层伤害程度提供更多更丰富的第一手资料。不同的仪器生产厂商对其仪器都给出了一些理论的侵入校正图版，如图 8-29(a)

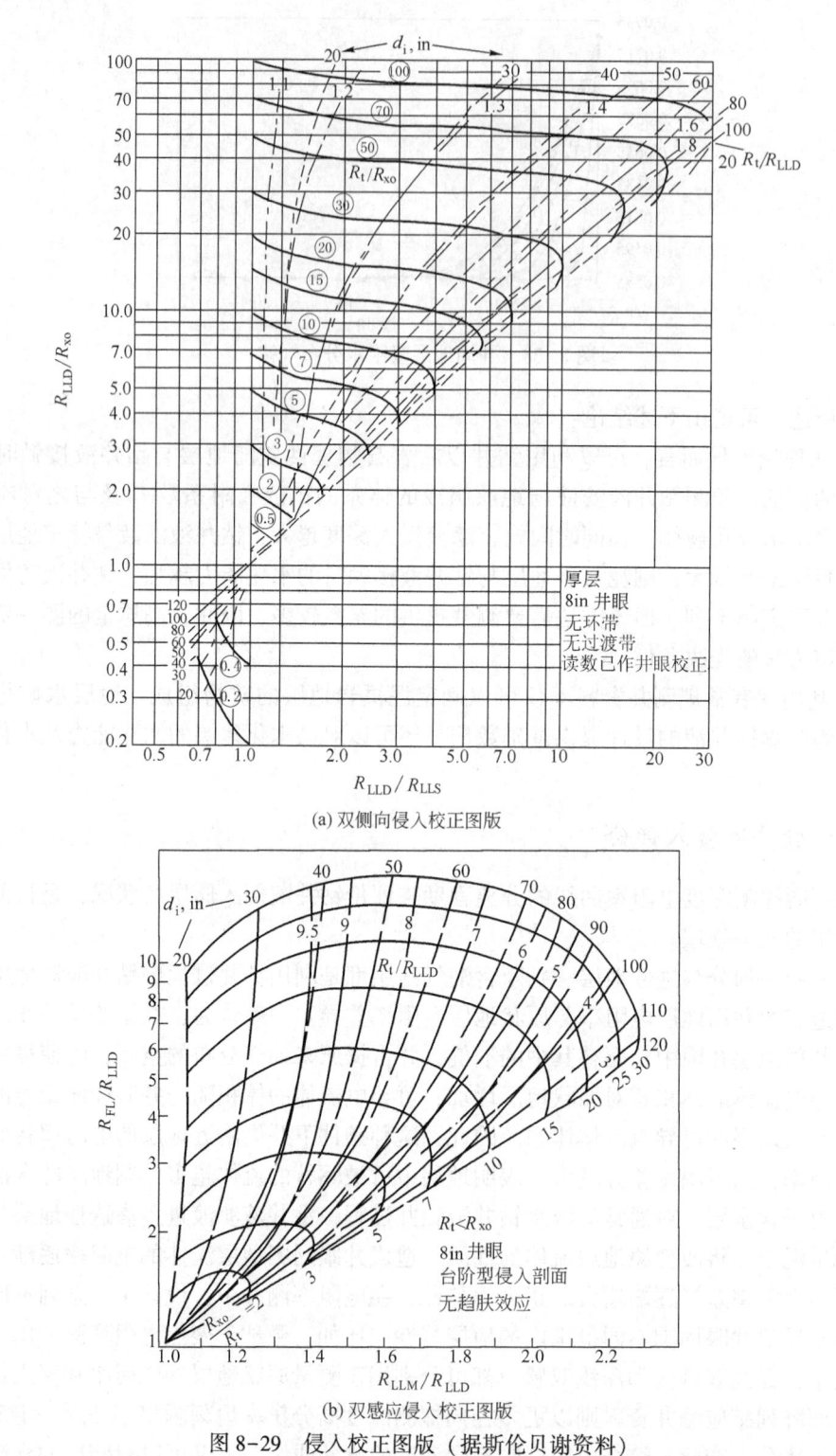

(a) 双侧向侵入校正图版

(b) 双感应侵入校正图版

图 8-29 侵入校正图版（据斯伦贝谢资料）

和图 8-29(b) 分别为斯伦贝谢公司双侧向、双感应侵入校正图版。理想情况下，利用这类图版在对仪器响应进行侵入校正的同时，可以得到钻井液的侵入深度。但实际钻井条件下，由于侵入的复杂性，利用这种方法得到的侵入深度可能偏差较大，因此，部分学者针对特定的地层，建立了模拟钻井液侵入地层的实验装置系统，研究了钻井液侵入深度的变化规律，并取得了一定的效果。

四、与水化相关的泥页岩理化性能的测井评价

泥页岩水化的直接结果可能以泥页岩的遇水膨胀和遇水致裂两种方式表现出来，泥页岩的矿物组成及其黏土矿物类型和含量、阳离子交换容量以及地层水的活度直接影响到泥页岩水化的程度、水化引起岩石破坏的形式，以及对地层失稳机制的认识，是钻井液对泥页岩水化抑制性设计及防塌性能设计与调整的地质依据，直接关系到稳定井壁钻井液技术的建立。本节将简要介绍如何利用测井资料获取这些参数。

（一）利用测井资料确定泥页岩地层黏土矿物类型及含量

从前面章节已经知道，利用元素测井可以分析得到地层岩石中包括黏土矿物在内的主要矿物及含量，本节简要介绍综合利用自然伽马能谱、密度、中子等常规测井资料确定地层中黏土矿物类型及含量。

1. 黏土矿物的基本理化特征

不同类型黏土矿物在化学组成、骨架密度、光电吸收截面、阳离子交换能力、含氢指数 HI 以及 U、Th、K 含量等方面存在显著差异，见表8-7。黏土矿物化学组成和物理性质的差异是利用测井资料确定地层中黏土矿物类型的依据。

表8-7 地层中常见黏土矿物的特征参数（据斯伦贝谢资料）

黏土矿物	绿泥石	伊利石	高岭石	蒙脱石
体积密度，g/cm^3	2.60~2.96	2.64~2.69	2.60~2.68	2.2~2.7
含氢指数 HI	0.34	0.12~0.13	0.36	0.13
CEC，mg/100g	10~40	10~40	3~15	80~150
铀，mg/L	17.4~36.2	8.7~12.4	4.4~7	4.3~7.7
钍，mg/L	0~8	0~20	6~19	14~24
钾，%	0~0.3	3.5~8.3	0~0.5	0~1.5
体积光电吸收截面指数，b/cm^3	23.49	11.05	6.17	7.46
光电吸收截面指数，b/e	6.30	3.45	1.83	2.04

含氢指数常用符号 HI 表示，定义为

$$某物质的含氢指数\ HI = \frac{该物质的含氢密度}{纯水的含氢密度} \tag{8-58}$$

可见，HI 与物质中氢元素的含量有关。随着地层中氢元素含量的增加，HI 将随之增大。反过来，HI 高的地层，其含氢密度大。不同类型黏土矿物晶格中氢含量不同，造成它们 HI 也不同，其中绿泥石和高岭石的含氢指数高，而蒙脱石和伊利石的含氢指数低。埋藏条件相同但黏土矿物组成不同的泥页岩地层，其测井所得地层的含氢指数不同。

CEC 指黏土矿物的阳离子交换容量，CEC 直接与它们吸附水的能力有关。其中蒙脱石 CEC 最高，具有最大吸附水能力，而高岭石具有较低的 CEC，吸附水能力也较低。

地层中铀、钍、钾的含量可由自然伽马能谱测井提供。自然伽马能谱测井是一种测量地层自然放射性的测井方法，其不仅能够反映地层的总放射性，而且能够反映出地层中铀、钍、钾三类放射性元素的含量。表8-8是四种常见黏土矿物的化学结构式。

表8-8 常见黏土矿物化学结构式

黏土矿物	化学结构式
高岭石	$Al_4(Si_4O_{10})(OH)_8$
蒙脱石	$(0.5Ca,Na)_{0.7}(Al,Mg,Fe)_4[(Si,Al)_8O_{20}](OH)_4$
伊利石	$K_{1\sim1.5}Al_4(Si_{6.5\sim7.0}Al_{1\sim1.5}O_{20})(OH)_4$
绿泥石	$(Al,Mg,Fe)_{12}[(Si,Al)_8O_{20}](OH)_{16}$

四种常见黏土矿物中，除伊利石含放射性^{40}K外，其他三种本身均不含放射性元素，因此，放射性元素U、Th、K含量取决于黏土矿物的比表面积和阳离子交换能力。比表面积大，表面能大，吸附外界放射性物质的能力强，且阳离子交换能力强，吸附外界放射性物质的能力也强。不同类型黏土矿物阳离子交换能力不同，比表面积不同，U、Th和K的含量也不同。因此，根据U、Th和K含量可分析地层中黏土矿物类型。不同类型黏土矿物组成的地层，不仅U、Th和K含量不同，而且Al、Si、Ca、Mg、Fe等质量分数也有明显差异，这些差异是利用地球化学类测井研究黏土矿物类型及含量的依据。

岩石的光电吸收截面指数和体积光电吸收截面指数都是岩性密度测井所要测定的参数，对岩性敏感。前者常用P_e表示，单位为b/e；后者常用U表示，单位为b/cm^3。由表8-7可见，不同类型黏土矿物的光电吸收截面指数和体积光电吸收截面指数均明显不同，因此，不同地层中黏土矿物类型及含量不同，测井所得目的层的光电吸收截面指数和体积光电吸收截面指数不同。

对矿物组成复杂的岩石，体积光电吸收截面指数可表示为

$$U = \sum_{t=1}^{n} U_i V_i \qquad (8-59)$$

式中 n——组成地层的矿物种类；

U_i——组成地层的第i种矿物或流体的体积光电吸收截面指数；

V_i——组成地层的第i种矿物的体积分数，小数。

综上所述，几乎每种测井响应都不同程度地受到地层中黏土矿物类型及其含量的影响，都可以被用来研究地层中黏土矿物类型及其含量。由于地层的复杂性，目前还没有一种测井响应能够单独用来测定地层中黏土矿物类型及其含量。在测井解释中通常采用交会图方法确定地层中黏土矿物类型及其含量，如Th-K交会图、P_e-K交会图、ρ_{ma}-U_{ma}交会图、Al-Si交会图、K-Si交会图、Fe-Si交会图、CEC-HI交会图或CEC/HI值。下面简要介绍常用的Th-K交会图和CEC-HI交会图。

2. 利用钍—钾（Th—K）交会图确定地层中黏土矿物类型

由表8-7已知，不同类型黏土矿物的Th和K含量存在差异，因此，地层中Th和K含量随其中黏土矿物类型及其含量的变化而变化。

图8-30为定性分析地层中黏土矿物类型的钍和钾含量交会图。在Th-K含量交会图上，已对单矿物岩石作出了岩性点或岩性区域。如果所研究地层岩石是由单矿物组成的，将其

Th、K值加在图上，将落入对应的单矿物区域；如果所研究地层岩石是由两种矿物组成的，将Th、K值加在图上，将落入两种对应矿物点的连线上，两种矿物的含量比例可根据和两个矿物点的距离确定；如果所研究地层岩石是由三种矿物组成的，Th、K交会点将落在图上相应三个矿物点所构成的三角形区域内，各矿物含量的比例可根据点的位置估算。

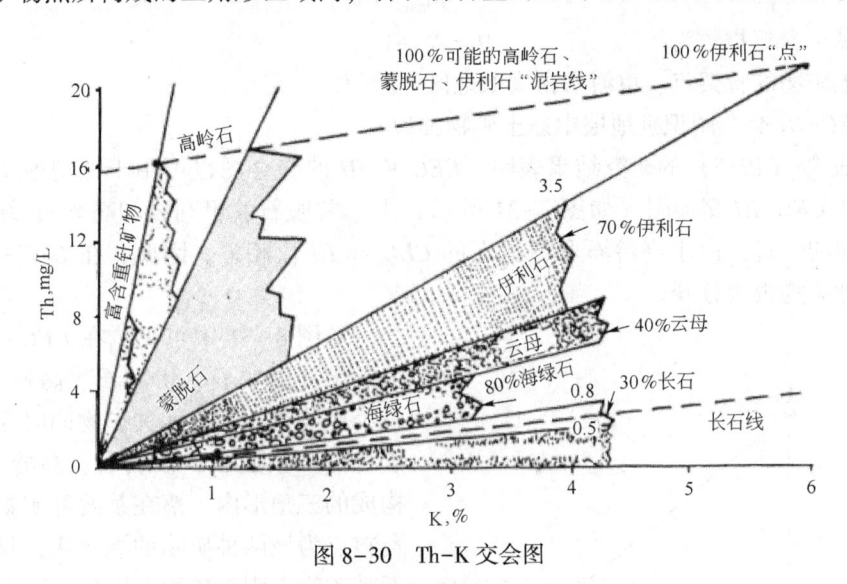

图8-30 Th-K交会图

3. 利用 CEC/HI 值和 CEC-HI 交会图确定地层中黏土矿物类型

利用 CEC/HI 值和 CEC-HI 交会图确定地层中黏土矿物类型，这是利用 CEC 和 HI 确定地层中黏土矿物类型的两种方式，其中 CEC 是指地层中干黏土矿物的阳离子交换容量，HI 是指地层中干黏土矿物的含氢指数。无论是采用 CEC/HI 值还是采用 CEC-HI 交会图确定地层中黏土矿物类型，其关键在于必须确定 CEC 和含氢指数。

1) 利用 CEC/HI 值判别地层中黏土矿物类型

采用 CEC/HI 值识别地层中黏土矿物类型的方法由 Juhasz（1981）提出，已被大量应用。不同类型黏土矿物的 CEC 和 HI 不同，见表8-9。从表中可见，伊利石与绿泥石有基本相同的 CEC 值，但绿泥石的 HI 值约为伊利石 HI 值的3倍；蒙脱石的 CEC 值最高，但其 HI 值低；高岭石的 CEC 值最低，但其 HI 值最高。因此，不同类型黏土矿物有不同的 CEC 和 HI，且 CEC/HI 值也将随黏土矿物类型变化而变化，尤其是 CEC/HI 平均值随黏土矿物类型变化更为明显，可作为黏土矿物类型识别的特征参数。求得泥页岩地层中干黏土矿物的含氢指数后，已知黏土矿物 CEC，可计算黏土矿物的 CEC/HI 值，然后利用表8-9，可判别地层中的黏土矿物类型。黏土矿物 CEC 的确定方法将在后续内容中介绍。

表8-9 不同类型黏土矿物 CEC/HI 值（据 Juhasz, 1981）

黏土矿物	高岭石	绿泥石	伊利石	蒙脱石
CEC/HI	0.08~0.4	0.3~1.1	0.8~3.3	6.1~11.5
CEC/HI 平均值	0.25	0.7	3.1	8.8

2) 干黏土含氢指数的确定

设 ρ_{cl} 和 N_{cl} 分别代表地层中黏土矿物的密度和含氢指数，ρ_{macl} 代表干黏土矿物的骨架

点，ρ_{Bw} 为束缚水密度，则单位体积该黏土矿物的束缚水含量（由密度孔隙度计算公式类比得到）为

$$\phi_{Bw} = \frac{\rho_{macl} - \rho_{cl}}{\rho_{macl} - \rho_{Bw}} \tag{8-60}$$

对应的干黏土含氢指数为

$$HI = N_{cl} - V_{Bw} \tag{8-61}$$

其中干黏土矿物的骨架点、束缚水密度取地区经验值。

3) CEC-HI 交会图识别地层中黏土矿物类型

Berilger 等（1985）的研究结果表明，CEC 和 HI 的交会图也可用于识别地层中黏土矿物类型。在 CEC-HI 交会图（如图 8-31 所示）上，蒙脱石、伊利石和高岭石/绿泥石将落在明显不同的位置，由于高岭石和绿泥石的 CEC 和 HI 值相近，因此，在 CEC-HI 交会图上，这两种矿物很难分开。

从图 8-31 中可见，在 CEC-HI 交会图上标出了蒙脱石、伊利石、高岭石/绿泥石三个矿物点，其中四种矿物同时存在的资料点将落入蒙脱石、伊利石、高岭石/绿泥石构成的三角形内，落在某两种矿物连线上的资料点为该两种矿物的混合物，且资料点靠近某矿物点则该矿物占优势。

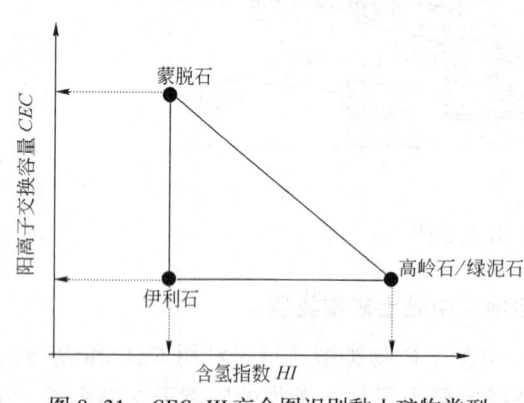

图 8-31 CEC-HI 交会图识别黏土矿物类型

泥页岩地层的井壁稳定性不仅与其黏土矿物总量有关，还与其中黏土矿物的类型及其含量有关。随着黏土矿物类型及其含量变化，泥页岩地层的比表面积、阳离子交换能力、亲水性和水化的动力学性质都将随之改变。因此，在泥页岩地层的井壁稳定性研究中，不仅需要确定黏土矿物总量及占优矿物，而且需要进一步确定其中黏土矿物的类型及其含量。

从图 8-31 还可注意到，蒙脱石点对应地层阳离子交换量最高的点（CEC_{max}），位于伊利石和高岭石连线上的资料点的阳离子交换量最低（CEC_{min}）；高岭石/绿泥石点对应地层含氢指数最高的点（HI_{max}），位于伊利石和蒙脱石连线上的资料点的含氢指数最低（HI_{min}）。假定地层中黏土矿物由蒙脱石、伊利石和高岭石/绿泥石三大类构成，蒙脱石、伊利石和高岭石/绿泥石按线性比例构成地层总的含氢指数和阳离子交换量。利用干黏土含氢指数和阳离子交换量，地层中黏土矿物的百分含量可表示为

伊/蒙百分含量：
$$T_{IM} = \frac{HI_{max} - HI}{HI_{max} - HI_{min}} \tag{8-62}$$

蒙脱石相对百分比：
$$T'_M = \frac{CEC - CEC_{min}}{CEC_{max} - CEC_{min}} \tag{8-63}$$

蒙脱石的百分含量：
$$T_M = \frac{CEC - CEC_{min}}{CEC_{max} - CEC_{min}} \cdot T_{IM} \tag{8-64}$$

伊利石的百分含量：
$$T_I = T_{IM} - T_M \tag{8-65}$$

高岭石、绿泥石的百分含量：
$$T_{KCH} = 1 - T_{IM} \tag{8-66}$$

综上所述，CEC/HI 值法在单黏土矿物构成的地层较适用，而 CEC-HI 交会图法可以应用于不超过四种黏土矿物的复杂地层，但高岭石和绿泥石分不开。

4. 联立方程式求解黏土矿物类型及含量

Fertl 等（1987）提出，中子、密度、自然伽马能谱测井曲线与体积光电吸收截面相结合可以定量解释地层中黏土矿物类型及含量。假设地层中黏土矿物包含了蒙脱石、伊利石、高岭石和绿泥石四种黏土矿物，则由式(8-67)联立求解，可得到地层的各个组成部分：

$$\begin{cases} 1 = V_{cl1} + V_{cl2} + V_{cl3} + V_{cl4} + V_{si} + \phi_t \\ \phi_N = V_{cl1}\phi_{Ncl1} + V_{cl2}\phi_{Ncl2} + V_{cl3}\phi_{Ncl3} + V_{cl4}\phi_{Ncl4} + V_{si}\phi_{Nsi} + \phi_t\phi_{Nf} \\ \rho_b = V_{cl1}\rho_{macl1} + V_{cl2}\rho_{macl2} + V_{cl3}\rho_{macl3} + V_{cl4}\rho_{macl4} + V_{si}\rho_{masi} + \phi_t\rho_f \\ X = V_{cl1}X_{cl1} + V_{cl2}X_{cl2} + V_{cl3}X_{cl3} + V_{cl4}X_{cl4} + V_{si}X_{si} + \phi_t X_f \\ Y = V_{cl1}Y_{cl1} + V_{cl2}Y_{cl2} + V_{cl3}Y_{cl3} + V_{cl4}Y_{cl4} + V_{si}Y_{si} + \phi_t Y_f \\ U = V_{cl1}U_{cl1} + V_{cl2}U_{cl2} + V_{cl3}U_{cl3} + V_{cl4}U_{cl4} + V_{si}U_{si} + \phi_t U_f \end{cases} \quad (8-67)$$

式中 V_{cli}——第 i 种（$i=1, 2, 3, 4$）黏土矿物的体积含量，小数；

ρ_{macli}——第 i 种（$i=1, 2, 3, 4$）黏土矿物的体积骨架密度；

ϕ_{Ncli}——第 i 种（$i=1, 2, 3, 4$）黏土矿物的含氢指数；

U_i——第 i 种（$i=1, 2, 3, 4$）黏土矿物的体积光电吸收截面指数；

ϕ_t——地层总孔隙度，小数，对理想泥页岩地层，$\phi_t = \dfrac{\phi_N - \phi_D}{2}$；

V_{si}——地层粉砂含量，小数；

ϕ_{Nf}、ρ_f、X_f、Y_f、U_f——地层中流体的含氢指数、密度、钍浓度、钾浓度及体积光电吸收截面指数；

ϕ_N、ρ_b、X、Y、U——地层的中子测井值、密度测井值、钍浓度、钾浓度及体积光电吸收截面指数。

（二）泥页岩地层的阳离子交换容量预测

岩石的阳离子交换容量有两种表示方法：CEC 和 Q_v。CEC 用每 100g 干岩样交换性阳离子的毫克当量数表示，单位为 mg/100g；Q_v 用岩样每单位总孔隙体积交换性阳离子的克当量数或毫克当量数表示，单位为 mg/cm³。CEC 和 Q_v 的关系为

$$Q_v = CEC(1-\phi_t)\rho_{ma}/\phi_t \quad (8-68)$$

式中 ρ_{ma}——岩石的骨架密度，g/cm³；

Q_v——阳离子交换容量，mg/cm³；

CEC——阳离子交换容量，mg/100g。

CEC 和 Q_v 可由岩样测定，但岩心分析 CEC 和 Q_v 需大量取心，费时又昂贵，且数据点随机、离散。因此，部分研究学者建立了 CEC 和 Q_v 测量值与特定一个或综合测井参数间的对比关系，通过对比关系允许在给定地质剖面或局部地区连续计算 CEC 和 Q_v 值。利用测井参数预测地层 CEC 和 Q_v 值的方法可以归纳为三类：

(1) 建立岩心分析 CEC 和 Q_v 与对应深度点测井参数间的统计关系。如 Johnson (1979)、Smits (1968) 建立了 Q_v 与 SP 之间的关系；Koeperich (1975)、Kern 等 (1976) 提出利用 GR 预测 Q_v。同时，介电常数、孔隙度、自然伽马能谱测井曲线等也都先后被一些研究者用于预测 Q_v，并在给定地区取得了一定的应用效果。

(2) 已知地层中各种黏土矿物的含量，利用黏土矿物各自的 CEC 标准值，计算地层的 CEC：

$$\begin{cases} CEC = \sum M_i CEC_i \\ Q_v = CEC \rho_{ma} \left(\dfrac{1-\phi_t}{\phi_t} \right) \end{cases} \tag{8-69}$$

式中　M_i——第 i 种黏土矿物的质量分数，小数。

由于不同类型黏土矿物的 CEC 值差别很大，因此，精确地确定黏土矿物类型及其含量对 CEC 估计值的影响很大。

(3) 利用 Hill、Shirley 和 Klein (1979) 用实验方法建立的黏土矿物结合水含量 w_s、平衡溶液矿化度 C_w 与岩石阳离子交换量之间的关系计算地层的阳离子交换容量：

$$\begin{cases} CEC = \dfrac{w_s}{0.084 C_w^{-0.5} + 0.22} \\ Q_v = \dfrac{\phi_{cw} \rho_{cw} \phi_t^{-1}}{0.084 C_w^{-0.5} + 0.22} \end{cases} \tag{8-70}$$

假设纯黏土岩中所含水均为黏土结合水，则泥页岩地层中黏土结合水体积 ϕ_{cw} 可近似为

$$\phi_{cw} = \dfrac{\rho_{macl} - \rho_{cl}}{\rho_{macl} - \rho_{Bw}} \cdot V_{cl} \tag{8-71}$$

ϕ_{cw} 和 w_s 之间存在关系为

$$w_s = \dfrac{\rho_{cw}}{(1-\phi_t)\rho_G} \phi_{cw} \tag{8-72}$$

式中　ϕ_{cw}——黏土结合水体积，小数；

w_s——黏土结合水含量，g/g；

C_w——平衡溶液矿化度，mg/mL；

ρ_{macl}——黏土矿物骨架密度，g/cm^3；

ρ_G——颗粒平均密度，g/cm^3；

ρ_{cl}——黏土点密度，g/cm^3；

V_{cl}——黏土体积，小数；

ρ_{cw}——黏土结合水密度，g/cm^3。

利用 Hill、Shirley 和 Klein 的实验关系式可计算得到不依赖于黏土矿物类型和含量的 CEC 和 Q_v。因此，在利用 CEC-HI、CEC/HI 值确定黏土矿物类型时，常采用 Hill、Shirley 和 Klein 的实验关系式得到 CEC 值。该方法得到的 CEC 和 Q_v 与其所处的离子环境密切相关，可用于分析泥页岩的水化状况。

然而，要利用 Hill、Shirley 和 Klein 的实验关系式计算地层的 CEC 和 Q_v，首先必须确定地层中平衡溶液的矿化度。泥页岩地层水主要包括毛细管水和黏土结合水。孔隙中毛细管水具有正常地层水的性质，也代表了平衡溶液的性质，但要精确地区分开泥页岩中的毛细管水和黏土结合水并确定其性质，难度较大。因此，在近似计算中，以泥页岩地层的"宏观"地层水矿化度代入式(8-70)，计算原状泥页岩地层 CEC 和 Q_v 的近似值。所谓"宏观"的泥页岩地层水实质上包含了毛细管水和黏土结合水两部分。

在计算泥页岩地层 CEC 和 Q_v 的三种方法中，第一种方法虽然能得出独立于黏土矿物类型和含量的 CEC 和 Q_v，但由于测井参数受泥页岩水化的影响，且其随钻井时间增加而变化。因此，当测井条件发生变化时，仍然用已建立的统计关系式预测就可能得到不具任何实际应用价值的 CEC 和 Q_v；第二种方法预测的 CEC 和 Q_v 既不随测井时间改变，也不随钻井液体系变化，只要其中黏土矿物类型及含量稳定，得到的 CEC 和 Q_v 值唯一确定，但用这种方法确定 CEC 和 Q_v 必须首先知道地层中黏土矿物的类型和含量，而且这样得到的 CEC 不能体现泥页岩与不同钻井液接触时动力学性质的差异；第三种方法得到的 CEC 和 Q_v 不仅独立于地层中黏土矿物类型和含量，而且与地层所处的离子环境密切相关，有助于反映泥页岩地层的水化状况。因此，相对于第一、二种方法，在水敏性泥页岩地层理化性质研究中，第三种方法所得到的 CEC 和 Q_v 更具优势。

通过上述分析，可以得到泥页岩地层黏土矿物类型及含量、阳离子交换容量、地层水矿化度。泥页岩地层黏土矿物类型及含量、阳离子交换容量、地层水矿化度及前述的岩石强度参数勾画出了泥页岩地层的总体特性，有助于已钻井的钻井液性能评价和新井的钻井液性能设计。

(三) 基于自然电位测井评价地层水的活度比

1. 评价地层水的活度的意义

钻井过程中，水敏性泥页岩与钻井液接触时的水化作用是导致泥页岩地层中井壁不稳定的重要原因。泥页岩水化形式包括表面水化和渗透水化两种。其中表面水化是泥页岩中黏土矿物表面通常带负电的结果，当淡水钻井液和地层水这两种不同离子浓度的溶液被泥页岩分开时，水分子及水合阳离子就被从钻井液中吸引到泥页岩地层中黏土矿物表面，使泥页岩地层中黏土矿物表面软化；渗透水化是由于泥页岩中水分的含盐量大于钻井液中水溶液的含盐量，使泥页岩的环境介质发生了改变，在此盐度差的作用下，钻井液中的水渗透到泥页岩地层中黏土矿物晶层内部而发生水化膨胀，造成井壁失稳。因此，要保持泥页岩井壁稳定，必须设法阻止钻井液中的水分进入泥页岩地层。

在防止水敏性泥页岩渗透水化的过程中，活度平衡理论是大家所公认的理论。根据活度平衡理论，泥页岩渗透水化进入到地层中的水含量正比于地层流体与钻井液之间的化学势差。如果用 U_1、a_{mf} 分别代表钻井液的化学位及离子活度，用 U_2、a_w 表示地层水的化学位和离子活度，则地层水与钻井液间的化学位差：

$$U_1 - U_2 = RT \ln \frac{a_w}{a_{mf}} \tag{8-73}$$

由此可看出，当地层与井眼钻井液系统达到活度平衡（即 $a_w = a_{mf}$，化学位相等）时，渗透水化作用停止。

泥页岩地层水化、膨胀及脱水主要是由地层水与钻井液中离子活度不平衡引起的。因此，根据活度理论，可以采用化学方法，即首先由实验方法测出地层水中离子的活度，并据此调整钻井液滤液含盐量，建立钻井液滤液与地层水之间的"活度平衡"，进而达到稳定井壁的目的。但事实上，迄今为止也难以获得泥页岩地层的水样，因此，泥页岩地层水的离子活度也就无法通过室内实验进行测定。这也就阻碍了活度理论在泥页岩地层钻井液防塌性能评价和设计中的应用。然而根据测井解释的有关理论可知，溶液等效电阻率与其离子活性成反比，因此，充分认识和利用现场实际测井资料，将有望使这一问题得到圆满解决，连续地确定出井剖面泥页岩地层水的离子活度，为钻井液滤液防塌性能评价和调整提供指导和依据。

2. 泥页岩地层水中离子活度的连续计算

已知溶液等效电阻率与其离子活性成反比：

$$\frac{a_\mathrm{w}}{a_\mathrm{mf}} = \frac{R_\mathrm{mfe}}{R_\mathrm{we}} \tag{8-74}$$

因此，根据自然电位测井的基本解释公式可以得到：

$$\mathrm{SP} = K\lg\frac{R_\mathrm{mfe}}{R_\mathrm{we}} = K\lg\frac{a_\mathrm{w}}{a_\mathrm{mf}} \tag{8-75}$$

式中，a_w 为地层水离子活度，R_we 为地层水等效电阻率，a_mf 为钻井液离子活度，R_mfe 为钻井液等效电阻率。

由式(8-74)、式(8-75) 可见，一方面，对于一口已钻或正在钻的井，通过在实验室模拟地层温度、压力取样测得所用钻井液滤液的离子活度后，可以确定地层水的离子活度，为新井钻井液设计提供依据；另一方面，也可以直接根据 SP 曲线的响应值变化特征，对钻井液与地层流体性质的相容性作出预测，这对调整钻井液组分、防止渗透水化、达到井壁稳定十分有利。

若 SP 响应值为 0，则当 $\frac{R_\mathrm{mfe}}{R_\mathrm{we}} = 1$ 时，$a_\mathrm{w} = a_\mathrm{mf}$。钻井液滤液的有效浓度与地层水有效浓度相等。根据活度理论，这时不会引起泥页岩地层发生水化。

若 SP 响应值不为 0，则当 $\frac{R_\mathrm{mfe}}{R_\mathrm{we}} > 1$ 时，$a_\mathrm{w} < a_\mathrm{mf}$。钻井液滤液的有效浓度低于地层水的有效浓度，地层将从钻井液系统中吸水。由于外来流体侵入使环境介质改变，泥页岩地层中黏土矿物将发生一系列复杂的物理、化学作用，使岩石强度改变。当 $\frac{R_\mathrm{mfe}}{R_\mathrm{we}} < 1$ 时，$a_\mathrm{w} > a_\mathrm{mf}$。钻井液滤液的有效浓度高于地层水的有效浓度，地层中的水溶液将流向井眼，泥页岩地层发生脱水作用而使岩石强度改变。

综上所述，从活度理论出发，当不能取得地层水样时，可以直接利用现有的常规测井资料，结合泥质砂岩地层的"双水模型"，确定地层条件下钻井液滤液与地层水的离子活度比及泥页岩地层水的离子活度。这一方面将为泥页岩地层钻井液滤液防塌性能的实时评价提供新的方法和手段，另一方面又将为新井钻井液设计提供依据，对稳定井壁十分有利。在井壁力学稳定的前提下，保持泥页岩井壁稳定，还必须设法阻止钻井液中的水分进入泥页岩地层。因此，在井壁力学稳定性研究中，根据力学模型确定出任意状态下钻井所需的合理的钻井液相对密度范围后，可以利用上述方法设计和调整钻井液的防塌性能或钻井液抑制泥页岩水化能力，从而使力学和物理化学的研究方法有机地结合在一起。

第三节 测井技术在完井及采油气工程中的应用

一、油气藏出砂趋势判别及防砂效果评价

出砂是困扰弱胶结疏松砂岩油气藏和未固结砂岩油气藏生产过程的主要问题之一。长期以来，围绕地层是否出砂的问题，国内外学者提出了多种方法来预测油气藏的出砂趋势，为防砂完井管柱优化和油气藏产能建设提供指导。

（一）出砂趋势判别

判别油气井是否出砂的方法大致可以归结为现场观测、经验模型、实验研究和理论计算四类。其中，常用的经验判别方法主要有声波时差法、出砂指数法和斯伦贝谢比法三种。

声波时差法是通过确定测井声波时差临界值来判断地层是否出砂。一些油田的应用表明，当 $\Delta t_c \geq 295\mu s/m$ 时，油井生产过程中将出砂。

出砂指数法也叫组合模量法，出砂指数又称产砂指数。出砂指数 B_s 定义为

$$B_s = K_{bd} + \frac{4G_d}{3} = a_c \frac{\rho_b}{\Delta t_c^2} \tag{8-76}$$

式中　a_c——单位换算系数。

德莱赛公司的现场应用表明：出砂指数 B_s 值越小，地层出砂的可能性越大。当采用英制单位时，B_s 的单位为 $10^6 lb/in^2$（$10^6 lb/in^2 \approx 7.04 \times 10^4 kgf/m^2$）。当 $B_s \geq 3 \times 10^6 lb/in^2$ 时，在正常压力下采油，油层不会出砂；当 $2 \times 10^6 lb/in^2 \leq B_s < 3 \times 10^6 lb/in^2$ 时，会少量出砂；当 $B_s < 2 \times 10^6 lb/in^2$ 时，会出较多的砂，此时，需改变生产方式，减小产量。

美国墨西哥湾地区的作业经验表明：当 $B_s > 2.068 \times 10^4 MPa$ 时，正常生产，油气井不出砂。英国北海地区也采用了该值作为判断气井是否出砂的依据。

胜利油田防砂中心也用出砂指数法在一些油井中做过出砂预测，准确率在 80% 以上。在对现场大量油井的出砂情况进行统计分析后，胜利油田得到：当 $B_s \geq 2.0 \times 10^4 MPa$，正常生产时，油井不出砂；当 $1.5 \times 10^4 MPa < B_s < 2.0 \times 10^4 MPa$，正常生产时，油井将轻微出砂；当 $B_s \leq 1.5 \times 10^4 MPa$，正常生产时，油井将严重出砂。

斯伦贝谢比 R_{sand} 定义为

$$R_{sand} = K_{bd} G_d = \frac{G_d}{C_{bd}} = a_c^2 \rho_b^2 \left(v_P^2 v_S^2 - \frac{4 v_S^4}{3} \right) \tag{8-77}$$

式中　C_{bd}——地层体积压缩系数。

R_{sand} 值越大，地层的稳定性越好，越不容易出砂。R_{sand} 同 B_s 一样，可根据测井资料计算，但 R_{sand} 比 B_s 能更好地估计岩石的强度和稳定性。R_{sand} 大时，意味着 K_{bd}、G_d 均大；而 B_s 大时，K_{bd}、G_d 中可能只有一个较大。斯伦贝谢公司的现场应用表明（输入变量采用公制），当 $R_{sand} > 3.95 \times 10^7 MPa^2$ 时，油气井不出砂；当 $R_{sand} < 3.95 \times 10^7 MPa^2$ 时，油气井出砂。

表 8-10 为某油田储层段的声波时差测量值以及计算得到的储层的出砂指数和斯伦贝谢比。

表 8-10 某油田储层段岩石强度资料

垂深, m	K_{bd}, MPa	G_d, MPa	Δt_c, μs/m	B_s, 10^4MPa	R_{sand}, 10^7MPa^2
1272.70~1279.90	9769.1	3034.58	403.0	1.382	2.965
1316.00~1323.00	10332.5	3381.59	395.1	1.484	3.494
1343.00~1344.50	13194.8	4561.85	348.5	1.928	6.019
1347.00~1388.60	9076.2	2843.35	420.2	1.287	2.581
1280.16~1303.87	11256.6	3563.60	374.9	1.601	4.011
1348.52~1391.65	7915.79	2458.06	453.3	1.119	1.946
1315.32~1327.38	8556.79	2562.33	429.9	1.197	2.193
1360.01~1387.48	9323.1	2845.03	417.7	1.312	2.652
1345.9~1388.14	8550.7	2482.80	428.8	1.186	2.123
1307.17~1322.03	10367.7	3376.40	391.4	1.487	3.501
1384.89~1411.77	11092.6	3750.94	380.0	1.609	4.161
1387.00~1419.40	4146.2	1216.5	753.7	0.577	0.504

从表 8-10 中可以看出，储层井段的声波时差都远远大于出砂判定的经验临界值 295μs/m；出砂指数全部小于 $2.0×10^4$MPa，且有为数不少井段的出砂指数小于 $1.5×10^4$MPa；绝大多数井段的斯伦贝谢比小于 $3.95×10^7$MPa^2。据此，可以推论上述层段在生产过程中可能出砂会比较严重。

在众多的经验方法中，出砂指数法、斯伦贝谢比法以及声波时差方法尽管应用十分广泛，也对油田的生产实践起到了一定的指导作用，但这些方法同其他经验方法一样，都是在一定地区的生产实践中总结和归纳出来的，当其应用到别的地区时可能不可避免地存在一定的局限性，使判定结果与实际背离。因此，在应用上述方法判断地层是否会出砂时，还应结合生产资料综合分析。

（二）砾石充填质量评价测井

在砾石充填完井的井眼中，防砂工具和套管环形空间内砾石的分布以及砾石充填的质量直接影响到井的防砂效果和防砂有效期以及产出剖面和注入剖面。因此，有必要对砾石充填的质量进行评价。

斯伦贝谢砾石充填测井仪器由一个伽马源和一个探测器构成。伽马源发射的伽马射线径向地进入井眼及其周围介质中。探测器探测到的伽马射线的强度与伽马射线穿过的介质的密度密切相关。随着物质密度增加，物质对伽马射线的吸收能力和减速能力逐渐增强。因此，在低密度物质中，探测器将测量到高强度的伽马射线，而在高密度物质中，探测器将测量到低强度的伽马射线。

在实施砾石充填的井中，由于砾石的密度不同于流体的密度，因此，随着套管和筛管或油管之间的环形空间内充填砾石体积的变化，探测器接收到的伽马射线的计数率将随着发生变化。所以，通过实验室建立伽马射线计数率与砾石充填程度之间的统计关系后，利用井下实测到的砾石充填井段的伽马射线计数率，可以预测和评价砾石充填质量。

图 8-32 为砾石充填质量评价测井（gravel pack log）的实例。图中第一道有两条曲线，CCL 为套管接箍测井，GR 为自然伽马测井；第二道为砾石充填示意图；第三道为砾石充填

质量评价测井曲线 MFDD，单位为 s^{-1}；第三道中还以百分比的形式标出了砾石充填程度。

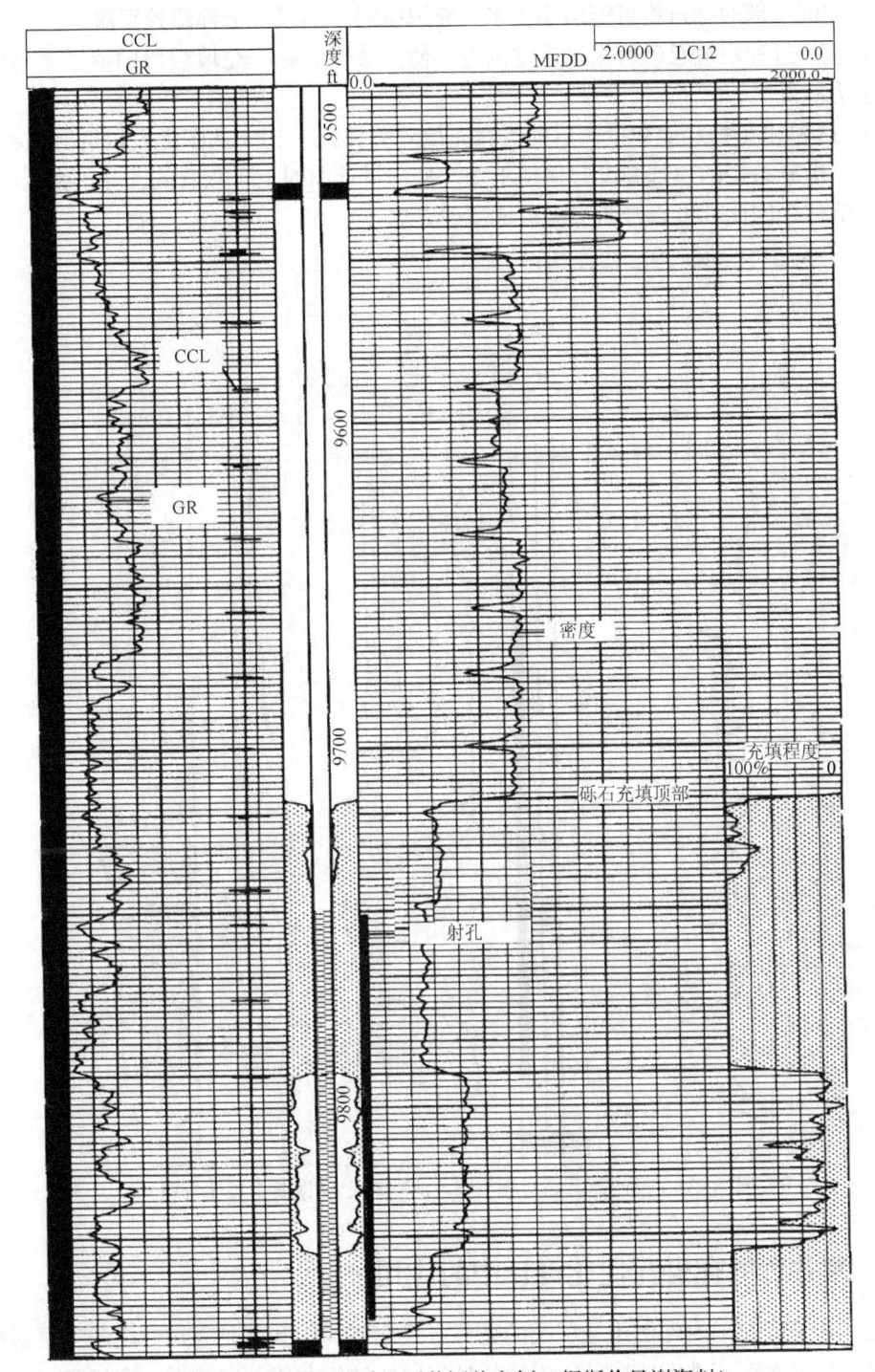

图 8-32 砾石充填质量测井评价实例（据斯伦贝谢资料）

该测井曲线图是在该井初次进行砾石充填完井后测量得到的。从图 8-32 上可以看到，9800~9854ft 井段出现了一个空洞。该空洞如果不进行充填，将可能导致以下三种情况发生：

（1）防砂失效。

（2）空洞上部的砾石将可能垮塌下来，充填空洞，结果使上部筛管裸露。

（3）生产过程中地层砂垮塌进入空洞内，使高渗透的砾石充填层段的渗透率急剧降低，使流动能力降低。

图8-33给出了投产前和投产后的砾石充填测井曲线对比。从图上可以看到，投产后空洞消失了，但砾石层的顶部高度却保持不变。从流量计曲线上可以看到，井正在从以前的空洞中产出流体，因此，可以推断空洞被地层砂充填了。

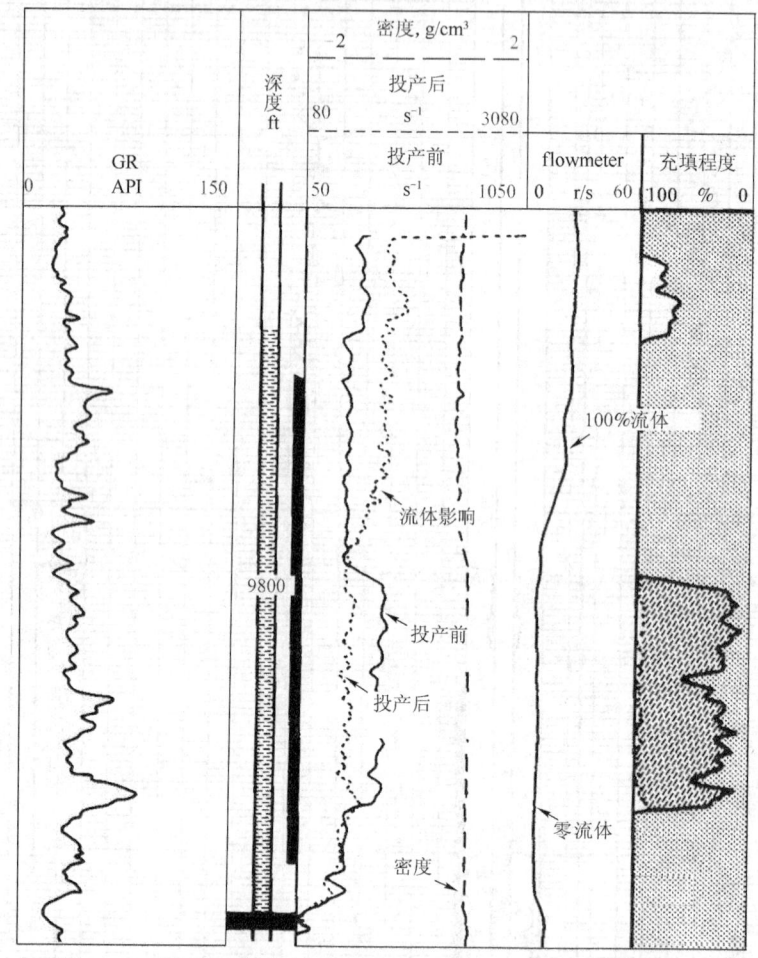

图8-33 投产前后砾石充填测井曲线对比（据斯伦贝谢资料）

二、测井资料在射孔优化设计中的应用

射孔完井是目前国内外使用最广泛的完井方式之一。射孔就是采用专门的工具射穿套管形成孔眼，穿过水泥环进入地层某一深度的过程。在油气井固井完成后，套管和水泥环将井筒和地层隔开，射孔孔眼是沟通油气层和井筒的唯一流通通道。勘探开发实践证明，射孔作业效果对套管井沟通储层、解除近井带污染、保护油气层、释放油气产能有直接的影响。同时，非常规油气资源勘探开发难度较大，储层压裂改造是其高效开发的关键技术之一，射孔作业是实施储层压裂改造的第一步，可控制压裂缝的延伸方向、降低储层破裂压力等。因

此，开展射孔优化设计对提高油气层开发效果具有十分重要的意义。

射孔优化设计时需要充分考虑岩性、物性、含油气性、流体性质、钻井液污染程度、岩石强度特性及地应力大小与方向等地层信息，这些信息都可直接或间接从测井资料中获取。下面结合实例，对测井资料在射孔层段优选、射孔参数优化等方面的应用进行简要介绍。

（一）利用测井岩性物性和油气水剖面开展射孔层段优选

底水油气藏、气顶油藏常常采用射孔完井。通常，底水油气藏为了避免底水过早锥进，导致油气井过早见水，一般射孔井段的底部要留足够大的避水高度。按照经验法则，碳酸盐岩底水油气藏的射开位置为油气藏上部的 1/3~1/2 井段；砂岩底水油气藏的射开位置为油气藏上部的 1/2~2/3 井段。存在气顶的油藏，为了避免气顶过早锥进引起的油井采收率降低、采油成本增加等问题，一般则需留足够大的避气高度。但事实上，不少油气藏尽管保留了足够的避水、避气高度，且以较低的产量开采，但仍然过早地出现水锥进或气锥进现象；而一些避射高度不足的油气藏尽管以较高的产量开采却长期不出水。针对这些生产过程中存在的反常现象，西南石油大学李传亮教授开展了大量研究，并指出油气藏中存在的各种各样的不渗透或弱渗透的夹层对底水或气顶的锥进过程具有极大的抑制作用，一些夹层的存在有可能改变底水或气顶锥进的路线，而另一些夹层的存在则会大幅度地减缓底水或气顶锥进的速度。因此，现有的射孔原则显得太粗糙，油气井的打开程度、打开位置必须根据油气藏的实际情况，根据特定的生产目标具体确定。李传亮教授将油气藏中存在的这些夹层称为"隔板"，并由此建立了隔板理论，推导了存在不同种类隔板的油气藏的底水锥进时间和临界产量计算公式。其中，带隔板底水油藏油井的临界产量称作隔板临界产量，其公式为

$$q_{cb} = \frac{\pi K \Delta \rho_{wo} g (2 h_o h_b - h_b^2)}{\mu_o \ln \frac{r_e}{r_b}} \tag{8-78}$$

式中　q_{cb}——隔板临界产量，m^3/d；

　　　K——渗透率，mD；

　　　$\Delta \rho_{wo}$——地层条件下的水油密度差，g/cm^3；

　　　h_o——从油水界面起算的含油高度，m；

　　　h_b——从油水界面起算的隔板高度，m；

　　　μ_o——油的黏度，$mPa \cdot s$；

　　　r_e——油井泄油半径，m；

　　　r_b——隔板半径，m。

当油井生产时的实际产量不超过隔板临界产量 q_{cb} 时，油井将不会见水。在地质条件和射孔条件完全相同的情况下，油井的隔板临界产量随隔板半径的增大而增大，随隔板高度的增大而增大。

油气藏中天然存在的隔板称作天然隔板。天然隔板的形态和特征各异。根据隔板的性质，可以将隔板分为岩性隔板、物性隔板和流体隔板。其中岩性隔板是指由泥岩或其他非储集性质的岩石形成的隔板；物性隔板是指储集岩层中含较多的泥质或其他充填物，致使岩石渗透性和储集性变差，从而形成物性隔板；流体隔板是指油气藏中黏度异常高的流体带，它是一种有条件的隔板。根据隔板的渗透性，又可以将隔板分为不渗透隔板和半渗透隔板。

其中不渗透隔板的渗透性极差，在油气藏正常的生产压差下，流体无法通过，因此，它能完全阻止流体从隔板一侧渗流到另一侧；半渗透隔板的渗透性较差，但在油气藏正常生产压差下，无法完全阻止流体的通过，只能延缓流体从隔板一侧渗流到另一侧的时间，并且其性质不同，对流体通过的延缓程度也不同。由于油气藏中存在的隔板对油气井的产量、生产方案都有重要影响，因此，准确识别地层中存在的不同类型的隔板，研究隔板的性质，并发挥好隔板对油气开采的积极作用具有重要意义。

下面以某砂岩油藏为例，就利用测井资料开展隔板识别，优化射孔井段作简要分析。该砂岩油藏埋深大于4800m，油藏储量大约10^7t左右，含油面积约11km^2，油藏原始地层压力为53MPa，研究结果表明，油藏为一构造底水油藏。图8-34为该油藏SC1井的测井曲线图，从图中曲线可以解释出储层厚度为40m，上部17m为油层，下部23m为水层，是典型的底水油藏。

经过测井资料的精细解释发现，砂岩层段中共有六个隔板（图8-35）。其中1、5和6号隔板为钙质隔板；2、3和4号隔板为泥质隔板。在上部油层层段内有三个隔板，其中一

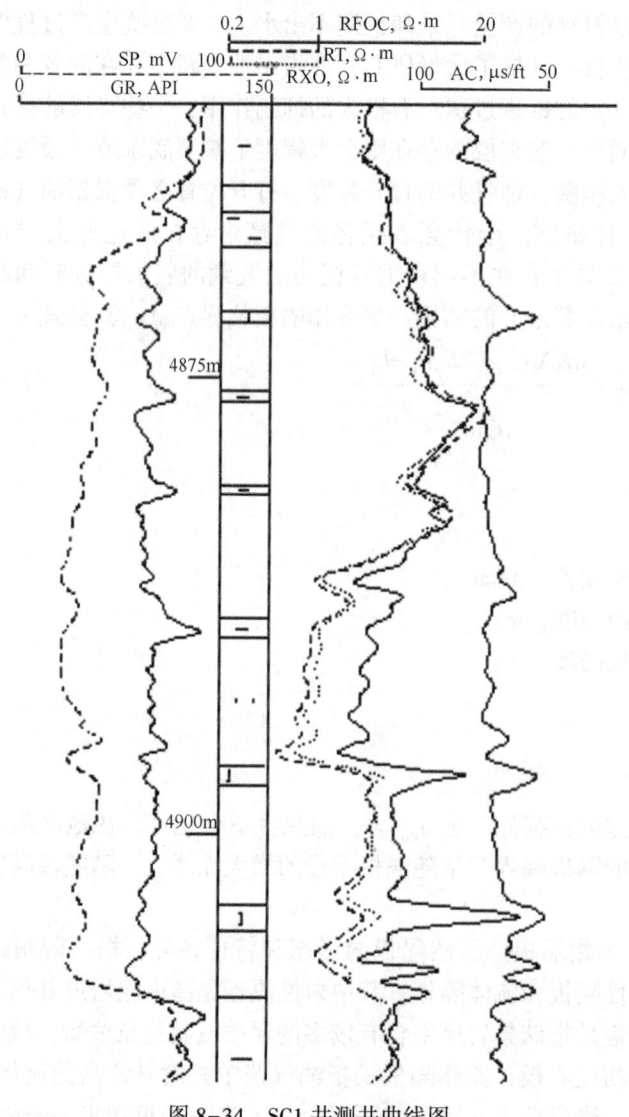

图8-34 SC1井测井曲线图 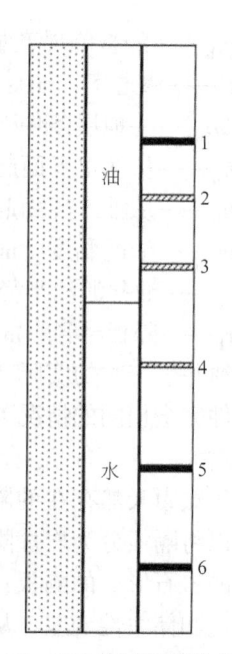　　　　图8-35 SC1井测井解释成果图

个是钙质隔板，另外两个是泥质隔板。下部水层段的三个隔板对油井生产不会产生直接作用，但油层段的三个隔板将严重影响油井的生产。

如果无视隔板的存在，按经验法则射开油层厚度的 2/3，即顶部 12m 油层，则计算得到的油井临界产量为 $q_c=5.12t/d$。

临界产量的计算参数为：$K=0.2D$，$\rho_w=1.01g/cm^3$，$\rho_o=0.6591g/cm^3$，$\rho_{os}=0.85g/cm^3$，$B_{oi}=1.3$，$\mu_o=0.30mPa\cdot s$，$h_o=17m$，$h_b=12m$，$r_e=500m$，$r_w=0.1m$，$g=9.8m/s^2$，$S=3$。

4800m 深的油井，按照 5.12t/d 的临界产量安排生产，已远远低于经济极限产量，油藏不具有开采价值。

如果考虑油藏中实际存在的 3 个隔板，则情况完全不同。根据测井曲线不难发现，1 号隔板的高度 $h_b=10m$，2 号隔板的高度 $h_b=7m$，3 号隔板的高度 $h_b=4m$。地质研究发现，隔板半径大约在 300m。考虑油藏中存在的隔板进行计算，则得到的油井临界产量分别为：1 号隔板 $q_{cb1}=191t/d$，2 号隔板 $q_{cb2}=150t/d$，3 号隔板 $q_{cb3}=95t/d$。由计算结果可以看出，带隔板油井的临界产量比无隔板油井的临界产量要高得多，因此，油井可以以更高的产量生产。

由于 1 号隔板上面的物性较差，预计投产后油井产能较低，因此，1 号隔板不宜保留。3 号隔板位置略显偏低，隔板高度只有 4m。因此，理论上应该保留 2 号隔板，但由于对油藏内隔板及其作用认识不足，按 2/3 的经验法则，射开了 2 号隔板，无意之中保留了 3 号隔板。射开厚度为油层顶部的 12m，打开程度为 70.6%（图 8-36）。结果该井实际生产了 2.5 年左右开始见水，见水时的累计产油量（无水采油量）已达 $10^5 t$ 以上。计算结果还表明，如果该井隔板全部被射开，那么见水时间将会不到 10d。

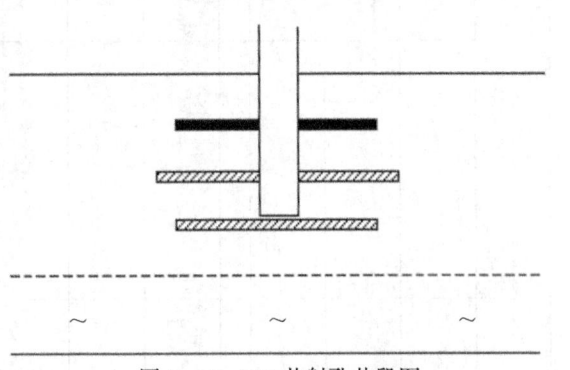

图 8-36 SC1 井射孔井段图

综上所述，隔板的存在彻底改变了底水的锥进规律，使得油井的临界产量大幅度提高，为提高油井产量提供了条件。同时，隔板的存在也大大延缓了油井的见水时间，使底水油藏的开发具有了边水油藏的特征。隔板抑制了底水的锥进，又充分发挥了底水中蕴藏的天然能量。带隔板的底水油藏，既具有边水油藏见水晚、含水上升慢的优点，又具有纯底水无隔板油藏天然能量充足的优点，它是集两种油藏优势于一身的油藏类型，隔板使得底水油藏的开发更具可操作性。因此，充分利用测井、录井等资料，开展油气藏岩性剖面研究，准确标定油气藏中可能存在的各种类型的隔板，对于优化射孔井段、制定合理的生产制度、抑制底水锥进、延缓油井见水时间、提高油气藏采收率等都具有不可低估的积极作用。

（二）利用测井含油气性和地质力学剖面开展射孔层段优化

非常规储层、低渗透储层具有低孔低渗、渗流阻力大等特点，这类储层的开发通常需要进行体积改造，射孔优化设计必须配合体积改造开展，这就需要根据储层特征对射孔层段进行合理优选，得到最佳的打开程度、射孔位置等，为储层后续体积改造提供支撑。根据测井资料获取的储层岩性、物性、含油气性等信息，可以确定储层地质"甜点"段；根据测井资料获取的岩石强度参数、地应力大小等信息，可以确定储层工程"甜点"段。综合储层地质"甜点"段和"工程"甜点段可对射孔层段进行优选或划分，划分在同一段内的地层可近似为均质地层。同时，还可以利用测井资料、地震资料，综合分析每个射孔段内是否存在储层界面，以免后续进行储层改造时，使储层界面处出现滑移产生应力集中，进而造成套损。此外，射孔层段选优时还需结合测井资料得到的固井质量评价结果，将固井质量不好的井段从射孔层段中剔除。

如图 8-37 所示为某水平井段射孔层段的优化结果。图中水平井的原压裂段设计采用均匀设计方法，而综合考虑储层"地质"甜点和储层"工程"甜点后（图中框内深度段），对水平井的压裂段进行优化设计，最后水平井的压裂段采用了非均匀分段设计，有效减少了射孔压裂层段数，提高了分段射孔的效果。

彩图 8-37

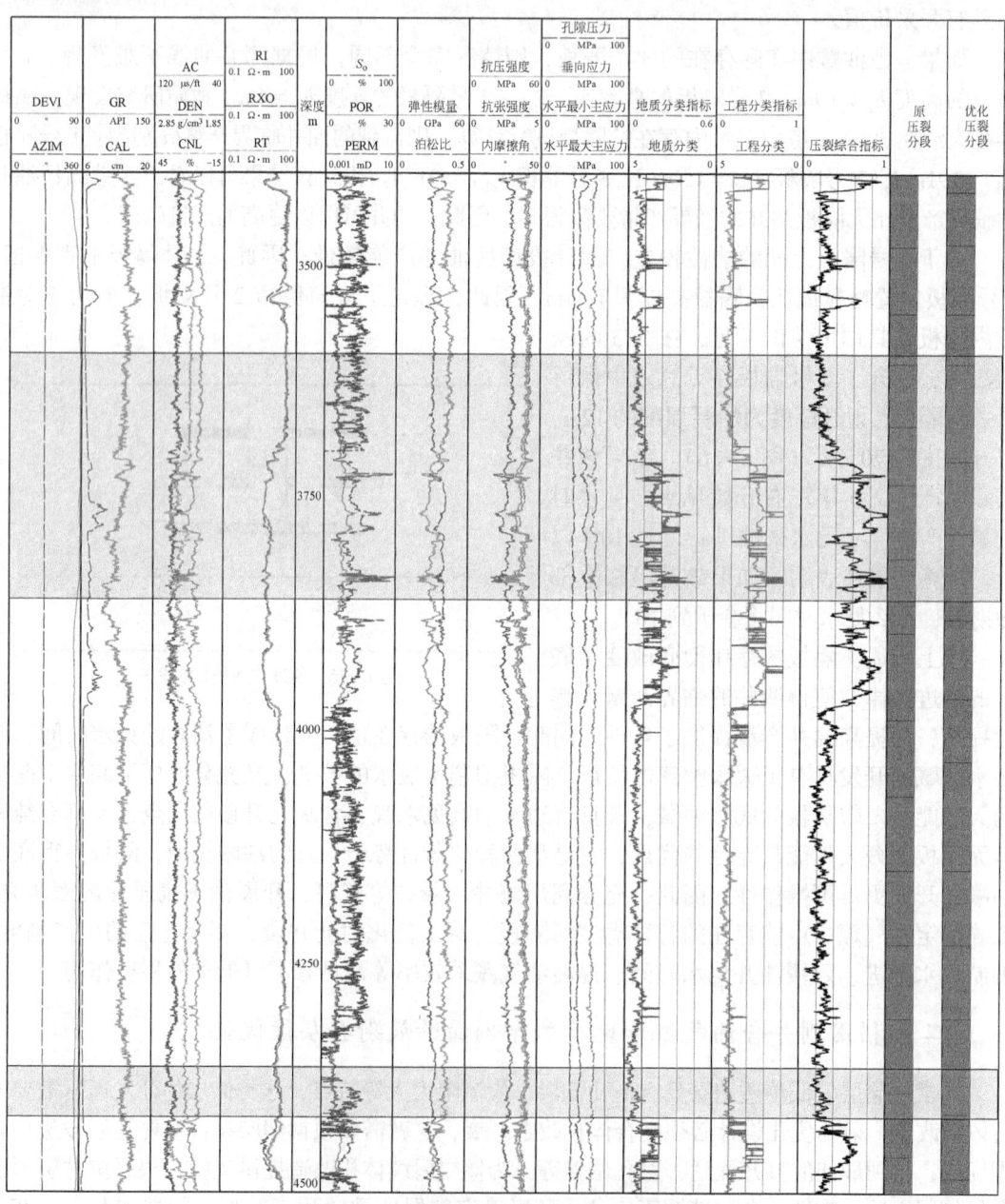

图 8-37 某水平井段射孔层段优化结果

图 8-38 为某直井射开不同层段压裂得到的裂缝形态数值模拟结果，图中压裂效果模拟

· 308 ·

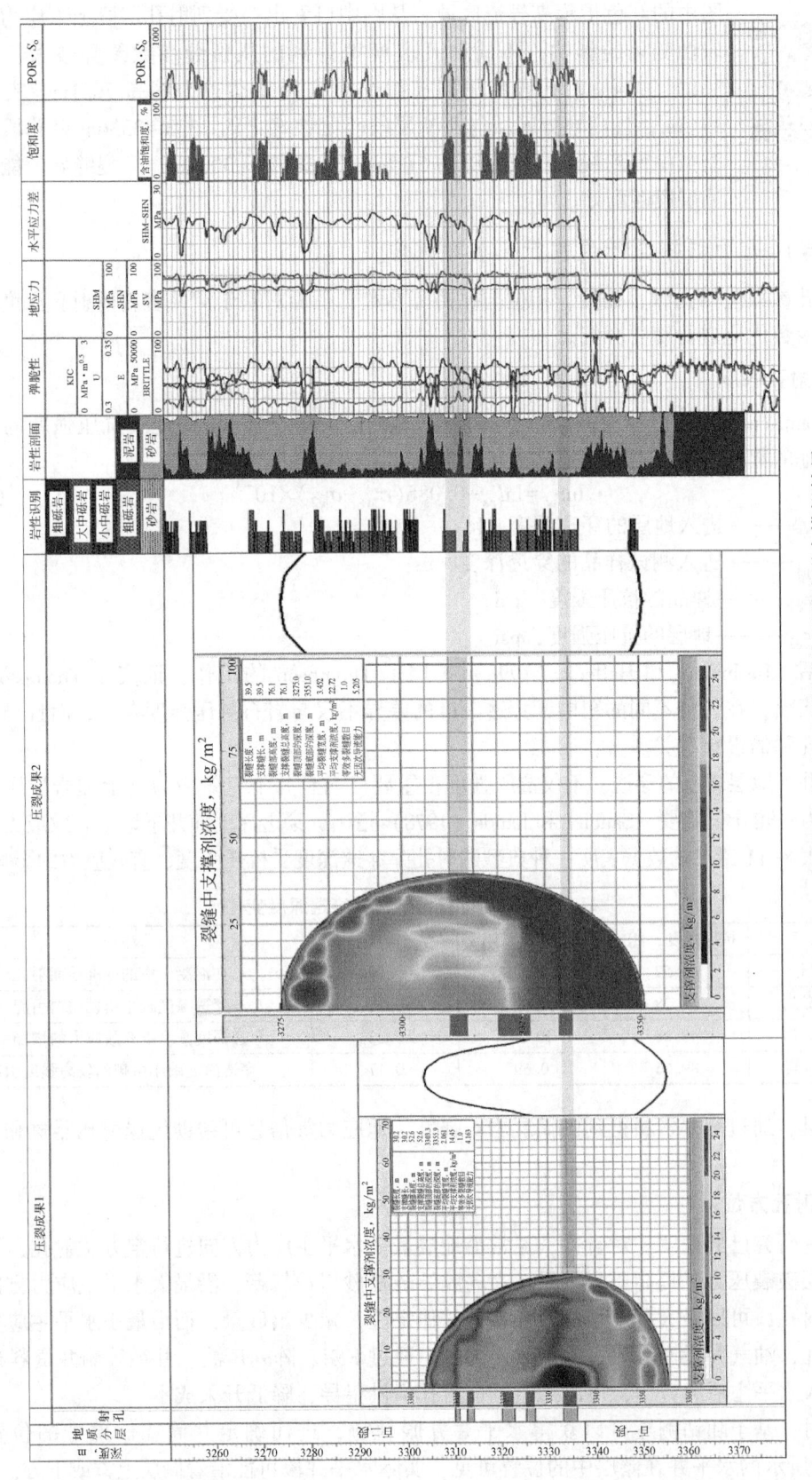

图 8-38 某直井射开不同层段压裂得到的压裂缝形态模拟结果

彩图 8-38

图中的红色指示高导流区域。从图中可看出，受到射孔层段上下应力遮挡和岩性变化的影响，不同射孔段模拟得到的压裂缝参数差异较大，其中在 3310~3314m 射孔段的压裂模拟中得到裂缝参数为缝高 76.1m、支撑缝长 39.5m，且高导流区域与含油层段匹配性好；而 3333~3336m 射孔段的压裂模拟中得到裂缝参数为缝高 51.6m、支撑缝长 30.2m，且裂缝导流能力与含油层段匹配差。

（三）基于测井资料开展射孔参数优化

射孔参数包括孔深、孔径、相位与孔密等参数，下面对基于测井资料的射孔深度、射孔方位等参数优化进行简要介绍。

1. 射孔深度

Thompson（1962）首次提供数据并指出，射孔器的穿透深度随地层抗压强度的增加而减小。他的数据可用半对数表达式表示为

$$\ln l_{pf} = \ln l_{ps} + 0.086(\sigma_{c1} - \sigma_{c2}) \times 10^{-3} \tag{8-79}$$

式中 l_{pf}——进入地层的穿透深度，in；

l_{ps}——进入测试样品的穿透深度，in；

σ_{c1}——样品的抗压强度，psi；

σ_{c2}——地层的抗压强度，psi。

之后，Berhmann 和 Halleck（1998）扩展了 Thompson 的工作，证实了 Thompson 的结论，并指出，在各种不同的靶中，穿透深度的差异不仅与岩石抗压强度有关，而且与靶的类型和射孔弹的设计有关。

对井下地层岩石的穿透，不仅抗压强度很重要，而且井下有效应力（上覆岩层压力减去孔隙压力）也十分重要。Saucier 和 Lands（1978）指出，穿透深度随井下地层有效应力增加而减小。表 8-11 给出的数据表明一种典型的射孔弹穿透深度受抗压强度、有效应力的影响。

表 8-11 $2\frac{1}{8}$in 聚能射孔弹穿透深度变化

靶	抗压强度，MPa	有效应力，MPa	穿透深度，m	注释
混凝土	45.52	0.00	0.39	在混凝土中的标准地面射孔
Berea 砂岩	48.28	0.69	0.26	穿透深度减小由靶材料引起
Berea 砂岩	48.28	10.34	0.23	穿透深度减小由有效应力的增加引起
Nugg 砂岩	89.66	0.69	0.17	穿透深度减小由靶的较高强度引起

可见，通过测井资料得到的储层岩石强度、地应力等信息可帮助优选射孔器材和射孔弹类型。

2. 射孔方位

现有研究已经证明，对直井，通常沿地层最大水平主应力方向进行定方位射孔，可有效降低地层破裂压力，提高压裂效果；在弱胶结疏松砂岩油气藏，沿最大水平主应力方向进行定方位射孔，可以最大程度增加射孔孔道的稳定性，减少出砂量，而沿最小水平主应力方向进行射孔，油气井投产后将极易出砂。因此，通过 FMI、阵列声波、井径等测井资料确定的地层最大水平主应力方向，可以为定方位射孔提供指导，降低开采成本。

同时，基于随钻测导可以获得水平井井眼轨迹，进而确定井筒在储层中的位置。从图 8-39 所示的水平井在储层中的位置可见，实际水平井段可能沿着储层上方或下方，因此，

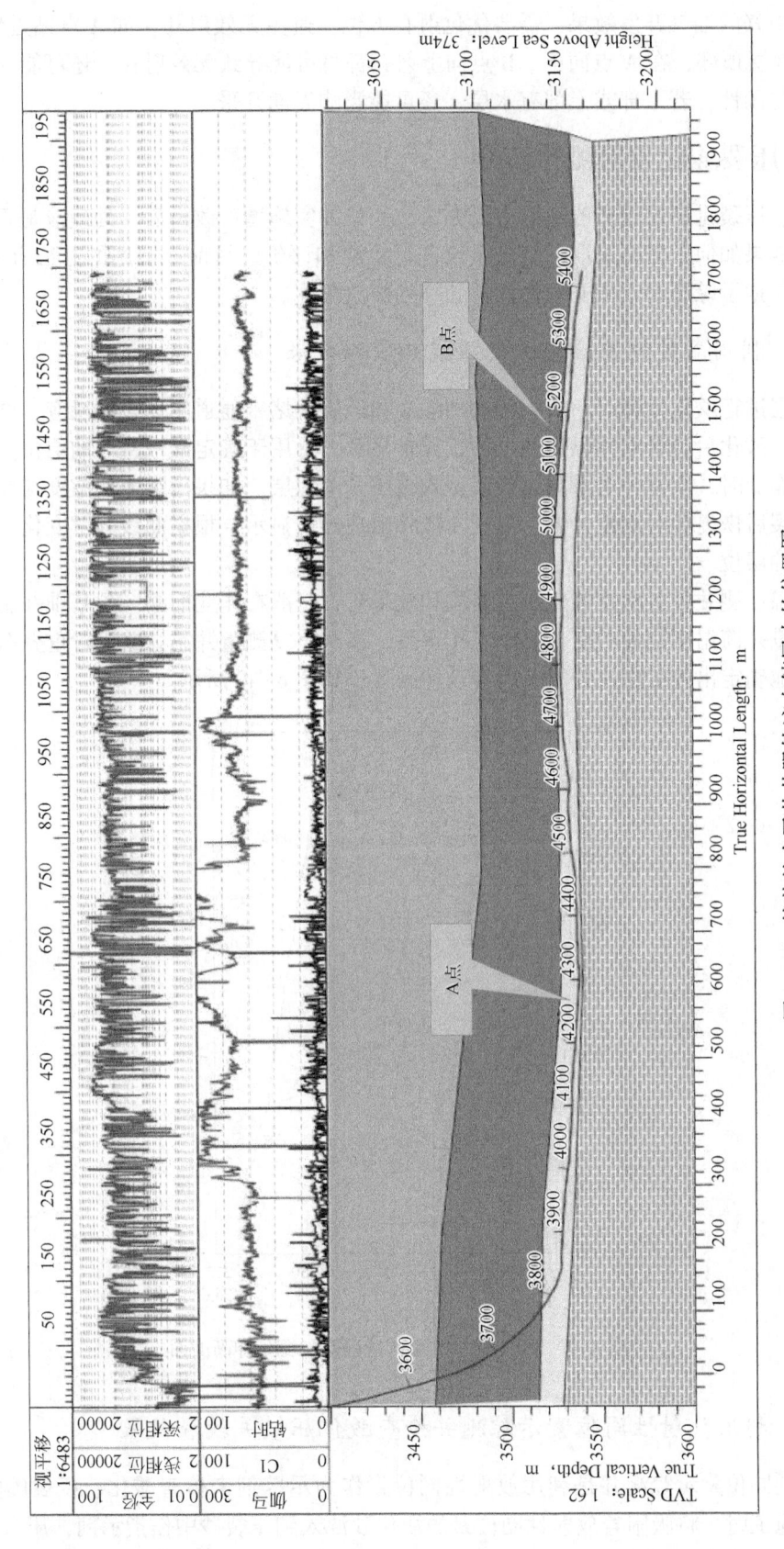

图 8-39 某井的水平井井眼轨迹在储层中的位置图

为了取得更好的油气开发效果,需要优化射孔方位,避免无效射孔,如A点贴近储层底部、B点贴近地层顶部,在A点向下、B点向上射孔都将可能导致无效射孔,还可能影响顶、底板地层的封闭性,若下部或上部有水层,还可能影响后期开采。

三、压裂酸化效果测井评价

酸化、压裂是储层增产改造的主要方法。一口井实施增产改造后,处理液是否到达了预期产层、效果如何,需要采取一定的手段进行检测和评价。目前,常用的方法有温度测井、放射性同位素示踪测井、中子寿命测井和阵列声波测井。

(一) 利用温度测井检查酸化压裂井段和效果

对储层进行酸化处理时,挤入地层的酸液和地层中堵塞通道的化合物反应,产生放热效应。因此,酸化后测量的井温曲线上的正异常显示,可用于确定酸液进入的层位。

压裂作业时,会有一定量的压裂液挤入被压开的地层。如果压裂液的温度与地层温度不同,则压裂后恢复期间测量井温,温度曲线将出现异常显示,根据曲线异常变化,便可确定被压裂开的层位。

利用温度测井资料检查酸化压裂井段和效果时,一般在作业前测一条基础井温曲线,作业后再测量井筒温度剖面的变化。施工作业后,多次重复测量井温,并进行重叠对比,可以较为准确地确定出施工作业井段及裂缝延伸高度,如图8-40所示。

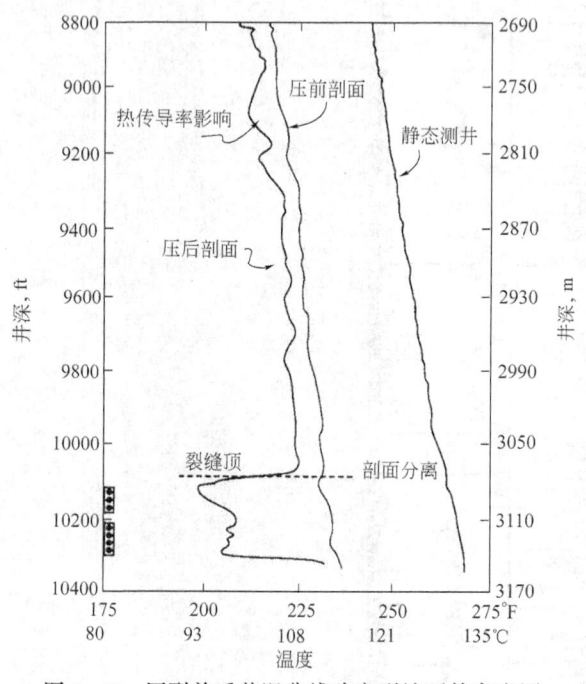

图 8-40 压裂前后井温曲线确定裂缝延伸高度图

(二) 利用放射性同位素示踪测井检查酸化压裂井段和效果

放射性同位素示踪测井是利用放射性同位素作为示踪剂来检查酸化、压裂的井段和效果。压裂施工时,将吸附着放射性同位素的活化砂混入到压裂砂中作指示剂,压入地层在压裂时形成的缝隙中。压裂作业结束后，吸附着放射性同位素的活化砂将留在地层中，使地层的伽马射线强度大幅度提高。酸化施工时，也可以将包含放射性同位素的溶液挤入地层。酸化结束后，一部分放射性同位素将残留在地层中，导致地层的伽马射线强度升高。因此，利用放射性同位素示踪测井可以检查酸化、压裂井段和效果。

利用放射性同位素示踪测井检查酸化、压裂的井段和效果时，一般也必须有一条注入示踪剂前的地层的基础伽马射线强度曲线，作为对比参照的标准，即酸化、压裂前测量一条伽马曲线 $J_{\gamma 1}$，酸化、压裂作业洗井后再测量一条伽马曲线 $J_{\gamma 2}$。比较这两条曲线，就可以推断地层增产措施是否成功。若 $J_{\gamma 1}$ 和 $J_{\gamma 2}$ 存在明显的幅度差，则表明酸化、压裂施工成功，且两条曲线分离度越大，表明进入地层的活化流体或活化砂则越多；若 $J_{\gamma 1}$ 和 $J_{\gamma 2}$ 曲线重合，则表明酸化、压裂施工失败。

（三）利用中子寿命测井资料检查酸化效果

中子寿命测井用于检查酸化施工是否成功、堵塞的孔隙是否被打通的方法是：酸化前、后分别进行一次中子寿命测井。若酸化效果好，则两次测量的地层宏观俘获截面 Σ 曲线在酸化层段出现幅度差；若酸化无效，则两曲线在酸化段基本重合，如图 8-41 所示。

在沉积岩中，除硼以外，氯的微观俘获截面最大，岩石的宏观俘获截面主要取决于其含氯量的多少。而实施酸化作业后地层中氯元素的含量将发生较大变化，因此，对比酸化作业前、后测得的地层宏观俘获截面 Σ 曲线，可以检查地层的酸化效果。

（四）利用阵列声波测井资料检查压裂效果

阵列声波测井监测压裂效果主要是利用横波的各向异性测量数据，通常用于直井压裂监测。在压裂前、后，分别对压裂段进行阵列声波测量，对比压裂对地层造成的各向异性差异，判断压裂缝向上向下延伸情况，确定压裂缝高。

图 8-41 检查酸化效果

图 8-42 是某井阵列声波压裂效果监测结果图。该井在 1362~1368m 射孔，于压裂作业前先测了一次过套管偶极横波测井，经处理，发现在射孔段附近横波各向异性不明显，无裂缝存在。压裂后，又进行了一次过套管偶极横波测井，发现在 1357~1374m 井段快慢横波时差差异明显，各向异性明显，据此判断压裂缝延伸段为 1357~1374m，裂缝高度为 17m。经压裂作业，裂缝向上延伸 5m，向下延伸 6m，压裂效果良好。

综上所述，目前用于增产措施评价的测井方法都具有"测井—改造—测井"的特点，都通过实施增产措施前、后得到的曲线重叠的方法来检查和评价储层改造措施效果。

四、注水效果测井评价

油气田开发到一定时期后，高渗透地层会优先见水并发生水淹，严重制约和影响油气田采收率的提高。因此，为了进一步挖掘油气田生产潜力，通常对中、高含水油气田实施调剖堵水，通过封堵高渗透层段以达到高、低渗透地层渗透性趋于一致的目的，进而提高和改良低渗透储层注水效果和注入水波及效率。

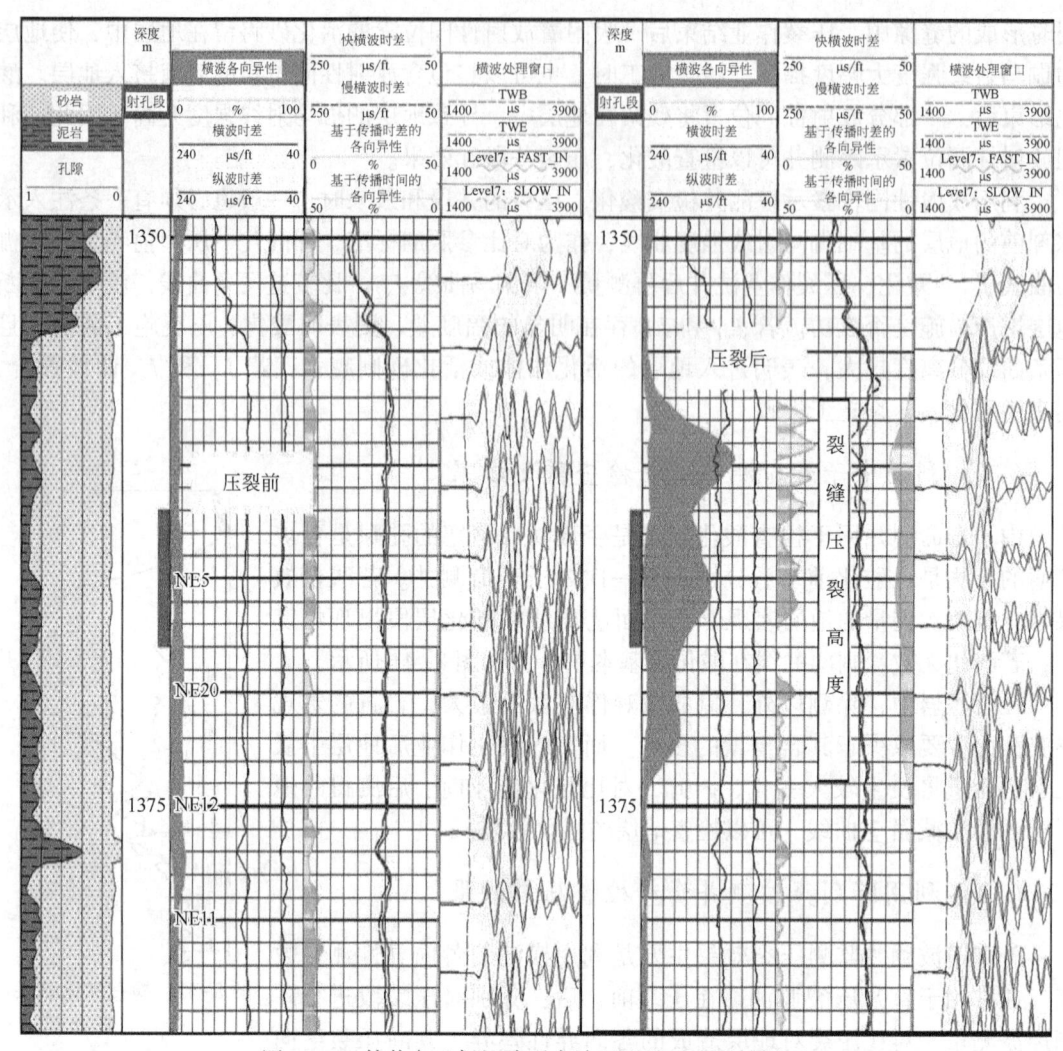

图 8-42 某井交叉偶极阵列声波压裂效果监测结果图

（一）利用放射性同位素示踪剂曲线研究吸水剖面

彩图 8-42

利用放射性示踪测井曲线计算各吸水层的相对吸水量时，要求井壁单位面积上滤积的放射性同位素化合物与单位面积的进水量成正比，即要求载体均匀含放射性物质，并且这些物质要能滤积在井壁附近，其滤积量随载体注入量的增加而线性增加，所以要视具体情况选择载体。在注入载体液前后各测一条伽马曲线，两条曲线对比，出现明显增值处均为吸水层，根据曲线增值面积的大小可以计算吸水量。

如图 8-43 所示，根据两条曲线包围的放射性强度异常面积的大小，计算各小层的相对吸水量以表示各小层的吸水能力。相对吸水量的计算公式为

$$q_i = \frac{S_i}{S_1+S_2+\cdots+S_i} \times 100\% = \frac{S_i}{\sum_{i=1}^{n} S_i} \times 100\% \tag{8-80}$$

式中　q_i——第 i 小层相对吸水量；

S_i——第i小层对应的放射性强度异常面积。

(二) 利用井温曲线确定吸水层位

由于受同位素载体下沉、沾污、粒径选择不当等因素的影响，有时同位素示踪剂曲线异常较大的层位不一定是主力吸水层，而同位素示踪剂曲线无明显异常的层位也不一定不吸水，因此，若单纯采用同位素示踪测井资料解释注入剖面，有时会出现较大偏差。已有应用表明，静态井温资料可以辅助确定吸水层位。静态井温曲线是指关井一定时间后测量得到的井温曲线。在注水井中，当向井内注入与地层温度不同的水时，吸水层位发生温度变化的半径大。然而关井后，吸水层温度回归地温的速率比未吸水层慢得多，使吸水层静态井温呈现异常，且偏离正常地温梯度线，而非吸水层段的井温曲线将趋近于地温梯度线。

图 8-44 为一注水井的注入剖面组合测井解释成果图。从图中可以看出，吸水层位的井温都低于地层原始温度，且吸水率高的井段温度梯度曲线变化也较大。这是由于注入水温度较低，吸水地层受注入水冷却的区域半径大且温降幅度大，未吸水层受注入水冷却的区域半径小且温降小。因此，关井后，吸水层温度回归原始地温的速率比未吸水层慢得多，从而使吸水层静态井温呈现负异常。

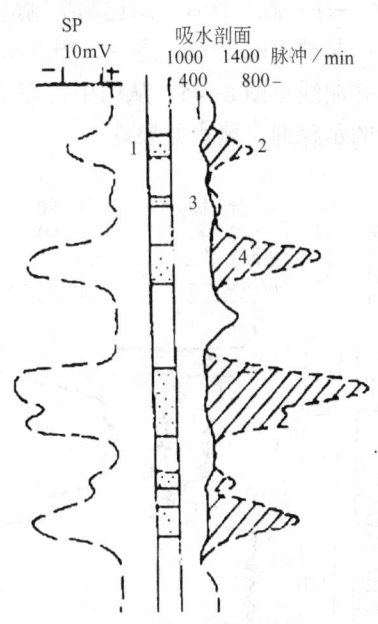

图 8-43 示踪测井的吸水剖面图
1—吸水层；2—$J_{\gamma 2}$曲线；
3—$J_{\gamma 1}$曲线；4—吸水剖面

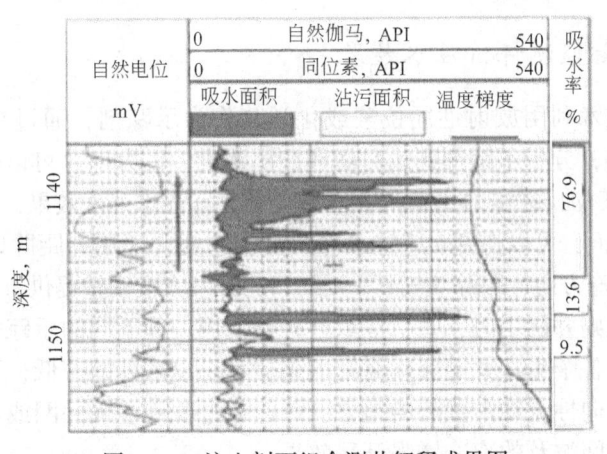

图 8-44 注入剖面组合测井解释成果图

(三) 利用中子寿命测—注—测技术确定吸水层位和堵水层位

利用中子寿命测井识别和确定吸水层位时，首先测一条中子寿命测井曲线作为基本曲线，然后把俘获截面明显不同于注入水的指示剂注入地层，接着再进行中子寿命测井，对比两次测得的中子寿命曲线，就可确定注入层位。

在油气田开发过程中，还经常要进行堵水作业，把一定量的化学堵水剂挤入地层，达到堵水增产的目的。在堵水前、后分别进行中子寿命测井，实际上就相当于前述用注水方法进行的

"测—注—测"作业。对比两次测量的中子寿命测井曲线，就可准确地确定堵水层位及堵水效果。

某油田的 1 号井是一口严重水淹的油井，进行了堵水作业，堵水前后测量得到中子寿命测井曲线见图 8-45。从图中可以看出，B 层的两条中子寿命曲线差异很大，说明挤入了大量的示踪剂，堵水效果好。

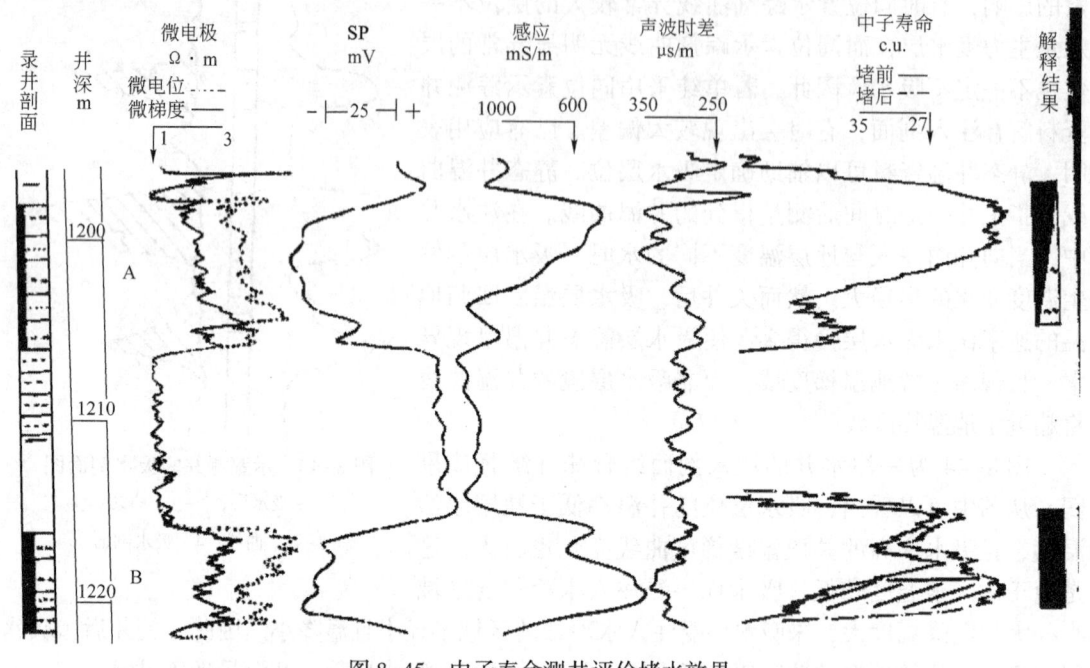

图 8-45 中子寿命测井评价堵水效果

（四）井间示踪监测评价注水效果

井间示踪监测技术利用放射性同位素或化学剂作为示踪剂，通过在注入井内注入示踪剂，在受益井内取样，分析示踪剂到达时间和产出浓度。一方面，可以研究注入流体在地层内的运移和分布，了解油层横向上连通情况、非均质性和注水开发效果，为调剖堵水和三次采油提供依据；另一方面，可以得到对应注水井的水驱速度（即用井距除以示踪剂到达时间），准确判断出油井的水淹方向，跟踪油气开采动态，为开发方案调整提供有价值的资料。

当流体被注入规则井网中时，每口注入井分别使用一种不同的示踪剂追踪注入流体。通过比较不同示踪剂在各个生产井上突破时间的先后和采出浓度的高低，可以判断注入流体优先流动的方向。在方向性流动占优势的地方，可以通过改变注入井网或者是在选定的井中改变注采速度来提高井间波及效率，增强开采效果。

表 8-12 是某油田一区块的井间示踪监测数据。从表中可看出，15-12 井的主要来水方向是 117 井，因为其水驱速度是 17-11 井的 3.2 倍，而 112-11 井的主要来水方向是 17-11 井。

表 8-12 井间示踪响应数据表

受益井	注入井	井距, m	示踪剂首次突破时间	天数, d	水驱速度, m/d
15-12	17-11	420	1990 年 11 月 10 日	107	3.9
	117	240	1991 年 1 月 9 日	19	12.6

续表

受益井	注入井	井距，m	示踪剂首次突破时间	天数，d	水驱速度，m/d
18-11	17-11	330	1990年8月31日	36	9.17
	18-12	250	1990年8月13日	83	3.0

注入井注入示踪剂后，被追踪的流体在生产井中突破时的注入体积，表示对应井间注入流体的波及体积。这个体积可由各受益井的示踪剂采出相对量来估计。

第四节　测井技术在窜槽及套管完整性监测与评价中的应用

测井资料在油气井固井、完井工程及油气井生产过程中的套管腐蚀、变形和损伤检测与实时监测中都有着广泛而重要的应用。本节将结合实例对测井资料在固井、完井及套管状况检测中的应用进行简要介绍。

一、窜槽检测

窜槽是指固井质量不好，或固井后射孔及其他工程施工使水泥环破裂而造成的层间窜通。窜槽的存在可能使油气井过早产水，或油井过早出气，使生产过程复杂化，因此，窜槽检测是固井质量评价的一个重要内容。第二章第三节已经对水泥环与套管、水泥环与地层间界面胶结质量不好造成微环隙以及气侵水泥浆等固井质量问题的声波测井评价方法进行了重点介绍，下面仅重点介绍温度测井、放射性同位素示踪测井在窜槽检测中的应用。

（一）利用温度测井检查窜槽

温度测井是用电缆将温度仪下入井内，测量并记录某一深度的井温或沿井剖面的温度变化。通过温度测井曲线同地温梯度线之间的差异对比，可以实现对窜槽的检测。

固井施工或其他井下作业致使管外水泥环窜槽造成层间窜流时，由于窜流流体的温度与流经地层的温度的不同，窜流流体与地层间将发生热交换，使在流经地层测得的温度偏离正常地温梯度线。图8-46示意地给出了由于层间固井质量不好，上部地层中天然气向下窜流并从下部裸眼井段顶部流入井眼的情形。气窜的结果使井温曲线在尾管底部出现了明显的负异常，且从气层到裸眼井段井温测量值都低于正常地温梯度。

（二）利用放射性同位素示踪测井找窜

放射性同位素示踪测井是检查油气井窜槽的有效方法之一。为了检查窜槽，施工时先测一条自然伽马曲线，作为参考曲线；然后将示踪剂压入找窜层段，再测一条伽马曲线，作为示踪曲线。将示踪曲线与参考曲线相比较，可查出示踪剂的通道，找出窜槽位置。图8-47是利用放射性同位素示踪测井找窜实例。将加入了示踪剂的流体注入C层前、后各测了一条伽马射线强度曲线；注入前测得的伽马射线强度为地层自身的放射性强度，记为自然伽马曲线；注入后测得的伽马射线强度为地层自身放射性强度与示踪剂放射性强度的总和，记为示踪曲线。对比示踪剂注入C层前、后的两条伽马射线强度曲线，可以看到：由于A、B、C三层之间窜通，注入示踪剂后上部B、A两层的伽马射线强度也都明显升高。

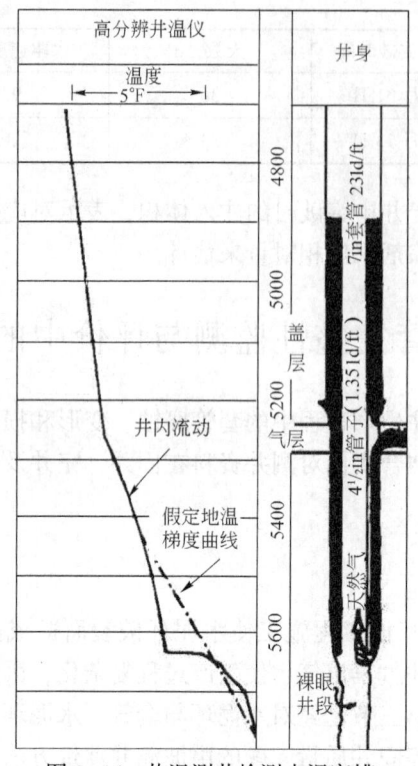

图 8-46 井温测井检测水泥窜槽

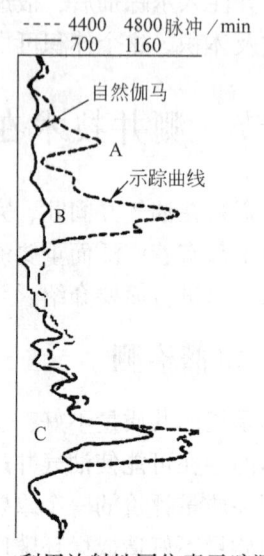

图 8-47 利用放射性同位素示踪测井找窜

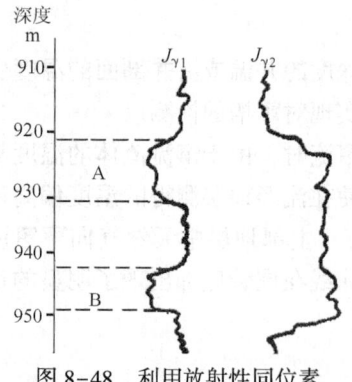

图 8-48 利用放射性同位素示踪测井检查封堵效果

（三）利用放射性同位素示踪测井检查封堵效果

当井剖面出现窜槽、部分层段出水及误射孔时，需要在这些地方进行封堵。此时，如果在注入的水泥中加入少量的放射性同位素示踪剂，那么根据注入水泥前、后测得的放射性同位素示踪剂测井曲线的差异，就可以判断水泥是否注入了应封堵的部位。图 8-48 中的 A、B 两层段窜通，为了对封堵的效果进行评价，在射开 B 层挤入活化水泥前、后各测了一条伽马曲线 $J_{\gamma 1}$、$J_{\gamma 2}$。比较 $J_{\gamma 1}$、$J_{\gamma 2}$ 可以看到：伽马射线强度都明显升高，说明水泥已挤入 A、B 之间的窜槽井段。

除温度测井、放射性同位素示踪测井检测窜槽外，套管井噪声曲线也可以指示管外窜槽的存在。这是由于固井以后，套管外存在窜槽时，流体泄漏点将成为井下自然声源，导致测量的井下噪声曲线出现异常。

二、套管状况监测

可以用于监测套管变形和腐蚀状况的测井方法主要有井下超声电视 BHTV、井周声波成像 CBIL 和超声波成像 USI 等超声波成像类测井方法，以及多臂井径测量仪（视频 10）和电磁探伤测井等。对同一口井，在测井过程中井内流体的声阻抗可视为不变，因此，反射波能量的大小

视频 10 套管检测

就取决于井壁介质的声阻抗，所以，根据超声波成像类测井方法记录的反射波幅度，就可以推断出井壁介质表面的状况。此外，当固井以后，在套管井中开展声波测井，且将仪器居中时，对同一尺寸、同一材质的套管，声波在其中传播的时间必然相同，若环境未变，时间改变，则表明套管的厚度发生了变化。因此，根据 BHTV、CBIL、USI 等得到的传播时间记录，也可以监测套管腐蚀引起的套管厚度变化。多臂井径仪可以通过周向高密度的井径测量，连续勾画出套管内壁随井深的形态变化，原理易于理解，不再赘述。电磁探伤测井技术利用磁损耗和电涡流原理，可测量油井—水井套管由于机械破坏或者腐蚀引起的重量损失和井径变化，其不受井斜、结垢等因素的影响，但灵敏度较低，一般与多臂井径组合使用，能较准确地反映出套管内径、接箍、套管壁厚等参数，准确区分套管内部和外部腐蚀和缺损。

下面以井周声波成像测井 CBIL 和超声波成像测井 USI 为例，简要介绍超声波成像类测井方法在套管状况监测中的应用。

（一）井周声波成像测井 CBIL

井周声波成像测井 CBIL 既可用于确定地层的构造特征和沉积环境、描述原生孔隙度和次生孔隙度（如孔、洞、缝等）以及确定井眼的几何形态和井壁崩落情况，也可应用在套管井中确定套管厚度，了解套管是否变形和损伤。

图 8-49 为利用 CBIL 检查套管状况的实例。图 8-49(a) 中第一道为深度；第二道为自然伽马曲线；第三道为声波幅度图像展开图；第四道为声波传播时间图像展开图；第五道为套管半径。从平面展开图和立体图［图 8-49(b)］上可以看到：深度 226~229m 处套管部分方位上出现了腐蚀现象，在声波幅度图像和声波传播时间图像上显示为黑色。

（二）超声波成像测井 USI

从前面的章节中已经了解到，超声波成像测井 USI 的工作原理与 UBI 相似，但 USI 主要用于套管井测量。利用 USI 资料可以分析井眼的几何形状，检查套管接箍、变形、损坏、腐蚀等。

由于套管壁的自然谐振频率与套管的壁厚近似成正比，因此，根据 USI 接收到的厚度谐振响应可得到套管厚度。USI 通过确定反射回波波峰的位置来测量发射脉冲和回声主峰之间的时间，使用流体特性测量结果把这个时间转换成套管的内半径，以便在考虑到换能器自身尺寸的同时，计算出钻井液的声波传播速度。

USI 还能根据声波传播时间和套管厚度测量结果计算出套管的内半径、外半径，进而通过计算得到套管的内半径、外半径、厚度及套管内表面的粗糙度来监视套管的实际状况。图 8-50 是 USI 得到的套管横截面图，图中标明了给定深度上套管的正常内径（内点线）、正常外径（外点线），以及实测内径（内实线）、外径（外实线）。图中数字单位为 in。通过对比，能清楚地显示给定深度上 360°范围内套管的表面腐蚀情况。

套管腐蚀后，必然造成腐蚀面与周围套管内表面的反射出现差异，如图 8-51 所示。从图中可看出，套管腐蚀在幅度图上表现为与腐蚀本身形状一致的暗色团块，腐蚀程度与明暗程度基本一致，形状一般不规则。此外，从图中还可注意到，套管接箍在套管内形成声阻抗异常，在图像上表现为明显的低声波幅度异常条带。

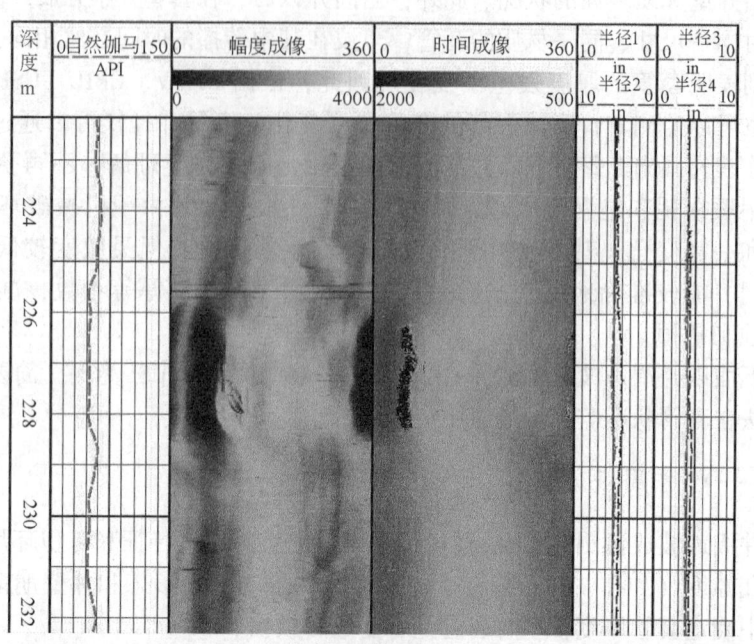

(a) 平面展开图

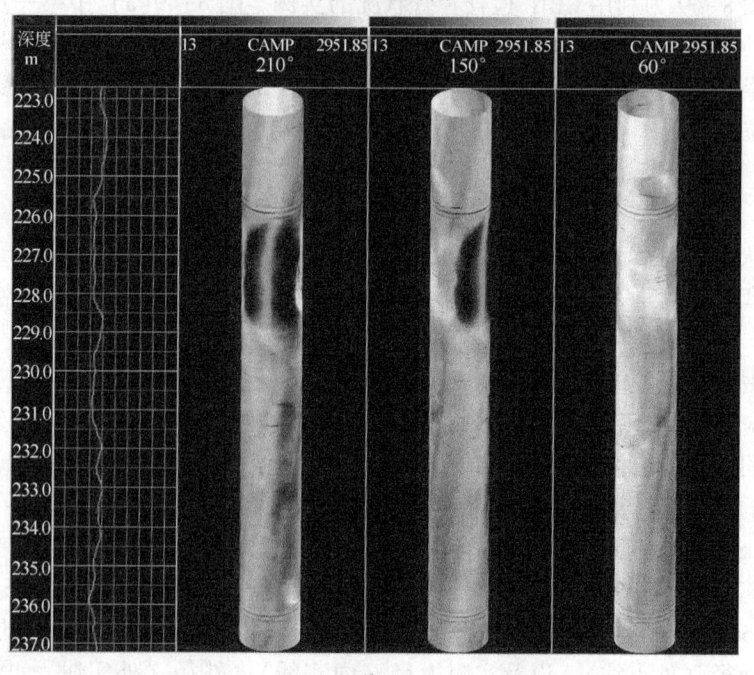

(b) 立体图

彩图 8-49

图 8-49 某井段 CBIL 套管检测结果

图 8-50 USI 获得的套管横截面图

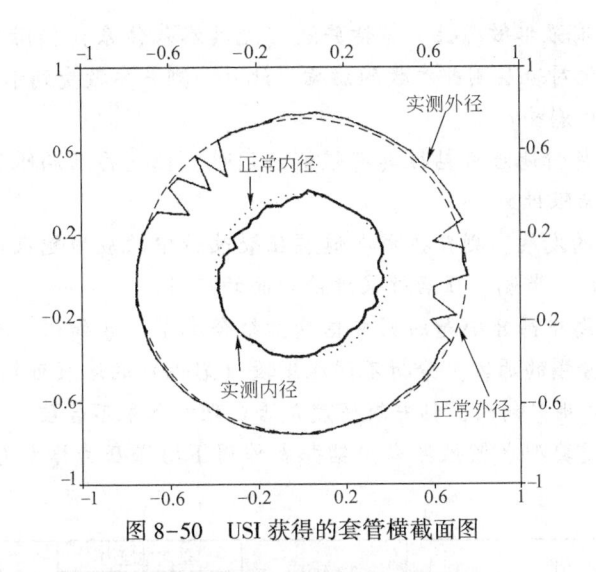

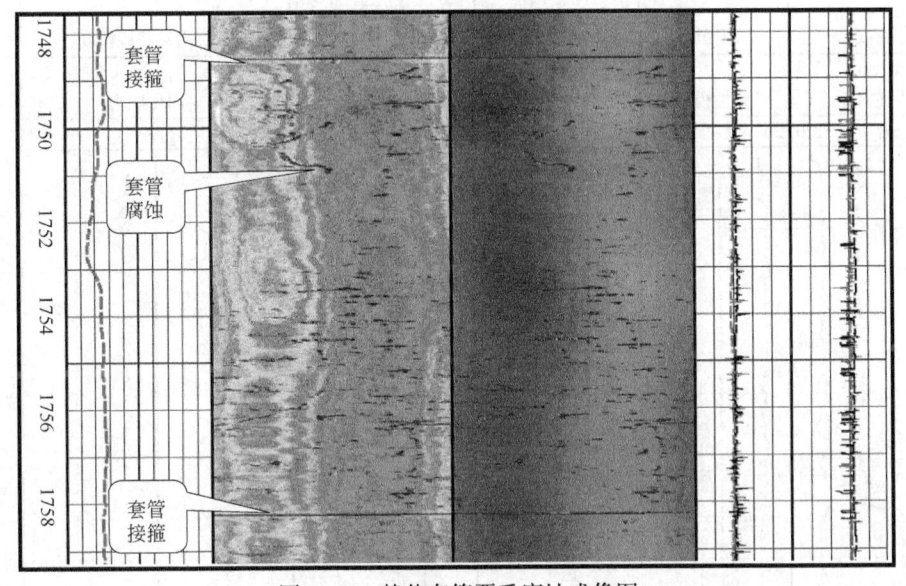

图 8-51 某井套管严重腐蚀成像图

彩图 8-51

课后习题

1. 地层可能存在裂缝、层理、孔洞等不同类型结构，针对岩石强度参数的测井预测中，地层结构特征对岩石强度预测的影响如何？

2. 目前最常用的地层孔隙压力预测方法分别基于欠压实理论与有效应力理论。在实际应用过程中，上述两大类方法的局限性越发显著，简述上述两大类方法的局限性。

3. 测井技术在钻井工程应用过程中，例如地应力、坍塌压力、破裂压力等测井计算，在不同井型条件下（直井或水平井），有何差异性？

4. 利用测井信息可以确定井壁天然裂缝产状，不同天然裂缝产状对钻完井工程的影响如何？

5. 泥页岩地层具有强水敏感性，与钻井液（尤其水基体系）接触后将产生显著的水化作用。简述泥页岩水化对地层测井参数的影响。此外，测井参数受到水化作用影响后，对后续钻完井工程应用有何影响？

6. 利用声波时差评价地层可钻性具有较好应用性，但也存在局限性，请简述仅依靠声波时差预测可钻性的局限性。

7. 随着测井技术的发展，测井技术在储层压裂改造中的应用越来越多，请简述测井技术在储层压裂改造设计、监测、压后效果评价方面的应用。

8. 根据第六章习题中第 8 小题的测井信息，结合本章所学知识，在图中标出发生井壁垮塌的地层并分析其垮塌的原因。分析不同深度段（岩性）的地层可钻性差异。

9. 基于图 8-52 的测井剖面，钻井液密度是否合理？如果不合理，存在哪些风险，该如何调整？如果该层段是典型水敏性泥岩，钻井液作用下坍塌压力增加 0.1g/cm^3，此时的钻井液密度如何调整？

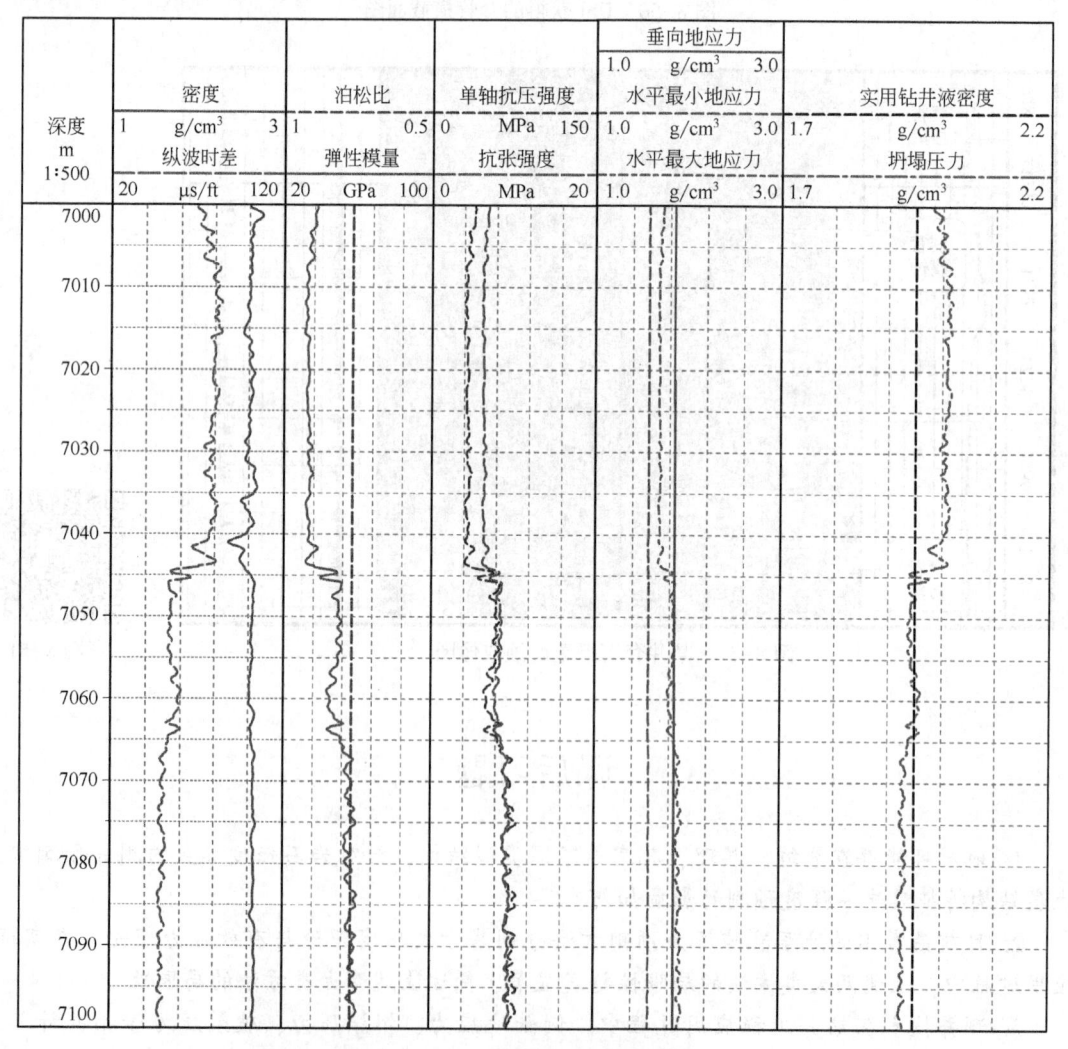

深度 m 1:500	密度 1 g/cm³ 3 纵波时差 20 μs/ft 120	泊松比 1 0.5 弹性模量 20 GPa 100	单轴抗压强度 0 MPa 150 抗张强度 0 MPa 20	垂向地应力 1.0 g/cm³ 3.0 水平最小地应力 1.0 g/cm³ 3.0 水平最大地应力 1.0 g/cm³ 3.0	实用钻井液密度 1.7 g/cm³ 2.2 坍塌压力 1.7 g/cm³ 2.2

图 8-52　T2 井地层测井曲线图

第九章 测井技术在海洋科学及工程中的应用

人类赖以生存的地球70%左右的表面积被海水所覆盖。地球的每一次重大演变事件及气候变化、地球板块的漂移与碰撞都在大洋地壳中留下了证据。海底活火山喷发、海底热柱活动及地幔物质对流等自然现象让人迷惑，还有人类已知和未知的海底资源，如天然气水合物、海底锰结核及海底的生物资源等，都让人类产生了解大洋地壳内部的愿望。但限于观测手段，直到1969年以前，人类了解大洋地壳的愿望一直限于潜艇观测和想象之中。直到深海钻探计划开始之后，人类才真正拉开了解大洋地壳的序幕。除了大洋钻探计划之外，全球科学家们也在致力发展海底观测网系统，力图在长时间三维空间的尺度上全面观测了解、研究海洋。如果说，大洋钻探计划、海底观测网的重点是研究了解海洋，那么，海洋港口建设、海洋岛礁建设、跨海桥梁建设，以及未来的海底高速铁路建设，都是人类开发利用海洋的庞大工程。就是说，今天，人类与海洋的关系，已经全方位形成了观测、研究和开发利用的立体全面的关系。

第一节 测井在大洋钻探计划中的应用

一、大洋钻探计划概述

大洋钻探计划在发展过程中经历了深海钻探计划 DSDP（deep sea drilling program，1966—1983年）、大洋钻探计划 ODP（ocean drilling program，1983—2003年）、综合大洋钻探计划 IODP（integrated ocean drilling program，2003—2013年）和新大洋钻探计划，即国际大洋发现计划（international ocean discovery program，2013—2024年），简称仍为 IODP。大洋钻探计划是这四个发展阶段的总称。科学钻探船使科学家能够进入一些地球上最具挑战性的环境，从海底收集沉积物、岩石、流体和活生物体的数据和样本。海洋科学钻探领域的长期国际合作改变了人类对地球的理解，解决了有关地球动态历史、过程和结构的基本问题。海洋科学钻探作为一种研究技术，其本身的发展推动了新工具和方法的发展，并促进了研究、教育和公众参与方面的持久国际合作。

（一）大洋钻探计划发展概述

采用岩石取样的方法研究岩石圈及莫霍面特征的想法，最初来源于1961年美国科学家实施的 MoHole 项目，其目的就是希望打穿大洋地壳的岩石圈，钻取莫霍面的岩石样本，并使用岩石样本研究莫霍面的岩石组分和物理学特征。

1. 1966—1983年：深海钻探计划（DSDP）

1961年，当动力定位技术成功应用于 CUSS 钻井平台在强流中保持目标时，科学钻探作为研究地球海底地质的一项可行技术而生根发芽。Mohole 项目是向美国国家科学基金会提出的一个概念，它考虑了通过岩石物理参数的突然变化（Mohorovičić 不连续面）确定的地质边界进行钻探的可行性，这标志着从海洋地壳向地幔（地球的主要内层）的过渡。

1964年，美国四所最著名的海洋研究机构，即加利福尼亚大学Scripps海洋研究所、Woods Hole海洋研究所、迈阿密大学Rosenstiel海洋及大气科学研究生院、哥伦比亚大学Lamont-Doherty地球观测中心，联手组成"地球深部取样联合海洋研究所（JOIDES）"。次年，Lamont-Doherty地球观测中心代表JOIDES提出关于大洋海底钻探取样研究的立项报告，并获得美国科学基金NSF的资助。1966年，由Scripps作为JOIDES的首任作业方，正式确立了深海钻探计划。1968年，DSDP的钻探作业船"格洛玛·挑战者号（Glomar Challenger）"从得克萨斯州奥兰吉港口起航，开始实施DSDP的第一个航次。这一次航行，标志着人类开始了探索大洋的新纪元，即深海钻探计划，于1966年开始使用Glomar Challenger号钻井船。这艘开拓性的船只在大西洋、太平洋、印度洋以及地中海和红海进行了钻探和取心作业。格洛玛·挑战者号还推进了深海钻探技术。

2. 1983—2003年：大洋钻探计划（ODP）

随着钻探过程的逐渐展开，钻探井位面临的环境日益复杂化，钻探目标的要求也越来越高，DSDP期间使用钻探船（"格洛玛·挑战者号"）技术性能越来越难以适应新的钻探要求。1985年，JOIDES决定在大洋钻探计划开始时使用全新的钻探船乔迪斯·决心号（JOIDES Resolution号）取代Glomar Challenger。ODP确实是一项国际合作努力的形式，采用国际合作的方式探索和研究地球亚层的组成和结构。乔迪斯·决心号在全世界海洋盆地完成了2000个钻孔作业，累计完成了110个ODP航次。

3. 2003—2013年：综合大洋钻探计划（IODP）

综合大洋钻探计划建立在国际伙伴关系及DSDP和ODP的科学成功基础上，采用了由26个参与国资助的多个钻井平台。这些平台包括翻新的JOIDES Resolution、配备新型海洋立管的日本深海钻井船Chikyu，以及专项设置的特定任务平台（mission special flatform）。应用这些钻探平台，在已经完成的52个航次中，钻探到了全球地下的新区域。IODP完成并保留的文件档案包含来自项目研究人员和咨询机构的报告、会议记录和其他文件。

4. 2013—2024年：国际大洋发现计划（IODP）

综合大洋钻探计划于2013年10月结束。为了继续探索地球及海洋科学，IODP合作伙伴通过国际大洋发现计划继续开展合作。国际大洋发现计划（international ocean discovery program，IODP，2013—2024年）及其前身综合大洋钻探计划（IODP，2003—2013年）、大洋钻探计划（ODP，1983—2003年）和深海钻探计划（DSDP，1966—1983年），是地球科学历史上规模最大、影响最深的国际合作研究计划，旨在利用大洋钻探船或平台获取的海底沉积物、岩石样品和数据，在地球系统科学思想指导下，探索地球的气候演化、地球动力学、深部生物圈和地质灾害等。

（二）大洋钻探计划的发展及国际合作

在DSDP运行的最初八年中，完全由美国科学基金NSF提供经费支持，年耗资达3300万美元。1976年，联邦德国、法国、日本、英国和苏联相继加入DSDP。不久，加拿大和欧洲科学基金共同体（荷兰、瑞典、瑞士和意大利）又陆续加入。这些国家和团体的加入，标志着DSDP开始了国际合作的新阶段。在1966—1983年DSDP实施期间，格洛玛·挑战者号钻探船在大西洋、太平洋、印度洋以及地中海和红海进行了钻探和取心作业，累计完成了96个钻探航次，在624个钻位上钻探了1092个钻孔，采获深海岩心总长度超过97km。

1983年11月，在完成了DSDP第96航次之后，格洛玛·挑战者号退役，接替它的是一艘更为先进的钻探作业船"乔迪斯·决心号（JOIDES Resolution）"。此前由加利福尼亚大学Scripps海洋研究所主持的DSDP，随即改称为"大洋钻探计划ODP（ocean drilling program）"，项目的科学作业方由得克萨斯A&M大学接替。在ODP运行期间，欧盟（代表欧盟12国）作为整体加入项目运行。1998年，中国以协作成员（associate member）身份加入项目。

中国在加入ODP之后，就成为其中很活跃的成员。1999年，也就是中国加入ODP项目的第二年，就在中国南海实施了ODP Leg 184航次计划。南海（ODP Leg）184航次是由中国科学家提供航次建议，并得到ODP项目委员会的批准，由中国科学家主持的航次。正是由于实施了ODP Leg184航次，我国跻身了深海研究的世界先进行列。

截至2013年，基于全球合作的大洋钻探计划，已经发展到第四个阶段，即新IODP（international ocean discovery program）。近50余年的深海钻探，仅"决心号"钻探船已经在全球各大洋钻井3300余口，取心370余千米。这些钻探活动及其研究结果，验证了板块构造理论，创立了古海洋学，揭示了洋壳结构和海底高原的形成，证实了气候演变的轨道周期和地球环境的突变事件，分析了汇聚大陆边缘深部流体的作用，发现了海底深部生物圈和天然气水合物，推动地球科学一次又一次重大突破。DSDP/ODP/IODP深海钻探及航次后的科学研究，把地质学从陆地扩展到全球，改变了固体地球科学几乎每一个分支原有的发展轨迹。

深海大洋钻探的实施以及各个航次期间和航次后的科学研究，不断深化了人们对于地球活动和演化过程的认识，丰富了人们对于钻探区域海底矿产资源和海洋生物资源的认识。大洋钻探活动的本身，以及参与大洋钻探活动各国所取得的相关研究成果的不断问世，也使各国政府越来越关注这一科学研究项目，越来越多的国家直接参与到这项研究计划。截至2017年，形成了美、日主导，欧洲联合体（包含西欧17国，以及加拿大、以色列），中国、韩国、澳大利亚/新西兰联合体、印度、巴西等共八方26个国家参加的研究联合体，年度运行经费达到1.9亿美元。

2013年10月，我国正式加入国际大洋发现计划，并大幅度提高资助强度，除了每年支付300万美元会费，还以匹配经费的形式资助IODP的航次。在新IODP运行的前4年（2014—2017年），中国为IODP提供了3000万美元的资助，成为仅次于美、日和欧洲的第四大资助方。我国参加IODP的相关工作由科技部牵头，协调财政部、基金委、自然资源部、教育部、海洋局和中科院等相关部门共同领导，同时成立了中国IODP专家咨询委员会和中国IODP办公室负责具体组织实施，办公室设在同济大学。

（三）大洋钻探计划中的执行平台

完整的大洋钻探计划由数个单个航次组成。完成单个航次的基本设备是能够进行深海钻探的执行平台。执行平台除船员外，还必须搭载相当数量的科研人员，同时还必须能够开展钻探、取心、地球物理测井等工程作业，拥有足够大的实验室面积供科研人员开展研究，以及储藏岩心和各种样品等。

截至2024年6月，执行大洋钻探计划的执行平台有3个，分别为乔迪斯·决心号，地球号和特殊任务平台，分别由美国、日本和欧洲提供，大洋钻探计划的执行平台及参与方按约定程序开展相关工作。目前中国投入大洋钻探的研究经费，主要用于乔迪斯·决心号的航次计划，大洋钻探计划已经在中国南海完成了4个航次，均由乔迪斯·决心号执行。

在大洋钻探计划中，除了已经投入运行的3个执行平台以外，当前，中国IODP正在积极推进成为国际IODP第四平台提供者，自主组织IODP航次，建设运行IODP第四岩心库，进入国际大洋钻探领导层。2023年12月18日，我国自主设计建造的天然气水合物钻采船（大洋钻探船）正式命名为"梦想号"，在广州南沙下水试航。此举标志着我国深海探测能力建设和装备现代化建设迈出关键一步。预计2024年"梦想号"全面建成，建成后，"梦想"号将主要承担国家重大科技项目和国际大洋科学钻探任务。

"梦想"号总吨约33000t，总长179.8m，型宽32.8m，续航力15000海里，自持力120天，稳定性和结构强度按16级台风海况安全要求设计，具备全球海域无限航区作业能力和海域11000m的钻探能力。该船实验室总面积超3000m^2，涵盖基础地质、古地磁、无机地化、有机地化、微生物、海洋科学、天然气水合物、地球物理、钻探技术九大实验室，配置世界一流的磁屏蔽室、超净实验间和全球首套船载岩心自动传输存储系统，可满足海洋领域全学科研究要求。建有先进的科考船综合信息化系统，由弹性网络、云数据服务、综合调度、作业监控、实验室管理等九大子系统组成，采用超融合、云服务、数据中台、数字孪生等关键技术，全船覆盖超20000个监控点，可实现钻采作业全过程监测、科学实验智能协同。现阶段的国际大洋发现计划将于2024年9月结束，中国IODP正在积极推动2024年后"以我为主"发起新一轮国际大洋发现计划，自主组织国际大洋钻探航次，建设并运行国际大洋钻探岩心实验室，联合国际共同引领2024年后的世界大洋钻探。"梦想"号的建成将为中国发起新一轮国际大洋钻探提供重要装备技术保障。

（四）大洋钻探计划的总体科学目标及产学研合作

在大洋钻探计划的发展过程中，由于人类对地球大洋认识水平不断提高，大洋钻探计划的科学目标也在不断深化之中。在DSDP时期，科学目标是验证板块构造理论及对深海沉积物、岩石进行基础勘测。在ODP时期，科学目标集中于两个领域：地壳和上地幔（岩石圈和软流圈）的成分、构造和动力学，地球环境——水圈、冰冻圈和生物圈的演化。相对于DSDP、ODP而言，IODP钻探规模和目标都将大为扩展，以"地球系统科学"思想为指导，计划打穿大洋壳，揭示地震机理，查明深部生物圈和天然气水合物，理解极端气候和快速气候变化的过程，为国际学术界构筑起21世纪地球系统科学研究的平台，同时为深海新资源勘探开发、环境预测和防震减灾等目标服务。

新IODP计划的科学视野和目标将大为扩展，更加突出社会需求，不再以"钻探"为限，而以探索深部和了解整个地球系统为目标，以预测未来、预警灾害为己任，实施后将继续成为国际海洋界最为重要的国际科技合作计划。新IODP的科学计划以"照亮地球：过去、现在和未来"为主题，在科学目标上，围绕气候与海洋环境、深部生物圈、地球内部与表层连接、灾害与观测等四大主题展开；在技术手段上，发展海底井下监测预警、海底微生物检测培育、钻探地壳探索上地幔等。新IODP计划的科学视野和目标展示了海洋科学乃至地球科学最前沿的诱人前景。

大洋钻探计划以科学探测为主要目标，但并不排除有益于人类发展的资源探测。实际上，大洋钻探计划一直在寻求与石油工业界的合作。1999年10月，由美国大洋钻探科学支持计划主办的"科学大洋钻探合作：前进中的产研联盟（cooperation in scientific ocean drilling: forging industry-academic partnership）"在得克萨斯州休斯敦召开了工作会议，近60位来自大学、石油公司和大洋钻探的学者出席了这次会议。

这一次工作会议的目标是确定学术界和产业界科学家感兴趣的基础研究问题，以及在收集资料（地震和钻孔）、解释、评价地质过程及建立模式方面的合作策略。会议结论将用于指导下一阶段的科学大洋钻探，通过阐明共同目标及可能的井位，使学术界和产业界找到既是基础研究又是资源勘探的共同点，并在这个共同点的基础上，形成学术界与产业界的合作研究。

（五）大洋钻探计划的数据及文献发表

自从1991年ODP-139航次开始正式采集测井数据以后，大洋钻探计划的数据包括钻井取心、航次中实验室岩心分析数据、航次后实验室岩心分析、航次初始报告、航次科学报告，以及各国科学家根据航次数据研究分析形成的论文、专著等。大洋钻探50年来获得岩心总长度达40余万米，一直保存在大洋钻探的岩心库里，所有这些岩心以及船上获得的数据均向全世界科学家免费开放，各国科学家可以根据自己的兴趣申请需要的样品开展研究，只要在发表成果时注明样品由大洋钻探提供即可。

IODP有专门的岩心库用于保存和管理这些岩心（包括DSDP和ODP时期的岩心）。自2003年转入综合大洋钻探阶段以来，IODP的岩心库进行了改革与重组。将ODP时期的四个岩心库缩减为目前的三个，一直沿用至今。这三个岩心库分别位于美国得克萨斯农工大学Gulf Coast Repository（GCR）、德国不来梅大学Bremen Core Repository（BCR）和日本高知大学Kochi Core Center（KCC）。岩心根据其采样所在的地理区域，保管在以上三个对应的岩心库中。

获得DSDP、ODP和IODP阶段的岩心样品，研究人员需要通过Sample and Data Requests Database（SaDR）提交申请。一旦接收岩心样品，研究人员将默认同意履行IODP Sample，Data，and Obligations Policy条款相关义务，Curatorial Advisory Board会最终决定岩心样品的分配。

IODP规定在该航次结束后一年内，只有上船科学家才有资格申请在考察期间获得的岩心样品。在航次结束一年之后，其他科学家均可以申请获得该航次样品。此外，岩心样品还可以外借，用于科普教育等非科研目的的场合，更多信息请参考履行IODP Sample，Data，and Obligations Policy条款政策。

截至2020年初，大洋钻探平台已经在世界各大洋完成了299个航次、钻穿了近100万米的沉积物和基岩，并采集了超过40×10^4m的岩心和大量的观测数据。另外，航次后研究也产生了大量的研究数据，大洋钻探不同阶段各个航次的数据都可以划分为船上数据和航次后数据。

船上数据，指大洋钻探船在执行某一航次过程中获取的钻井、测井及岩心测试分析等数据，如井位、取心、自然伽马、电阻率、声波、年龄、物性参数、矿物、元素等，该类数据主要记录在航次报告中。

航次后数据，指任务平台完成钻探取心后，研究人员基于各自研究兴趣利用岩心样品开展工作所获取的数据。从数据类型来看，可能有与船上数据相似但采样分辨率更高的数据，如矿物学、粒度、密度等，也可能有其他船上工作不涉及的数据，如一些特定同位素数据等。一部分航次后数据由参与航次的科学家发表于钻探航次的后续报告中，但大部分以论文的形式发表在学术期刊上。在大洋钻探的不同阶段，航次报告的形式也有所差异。

二、测井技术在大洋钻探计划中的应用

大洋钻探的最初阶段，即 DSDP 时期，深海钻探计划的主要目的是钻取大洋地壳的岩心。因此并没有录取测井资料的作业。随着大洋钻探计划日益成功和人们对大洋钻探成果认识的加深，以及单纯利用岩心研究地层存在的缺陷（例如，岩心有时不能反映井壁以外的地层信息，另外，有时取心失败，以及取心收获率不高也会造成地层信息的空白），人们很自然想到利用油气工业中的测井技术来补充岩心信息的某些不足，于是，从 1991 年的 ODP Leg 138 航次开始录取测井资料。

自从 1991 年开始采集测井数据以来，大洋钻探的主持机构就对测井数据采集及研究给予了足够的重视。首先，在 IODP 的每个航次基本信息上，测井科学家与主持航次的首席科学家一起，都放在航次主要科学家的位置。每次参与航次钻探和航次期间研究的科学家人数为 50 人，而在航次科学家介绍的名单上能够出现的科学家只有航次首席科学家、责任科学家和测井科学家，一共是 4 人，其余的科学家列入科学参与人之中。其次，仅从 ODP Leg 184 航次作业任务来看，测井作业是大洋钻探航次的主要作业之一（表 9-1），其他航次的作业内容也基本如此。

表 9-1　1999 年 ODP Leg 184 日程表

日期	天数	地点	钻孔数量深度范围，mbsf	内容
2.11—2.17	7	弗里曼特尔港	—	装卸、等候设备
2.18—3.2	13	印度洋—南沙	—	航行
3.3—3.9	7	南沙 1143 站	3258~500	钻探、测井
3.10—3.12	3	南沙—东沙南	—	航行
3.13—3.18	6	东沙南 1144 站	3199~453	钻探、测井
3.19—3.21	3	东沙南 1145 站	3198~200	钻探
3.22—3.28	7	东沙南 1146 站	3245~607	钻探、测井
3.29—3.31	2	东沙南 1147 站	379~86	钻探
3.31—4.10	11	东沙南 1148 站	2700~852	钻探、测井
4.11—3.12	2	东沙南—香港	—	航行

（一）测井系列

大洋钻探计划总体科学目标由多个航次共同支撑实现，单个航次具有不同的科学目标。测井技术在应用于在大洋钻探计划的过程中，逐渐形成了针对不同科学目标的测井系列。目前，单个航次的测井系列分为标准测井系列和选用测井系列。其中标准测井系列包括 Triple 和 FMS/Sonic 两个仪器组合，选用测井系列由特殊测井系列、随钻测井系列和辅助测井系列组成。各测井系列包括的测井仪器列入表 9-2。

表 9-2 大洋钻探测井系列及测井方法

标准测井系列	选用测井系列		
	特殊测井系列	随钻测井系列	辅助测井系列
Triple 由环境自然伽马能谱（HNGS）、加速器中子孔隙度（APS）、恶劣环境岩性密度孔隙度及井径（HLDS）、双感应（DIT-E）等仪器组成，还包括温度、加速度井斜及压力（TAP），FMS/Sonic 包括偶极子横波成像（DSI）、通用井斜仪（GPIT）、地层微电阻扫描（FMS），自然伽马（NGT）	井眼电视（BHTV）、地质高分辨磁力仪（GH-MT）、井眼地震仪及垂直地震剖面（WST/VSP）、双侧向测井及方位电阻率成像（DLL/ARI）	补偿双电阻率仪（CDR）、方位密度中子仪（ADN）、钻头电阻率（RAB）	高温测温仪（HTT）、剪切声波仪（SST）、电缆提升补偿仪（WHC）、圆锥侧边潜水仪（CSES）

标准测井系列是每个航次的必测系列。通过采集标准测井系列的数据，科学家可以了解地层有关沉积学、导电性、岩石力学等方面的基本信息（表 9-3），这些地质信息也是大洋钻探每一个航次都需要了解的基本信息和航次后续研究所必需的基础信息。选用测井系列则根据每个航次具体科学目标所需要重点了解的地层信息进行确定。

表 9-3 不同航次的科学目标及测井系列

航次	科学目标及重点地层信息	测井系列
ODP Leg 184	探测东南亚季风的证据；重点了解地层的沉积序列及生物扰动	标准测井系列；选用测井系列：磁化率（SUMS）、核磁共振（NMRS）
ODP Leg 204	探测天然气水合物在洋脊上的分布；重点了解氢核的分布及丰度	标准测井系列；选用测井系列：随钻测井方法，包括可视密度中子仪（VDN）、核磁共振仪（NMR-MPR）、地质可视电阻率仪（GVR6）
ODP Leg 206	探测海底快速扩张的大洋地壳状态；重点了解板块运动形成的特征及构造运动形成的裂缝痕迹	标准测井系列；选用测井系列：超声井眼电视成像（UBI）、三轴井眼地震（WST-3）、地质雷达（Geo-phones）、三分量磁化率仪（Gyro-3）

例如，ODP Leg 206 航次的科学目标决定重点需要了解的地层信息是板块运动形成的构造特征及构造运动形成的裂缝痕迹。为了获得这些信息，选用的测井方法分别为：

（1）超声井眼电视成像（UBI）：用于地层裂缝、微细裂缝特征识别。

（2）三轴井眼地震（WST-3）及地质雷达（Geo-phones）：用于井筒周围地层精细构造特征分析。

（3）三分量磁化率仪：用于研究地磁场特征及变化与构造运动之间的关系。

应该指出的是，在表 9-2 中，有的测井方法是重复下井测量的（图 9-1）。例如，自然伽马测井是每次下井必测的项目。同油气工业中的测井作业一样，重复测量自然伽马是为了保证不同下井仪器之间的深度校正。井斜测井也是重复下井的测量项目。井斜测井的目的有两个：首先是测井数据处理的需要，FMS 和三分量磁化率测井需要井斜数据计算裂缝面的产状和地磁场的真实方位；其次便于测井操作工程师控制测井仪在井筒中的工作状态。

（二）大洋钻探的测井记录深度

测井过程中，测井记录深度是从钻井平台的方钻补心开始计数的，但测井资料显示深度是 mbsf（meter below sea floor）。方钻补心到海底的距离称为"钻进深度"（图 9-2），海底以下的深度就是 mbsf。也就是说，测井记录深度等于"钻进深度"加"mbsf"。

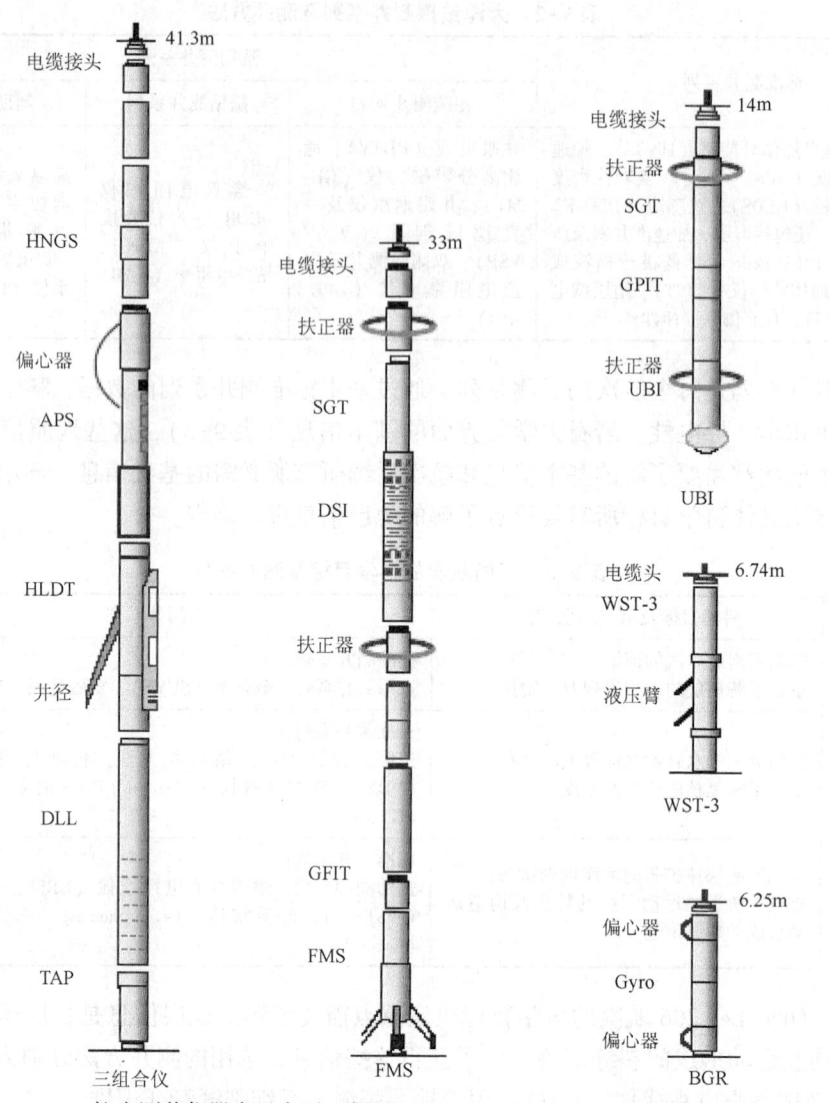

图 9-1　ODP Leg 206 航次测井仪器串示意图（据 D. S. Wilson，D. A. H. Teagle，G. D. Acton，et al，2003）

（三）测井资料的应用

除了作为岩心数据某些缺陷的补充之外，实际上，正如前述章节介绍的一样，测井资料在揭示大洋地质信息、评价大洋矿产资源、建立大洋地层数值模型等方面都有着重要作用。

1. 识别天然气水合物

大洋钻探计划除了科学目标之外，力图实现钻探计划的工业价值也是大洋钻探计划的目标之一。如图 9-3 所示，ODP Leg 204 航次 1244E 钻孔测井资料在 220mbsf 处和 180mbsf 分别出现了电阻率增高、声波时差增大和声波衰减增大等天然气水合物的典型显示特征。该处钻井时钻井液中发出爆裂声及钻井液密度降低等特点，很可能是天然气水合物分解膨胀导致。该处岩心分析热导率略微增加的特征，也符合此处存在天然气水合物的特征。ODP Leg 204 共钻探 8 眼钻孔，在 40~180mbsf 深度段取得了大量的天然气水合物样品（图 9-4），图中的白色晶体就是天然气水合物晶体。

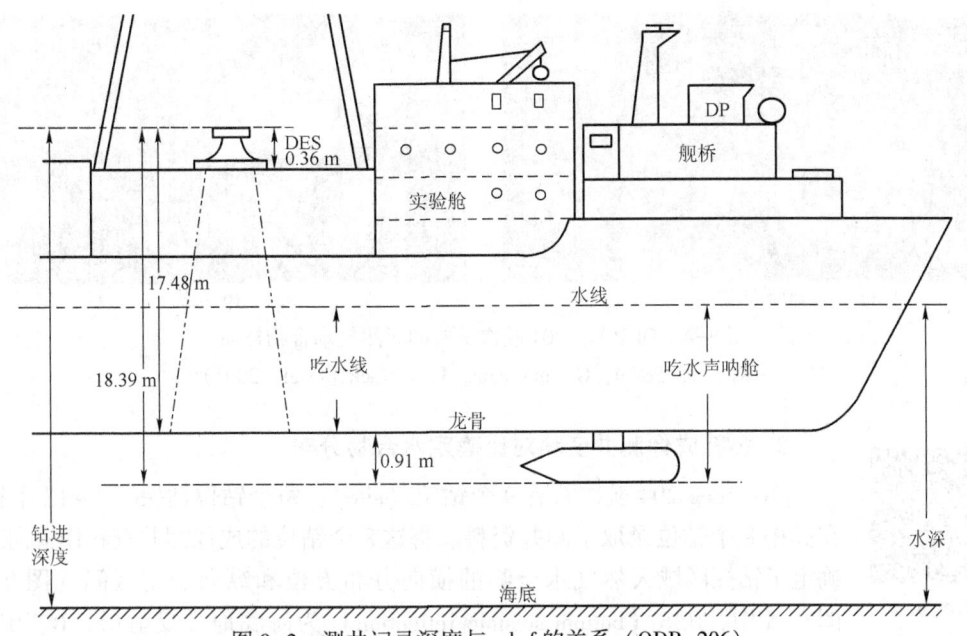

图 9-2 测井记录深度与 mbsf 的关系（ODP-206）
（据 D. S. Wilson, D. A. H. Teagle, G. D. Acton, et al, 2003）

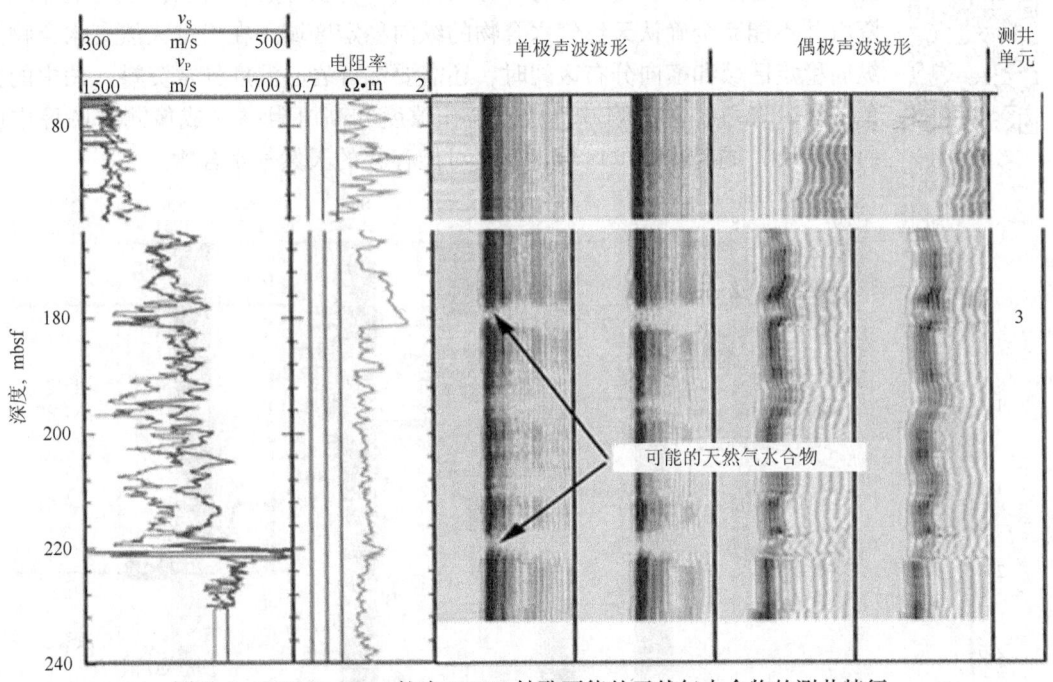

图 9-3 ODP Leg 204 航次 1244E 钻孔可能的天然气水合物的测井特征
（据 A. M. Tréhu, G. Bohrmann, F. R. Rack, et al, 2003）

彩图 9-3

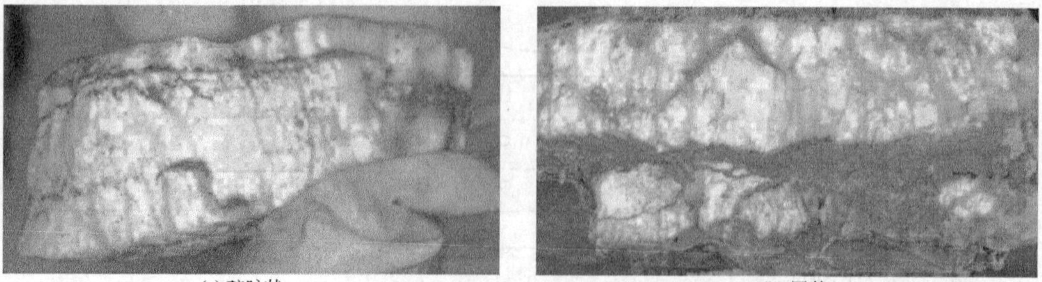

(a) 矿脉状　　　　　　　　　　　　　　　(b) 层状

图 9-4　ODP Leg 204 航次钻取的天然气水合物样品
（据 A. M. Tréhu, G. Bohrmann, F. R. Rack, et al, 2003）

彩图 9-4

彩图 9-5

2. 多孔成像测井资料对比确定水合物分布

ODP Leg 204 航次共有 9 个钻位（site），每个钻位钻探了 1~12 个钻孔，在其中 8 个钻位录取了测井资料。将这 8 个钻位的成像测井资料作横向对比，确定了钻探区域天然气水合物的横向分布方位和纵向稳定区间（图 9-5）。图 9-5 中，BSR（bottom seismic reflection）为海底地震反射层，B、B′分别为做标注的水合物位置。由于天然气水合物稳定赋存需要特定的温度和压力，在取心过程中，可能会有部分天然气水合物分解，所以，仅仅依靠取心资料并不能完全确认天然气水合物的纵向稳定区域。在确定天然气水合物的纵向稳定区域和横向分布区间时，还需要综合岩心温度异常资料（图中的蓝色斑块）和总孔隙度测井资料。高孔隙度和高电阻率（成像测井图像中的白色斑块）同时出现的区域，就是可能存在的天然气水合物。

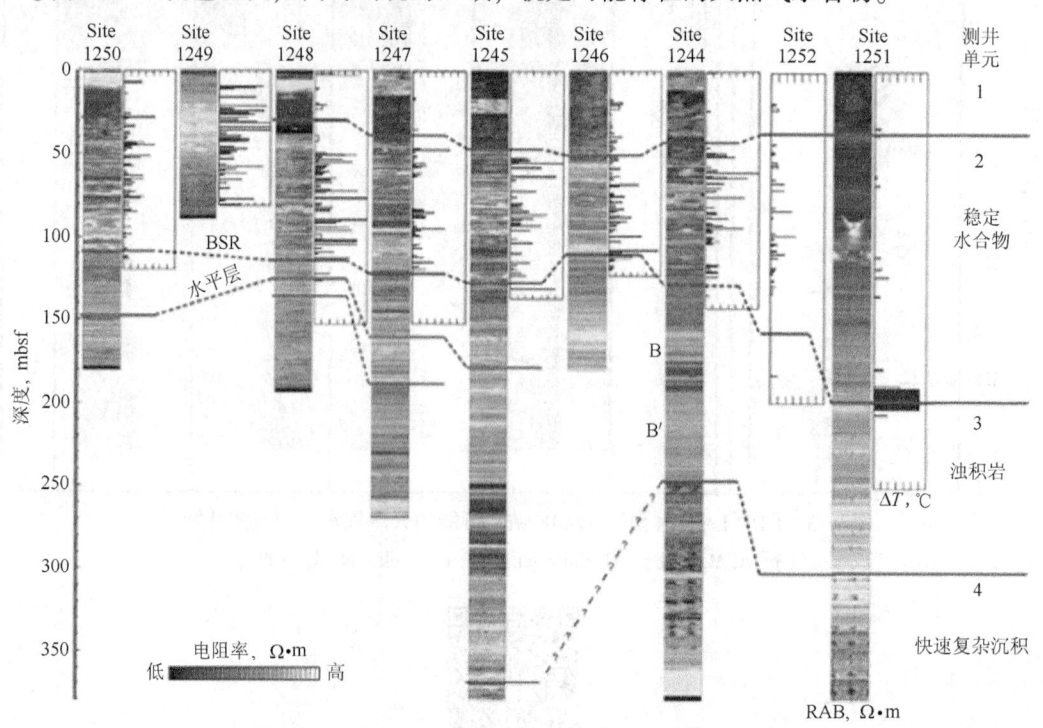

图 9-5　成像测井资料和岩心温度异常数据综合确定天然气水合物的稳定区间
（据 A. M. Tréhu, G. Bohrmann, F. R. Rack, et al, 2003）

3. 识别风暴浊积岩沉积

风暴浊积岩是在风暴过程中形成的沉积岩。由于沉积物快速堆积，岩石颗粒间没有充分压实，所以，浊积岩在电测井曲线上呈现低电阻特征。图 9-6 中 FMS 成像测井图形明确显示了浊积岩的这一特征。

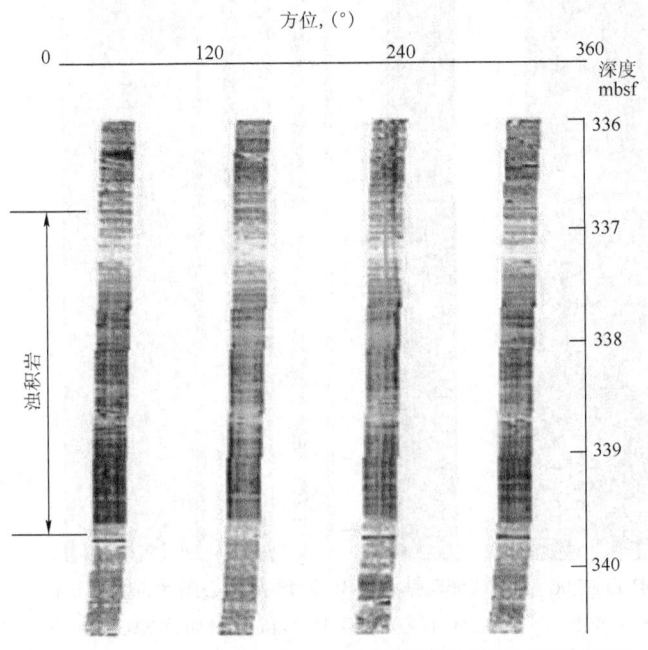

图 9-6　ODP Leg 184 航次 1143A 钻孔浊积岩沉积测井特征
（据 Wang 等，2000）

彩图 9-6

4. 岩心—测井综合研究恢复裂缝产状

大洋钻探所有采集测井数据的钻孔均为全取心钻孔，所以，在利用测井资料研究海底地质科学问题的时候，一般都会有相应岩心分析及描述资料作为配套数据，齐全配套的测井数据及岩心分析资料为岩心及测井的综合研究提供了必要的基础。图 9-7 是 ODP Leg 206 航次 1256D 钻孔 UBI-FMS 测井资料与岩心图像的综合对比图。将岩心裂缝与测井显示裂缝逐一对比，再根据测井图像上显示的裂缝产状，就可以直接得到岩心上裂缝的真实产状。这一研究方法与油气工业中对于地层地质学的研究完全一致。

5. 岩心分析及测井数据的综合研究

一方面，测井数据是钻井取心的补充；另一方面，测井数据也有岩心分析数据不可替代的地方。例如，海底沉积物的孔隙度变化范围在 5%~75% 之间，这个孔隙度的变化范围已经被岩心观察和特殊的岩心分析实验所证实。但是，目前常规岩心分析仪器的孔隙度测量范围最大只能达到 40%，一旦岩心孔隙度超过 35% 之后，岩心的胶结程度很差，这种沉积物对钻井取心和岩心分析都造成很大的困难。图 9-8 中的岩心分析数据表明，最大的孔隙度只有 20%，而测井计算孔隙度可以达到 60%。根据岩心观察分析和大洋钻探已有的研究成果，测井计算孔隙度是可信的。

彩图 9-7

彩图 9-8

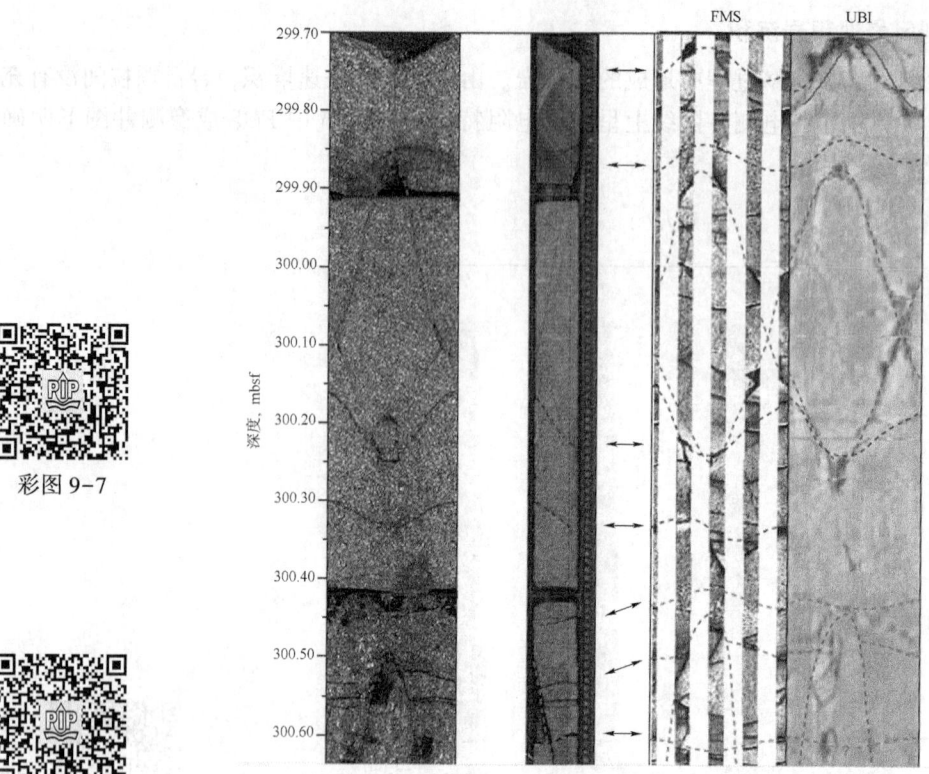

图 9-7　ODP Leg 206 航次 1256D 钻孔 UBI-FMS 及岩心图像综合对比图
（据 D. S. Wilson，D. A. H. Teagle，G. D. Acton，et al，2003）

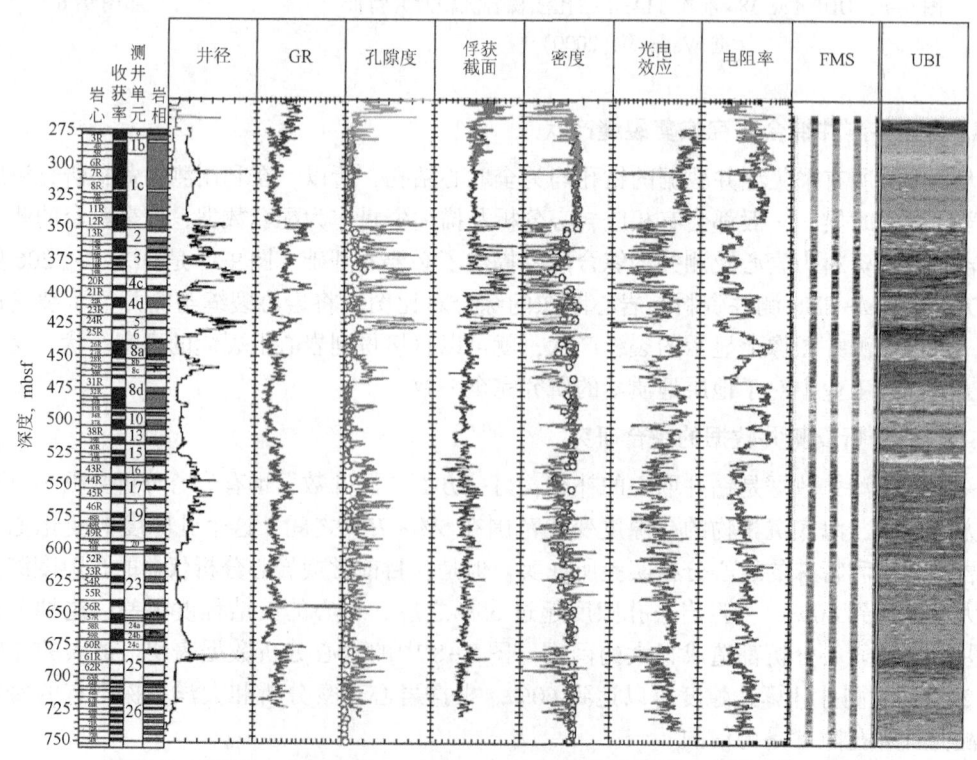

图 9-8　ODP Leg 206 航次 1256C 和 1256D 钻孔测井及岩心数据的综合研究
（据 D. S. Wilson，D. A. H. Teagle，G. D. Acton，et al，2003）

第二节　测井在海洋天然气水合物研究中的应用

随着"碳达峰""碳中和"等战略目标的提出，我国能源体系将持续向清洁、高效、低碳的方向转型。在传统化石能源中天然气具有热值高、碳排放量少等特点，是一种低碳清洁能源。天然气水合物作为天然气资源中一种极具开发潜力的非常规资源，其具有储气密度高、燃烧热值高等特点，被视为未来重要的接替能源。2017年11月3日，天然气水合物成为我国第173个矿种。

天然气水合物又称"可燃冰"，$1m^3$的可燃冰可分解释放出$164m^3$的天然气和$0.6m^3$的水，其主要分布在海洋大陆边缘和陆地永久冻土带（周守为等，2023）。不同学者提出了多种天然气水合物的资源量评估方法，包括体积法、面积法和碳平衡法等，不同方法估算的全球天然气水合物资源量存在较大差异，但这些方法估算结果都说明了全球范围内天然气水合物的资源量巨大，且是其他传统化石能源的2倍左右（周守为等，2023）。截至2019年，全球范围内已发现天然气水合物矿床230个，总资源量在$20000×10^{12}m^3$，为常规天然气可采资源量的42倍，其中中国的天然气水合物估计资源量为$(157\sim377)×10^{12}m^3$，位居世界前列（Morena，2021）。根据自然资源部最新一轮地质资源评价结果，我国天然气水合物资源量约为$88.3×10^{12}m^3$，其中海域资源量约为$80×10^{12}m^3$，永久冻土带资源量约为$8.3×10^{12}m^3$（周守为等，2023）。

天然气水合物作为一种尚未实现商业化开发、资源潜力巨大的低碳清洁能源，是世界各国都在努力抢占的能源战略制高点。目前，美国、加拿大、日本、印度、韩国、德国、挪威、越南等国先后制定了水合物中长期研究计划，勘查、试验开采以及风险评价、环境监测等研究工作不断深入，全球多个国家已进行了12次天然气水合物的试采实验，其中加拿大、美国、俄罗斯、日本等国在Mallik永久冻土带、阿拉斯加、日本南海海槽等完成了7次试采，中国在青海木里、南海海域等完成了5次试采。2017年5月，我国南海神狐海域天然气水合物第一轮试采成功，实现连续稳定产气60天，累计产气$30.9×10^4m^3$。这次试采成功是我国首次也是世界首次成功实现资源量占全球90%以上、开发难度最大的泥质粉砂型天然气水合物安全可控开采。2020年2月，我国南海神狐海域天然气水合物第二轮试采成功，实现连续稳定产气30天，累计产气$86.14×10^4m^3$、日均产气量$2.87×10^4m^3$，创造了"产气总量最大"和"日均产气量最高"两项新的世界纪录。此次试采攻克了深海浅软地层水平井钻采核心关键技术，实现产气规模大幅提升，为中国天然气水合物的生产性试采、商业化开采奠定了技术基础，也让我国成为全球首个采用这一技术试采海域天然气水合物的国家。经过不懈努力，我国在天然气水合物勘查开发理论、技术、工程、装备自主研发方面均取得重大突破，且自主创新形成了环境风险防控技术体系，实现了历史性跨越发展。

水合物在储层中赋存，在合适的温度压力下，水合物以含水的结晶体赋存于岩石孔隙中。就导电性质而言，水合物晶体不导电，这个性质与常规油气一致。但是，由于水合物具有温度敏感性，所以，计算水合物的饱和度，又需要考虑水合物的热学性质。目前，计算水合物饱和度的方法主要有两大类方法。

一、考虑水合物热学性质与声波弹性参数法

该方法的饱和度计算公式见方程组（9-1）。

$$\begin{cases}\rho_f = S_w\rho_w + S_g\rho_g \\ \rho_b = \rho_g S_g + S_h\rho_h \\ \phi_{eff} = (1-S_h)\phi \\ \rho_m = (1-\phi_{eff})\rho_b + \phi_{eff}\end{cases} \quad (9-1)$$

式中 S_w、S_h、S_g——孔隙中水、天然气水合物和游离气的饱和度，小数；

ϕ——海底沉积物的孔隙度，小数；

ϕ_{eff}——海底沉积物的有效孔隙度，小数；

ρ_f、ρ_w、ρ_g、ρ_b——孔隙流体、孔隙水、孔隙游离气、海底沉积物的密度，g/cm^3；

ρ_m——海底沉积物的有效密度，g/cm^3。

热学性质及弹性参数的计算公式列入方程 (9-2)。

$$\begin{cases} v_P = \left\{\left[\left(K_b + \dfrac{4}{3}G\right) + \dfrac{9\cdot K^2 \cdot \alpha_t^2 \cdot T_0}{\rho_m \cdot C_e}\right]\cdot \dfrac{1}{\rho_m}\right\}^2 \\ \alpha_t = (1-\phi_{eff})\alpha_s + \phi_{eff}(S_w\alpha_w + S_g\alpha_g) \\ C_e = (1-\phi_{eff})C_{es} + \phi_{eff}(S_w C_{ew} + S_g C_{eg})\end{cases} \quad (9-2)$$

式中 v_P——纵波速度；

K_b——有效体积模量；

G——剪切模量；

α_t——热膨胀系数；

T_0——初始开尔文温度；

C_e——比热系数；

α_s——颗粒的热膨胀系数；

α_w——水的热膨胀系数；

α_g——游离气的热膨胀系数；

C_{es}——颗粒的比热容；

C_{ew}——水的比热容；

C_{eg}——游离气的比热容。

把方程组 (9-1) 与含水合物储层岩石的弹性参数和天然气的热力学参数方程组 (9-2) 联合，形成包含天然气水合物饱和度的迭代反演方程组（梁劲，2009）。以上迭代反演方程组建立了声波速度与孔隙度、饱和度的岩石物理模型，这个反演模型包括沉积物中岩石矿物组分、海水、游离气和天然气水合物的物性参数。根据假定模型，设定水合物的初始饱和度，把通过热弹性理论计算出的含水合物地层的声波速度作为理论值，根据迭代正演模拟法，不断修正模型参数，使声波速度的理论值和实际观测值（此处就是声波速度的测井值）最佳匹配。经过多次迭代，即可根据方程 (9-1) 的反演模型计算出天然气水合物的饱和度（图9-9）。从图9-9中可看出，综合声波弹性参数反演的水合物饱和度与实际观测数据具有较好的一致性。需要了解综合声波弹性参数反演水合物饱和度的读者，可以参阅本书的参考文献，以及相关的其他文献，此处不再赘述。

二、基于电阻率计算水合物饱和度

天然气水合物中的甲烷组分在海底的自然蕴藏条件下，处于固态晶体形态，赋存在储层

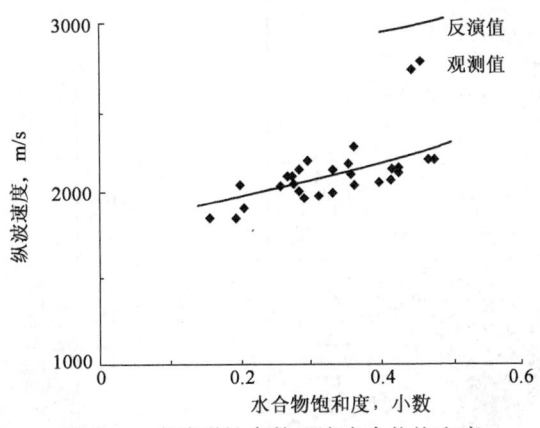

图 9-9 声波弹性参数反演水合物饱和度

孔隙中，其赋存形态与油气资源在储层的状态完全不同。但是，Tréhu（2003）、王秀娟（2010）等人还是建议采用 Archie 公式计算海底天然气水合物的含气饱和度。基于电阻率计算海底沉积物中水合物饱和度的方法，与油气工业计算油气饱和度的方法基本一致，即式(9-3) 所示的常规阿尔奇模型。

$$\begin{cases} R_0 = \dfrac{aR_w}{\phi^m} \\ S_h = 1-\left(\dfrac{R_0}{R_t}\right)^{1/n} \end{cases} \quad (9-3)$$

式中 R_0、R_t、R_w——海底沉积物饱含水、水合物和共生地层水的电阻率，$\Omega \cdot m$；

a——系数，与海底沉积物的成分和结构有关，无量纲；

m、n——海底沉积物的胶结指数和饱和度指数，无量纲。

但是，考虑到海底沉积物具有某些特殊性质，如完全亲水、具有极高的有效孔隙度等，而常规阿尔奇公式的适用条件是压实的纯净碎屑岩岩石，所以，为了在海底沉积物中应用阿尔奇公式计算水合物的饱和度，需要做三点假设：（1）沉积物的导电异常完全由饱含的水合物引起；（2）测井电阻率是地层水电阻率与沉积物电阻率的函数，水合物是孔隙空间的绝缘体；（3）沉积物为亲水特征。就是说，当海底沉积物满足这三个条件时，用常规阿尔奇公式计算水合物的饱和度才能取得比较满意的精度。

与油气工业中储层略有不同的是，在有限的井段上，海底沉积物的成分和结构可能就会有急剧的变化。这种变化可能导致胶结指数 m 的显著变化。为了考虑这种变化的影响，需要分井段确定 m 值，以消除 m 值变化对水合物饱和度计算精度的影响（图 9-10）。根据以上模型，得到神狐海域 SH2 井区的水合物计算饱和度（图 9-11）。图 9-11 对比了基于电阻率的水合物饱和度和基于氯离子异常的水合物饱和度，两者具有基本一致的数值变化趋势（王秀娟，2010）。在 ODP 204 航次的 8 个钻孔中，Archie 公式的参数 a、m、n 分别取值为 1.0、2.8、1.9386（Tréhu，2003），采用密度测井计算水合物储层的孔隙度，用于这一航次天然气水合物的含气饱和度计算。计算结果表明，天然气水合物储层中，含水饱和度在 10% 左右，即天然气水合物的饱和度在 90% 左右（图 9-12）。

彩图 9-12

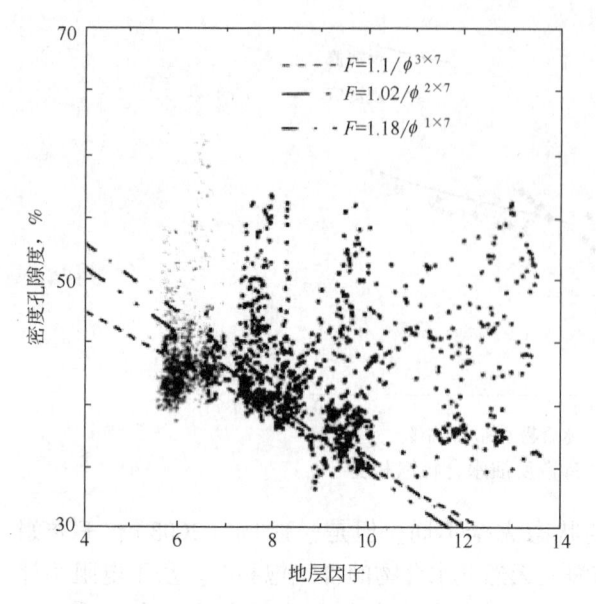

图 9-10　海底沉积物中急剧变化的胶结指数 m

图 9-11　神狐海域 SH2 井区的水合物计算饱和度

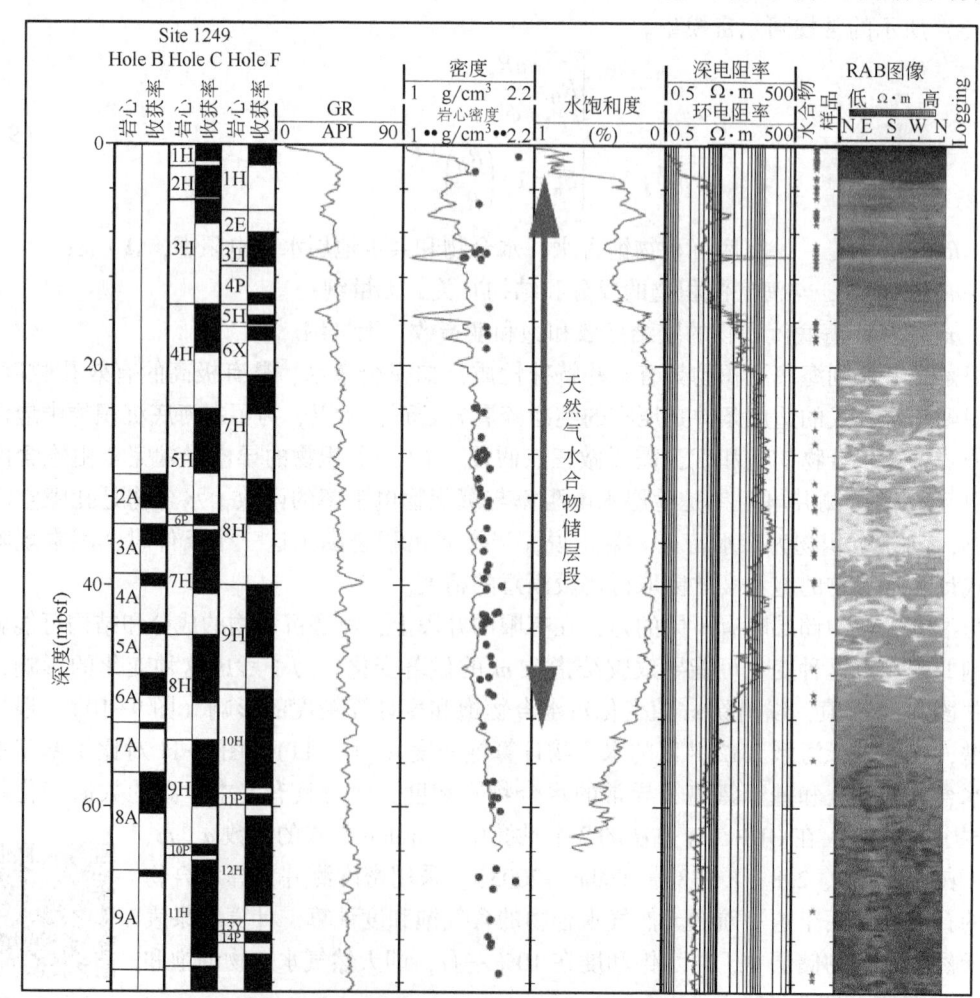

图 9-12　ODP-204 航次 1249 钻位天然气水合物饱和度计算图
（据 A. M. Tréhu，G. Bohrmann，F. R. Rack，et al，2003）

第三节　海底观测系统中的测井技术

到目前为止，基于科学研究、资源勘测、国防安全等各种原因，加拿大、美国、日本、欧洲等均已建成了初步的海底观测系统。"十三五"期间，同济大学牵头、中国科学院声学研究所共建的"海底科学观测网"国家大科学工程已正式立项，将在中国东海和南海典型海域建设海底观测系统，以实现从海底、水层到海气界面的长期实时立体综合观测（吕枫和翦知湣，2022）。海底观测网实际上是一个非常复杂的三维观测系统，其主要由海面以上的观测塔、海水中的传感器网络、海底海床上的传感器网络，以及海底以下的观测井传感器构成，如图9-13所示。

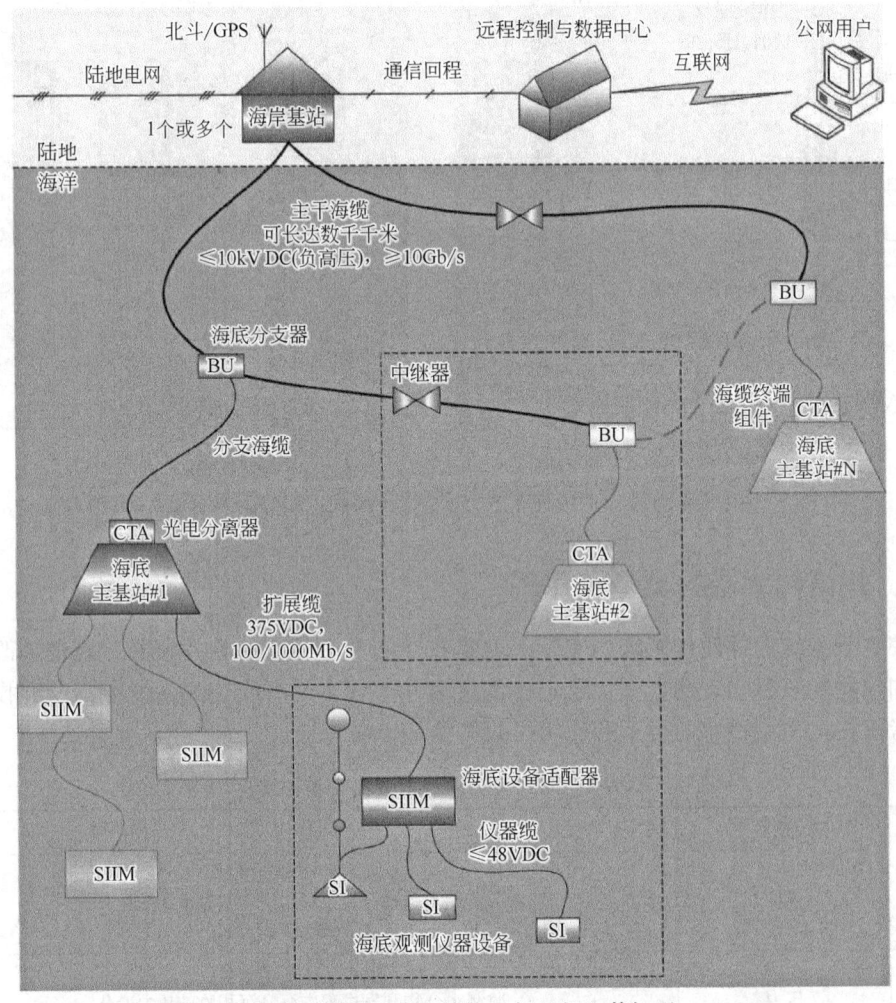

图9-13　海底观测网的典型结构（据吕枫和翦知湣，2022）

一、井筒传感器的布放方式

现有的井筒传感器布放方式分为CORK布放和SCIMPI布放两种方式（图9-14）。在CORK布放方式下，钻井完成以后，首先敷设套管，布放观测传感器；然后，安装井口密封装置，井筒内为海水和地层水的混合流体，井筒传感器通过流体、套管以及管外水泥才能观测到海底地层的数据。在早期的海底观测系统中，主要采用这种布放方式，观测井筒是利用ODP、IODP钻探完成以后的废弃井。这种布放方式的优点是可以根据传感器的运行状态和观测需要及时更换新的传感器，缺点是在深海大洋的环境下敷设套管的工艺复杂；由于套管、水泥环的过滤作用，井筒传感器对地层观测数据的敏感度降低。在SCIMPI布放方式下，在钻井完成以后，利用钻杆布放观测传感器。传感器布放完成以后，拔出钻杆，海底沉积物在压力作用下垮塌后埋住传感器。这种布放方式的优点是布放过程简单、成本低，由于海底沉积物直接接触传感器，对沉积物的数据具有灵敏的观测效果；缺点是在观测网运行期间，井筒传感器的故障无法维修，传感器的类型也无法更换。

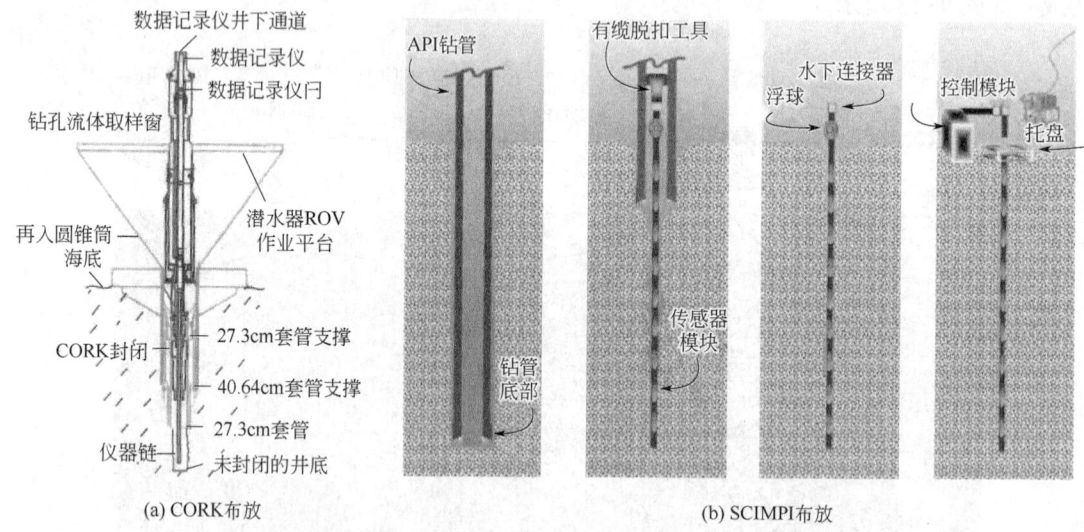

图 9-14 井筒传感器的两种布放方式（据季福武，2016；方家松，2017）

二、井筒传感器的类型及作用

海底观测系统的井筒传感器，实际上就是石油测井中相应的测井仪器，或稍加改动，主要是增加仪器在长时间观测过程中稳定性和可靠性。现有的海底观测系统中，已经投入使用和可以考虑投入使用传感器类型和作用可以归为表9-4。

表 9-4 海底观测网传感器类型与作用

序号	传感器	作用
1	温度	监测地震活动信息； 监测水合物开发过程中沉积物温度的变化； 监测海底冷泉活动
2	压力	监测地震活动信息； 监测水合物开发过程中海底沉积物的压力变化； 监测海底冷泉活动引起的压力变化
3	电阻率	监测地震活动引起的流体流动信息； 监测水合物开发过程中海底沉积物的流体流动； 监测海底冷泉活动引起的流体流动
4	三维地震仪	监测地震活动详细波动和能量信息

续表

序号	传感器	作用
5	传感器姿态	监测地震活动、海底火山活动、水合物开发引起的海底失稳；监测洋壳扩张、板块俯冲引起的沉积物形态变化
6	自然伽马能谱	监测地下水运移引起的放射性离子浓度变化；监测剧烈地震活动、火山活动导致的沉积物组分结构的变化

在现有的观测网中，温度、压力和电阻率是广泛使用的三类传感器；后面几种传感器具有潜在的使用价值，可以考虑在未来的海底观测网中应用。应用海底观测数据，可以研究海底火山活动、热泉/冷泉、生物资源、矿产资源，以及海底生命活动等（图9-15）。另外，海底观测系统在国防安全上也具有重要的意义。

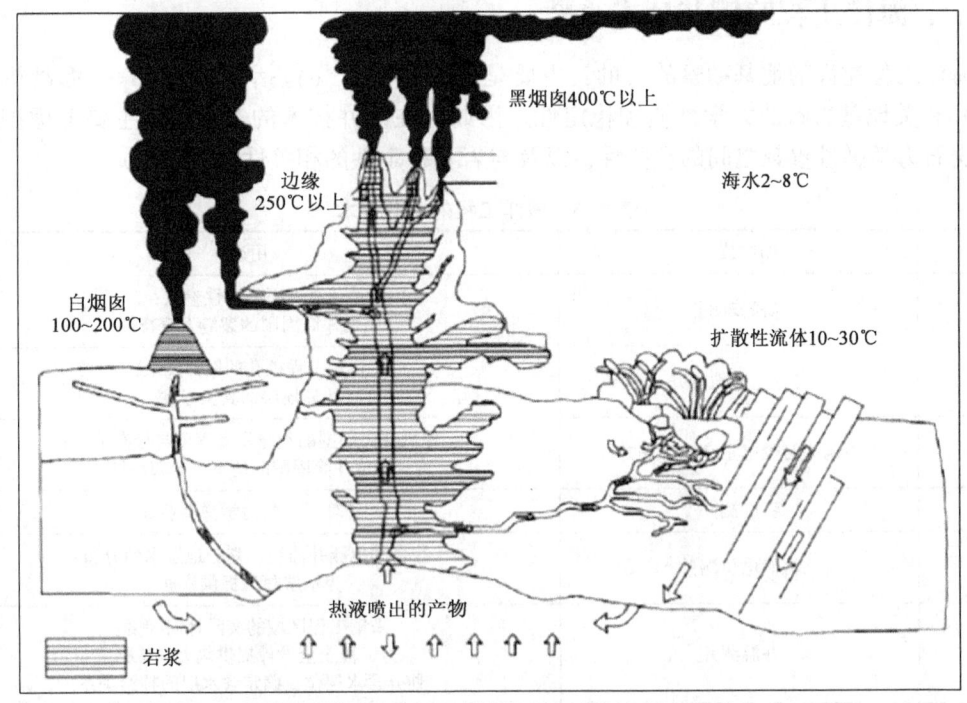

图9-15 热液喷口附近温度和热流量的变化（据尤继元，2011）

第四节 海洋工程建设中的测井技术

海域工程建设的主要类型有跨海桥梁建设、海洋港口和海洋岛礁建设开发，所有这些建设活动都离不开工程地基的设计和勘测。工程地基的设计和勘测的主要资料来源于钻孔取心分析和地球物理测井数据。中国国家级战略项目"一带一路"的推进过程，涉及大量的海洋港口建设和海洋岛礁建设开发。中国南海海洋权益的维护和国防建设，也涉及大量的岛礁建设工程。因此，本节内容具有很现实的应用价值。

随着国家经济发展和技术水平的提高，我国的桥梁建设取得了重大进展，特别是大型跨海桥梁的建设，不仅改善了交通，提升了区域竞争力，而且使我国由桥梁大国变成了桥梁强国。跨海桥梁一般具有大跨度、高塔柱结构等特点，且通常利用海域岛礁作为桥梁地基。岛礁往往四面临空、受海水涨落潮影响、地质条件复杂等，特殊的地理环境和地质条件使此项勘察具有特殊性。因此，常规勘察手段，如工程地质钻探和测绘，难以准确全面地查明岛礁的工程地质条件。弹性波测井是工程物探的一种技术方法，具有原位测试的属性和客观反映天然赋存岩土层原状物性及其差异的优点。正是因为具有地层性质原位测量独到优势，所以测井技术在工程地质勘察特别是海域岛礁、桥梁地基勘察中具有很好的应用前景。弹性波测井可用于场地类别划分、动力特性参数换算及基岩风化程度划分、完整性评价等工作。此外，在测井资料综合解释的条件下，还可以利用测井技术分析钻孔周围地层水的分布区间和补给通道，为海洋工程建设中的防水堵水提供必要的参考依据。同时，地球物理测井技术能够在海洋地基钻孔中测定各种地层的物性参数，达到划分地质剖面、验证补充常规桩孔钻探资料的目的。

一、海洋工程的测井技术类型

海洋工程建设的地基勘察的目的，主要是评价与工程（包括桥梁、港口、海岛机场与房屋）相关地基岩石的力学性质和稳定性。因此，在测井技术的选择上，主要考虑测井数据与岩石力学弹性参数之间的相关性，以及与岩石稳定性的相关性（表9-5）。

表9-5 海洋工程的测井技术

序号	测井技术	用途
1	纵横波测井	计算岩石的弹性参数； 识别井筒周围的裂缝发育特征
2	井径与井斜测井	评价工程桩孔的钻井质量； 计算地层的真实厚度
3	电阻率与微电阻率成像测井	评价井筒周围的裂缝发育程度与分布范围； 评价井筒周围的地下水分布特征
4	密度测井	计算岩石的力学弹性参数
5	自然电位测井	综合其他测井曲线，划分地层水的分布； 为水层封堵提供依据
6	井温测井	采集工程区域的实际地温梯度； 为工程安全设计提供热力学依据； 划分含水层位，确定含水层的补给关系
7	井中电视	采集井筒周围地层的裂缝发育信息

二、海洋工程的测井施工与应用

海洋工程地基勘察的钻孔完成以后，把测井仪器放到井筒中进行数据采集的过程，与石油工业中的作业过程基本一样。但是，由于纵横波测井在地基桩孔勘察中具有特别重要的意义和特别的数据采集要求，所以，有时候，海洋工程地基中的声波测井数据采集有一些独有的特点。图9-16的数据采集方式类似于地震波数据采集，在数据采集过程中，地面震源发出声波信号；声波接收探头安放在井筒中，并与井筒表面保持接触，类似于石油测井的定点贴井壁测量方式，接收探头逐点接收地面震源的声波信号。根据接收到的信号，测井仪器计算震源与接收探头之间地层的声波纵横波速度和衰减信息。数据解释软件根据声波速度信息结合密度测井数据，计算声波传播路径上地层的力学弹性参数，如泊松比、弹性模量、拉梅系数等，并分析裂缝发育特征（图9-17、图9-18）。

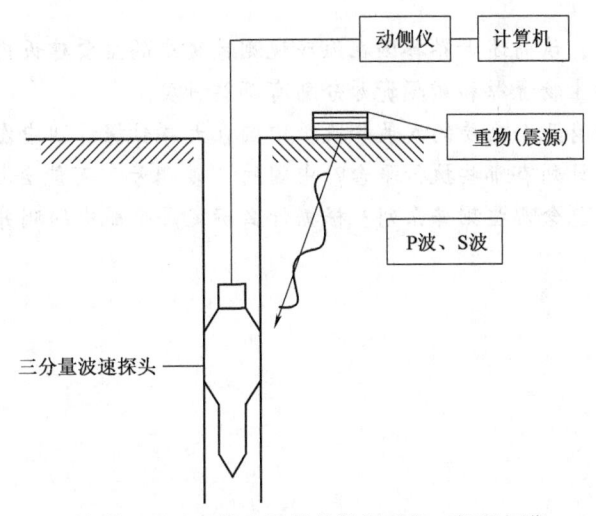

图 9-16 海洋工程地基的声波测井数据采集（据吴炳华，2009）

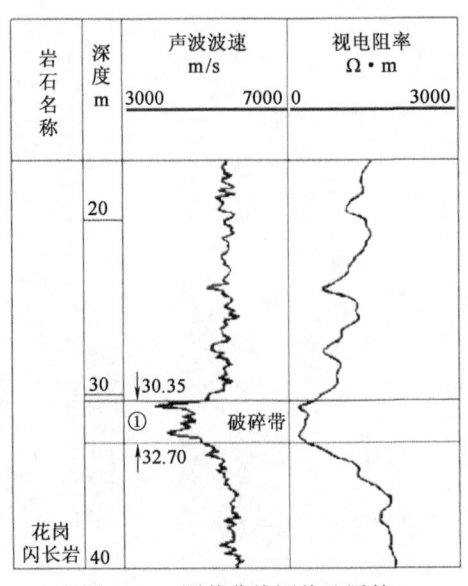

图 9-17 测井曲线评价地层的完整性（据孟宪波，2010）

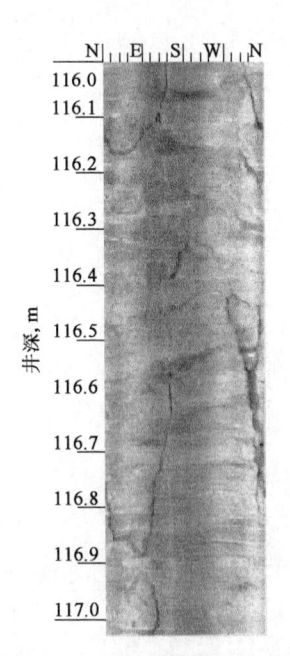

图 9-18 井中电视显示地层裂缝（据孟宪波，2010）

课后习题

1. 请简述潜艇观测海洋与大洋钻探研究海洋的异同点。
2. 根据声波测井原理，请简述天然气水合物在固态和气态下的响应差异，结合图 9-3 中简述天然气水合物的响应特征。
3. 请简述如何利用测井资料为海岛建设提供依据。
4. 天然气水合物的资源量较大，开采潜力较大，那么天然气水合物在海底赋存的温压条件有什么特征？

5. 调研文献资料，请简述世界各国在海底观测系统中的主要建设内容。
6. 请简述海洋的生物资源和矿藏资源分别有哪些种类。
7. 大洋钻探计划有几个主要的发展阶段？中国在大洋钻探计划中发挥着什么作用呢？
8. 目前大洋钻探计划有哪些执行平台？中国的"梦想号"可能会担任什么角色？
9. 大洋钻探计划包含哪些测井系列？根据什么确定每个航次的测井系列？

第十章 测井技术在新能源新领域中的应用

测井资料已在油气、煤田勘探开发、地矿和工程地质勘察中被广泛应用。同时随着国民经济的发展和国家绿色低碳转型战略的实施，天然气水合物、地热、碳封存利用、新矿产勘探等业务方兴未艾，测井技术在新能源新领域方面得到逐步延伸和应用。本章就测井技术在碳捕集、利用与封存（CCUS）、地热资源评价、卤水矿物资源评价，以及煤田、固体矿产的勘探开发、工程地质勘察中的应用作简要介绍。

第一节　测井资料在碳捕集、利用与封存中的应用

一、CCUS 背景介绍

CCUS（carbon capture，utilization，and storage）是碳捕集、利用与封存的简称，是指将二氧化碳从工业生产、能源利用或大气中分离出来，并加以利用或注入地层以实现永久减排的过程。CCUS 技术是"碳达峰、碳中和"技术体系的重要组成部分，是实现全球气候目标不可或缺的减排措施，各国对 CCUS 的重视程度都在不断提升。据国际能源署预测，在可持续发展情景下，2030 年全球 CCUS 捕集需求或达到 56.4×10^8 t，到 2070 年或达 104×10^8 t。据《中国二氧化碳捕集利用与封存（CCUS）年度报告》预测，在碳中和目标下，我国到 2060 年对 CCUS 的理论需求约为 23.5×10^8 t/a，以 239 元的保守碳价估算，市场规模 5616 亿元（宋爽等，2023）。

CCUS 按技术流程分为捕集、输送、利用与封存等环节（图 10-1）。CO_2 利用包括化工与生物利用、地质利用。CO_2 利用技术正在由 CO_2 地质利用实现能源资源增采，如 CO_2 强化石油开采（CO_2-EOR）、强化天然气开采（CO_2-EGR）等，向 CO_2 化工利用和生物利用拓展，逐步实现高附加值化学品合成、生物产品转化等绿色碳源利用方式。CO_2 封存按照地

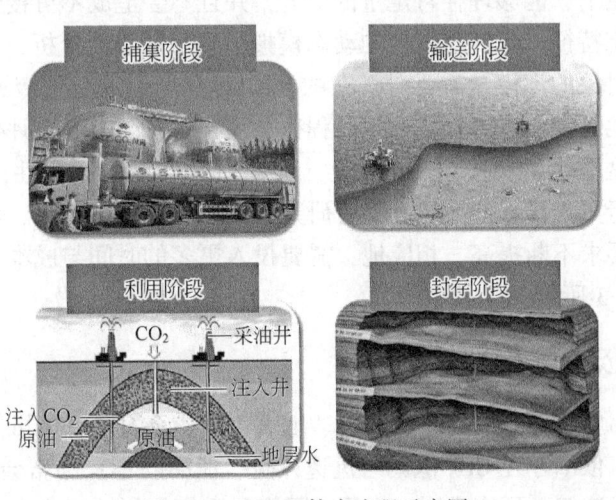

图 10-1　CCUS 技术流程示意图

质封存体的不同，可分为陆上咸水层封存、海上咸水层封存、枯竭油气田封存等。目前我国的 CCUS 技术总体还处于起步阶段，国内 CCUS 各环节的专业企业数量较少，CCUS 全流程项目主要集中在中国石油、中国石化、中海油、延长石油等大型石油企业，主要将 CO_2 的捕集、输送、封存与提高油气采收率相结合。下面主要结合油气工业 CO_2 地质封存中的测井技术作概要介绍。

二、封存地质体选址评价

CO_2 地质封存是通过工程技术手段将捕集到的 CO_2 封存于地质构造，实现与大气长期隔绝的过程，因此，选择适合 CO_2 长期封存的地层尤为重要。目前相对成熟的适于 CO_2 地质封存的媒质主要为深部咸水层、废弃或开采中的油气藏及不可开采的煤层，不同媒质的封存靶体必须进行系统的筛选，其中足够大的封存容量、可注入性及密封性良好的盖层是 CO_2 封存地质体选择的必要条件。因此，充分利用测井、录井和地质资料，以储层性质、盖层性质、流体性质"三性"为核心进行场地表征和适宜性评价，进而建立完善的封存场地选择指标，是封存选址标准体系建设、确保安全封存的前提条件（图 10-2）。

储层性质
- 岩石矿物组分——能谱、元素
- 物性特征——核磁共振
- 孔隙结构——核磁共振
- 非均质性指标——核磁共振、电成像
- 注入能力——核磁共振、元素
- 有效封存量——核磁共振
- 埋深、厚度
- 断裂强度——阵列声波、电成像
- 圈闭完整性等——多井

盖层性质
- 岩石矿物组分——能谱、元素
- 承压性——核磁共振、阵列声波
- 断裂及裂缝——阵列声波、电成像
- 盖层封闭指数——核磁共振、元素
- 展布面积大小、厚度——多井
- 分布连续性等——多井

流体性质
- 束缚水、可动水含量——核磁共振
- 流体成分及矿化度——介电扫描、激发极化
- 黏度
- 密度
- 压力、温度

图 10-2　CO_2 封存体"三性"评价指标

CO_2 地质封存选址是一个系统的过程。根据欧盟《碳捕集与封存指令》，描述场地、评估封存可行性及潜力分为三步：首先收集潜在封存场地的数据信息；第二步建立封存场地的 3D 静态地质模型；第三步是描述封存地的动态特性，对其进行敏感性分析及风险评估，论证在允许的注入速度下，能够埋存特定量的 CO_2，并且不会造成不可接受的风险。现阶段选址评价关注的是静态特征，未涉及后期的动态模拟仿真及敏感性分析、风险评估。

此外根据研究对象的规模，需要对潜在的 CO_2 封存场地进行逐级遴选。借鉴两阶段筛选法，首先是在盆地级别上进行评估，该过程往往用在进行封存容量评估和现场勘察前，大尺度评估一个沉积盆地封存 CO_2 潜能的优劣，确定沉积盆地的适宜性；而后在此基础上对具体的封存场地进行更为详尽的挑选。随着研究对象不断具体与细化，对筛选标准的详细程度和数据的精确性要求不断提高，相应地，需要投入更多的时间与成本。CO_2 地质封存选址的一般流程如图 10-3 所示。

三、封存动态监测及有效性评价

由于地下储层温度、压力的变化，火山、地震等地质突发事件的可能性，以及人类工程活动等因素的影响，依旧存在 CO_2 泄漏与逃逸风险。泄漏的 CO_2 通常会导致地下水 pH 值减小、盐度升高、矿物溶解、硬度升高、金属离子含量升高，影响淡水含水层的水质及浅部地

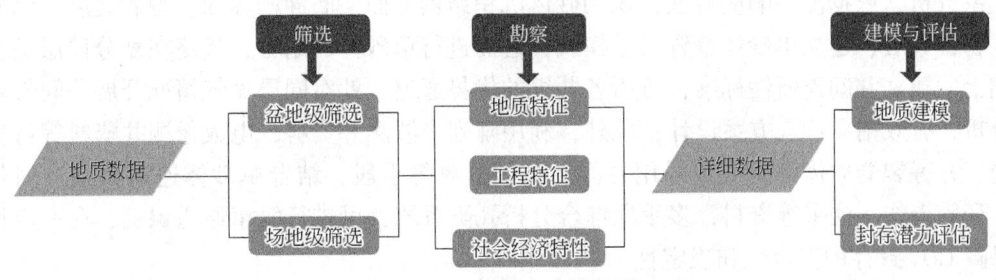

图 10-3 封存选址流程图

层的物化特性，甚至影响人类饮用水源及生态环境。CO_2 窜逸至地表时，可导致土壤酸化及氧的置换，CO_2 浓度的升高也会破坏动植物生存环境，改变生态系统平衡。此外，泄漏的 CO_2 上升至大气层，会引起近地面大气温度的增高，造成温室效应。总之，在地质封存过程中，CO_2 泄漏具有途径多、风险大的特点，一旦发生泄漏，将对生态环境及人类健康造成严重危害。因此，开展 CO_2 封存动态监测变得尤为重要。

作为 CCUS 体系中不可或缺的一部分，监测技术贯穿整个封存过程，对 CCUS 工程的有效性、安全性、持续性发挥着重要作用。目前常见的 CO_2 封存动态监测及有效性评价技术，主要包括井筒完整性检测技术、井间气窜通道识别技术及 CO_2 埋存率评估技术（图 10-4）。

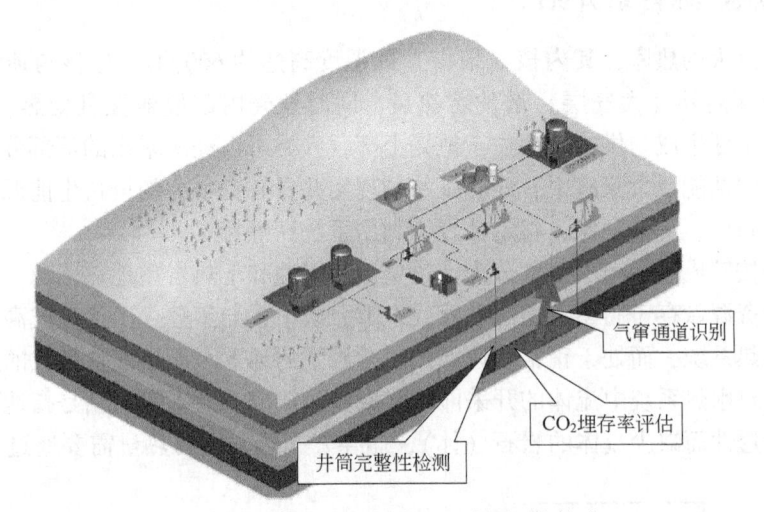

图 10-4 封存动态监测及有效性评价技术

（一）井筒完整性检测技术

依托扇区固井质量评价、轻质水泥固井质量评价、多层管柱电磁探伤、井下光学电视、多臂井径等技术可开展井筒完整性评价。通过多方法一串测、定期测试等方案措施，可实现管外气窜的精准检测，有效提升注酸后套管、井筒胶结物完整性评价精度。综合多臂井径、电磁测厚、RCB/RCD 等技术，为固井质量、油套管损伤腐蚀、管柱泄漏等井身质量分析提供新手段，提升油气井安全生产寿命，实现油田降本增效目的。

（二）井间气窜通道识别技术

针对井间渗流通道导致的跨层气窜等难题，结合裸眼测井资料与注采资料开展单砂体连通关系分析，依据测井响应特征，识别砂体沉积结构界面、底冲刷界面、泥岩夹层、钙质夹层、物性夹层，建立单砂体叠置关系模式，进而进行单砂体的划分，最终在划分储层类型的基础上，建立井间连通性标准，分析各井组的优势通道，针对同层见气情况开展井间气窜通道分析，有效指导注气方案设计；此外，利用阵列声波测井资料、电成像测井资料等可实现井壁、井旁裂缝立体评价，并采用井间示踪剂监测等手段，结合单砂体连通关系、固井质量、套管损伤、注采等资料，多手段综合分析孔隙系统，可进行气窜通道识别，在一定程度上保障 CO_2 封存的安全性和稳定性。

（三）CO_2 埋存率评估技术

基于岩石物理流体替换模型，充分发挥井震结合优势，开展时移测井与多期地震，建立 CO_2 注入区的四维地震正演模拟合成记录，通过不同注入阶段的差异对比，反演 CO_2 注入饱和度，形成 CO_2 埋存率监测方案。

第二节 测井资料在地热资源评价的应用

一、地热资源背景介绍

地球是个巨大的热库，其内核（地核）的温度高达约 6000℃。地核与地表巨大的温差使得地球不断地向外（大气层）散发着热量，同时地壳内部放射性衰变热、势能转换热、摩擦热等也在不断生成与供给。而位于地壳上部，人类可以经济采出的那部分地热能被称为地热资源。在清洁能源大家族中，地热是一种现实并具有竞争力的可再生能源，地热资源具有储量大、分布广、清洁环保、稳定性好、利用系数高等特点。

地热资源按其成因和产出条件分为水热型地热资源和干热岩型地热资源（图10-5）。其中水热型地热资源赋存于高渗透型的孔隙或裂隙介质中，与年轻火山活动或高热流背景相伴生形成高温水热系统，而处于正常或偏低热流背景下的地下水循环通常形成的是中—低温水热系统，通过对水热系统中流体的开采即可获取其地热能；而干热岩则是指地下高温但由于低孔隙度和渗透性而缺少流体的岩石（体），储存于干热岩中的热量需要通过人工压裂形成

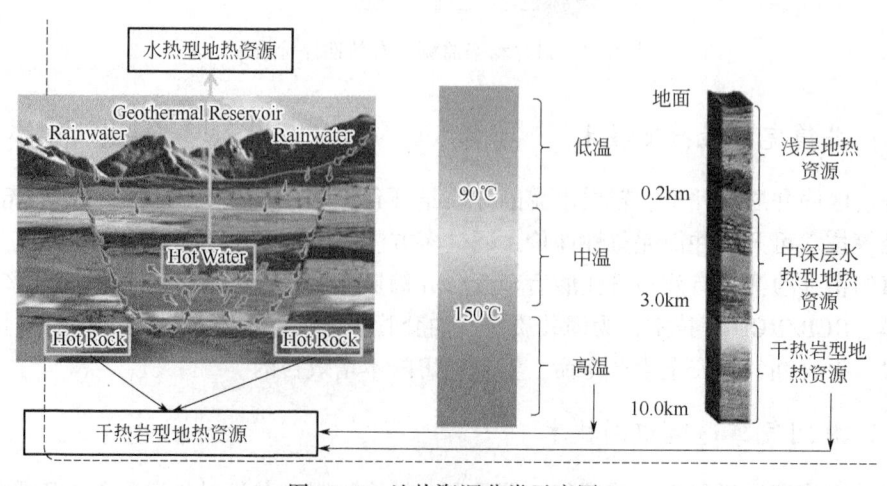

图 10-5 地热资源分类示意图

增强型地热系统（enhanced geothermal system）才能得以开采，赋存于干热岩中可以开采的地热能称为干热岩型地热资源。测井作为重要的地球物理手段，在两种资源类型的勘查开发利用中均发挥着重要作用。

整体而言，中国地热产业处于起步阶段，资源开发利用程度低，地热资源的利用绝大部分以直接利用为主，地热发电明显落后。根据国家地热能中心2023年度工作会议资料显示，全国336个主要城市浅层地热能年可采资源量折合7×10^8t标准煤，中深层地热能年可采资源量折合超过18×10^8t标准煤，开采难度较大、目前暂不具备大规模开采条件的干热岩资源，资源储量更是高达856×10^{12}t标准煤。2023年世界地热大会发布报告显示，截至2021年底，我国地热供暖（制冷）能力达$13.3\times10^8\mathrm{m}^2$，温泉年利用能力6665MW。

二、水热型地热测井评价

水热型地热资源也称常规地热资源，是指较深的地下水或蒸汽中所蕴含的地热资源，是目前地热勘探开发的主体。地热能主要蕴含在天然出露的温泉和通过人工钻井直接开采利用的地热流体中。

根据水热型地热资源勘查开发利用方式，测井评价主要围绕盖层评价、热储评价、工程评价、生产能力评价四个方面，具体可参考行业标准《地热测井技术规范》（NB/T 10269—2019）。盖层评价包含盖层的厚度、岩性、热导率评价。热储评价包含热储厚度、岩性、热储温度、热导率、地温梯度、热储泥质含量、孔隙度、渗透率、热储类型、储集空间、流体分析等。工程评价包含岩石力学参数、固井质量、套损检测等。生产能力评价包含回灌参数、产出剖面参数等。其中热储评价为水热型地热资源评价的重点和核心要素，目的是实现单井产出能力的准确预测，除了常规的温度特性、岩性、有效厚度外，重点侧重于孔隙度、渗透率等与存储空间和流动性相关的参数（图10-6），如果热储为碳酸盐岩、变质岩、火成岩时，还应重点关注裂隙发育相关参数。

不同勘查阶段热储评价要求不同。在地热资源调查阶段，以地热远景区为评价对象，以明确热储类型和宏观分布为重点；在地热资源可行性勘查阶段，以地热系统或地热田为评价对象，以深入认识热储特征和分布为重点；在地热资源可行性勘查阶段，以有利区带或区块为评价对象，详细开展微观尺度与宏观尺度相结合的热储特征研究与预测；在地热资源开采阶段，以地热开发项目区为评价对象，结合地热项目的钻井、热储工程、动态监测与评价等工作，建立热储模型，开展热储参数评价研究，为开发方案调整和提高地热项目管理水平提供依据。

三、干热岩测井评价

我国有关干热岩的工作起步较晚，近年来的进展主要集中在钻井、压裂、微地震监测、数值模拟、资源量评价、碳储存技术等方面，测井方面研究相对较少。干热岩测井可提供和研究干热岩体（地层）的温度、物性参数、钻孔工程参数、钻孔轨迹参数、地质参数（图10-7），检查固井质量和压裂效果，为干热岩资源评价、勘查和开发提供依据。

根据干热岩型地热资源勘查开发利用方式，测井评价思路是充分挖掘常规测井、声成像、电成像、偶极阵列声波、远探测等裸眼井测井资料以及固井、生产测井等套后测

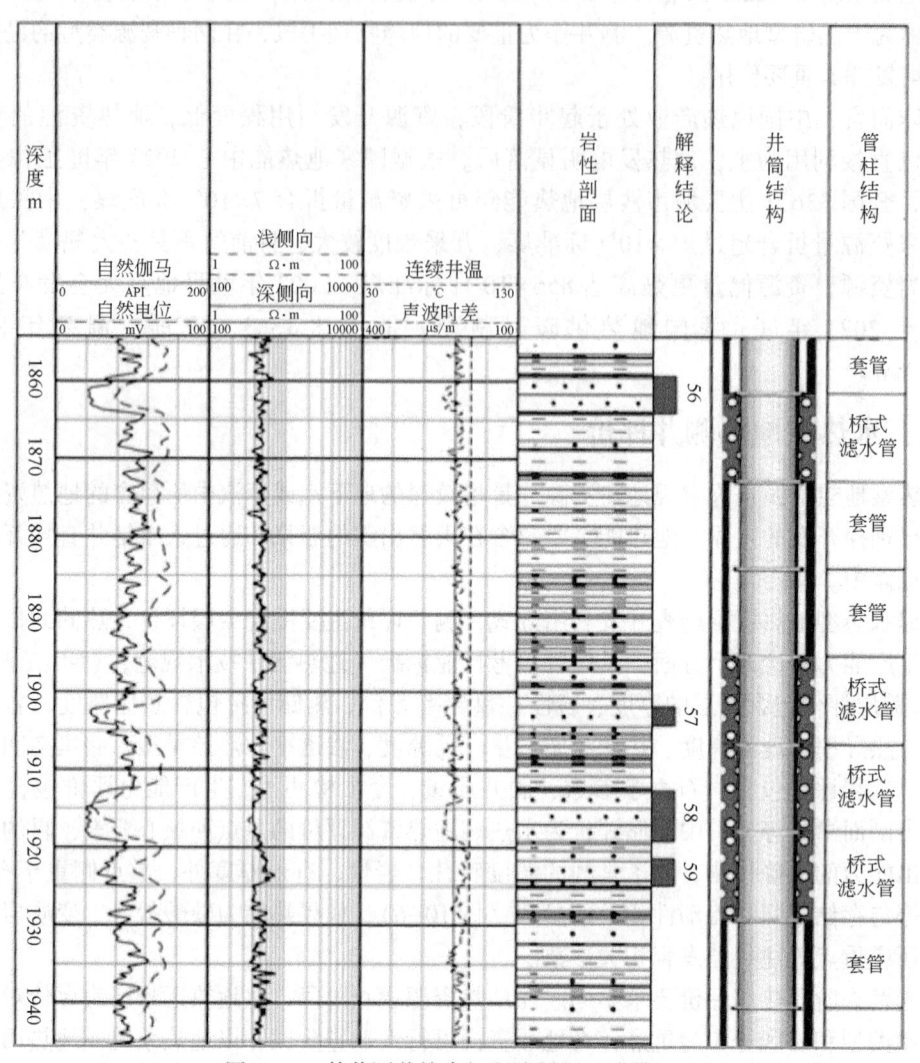

图 10-6 某井测井综合解释成果图（水热型）

井资料，结合区域地质、钻井、录井、实验分析等其他资料，充分了解研究区高温地热热储成因（包含热源、热储、盖层、通道四个因素），分析测井响应特征，开展以干热岩岩体评价为核心，以工程应用评价为手段贯穿全流程的测井评价技术体系，包含盖层评价、干热岩岩体评价、工程应用评价三部分。盖层评价主要围绕盖层构造稳定性、岩性、有效厚度和热导率关键参数开展。干热岩岩体评价除常规的温度特性、有效厚度、岩性等常规参数外，重点应围绕钻孔及其注采井网的井周裂隙发育情况、井旁裂隙发育情况和井间裂隙连通性开展，同时应兼顾生热率和导热率等热属性参数。工程应用评价应包括岩石力学参数、地应力场、裂缝扩展模拟等明确射孔压裂等改造参数的优化，通过产出剖面、微地震、示踪剂、分布式光纤等手段，监测岩体改造效果，半定量或定量评价流量、压降、热降等开发、维护、运行环节中的关键指标，为热力场、应力场、化学场三场耦合研究提供基础详实数据。

彩图 10-7

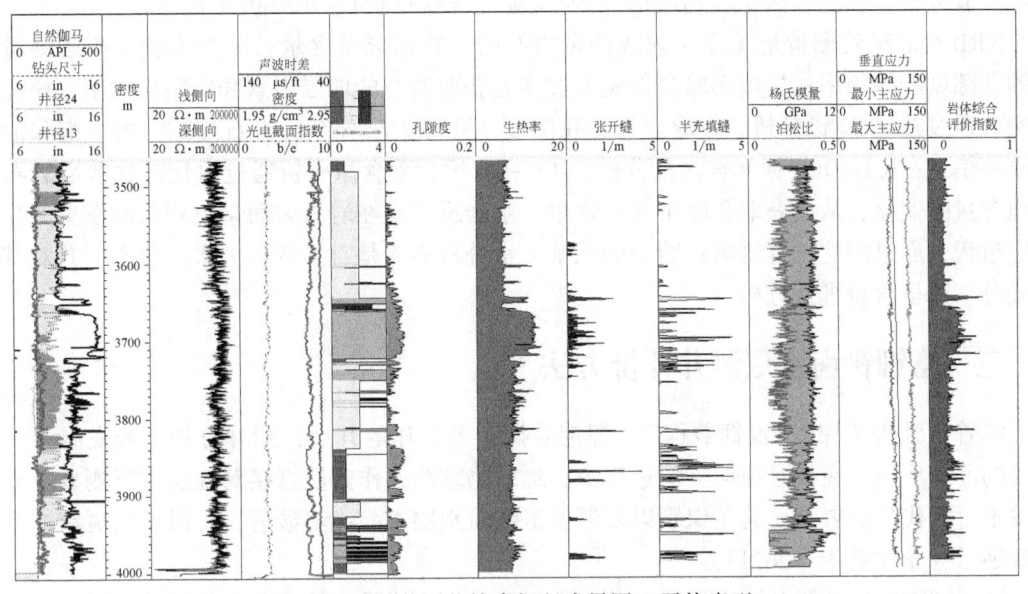

图10-7 某井测井综合解释成果图（干热岩型）

第三节 测井资料在卤水矿物资源评价的应用

一、卤水矿物资源背景介绍

卤水是一种高矿化度（含盐量大于 50g/L）的地下水，含有高浓度的 Cl^-、Na^+ 和不同浓度的 K、Li、Br、I、Sr、Ba 等多种有用元素，是农业化肥和工业盐业、化工、航天、核工业、军工部门的重要原料。卤水按其埋藏条件可分为浅层卤水和深层卤水。浅层卤水分布于地表或赋存于在距地表不深的含卤层中（埋深一般几十米，最深至 350m）。深层卤水常存在于埋深较深的地层中，具有高度封闭的特点。本节重点介绍卤水中锂钾资源测井评价情况。

全球锂钾资源总量丰富，成矿类型多样，但分布不均。卤水锂钾矿主要分布在世界三大高原，即南美西部安第斯高原、北美西部高原以及中国青藏高原。此外，中国华南地区也勘查发现一些锂钾卤水资源，如江陵凹陷、潜江凹地和吉泰盆地等地（刘成林等，2021）。

二、富锂钾卤水岩石物理化学实验

测井技术和岩心测试分析技术的紧密结合是提高测井解释符合率、更准确解决储层参数问题的一条有效途径，在测井响应机理研究、测井解释模型研究、测井资料及地质参数转换等过程中，实验测试分析是最直接、有效的方法（李新等，2021）。

通过系统全面的岩石物理化学实验，测量卤水和岩石的岩电特征，主要的实验手段有：洗盐前后 ICP-OES（电感耦合等离子体—光谱）钾元素含量分析、ICP-MS（电感耦合等离子体—质谱）锂元素含量分析；洗盐后 X 射线衍射（XRD）全岩矿物分析、物性实验分析、岩电实验分析、核磁共振 T_2 谱分析；水岩反应（洗盐过程）；水分析实验等。

XRD 全岩矿物测量是通过 X 射线确定岩石的矿物组成及含量；物性实验分析是测量岩石的孔隙度和渗透率；岩电实验分析是通过实验获取岩心的地层因素和电阻增大率；核磁共振实验通过核磁 T_2 谱分析，提取岩石总孔隙度、孔隙大小分布、岩石孔隙结构、饱和流体性质等信息；ICP-OES 钾元素含量分析、ICP-MS 锂元素含量分析通过对比洗盐前后岩石中钾锂含量的变化，从而获取孔隙中钾锂含量；水岩反应是在岩石表面接触到水时发生的化学反应过程，通过洗盐过程剥离孔隙中的元素；水分析实验是直接测量卤水的样本，并对其化学成分、离子含量进行分析。

三、富锂钾卤水层测井评价方法

随着"油钾兼探""油锂兼探""锂钾兼探"等工作的开展，测井方法已经发展为一种重要的勘探手段。在找寻锂钾资源过程中，地球物理测井作为能直接对地层进行测量的方法有着不可替代的优势，尤其在识别以及评价富钾卤水层方面优势显著，可以做到更精准且能直观展示（李洪普等，2021）。

富锂钾卤水层的测井评价思路是基于常规测井、电成像、核磁共振等测井资料，结合区域地质、钻井、录井、实验分析等其他资料，开展定性解释、定量评价。定性解释包括确定卤水层的埋藏深度、沉积厚度、划分地层剖面等，定量评价包括物性评价、饱和度评价、矿化度评价、锂钾元素含量评价、卤水产量评价、卤水资源量预测等。

卤水层测井响应特征表现为：自然伽马值小，自然电位偏低，电阻率低，地层水电阻率小，谱峰呈窄谱型且谱峰靠前，核磁共振 T_2 谱窄而陡，核磁差谱信号弱。以柴达木盆地深部富锂钾卤水为例，2234.9~2235.9m、2236.2~2238.2m、2240.6~2241.9m 层段解释为水层，与测井解释结论一致。该井段自然电位曲线显示为负异常，自然电位下降趋势与含水层基本一致，自然伽马数值偏低，电阻率数值偏低，声波与电阻率曲线填充有显示；FMI 电成像动态图整体以暗色为主，地层水电阻率谱整体靠前，谱分布较窄，且地层水电阻率的平均值和几何均值均较小，为明显的水层特征（图 10-8）。

四、卤水层钾元素定量评价方法

卤水中钾元素定量评价是判断卤水层是否为富钾卤水最为关键的一步，为后期卤水井下套管和射孔设计提供参考，也为资源量的评价奠定数据基础。因此，准确获得钾元素含量成为一项重要任务。

（一）水分析资料求取 K^+ 含量

水分析资料直接反映了各种矿物离子的浓度，可直接获得 K^+ 含量，但是目前在勘探的过程中，取水样进行分析化验的井很少，且现在常规水分析 K^+ 和 Na^+ 没有分开测量，给 K^+ 含量的确定造成困难。根据富钾卤水层水分析资料研究发现，卤水中 K^+ 浓度和 Cl^- 浓度有较好的相关性，因此可以根据两者的函数关系求取钾离子的浓度。

实例分析发现，通过本方法计算的 K^+ 浓度普遍高于 K^+ 开采利用指标，适应性较差，不具普遍代表性。

图 10-8 卤水层测井评价实例

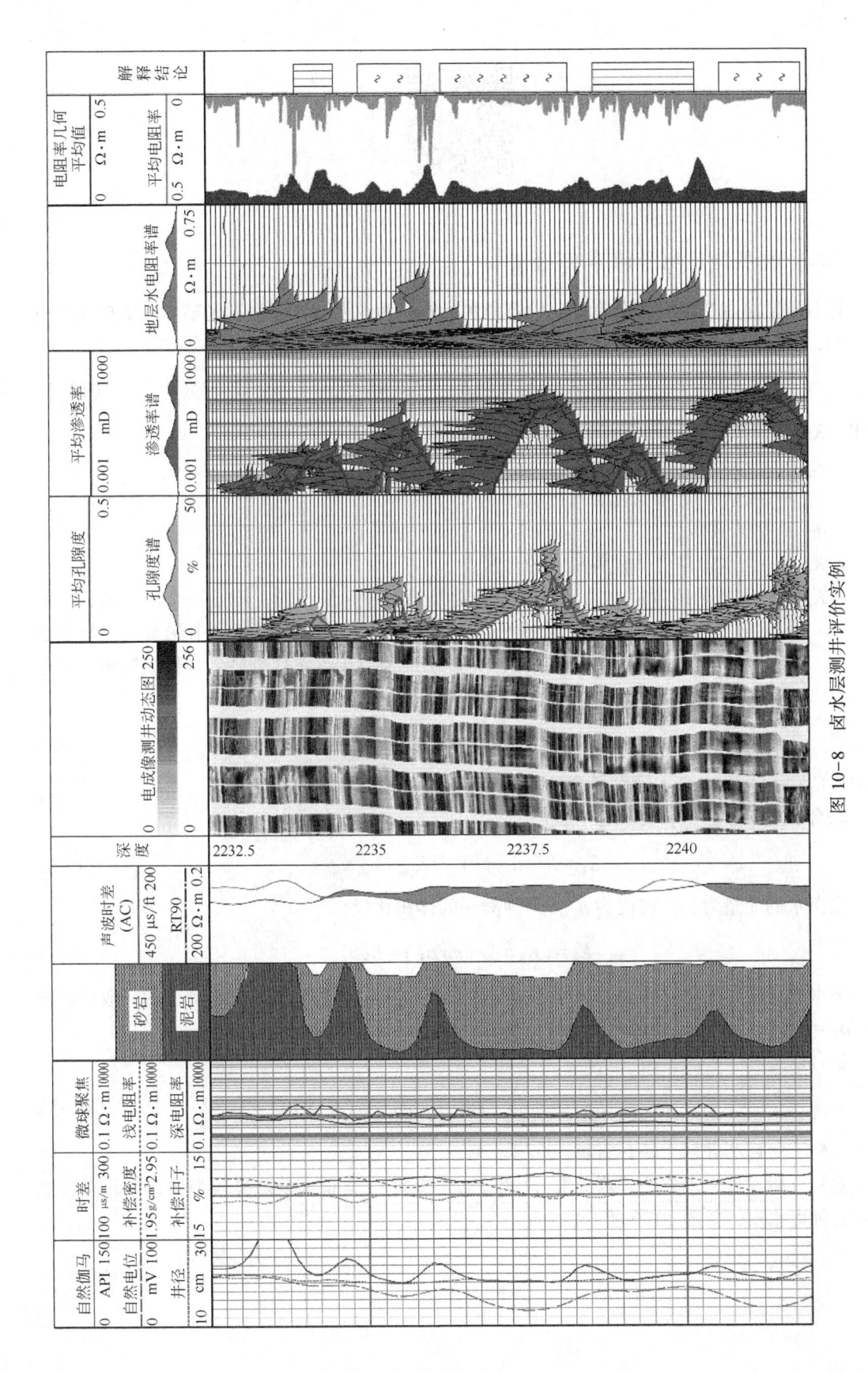

彩图 10-8

(二) 自然伽马能谱计算 K⁺ 含量

针对砂岩卤水层建立岩石模型，砂岩卤水层体积为泥质、砂岩骨架和砂岩孔隙中卤水体积之和，以此得出砂岩体积百分含量为 $1-V_{sh}-\phi$，根据岩石体积模型可建立方程：

$$K=(1-\phi-V_{sh})K_{ma}+\phi K_w+V_{sh}K_{sh} \tag{10-1}$$

式中　K——自然伽马能谱测井中钾的测井值；
　　　K_{ma}——砂岩骨架钾含量；
　　　V_{sh}——地层的泥质含量；
　　　ϕ——砂岩孔隙度；
　　　K_w——卤水中单位体积钾离子的含量；
　　　K_{sh}——泥质的钾含量（由于各地区砂岩骨架的钾含量不同，不是一个固定值，选取解释的砂岩卤水层附近纯泥岩的钾离子含量代替体积模型中泥质的钾离子含量 K_{sh}，选择砂岩卤水层附近干砂层的钾离子含量代替砂岩骨架的钾离子含量 K_{ma}）。

设

$$K_K=\phi K_w \tag{10-2}$$

式中　K_K——孔隙中卤水钾离子含量。

联合以上两个公式，得

$$K_K=K-(1-\phi-V_{sh})K_{ma}-V_{sh}K_{sh} \tag{10-3}$$

设卤水的质量为 m，密度为 ρ_K，则钾离子的体积含量：

$$K_v=(K_Km)/(m/\rho_K)=K_K\rho_K \tag{10-4}$$

卤水的密度与矿化度密切相关，通过试验建立地区卤水矿化度和卤水密度的一般函数关系：$\rho_K=f(C)$，其中 ρ_K 为卤水的密度（g/cm³），C 为卤水矿化度（g/L）。

联合以上两个公式，得

$$K_v=[K-(1-\phi-V_{sh})K_{ma}-V_{sh}K_{sh}]f(C)\times 10^6 \tag{10-5}$$

式中　K_v——卤水钾离子体积含量，mg/L。

实例分析发现，本方法计算的 K⁺ 含量与水分析的 K⁺ 含量高低趋势较为接近，能有效地指示富钾卤水层，如图 10-9 所示。

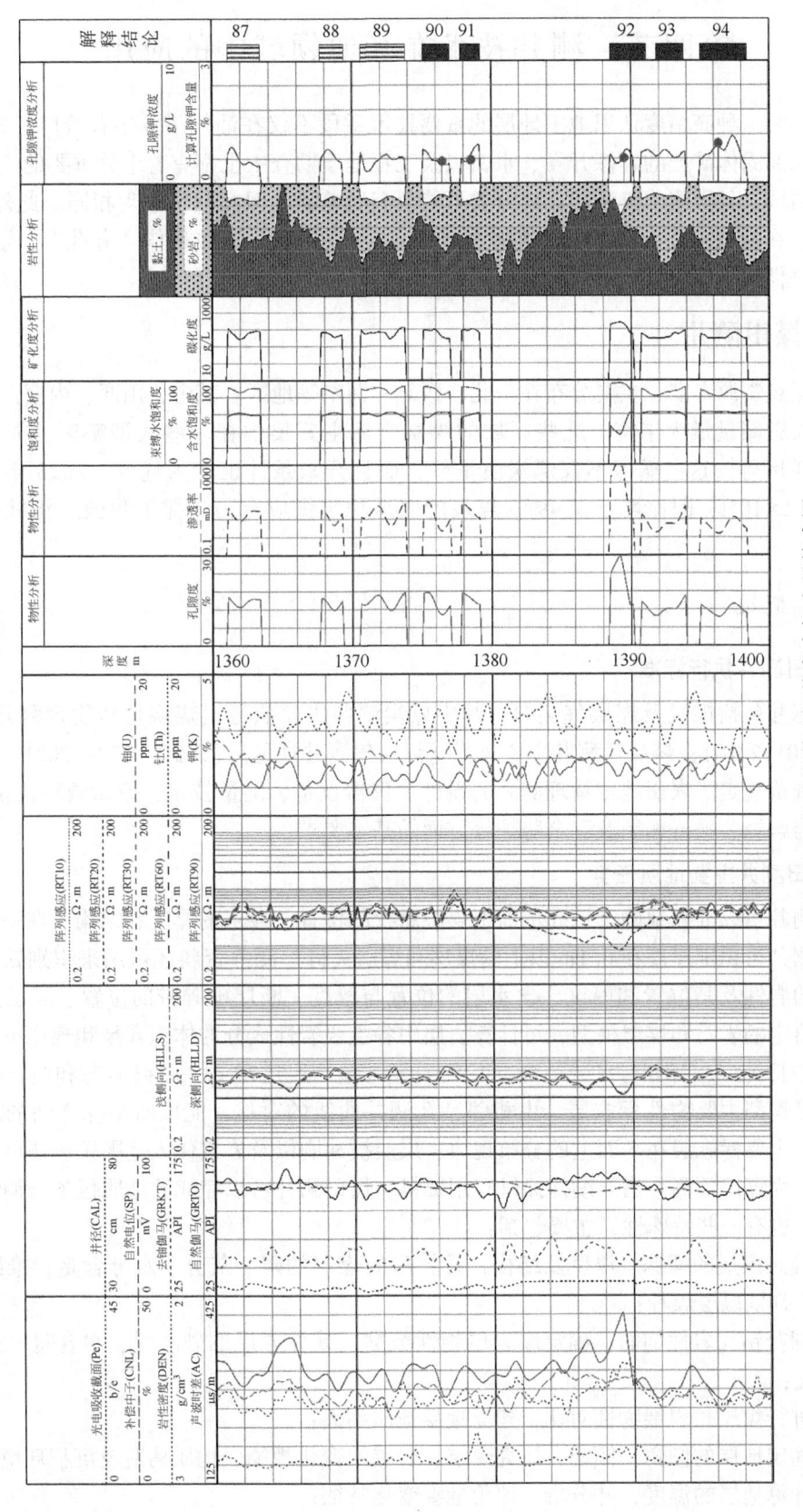

图 10-9 某井自然伽马能谱法评价卤水钾含量综合图

第四节 测井技术在其他领域中的应用

测井作为一种高精度认识地下地层的重要技术手段不仅在油气工业中有着广泛的应用，在煤炭、深部固体矿产的勘探开发、水文以及工程地质勘查中也都有着十分重要的应用。在这些应用领域，各种测井方法的具体分类可能会有所差异，但其基本原理相同。此外，"钻井"一词，在油气工业领域之外，被称为"钻孔"，"井眼"也被称作"井孔"。同时，测井资料及解释成果等的呈现形式也有所不同。

一、煤田测井

我国煤炭资源丰富，主要分布在华北、西北和西南等地区。其中，山西、内蒙古、陕西等省份的煤炭储量最为丰富。这些区域的煤炭资源主要集中在一些大型矿区，如大同矿区、神府矿区等。这些矿区不仅煤炭质量好，而且开采条件也较为优越。2023 年全国原煤产量 $47.1 \times 10^8 t$，同比增长 3.4%。煤炭的安全稳定供应有力支撑了我国经济社会平稳健康发展。

（一）概况

1. 煤田测井执行标准

煤田测井包括煤炭及煤层气测井，其中煤炭测井主要执行《煤炭地球物理测井规范》（DZ/T 0080—2010）；煤层气测井主要执行《煤层气测井规范》（DZ/T 0377—2021）。

测井规范规定了煤田地球物理测井的设计、仪器设备、测量技术、原始资料质量评价、资料处理与解释、报告编制及安全防护等方面的基本要求。

2. 煤田测井主要地质任务

煤田测井可以准确地确定钻孔剖面上煤层赋存的位置、煤层的厚度和结构。在一般情况下，煤田测井可识别厚度在 0.1m 以上的煤层和煤层夹矸。测井资料还可用来识别钻孔剖面上各岩层的岩性及其位置和厚度、含水层的位置与厚度、断层破碎带的位置、岩层的产状等。根据给定的岩石和煤层模型，可计算岩层中各主要岩性成分的体积含量和煤层中主要成分（通常包括纯煤、灰分与水分等部分）的质量含量。通过对测井曲线形态和组合特征等的分析，可识别主要物性标志层。由相邻钻孔测井曲线的对比，能推断钻孔之间的地质构造、煤层及主要标志层在平面上的分布规律、煤层被冲刷以及岩浆侵入范围等，还可以研究沉积环境，为煤田预测与指导勘探提供有用资料。煤田测井可以完成的地质任务与油气田测井有共性，也有一些特殊性，主要包括：

（1）确定煤层的埋深、厚度及结构，计算目的煤层的碳、灰分、水分含量，推断煤层变质程度，判别煤层煤种；

（2）划分钻孔岩性剖面，确定煤岩层物性数据，计算岩层的砂、泥、水含量，推断解释地层时代；

（3）进行煤层、岩层物性对比，建立地层地质剖面；

（4）确定地层的倾角、倾向，研究煤层、岩层的变化规律、地质构造及沉积环境；

（5）计算地层的温度，并分析、评价地温变化特征；

(6) 计算地层的孔隙度、含水饱和度，确定含水层位置及含水层间的补给关系，测算涌水量和渗透系数；

(7) 计算煤岩层岩石力学参数；

(8) 计算目的煤层固定碳、挥发分、灰分和水分含量，初步估算目的煤层的煤层气含气量、孔隙度、渗透率，并定性评价目的煤层及其顶底板岩层的岩性、含水性、渗透性；

(9) 确定钻孔顶角与方位角；

(10) 固井质量检查评价和套管校深；

(11) 对其他有益矿产提供信息或做出初步评价；

(12) 推断解释岩层和裂隙的倾向、倾角，研究煤岩变化规律、地质构造和沉积环境。

3. 煤田测井参数选择

根据不同的地质任务选择不同的测井参数，按照孔中测量的岩石物理性质，煤田测井可以分为电测井、放射性测井、声波测井、温度测井、倾角测井和其他测井等多种方法系列。每个系列中又包括若干种方法及派生方法。煤炭及煤层气测井参数选择见表10-1。

表 10-1 煤炭及煤层气测井参数选择表

钻孔类型	必须测量	选择测量	备注
常规探煤钻孔	电阻率、自然伽马、补偿密度、自然电位或声波时差、井径、井斜	中子—中子、地层产状、超声波成像	(1) 凡要求进行地温评价的钻孔，还应选择测量简易井温、近稳态井温、稳态井温等； (2) 凡要求进行水文地质评价的钻孔，还应选择测量扩散、流量、中子—中子、超声波成像、井液电阻率等
煤层气钻孔	补偿密度、自然伽马、补偿声波、补偿中子、双侧向、自然电位、双井径、井斜、井温	微球形聚焦、微电极、地层产状、超声波成像、核磁共振	凡要求进行固井质量检查的钻孔，还应选择测量声幅、全波列、磁定位等

4. 煤田测井处理解释

1) 煤层的定性解释

常规煤田测井中，大部分地区高电阻率煤层主要表现为高电阻率、高伽马伽马（低补偿密度）、高中子低自然伽马、高声波时差、自然电位一般为负异常等测井特征，部分地区出现的低电阻煤层，物性特征除了电阻率参数为低值外，其他测井参数物性特征与高电阻率煤层相同。

煤层定性解释主要根据测井参数异常幅值、形态特征、物性值的差异变化等，来区分煤层和不同岩性的岩层，从而进行地层划分和全孔地质剖面解释。

2) 煤层的定厚解释

用测井资料划分煤层界面，确定煤层厚度是比较准确的。地质录井的煤层与测井解释的煤层数及厚度有时差别较大，其主要发生在薄煤层，以及厚煤层中的泥质夹层，主要是与地质录井的精度较低有关，如测井解释时，可根据测井参数物性特征来确定碳质泥岩和煤层，但是地质录井识别起来较困难。

煤层定厚解释按不同测井曲线各自的解释原则进行，最终确定值取其中两种或两种以上参数的平均值，与油气储层的测井划分原则相同。

（1）电阻率曲线（电位电阻率 NR，双侧向 RT、RXO）：采用异常根部分离点作为分层点；

（2）自然伽马（GR）和声波时差（AC）曲线：层界面位置为曲线异常幅值的半幅点；

（3）伽马伽马（GG）和补偿密度（DEN）曲线：用幅值偏根部的 1/3 处作为分层点。

煤层的定厚解释在深度比例尺为 1∶50 的曲线上进行。煤层定厚解释原则及评价标准如图 10-10 所示，解释示意图如图 10-11 所示。

煤层	NR(RT、RXO)		GR(AC)		GG(DEN)	
	曲线形态	解释点	曲线形态	解释点	曲线形态	解释点
■		拐点		异常陡直段的中点		1/3幅值

曲线解释的煤层厚度 m	优质			合格		
	厚度相差，m		深度相差 m	厚度相差，m		深度相差 m
	煤层	夹矸		煤层	夹矸	
最低可采厚度～1.30	≤0.10	≤0.10	≤0.20	≤0.15	≤0.15	≤0.25
1.30～3.50	≤0.15	≤0.15	≤0.25	≤0.20	≤0.20	≤0.30
3.50～8.00	≤0.20	≤0.20	≤0.30	≤0.25	≤0.25	≤0.35
大于8.00	≤0.30	≤0.30	≤0.40	≤0.35	≤0.35	≤0.45

图 10-10　煤层定厚解释原则及评价标准

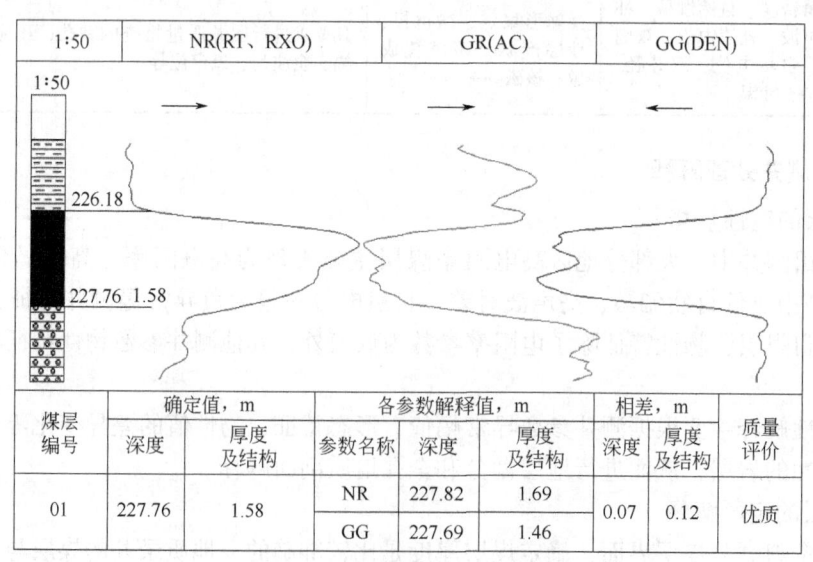

煤层编号	确定值，m		各参数解释值，m			相差，m		质量评价
	深度	厚度及结构	参数名称	深度	厚度及结构	深度	厚度及结构	
01	227.76	1.58	NR	227.82	1.69	0.07	0.12	优质
			GG	227.69	1.46			

图 10-11　煤层定厚解释示意图

3）煤层气测井评价

煤层气测井评价的主要内容包括煤层工业分析，即固定碳、挥发分、灰分和水分的质量百分数含量，煤层孔隙度、渗透率等物性参数，裂缝孔隙度、裂缝渗透率等裂缝参数，煤储层含气量、含气饱和度等含气性参数，及煤岩的岩石力学参数等。下面简要介绍煤层工业分析和含气量分析，其他参数的获取方法见前述相关章节。

(1) 煤层工业分析。

基于岩心分析资料结果，利用该数据刻度测井数据，可采用梳理统计方法建立解释模型计算固定碳、灰分、挥发分、水分，表达式可见式(10-6)~式(10-9)（张作清等，2015）。

$$A_{ad} = ax = b \tag{10-6}$$

$$FC_{ad} = a_1 A_{ad} + b_1 \tag{10-7}$$

$$V_{ad} = a_2 A_{ad} + b_2 \tag{10-8}$$

$$M_{ad} = 1 - A_{ad} - FC_{ad} - V_{ad} \tag{10-9}$$

式中　x——测井数值或其组合参数，推荐使用密度数值；

　　　a、b、a_1、b_1、a_2、b_2——地区常数；

　　　A_{ad}、FC_{ad}、V_{ad}、M_{ad}——灰分、固定碳、挥发分、空气干燥基水分含量，小数。

直接利用体积模型法计算煤层的工业组分。用固定碳、灰分、挥发分、水分的声波时差、密度、中子等骨架值与三孔隙度组成多元一次方程求解，最后将计算的成分体积比转换为质量百分比。

(2) 含气量分析。

估算煤层含气量方法较多，首先可以利用实验测试含气量数据刻度密度、声波时差、自然伽马、电阻率等测井数据，建立煤层含气量的计算方法；其次如果有煤岩心等温吸附实验资料时，可以按 Langmuir 方程计算煤层理论含气量；若收集到煤层压力、温度、煤的工业分析等资料时，可以利用 Kim 法计算理论干燥无灰基含气量。

(二) 煤田测井应用案例

1. 煤炭测井案例

1) 高电阻率煤层

贵州省水城化乐锦源煤矿，钻遇地层由新到老依次为下三叠统飞仙关组（T_1f）、上二叠统长兴组（P_3c）、龙潭组（P_3l）、峨眉山玄武岩组（$P_3\beta$）。其岩性主要为石灰岩、玄武岩、砂岩、粉砂岩、泥岩、煤层和碳质泥岩。根据矿区勘查地质任务，测井参数选取电阻率电位（NR）、自然电位（SP）、伽马伽马（GG）、自然伽马（GR）等四种物性参数方法曲线。图 10-12 为 102 钻孔剖面煤层的测井解释结果。由图 10-12 可以看出，煤层与其顶、底板泥岩的物性差异明显，伽马伽马曲线（GG）呈高异常、电阻率电位曲线（NR）呈中高异常、自然伽马曲线（GR）低，煤层在各参数曲线上都异常突出，界面清晰。

2) 低电阻率煤层

老挝拉芒煤矿钻遇地层由老到新依次为二叠系中统（P_2）与下统（P_1），石炭系上统乍奎组上段（C_2z^2）与下段（C_2z^1）。其岩性复杂，主要为玄武岩、凝灰岩、石灰岩、砾岩、砂岩、粉砂岩、泥岩、煤层和碳质泥岩等。矿区内火成岩侵入面积广泛，其种类诸如上述的玄武岩外，还有闪长岩等。火成岩的电阻率曲线幅值多呈中高到特高、自然伽马曲线呈低谷异常、伽马伽马曲线呈抖动状基线，幅值变化不大。由于各种火成岩的物性差异较小，在测井曲线上难以区分，只有结合钻探取心，才能有效划分其岩性。图 10-13 为 ZK16-1 井剖面的煤层测井定性解释结果。

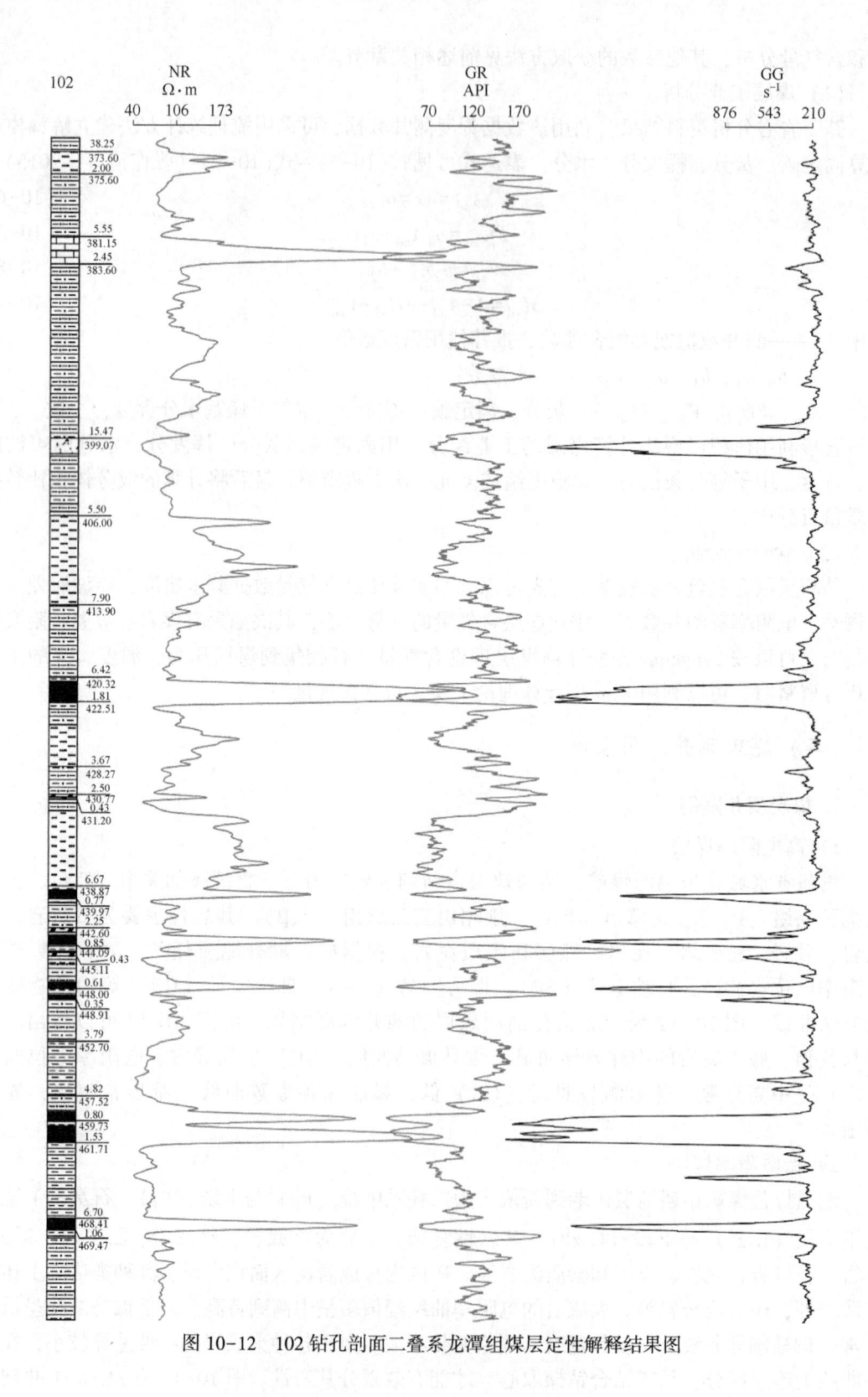

图 10-12 102 钻孔剖面二叠系龙潭组煤层定性解释结果图

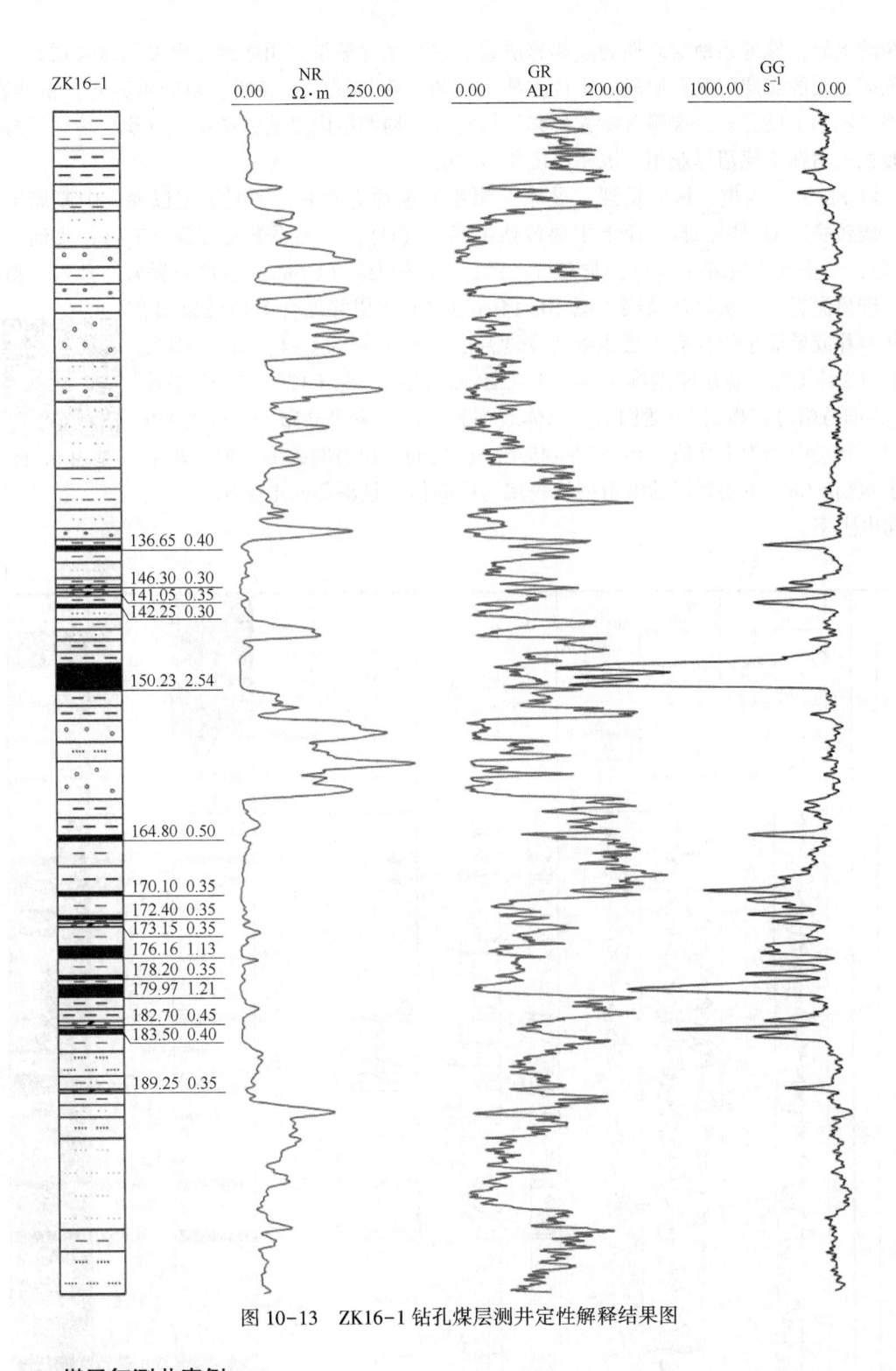

图 10-13　ZK16-1 钻孔煤层测井定性解释结果图

2. 煤层气测井案例

　　川南地区地表出露有寒武系—志留系、二叠系、三叠系和侏罗系地层，其中寒武系—志留系地层岩性为海相碳酸盐岩、碎屑岩，二叠系和三叠系地层岩性为海相碳酸盐岩和海陆过渡相碎屑岩，侏罗系地层岩性为陆相碎屑岩。二叠系龙潭组是川南地区重要的含煤层系，也是该区主要的煤层气赋存层段。岩性主要为泥岩、碳质泥岩、煤层、粉砂质泥岩、粉砂岩、细砂岩和铝土质泥岩，普遍含黄铁矿和植物碎片，局部层段见菱铁矿层。沉积环境属于海陆过渡相三角洲平原沼泽亚相，沉积厚度70~170m。

以 ZK01 井为例，该井钻遇二叠系龙潭组厚度约为 96m，主要煤层以薄—中厚煤层为主，属较稳定型煤层。自上而下主要包括第四系（Q）、三叠系嘉陵江组（T_1j）、飞仙关组（T_1f）、二叠系长兴组（P_3c）、龙潭组（P_3l）和茅口组（P_2m），岩性为泥岩、砂岩、粉砂岩、碳质泥岩、石灰岩及煤层。图 10-14 是 ZK01 井测井综合解释成果图。测井解释成果显示该井有 6 层主要可采煤层，编号分别为 C14、C16、C17、C23、C24、C25。煤层密度在 1.49~1.72g/cm³ 之间，除 C17、C23 煤层外（自然伽马相对较高），自然伽马值总体表现为低值，主要分布于 60~93API 之间，补偿中子为中高值，在 34.6~45.6p.u. 之间，声波时差为高值，基本大于 400μs/m，主要煤层的电阻率均表现为中高值，且深侧向电阻率大于浅侧向电阻率。

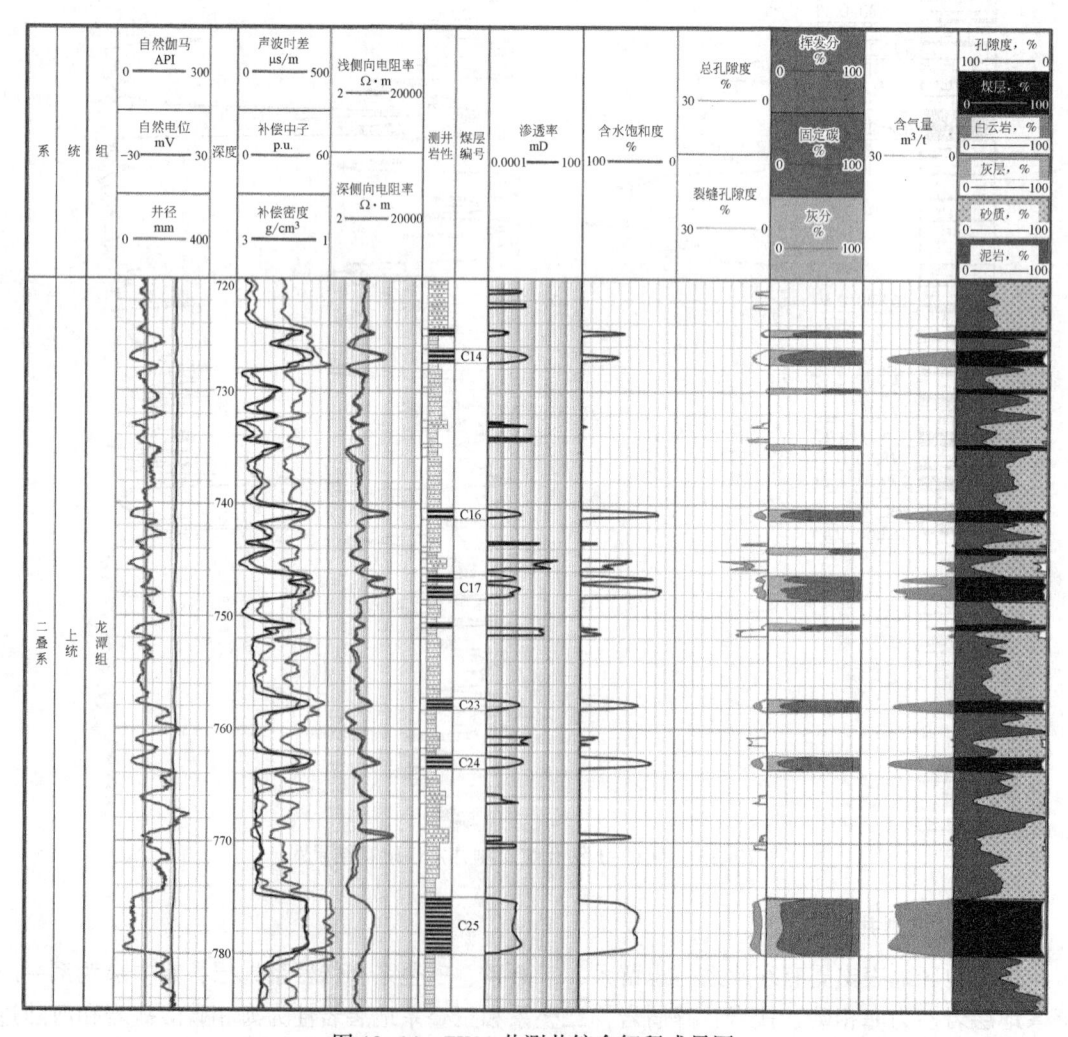

彩图 10-14

图 10-14　ZK01 井测井综合解释成果图

从图中可看出，测井计算的煤层工业组分质量百分数为固定碳 64.76%~72.59%、灰分含量 18.72%~26.72%，其中 C14 煤层、C25 煤层固定碳含量较高，基本大于 70%，表明煤质较好；估算的吨煤含气量平均为 12.22~16.82m³/t 之间；煤层的孔隙度较低，基本在 3.01%~4.24%，渗透率均为低值。主要煤层物性特征值见表 10-2。

表 10-2 主要煤层物性特征值表

煤层编号	固定碳,%	灰分,%	水分,%	挥发分,%	含气量,m³/t	孔隙度,%	渗透率,mD
C14	70.60	20.92	1.41	7.07	15.67	4.24	0.012
C16	65.88	25.64	1.41	7.07	12.22	3.05	0.005
C17	64.76	26.32	1.48	7.44	12.22	3.01	0.004
C23	67.96	23.58	1.40	7.06	13.37	3.18	0.005
C24	69.45	21.71	1.47	7.37	14.90	3.61	0.009
C25	72.59	18.72	1.44	7.25	16.82	3.89	0.009

煤层顶底板主要为泥岩、粉砂岩和砂质泥岩，具有渗透性差、含水性弱等特点，顶底板围岩能够成为煤层气的良好盖层，能为煤层气聚集成藏提供好的封隔条件。

二、固矿测井

我国固体矿产资源丰富，共发现矿产 171 种，探明储量的矿产 158 种，已探明的储量约占世界总储量的 12%，居世界第 3 位，有 25 种主要矿产跃居世界前三位，其中稀土、石膏、钒、钛、钽、钨、膨润土、石墨、芒硝、重晶石、菱镁矿、锑等 12 种居世界第一，但总体人均占有量较少，仅为世界人均占有量的 50% 左右，居世界第五十多位。我国矿产主要分布在西南、华南、西北、东北、华北等地区。磁化率和井中三分量磁测是主要手段，后续将结合应用实例对其基本原理进行简要介绍。

（一）概况

1. 固矿测井执行标准

固体金属矿、非金属矿针对不同的矿种，参照执行相应的测井技术规范。非煤固矿测井主要执行规范有《金属矿地球物理测井规范》（DZ/T 0297—2017）、《井中磁测技术规程》（DZ/T 0293—2016），其中铀矿测井执行《γ测井规范》（EJ/T 611—2005）、《地浸砂岩型铀矿地球物理测井规范》（EJ/T 1162—2002）。

2. 固矿测井主要地质任务

（1）确定矿或矿化带的性质、层位与厚度，寻找钻探漏打的矿层，弥补钻探采心率不足。

（2）定性校正品位曲线，指导劈心取样分析，在物性有利情况下，定性区分矿物成分、贫矿、富矿以及放射性矿层。

（3）配合矿区水文地质工作解决某些水文地质问题（如确定含水层位置，寻找喀斯特溶洞等）。

（4）划分钻孔岩性剖面，提供原位地层、岩体、矿体及干扰地质体物性参数，为地面物探提供需要的物性参数，协助解释地面物探异常。

3. 固矿测井参数选择

根据所测矿体、矿种不同，所选用的测井方法也不同。具体要根据目的任务要求，分析地质、地球物理特点，选择拟采用的测井方法和参数，设计依据和执行标准。固矿测井所选用的技术方法见表10-3。

表10-3 固矿测井参数选择一览表

钻孔种类	选择测井参数
凡划分、校验钻孔地质剖面确定矿层边界、结构、厚度的钻孔	视电阻率、自然伽马、自然电位、声速测井、电极电位、激发激化、磁化率、滑动接触电流法、伽马伽马（密度）
凡研究和确定矿石成分与品位的钻孔	电阻率、X射线荧光、中子活化法、井径
凡金、银、铜、铅锌矿体较富集块状和浸染状金属硫化矿体的钻孔	视电阻率、自然电位、电极电位、激发激化、滑动接触电流法、伽马伽马（密度）、井中激发极化法
凡原位测定矿层（石）物性参数的钻孔	电阻率、磁化率、自然伽马、伽马伽马（密度）、声波时差、井温
凡各类铁磁性矿体的钻孔	视电阻率、电极电位、磁化率、滑动接触电流法、伽马伽马（密度）、井斜、井中三分量磁测
凡铝土矿、钨、钼矿体的钻孔	滑动接触电流法、伽马伽马（密度）、磁化率

（二）固矿测井应用案例

下面以实例简要介绍利用磁化率和磁三分量参数探测钒钛磁铁矿，划分磁铁矿层深度与厚度。磁化率测井是采用电磁感应原理测量井中岩矿石的磁化率参数。采用传感器贴井壁方式测量，所以测量结果不受井径大小影响。岩矿石的磁化率主要取决于磁性矿物的含量和矿物颗粒大小、形状以及空间分布等因素，所以在不同的应用场合下，磁化率测井结果可以用来分析推算矿石品位、矿物成分，划分火成岩、某些变质岩。

磁三分量测井是通过磁敏原件测得钻孔内沿井轴轴向或垂向方向的磁分量异常（三个相互垂直分量：X、Y、Z），来发现孔旁、孔底的磁性矿体。仪器既可以连续测量也可以点测。钻孔中某一点的磁场可以用与磁力线相切的矢量来表示。矢量的方向就是该点磁场的方向，矢量的长度与磁场的强度成正比。

1. 资料解释原理

一般地磁场由基本磁场、大陆磁场（地壳内部非均匀构造引起的磁场）、异常磁场（地壳内部非均匀磁化引起的磁场）、地球以外原因引起的磁场、随时间变化的磁场组成。随时间变化的磁场通常较弱，在井中磁测分析中可忽略。对任一工区而言，基本磁场、大陆磁场、地球以外原因引起的磁场通常不变，三者合称正常场。依据引发异常磁场的原因，异常磁场可分为由区域地质构造引起的区域异常磁场和由地质体引起的局部异常磁场。对井中磁测问题，区域异常磁场可视为常数，并归为正常场的一部分。由此，对井中磁测的异常场指的就是局部异常磁场，井中磁测的方法可归纳为由仪器测得的总磁场减去正常场，从而获取由矿体引发的磁异常，并基于异常场找矿。

为便于应用，常用正北东坐标系下三个相互正交的分量表示地磁场（矢量 T 表示），其中北分量沿地理经线方向，指北为正；东分量沿地理纬线方向，指东为正；垂直分量指向地下。北分量和东分量一起组成水平分量，物理意义为地磁场在水平面上的投影矢量。水平分量与正北方向的夹角叫磁偏角。地磁场与其水平分量的夹角叫磁倾角。北分量、东分量、垂直分量、水平分量、磁偏角、磁倾角（X、Y、Z、D、H、I）统称为地磁要素。地磁要素中（X、Y、Z）、（Z、D、H）、（D、H、I）为三组相互独立的组合，只要知道其中任意一组，即可获取全部地磁要素。井中三分量磁测测井就是通过测量 X、Y、Z 三个分量，并通过进一步处理获取磁异常 ΔX、ΔY、ΔZ，来实现"找矿"，主要应用包括：

（1）区分矿与非矿异常；
（2）确定矿体的形状和产状；
（3）判断矿体与钻孔的相对位置；
（4）近似计算矿体的埋深和距离。

需要注意的是矿体发生磁化后，磁荷都集中分布在矿体的表面，磁荷分布的密度和空间位置的差异就产生了不同的磁异常。除了矿体自身的磁化性质外，井孔相对于矿体的位置也会影响测量结果，例如方位、距离等。需要注意的是井中磁测可能存在多解性，对不同的磁源，受井孔位置等因素的影响，其磁异常可能相近。因此，磁测研究、应用中有必要通过正演计算，掌握不同矿体形状、产状、磁化条件、钻孔相对位置条件下，磁异常测井曲线的特征和变化规律。

2. 简单规则形态磁性体的初步解释

本节以点磁极和无限延伸薄板磁体为例，说明磁化异常曲线的典型形态特征。

（1）顺轴磁化的细柱体。顺轴磁化的细柱体只在顶端和底端有磁荷，如果延伸较大，测点就只受顶端磁荷的影响，可视为点磁极。磁异常分量的正负指示的是磁异常分量的方向，为便于后续论述，关于增大和减小的表述都是指分量的模的变化，而不是值的大小。垂直分量 ΔZ 曲线呈现反"S"形，随测点由远处逐渐靠近矿体，此时磁倾角变化较小，磁异常垂直分量、水平分量 ΔH 都逐渐增大。在靠近矿体时，磁倾角显著减小，垂直分量转变为水平分量，从而逐渐减小，直至矿顶深度处垂直分量为 0，水平分量为最大，磁异常总矢量 ΔT 为最大。过矿顶后有类似的变化规律（图 10-15）。在钻孔位于矿体北侧时，水平分量 ΔH 指向南方，为负值，类似的钻孔位于矿体南侧时，水平分量为正。磁异常曲线峰值幅度与钻孔到矿顶的水平距离相关。

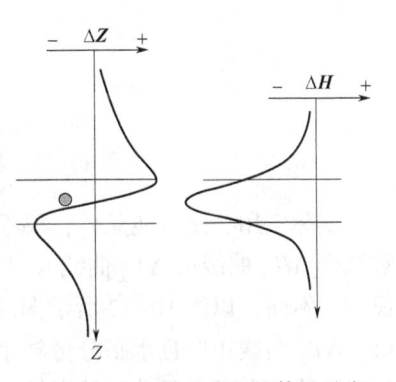

图 10-15 顺轴磁荷细柱体磁异常矢量的垂直分量 ΔZ 和水平分量 ΔH 随深度变化规律图

（2）顺层磁化无限延伸薄板。在理想情况下（足够长），可认为顺层磁化无限延伸薄板状矿体在测点处引起的磁场仅由矿顶（上端）或矿尾（下端）的磁荷所引起，且顶、底的磁荷可视为集中于一条线上，可视作线极 [图 10-16(a)]。对矿顶部分，ΔZ 曲线呈反"S"形曲线且在矿顶深度处 ΔZ 为 0 [图 10-16(b)]；类似的，对矿底部分，ΔZ 曲线呈正"S"形曲线且在矿底深度处 ΔZ 为 0。ΔH 曲线特征与点磁极类似，也是在矿顶或矿底深度处取最大值。这些特征常用于确定井旁盲矿体相对井孔位置。盲矿体是指产在地下基岩中形成后从未出露过地表的矿体。

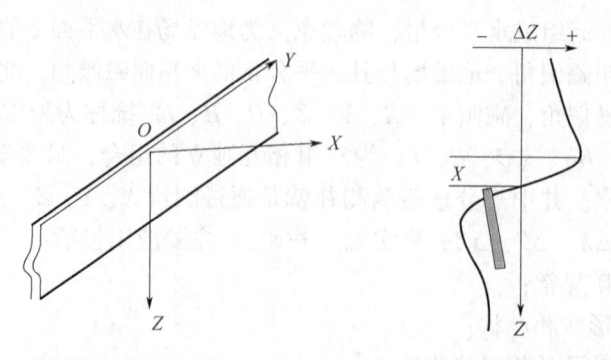

(a) 顺层磁化无限延伸薄板线磁极示意图　(b) ΔZ 随深度变化规律图(矿顶)

图 10-16　顺层磁化无限延伸薄板磁异常矢量的垂直分量 ΔZ 随深度变化规律图（矿顶）

（3）ΔZ 预报井底盲矿体，确定见矿深度。三分量磁测曲线张口是指曲线里零点偏离越来越远。基于顺层磁化无限延伸薄板 ΔZ 曲线特征，如果 ΔZ 曲线正张口，说明钻孔加深，在靠近矿顶 [图 10-17(a)]；如果 ΔZ 曲线负张口，说明钻孔加深后在靠近矿尾 [图 10-17(b)]。

(a) ΔZ 曲线正张口　　　　　(b) ΔZ 曲线负张口

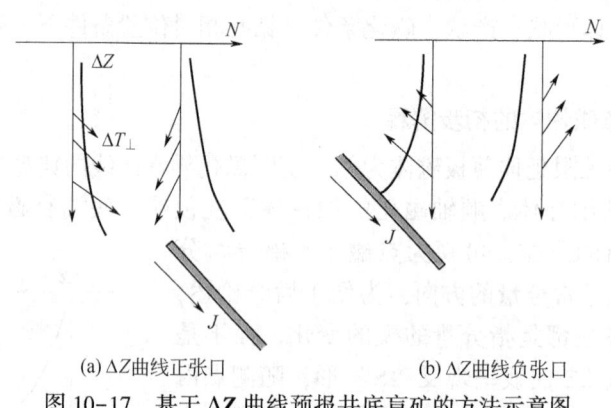

图 10-17　基于 ΔZ 曲线预报井底盲矿的方法示意图

实际应用，是否能见矿，要根据矿区其他矿体的产状及磁化方向等资料作具体分析。通常结合 $\Delta H_\perp$ 曲线或 $\Delta T_\perp$ 曲线（"$\perp$"表示垂直于矿体走向）分析，两者原理相同，只是表现方式不同。以图 10-17 所示向北倾斜矿体为例，此时有四种典型的情况，若 ΔZ 曲线正张口，$\Delta T_\perp$ 曲线正向且水平分量越来越大（$\Delta H_\perp$ 曲线正张口），不见矿；若 ΔZ 曲线正张口，$\Delta T_\perp$ 曲线负向且水平分量越来越大（$\Delta H_\perp$ 曲线负张口），见矿顶；若 ΔZ 曲线负张口，$\Delta T_\perp$ 曲线负向且水平分量越来越大（$\Delta H_\perp$ 曲线负张口），见矿底；若 ΔZ 曲线负张口，$\Delta T_\perp$ 曲线正向且水平分量越来越大（$\Delta H_\perp$ 曲线正张口），不见矿。

若 ΔZ、$\Delta H_\perp$ 曲线呈 S、反 S、C、反 C 形态，而非开口状异常，则说明矿体位于井旁。若 ΔZ 或 $\Delta H_\perp$ 曲线穿过零值点，则说明钻孔已从矿旁穿过。

3. 实际井应用

图 10-18 为某铁矿井磁测综合曲线和解释成果图。图中 280m、320m、540m 处，磁化率测井曲线明显正异常（大于 8000（SI））。磁异常矢量 ΔT 的交汇处和反向延长线的交会处可分别用于指示矿头和矿尾，同样说明三处有矿体。同时，磁测三分量（ΔZ、ΔH、ΔT）曲线还可推测出矿体相对于钻孔的空间位置。

彩图 10-18

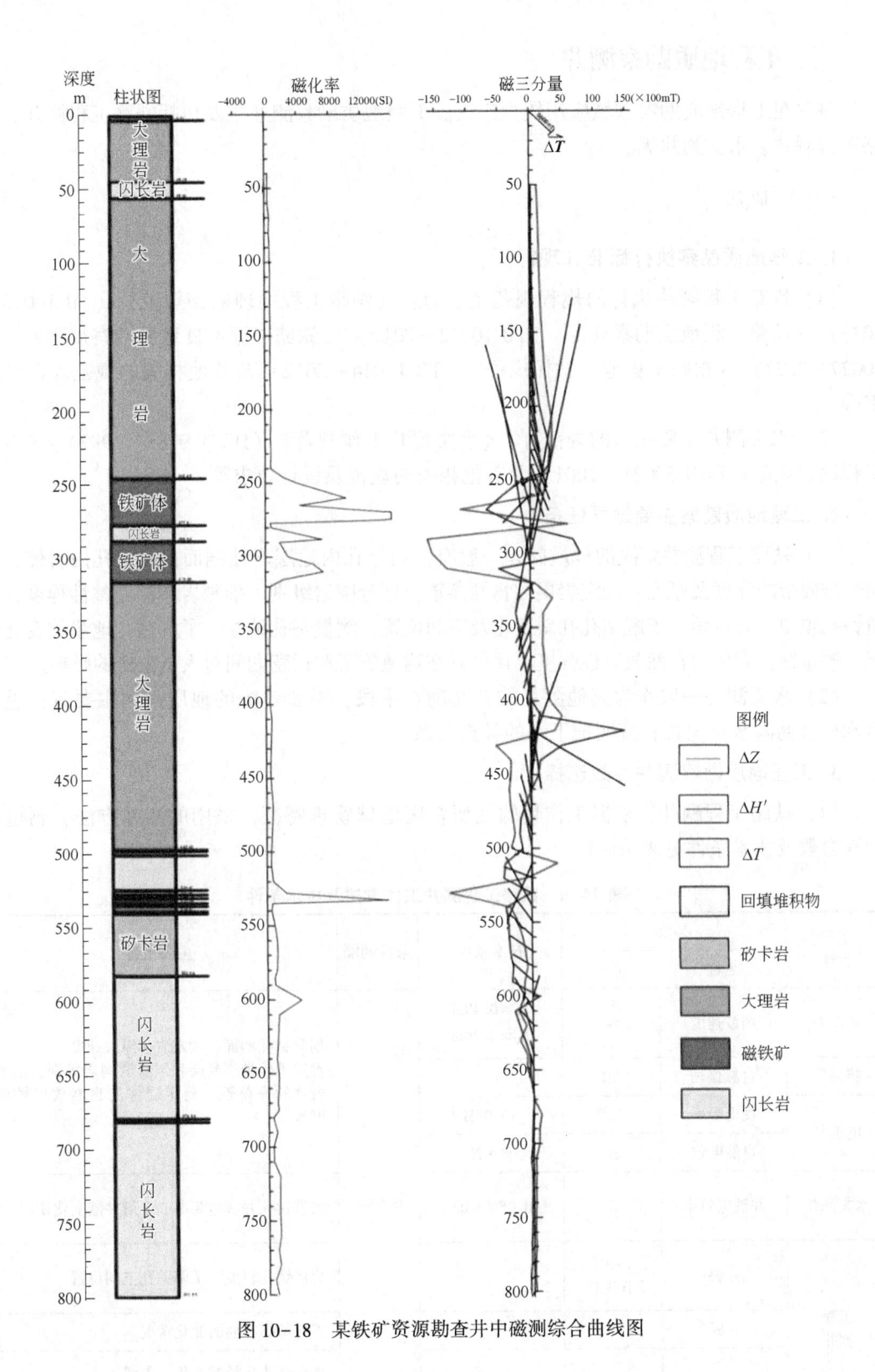

图 10-18 某铁矿资源勘查井中磁测综合曲线图

三、工程地质勘察测井

测井在工程地质勘察领域应用较为广泛。工程地质勘察测井主要包括铁路工程测井、公路工程测井、水文测井等。

(一) 概况

1. 工程地质勘察执行标准（现行）

(1) 铁路工程测井执行的规程规范主要有：《铁路工程物理勘探规范》（TB 10013—2023）、《铁路工程地质勘察规范》（TB 10012—2019）、《铁路工程不良地质勘察规程》（TB 10027—2022）、《铁路工程地质钻探规程》（TB 10014—2012）及其他相关的规范及设计要求等。

(2) 水文测井主要执行的规范有：《水文测井工作规范》（DZ/T 0181—1997）、《岩土工程勘察规范》（GB 50021—2001）及其他相关的规范及设计要求等。

2. 工程地质勘察主要地质任务

(1) 铁路工程测井解决的地质问题一般有：划分孔内地层岩性剖面，确定孔内岩体、断层、破碎带的深度及厚度；测定岩层的物性参数，划分围岩级别，推测岩体的完整性程度；测量钻孔顶角及方位角，了解钻孔孔斜变化及空间位置；测量钻孔地温，了解钻孔地温的变化情况；测量钻孔岩体的自然放射性强度，评价其在隧道施工和运营期间对人员安全的影响。

(2) 水文测井一般作为其他测井的补充勘查手段，需要解决的地质问题主要有：提供含水层及涌漏水点位置；查明地下水的补充关系。

3. 工程地质勘察测井参数选择

(1) 铁路工程测井：根据工作目的及所在区地球物理特征，采用的测井方法、测量的物性参数及技术条件见表10-4。

表10-4 铁路工程测井工作方法及技术条件

工作方法	参数名称	符号	技术条件	采样间隔	主要用途
声测井	声波速度	v_P	$L_S = 0.40m$ $L_V = 0.20m$	0.05m	划分钻孔剖面，判定岩体纵波速度，确定破碎带、断层和洞身的围岩级别、推断岩体的完整性、测定岩体的自然放射性强度等
核测井	自然伽马	GR			
电测井	视电阻率	NR	A0.05M		
	自然电位	SP	M∞N		
水文测井	井液电阻率	R	A0.05M0.02N		测量钻孔井液电阻率，了解井液变化情况
工程测井	井斜	DEVI DZIM			测量钻孔斜度，了解钻孔空间位置
	井温	TEMP			了解钻孔井温的变化情况
	井径	CAL			测量钻孔井径的变化，了解岩体的完整、破碎情况

（2）水文测井：水文测井是在参数测井确定地层性质后进行的。一般测试物性参数的方法及技术条件见表 10-5。

表 10-5 水文测井工作方法及技术条件

工作方法	参数名称	符号	技术条件	采样间隔	主要用途
声测井	声波速度	v_P	$L_S = 0.40m$ $L_V = 0.20m$	0.05m	划分钻孔剖面，确定破碎岩体、确定岩体的自然放射性强度。测定岩体密度，提供岩层弹性力学参数
核测井	自然伽马	GR			
核测井	长短源距	GGFR GGNR	$LH = 0.40m$ $LS = 0.20m$	137CS $Q = 26.05 \sim 26.20 \times 10^8 Bq$	
电测井	视电阻率	NR	A0.10M		
电测井	自然电位	SP	M∝N		
电测井	三侧向	LL3	Ap0.01A₀0.01Ap		
水文测井	井液电阻率	R	A0.05M0.02N		测量钻孔井液电阻率，查明含水层，查清井内涌漏水情况
工程测井	井斜	DEVI DZIM			测量钻孔斜度，了解钻孔空间位置
工程测井	井温	TEMP			了解钻孔井温的变化情况
工程测井	井径	CAL			测量钻孔孔径的变化，了解岩体的完整、破碎情况

（二）工程地质勘察应用案例

1. 铁路工程测井

云南某铁路隧道初勘复兴隧道 CZ-FXSD-1 号钻孔（图 10-19）。该孔揭露地层主要有石灰岩、泥灰岩及白云质灰岩。

按照《铁路工程地质勘察规范》（TB 10012—2019）的规定进行分级。石灰岩、泥灰岩及白云质灰岩均为硬岩（B 类碳酸岩类），按硬岩分级。水位以下岩体围岩类别为Ⅲ～Ⅴ类，洞身段（井深 319.17~349.17m）岩体围岩类别为Ⅲ类。声波测井表明钻孔水位以下揭露岩层声波速度为 1.56~5.52km/s，一般值为 3.68km/s，完整性系数 0.11~0.94，推断解释岩体为极破碎—完整。其中深度 164.20~248.60m 井段主要岩性为石灰岩及泥灰岩，声波速度为 1.56~4.45km/s，一般值为 2.98km/s，完整性系数 0.11~0.59，推断解释岩体为极破碎—较完整；隧道洞身揭露岩层为白云质灰岩，声波速度为 4.35~5.37km/s，一般值为 4.72km/s，完整性系数为 0.62~0.78，完整程度属完整至较完整。

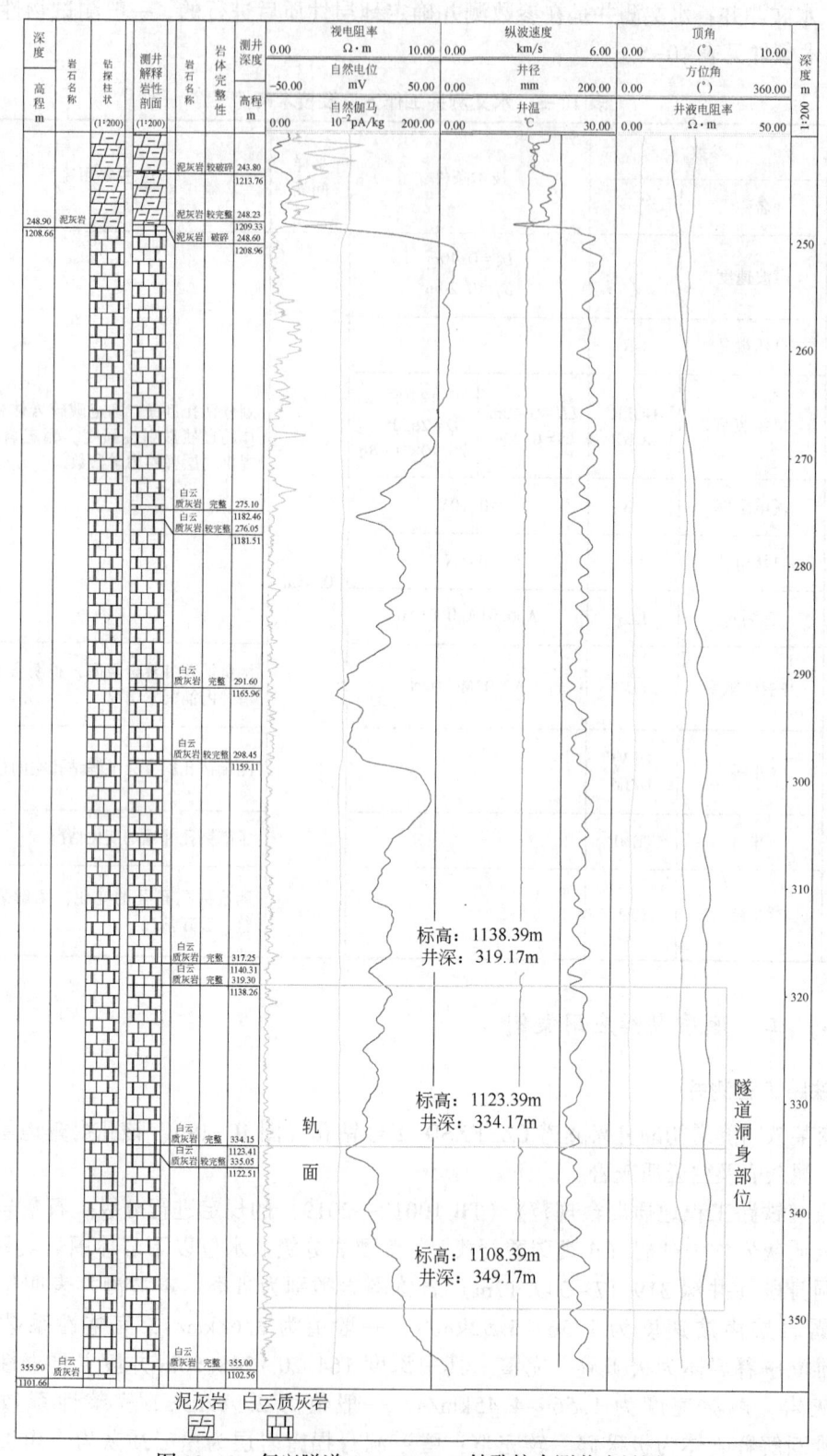

图 10-19 复兴隧道 CZ-FXSD-1 钻孔综合测井成果图

通过放射性测井发现钻井剖面地层岩体自然放射性照射率最低值 5×10^{-2} pA/kg，最高 159×10^{-2} pA/kg，一般值 38×10^{-2} pA/kg；隧道洞身范围内自然放射性照射率最低为 5×10^{-2} pA/kg，最高为 20×10^{-2} pA/kg，一般为 8×10^{-2} pA/kg。

该孔井液电阻率曲线无明显变化，水位稳定在 149.70m，说明孔内水位以上有水的漏失。钻孔地温测量显示液面以下最高地温为 21.7℃，位于深度 354.00m 处；隧道洞身范围内地温最高为 21.6℃，位于深度 349.17m 处。钻孔测斜最大孔斜度为 5.9°，位于深度 354.00m 处。

2. 水文测井

水文测井又称含水层测井，含水层测量一般采用扩散法。应在清水井中测量，并准确记录水位；凡钻井液工艺成井，测量前先洗井，至井内返出清水为止。井内若有止水套管，应先采集一条电阻率曲线，以确定止水套管头井深。记录原始井液电阻率曲线（R0）后，向井液中加入食盐（NaCl）盐化井液。盐化中不断监视井液电阻的变化，井液盐化均匀（差异不得大于 15%）后，迅速记录井液盐化曲线（R1）。R0、R1 的幅值变化应大于 25%。然后按一定的时间间隔记录井液电阻率扩散曲线。间隔时间的长、短选择原则是依据孔内井液电阻率扩散的速度而定。一般起初的间隔时间短，往后成倍增加，越往后越长。

对于单一水位含水层的钻孔至少测量三条在含水层段差异明显的曲线；对存在纵向补给关系的钻孔，应至少测量四条反映补给全过程的曲线，且最后两条界面位置接近不变。36h 后仍达不到上述要求可终止扩散测量。

井液盐化 12h 后曲线无明显变化，可采用提水或注水法测量。

每条曲线的测量技术条件必须一致，并及时记录每条曲线的起止时间（精确到分）。测量速度应均匀，且不大于 15m/min。

孔隙度是反映含水地层物性特征的一个重要参数，通过补偿密度或补偿声波计算出地层孔隙度，再利用公式计算出地层渗透率。含水层一般分布在孔隙度较高、渗透率较大的砂岩中；而泥岩或砂质泥岩的孔隙度、渗透率极小，一般为隔水层。

以四川省某地质调查孔 GX03-BQGCZK28 钻孔为例（图 10-20），该孔进行了水文测井，盐化井液后，经 19 时 10 分从 R1 至 R7 分别测量了 7 条井液电阻率曲线。曲线明显反映在井深 13.00~14.70m 井段的砂岩内涌水，向下移动至 121.00~121.60m 井段的泥质粉砂岩内漏失。

该孔在 9.25~26.20m 井段，岩层主要为砂岩，孔隙度在 1.58%~11.8% 之间，平均值为 6.7%，渗透率在 0.011~1.116mD 之间，平均值为 0.239mD，孔隙度和渗透率相对较高，说明含水层在砂岩内；在 26.20~28.70m、85.40~90.00m 及 101.80~105.70m 等井段，岩层主要为泥岩，孔隙度和渗透率极低，为隔水层。

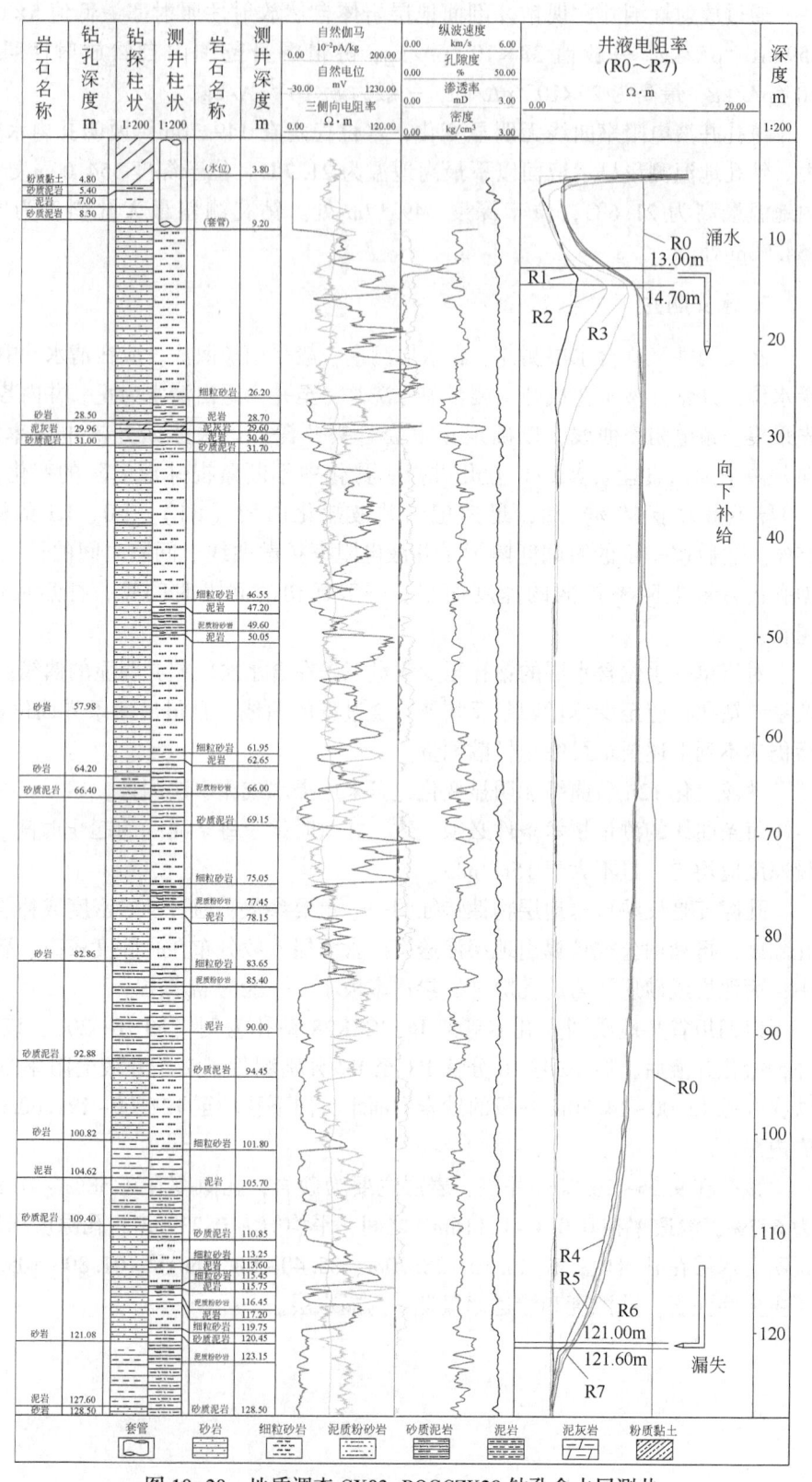

图 10-20 地质调查 GX03-BQGCZK28 钻孔含水层测井

课后习题

1. 随着国家"双碳"战略的实施，CCUS 受到越来越多的重视，其中在二氧化碳地质封存时，请简述测井技术在封存体优选中的应用。
2. 在二氧化碳地质封存过程中，井间气窜对埋存效果有重要的影响，请简述测井技术在井间气窜通道识别中的应用。
3. 请简述水热型地热和干热岩型地热资源的测井评价异同点。
4. 请简述地热储层的高温环境对测井技术的挑战。
5. 富锂钾卤水是一种重要的潜在资源，请简述富锂钾卤水与常规油气藏测井评价技术的差异性。
6. 根据岩石体积物理模型，试推导纯砂岩中 K^+ 含量的计算公式。
7. 请简述煤层上常规测井曲线的响应特征。
8. 煤层气的赋存方式不同于常规油气藏，请简述煤层含气量测井评价方法的特殊性。
9. 请简述固矿测井主要解决的地质任务。

参考文献

蔡珺君，彭先，杨长城，等，2024. 碳酸盐岩气藏储层物性下限确定方法研究现状及前景展望［J］. 天然气地球科学，35（1）：104-118.

陈辉，骆庆锋，安旅行，等，2023. 随钻可控源中子孔隙度测井仪设计与实现［J］. 测井技术，47（3）：298-302.

陈吉，肖贤明，2013. 南方古生界3套富有机质页岩矿物组成与脆性分析［J］. 煤炭学报，38（5）：822-826.

程道解，2008. 苏北盆地测井层序与沉积相研究［D］. 青岛：中国石油大学（华东）.

崔志文，2004. 多孔介质声学模型与多极源声电效应测井和多极随钻声测井的理论与数值研究［D］. 长春：吉林大学.

刁海燕，2013. 泥页岩储层岩石力学特性及脆性评价［J］. 岩石学报，29（9）：3300-3306.

窦亮彬，杨浩杰，Xiao YingJian，等，2021. 页岩储层脆性评价分析及可压裂性定量评价新方法研究［J］. 地球物理学进展，36（2）：576-584.

方家松，李江燕，张利，2017. 海底CORK观测30年：发展，应用与展望［J］. 地球科学进展，32（12）：1297-1306.

冯涛，王文星，潘长良，2000. 岩石应力松弛试验及两类岩爆研究［J］. 湘潭矿业学院学报，17（1）：27-29.

胡斌，马鸿彦，黄秉亚，等，2021. 近钻头方位伽马随钻测量系统的研制与应用［J］. 石油钻采工艺，43（5）：613-618.

季福武，周怀阳，杨群慧，2016. 海底井下观测技术的发展与应用［J］. 工程研究—跨学科视野中的工程，8（2）：162-171.

赖富强，2011. 电成像测井处理及解释方法研究［D］. 青岛：中国石油大学（华东）.

李安宗，李启明，朱军，等，2014. 方位侧向电阻率成像随钻测井仪探测特性数值模拟分析［J］. 测井技术，38（4）：407-410.

李安宗，秦泓江，王珺，等，2011. 随钻可控源中子测井仪器研究［J］. 石油钻采工艺，33（5）：105-109.

李洪普，侯献华，潘彤，等，2021. 柴达木盆地深层含钾卤水成矿与利用研究［M］. 武汉：中国地质大学出版社.

李钜源，2013. 东营凹陷泥页岩矿物组成及脆度分析［J］. 沉积学报，31（4）：617-620.

李可赛，2019. 随钻远探测及前视电磁波测井方法研究［D］. 北京：中国石油大学（北京）.

李庆辉，陈勉，金衍，等，2012. 页岩脆性的室内评价方法及改进［J］. 岩石力学与工程学报，31（8）：1680-1685.

李新，罗燕颖，李楠，等，2021. 测井岩石物理实验［M］. 北京：石油工业出版社.

梁劲，王明君，王宏斌，等，2009. 南海神狐海域天然气水合物声波测井速度与饱和度关系分析［J］. 现代地质，23（2）：217-223.

刘成林，余小灿，袁学银，等，2021. 世界盐湖卤水型锂矿特征、分布规律与成矿动力模型［J］. 地质学报，95（7）：2009-2029.

刘恩龙，沈珠江，2005. 岩土材料的脆性研究［J］. 岩石力学与工程学报，24（19）：3449-3453.

刘乃震，王忠，刘策，2015. 随钻电磁波传播方位电阻率仪地质导向关键技术［J］. 地球物理学报，58（5）：1767-1775.

刘向君，梁利喜，2015. 油气工程测井理论与应用［M］. 北京：科学出版社.

刘向君，熊健，丁乙，2024. 复杂地层岩石物理研究与应用［M］. 北京：科学出版社.

刘向君，罗平亚，2004. 岩石力学与石油工程［M］. 北京：石油工业出版社.

刘致水，孙赞东，2015. 新型脆性因子及其在泥页岩储集层预测中的应用［J］. 石油勘探与开发，42（1）：117-124.

吕枫，蒳知潜，2022. 海底观测网技术研究与应用进展［J］. 前瞻科技，1（2）：79-91.

孟宪波，冯彦谦，2010. 地球物理测井技术在铁路隧道勘察中的应用探讨［J］. 铁道勘察，36（1）：62-65.

佘刚，陈宝，朱涵斌，等，2020. FEM地层元素测井仪可靠性及应用效果评价［J］. 测井技术，44（3）：233-240.

史贵才，葛修润，卢允德，2006. 大理岩应力脆性跌落系数的试验研究［J］. 岩石力学与工程学报，25（8）：1627-1631.

宋璠，侯加根，张震，等，2009. 利用测井曲线研究陆相湖泊沉积微相［J］. 测井技术，33（6）：589-592.

宋爽，韩建波，陈虹，等，2023. "双碳"目标下二氧化碳海底地质封存在中国的发展潜力及建议［J］. 科技导报，41（22）：30-37.

谭宝海，2019. 多极子随钻声波测井仪声源激励与数据采集关键技术研究［D］. 青岛：中国石油大学（华东）.

汤天知，陈涛，白彦，等，2020. 三维感应成像测井仪设计与实现［J］. 应用声学，39（1）：71-80.

王华，陶果，张绪健，2009. 随钻声波测井研究进展［J］. 测井技术，33（3）：197-203.

王珺，陈鹏，骆庆锋，等，2016. 随钻方位伽马测井仪器设计及试验［J］. 地球物理学进展，31（1）：476-481.

王雷，2018. 单井反射声波测井资料处理方法研究与实现［D］. 荆州：长江大学.

王秀娟，吴时国，刘学伟，等，2010. 基于电阻率测井的天然气水合物饱和度估算及估算精度分析［J］. 现代地质，24（5）：993-999.

王亚娟，彭梦芸，李世银，等，2015. 缝洞型碳酸盐岩地层孔隙压力测井预测方法研究［J］. 重庆科技学院学报（自然科学版），17（2）：29-33.

吴炳华，潘永坚，施峰，等，2009. 弹性波测井在海域岛礁工程勘察评价中的应用［J］.

四川水力发电，28（6）：87-90.

吴涛，2015. 页岩气层岩石脆性影响因素及评价方法研究［D］. 成都：西南石油大学.

伍能，2018. 随钻声波测井复合结构隔声体数值模拟研究［D］. 北京：中国石油大学（北京）.

夏英杰，李连崇，唐春安，等，2016. 基于峰后应力跌落速率及能量比的岩体脆性特征评价方法［J］. 岩石力学与工程学报，35（6）：1141-1154.

徐新纽，李俞静，阮彪，等，2020. 高泉背斜地层压力测井多参数综合解释与异常高压成因［J］. 新疆石油地质，41（3）：365-371.

许娟娟，蒋有录，朱建峰，2016. 基于误差分析的 $\Delta \log R$ 技术在长岭龙凤山烃源岩评价中的应用［J］. 天然气地球科学，27（10）：1869-1877.

许玉强，何保伦，王奕舒，等，2023. 深度学习与 Eaton 法联合驱动的地层孔隙压力预测方法［J］. 中国石油大学学报（自然科学版），47（6）：50-59.

尤继元，周鼎武，朱晓辉，2011. 热液喷口生物体对成矿作用的影响［J］. 地学前缘，18（5）：319-330.

于蕾，2023. 随钻方位电磁波测井三维数值仿真与全局多参数正则化迭代反演成像研究［D］. 长春：吉林大学.

张晨晨，董大忠，王玉满，等，2017. 页岩储集层脆性研究进展［J］. 新疆石油地质，38（1）：111-118.

张辉，鞠玮，徐珂，等，2023. 库车坳陷博孜气藏超深致密砂岩储集层现今地应力预测［J］. 新疆石油地质，44（2）：224-230.

张丽，2013. 随钻方位密度成像测井基础研究［D］. 青岛：中国石油大学（华东）.

张丽，孙建孟，高卫富，2021. 随钻方位密度测井数据处理与解释［M］. 北京：化学工业出版社.

张鹏云，孙建孟，成志刚，等，2021. 随钻方位伽马成像测井在鄂尔多斯盆地 H 井区水平井地质导向中的应用［J］. 科学技术与工程，21（23）：9713-9724.

张星，2021. 储层沉积学分析智能可视化交互技术［D］. 北京：中国石油大学（北京）.

中国大洋钻探学术委员会，2003a. 中国加入国际大洋钻探计划的 5 年总结（1998-2002）［R］. 地球科学进展，18（5）：565-661.

中国大洋钻探学术委员会，2003b. 中国加入综合大洋钻探（IODP）科学计划（2003-2013）［R］. 地球科学进展，18（5）：662-665.

周辉，孟凡震，张传庆，等，2014. 基于应力—应变曲线的岩石脆性特征定量评价方法［J］. 岩石力学与工程学报，33（6）：1114-1122.

周守为，李清平，朱军龙，等，2023. 中国南海天然气水合物开发面临的挑战与思考［J］. 天然气工业，43（11）：152-163.

Altindag R, 2003. The correlation of specific energy with rock brittleness concept on rock cutting［J］. Journal of the South African Institute of Mining and Metallugy, 103（3）：163-171.

Andreev G E, 1995. Brittle failure of rock materials［M］. CRC Press.

Asadi A, 2017. Application of Artificial Neural Networks in Prediction of Uniaxial Compressive Strength of Rocks Using Well Logs and Drilling Data［J］. Procedia Engineering, 191：279-286.

Bateman R, 2015. Cased-hole log analysis and reservoir performance monitoring [M]. Springer New York.

Behrmann L A, 1988. Effect of concrete and berea strengths on perforator performance and resulting impact on the new API RP-43 [C]. SPE Annual Technical Conference and Exhibition.

Bishop A W, 1967. Progressive failure-with special reference to the mechanism causing it [C]. Proc. Geotech. Conf., Oslo, 2: 142-150.

Chenevert M E, 1970. Shale alteration by water adsorption [J]. Journal of petroleum technology, 22 (9): 1141-1148.

Chong K, 2010. A Completions Guide Book to Shale-Play Development: A Review of Successful Approaches toward Shale-Play Stimulation in the Last Two Decades [C]. Canadian Unconventional Resources and International Petroleum Conference.

Coates G R, Miller M, Gillen M, et al, 1991. The MRIL in Conoco 33-1—an investigation of a new magnetic resonance imaging log. 32nd Annual SPWLA Logging Symposium Transactions, 24.

Constable M V, Antonsen F, Stalheim S O, et al, 2016. Looking ahead of the bit while drilling: from vision to reality [J]. Petrophysics, 57 (5): 426-446.

Copur H, Bilgin N, Tuncdemir H, et al, 2003. A set of indices based on indentation test for assessment of rock cutting performance and rock properties [J]. Journal of the South African Institute of Mining and Metallurgy, 103 (9): 589-600.

Delavar M R, Ramezanzadeh A, 2023. Pore pressure prediction by empirical and machine learning methods using conventional and drilling logs in carbonate rocks [J]. Rock Mechanics and Rock Engineering, 56 (1): 535-564.

Dowla N, Hayatdavoudi A, Ghalambor A, et al, 1990. Laboratory investigation of saturation effect on mechanical properties of rocks [C]. SPWLA Annual Logging Symposium. SPWLA: SPWLA-1990-EE.

Evans B, Fredrich J T, Wong T, 1990. The brittle-ductile transition in rocks: Recent experimental and theoretical progress [J]. The Brittle-Ductile Transition in Rocks, 56: 1-20.

Farsi M, Mohamadian N, Ghorbani H, et al, 2021. Predicting formation pore pressure from well-log data with hybrid machine - learning optimization algorithms [J]. Natural Resources Research, 30: 3455-3481.

Fertl W H, 1987. Log-derived evaluation of shaly clastic reservoirs [J]. Journal of petroleum technology, 39 (02): 175-194.

Goodway B, Perez M, Varsek J, et al, 2010. Seismic petrophysics and isotropic-anisotropic AVO methods for unconventional gas exploration [J]. Lead. Edge, 29 (12): 1500 - 1508.

Guo Z, Li X, Liu C, et al, 2013. A shale rock physics model for analysis of brittleness index, mineralogy and porosity in the Barnett Shale [J]. Journal of Geophysics & Engineering, 10 (2): 25007-25015.

Hajiabdolmajid V, Kaiser P, 2003. Brittleness of rock and stability assessment in hard rock tunneling [J]. Tunnelling and Underground Space Technology, 18 (1): 37-48.

Han H, Yin S, 2018. Determination of in-situ stress and geomechanical properties from borehole deformation [J]. Energies, 11 (1): 131.

He M, Zhang Z, Li N, 2021. Deep Convolutional Neural Network-Based Method for Strength Parameter Prediction of Jointed Rock Mass Using Drilling Logging Data [J]. International Journal of Geomechanics, 21 (7): 04021111.

Hill A, 2021. Production logging: Theoretical and interpretive elements [M]. Society of Petroleum Engineers.

Hill H J, Shirley O J, Klein G E, 1979. Bound water in shely sands-itsrelation to Qv and other formation properties [J]. Log Anal, 20 (3): 3-19.

Huck V, Das B, 1974. Brittleness determination of rocks by different methods [C]. International Journal of Rock Mechanics and Mining Sciences & Geomechanics Abstracts. Pergamon, 11 (10): 389-392.

Ibrahim A F, Gowida A, Ali A, et al, 2021. Machine learning application to predict in-situ stresses from logging data [J]. Scientific Reports, 11 (1): 23445.

Jamshidian M, Mansouri Z M, Hadian M, et al, 2017. Estimation of minimum horizontal stress, geomechanical modeling and hybrid neural network based on conventional well logging data—a case study [J]. Geosystem Engineering, 20 (2): 88-103.

Jarvie D M, Hill R J, Ruble T E, et al, 2007. Unconventional shale-gas systems: the Mississippian Barnett Shale of north-central Texas as one model for thermogenic shale-gas assessment [J]. AAPG Bulletin, 91 (4): 477-499.

Jin X, Shah S, Roegiers J C, et al, 2015. An integrated petrophysics and geomechanics approach for fracability evaluation in shale reservoirs [J]. SPE Journal, 20 (3): 518-526.

Johnson W, 1979. Effect of Shaliness on Log Response [J]. CWLS Journal, 10 (1), 29-57.

Juhasz, 1981. Normalised Qv-The key to shaly sand evalution using the Waxman-Smits equation in the absence of core data [C]. SPWLA 22nd Annual Logging Symposium.

Kern J W, Hoyer W A, Spann M M, 1976. Low Porosity Gas Sand Analysis Using Cation Exchange And Dielectric Constant Data [C]. SPWLA 17th Annual Logging Symposium.

Koerperich E A, 1975. Utilization of waxman-smits equations for determining oil saturation in a low-salinity, shaly sand reservoir [J]. Journal of Petroleum Technology, 27 (10): 1204-1208.

Korotaev Y P, Babalov M A, 1970. Acoustic method of delineating operating intervals in gas-bearing formations [J], Gazovaya Prom, 11: 14-15.

Li H, Tan Q, Deng J, et al, 2023. A comprehensive prediction method for pore pressure in abnormally high-pressure blocks based on machine learning [J]. Processes, 11 (9): 2603.

Mahmoodzadeh A, Mohammadi M, Salim G, et al, 2022. Machine learning techniques to predict rock strength parameters [J]. Rock Mechanics and Rock Engineering, 55 (3): 1721-1741.

Maryam M, Mahmoud B, 2019. Comparison of LLNF, ANN, and COA-ANN Techniques in Modeling the Uniaxial Compressive Strength and Static Young's Modulus of Limestone of the Dalan Formation [J]. Natural Resources Research, 28: 223-239.

Matin S, Farahzadi L, Makaremi S, et al, 2018. Variable selection and prediction of uniaxial compressive strength and modulus of elasticity by random forest [J]. Applied Soft Computing,

70: 980-987.

Morena J A, 2021. Advances in energy research [M]. New York: Nova Science Pub Inc.

Morley A, 1944. Strength of materials [M]. London: Longman Green: 71-72.

Nasiri H, Homafar A, Chelgani C, 2021. Prediction of uniaxial compressive strength and modulus of elasticity for Travertine samples using an explainable artificial intelligence [J]. Results in Geophysical Sciences, 8: 100034.

Obert L, Duvall W I, 1967. Rock mechanics and the design of structures in rock [M]. New York: John Wiley: 78-82.

Osisanya S O, Chenevert M E, 1987. Rigsite shale evaluation techniques for control of shale-related wellbore instability problems [C]. SPE/IADC drilling conference: 51-66.

Protodyakonov M M, 1962. Mechanical properties and drillability of rocks [C]. Proceedings of the 5th Symposium on Rock Mechanics. Minnesota: Univ, 103: 118.

Rahim B, Masoud S, Mohammad N, et al, 2016. Comparative evaluation of artificial intelligence models for prediction of uniaxial compressive strength of travertine rocks, Case study: Azarshahr area, NW Iran [J]. Modeling Earth Systems and Environment, 2 (2): 76.

Rickman R, Mullen M J, Petre J E, et al, 2008. A practical use of shale petrophysics for stimulation design optimization: All shale plays are not clones of the Barnett Shale [C]. SPE Annual Technical Conference and Exhibition.

Saucier R J, Lands J F, 1978. A Laboratory study of perforations in stressed formation rocks [J]. Journal of Petroleum Technology, 30 (9): 1347-1353.

Schlumberger, 1989. Cased Hole Log Interpretation: Principles/applications [M]. Schlumberger Educational Services.

Smits L J M, 1968. SP log interpretation in shaly sands [J]. Society of Petroleum Engineers Journal, 8 (2): 123.

Sondergeld C H, Newsham K E, Comisky T, et al, 2010. Petrophysical Considerations in Evaluating and Producing Shale Gas Resources [C]. SPE Unconventional Gas Conference.

Tang X, Wang T, Patterson D, 2002. Multipole acoustic logging-while-drilling [C]. SEG International Exposition and Annual Meeting.

Thompson G D, 1962. Effects of Formation Compressive Strength on Perforator Performance [C]. Drilling and Production Practice.

Tréhu A M, Bohrmann G, Rack F R, et al, 2003. Proceedings of the Ocean Drilling Program [R]. Initial Reports Volume 204.

Wang F, Gale J F, 2009. Screening criteria for shale-gas systems. Gulf Coast Association [J]. Geological Society Transactions, 59: 779-793.

Wang P, Prell W L, Blum P, et al, 2000. Proceedings of the Ocean Drilling Program [R]. Initial Reports Volume 184.

Wilson D S, Teagle D A H, Acton G D, et al, 2003. Proceedings of the Ocean Drilling Program [R]. Initial Reports Volume 206.

Yilmaz N G, Goktan R M, 2005. A new methodology for the analysis of the relationship between rock brittleness index and drag pick cutting efficiency [J]. Journal of the South African Institute of Mining and Metallurgy, 105 (10): 727-733.

Yu H, Chen G, Gu H, 2020. A machine learning methodology for multivariate pore-pressure prediction [J]. Computers & Geosciences, 143: 104548.

Zeinalabideen M J, Al-Hilali M M, Savinkov A, 2021. State of the art of advanced spectral noise and high-precision temperature logging technology utilization in Iraqi oil fields: an integration approach to diagnose wells performance complications [J]. Journal of Petroleum Exploration and Production, 11 (4): 1597-1607.